Web 开发视频点播大系

U0173240

JavaScript 从入门到精通

（微课视频版）（第 3 版）

未来科技　编著

中国水利水电出版社

www.waterpub.com.cn

·北京·

内容提要

《JavaScript 从入门到精通（微课视频版）（第 3 版）》从初学者的角度出发，通过通俗易懂的语言、丰富多样的实例，详细介绍了使用 JavaScript 进行程序开发应该掌握的各种技术。全书分为 5 大部分，共 23 章。第 1 部分为 JavaScript 概述，介绍了 JavaScript 基础知识和如何使用 JavaScript 编写程序；第 2 部分为 JavaScript 核心编程部分，讲解了 JavaScript 变量、数据类型、运算符、表达式、语句、程序结构、字符串、正则表达式、数组、集合、函数、对象、映射、构造函数、原型与继承、类、模块、迭代器、生成器、异步编程等 JavaScript 的核心知识及用法；第 3 部分介绍了 JavaScript 客户端开发的相关知识和技术，如多线程编程、代理和反射、BOM 操作和 DOM 操作等；第 4 部分讲解 JavaScript 高级应用技术，如事件处理、CSS 处理、异步请求、本地化存储和文件系统操作；第 5 部分为在线阅读的综合案例，通过多个综合案例演示了如何使用 JavaScript 进行实战开发的过程。全书关键知识点均结合具体示例进行介绍，涉及的程序代码也给出了详细的注释，可以帮助读者轻松领会 JavaScript 语言精髓，快速提高开发技能。

本书配备了极为丰富的学习资源，其中配套资源有：2100 分钟教学视频、素材源程序；附赠的拓展学习资源有：习题及面试题库、案例库、工具库、网页模板库、网页配色库、网页素材库、网页案例欣赏库等。

本书内容翔实、结构清晰、讲解循序渐进，基础知识与案例实战紧密结合，既可作为 JavaScript 初学者的入门教材，又可作为高等院校网页设计、网页制作、网站建设、Web 前端开发等专业的教学用书或相关机构的培训教材。

图书在版编目（CIP）数据

JavaScript从入门到精通：微课视频版 / 未来科技编著. -- 3版. -- 北京：中国水利水电出版社，2023.10
ISBN 978-7-5226-1651-3

Ⅰ.①J… Ⅱ.①未… Ⅲ.①JAVA语言－程序设计
Ⅳ.①TP312.8

中国国家版本馆 CIP 数据核字(2023)第 134125 号

丛 书 名	Web 开发视频点播大系
书 名	JavaScript 从入门到精通（微课视频版）（第 3 版） JavaScript CONG RUMEN DAO JINGTONG (WEIKE SHIPIN BAN)(DI 3 BAN)
作 者	未来科技 编著
出版发行	中国水利水电出版社 （北京市海淀区玉渊潭南路 1 号 D 座　100038） 网址：www.waterpub.com.cn E-mail：zhiboshangshu@163.com 电话：（010）62572966-2205/2266/2201（营销中心）
经 售	北京科水图书销售有限公司 电话：（010）68545874、63202643 全国各地新华书店和相关出版物销售网点
排 版	北京智博尚书文化传媒有限公司
印 刷	三河市龙大印装有限公司
规 格	203mm×260mm　16 开本　36.25 印张　1005 千字
版 次	2017 年 6 月第 1 版第 1 次印刷 2023 年 10 月第 3 版　2023 年 10 月第 1 次印刷
印 数	0001—5000 册
定 价	99.80 元

凡购买我社图书，如有缺页、倒页、脱页的，本社营销中心负责调换
版权所有·侵权必究

前　言

Preface

随着网络技术的不断进步，以及 Web 应用的不断拓展，其脚本语言 JavaScript 越来越受到人们的关注。JavaScript 语言比较灵活、轻巧，兼顾函数式编程和面向对象编程的特性，受到 Web 开发人员的欢迎。本书将以 ECMAScript 2021 正式语言规范为参考，以 ECMAScript 6 版本为基础，系统地讲解 JavaScript 语言的各种语法特性和实践应用。

相比于第 2 版，本书（第 3 版）添加了从 2019 年到 2022 年之间 JavaScript 新增的各种特性，同时新增了一些知识模块，如类和模块、迭代器和生成器、异步编程等；另外，考虑到 JavaScript 语言越来越庞杂，以及 JavaScript 与 HTML5 API 关联性越来越丰富，在第 3 版中我们把第 2 版中兼顾 HTML5 API 的知识点删除，以方便读者能够更专心地学习 JavaScript 语言本身的知识点，避免在一门课程中增加学习负担，而无法消化核心知识点。读者在精通 JavaScript 语言的基础上，可以选择性地学习本系列的另一本书《HTML5+CSS3 从入门到精通》，以便更深入更系统地学习 HTML5 API 的知识点。

本书内容

全书共 23 章，具体结构划分如下。

第 1 部分　JavaScript 概述（第 1 章）。这部分主要介绍了 JavaScript 的基础知识，以及如何正确使用 JavaScript 编写程序。

第 2 部分　JavaScript 核心编程（第 2～13 章）。这部分主要介绍 JavaScript 核心编程的知识点，包括变量、数据类型、表达式、运算符、语句、函数、数组、对象、正则表达式、构造函数、原型和继承、类、模块、迭代器、生成器等 JavaScript 的核心知识及用法。

第 3 部分　JavaScript BOM 和 DOM（第 14～17 章）。这部分主要介绍 JavaScript 客户端开发的相关知识和技术，如多线程编程、代理和反射、BOM 操作和 DOM 操作。

第 4 部分　JavaScript 高级应用（第 18～22 章）。这部分主要介绍 JavaScript 的高级技术，如事件处理、CSS 处理、异步请求、本地化存储和文件系统操作。

第 5 部分　案例实战（第 23 章），最后一章通过在线扫码阅读的形式，用多个综合实例演示了如何使用 JavaScript 进行实战开发。

本书编写特点

📖 内容全面

本书不仅关注 JavaScript 语言本身的基本应用，还系统地讲解 JavaScript 客户端的开发，以及与 HTML5 相结合的页面开发，同时还关注 JavaScript 的拓展技术与应用。

📖 语言简练

本书语言通俗、简练，对重难点技术和知识点的讲解简洁明了，避免了复杂的专业术语或者深奥的概念。这对于初学者学习技术，理解和记住一些重难点知识是很有必要的。

📖 循序渐进

本书读者可先从 JavaScript 的基础知识学起，然后学习 JavaScript 的核心技术，最后学习 JavaScript 的高级应用。

📖 **讲解贴心**

本书每一章的大部分小节都提供了高清的视频教学录像，读者可以使用手机扫描书中的二维码学习，也可将资源包下载到电脑中进行学习。这些视频能够帮助初学者快速入门，让他们感受到编程的快乐和成就感，增强进一步学习的信心，从而快速成为编程高手。

📖 **实例丰富**

通过实例学习是最好的学习方式。本书通过一个知识点、一个实例、一个结果、一段分析、一个综合应用的模式，透彻、详细地讲述了实际开发中所需的各类知识。

📖 **上机机会多**

本书提供了大量实例，帮助读者实践与练习，读者能够通过反复上机练习，回顾、熟悉所学的知识，并举一反三，为进一步学习做好充分的准备。

本书显著特色

📖 **视频教学**

本书每一章都配有二维码，用微信扫一扫，即可随时随地观看视频和深入学习知识。

📖 **O2O 新模式**

本书采用 O2O 新模式，线下和线上协同教学，以纸质内容为基础，同时拓展等量、等值的线上内容，只需一键扫描，即可快速阅读，大大拓宽了读者的知识视野，让读者以优惠的价格获取超额的知识价值。

📖 **资源丰富**

从配套到拓展，资源库一应俱全。本书不仅提供了几乎覆盖全书的配套视频和素材源文件，还提供了拓展的学习资源，如习题及面试题库、案例库、工具库、网页模板库、网页配色库、网页素材库、网页案例欣赏库等，拓展视野、贴近实战！

📖 **超多案例**

实用案例内容翔尽，边做边学更方便、快捷。读者可以跟随书中案例学习，一边学习一边动手实践，从做中学，让学习更深入、更高效。

📖 **入门容易**

遵循学习规律，入门与实战相结合。本书的编写模式为"基础知识+中小实例+实战案例"，内容由浅入深、循序渐进，从入门中学习实战应用，从实战应用中激发学习兴趣。

📖 **在线服务**

提供在线服务，可随时随地进行交流。本书提供 QQ 群在线交流、网站资源、下载等多渠道贴心、便捷的服务。

本书学习资源列表及获取方式

本书的学习资源十分丰富，全部资源分布如下。

📖 **配套资源**

（1）本书的配套的 2100 分钟的同步教学视频（请使用手机微信的"扫一扫"功能扫描书中的二维码观看）。

（2）本书的素材及源程序。

📖 **拓展学习资源**

（1）习题及面试题库（共计 1000 题）。

（2）案例库（各类案例 4396 个）。

（3）工具库（HTML 参考手册 11 部、CSS 参考手册 10 部、JavaScript 参考手册 26 部）。

（4）网页模板库（各类模板 1635 个）。

（5）网页素材库（17 大类）。

（6）网页配色库（623 项）。

（7）网页案例欣赏库（共计 508 例）。

　　📖　以上资源的获取及联系方式

（1）读者使用手机微信的"扫一扫"功能扫描下面的微信公众号二维码，或者在微信中搜索公众号"人人都是程序猿"，关注后输入 JS16513 并发送到公众号后台，获取本书资源的下载链接，将该链接复制到计算机浏览器的地址栏中，根据提示进行下载。

（2）读者可以加入 QQ 群 799942366（若群满，则会创建新群，请根据加群时的提示加入对应的群），与老师和其他读者进行在线交流与学习。

本书读者

本书适用于以下读者：

➥ 初学编程的自学者。

➥ 编程爱好者。

➥ 大、中专院校的老师和学生。

➥ 相关培训机构的老师和学员。

➥ 初、中级程序开发人员。

➥ 程序测试及维护人员。

➥ 参加实习的程序员。

本书约定

运行本书示例，需要使用下列软件。

➥ Windows 2000 或更高版本、macOS X。

➥ IE 5.5 或更高版本。

➥ Mozilla 1.0 或更高版本。

➥ Opera 7.5 或更高版本。

➥ Safari 1.2 或更高版本。

为了节省版面，本书中所给出的示例代码都是局部的，读者可以在网页中输入<script>标签，然后尝试把书中列举的 JavaScript 脚本写在<script>标签内，最后在 Web 浏览器中运行，以验证代码的运行效果。部分示例可能需要服务器端的配合，读者可以参考示例所在章节的说明进行操作。

关于我们

本书由未来科技团队负责编写，并提供在线支持和技术服务。由于编者水平有限，书中难免会有疏漏和不足之处，欢迎读者朋友提出宝贵意见。读者如有好的建议、意见，或在阅读本书时遇到疑难问题，可以联系我们，我们会尽快为您解答。

编　者

目　录

Contents

第 3 部分　JavaScript BOM 和 DOM

第 4 部分　JavaScript 高级应用

第 5 部分　案例实战

1

第 1 部分

JavaScript 概述

第 1 章　JavaScript 的基础知识

第 1 章　JavaScript 的基础知识

JavaScript 是非常流行的编程语言，获得了所有浏览器的支持，也是目前应用最为广泛的脚本语言之一。JavaScript 是学习网页设计和 Web 应用必须掌握的基础工具。本章将简单介绍 JavaScript 的发展史，JavaScript 的特点以及 JavaScript 的基本用法。

【学习重点】

- ⬎ 了解 JavaScript 的发展史。
- ⬎ 了解 ECMAScript 的版本。
- ⬎ 熟悉 JavaScript 的基本用法。

1.1　JavaScript 概述

1.1.1　认识 JavaScript

JavaScript 是一种脚本语言，它不具备系统开发的能力，只能用来编写控制其他应用程序（如浏览器）的脚本。JavaScript 是一种嵌入式语言，其本身不提供任何与 I/O（输入/输出）相关的 API（Application Program Interface，应用程序接口），但可调用宿主环境提供的底层 API 实现类似的功能。

JavaScript 同时也是一种对象模型语言。宿主环境通过对象模型，描述特定功能和操作接口，从而通过 JavaScript 控制这些功能。但是，JavaScript 不是纯粹的面向对象语言，它还支持函数式编程等不同的编程范式，这也体现了 JavaScript 语法的灵活性。

JavaScript 的核心知识包括以下两部分：

- ⬎ 基本语法规范：如变量、数据类型、操作符、控制结构、语句。
- ⬎ 标准库：提供一系列具有各种功能的类型对象，如 Array、Date、Math 等。

除此之外，各种宿主环境还提供额外的 API，即只能在该环境使用的接口，以便 JavaScript 调用。例如，浏览器的 API 可以分成以下三类：

- ⬎ 浏览器控制类：操作浏览器。
- ⬎ DOM 类：操作网页中各种元素。
- ⬎ Web 类：实现互联网应用的各种功能，如本地存储、绘图、多线程、多媒体等。

如果宿主环境是服务器，则会提供各种与操作系统相关的 API，如文件操作 API、网络通信 API 等。

1.1.2　JavaScript 的特点

1．控制浏览器

JavaScript 是目前唯一一种通用的浏览器脚本语言，所有浏览器都支持它。它可以让网页呈现各种特殊效果，为用户提供良好的互动体验。

2．广泛的应用领域

JavaScript 的使用范围慢慢超越了浏览器，正在向通用系统语言发展。

（1）浏览器平台化：随着 HTML5 的普及，浏览器的功能越来越强，JavaScript 可以调用许多系统功能，如操作本地文件、操作图片、调用摄像头和麦克风等。

（2）Web 服务：Node 使得 JavaScript 可以用于开发服务器端的大型项目，使网站的前后端都使用 JavaScript 进行开发成了现实。

（3）操作数据库：大部分 NoSQL 数据库允许 JavaScript 直接操作。基于 SQL 语言的开源数据库 PostgreSQL 支持 JavaScript 作为操作语言。

（4）移动平台开发：PhoneGap 能够将 JavaScript 和 HTML5 打包到一个容器中，使得它能同时在 iOS 和安卓（Android）上运行。React Native 能够将 JavaScript 写的组件编译成原生组件，从而使它们具备优秀的性能。

（5）内嵌脚本语言：越来越多的应用程序将 JavaScript 作为内嵌的脚本语言，如 Adobe 的 PDF 阅读器 Acrobat 等。

（6）跨平台的桌面应用程序：Chromium OS、Windows 8 等操作系统直接支持 JavaScript 编写应用程序，不依赖浏览器。

3．简单、易学

JavaScript 学习环境简单，只要有浏览器，就能够运行 JavaScript 程序；只要有文本编辑器，就能编写 JavaScript 程序。JavaScript 语法简单，与主流语言 C/C++、Java 相似，入门非常容易。

4．强大的性能

（1）灵活的语法，表达力强。JavaScript 既支持类似 C 语言清晰的过程式编程，也支持灵活的函数式编程，可用来写并发处理。JavaScript 的所有值都是对象，可以很方便地按照需要随时创造数据结构，不用预定义。

（2）支持编译运行。JavaScript 语言本身是一种解释型语言，但是在现代浏览器中，JavaScript 都是编译后运行。程序会被高度优化，运行效率接近二进制程序。而且，JavaScript 引擎正在快速发展，性能将越来越好。

（3）事件驱动和非阻塞式设计。JavaScript 程序可以采用事件驱动和非阻塞式设计，在服务器端适合高并发环境，普通的硬件就可以承受很大的访问量。

5．开放性

JavaScript 是一种开放型语言，遵循 ECMA-262 标准，主要通过 V8 和 SpiderMonkey 等引擎实现，这些引擎质量高，具有开放性。

1.1.3　JavaScript 的发展史

1995 年 2 月，Netscape 公司发布 Netscape Navigator 2 浏览器，并在这个浏览器中免费提供了一个开发工具——LiveScript。当时 Java 比较流行，Netscape 把 LiveScript 改名为 JavaScript，这是最初的 JavaScript 1 版本。

因 JavaScript 1 很受用户欢迎，故而 Netscape 在 Netscape Navigator 3 中发布了 JavaScript 1.1 版本。不久，微软在 Internet Explorer 3 中也加入了脚本编程功能，为了避开与 Netscape 的 JavaScript 纠纷，将之命名为 JScript。

1997 年，欧洲计算机制造商协会（European Computer Manufacturers Association，ECMA）以 JavaScript 1.1 为基础制定了脚本语言标准——ECMA-262，并命名为 ECMAScript。

1998 年，国标标准化组织（Interational Organization for Standardization，ISO）和国际电工委员会（International Electro technical Commission，IEC）采用了 ECMAScript 作为标准（即 ISO/IEC-16262）。自此以后，浏览器厂商就以 ECMAScript 作为各自 JavaScript 实现的规范标准。JavaScript 也从一开始的

各自为政慢慢走向了规范统一的道路。

1.1.4 ECMAScript 的起源

1997 年，ECMA 发布 262 号标准文件（ECMA-262）的第 1 版，规定了脚本语言的实现标准，并将这种语言命名为 ECMAScript，这个版本就是 ECMAScript 1 版。之所以不叫 JavaScript，主要有两个原因。

- 商标限制。Java 是 Sun 公司的商标，根据授权协议，只有 Netscape 公司可以合法地使用 JavaScript 这个名字，而且 JavaScript 已经被 Netscape 公司注册为商标。
- 体现公益性。该标准的制定者是 ECMA 组织，而不是 Netscape 公司，这样有利于确保规范的开放性和中立性。

简而言之，ECMAScript 是 JavaScript 语言的规范标准，JavaScript 是 ECMAScript 的一种实现（注意，在一般语境中，这两个词是可以互换的）。

1.1.5 ECMAScript 的版本

- 1997 年 ECMAScript 1 版正式发布。
- 1998 年 6 月 ECMAScript 2 版正式发布，其中包含一些小的更改，用于同步独立的 ISO 国际标准。
- 1999 年 12 月 ECMAScript 3 版正式发布，它取得了巨大的成功，在业界得到了广泛的支持，奠定了 JavaScript 的基本语法，被其后版本完全继承。直到今天，我们一开始学习 JavaScript，其实就是在学 3 版的语法。
- 2000 年的 ECMAScript 4 是当下 ECMAScript 6 的前身，但由于这个版本太过激进，对 ECMAScript 3 进行了彻底升级，所以被暂停了。
- 2008 年 7 月，ECMA 中止 ECMAScript 4 的开发，将其中涉及现有功能改善的一小部分发布为 ECMAScript 3.1。不久，ECMAScript 3.1 改名为 ECMAScript 5。
- 2009 年 12 月，ECMAScript 5 版正式发布。ECMA 专家组预计 ECMAScript 的第 5 版会在 2013 年中期到 2018 年作为主流的开发标准。2011 年 6 月，ECMAScript 5.1 版发布，并且成为 ISO 国际标准。
- 2013 年，ECMAScript 6 草案冻结，不再添加新的功能，新的功能将被放到 ECMAScript 7 中；2015 年 6 月，ECMAScript 6 正式通过，成为国际标准。同时，更名为 ECMAScript 2015。在这个标准的基础上，Mozilla 推出了 JavaScript 2。

从这个版本开始，JavaScript 的版本号将以年份命名，新版本均按照"ECMAScript+年份"的格式命名发布，简写格式为"ES+年份"，例如，ES 7 版本改称为 ES 2016、ES 8 版本改称为 ES 2017、ES 9 版本改称为 ES 2018、ES 10 版本改称为 ES 2019，以此类推。

1.1.6 浏览器支持

目前主流浏览器均支持 ECMAScript 5，具体说明可以访问其官方网址进行了解。
对于 ECMAScript 6 的支持情况，读者也可以访问其官方网址进行了解。

◀)) 提示：

IE 9 不支持严格模式，从 IE 10 开始支持严格模式；Safari 5.1 不支持 Function.prototype.bind，尽管 Function. prototype.bind 已被 Webkit 所支持。
对于旧版浏览器的支持情况，读者可以查看 Juriy Zaytsev 的 ECMAScript 5 兼容性表进行了解。

扫一扫，看视频

1.2 使用 JavaScript 编写程序

1.2.1 编写第 1 个程序

JavaScript 程序不能够独立运行，只能在宿主环境中执行。一般情况下可以把 JavaScript 代码放在网页中，借助浏览器环境来运行。

在 HTML 页面中嵌入 JavaScript 脚本需要使用<script>标签，用户可以在<script>标签中直接编写 JavaScript 代码。

【操作步骤】

第 1 步，新建 HTML 文档，保存为 test.html。

第 2 步，在<head>标签内插入一个<script>标签。

第 3 步，为<script>标签设置 type="text/javascript"属性。

提示：

现代浏览器默认<script>标签的脚本类型为 JavaScript，因此可以省略 type 属性。如果要兼容早期版本的浏览器，则要设置 type 属性。

第 4 步，在<script>标签内输入 JavaScript 代码：document.write("<h1>Hi,JavaScript!</h1>");。

```
<!doctype html>
<html>
<head>
<meta charset="utf-8">
<title>第一个 JavaScript 程序</title>
<script type="text/javascript">
document.write("<h1>Hi,JavaScript!</h1>");
</script>
</head>
<body></body>
</html>
```

在 JavaScript 脚本中，document 表示网页文档对象，document.write()表示调用 Document 对象的 write()方法，在当前网页源代码中写入 HTML 字符串"<h1>Hi,JavaScript!</h1>"。

第 5 步，保存网页文档后，即在浏览器中预览网页的显示效果，如图 1.1 所示。

图 1.1　第 1 个 JavaScript 程序的显示效果

1.2.2 新建 JavaScript 文件

扫一扫，看视频

JavaScript 程序不仅可以直接放在 HTML 文档中，也可以放在 JavaScript 文件中。JavaScript 文件是文本文件，扩展名为.js，使用任何文本编辑器都可以对它进行编辑。新建 JavaScript 文件的步骤如下。

【操作步骤】

第 1 步，新建文本文件，保存为 test.js。注意，扩展名为.js，它表示该文本文件是 JavaScript 类型的文件。

第 2 步，打开 test.js 文件，在其中编写如下 JavaScript 代码：

```
alert("Hi, JavaScript!");
```

在上面的代码中，alert()是 window 对象的方法，调用这个方法将弹出一个提示对话框，其中会显示参数字符串" Hi, JavaScript!"。

第 3 步，保存 JavaScript 文件。建议把 JavaScript 文件和网页文件放在同一个目录下。

🔊 **注意：**

> JavaScript 文件不能够独立运行，需要导入到网页中，通过浏览器来运行。使用<script>标签可以导入 JavaScript 文件。

第 4 步，新建 HTML 文档，保存为 test.html。

第 5 步，在<head>标签内插入一个<script>标签。定义 src 属性，设置其属性值为指向外部 JavaScript 文件的 URL 字符串。代码如下：

```
<script type="text/javascript" src="test.js"></script>
```

🔊 **提示：**

> 使用<script>标签包含外部 JavaScript 文件时，默认的文件类型为 JavaScript，因此，不管加载的文件扩展名是不是.js，浏览器都会按 JavaScript 脚本来解析。

第 6 步，保存网页文档。在浏览器中预览显示效果，如图 1.2 所示。

图 1.2　在网页中导入 JavaScript 文件的显示效果

🔊 **注意：**

> 定义 src 属性的<script>标签不应再包含 JavaScript 代码。如果嵌入了代码，则只会下载并执行外部 JavaScript 文件，嵌入的代码会被忽略。

扫一扫，看视频

1.2.3　执行 JavaScript 程序

浏览器在解析 HTML 文档时，将根据文档流从上到下地逐行解析和显示。JavaScript 代码也是 HTML 文档的组成部分，因此 JavaScript 脚本的执行顺序也是根据<script>标签的位置来确定的。

🔊 **提示：**

> 对于导入的 JavaScript 文件，也将按<script>标签在文档中出现的顺序来执行，而且执行过程是文档解析的一部分，不会单独解析或者延期执行。

扫一扫，看视频

📢》注意:

　　一般情况下，在文档的<head>标签中包含了 JavaScript 脚本或者导入了 JavaScript 文件，就意味着必须等到这部分 JavaScript 代码都被加载、解析和执行完后，才能继续解析后面的 HTML 部分。如果加载的 JavaScript 文件很大，解析 HTML 文档就容易出现延迟。为了避免这个问题，在开发 Web 应用程序时，建议把导入 JavaScript 文件的操作放在<body>后面，让浏览器先把网页内容解析并呈现出来后，再去加载 JavaScript 文件，以便加快网页的响应速度。

1.2.4　延迟执行 JavaScript 文件

　　<script>标签有一个布尔型属性 defer。设置该属性能够将 JavaScript 文件延迟到页面解析完后再运行。

　　【示例】外部文件 test.js 包含的脚本将延迟到浏览器解析完网页之后再执行。浏览器先显示网页标题和段落文本，然后才弹出提示文本。如果不设置 defer 属性，则执行顺序是相反的。

　　➥ test.html

```
<!doctype html>
<html>
<head>
<script type="text/javascript" defer src="test.js"></script>
</head>
<body>
<h1>网页标题</h1>
<p>正文内容</p>
</body>
</html>
```

　　➥ test.js

```
alert("外部文件");
```

📢》提示:

　　defer 属性适用于外部 JavaScript 文件，不适用<script>标签包含的 JavaScript 脚本。

扫一扫，看视频

1.2.5　异步加载 JavaScript 文件

　　在默认情况下，网页都是同步加载外部 JavaScript 文件，如果 JavaScript 文件比较大，就会影响后面 HTML 代码的解析，1.2.3 小节曾介绍过一种解决方法，就是在最后面加载 JavaScript 文件。

　　现在可以为<script>标签设置 async 属性，让浏览器异步加载 JavaScript 文件。异步加载 JavaScript 文件时，浏览器不会暂停，而是会继续解析，这样不仅能节省时间，还能加快响应速度，且异步加载的 JavaScript 文件之间执行时不分先后顺序。

　　【示例】以 1.2.4 小节的示例为例，如果为<script>标签设置 async 属性，然后在浏览器中预览，则会看到网页标题和段落文本同步，或者先显示出来，然后弹出提示文本。如果不设置 async 属性，只有先弹出提示文本之后，才开始解析并显示网页标题和段落文本。

```
<!doctype html>
<html>
<head>
<script type="text/javascript" async src="test.js"></script>
</head>
<body>
<h1>网页标题</h1>
```

```
<p>正文内容</p>
</body>
</html>
```

📢 提示：

async 是 HTML5 新增的布尔型属性，设置 async 属性，不用顾虑<script>标签的放置位置，用户可以根据习惯继续把很多大型 JavaScript 库文件放在<head>标签内。

扫一扫，看视频

1.2.6　认识 JavaScript 代码块

代码块指的是使用<script>标签包含的 JavaScript 代码段。

【示例 1】 使用两个<script>标签分别定义两个 JavaScript 代码块。

```
<script>
//JavaScript 代码块 1
var a =1;
</script>
<script>
//JavaScript 代码块 2
function f(){
    alert(1);
}
</script>
```

浏览器在解析这个 HTML 文档时，如果遇到第 1 个<script>标签，则 JavaScript 解释器会等到这个代码块的代码都加载完后，先对代码块进行预编译，然后再执行。执行完毕，继续解析后面的 HTML 代码，同时 JavaScript 解释器也准备好处理下一个代码块。

【示例 2】 如果在一个 JavaScript 代码块中调用后面代码块中声明的变量或函数，就会提示语法错误。例如，当 JavaScript 解释器执行下面的代码时就会提示语法错误，显示变量 a 未定义。

```
<script>
//JavaScript 代码块 1
alert(a);
</script>
<script>
//JavaScript 代码块 2
var a =1;
</script>
```

如果把两个代码块放在一起就不会出现上述错误了，合并代码如下：

```
<script>
//JavaScript 代码块 1
alert(a);
var a =1;
</script>
```

📢 提示：

JavaScript 是按块执行的，但是不同块都属于同一个作用域（全局作用域），下面块中的代码可以访问上面块中的变量。

1.3 案例实战：使用 console 对象

console 用于 JavaScript 调试，由浏览器提供，主要有两个用途。

❧ 显示网页代码运行时的错误信息。
❧ 提供了一个命令行接口，用来与网页代码互动。

📢 提示：

在浏览器中一般按 F12 键可以打开 Console 窗口。

console 对象提供多个方法可以更好地呈现信息，从而给代码调试带来方便。下面结合示例简单演示 console 对象常用方法 log 的使用。

【示例 1】使用 console 对象的 log() 方法可以在控制台输出信息，如图 1.3 所示。

```
console.log("Hi, World");
```

【示例 2】使用 log() 方法可以输出格式化字符串，如图 1.4 所示，其中第 1 个参数为模板字符串，第 2 个参数以及后面参数为要传递的变量。

```
var today = new Date();
console.log("今天是%d年%d月%d日", today.getFullYear(), today.getMonth(), today.getDate());
```

图 1.3 在控制台输出信息

图 1.4 在控制台输出格式化信息

📢 提示：

console.log() 可以使用 C 语言 printf() 风格的占位符，不过其支持的占位符种类较少，只支持字符串（%s）、整数（%d 或 %i）、浮点数（%f）和对象（%o）。

1.4 实践与练习

1. 使用 JavaScript 脚本在页面上输出由 "#" 字符拼成的正方形图案，要求如下：
❧ 使用 prompt() 方法接收用户要输入正方形的行数。
❧ 无论输入的数字是否大于 10，输出的正方形最多为 10 行。

2. 使用 console.group() 可以对控制台输出的信息进行分组，在 console.group() 和 console.group() 方法之间输出的信息会被编为一组，请编写简单的脚本演示一下。

3. 使用 console.dir() 方法可以在控制台打印对象的 JavaScript 表示形式，请动手练习输出数组 [1,2,3] 的结构化信息。

4. 使用 console.assert() 方法可以判断一个表达式是否为真。如果为假，则在控制台会抛出一个异常，并打印提示信息，提示信息可以通过第 2 个参数设置。请动手练习一下。

5. 使用 console.count() 方法可以统计代码执行的次数。试着定义一个函数，把 console.count() 放入函数内，再统计函数被调用的次数。

6．使用 console.time()方法可以统计代码执行的时间。试编写一个循环，把它放在 console.time()和 console.timeEnd()方法之间，看看循环运行的时间。

（答案位置：本章/在线支持）

1.5　在线支持

2

第 2 部分
JavaScript 核心编程

第 2 章　JavaScript 的基本语法

JavaScript 遵循 ECMA-262 规范，目前的新规范是 ECMAScript 2022，其中获得所有主流浏览器完全支持的是 ECMAScript 6 版本。本书将以 ECMAScript 2022 正式语言规范为参考，以 ECMAScript 6 版本为基础，讲解 JavaScript 的各种语法特性和应用。

【学习重点】
- ↘ 熟悉 JavaScript 词法。
- ↘ 正确使用变量。
- ↘ 理解原始数据类型。
- ↘ 能够正确检测数据类型。
- ↘ 能够灵活转换数据类型。

2.1　JavaScript 词法

本节将介绍基本的名词规范，以及名词之间的组合规则，例如字符编码、转义序列、关键字、保留字、标识符、分隔符、注释和直接量等。

扫一扫，看视频

2.1.1　字符编码

JavaScript 遵循 Unicode 字符编码规则。Unicode 字符集中每个字符使用两字节来表示，这意味着用户可以使用中文来命名 JavaScript 变量。

◀》提示：

> Unicode 是 Latin-1 字符集的超集，编码的字符达到百万级。Latin-1 是 ASCII 字符集的扩展，包含 256 个拉丁字符。ASCII 字符集包含 128 个英文字符，如英文字母和常用符号。

【示例】新建 test.html 文档，在页面嵌入<script>标签，然后在该标签中输入下面的代码，则可以正常执行，效果如图 2.1 所示。

```
<script>
var 书名 =  "《JavaScript 从入门到精通（第 2 版）》",
    姓名 =  "张三";
function 彩蛋(谁){
    document.write("<h1>" + 谁 + "</h1><p>欢迎你学习 " + 书名 + "。</p>");
}
彩蛋(姓名);
</script>
```

◀》注意：

> 考虑到 JavaScript 兼容性和编码规范，不建议使用双字节的中文字符命名变量，推荐使用 ASCII 字符编写代码，Unicode 字符只出现在注释或字符串中。

图 2.1　使用中文编写脚本运行效果

📢 提示：

由于 JavaScript 脚本一般都嵌入在网页中，并最终由浏览器来解释，因此还要兼顾 HTML 文档的字符编码，以及浏览器支持的编码。一般建议保持 HTML 文档的字符编码与 JavaScript 字符编码的一致性，避免出现乱码。

2.1.2　区分大小写

扫一扫，看视频

JavaScript 语言严格区分字母的大小写。为了避免输入混乱、语法错误，建议统一采用小写字符编写代码。在以下情况下可以使用大写字符。

（1）类和构造函数的首字母建议大写。

【示例】调用预定义的构造函数 Date()，创建一个时间对象，最后把时间对象转换为字符串显示出来。

```
d = new Date();                     //获取当前日期和时间
console.log(d.toString());          //显示日期
```

（2）如果标识符由多个单词组成，可以考虑使用"骆驼"命名法：除首个单词外，后面每个单词首字母大写。例如，typeOf、printEmployeePaychecks。

2.1.3　标识符

扫一扫，看视频

在编程语言中，所有名字统一称为标识符（identifier）。JavaScript 标识符包括变量名、函数名、参数名、类名、对象名、属性名和方法名等。

合法的标识符应该遵循以下规则。

- ➥ 第一个字符必须是字母、下画线（_）或美元符号（$）。
- ➥ 除了第一个字符外，其他位置可以使用 Unicode 字符。一般建议仅使用 ASCII 字符，不建议使用双字节的字符。
- ➥ 不能与 JavaScript 关键字、保留字重名。
- ➥ 可以使用 Unicode 转义序列。例如，字符 a 可以使用"\u0061"表示。

【示例】使用 Unicode 转义序列表示变量名 a。

```
var \u0061 = "字符 a 的 Unicode 转义序列是\\u0061";
console.log(\u0061);
```

📢 提示：

转义序列常用于表示特殊字符或名称，如 JavaScript 关键字、程序脚本等。

2.1.4　直接量

扫一扫，看视频

直接量（literal）表示具体的值，可以直接参与运算。例如，字符串、数值、布尔值、正则表达式、对象直接量、数组直接量、函数直接量等。

【示例】下面分别定义不同类型的直接量，包括字符串、数值、布尔值、正则表达式、特殊值、对象、数组和函数。

```
""              //空字符串直接量
1               //数值直接量
true            //布尔值直接量
/a/g            //正则表达式直接量
null            //特殊值直接量
{}              //空对象直接量
[]              //空数组直接量
function(){}    //空函数直接量，即函数表达式
```

扫一扫，看视频

2.1.5　关键字和保留字

关键字是由 ECMA-262 规定的、仅供 JavaScript 内部使用的一组名字，也称为命令，它们具有特殊的功能，用户不能够自定义同名的标识符。ECMAScript 关键字如表 2.1 所示。

表 2.1　ECMAScript 关键字

break	delete	if	this	while
case	do	in	throw	with
catch	else	instanceof	try	—
continue	finally	new	typeof	—
debugger（ECMAScript 5 新增的关键字）	for	return	var	—
default	function	switch	void	

保留字是由 ECMA-262 规定的、供 JavaScript 内部备用的一组名字，目前它们还没有具体的功能，但是为 JavaScript 升级版本预留备用。建议用户也不要使用保留字作为自定义的标识符名称。ECMAScript 保留字如表 2.2 所示。

表 2.2　ECMAScript 保留字

abstract	double	goto	native	static
boolean	enum	implements	package	super
byte	export	import	private	synchronized
char	extends	int	protected	throws
class	final	interface	public	transient
const	float	long	short	volatile

JavaScript 预定义很多全局变量和函数，用户也应该避免使用它们作为自定义的标识符名称。JavaScript 预定义全局变量和函数如表 2.3 所示。

表 2.3　JavaScript 预定义全局变量和函数

arguments	encodeURL	Infinity	Number	RegExp
Array	encodeURLComponent	isFinite	Object	String
Boolean	Error	isNaN	parseFloat	SyntaxError
Date	eval	JSON	parseInt	TypeError
decodeURL	EvalError	Math	RangeError	undefined
decodeURLComponent	Function	NaN	ReferenceError	URLError

扫一扫，看视频

📢 **提示：**

不同的 JavaScript 运行环境都会预定义一些全局变量和函数，上面列表仅针对 Web 浏览器运行环境，如果在其他运行环境（如 Node.js 等），用户还应该注意一些特定要求，在此就不再具体说明。

2.1.6　分隔符

分隔符是各种不可见字符的集合，包括空格（\u0020）、水平制表符（\u0009）、垂直制表符（\u000B）、换页符（\u000C）、不中断空白（\u00A0）、字节序标记（\uFEFF）、换行符（\u000A）、回车符（\u000D）、行分隔符（\u2028）、段分隔符（\u2029）等。

在 JavaScript 中，分隔符不被解析，主要用于分隔各种标识符、关键字、直接量等信息。因此，常用分隔符格式化代码，对程序进行排版，以便阅读和维护。

【示例 1】一起来看下面的一行代码。

```
function toStr(a){return a.toString();}
```

使用分隔符格式化后，代码显示如下。

```
function toStr(a) {
    return a.toString();
}
```

使用分隔符更容易阅读，用户可以根据个人习惯设计排版格式。一般 JavaScript 编辑器都会提供代码自动格式化的功能。

📢 **注意：**

（1）分隔符虽无实在意义，但在脚本中却是不能缺少的。如果在标识符与关键字之间不使用分隔符分隔，则 JavaScript 就会抛出异常。

（2）JavaScript 解析器一般采用最长行匹配原则，不恰当地换行显示一句代码，容易引发异常或错误。

（3）不能在标识符、关键字等名字内部使用分隔符。

（4）在字符串或者正则表达式内，分隔符是有意义的，不能够随意去掉或添加。

【示例 2】在下面的代码中，把关键字 function 与标识符 toStr 连在一起，或者把关键字 return 与 toString 标识符连在一起，都是错误的。

```
functiontoStr(a){returna.toString();}      //错误写法
function toStr(a){return a.toString();}     //正确写法
```

【示例 3】下面的代码会返回意外的结果。

```
function toStr(a){
    return
    a.toString();                           //错误的换行
}
console.log(toStr("abc"));                   //实际返回 undefined，应该返回 abc
```

这是因为 return 作为一个独立语句，JavaScript 解析器可以正确解析，如果它后面没有分号，也会自动为其补加一个分号，以表示该句已经结束，这样换行显示的 a.toString();就是下一句待执行的命令，而不是被返回的值。

【示例 4】下面使用空格把 toString()分为两部分，JavaScript 无法识别就会抛出异常。

```
function toStr(a){
    return a.to String();                   //错误分隔符
}
```

【示例 5】 在下面的代码中，变量 a 和 b 被赋予相同的字符串，但是变量 b 的赋值字符串末尾插入了空格，则比较结果是不相等的。

```
var a = "空格";
var b = "空格 ";
console.log((a==b));                        //返回 false，说明不相同
```

扫一扫，看视频

2.1.7 注释

注释就是不被 JavaScript 解析的一串字符信息。JavaScript 注释有两种方法。

➥ 单行注释：//单行注释信息。

➥ 多行注释：/*多行注释信息*/。

【示例 1】 单行注释信息可以位于脚本中任意位置，分别描述指定代码行或多行的功能。

```
//程序描述
function toStr(a){                          //块描述
    //代码段描述
    return a.toString();                    //语句描述
}
```

使用单行注释时，在 "//" 后面的当前行内任意字符都不被解析，包括代码。

【示例 2】 使用 "/*" 和 "*/" 可以定义多行注释信息。

```
/*!
 * jQuery JavaScript Library v3.3.1
 * https://jquery.com/
 *
 * Includes Sizzle.js
 * https://sizzlejs.com/
 *
 * Copyright JS Foundation and other contributors
 * Released under the MIT license
 * https://jquery.org/license
 *
 * Date: 2018-01-20T17:24Z
 */
```

在多行注释中，包含在 "/*" 和 "*/" 符号之间的任何字符都会视为注释文本而被忽略掉。

扫一扫，看视频

2.1.8 转义序列

转义是字符的一种间接表示方式。由于各种原因，很多字符无法直接在代码中输入或输出，如果要表示，则必须通过转义序列间接表示。

Unicode 转义方法：\u + 4 位十六进制数字。

ASCII 转义方法：\x + 2 位十六进制数字。

【示例】 字符 "©" 的 Unicode 转义为\u00A9，ASCII 转义为\xA9。

```
console.log("\xa9");                        //显示字符©
console.log("\u00a9");                      //显示字符©
```

📢 提示：

第 5 章会详细讲解转义字符，此处仅简单了解一下。

2.2　变　　量

扫一扫，看视频

2.2.1　使用 var 声明变量

在 JavaScript 中，声明变量有 6 种方法，其中 ES 5 支持 var 和 function 命令，ES 6 新增 let 和 const 命令，另外 import 和 class 命令也可以声明变量。

一个 var 命令可以声明一个或多个变量，当声明多个变量时，应使用逗号分隔多个变量。在声明变量的同时，也可以为变量赋值，未赋值的变量，初始化为 undefined（未定义）值。

【示例 1】使用等号（=）运算符可以为变量赋值，等号左侧为变量，右侧为被赋的值。

```
var a;                          //声明一个变量，初始值为 undefined
var a, b, c;                    //声明多个变量
var b = 1;                      //声明并赋值，初始值为 1
```

【示例 2】var 允许重复声明同一个变量，也可以反复初始化变量的值。

```
var a = 1;
var a = 2;
```

◀))注意：

在非严格模式下，JavaScript 允许不声明就直接为变量赋值，这是因为 JavaScript 解释器能够自动隐式声明变量。隐式声明的变量总是作为全局变量使用。在严格模式下，变量必须先声明，然后才能使用。

2.2.2　使用 let 声明变量

ES 6 新增 let 命令，用于声明块级变量。let 与 var 用法相同，但是声明的变量只在 let 命令所在的代码块内有效。例如，在代码块（大括号）之中，使用 let 声明一个变量，如果在代码块外调用变量 a，则会抛出异常，此时变量 a 只在大括号内有效。

扫一扫，看视频

```
{let a = 1;}
```

在 for 循环体内使用 let 命令声明计数器，这样可以避免外部变量污染。

【示例】计数器 i 只在 for 循环体内有效，在循环体外引用就会报错。

```
for (let i = 0; i < 10; i++) {
    console.log(i);                     //正常访问
}
console.log(i);                         //抛出异常
```

在 for 循环结构中，设置循环变量的()部分是一个父作用域，而循环体内部{}是一个单独的子作用域。

2.2.3　使用 const 声明变量

ES 6 新增 const 命令，用于声明只读常量。一旦声明，常量的值就不能修改。

【示例 1】下面的代码试图改变常量的值会报错。

```
const PI = 3.1415;
PI = 3;                                 //抛出异常
```

使用 const 命令声明变量的同时，必须立即初始化，只声明不初始化就会报错。

【示例 2】const 的作用域与 let 命令相同：只在声明所在的块级作用域内有效。

```
if (true) {
  const MIN = 5;
}
MIN                              //将抛出异常
```

扫一扫，看视频

2.2.4　var、let 和 const 的区别

前面 3 节分别介绍了使用 var、let 和 const 声明变量的基本方法，但是它们也存在 3 点不同，具体说明如下。

1. 变量提升

使用 var 声明变量时，存在变量提升行为。JavaScript 引擎的解析顺序为：先解析代码，获取所有被 var 声明的变量，然后再一行一行地执行代码。这样，所有声明的变量都会被提升到当前作用域的顶部，这就是变量提升（hoisting）。例如：

```
console.log(a);                  //显示 undefined
a =1;
console.log(a);                  //显示 1
var a;
```

JavaScript 在预编译期会优先预处理 var 声明的变量，但是变量的赋值操作发生在 JavaScript 执行期。在上面代码中，声明变量放在最后，赋值操作放在前面，但是第 1 行代码读取变量时不会抛出异常，而是返回未初始化的值 undefined。第 3 行代码是在赋值操作之后读取，则显示为数字 1。

let 和 const 命令禁止这种语法行为，在声明之前使用变量，将抛出异常。例如：

```
console.log(a);                  //输出 undefined
var a = 1;
console.log(b);                  //抛出异常
let b = 2;
```

在上面代码中，变量 a 会发生变量提升，即脚本开始运行时，变量 a 已经存在了，但是没有值，所以输出 undefined。变量 b 不会发生变量提升，如果声明前使用它，就会抛出异常。

2. 暂时性死区

在代码块内，使用 let 和 const 命令声明变量之前，该变量是不可以使用的，在语法上这被称为暂时性死区。例如：

```
{
  //暂时性死区开始
  a = 1;                         //ReferenceError
  console.log(a);                //ReferenceError
  let a;                         //暂时性死区结束
  console.log(a);                //undefined
  a = 2;
  console.log(a);                //2
}
```

在上面代码中，使用 let 命令声明变量 a 之前，都属于变量 a 的死区，在死区内禁止使用变量 a。这样就可以减少运行时错误，防止在变量声明前就使用这个变量，从而导致各种意外。

3. 禁止重复声明

let 和 const 命令不允许在相同作用域内，重复声明同一个变量。例如，在下面的代码中声明的块级变量与参数 arg 发生冲突，将会抛出异常。

```
function func(arg) {
    let arg;
}
func()                          //报错：Identifier 'arg' has already been declared
```

2.2.5 变量类型

JavaScript 是弱类型语言，因此在声明变量时，不需要指定类型；在使用变量的过程中，JavaScript 能够根据运算的上下文环境，自动转换变量的类型。

JavaScript 提供的数据类型有限，不适合进行复杂的科学运算。变量类型的检测和转换的方法也缺乏统一的标准，导致了开发效率低下。

弱类型语言的优点：变量使用灵活，代码编写简单。当然，缺点也很明显：执行效率低，在开发大型应用时，程序性能会受到影响。

扫一扫，看视频

2.2.6 顶层对象

在浏览器环境中，顶层对象是 window 对象；在 Node 运行环境中，顶层对象是 global 对象；在浏览器和 Web Worker 环境中，self 也可以指向顶层对象。

为了能够在各种环境中都能取到顶层对象，一般使用 this 关键字。在全局环境中，this 会返回顶层对象。但是，Node.js 模块中 this 返回的是当前模块，ES 6 模块中 this 返回的是 undefined。函数内的 this 不确定，如果函数不是作为对象的方法运行，而是单纯作为函数运行，this 会指向顶层对象。但是，在严格模式下，this 会返回 undefined。

ES 2020 开始引入 globalThis 作为顶层对象，这样，在任何环境下，globalThis 都是存在的，都表示顶层对象。

在 ES 5 规范中，顶层对象的属性与全局变量是等价的。ES 6 规定，var 和 function 命令声明的全局变量，依然是顶层对象的属性；而使用 let、const、class 命令声明的全局变量，不属于顶层对象的属性。例如：

```
var a = 1;                      //如果在 Node 的 REPL 环境，可以写成 global.a
                                //或者采用通用方法，写成 this.a
window.a                        //1
let b = 1;
window.b                        //undefined
```

上面代码中，全局变量 a 由 var 命令声明，所以它是顶层对象的属性；全局变量 b 由 let 命令声明，所以它不是顶层对象的属性，返回 undefined。

2.2.7 全局变量和局部变量

扫一扫，看视频

变量作用域（scope）是指变量在程序中可以访问的有效范围，也称为变量的可见性。JavaScript 变量可以分为全局变量和局部变量。

- 全局变量：变量在整个页面脚本中都是可见的，可以被自由访问。
- 局部变量：变量仅能在声明的函数内部或者代码块内可见，函数外或代码块外是不允许访问的。在函数内，可以使用 var 或 let 命令声明局部变量，而在代码块中只能够使用 let 或 const 命令声明局部变量。

声明全局变量有 3 种方式。

（1）在任何函数体外直接使用 var 语句声明。

（2）直接添加到顶层对象上。在浏览器环境中，全局作用域对象为 window。

```
window.f = 'value';
```

（3）直接使用未经声明的变量，以这种方式定义的全局变量被称为隐式的全局变量。

```
f = 'value';
```

🔊 注意：

全局变量具有污染性，大量使用全局变量会降低程序的可读性和安全性，用户应该避免使用全局变量。在 ES 6 中，有效减少使用全局变量，可以多使用 let 或 const 命令；而在 ES 5 中，减少使用全局变量有两种间接方法。

（1）通过对象包含所有应用变量。

```
var MyAPP = {};                          //定义 APP 访问接口
MyAPP.name = {                           //定义 APP 配置变量
    "id" : "应用程序的 ID 编号"
};
MyAPP.work = {
    num : 123,                           //APP 计数器等内部属性
    sub : {name : "sub_id"},             //APP 应用分支
    doing : function(){                  //具体方法
        //执行代码
    }
};
```

把应用程序的所有变量都添加到该名字空间下，降低与其他应用程序相互冲突的概率，应用程序也变得更容易阅读。

（2）使用函数作用域封装应用变量。

```
(function(window){
    var MyAPP = {};                      //定义 APP 访问接口
    MyAPP.name = {                       //定义 APP 配置变量
        "id" : "应用程序的 ID 编号"
    };
    MyAPP.work = {
        num : 123,                       //APP 计数器等内部属性
        sub : {name : "sub_id"},         //APP 应用分支
        doing : function(){              //具体方法
            //执行代码
        }
    };
    window.MyAPP;                        //对外开放应用程序接口
})(window)
```

在 JavaScript 函数体内，所有声明的私有变量、参数和内部函数对外都是不可见的，外界无法访问内部数据。

2.2.8　块级作用域

ES 5 只有全局作用域和函数作用域，没有块级作用域，ES 6 新增块级作用域。所谓块级作用域，就是任何一对大括号（{和}）中的语句集都属于一个代码块，在其中定义的所有变量在代码块外都是不可见的。使用 let 或 const 命令可以新增块级作用域。

【示例】函数内有两个代码块，都声明了变量 n，运行后输出 1。这表示外层代码块不受内层代码块的影响。如果两次都使用 var 定义变量 n，最后输出的值才是 2。

```
function f1() {
    let n = 1;
    if (true) {
        let n = 2;
```

```
    }
    console.log(n);                          //1
}
```

ES 6 允许块级作用域可以任意嵌套。内层作用域可以定义外层作用域的同名变量。块级作用域的出现，使得获得广泛应用的匿名立即执行函数表达式不再必要。

ES 6 允许在块级作用域内声明函数。函数声明类似于 var，即会提升到全局作用域或函数作用域的头部。

同时，函数声明还会提升到所在的块级作用域的头部。

◄))) 注意：

上述三条规则只对 ES 6 的浏览器有效，其他环境则不用遵守这些规则，还是会将块级作用域的函数声明当作 let 处理。

根据这三条规则，浏览器的 ES 6 环境中，块级作用域内声明的函数行为类似于 var 声明的变量。例如：

```
function f() {console.log(1);}              //浏览器的 ES 6 环境
(function () {
    var f = undefined;
    if (false) {
        function f() {console.log(2);}
    }
    f();
}());                                       //Uncaught TypeError: f is not a function
```

考虑到环境导致的行为差异太大，我们应该避免在块级作用域内声明函数。如果确实需要，也应该写成函数表达式，而不是函数声明语句。

2.3 解 构 赋 值

ES 6 实现了一种复合声明和赋值语法，称为解构赋值。在解构赋值中，等号右边的值是一个数组或对象等结构化的值，等号左边的值使用模拟数组和对象文本语法的语法指定一个或多个变量名。当一个解构赋值发生时，一个或多个值将从右边的值中提取，并存储到左边命名的变量中。

2.3.1 数组解构

ES6 允许按次序从数组中映射提取值，为变量进行赋值，这种行为被称为数组解构。

【示例1】下面的代码可以从数组中提取 3 个元素的值，按照对应位置的映射关系为 3 个变量赋值，则 a、b、c 变量的值分别为 1、2、3。

```
let [a, b, c] = [1, 2, 3];
```

解构语法本质属于模式匹配，只要等号两边的模式相同，左边的变量就会被赋予对应的值。

【示例2】下面的代码使用嵌套数组结构进行解构赋值，等号左右两侧的结构相同，因此 a、b、c 变量的值分别为 1、2、3。

```
let [a, [b, [c]]] = [1, [2, [3]]];
```

◄))) 提示：

➥ 如果等号左侧相应位置缺乏变量，则放弃该位置变量的赋值。例如，let [, , c] = [1, 2, 3];，其中 1 和 2 被放弃赋值，变量 c 的值为 3。
➥ 使用扩展运算符（...）可以对数组中的剩余元素以数组的形式赋值。例如，let [a, ...b] = [1, 2, 3];，其中 1

被赋值给变量 a，变量 b 的值为数组[2, 3]。

- 如果解构不成功，变量的值就等于 undefined。例如，let [a, b, ...c] = [1];，其中 1 被赋值给变量 a，变量 b 的值为 undefined，变量 c 的值为[]。
- ES 6 允许不完全解构，即等号左边的模式，只匹配一部分的等号右边的数组。这种情况下，解构依然可以成功。例如，let [a, b] = [1, 2, 3];，其中变量 a 和 b 的值分别为 1 和 2。
- 如果等号的右边不是数组，那么将会报错。
- 对于 Set 结构，也可以使用数组解构进行赋值。例如，let [a, b, c] = new Set([1, 2, 3]);，变量 a、b、c 的值分别为 1、2、3。需要注意的是，只要数据结构具有 Iterator 接口，都可以采用数组形式进行解构赋值。

解构赋值允许指定默认值。例如：

```
let [x, y = 'b'] = ['a'];                    //x='a', y='b'
let [x, y = 'b'] = ['a', undefined];         //x='a', y='b'
```

ES 6 使用严格相等运算符（===）判断一个位置是否有值，所以，只有当一个数组成员严格等于 undefined 时，默认值才会生效。如果默认值是一个表达式，那么这个表达式是惰性求值，即只有在用到时才会求值。

【示例 3】下面的代码中，因为 x 能取到值，所以函数 f 根本不会执行。

```
function f() {
  console.log('aaa');
}
let [x = f()] = [1];
```

扫一扫，看视频

2.3.2 对象解构

ES 6 允许按键名从对象中映射提取值，为变量进行赋值，变量必须与属性同名，才能取到正确的值。如果解构失败，变量的值等于 undefined。

【示例 1】在下面的代码中，等号左边 3 个变量的次序与等号右边两个同名属性的次序不一致，但是对取值完全没有影响，其中 a 和 b 分别为 1 和 2。由于变量 c 没有对应的同名属性，就取不到值，最后其值等于 undefined。

```
let {a, b, c} = {b: 2, a: 1};
```

【示例 2】通过对象解构赋值，可以将现有对象的方法赋值到某个变量。

```
const {log} = console;
log('hi')                                    //hi
```

上面代码将 console.log 赋值给 log 变量，然后直接调用该变量即可。

对象解构赋值是先找到同名属性，然后再赋给对应的变量。

【示例 3】在下面的代码中，a 是匹配的模式，b 才是变量。真正被赋值的是变量 b，而不是模式 a。

```
let { a: b } = {a: 1, b: 2};
console.log(b) ;                             //1
```

与数组一样，解构也可以用于嵌套结构的对象。

【示例 4】在下面的代码中，x 是模式，不是变量，因此不会被赋值。

```
let obj = {
 x: [1, {y: 2}]
};
let {x: [a, {y}]} = obj;
```

如果 x 也被作为变量赋值，可以按以下代码设计，此时变量 x 的值为[1, { y: 2 }]。

```
let {x} = obj;
```

【**示例 5**】还可以嵌套赋值。下面的示例中，obj 赋值为{prop:123}，arr 赋值为[true]。

```
let obj = {};
let arr = [];
({foo: obj.prop, bar: arr[0]} = {foo: 123, bar: true});
```

如果解构模式是嵌套的对象，而且子对象所在的父属性不存在，那么将会报错。

对象的解构也可以指定默认值。默认值生效的条件是，对象的属性值严格等于 undefined。

【**示例 6**】在下面的代码中，x 被赋值为 1，y 未被赋值，则采用默认值 5。

```
var {x, y = 5} = {x: 1};
```

【**示例 7**】在下面的代码中，属性 x 等于 null，因为 null 与 undefined 不严格相等，所以是一个有效的赋值，导致默认值 3 不会生效。

```
var {x = 3} = {x: null};
```

2.3.3 字符串解构

扫一扫，看视频

字符串可以被转换成一个类似数组的对象，因此字符串也可以解构赋值。

【**示例 1**】在下面的代码中，变量 a、b、c、d、e 的值分别为"h" "e" "l" "l" "o"。

```
const [a, b, c, d, e] = 'hello';
```

类似数组的对象都有一个 length 属性，因此还可以对这个属性解构赋值。

【**示例 2**】在下面的代码中，变量 len 的值为 5。

```
let {length : len} = 'hello';
```

2.3.4 数值和布尔值解构

扫一扫，看视频

当解构赋值时，如果等号右边是数值和布尔值，就先将其转为对象。

【**示例**】在下面的代码中，数值和布尔值的包装对象都有 toString 属性，因此变量 s 就引用 Boolean.prototype.toString 原型方法。

```
let {toString: s} = 123;
let {toString: s} = true;
```

由于 undefined 和 null 无法转为对象，所以对它们进行解构赋值都会报错。例如：

```
let {prop: x} = undefined;        //抛出异常
let {prop: y} = null;             //抛出异常
```

2.3.5 函数参数解构

扫一扫，看视频

函数的参数也可以使用解构赋值。

【**示例 1**】在下面的代码中，函数 add 的参数虽然是一个数组，但是数组参数会被解构为变量 x 和 y。对于函数内部的代码来说，它们能够访问的参数就是 x 和 y。

```
function add([x, y]){
    return x + y;
}
add([1, 2]);                      //3
```

函数参数的解构也可以使用默认值。

【**示例 2**】在下面的代码中，函数 add 的参数是一个对象，通过对这个对象进行解构，得到变量 x 和 y 的值。如果解构失败，x 和 y 等于默认值。

```
function add({x = 0, y = 0} = {}) {
    return x + y;
}
add({x: 3, y: 8});                //11
add({x: 3});                      //3
add({});                          //0
add();                            //0
```

【示例 3】在下面的代码中，为函数 add 的参数指定默认值，而不是为变量 x 和 y 指定默认值，所以会得到与前一种写法不同的结果。

```
function add({x, y} = { x: 0, y: 0 }) {
    return x + y;
}
add({x: 3, y: 8});                //11
add({x: 3});                      //NaN
add({});                          //NaN
add();                            //0
```

2.4　数据类型

2.4.1　原始数据类型

扫一扫，看视频

JavaScript 支持 7 种原始数据类型，具体类型及说明如表 2.4 所示。

表 2.4　JavaScript 的 7 种原始数据类型及说明

数　据　类　型	说　　　明
null	空值
undefined	未定义的值
symbol	独一无二的值
number	数值
string	字符串
boolean	布尔值
object	对象

这些数据类型可以分为以下 3 类。

❱　简单的值：字符串、数字和布尔值。

❱　复杂的值：对象。

❱　特殊的值：null、undefined 和 symbol。

复杂的值是一种结构化的数据，JavaScript 内置的数据结构包括对象、数组、Set 和 Map。

使用 typeof 运算符可以检测上述 7 种原始数据类型，typeof 是一元运算符，放在单个操作数之前，操作数可以是任意类型，它的值是指定操作数类型的字符串表示。typeof 运算符的返回值如表 2.5 所示。

表 2.5　typeof 运算符的返回值

值（x）	返回值（typeof x）	值（x）	返回值（typeof x）
undefined	"undefined"	任意 BigInt	"bigint"
null	"object"	任意字符串	"string"
true 或 false	"boolean"	任意符号	"symbol"
任意数字或 NaN	"number"	任意函数	"function"
任意非函数对象	"object"	—	—

【示例】下面的代码使用 typeof 运算符分别检测常用值的类型。

```
console.log(typeof 1);            //"number"
console.log(typeof "1");          //"string"
console.log(typeof true);         //"boolean"
console.log(typeof {});           //"object"
console.log(typeof []);           //"object"
console.log(typeof function(){}); //"function"
console.log(typeof null);         //"object"
console.log(typeof undefined);    //"undefined"
console.log(typeof Symbol());     //"symbol"
```

📢 注意：

typeof 运算符不能精确检测原始数据类型，主要存在两个问题。

➥ 把 null 归为 object 类型，而不是特殊类型（null）。

➥ 把 function(){}（函数）归为 function 类型，而不是 object 类型。函数不是原始数据类型，属于 object 的特殊子类，同时它又能够构造 object 实例，也有自己特殊的属性。

2.4.2　数字

数字（number）也称为数值或数。

1．数值直接量

当数字直接出现在程序中时，被称为数值直接量。在 JavaScript 代码中，直接输入的任何数字都被视为数值直接量。

【示例 1】数值直接量可以细分为整型直接量和浮点型直接量。浮点数就是带有小数点的数值，而整数是不带小数点的数。

```
var int = 1;              //整型数值
var float = 1.0;          //浮点型数值
```

整数一般都是 32 位数值，而浮点数一般都是 64 位数值。

📢 注意：

JavaScript 的所有数字都是以 64 位浮点数形式存储的，包括整数。例如，2 与 2.0 是同一个数。

【示例 2】浮点数可以使用科学记数法来表示。

```
var float = 1.2e3;
```

其中 e（或 E）表示底数，其值为 10，而 e 后面跟随的是 10 的指数。指数是一个整型数值，可以取正负值。上面代码等价于：

```
var float = 1.2*10*10*10;
```

```
var float = 1200;
```

【示例 3】 科学记数法表示的浮点数也可以转换为普通的浮点数。

```
var float = 1.2e-3;
```

等价于：

```
var float = 0.0012;
```

但不等于：

```
var float = 1.2*1/10*1/10*1/10;       //返回 0.0012000000000000001
var float = 1.2/10/10/10;             //返回 0.0012000000000000001
```

📢 提示：

- 整数精度：$-2^{53} \sim 2^{53}$（$-9007199254740992 \sim 9007199254740992$），如果超出了这个范围，整数将会失去尾数的精度。
- 浮点数精度：$\pm 1.7976931348623157 \times 10^{308} \sim \pm 5 \times 10^{-324}$，遵循 IEEE 754 标准定义的 64 位浮点格式。

2. 二进制、八进制和十六进制数值

JavaScript 支持把十进制数值转换为二进制、八进制和十六进制等不同进制的数值。

【示例 4】 十六进制数值以 0X 或 0x 作为前缀，后面跟随十六进制的数值直接量。

```
var num = 0x1F4;                      //十六进制数值
console.log(num);                     //返回 500
```

十六进制的数值是 0～9 和 a～f 的数字或字母的任意组合，用来表示 0～15 之间的某个数值。

📢 提示：

在 JavaScript 中，可以使用 Number 的 toString(16)方法把十进制整数转换为十六进制字符串表示。

在 ES 6 中，还可以使用 0b 或 0B 作为前缀定义二进制数值（以 2 为基数），或者使用 0o 或 0O 作为前缀定义八进制数值（以 8 为基）。例如：

```
0o764;                               //八进制数值，等于十进制 500
0b11;                                //二进制数值，等于十进制 3
```

📢 提示：

二进制、八进制或十六进制的数值在参与数学运算时，返回的都是十进制数值。

3. 数值运算

使用算术运算符，数值可以参与各种计算，如加、减、乘、除等运算操作。

【示例 5】 为了解决复杂数学运算，JavaScript 提供了大量的数值运算函数，这些函数作为 Math 类型的静态函数可以直接调用，详细说明请参阅 JavaScript 参考手册。

```
var a = Math.floor(20.5);            //调用数学函数
var b = Math.round(20.5);            //调用数学函数，四舍五入
console.log(a);                      //返回 20
console.log(b);                      //返回 21
```

【示例 6】 toString()方法可以根据所传递的参数把数值转换为对应进制的数字字符串。参数范围为 2～36 之间的任意整数。

```
var a = 32;
console.log(a.toString(2));          //返回字符串 100000
console.log(a.toString(4));          //返回字符串 200
console.log(a.toString(16));         //返回字符串 20
```

```
console.log(a.toString(30));                    //返回字符串 12
console.log(a.toString(32));                    //返回字符串 10
```

📢 提示：

数值直接量不能直接调用 toString()方法，必须先使用小括号或其他方法强制把数字转换为对象。

```
console.log(32.toString(16));                   //抛出语法错误
console.log((32).toString(16));                 //返回 20
```

4. 浮点数溢出

执行数值计算时，要防止浮点数溢出。例如，0.1+0.2 并不等于 0.3。

```
num = 0.1+0.2;                                  //0.30000000000000004
```

这是因为 JavaScript 遵循二进制浮点数算术标准（IEEE 754）而导致的问题。这个标准适合很多应用，但它违背了数字基本常识。

解决方法：浮点数中的整数运算是精确的，所以小数表现出来的问题可以通过指定精度来避免。例如，针对上面的相加可以进行如下处理。

```
a = (1+2)/10;                                   //0.3
```

这种处理经常在货币计算中用到。例如，元可以通过乘以 100 而全部转成分，然后就可以准确地将每项相加，求和后的结果可以除以 100 再转换回元。

5. 特殊数值

JavaScript 定义了几个特殊的数值常量。特殊数值及说明如表 2.6 所示。

表 2.6　特殊数值及说明

特 殊 数 值	说　　明
Infinity	无穷大。当数值超过浮点型所能够表示的范围。反之，负无穷大为-Infinity
NaN	非数值。不等于任何数值，包括自己。如当 0 除以 0 时会返回这个特殊值
Number.MAX_VALUE	表示最大数值
Number.MIN_VALUE	表示最小数值，一个接近 0 的值
Number.NaN	非数值，与 NaN 常量相同
Number.POSITIVE_INFINITY	表示正无穷大的数值
Number.NEGATIVE_INFINITY	表示负无穷大的数值

6. NaN

NaN（not a number，非数字值）是在 IEEE 754 中定义的一个特殊的数值。

```
typeof NaN === 'number'                         //true
```

当试图将非数字形式的字符串转换为数字时，都会生成 NaN。

```
+ '0'                                           //0
+ 'oops'                                        //NaN
```

当 NaN 参与数学运算时，则运算结果也是 NaN。因此，如果表达式的运算值为 NaN，那么可以推断其中至少一个运算数是 NaN。

typeof 不能分辨数字和 NaN，并且 NaN 不等同于它自己。

```
NaN === NaN                                     //false
NaN !== NaN                                     //true
```

使用全局函数 isNaN()可以判断 NaN。例如：

```
isNaN(NaN)                              //true
isNaN(0)                                //false
isNaN('oops')                           //true
isNaN('0')                              //false
```

使用全局函数 isFinite()可以判断 Infinity。如果是有限数值，或者可以转换为有限数值，那么将返回 true。如果只是 NaN、正负无穷大的数值，则返回 false。

ES 6 在 Number 对象上，新提供了 Number.isFinite()和 Number.isNaN()两个方法，功能与 isFinite()和 isNaN()函数相同。

7. BigInt

在 ES 2020 中，新增了 BigInt 类型，BigInt 是一种数值类型，用于表示 64 位整数，BigInt 值可以有数千个甚至数百万个数字，适合处理大的数字。

BigInt 以数字字符串形式表示，后面跟小写字母 n。在默认情况下，以 10 为基数，但可以使用 0b、0o 和 0x 前缀分别表示二进制、八进制和十六进制 BigInt。例如：

```
1234n                                   //一个不大的 BigInt 文本
0b111111n                               //二进制 BigInt
0o7777n                                 //八进制 BigInt
0x8000000000000n                        //2n**63n: 64 位整数
```

使用 BigInt()函数可以将常规 JavaScript 数字或字符串转换为 BigInt 值。例如：

```
BigInt(Number.MAX_SAFE_INTEGER)         //9007199254740991n
let string = "1" + "0".repeat(100);     //1 后面跟 100 个 0
BigInt(string)                          //10n**100n
```

BigInt 值可以参与常规的算术运算，只是除法会删除任何余数并向下取整。例如：

```
1000n + 2000n                           //=> 3000n
3000n - 2000n                           //=> 1000n
2000n * 3000n                           //=> 6000000n
3000n / 997n                            //=> 3n: 商是 3
3000n % 997n                            //=> 9n: 倒数 9
(2n ** 131071n) - 1n                    //有 39457 位十进制数字的梅森素数
```

🔊 注意：

在算术运算中不要将 BigInt 值与常规数值混合使用。比较运算符可以处理混合的数字类型。位运算符也可以接收 BigInt 操作数。但是，Math 对象的函数都不接收 BigInt 操作数。

8. 数值分隔符

ES 2021 允许 JavaScript 的数值使用下画线（_）作为分隔符。数值分隔符仅是一种书写便利，对于 JavaScript 内部数值的存储和输出，并没有影响。内部存储和输出时，都不会有数值分隔符。例如：

```
let budget = 1_000_000_000_000;
```

这个数值分隔符没有指定间隔的位数，可以每三位添加一个分隔符，也可以每一位、每两位、每四位添加一个。例如：

```
123_00 === 12_300                       //true
12345_00 === 123_4500                   //true
12345_00 === 1_234_500                  //true
```

小数和科学记数法也可以使用数值分隔符。例如：

```
0.000_001                              //小数
1e10_000                               //科学记数法
```

📢 注意：

- ➥ 数值分隔符不能放在数值的最前面或最后面。
- ➥ 不能使两个或两个以上的分隔符连在一起。
- ➥ 小数点的前后不能有分隔符。
- ➥ 科学记数法里面，表示指数的 e 或 E 前后不能有分隔符。

除了十进制，其他进制的数值也可以使用分隔符。

```
0b1010_0001_1000_0101                  //二进制
0xA0_B0_C0                             //十六进制
```

但是，分隔符不能紧跟着进制的前缀 0b、0B、0o、0O、0x、0X。下面的写法是错误的。

```
0_b111111000
0b_111111000
```

📢 提示：

Number()、parseInt()和 parseFloat()将字符串转成数值的函数不支持数值分隔符。

扫一扫，看视频

2.4.3 字符串

字符串（String）是由零个或多个 Unicode 字符组成的字符序列。零个字符表示空字符串。

1．字符串直接量

字符串必须包含在英文单引号或双引号中。字符串直接量有以下特点。

- ➥ 如果字符串包含在双引号中，则字符串内可以包含单引号。反之，可以在单引号中包含双引号。
  例如，定义 HTML 字符串时，习惯使用单引号定义字符串，HTML 中包含的属性值使用双引号
  包裹，这样不容易出现错误。

```
console.log('<meta charset="utf-8">');
```

- ➥ 字符串需要在一行内表示，换行表示是不允许的。例如：

```
console.log("字符串
直接量");                               //抛出异常
```

如果要换行显示字符串，可以在字符串中添加换行符（\n）。例如：

```
console.log("字符串\n 直接量");          //在字符串中添加换行符
```

- ➥ 如果要多行表示字符串，可以在换行结尾处添加反斜杠（\）。反斜杠和换行符不作为字符串直接
  量的内容。例如：

```
console.log("字符串\
直接量");                               //表示"字符串直接量"
```

- ➥ 在字符串中插入特殊字符，需要使用转义字符。例如，在英文文本中常用单引号表示撇号，此时
  如果使用单引号定义字符串，就应该添加反斜杠转义单引号，单引号就不再被解析为定义字符
  串的标识符，而是作为撇号使用。

```
console.log('I can\'t read.');          //显示"I can't read."
```

- ➥ 字符串中每个字符都有固定的位置。第 1 个字符的下标位置为 0，第 2 个字符的下标位置为 1，
  以此类推。最后一个字符的下标位置是字符串长度（length）减 1。

2. 转义字符

转义字符是字符的一种间接表示方式。在特定环境中，无法直接使用字符自身表示。例如，在字符串中包含说话内容。

> "子曰："学而不思则罔，思而不学则殆。""

由于 JavaScript 已经赋予了双引号为字符串直接量的标识符，如果在字符串中包含双引号，就必须使用转义字符表示。

> "子曰：\"学而不思则罔，思而不学则殆。\""

JavaScript 定义反斜杠加上字符可以表示字符自身，即在一个正常字符前添加反斜杠时，JavaScript 会忽略该反斜杠。注意，一些字符加上反斜杠后会表示特殊字符，而不是原字符本身。JavaScript 特殊转义字符具体说明如表 2.7 所示。

表 2.7　JavaScript 特殊转义字符具体说明

序　列	代　表　字　符
\0	Null 字符（\u0000）
\b	退格符（\u0008）
\t	水平制表符（\u0009）
\n	换行符（\u000A）
\v	垂直制表符（\u000B）
\f	换页符（\u000C）
\r	回车符（\u000D）
\"	双引号（\u0022）
\'	撇号或单引号（\u0027）
\\	反斜线（\u005C）
\xnn	由 2 个十六进制数字 nn 指定的 Unicode 字符
\unnnn	由 4 个十六进制数字 nnnn 指定的 Unicode 字符
\u{n}	由码位 n 指定的 Unicode 字符，其中 n 是 0～10FFFF（ES 6）之间的 1～6 个十六进制数字

◀》提示：

ES 6 加强了对 Unicode 的支持，它允许采用\unnnn 的形式表示一个字符，其中 nnnn 表示字符的 Unicode 码点，如\u0061 表示字符 a。但是，这种表示法只限于码点在\u0000~\uFFFF 之间的字符。超出这个范围的字符，就必须用两个双字节的形式表示，如\uD842\uDFB7 表示字符"吉"。

如果超过 0xFFFF 的数值，如\u20BB7，JavaScript 会理解为\u20BB+7。ES 6 允许将码点放入大括号，来正确解读超过 0xFFFF 的字符，如\u{20BB7}表示字符"吉"。大括号表示法与四字节的 UTF-16 编码是等价的，如'\u{1F680}' === '\uD83D\uDE80'返回 true。

总之，JavaScript 共提供了 6 种字符转义的方法。例如，对于字符 'z' 来说，可以有 6 种表示方法：\z、\172、\x7A、\u007A、\u{7A}。

◀》注意：

JavaScript 字符串允许直接输入字符，以及输入字符的转义形式。但是，反斜杠、回车、换行符、行分隔符、段分隔符这 5 个字符不能在字符串里面直接使用，只能使用转义形式。

由于 JSON 格式允许字符串里面直接使用行分隔符和段分隔符，当使用 JSON.parse 字符串时，就有可能直接报错，如 JSON.parse('"\u2028"');。为此，ES 2019 允许 JavaScript 字符串直接输入行分隔符和段分隔符。

3．字符串操作

调用 String 原型方法，可以灵活操作字符串。如果配合正则表达式，还可以完成复杂的字符串处理任务，有关字符串和正则表达式的使用技巧将在后续章节中专题讲解。

在 JavaScript 中，可以使用加号（+）运算符连接两个字符串，使用字符串的 length 属性获取字符串的字符个数（长度）。

【示例 1】下面的代码先合并两个字符串，然后计算它们的长度。

```
var str1 = "学而不思则罔",
  str2 = "思而不学则殆",
  string = str1 + "," + str2;
console.log(string);              //显示：学而不思则罔,思而不学则殆
console.log(string.length);       //显示：13
```

4．字符序列

JavaScript 字符串是固定不变的字符序列，虽然可以使用各种方法对字符串执行操作，但是返回的都是新的字符串，原字符串保持固定不变。也不能使用 delete 运算符删除字符串中指定位置的字符。

在 ES 5 中，字符串可以作为只读数组使用，除了使用 charAt()访问其中的字符外，也可以使用中括号运算符来访问，位置下标从 0 开始，最大位置下标为 length-1。

【示例 2】下面的代码使用 for 或者 for/of 遍历字符串中每个字符，但是字符串中的字符不能被 for/in 循环枚举。

```
var str1 = "学而不思则罔,思而不学则殆";
for(var i=0; i<str1.length; i++){
    console.log(str1[i]);
}
```

📢 提示：

ES 6 为字符串添加了遍历器接口，使得字符串可以被 for/of 循环遍历。例如：

```
for (let codePoint of 'foo') {
    console.log(codePoint)
}
```

for/of 可以识别大于 0xFFFF 的码点，但是 for 循环无法识别大于 0xFFFF 的码点。

扫一扫，看视频

2.4.4　布尔型

布尔型（Boolean）仅包含两个值（true 和 false），其中 true 代表"真"，而 false 代表"假"。

📢 注意：

在 JavaScript 中，undefined、null、""、0、NaN 和 false 这 6 个特殊值转换为布尔值时为 false，俗称为假值。除了假值之外，其他任何类型的值转换为布尔值时都是 true。

【示例】使用 Boolean()函数可以强制把任何类型的值转换为布尔值。

```
console.log(Boolean(0));              //返回 false
console.log(Boolean(NaN));            //返回 false
console.log(Boolean(null));           //返回 false
console.log(Boolean(""));             //返回 false
console.log(Boolean(undefined));      //返回 false
```

扫一扫，看视频

2.4.5 Null

Null 类型只有一个值，即 null，null 表示空值，常用于定义一个空的对象指针。

使用 typeof 运算符检测 null 值，返回 object，表明它是 Object 类型，但是 JavaScript 把它归为一类特殊的原始值。

设置变量的初始化值为 null，可以定义一个备用的空对象，即特殊的非对象。

【示例】如果检测一个对象为空的，则可以对其进行初始化。

```
if(men == null) {
    men = {
        //初始化对象 men
    }
}
```

扫一扫，看视频

2.4.6 Undefined

Undefined 类型也只有一个值，即 undefined，undefined 表示未定义的值。当声明变量未赋值时，或者定义属性未设置值时，默认值都为 undefined。

🔊 提示：

不要主动给某个变量设置 undefined 值。值 undefined 主要用于比较，而且在 ECMA-262 第 3 版之前是不存在的。增加这个特殊值的目的就是为了正式明确空对象指针（null）和未初始化变量的区别。

【示例 1】undefined 值是由 null 值派生而来的，因此 ECMA-262 将它们定义为表面上相等，null 和 undefined 都表示空缺的值，转化为布尔值都是假值 false，可以相等。

```
console.log(null == undefined);    //返回 true
```

null 和 undefined 属于不同类型，使用全等运算符（===）或 typeof 运算符可以区分。

```
console.log(null === undefined);        //返回 false
console.log(typeof null);               //返回"object"
console.log(typeof undefined);          //返回"undefined"
```

🔊 提示：

undefined 隐含着意外的空值，而 null 隐含着意料之中的空值。因此，设置一个变量、参数为空值时，建议使用 null，而不是 undefined。

【示例 2】检测一个变量是否初始化，可以使用 undefined 快速检测。

```
var a;                              //声明变量
console.log(a);                     //返回变量默认值为 undefined
(a == undefined) && (a = 0);        //检测变量是否初始化，否则为其赋值
console.log(a);                     //返回初始值 0
```

也可以使用 typeof 运算符检测变量的类型是否为 undefined。

```
(typeof a == "undefined") && (a = 0);   //检测变量是否初始化，否则为其赋值
```

【示例 3】在下面的代码中，声明了变量 a，而没有声明变量 b，然后使用 typeof 运算符检测它们的类型，返回的值都是 undefined。说明不管是声明的变量，还是未声明的变量，都可以通过 typeof 运算符检测变量是否初始化。

```
var a;
console.log(typeof a);              //返回 undefined
```

```
console.log(typeof b);                    //返回 undefined
```

🔊 注意：

对于未声明的变量 b 来说，如果直接在表达式中使用，会引发异常。

```
console.log(b == undefined);              //提示未定义的错误信息
```

【示例 4】对于函数来说，如果没有明确的返回值，则默认返回值也为 undefined。

```
function f(){}
console.log(f());                         //返回 undefined
```

2.4.7 Symbol

扫一扫，看视频

ES 6 引入一种新的原始数据类型 Symbol，表示独一无二的值。Symbol 值是通过 Symbol 函数生成。凡是属性名属于 Symbol 类型，都是独一无二的，可以保证不会与其他属性名产生冲突。

【示例 1】在下面的代码中，变量 s 就是一个独一无二的值。typeof 运算符的结果，表明变量 s 是 Symbol 数据类型，而不是字符串之类的其他类型。

```
let s = Symbol();
typeof s                                  //"symbol"
```

🔊 注意：

Symbol()函数前不能使用 new 命令，否则会报错。这是因为生成的 Symbol 是一个原始类型的值，而不是对象。也就是说，由于 Symbol 值不是对象，所以不能添加属性。基本上，它是一种类似于字符串的数据类型。

Symbol 函数可以接收一个字符串作为参数，表示对 Symbol 实例的描述信息，主要是为了在控制台显示，或者转为字符串时，方便区分不同的 Symbol 值。

【示例 2】在下面的代码中，s1 和 s2 是两个 Symbol 值。如果不加参数，它们在控制台的输出都是 Symbol()，不方便区分。有了参数以后，就等于为它们加上了描述，输出时就能够分清，到底是哪一个值。

```
let s1 = Symbol('foo');
let s2 = Symbol('bar');
s1                                        //Symbol(foo)
s2                                        //Symbol(bar)
s1.toString()                             //"Symbol(foo)"
s2.toString()                             //"Symbol(bar)"
```

如果 Symbol()函数的参数是一个对象，就会调用该对象的 toString()方法，将其转为字符串，然后才生成一个 Symbol 值。

🔊 提示：

Symbol()函数的参数只是表示对当前 Symbol 值的描述，因此相同参数的 Symbol()函数的返回值是不相等的。

【示例 3】在下面的代码中，s1 和 s2 都是 Symbol()函数的返回值，而且参数相同，但是它们是不相等的。

```
var s1 = Symbol(), s2 = Symbol();         //没有参数的情况
console.log(s1 === s2);                    //false
var s1 = Symbol('foo'), s2 = Symbol('foo'); //有参数的情况
console.log(s1 === s2);                    //false
```

Symbol 值不能与其他类型的值进行运算，否则将抛出异常。

【示例 4】Symbol 值可以显式转为字符串。

```
let sym = Symbol('My symbol');
String(sym)                                    //'Symbol(My symbol)'
sym.toString()                                 //'Symbol(My symbol)'
```

【示例 5】Symbol 值也可以转为布尔值，但是不能转为数值。

```
let sym = Symbol();
Boolean(sym)                                   //true
!sym                                           //false
Number(sym)                                    //TypeError
sym + 2                                        //TypeError
```

2.5 类型检测

使用 typeof 运算符可以检测原始数据类型，但是 typeof 有很多局限性，本节介绍两种更灵活的方法，满足高级开发可能遇到的各种复杂需求。

2.5.1 使用 constructor

扫一扫，看视频

constructor 是 Object 的原型属性，它能够返回当前对象的构造器（类型函数）。利用该属性，可以检测复合型数据的类型，如对象、数组和函数等。

【示例 1】下面的代码可以检测对象和数组的类型，使用下面的代码可以过滤对象、数组。

```
var o = {};
var a = [];
if(o.constructor == Object) console.log("o 是对象");
if(a.constructor == Array) console.log("a 是数组");
```

结合 typeof 运算符和 constructor 原型属性，可以检测不同类型的数据，常用类型数据的检测结果如表 2.8 所示。

表 2.8　常用类型数据的检测结果

值（value）	typeof value（表达式返回值）	value.constructor（构造函数的属性值）
var value = 1	"number"	Number
var value = "a"	"string"	String
var value = true	"boolean"	Boolean
var value = {}	"object"	Object
var value = new Object()	"object"	Object
var value = []	"object"	Array
var value = new Array()	"object"	Array
var value = function(){}	"function"	Function
function className(){}; var value = new className();	"object"	className

【示例 2】undefined 和 null 没有 constructor 属性，不能够直接读取，否则会抛出异常。因此，一般应先检测值是否为 undefined 和 null 等特殊值，然后再调用 constructor 属性。

```
var value = undefined;
console.log(value && value.constructor);       //返回 undefined
var value = null;
```

```
console.log(value && value.constructor);        //返回 null
```

数值直接量也不能直接读取 constructor 属性，应该先把它转换为对象再调用。

```
console.log(10.constructor);                     //抛出异常
console.log((10).constructor);                   //返回 Number 类型
console.log(Number(10).constructor);             //返回 Number 类型
```

2.5.2　使用 toString

toString() 是 Object 的原型方法，它能够返回当前对象的字符串表示。分析不同类型对象的 toString() 方法返回值，会发现由 Object.prototype.toString() 直接调用返回的字符串格式如下：

```
[object Class]
```

其中，object 表示对象的基本类型；Class 表示对象的子类型，子类型的名称与该对象的构造函数名一一对应。例如，Object 对象的 Class 为 Object，Array 对象的 Class 为 Array，Function 对象的 Class 为 Function，Date 对象的 Class 为 Date，Math 对象的 Class 为 Math，Error 对象（包括 Error 子类）的 Class 为 Error 等。宿主对象也有预定的 Class 值，如 Window、Document 和 Form 等。用户自定义的对象的 Class 为 Object。用户自定义的类型，可以根据这个格式自定义类型表示。

【实现代码】

```
function typeOf(obj){                            //类型检测，返回字符串
    var str = Object.prototype.toString.call(obj);
    return str.match(/\[object (.*?)\]/)[1].toLowerCase();
};
['Null', 'Undefined', 'Object', 'Array', 'String', 'Number', 'Boolean', 'Function',
'RegExp'].forEach(function (t) {                 //类型判断，返回布尔值
    typeOf['is' + t] = function (o) {
        return typeOf(o) === t.toLowerCase();
    };
});
```

【应用代码】

```
//类型检测
console.log(typeOf({}));                 //"object"
console.log(typeOf([]));                 //"array"
console.log(typeOf(0));                  //"number"
console.log(typeOf(null));               //"null"
console.log(typeOf(undefined));          //"undefined"
console.log(typeOf(/ /));                //"regex"
console.log(typeOf(new Date()));         //"date"
//类型判断
console.log(typeOf.isObject({}));        //true
console.log(typeOf.isNumber(NaN));       //true
console.log(typeOf.isRegExp(true));      //false
```

2.6　类 型 转 换

JavaScript 能够根据运算环境自动转换值的类型，但是在很多情况下需要手动转换数据类型，以控制运算结果，避免异常。

扫一扫，看视频

2.6.1 转换为字符串

常用值转换为字符串说明如下：

1	=>	"1"
0	=>	"0"
true	=>	"true"
false	=>	"false"
""	=>	""
undefined	=>	"undefined"
null	=>	"null"
NaN	=>	"NaN"
Infinity	=>	"Infinity"

把值转换为字符串的常用方法有两种，具体说明如下。

1．使用加号运算符

当值与空字符串相加运算时，JavaScript 会自动把值转换为字符串。

➥ 把数字转换为字符串，返回数字本身。

```
var n = 123;
n = n + "";
console.log(typeof n);              //返回类型为 string
```

➥ 把布尔值转换为字符串，返回字符串"true"或"false"。

```
var b = true;
b = b + "";
console.log(b);                     //返回字符串"true"
```

➥ 把数组转换为字符串，返回数组元素列表，以逗号分隔。如果空数组，则返回空字符串。

```
var a = [1,2,3];
a = a + "";
console.log(a);                     //返回字符串"1,2,3"
```

➥ 把函数转换为字符串，返回函数的具体代码表示。

```
var f = function(){return 1;};
f = f + "";
console.log(f);                     //返回字符串"function(){return 1;}"
```

如果是内置类型函数，则只返回构造函数的基本结构，省略函数的具体实现代码。而自定义类型函数，则与普通函数一样，返回函数的具体实现代码字符串。

```
d = Date + "";
console.log(d);                     //返回字符串"function Date () {[native code]}"
```

如果是内置静态函数，则返回[object Class]格式的字符串表示。

```
m = Math + "";
console.log(m);                     //返回字符串"[object Math]"
```

➥ 把对象转换为字符串，返回字符串会根据不同类型确定，具体说明如下。

（1）如果是对象直接量，则返回字符串"[object object]"。

```
var a = {
   x :1
```

```
}
a = a + "";
console.log(a);                          //返回字符串"[object object]"
```

（2）如果是自定义类型的实例对象，则返回字符串"[object object]"。

```
var a =new function(){}();
a = a + "";
console.log(a);                          //返回字符串"[object object]"
```

（3）如果是内置对象实例，具体返回字符串将根据参数而定。例如，正则表达式对象会返回匹配模式字符串；时间对象会返回当前 GMT 格式的时间字符串；数值对象会返回传递的参数值字符串或者 0 等。

```
a = new RegExp(/^\w$/) + "";
console.log(a);                          //返回字符串"/^\w$/"
```

提示:

加号运算符有数值求和和字符串连接两个功能，其中连接操作的优先级要大于求和运算。因此，在可能的情况下，如果两个操作数的类型不一致时，加号运算符会尝试把数字转换为字符串，再执行连接操作。例如：

```
var a = 1 + 1 + "a";
var b = "a" + 1 + 1;
console.log(a);                          //返回字符串"2a"
console.log(b);                          //返回字符串"a11"
```

对于变量 a 来说，按照从左到右的运算顺序，加号运算符首先会执行求和运算，然后再执行连接操作。对于变量 b 来说，由于"a" + 1 表达式运算将根据连接操作来执行，所以返回字符串"a1"，然后再用这个字符串与数值 1 进行运算，再次执行连接操作，最后返回字符串"a11"，而不是字符串"a2"。

2. 使用 toString()方法

为简单的值调用 toString()方法时，JavaScript 会自动把简单的值封装为对象，再调用 toString()方法，获取对象的字符串表示。

```
var a = 123456;
a.toString();
console.log(a);                          //返回字符串"123456"
```

提示:

使用加号运算符转换字符串，实际上也是调用 toString()方法来完成。只不过是 JavaScript 自动调用 toString()方法实现的。

2.6.2 转换为数字格式字符串

扫一扫，看视频

toString()是 Object 类型的原型方法，Number 子类继承该方法后，会重写 toString()，允许传递一个整型参数，以此来改变数字显示格式。默认为十进制显示格式。

（1）如果省略参数，则 toString()方法会采用默认格式直接把数字转换为数字字符串。

```
var a = 1.000;
var b = 0.0001;
var c = 1e-4;
console.log(a.toString());               //返回字符串"1"
console.log(b.toString());               //返回字符串"0.0001"
console.log(c.toString());               //返回字符串"0.0001"
```

toString()方法能够直接输出整数和浮点数，保留小数位。小数位末尾的 0 会被清除。但是对于科学记数法，则会在条件允许的情况下把它转换为浮点数，否则就使用科学记数法的方式输出字符串。

```
var a = 1e-14;
console.log(a.toString());                    //返回字符串"1e-14;"
```

在默认情况下，无论数值采用什么模式表示，toString()方法返回的都是十进制的数字字符串。因此，对于八进制、二进制或十六进制的数字，toString()方法都会先把它们转换为十进制数值之后再输出。

```
var a = 010;                                  //八进制数值10
var b = 0x10;                                 //十六进制数值10
console.log(a.toString());                    //返回字符串"8"
console.log(b.toString());                    //返回字符串"16"
```

（2）如果设置参数，则 toString()方法会根据参数把数值转换为对应进制的值之后再输出为字符串表示。

```
var a = 10;                                   //十进制数值10
console.log(a.toString(2));                   //返回二进制数字字符串"1010"
console.log(a.toString(8));                   //返回八进制数字字符串"12"
console.log(a.toString(16));                  //返回二进制数字字符串"a"
```

2.6.3 转换为小数格式字符串

扫一扫，看视频

使用 toString()方法把数值转换为字符串时，无法保留小数位，这在货币格式化、科学计数等专业领域输出显示数字是不方便的。为此，JavaScript 提供了 3 种专用方法，具体说明如下：

（1）toFixed()。toFixed()能够把数值转换为字符串，并显示小数点后的指定位数。

```
var a = 10;
console.log(a.toFixed(2));                    //返回字符串"10.00"
console.log(a.toFixed(4));                    //返回字符串"10.0000"
```

（2）toExponential()。toExponential()方法专用于把数字转换为科学记数法形式的字符串。

```
var a = 123456789;
console.log(a.toExponential(2));              //返回字符串"1.23e+8"
console.log(a.toExponential(4));              //返回字符串"1.2346e+8"
```

toExponential()方法的参数指定了保留的小数位数。省略部分采用四舍五入的方法进行处理。

（3）toPrecision()。toPrecision()方法与 toExponential()方法相似，但它可以指定有效数字的位数，而不是指定小数位数。

```
var a = 123456789;
console.log(a.toPrecision(2));                //返回字符串"1.2e+8"
console.log(a.toPrecision(4));                //返回字符串"1.235e+8"
```

2.6.4 转换为数字

扫一扫，看视频

常用值转换为数字说明如下：

1	=>	1
0	=>	0
true	=>	1
false	=>	0
""	=>	0
undefined	=>	NaN
null	=>	0
NaN	=>	NaN
Infinity	=>	Infinity

把值转换为数字的常用方法有 3 种，具体说明如下。

1. 使用 parseInt()

全局函数 parseInt()可以把数字字符串转换为整数。转换的过程如下：

第 1 步，先解析下标位置 0 处的字符，如果不是有效数字，则直接返回 NaN。

第 2 步，如果位置 0 处的字符是数字，或者可以转换为有效数字，继续解析下标位置 1 处的字符，如果不是有效数字，则直接返回下标位置 0 处的有效数字。

第 3 步，以此类推，按从左到右的顺序，逐个分析每个字符，直到发现非数字字符为止。

第 4 步，将前面分析出来的合法的数字字符全部转换为数值并返回。

```
console.log(parseInt("123abc"));          //返回数字 123
console.log(parseInt("1.73"));            //返回数字 1
console.log(parseInt(".123"));            //返回值 NaN
```

📣 注意：

浮点数中的点号对于 parseInt()来说属于非法字符，因此不会转换小数部分值。

如果以 0 为开头的数字字符串，则 parseInt()把它作为八进制数字处理：先把它转换为八进制的数值，然后再转换为十进制的数字返回。

如果以 0x 为开头的数字字符串，则 parseInt()把它作为十六进制数字处理：先把它转换为十六进制数值，然后再转换为十进制的数字返回。例如：

```
var d = 010;                              //八进制数字字符串
var e = "0x10";                           //十六进制数字字符串
console.log(parseInt(d));                 //返回十进制数字 8
console.log(parseInt(e));                 //返回十进制数字 16
```

parseInt()也支持基模式，可以把二进制、八进制、十六进制等不同进制的数字字符串转换为整数。基模式由 parseInt()函数的第二个参数指定。

【示例 1】 下面的代码把十六进制数字字符串"123abc"转换为十进制整数。

```
var a = "123abc";
console.log(parseInt(a,16));              //返回值十进制整数 1194684
```

【示例 2】 下面的代码把二进制、八进制和十进制数字字符串分别转换为十进制的整数。

```
console.log(parseInt("10",2));            //把二进制数字 10 转换为十进制整数为 2
console.log(parseInt("10",8));            //把八进制数字 10 转换为十进制整数为 8
console.log(parseInt("10" ,10));          //把十进制数字 10 转换为十进制整数为 10
```

【示例 3】 如果第一个参数是十进制的值（包含 0 前缀），为了避免被误解为八进制的数字，应该指定第二个参数值为 10，即显式定义基模式，而不是采用默认的基模式。

```
console.log(parseInt("010"));             //把默认基模式的数字 010 转换为十进制整数为 10
console.log(parseInt("010",8));           //把八进制数字 010 转换为十进制整数为 8
console.log(parseInt("010",10));          //把十进制数字 010 转换为十进制整数为 10
```

2. 使用 parseFloat()函数

全局函数 parseFloat()可以把数字字符串转换为浮点数，即能够识别第一个出现的小数点号，而第二个小数点号被视为非法。解析过程与 parseInt()方法相同。例如：

```
console.log(parseFloat("1.234.5"));       //返回数值 1.234
```

parseFloat()的参数必须是十进制形式的字符串，而不能够使用八进制或十六进制的数字字符串。同时，对于数字前面的 0（八进制数字标识）会忽略，对于十六进制形式的数字将返回 0。

```
console.log(parseFloat("123"));           //返回数值 123
```

```
console.log(parseFloat("123abc"));        //返回数值 123
console.log(parseFloat("010"));           //返回数值 10
console.log(parseFloat("0x10"));          //返回数值 0
console.log(parseFloat("x10"));           //返回数值 NaN
```

📢 提示：

ES 6 将全局函数 parseInt()和 parseFloat()移植到 Number 对象上面（Number.parseInt()和 Number.parseFloat()），行为完全保持不变。这样做的目的是逐步减少全局性方法，使得语言逐步模块化。

3. 使用乘号运算符

如果数字字符串乘以 1，则会被自动转换为数值。如果无法被转换为合法的数值，则返回 NaN。

```
var a = 1;                                //数值
var b = "1";                              //数字字符串
console.log(a + (b * 1));                 //返回数值 2
```

扫一扫，看视频

2.6.5　转换为布尔值

常用值转换为布尔值说明如下：

1	=>	true
0	=>	false
true	=>	true
false	=>	false
""	=>	false
undefined	=>	false
null	=>	false
NaN	=>	false
Infinity	=>	true

把值转换为布尔值的常用方法有两种，具体说明如下。

1. 使用双重逻辑非

一个逻辑非运算符（!）可以把值转换为布尔值并取反，两个逻辑非运算符就可以把值转换为正确的布尔值。例如：

```
console.log(!!0);                         //返回 false
console.log(!!1);                         //返回 true
console.log(!!"");                        //返回 false
console.log(!!NaN);                       //返回 false
console.log(!!null);                      //返回 false
console.log(!!undefined);                 //返回 false
console.log(!![]);                        //返回 true
console.log(!!{});                        //返回 true
console.log(!!function(){});              //返回 true
```

2. 使用 Boolean()函数

使用 Boolean()函数可以把值强制转换为布尔值。

```
console.log(Boolean(0));                  //返回 false
console.log(Boolean(1));                  //返回 true
```

2.6.6 转换为对象

使用 new 命令调用 String、Number、Boolean 类型函数，可以把字符串、数字和布尔值三类简单值 _{扫一扫，看视频}包装为相应类型的对象。

【示例】下面的示例分别使用 String、Number、Boolean 类型函数执行实例化操作，并把值"123"传入进去，使用 new 运算符创建实例对象，简单值分别被包装为字符串型对象、数值型对象和布尔型对象。

```
var n = "123";
console.log(typeof new String(n));                            //返回 object
console.log(typeof new Number(n));                            //返回 object
console.log(typeof new Boolean(n));                           //返回 object
console.log(Object.prototype.toString.call(new String(n)));  //返回 [object String]
console.log(Object.prototype.toString.call(new Number(n)));  //返回 [object Number]
console.log(Object.prototype.toString.call(new Boolean(n))); //返回 [object Boolean]
```

2.6.7 转换为简单值

1. 在逻辑运算环境中

所有复合结构的数据转换为布尔值都为 true。

【示例 1】下面的代码创建 3 个不同类型的对象，然后参与逻辑与运算，因为不管其值是什么，凡是对象转换为布尔值都为 true，所以才看到不同的显示结果。

```
var b = new Boolean(false);       //包装 false 为对象
var n = new Number(0);            //包装数字 0 为对象
var s = new String("");          //包装空字符串对象
b && console.log(b);             //如果 b 为 true，则显示"false"
n && console.log(n);             //如果 n 为 true，则显示"0"
s && console.log(s);             //如果 s 为 true，则显示""
```

2. 在数值运算环境中

JavaScript 会尝试调用 valueOf()方法，如果不成功，则再调用 toString()方法，获取返回值。然后尝试把返回值转换为数字；如果成功，则取用该值参与运算；如果转换失败，则取用 NaN 参与运算。

【示例 2】下面的代码使用 Boolean 类型函数把布尔值 true 转换为布尔型对象，然后再通过 b-0 数值运算，把布尔型对象转换为数字 1。

```
var b = new Boolean(true);        //把 true 封装为对象
console.log(b.valueOf());         //测试该对象的值为 true
console.log(typeof (b.valueOf())); //测试值的类型为 boolean
var n = b - 0;                    //投放到数值运算环境中
console.log(n);                   //返回值为 1
console.log(typeof n);            //测试类型，则为 number
```

3. 在字符串运算环境中

JavaScript 会尝试调用 toString()方法，获取对象的字符串表示，以此作为转换的值。

4. 转换数组

数组转换为简单值时，会调用 toString()方法，获取一个字符串表示，然后根据具体运算环境，再把该字符串转换为对应类型的简单值。

↘ 如果为空数组，则转换为空字符串。

➥ 如果仅包含一个元素，则取该元素值。

➥ 如果包含多个元素，则转换为多个元素的值组合的字符串，并以逗号分隔。

5. 转换对象

➥ 当对象与数值进行加号运算时，则会尝试把对象转换为数值，然后参与求和运算。如果不能够转换为有效数值，则执行字符串连接操作。

```
var a = new String("a");                    //字符串封装为对象
var b = new Boolean(true);                  //布尔值封装为对象
console.log(a + 0);                         //返回字符串"a0"
console.log(b + 0);                         //返回数值1
```

➥ 当对象与字符串进行加号运算时，则直接转换为字符串，执行连接操作。

```
var a = new String(1);
var b = new Boolean(true);
console.log(a + "");          //返回字符串"1"
console.log(b + "");          //返回字符串"true"
```

➥ 当对象与数值进行比较运算时，则尝试把对象转换为数值，然后参与比较运算。如果不能够转换为有效数值，则执行字符串比较运算。

```
var a = new String("true");                 //无法转换为数值
var b = new Boolean(true);                  //可以转换为数值1
console.log(a > 0);                         //返回false，以字符串形式进行比较
console.log(b > 0);                         //返回true，以数值形式进行比较
```

➥ 当对象与字符串进行比较运算时，则直接转换为字符串，进行比较操作。

📢 **注意：**

对于 Date 对象来说，加号运算符会先调用 toString()方法进行转换。因为当加号运算符作用于 Date 对象时，一般都是字符串连接操作。当比较运算符作用于 Date 对象时，则会转换为数字，以便比较时间的先后。

6. 转换函数

JavaScript 会尝试调用 toString()方法，获取字符串表示，对于普通函数，则返回函数的代码本身。然后根据不同运算环境，再把该字符串表示转换为对应类型的值。例如：

```
var f = function(){return 5;};
console.log(String(f));               //返回字符串 function(){ return 5;}
console.log(Number(f));               //返回 NaN
console.log(Boolean(f));              //返回 true
```

2.6.8 强制类型转换

扫一扫，看视频

JavaScript 支持使用下面的函数进行强制类型转换。

➥ Boolean(value)：把参数值转换为布尔型值。

➥ Number(value)：把参数值转换为数字。

➥ String(value)：把参数值转换为字符串。

【示例】在下面的代码中，分别调用上述 3 个函数，把参数值强制转换为新的类型值。

```
console.log(String(true));            //返回字符串"true"
console.log(String(0));               //返回字符串"0"
console.log(Number("1"));             //返回数值1
console.log(Number(true));            //返回数值1
console.log(Number("a"));             //返回 NaN
```

```
console.log(Boolean(1));                  //返回 true
console.log(Boolean(""));                 //返回 false
```

注意:

- true 被强制转换为数值 1，false 被强制转换为数值 0，而使用 parseInt()方法转换时，都返回 NaN。

```
console.log(Number(true));                //返回 1
console.log(Number(false));               //返回 0
console.log(parseInt(true));              //返回 NaN
console.log(parseInt(false));             //返回 NaN
```

- 当值包含至少有一个字符的字符串、非 0 数字或对象时，Boolean()强制转换都为 true。
- 如果值是空字符串、数字 0、undefined 或 null，Boolean()强制转换都为 false。
- Number()强制转换与 parseInt()和 parseFloat()方法的处理方式不同，Number()转换的是整体，而不是局部值。

```
console.log(Number("123abc"));            //返回 NaN
console.log(parseInt("123abc"));          //返回数值 123
```

String()能够把 null 和 undefined 强制转换为对应字符串，而调用 toString()方法将引发错误。

```
console.log(String(null));                //返回字符串"null"
console.log(String(undefined));           //返回字符串"undefined"
console.log(null.toString());             //抛出异常
console.log(undefined.toString());        //抛出异常
```

在 JavaScript 中，使用强制类型转换非常有用，但是应该根据具体应用场景确保正确转换值。

2.6.9 自动类型转换

JavaScript 能够根据具体运算环境自动转换参与运算的值的类型，转换方法可参考上面多节描述，下面简单介绍常用值在不同运算环境中被自动转换的值列表，数据类型自动转换如表 2.9 所示。

表 2.9 数据类型自动转换列表

值（value）	字符串操作环境	数字运算环境	逻辑运算环境	对象操作环境
undefined	"undefined"	NaN	false	Error
null	"null"	0	false	Error
非空字符串	不转换	字符串对应数字值 NaN	true	String
空字符串	不转换	0	false	String
0	"0"	不转换	false	Number
NaN	"NaN"	不转换	false	Number
Infinity	"Infinity"	不转换	true	Number
Number.POSITIVE_INFINITY	"Infinity"	不转换	true	Number
Number.NEGATIVE_INFINITY	"-Infinity"	不转换	true	Number
-Infinity	"-Infinity"	不转换	true	Number
Number.MAX_VALUE	"1.7976931348623157e+ 308"	不转换	true	Number
Number.MIN_VALUE	"5e-324"	不转换	true	Number
其他所有数字	"数字的字符串值"	不转换	true	Number
true	"true"	1	不转换	Boolean
false	"false"	0	不转换	Boolean
对象	toString()	valueOf()或 toString()或 NaN	true	不转换

2.7　案　例　实　战

扫一扫，看视频

2.7.1　检测字符串

使用 typeof 运算符可以检测字符串，但是无法检测字符串对象。例如：

```javascript
var str = String("123");
console.log(typeof str);                 //=> string
var str = new String("123");
console.log(typeof str);                 //=> object
```

下面定义一个 isString()函数，在封装字符串后再对它进行检测。

```javascript
function isString(str) {
    //如果 typeof 运算返回'string'，或者 constructor 指向 String，则说明它是字符串类型
    if (typeof str == 'string' || str.constructor == String) {
        return true;
    } else {
        return false;
    }
}
var str = String("123");
console.log(isString(str));              //=> true
var str = new String("123");
console.log(isString(str));              //=> true
```

2.7.2　检查字符串是否包含数字

扫一扫，看视频

下面定义一个 hasNumber()函数，检测字符串中是否包含数字，如果包含数字，则返回 true；如果全部都是非数字字符，则返回 false。

```javascript
function hasNumber(str) {
    let length = str.length;             //获取字符串的字符个数
    for (let i = 0; i < length; i++) { //逐个检测每个字符
        if (Number(str[i]) || Number(str[i]) === 0) {    //是否为数字字符，或者为 0
            return true;                 //数字 0 为假值，需要单独检测
        }
    }
    return false;
}
let str = 'qwqabd';
console.log(hasNumber(str));             //false
```

2.7.3　浮点数相乘的精度

扫一扫，看视频

浮点数运算存在精度问题，具体说明可参考 2.4.2 小节的相关内容。本小节介绍如何解决浮点数相乘的精度问题。例如：

```javascript
console.log(3*0.0001);                   //=> 0.00030000000000000003
```

定义如下乘法函数。

```javascript
function mul(a, b) {
```

```
    if (Math.floor(a) == a && Math.floor(b) == b) {         //如果两个数字都是整数,
        return a * b                                         //则直接相乘
    } else {
        let stra = a.toString();                             //否则,把数字转换为字符串
        let strb = b.toString();                             //把数字转换为字符串
        //如果存在小数位,则获取小数部分,并计算小数部分的长度
        let len1 = stra.split('.').length > 1 ? stra.toString().split(".")[1].length : 0;
        let len2 = strb.split('.').length > 1 ? strb.toString().split(".")[1].length : 0;
        return (a * b).toFixed(len1 + len2);                 //取小数位长度为两数小数位长度的和
    }
}
console.log(mul(3, 0.0001));                                 // => 0.0003
```

2.7.4 把数字转换为固定宽度的二进制数

扫一扫,看视频

在调用数值的 toString() 方法时,可以传递一个数字,设置输出数值的基数,默认以十进制格式返回数值的字符串表示,也可以输出二进制、八进制、十六进制,甚至其他任意有效进制格式表示的字符串,具体示例可参阅 2.5.2 小节的内容。

下面定义一个函数,将给定数字转换成二进制字符串。如果字符串长度不足 8 位,则在前面补 0 到满 8 位。

```
function toBin(num) {
    var str=num.toString(2);            //转换为二进制数字字符串
    while(str.length<8){                //如果长度不够 8 位,则在前面补 0
        str='0'+str;
    }
    return str;                         //返回字符串
}
console.log(toBin(10));                 //=> 00001010
```

2.7.5 类型检测函数

扫一扫,看视频

下面利用 toString() 方法返回不同类型数据的字符串表示。

- isBoolean(val):如果参数 val 是布尔值,则返回 true;否则返回 false。
- isNumber(val):如果参数 val 是数值,则返回 true;否则返回 false。
- isString(val):如果参数 val 是字符串,则返回 true;否则返回 false。
- isFunction(val):如果参数 val 是函数,则返回 true;否则返回 false。
- isArray(val):如果参数 val 是数组,则返回 true;否则返回 false。
- isObject(val):如果参数 val 是对象,则返回 true;否则返回 false。
- isDate(val):如果参数 val 是日期对象,则返回 true;否则返回 false。
- isRegExp(val):如果参数 val 是正则表达式对象,则返回 true;否则返回 false。

```
"Boolean|Number|String|Function|Array|Date|RegExp|Object|Error".split("|").forEach
(function(item) {                       //把字符串转换为数组,然后遍历数组
    //如果 window 对象没有包含该属性,则定义函数
    window["is" + item] || (window["is" + item] = function(obj) {    //定义类型检测函数
        //如果返回值与 toString 标识相符,则说明是对应类型的数据,返回 true;否则返回 false
        return {}.toString.call(obj) == "[object " + item + "]";
    });
});
console.log(isArray([1, 2, 3]));                                     //=> true
```

45

2.8 实践与练习

1. 获取数字 num 的二进制形式第 bit 位的值。如数字 2 的二进制为 10，第 1 位为 0，第 2 位为 1。

2. 给定二进制字符串，将其换算成对应的十进制数字。

3. 换一种方法把数字转换为二进制数字字符串，宽度不够 8 位要在左侧添加 0 补齐。

4. 使用 typeof 运算符检测 null 值，返回字符串为"object"，尝试定义一个函数，避免因为 null 值影响基本类型检测。

5. 使用 isFinite()可以判断有限的数字，但是它不考虑数字的类型。定义一个函数仅判断有限的数值，而不是有限的数字。

6. true 被强制转换为数值 1，false 被强制转换为数值 0，而使用 parseInt()方法转换时，都返回 NaN。练习使用代码验证一下。

7. 所有假值使用 Boolean()都可以强制转换为 false，JavaScript 主要包括哪些假值？

8. 比较 Number()与 parseInt()和 parseFloat()方法的处理方式异同，并举例说明。

9. 比较 String()与 toString()方法的处理方式异同，并举例说明。

10. JavaScript 能够根据具体运算环境自动转换参与运算值的类型。说说下面值在字符串操作环境、数字运算环境、逻辑运算环境和对象操作环境中会被转换为什么值。

Undefined、null、非空字符串、空字符串、0、NaN、Infinity、Number.POSITIVE_INFINITY、Number.NEGATIVE_INFINITY、-Infinity、Number.MAX_VALUE、Number.MIN_VALUE、其他所有数字、true、false、对象

（答案位置：本章/在线支持）

2.9 在 线 支 持

第 3 章　运算符和表达式

运算符能够对操作数执行特定运算，并返回值的符号。大部分运算符由标点符号表示，如+、−、=等；少部分由单词表示，如 delete、typeof、void、instanceof 和 in 等。操作数表示参与运算的对象，包括直接量、变量、对象、对象属性、数组、数组元素、函数、表达式等。表达式表示计算的式子，由运算符和操作数组成。表达式必须返回一个计算值，最简单的表达式是一个变量或直接量，使用运算符把多个简单的表达式连接在一起，就构成一个复杂的表达式。

【学习重点】
➥ 了解运算符和表达式。
➥ 正确使用位运算符和算术运算符。
➥ 灵活使用逻辑运算符和关系运算符。
➥ 掌握赋值运算符、对象操作运算符和其他运算符。

3.1　运　算　符

JavaScript 定义了 50 多个运算符，下面以 ECMAScript 2022 标准为参考进行列表说明。JavaScript 运算符如表 3.1 所示。

表 3.1　JavaScript 运算符

运算符	说　明	优先级	操作类型	操作个数	结果类型	结合性
++（双加号）	先递增或后递增运算	14	左值	1	数值	从右到左
−−（双减号）	先递减或后递减运算	14	左值	1	数值	从右到左
−（减号）	数值取反	14	数值	1	数值	从右到左
+（加号）	转换为数值	14	数值	1	数值	从右到左
~（否定号）	按位取反	14	整数	1	整数	从右到左
!（叹号）	逻辑取反（逻辑非）	14	布尔值	1	布尔值	从右到左
delete	删除属性	14	左值	1	布尔值	从右到左
typeof	检测操作数类型	14	任意	1	字符串	从右到左
void	返回 undefined 值	14	任意	1	undefined	从右到左
**（双星号）	指数运算	13	数值	2	数值	从右到左
*（星号）	乘法运算	13	数值	2	数值	从左到右
/（斜杠）	除法运算	13	数值	2	数值	从左到右
%（百分号）	求余运算（取模运算）	13	数值	2	数值	从左到右
+（加号）	加法运算	12	数值	2	数值	从左到右
−（减号）	减法运算	12	数值	2	数值	从左到右
+（加号）	连接字符串	12	字符串	2	字符串	从左到右
<<	左移位	11	整数	2	整数	从左到右
>>	有符号右移位	11	整数	2	整数	从左到右

续表

运算符	说　　明	优先级	操作类型	操作个数	结果类型	结合性
>>>	无符号右移位	11	整数	2	整数	从左到右
<	小于（根据数字大小、字符编码顺序）	10	数值或字符串	2	布尔值	从左到右
<=	小于等于（根据数字大小、字符编码顺序）	10	数值或字符串	2	布尔值	从左到右
>	大于（根据数字大小、字符编码顺序）	10	数值或字符串	2	布尔值	从左到右
>=	大于等于（根据数字大小、字符编码顺序）	10	数值或字符串	2	布尔值	从左到右
instanceof	检测对象类型	10	对象、构造函数	2	布尔值	从左到右
in	检测属性是否存在	10	任意、对象	2	布尔值	从左到右
==	相等（值相等）	9	任意	2	布尔值	从左到右
!=	不相等（值不相等）	9	任意	2	布尔值	从左到右
===	全等（值和类型都相等，或地址相等）	9	任意	2	布尔值	从左到右
!==	不全等（值或类型不相等，或地址不相等）	9	任意	2	布尔值	从左到右
&（连字符）	按位与	8	整数	2	整数	从左到右
^（顶角符号）	按位异或	7	整数	2	整数	从左到右
|（竖线符号）	按位或	6	整数	2	整数	从左到右
&&	逻辑与	5	任意	2	任意	从左到右
||	逻辑或	4	任意	2	任意	从左到右
??	null 判断运算符。如果左侧为 null 或 undefined，则返回右侧的值	4	任意??任意	2	任意	从左到右
?.	链判断运算符。如果左侧对象为 null 或 undefined，则停止运算，返回 undefined	4	对象?.属性 对象?.[表达式] 函数?.(参数)	2	undefined、执行链式语法	从左到右
?:	条件运算符	3	布尔值?任意:任意	3	任意	从右到左
=（等号）	赋值	2	左值=任意	2	任意	从右到左
**=	先指数运算后赋值	2	左值**=任意	2	任意	从右到左
*=	先乘后赋值	2	左值*=任意	2	任意	从右到左
/=	先除后赋值	2	左值/=任意	2	任意	从右到左
%=	先取余后赋值	2	左值%=任意	2	任意	从右到左
+=	先加后赋值	2	左值+=任意	2	任意	从右到左
-=	先减后赋值	2	左值-=任意	2	任意	从右到左
&=	先按位与后赋值	2	左值&=任意	2	任意	从右到左
^=	先按位异或后赋值	2	左值^=任意	2	任意	从右到左
|=	先按位或后赋值	2	左值|=任意	2	任意	从右到左
<<=	先左移后赋值	2	左值<<=任意	2	任意	从右到左
>>=	先有符号右移后赋值	2	左值>>=任意	2	任意	从右到左
>>>=	先无符号右移后赋值	2	左值>>>=任意	2	任意	从右到左
&&=	先逻辑与后赋值	2	左值&&=任意	2	任意	从右到左
||=	先逻辑或后赋值	2	左值||=任意	2	任意	从右到左
??=	先 null 判断后赋值	2	左值??=任意	2	任意	从右到左
，（逗号）	多重计算，并返回第二个操作数的值	1	任意	2	任意	从左到右

📢 提示：

在其他编程语言中，下面 4 个符号也定义为运算符，且拥有最高优先级。

- ➥ .（点号）：访问对象的属性，语法格式为"对象.属性"。
- ➥ []（中括号）：访问数组的元素或者对象的属性，语法格式为"数组[整数]"，或"对象['属性名称']"。
- ➥ ()（小括号）：调用函数，语法格式为"函数(参数)"。也可以作为函数定义、表达式分组、正则表达式分组的语法分隔符。
- ➥ new：对象实例化，或者调用构造函数，语法格式为"new 类型"或"new 函数"。

3.1.1　操作个数

运算符必须与操作数配合才能使用。其中运算符指定执行运算的方法，操作数提供运算的对象。例如，1 加 1 等于 2，用表达式表示就是"n=1+1"，其中 1 是被操作的数，符号"+"表示两个值相加的运算，符号"="表示赋值运算，n 表示接收赋值的变量。

不同运算符需要配合的操作数的个数不同，可以分为 3 类。

- ➥ 一元运算符：一个运算符仅对一个操作数执行运算，如取反、递加、递减、转换数字、类型检测、删除属性等运算。
- ➥ 二元运算符：一个运算符必须包含两个操作数。例如，两个数相加，两个值比较。大部分运算符都需要两个操作数配合才能够完成运算。
- ➥ 三元运算符：一个运算符必须包含 3 个操作数，如条件运算符。

3.1.2　操作类型

运算符操作的对象不是任意的值，大部分对象都有类型的限制。例如，加减乘除四则运算要求参与的操作数必须是数值，逻辑运算要求参与的操作数必须是布尔值。另外，每个运算符执行运算之后，都会有明确的返回类型。

📢 提示：

JavaScript 能够根据运算环境自动转换操作数的类型，以便完成运算任务。

【示例 1】在下面的代码中，两个操作数都是字符串，于是 JavaScript 自动把它们转换为数值，并执行减法运算，返回数值结果。

```
console.log("10"-"20");        //返回-10
```

【示例 2】在下面的代码中，数字 0 本是数值类型，JavaScript 会把它转换为布尔值 false，然后再执行条件运算。

```
console.log(0?1:2);            //返回2
```

【示例 3】在下面的代码中，字符串 5 被转换为数值，然后参与大小比较运算，并返回布尔值。

```
console.log(3>"5");            //返回false
```

【示例 4】在下面的代码中，数字 5 被转换为字符编码，参与字符串的编码顺序比较运算。

```
console.log("a">5);            //返回false
```

【示例 5】在下面的代码中，加号运算符能够根据操作数类型执行相加或者相连运算。

```
console.log(10+20);            //返回30
console.log("10"+"20");        //返回"1020"
```

【示例 6】在下面的代码中，布尔值 true 被转换为数值 1 参与乘法运算，并返回数值 5。

```
console.log(true*"5");         //返回5
```

扫一扫，看视频

扫一扫，看视频

3.1.3　运算符的优先级

运算符的优先级决定执行运算的顺序。例如，1+2*3 结果是 7，而不是 9，因为乘法优先级高，虽然加号位于左侧。

📢 **注意：**

使用小括号可以改变运算符的优先顺序。例如，(1+2)*3 结果是 9，而不再是 7。

【示例】在下面的代码中，第 2 行与第 3 行返回结果相同，但是它们运算顺序是不同的。第 2 行先计算 5 减 2，再乘以 2，最后赋值给变量 n，并显示变量 n 的值；而第 3 行先计算 5 减 2，再把结果赋值给变量 n，最后变量 n 乘以 2，并显示两者所乘结果。

```
console.log(n=5-2*2);          //返回 1
console.log(n=(5-2)*2);        //返回 6
console.log((n=5-2)*2);        //返回 6
```

📢 **注意：**

不正确使用运算符也会引发异常。

```
console.log((1+n=5-2)*2);      //返回异常
```

在上面的代码中，加号运算符优先级高，先执行运算，但是此时的变量 n 还是一个未知数，所以就会抛出异常。

扫一扫，看视频

3.1.4　运算符的结合性

一元运算符、三元运算符和赋值运算符都遵循先右后左的顺序进行结合并运算。

【示例】在下面的代码中，右侧的 typeof 运算符先与数字 5 结合，运算结果是字符串"number"，然后左侧的 typeof 运算符再与返回的字符串"number"结合，运算结果是字符串"string"。

```
console.log(typeof typeof 5);     //返回"string"
```

其运算顺序使用小括号来表示如下：

```
console.log(typeof (typeof 5));   //返回"string"
```

对于下面的表达式，左侧加号先结合，1+2 等于 3，然后 3 再与右侧加号结合，3+3 等于 6，6 继续与右侧加号结合，6+4 等于 10，最后返回结果。

```
1+2+3+4                           //返回 10
```

其运算顺序使用小括号来表示如下：

```
((1+2)+3)+4                       //返回 10
```

扫一扫，看视频

3.1.5　左值、赋值及其副作用

左值就是只能够出现在赋值运算符左侧的值，在 JavaScript 中主要指变量、对象的属性、数组的元素。

运算符一般不会对操作数本身产生影响。例如，a=b+c，其中的操作数 b 和 c 不会因为加法运算而导致自身的值发生变化。但是具有赋值功能的运算符能够改变操作数的值，进而潜在干扰程序的运行状态，并可能对后面的运算带来影响，因此具有一定的副作用，使用时应该保持警惕。具体说明如下：

- ↘ 赋值运算符（=）
- ↘ 附加操作的赋值运算符（如+=、%=等）
- ↘ 递增（++）和递减（--）运算符
- ↘ delete 运算符（功能等同于赋值 undefined）

【示例 1】 在下面的代码中，变量 a 经过赋值运算和递加运算后，其值发生了两次变化。

```
var a = 0;
a++;
console.log(a);                    //返回1
```

【示例 2】 在下面的代码中，变量 a 在参与运算的过程中，其值不断被改写，很显然这个过程干扰了程序的正常运行结果。

```
var a = 1;
a = (a++)+(++a)-(a++)-(++a);
console.log(a);                    //返回-4
```

拆解(a++)+(++a)-(a++)-(++a)表达式如下。

```
var a = 1;                         //初始值为 1
b = a++;                           //a 先赋 1 给 b，再递加变为 2
c = ++a;                           //a 先递加变为 3，再赋 3 给 c
d = a++;                           //a 赋 3 给 d，再递加变为 4
e = ++a;                           //a 先递加变为 5，再赋 5 给 e
console.log(b+c-d-e);              //返回-4
```

注意：

从可读性考虑，在一个表达式中最好不要对同一个操作数执行两次或多次赋值运算。

【示例 3】 下面的代码由于每个操作数仅执行了一次赋值运算，所以不会引发歧义，也不会干扰后续运算。

```
a = (b++)+(++c)-(d++)-(++e);
console.log(a);                    //返回-4
```

3.2 算 术 运 算

算术运算包括加法（+）、减法（-）、乘法（*）、除法（/）、余数运算（%）、数值取反运算（-）、指数运算（**）等。

扫一扫，看视频

3.2.1 加法运算

【示例 1】 注意特殊操作数的求和运算。

```
var n = 5;                                //定义并初始化任意一个数值
console.log(NaN + n);                     //NaN 与任意操作数相加，结果都是 NaN
console.log(Infinity + n);                //Infinity 与任意操作数相加，结果都是 Infinity
console.log(Infinity + Infinity);         //Infinity 与 Infinity 相加，结果是 Infinity
console.log((- Infinity) + (- Infinity)); //负 Infinity 相加，结果是负 Infinity
console.log((- Infinity) + Infinity);     //正负 Infinity 相加，结果是 NaN
```

【示例 2】 加运算符能够根据操作数的数据类型，决定进行相加操作，还是进行相连操作。

```
console.log(1 + 1);                //如果操作数都是数值，则进行相加运算
console.log(1 + "1");             //如果操作数中有一个是字符串，则进行相连运算
console.log(3.0 + 4.3 + "")       //先求和，再链接，返回"7.3"
console.log(3.0 + "" + 4.3)       //先连接，再连接，返回"34.3"，
                                  //3.0 转换为字符串为 3
```

扫一扫，看视频

🔊 **提示：**

在使用加法运算符时，应先检查操作数的数据类型是否符合需要。

3.2.2 减法运算

【**示例1**】注意特殊操作数的减法运算。

```
var n = 5;                              //定义并初始化任意一个数值
console.log(NaN - n);                   //NaN 与任意操作数相减，结果都是 NaN
console.log(Infinity - n);              //Infinity 与任意操作数相减，结果都是 Infinity
console.log(Infinity - Infinity);       //Infinity 与 Infinity 相减，结果是 NaN
console.log((- Infinity) - (- Infinity)); //负 Infinity 相减，结果是 NaN
console.log((- Infinity) - Infinity);   //正负 Infinity 相减，结果是-Infinity
```

【**示例2**】在减法运算中，如果数字为字符串，先尝试把它转换为数值之后，再进行运算。如果有一个操作数不是数字，则返回 NaN。

```
console.log(2 - "1");                   //返回 1
console.log(2 - "a");                   //返回 NaN
```

✖ **技巧：**

使用值减去 0，可以快速把值转换为数字。例如，HTTP 请求中查询字符串一般都是字符串型数字，可以先让这些参数值减去 0 转换为数值。方法与调用 parseFloat()方法结果相同，但减法更高效、快捷。减法运算符的隐性转换如果失败，则返回 NaN，这与使用 parseFloat()方法执行转换时返回值是不同的。

例如，对于字符串"100aaa"而言，parseFloat()方法能够解析出前面几个数字，而对于减法运算符来说，则必须是完整的数字，才可以进行转换。

```
console.log(parseFloat("100aaa"));      //返回 100
console.log("100aaa" - 0);              //返回 NaN
```

对于布尔值来说，parseFloat()方法能够把 true 转换为 1，把 false 转换为 0，而减法运算符视其为 NaN。

对于对象来说，parseFloat()方法会尝试调用对象的 toString()方法进行转换，而减法运算符先尝试调用对象的 valueOf()方法进行转换，失败之后再调用 toString()进行转换。

扫一扫，看视频

3.2.3 乘法运算

【**示例**】注意特殊操作数的乘法运算。

```
var n = 5;                              //定义并初始化任意一个数值
console.log(NaN * n);                   //NaN 与任意操作数相乘，结果都是 NaN
console.log(Infinity * n);              //Infinity 与任意非 0 正数相乘，结果都是 Infinity
console.log(Infinity * ( - n));         //Infinity 与任意非 0 负数相乘，结果都是-Infinity
console.log(Infinity * 0);              //Infinity 与 0 相乘，结果是 NaN
console.log(Infinity * Infinity);       //Infinity 与 Infinity 相乘，结果是 Infinity
```

扫一扫，看视频

3.2.4 除法运算

【**示例**】注意特殊操作数的除法运算。

```
var n = 5;                              //定义并初始化任意一个数值
console.log(NaN / n);                   //如果一个操作数是 NaN，结果都是 NaN
console.log(Infinity / n);              //Infinity 被任意数字除，结果是 Infinity 或-Infinity，
                                        //符号由第二个操作数的符号决定
console.log(Infinity / Infinity);       //返回 NaN
```

```
console.log(n / 0);                    //0 除一个非无穷大的数字，结果是 Infinity 或
                                       //-Infinity，符号由第二个操作数的符号决定
console.log(n / -0);                   //返回-Infinity，解释同上
```

3.2.5　求余运算

求余运算也称模运算。例如：

```
console.log(3 % 2);                    //返回余数 1
```

模运算主要针对整数进行操作，也适用于浮点数。例如：

```
console.log(3.1 % 2.3);                //返回余数 0.8000000000000003
```

【示例】注意特殊操作数的求余运算。

```
var n = 5;                             //定义并初始化任意一个数值
console.log(Infinity % n);             //返回 NaN
console.log(Infinity % Infinity);      //返回 NaN
console.log(n % Infinity);             //返回 5
console.log(0 % n);                    //返回 0
console.log(0 % Infinity);             //返回 0
console.log(n % 0);                    //返回 NaN
console.log(Infinity % 0);             //返回 NaN
```

扫一扫，看视频

3.2.6　取反运算

取反运算符也称一元减法运算符。
【示例】注意特殊操作数的取反运算。

```
console.log(-5);                       //返回-5。正常数值取负数
console.log(-"5");                     //返回-5。先转换字符串数字为数值类型
console.log(-"a");                     //返回 NaN。无法完全匹配运算，返回 NaN
console.log(-Infinity);               //返回-Infinity
console.log(-(-Infinity));            //返回 Infinity
console.log(-NaN);                     //返回 NaN
```

提示：
与一元减法运算符相对应的是一元加法运算符，利用它可以快速把一个值转换为数值。

3.2.7　递增和递减运算

扫一扫，看视频

递增（++）和递减（--）运算是一种简洁的方法，它通过将左侧操作与自身相加 1 或相减 1，然后将结果赋值给左侧操作数，以改变自身结果。

作为一元运算符，递增和递减只能作用于变量、数组元素或对象属性，不能作用于直接量。根据位置不同，递增和递减运算可以分为 4 种运算方式。

- 前置递增（++n）：先递增，再赋值。
- 前置递减（--n）：先递减，再赋值。
- 后置递增（n++）：先赋值，再递增。
- 后置递减（n--）：先赋值，再递减。

【示例】下面比较递增和递减 4 种运算方式的不同。

```
var a=b=c=4;
console.log(a++);                      //返回 4，先赋值，再递增，运算结果不变
```

```
console.log(++b);                //返回 5，先递增，再赋值，运算结果加 1
console.log(c++);                //返回 4，先赋值，再递增，运算结果不变
console.log(c);                  //返回 5，变量的值加 1
console.log(++c);                //返回 6，先递增，再赋值，运算结果加 1
console.log(c);                  //返回 6，变量的值也加 1
```

◀》 提示：

递增运算符和递减运算符是相反的操作，在运算之前都会试图转换值为数值类型，如果失败，则返回 NaN。

扫一扫，看视频

3.2.8 指数运算

指数运算也称为幂运算。例如：

```
console.log(2 ** 3);            //8
```

该运算符是右结合，而其他算术运算符都是左结合。多个指数运算符连用时，是从最右边开始计算的。例如：

```
console.log(2 ** 3 ** 2);       //512
```

上面代码相当于 2 ** (3 ** 2)，先计算第二个指数运算符，而不是第一个。

3.3　逻 辑 运 算

逻辑运算又称布尔代数，就是布尔值（true 和 false）的"算术"运算。逻辑运算包括逻辑与（&&）、逻辑或（||）和逻辑非（!）。

扫一扫，看视频

3.3.1 逻辑与运算

逻辑与运算（&&）是 AND 布尔操作。只有两个操作数都为 true 时，才返回 true；否则返回 false。逻辑与运算具体描述如表 3.2 所示。

表 3.2　逻辑与运算

第 1 个操作数	第 2 个操作数	运算结果
true	true	true
true	false	false
false	true	false
false	false	false

【逻辑解析】

逻辑与是一种短路逻辑，运算逻辑如下。

第 1 步，计算第 1 个操作数（左侧表达式）的值。

第 2 步，检测第 1 个操作数的值。如果左侧表达式的值可转换为 false（如 null、underfined、NaN、0、""、false），那么就会结束运算，直接返回第一个操作数的值，停止下面计算步骤。

第 3 步，如果第 1 个操作数为 true，或者可以转换为 true，则再进一步计算第 2 个操作数（右侧表达式）的值。

第 4 步，最后返回第 2 个操作数的值。

【示例 1】下面的代码利用逻辑与运算检测变量并进行初始化。

```
var user;                               //定义变量
(! user && console.log("没有赋值"));      //返回提示信息"没有赋值"
```

等效于：

```
var user;                               //定义变量
if(! user){                             //条件判断
   console.log("变量没有赋值");
}
```

注意：

如果变量 user 值为 0 或空字符串等假值，转换为布尔值时，则为 false，那么当变量赋值之后，依然提示变量没有赋值。因此，在设计时必须确保逻辑与左侧的表达式返回值是一个可以预测的值。

```
var user = 0;                             //定义并初始化变量
(! user && console.log("变量没有赋值"));    //返回提示信息"变量没有赋值"
```

同时，注意右侧表达式不应该包含赋值、递增、递减和函数调用等有效运算，因为当左侧表达式为 false 时，则直接跳过右侧表达式，会忽略有效运算，给程序运行造成潜在的破坏。

【示例 2】 使用逻辑与运算符可以代替设计多重分支结构。

```
var n = 3;
(n == 1) && console.log(1);
(n == 2) && console.log(2);
(n == 3) && console.log(3);
(! n) && console.log("null");
```

上面代码等效于下面多重分支结构。

```
var n = 3;                            //定义变量
switch (n){                           //指定判断的变量
   case 1:                            //条件 1
     console.log(1);
     break;                           //结束结构
   case 2:                            //条件 2
     console.log(2);
     break;                           //结束结构
   case 3:                            //条件 3
     console.log(3);
     break;                           //结束结构
   default:                           //默认条件
     console.log("null");
}
```

提示：

逻辑与运算的操作数可以是任意类型的值，并原始返回表达式的值，而不是把操作数转换为布尔值再返回。

> 对象被转换为布尔值时为 true。例如，一个空对象与一个布尔值进行逻辑与运算。

```
console.log(typeof({} && true))       //返回第 2 个操作数的值 true 的类型：布尔型
console.log(typeof(true && {}))       //返回第 2 个操作数的值{}的类型：对象
```

> 如果操作数中包含 null，则返回值总是 null。例如，字符串"null"与 null 类型值进行逻辑与运算，不管位置如何，始终都返回 null。

```
console.log(typeof("null" && null))   //返回 null 的类型：对象
console.log(typeof(null && "null"))   //返回 null 的类型：对象
```

> 如果操作数中包含 NaN，则返回值总是 NaN。例如，字符串"NaN"与 NaN 类型值进行逻辑与运算，不管位置如何，始终都返回 NaN。

```
console.log(typeof("NaN" && NaN))     //返回 NaN 的类型：数值
```

```
console.log(typeof(NaN && "NaN"))                    //返回 NaN 的类型：数值
```
➥ 对于 Infinity 来说，将被转换为 true，与普通数值一样参与逻辑与运算。
```
console.log(typeof("Infinity" && Infinity))    //返回第 2 个操作数 Infinity 的类型：数值
console.log(typeof(Infinity && "Infinity"))    //返回第 2 个操作数"Infinity"的类型：字符串
```
➥ 如果操作数中包含 undefined，则返回 undefined。例如，字符串"undefined"与 undefined 类型值进行逻辑与运算，不管位置如何，始终都返回 undefined。
```
console.log(typeof("undefined" && undefined))  //返回 undefined
console.log(typeof(undefined && "undefined"))  //返回 undefined
```

扫一扫，看视频

3.3.2 逻辑或运算

逻辑或运算（||）是布尔 OR 操作。如果两个操作数都为 true，或者其中一个为 true，就返回 true；否则返回 false。逻辑或运算具体描述如表 3.3 所示。

表 3.3 逻辑或运算

第 1 个操作数	第 2 个操作数	运 算 结 果
true	true	true
true	false	true
false	true	true
false	false	false

【逻辑解析】

逻辑或也是一种短路逻辑，运算逻辑如下：

第 1 步，计算第一个操作数（左侧表达式）的值。

第 2 步，检测第一个操作数的值。如果左侧表达式的值可转换为 true，那么就会结束运算，直接返回第一个操作数的值，并停止下面的运算步骤。

第 3 步，如果第一个操作数为 false，或者可以转换为 false，则计算第二个操作数（右侧表达式）的值。

第 4 步，最后返回第二个操作数的值。

【示例 1】针对下面 4 个表达式：

```
var n = 3;
(n == 1) && console.log(1);
(n == 2) && console.log(2);
(n == 3) && console.log(3);
(! n) && console.log("null");
```

可以使用逻辑或对其进行合并：

```
var n = 3;
(n == 1) && console.log(1) ||
(n == 2) && console.log(2) ||
(n == 3) && console.log(3) ||
(! n) && console.log("null");
```

由于&&运算符的优先级高于||运算符的优先级，所以不必使用小括号进行分组。但如果使用小括号分组后，代码更容易阅读。

```
var n = 3;
((n == 1) && console.log(1))||        //为 true 时，结束并返回该行值
((n == 2) && console.log(2))||        //为 true 时，结束并返回该行值
((n == 3) && console.log(3))||        //为 true 时，结束并返回该行值
```

```
((! n) && console.log("null"));        //为 true 时, 结束并返回该行值
```

逻辑与（&&）和逻辑或（||）运算符都受控于第一个操作数，可能不会不执行第二个操作数。

【示例 2】在下面条件分支中，由于 a = "string"操作数可以转换为 true，则逻辑或运算就不再执行右侧的定义对象表达式，最后 console.log(b.a);也就抛出异常。

```
if(a = "string" || (b ={
    a : "string"
  })
) console.log(b.a);                    //调用 b 的属性 a
```

如果使用逻辑与运算，就可以避免上述问题。

```
if(a = "string" && (b ={
    a : "string"
  })
) console.log(b.a);                    //调用 b 的属性 a, 返回字符串"string"
```

【示例 3】下面的代码设计一个复杂的嵌套结构，根据变量 a 决定是否执行一个循环。

```
var a = b = 2;                         //定义并连续初始化
if(a){                                 //条件结构
   while(b ++ < 10){                   //循环结构
       console.log(b++);               //循环执行语句
   }
}
```

使用逻辑与和逻辑或运算符进行简化：

```
var a = b = 2;                         //定义并连续初始化
while(a && b ++ < 10) console.log(b++ ); //逻辑与运算符合并的多条件表达式
```

如果转换为如下嵌套结构，就不能够继续使用上述表达式进行简化。因为下面循环体是先执行，后执行条件检测。

```
while(b ++ < 10){                      //先执行循环
   if(a){                              //再判断条件
       console.log(b++);
   }
}
```

3.3.3　逻辑非运算

逻辑非运算（!）是布尔取反操作（NOT）。作为一元运算符，直接放在操作数之前，把操作数的值转换为布尔值，然后取反并返回。

【示例 1】下面列举特殊操作数的逻辑非运算值。

```
console.log(!{});                      //如果操作数是对象, 则返回 false
console.log(!0);                       //如果操作数是 0, 则返回 true
console.log(!(n = 5));                 //如果操作数是非 0 的任何数字, 则返回 false
console.log(!null);                    //如果操作数是 null, 则返回 true
console.log(!NaN);                     //如果操作数是 NaN, 则返回 true
console.log(!Infinity);                //如果操作数是 Infinity, 则返回 false
console.log(!(- Infinity));            //如果操作数是-Infinity, 则返回 false
console.log(!undefined);               //如果操作数是 undefined, 则返回 true
```

【示例 2】如果对操作数执行两次逻辑非运算操作，就相当于把操作数转换为布尔值。

```
console.log(!0);                       //返回 true
console.log(!!0);                      //返回 false
```

📣 **注意：**

逻辑与和逻辑或运算的返回值不必是布尔值，但是逻辑非运算的返回值一定是布尔值。

3.4 关系运算

关系运算也称比较运算，需要两个操作数，运算结果是布尔值。

扫一扫，看视频

3.4.1 大小比较

比较大小关系的运算符有 4 个，大小关系运算符及说明如表 3.4 所示。

表 3.4 大小关系运算符及说明

运算符	说 明
<	如果第一个操作数小于第二个操作数，则返回 true；否则返回 false
<=	如果第一个操作数小于或者等于第二个操作数，则返回 true；否则返回 false
>=	如果第一个操作数大于或等于第二个操作数，则返回 true；否则返回 false
>	如果第一个操作数大于第二个操作数，则返回 true；否则返回 false

📣 **提示：**

大小关系运算符的操作数可以是任意类型的值，但是在执行运算时，会被转换为数字或字符串，然后再进行比较。如果是数字，则比较大小；如果是字符串，则根据字符编码表中的编号值，从左到右逐个比较每个字符的编码值。

➘ 如果两个操作数都是数字，或者一个是数值，另一个可以被转换成数字，则将根据数字大小进行比较。

```
console.log(4>3);                    //返回 true，直接利用数值大小进行比较
console.log("4">Infinity);           //返回 false，无穷大比任何数字都大
```
➘ 如果两个操作数都是字符串，则执行字符串比较。

```
console.log("4">"3");                //返回 true，根据字符编码表的编号值比较
console.log("a">"b");                //返回 false，a 编码为 61，b 编码为 62
console.log("ab">"cb");              //返回 false，c 编码为 63
console.log("abd">"abc");            //返回 true，d 编码为 64，
                                     //如果前面相同，则比较下个字符，以此类推
```

📣 **注意：**

字符比较是区分大小写的，一般小写字符大于大写字符。如果不区分大小写，则建议使用 toLowerCase() 或 toUpperCase() 方法把字符串统一为小写或大写形式之后再进行比较。

➘ 如果一个操作数是数字，或者被转换为数字；另一个是字符串，或者被转换为字符串。则使用 parseInt() 将字符串转换为数字，对于非数字字符串，将被转换为 NaN，最后以数字方式进行比较。
➘ 如果一个操作数为 NaN，或者被转换为 NaN，则始终返回 false。

```
console.log("a">"3");                //返回 true，字符 a 编码为 61，字符 3 编码为 33
console.log("a">3);                  //返回 false，字符 a 被强制转换为 NaN
```
➘ 如果一个操作数是对象，则先使用 valueOf() 取其值，再进行比较；如果没有 valueOf() 方法，则使用 toString() 取其字符串表示，再进行比较。
➘ 如果一个操作数是布尔值，则先转换为数值，再进行比较。
➘ 如果操作数都无法转换为数字或字符串，则比较结果为 false。

📣 **注意：**

为了设计可控的比较运算，建议先检测操作数的类型，主动转换类型。

3.4.2 等值比较

等值比较运算符包括 4 个，其详细说明如表 3.5 所示。

表 3.5 等值比较运算符及说明

运算符	说 明
==（相等）	比较两个操作数的值是否相等
!=（不相等）	比较两个操作数的值是否不相等
===（全等）	比较两个操作数的值是否相等，同时检测它们的类型是否相等
!==（不全等）	比较两个操作数的值是否不相等，同时检测它们的类型是否不相等

在等值比较运算中，应注意几个问题。

⮞ 如果操作数是布尔值，则先转换为数值，其中 false 转为 0，true 转换为 1。

⮞ 如果一个操作数是字符串，另一个操作数是数字，则先尝试把字符串转换为数字。

⮞ 如果一个操作数是字符串，另一个操作数是对象，则先尝试把对象转换为字符串。

⮞ 如果一个操作数是数字，另一个操作数是对象，则先尝试把对象转换为数字。

⮞ 如果两个操作数都是对象，则比较引用地址。如果引用地址相同，则相等；否则不等。

【示例 1】下面列举特殊操作数的相等比较。

```
console.log("1" == 1)            //返回 true。字符串被转换为数字
console.log(true == 1)           //返回 true。true 被转换为 1
console.log(false == 0)          //返回 true。false 被转换为 0
console.log(null == 0)           //返回 false
console.log(undefined == 0)      //返回 false
console.log(undefined == null)   //返回 true
console.log(NaN == "NaN")        //返回 false
console.log(NaN == 1)            //返回 false
console.log(NaN == NaN)          //返回 false
console.log(NaN != NaN)          //返回 true
```

📢 提示：

NaN 与任何值都不相等，包括自身。null 和 undefined 值相等。在相等比较中，null 和 undefined 是不允许被转换为其他类型的值。

【示例 2】下面两个变量的值是相等的。

```
var a = "abc" + "d";
var b = "a" + "bcd";
console.log(a == b);             //返回 true
```

📢 提示：

数值和布尔值的相等比较运算效果比较高，但是字符串需要逐个字符进行比较，相等比较运算效果比较低。

在全等运算中，应注意几个问题。

⮞ 如果两个操作数都是简单的值，则只要值相等，且类型相同，就全等。

⮞ 如果一个操作数是简单的值，另一个操作数是复合型对象，则不全等。

⮞ 如果两个操作数都是复合型对象，则比较引用地址是否相同。

【示例 3】下面列举特殊操作数的全等比较。

```
console.log(null === undefined)      //返回 false
```

```
console.log(0 === "0")                    //返回 false
console.log(0 === false)                  //返回 false
```

【**示例 4**】下面是两个对象的比较，由于它们都引用相同的地址，所以返回 true。

```
var a = {};
var b = a;
console.log(a === b);                     //返回 true
```

下面两个对象虽然结构相同，但是地址不同，所以不全等。

```
var a = {};
var b = {};
console.log(a === b);                     //返回 false
```

【**示例 5**】对于复合型对象，主要比较引用的地址，不比较对象的值。

```
var a = new String("abcd")               //定义字符串"abcd"对象
var b = new String("abcd")               //定义字符串"abcd"对象
console.log(a === b);                     //返回 false
console.log(a == b);                      //返回 false
```

在示例 5 中，两个对象的值相等，但是引用地址不同，所以它们既不相等，也不全等。因此，对于复合型对象来说，相等（==）和全等（===）运算符操作的结果是相同的。

【**示例 6**】对于简单的值，只要类型相同，值相等，它们就是全等，不考虑表达式运算的过程变化，也不用考虑变量的引用地址。

```
var a = "1" + 1;
var b = "11";
console.log(a === b);                     //返回 true
```

【**示例 7**】表达式(a > b || a == b)与表达式(a >= b)并不完全相等。

```
var a = 1;
var b = 2;
console.log((a > b || a == b) == (a >= b))    //返回 true，此时似乎相等
```

如果为变量 a 和 b 分别赋值为 null 和 undefined，则返回值为 false，说明这两个表达式并非完全等价。

```
var a = null;
var b = undefined;
console.log((a > b || a == b) == (a >= b))    //返回 false，表达式的值并非相等
```

因为 null==undefined 等于 true，所以(a > b || a == b)表达式返回值就为 true。但是表达式 null>=undefined 返回值为 false。

3.5 赋 值 运 算

扫一扫，看视频

赋值运算符的左侧操作数必须是变量、对象属性或数组元素，也称为左值。例如，下面写法是错误的，因为左侧的值是一个固定的值，不允许进行赋值操作。

```
1 = 100;                                  //返回错误
```

赋值运算有两种形式。

- ↘ 简单的赋值运算（=）：把等号右侧操作数的值直接赋值给左侧的操作数，因此左侧操作数的值会发生变化。
- ↘ 附加操作的赋值运算：赋值之前先对两侧操作数执行特定运算，然后把运算结果再赋值给左侧操作数。附加操作的赋值运算符具体说明如表 3.6 所示。

表 3.6　附加操作的赋值运算符

附加操作的赋值运算符	说　明	示　例	等 效 于
+=	加法运算或连接操作并赋值	a += b	a = a + b
-=	减法运算并赋值	a -= b	a = a - b
*=	乘法运算并赋值	a *= b	a = a * b
**=	指数运算并赋值	a **= b	a = a ** b
/=	除法运算并赋值	a /= b	a = a / b
%=	取模运算并赋值	a %= b	a = a % b
<<=	左移位运算并赋值	a <<= b	a = a << b
>>=	右移位运算并赋值	a >>= b	a = a >> b
>>>=	无符号右移位运算并赋值	a >>>= b	a = a >>> b
&=	位与运算并赋值	a &= b	a = a & b
|=	位或运算并赋值	a |= b	a = a | b
^=	位异或运算并赋值	a ^= b	a = a ^ b
&&=	先逻辑与后赋值	a &&= b	a = a && b
||=	先逻辑或后赋值	a ||= b	a = a || b
??=	先 null 判断后赋值	a ??= b	a = a ?? b

【示例 1】使用赋值运算符设计复杂的连续赋值表达式。

```
var a = b = c = d = e = f = 100;              //连续赋值
//在条件语句的小括号内进行连续赋值
for(var a = b = 1; a < 5; a ++ ){console.log(a + "" + b);}
```

赋值运算符的结合性是从右向左,所以最右侧的赋值运算先执行,然后再向左赋值,以此类推,所以连续赋值运算不会引发异常。

【示例 2】在下面表达式中,逻辑与左侧的操作数是一个赋值表达式,右侧的操作数也是一个赋值表达式。但是左侧赋的值是一个简单值,右侧是把一个函数赋值给变量 b。

在逻辑与运算中,左侧的赋值并没有真正地复制给变量 a,当逻辑与运算执行右侧的表达式时,该表达式是把一个函数赋值给变量 b,然后利用小括号运算符调用这个函数,返回变量 a 的值,结果并没有返回变量 a 的值为 6,而是 undefined。

```
var a;                                  //定义变量 a
console.log(a = 6 && (b = function(){   //逻辑与运算表达式
    return a;                           //返回变量 a 的值
  })()
);                                      //结果返回 undefined
```

由于赋值运算作为表达式使用具有副作用,使用时要慎重,确保不会引发风险。对于上面表达式,更安全的写法如下。

```
var a = 6;                              //定义并初始化变量 a
b = function(){                         //定义函数对象 b
  return a;
}
console.log(a && b());                  //逻辑与运算,根据 a,决定是否调用函数 b
```

3.6 对象操作运算

对象操作运算主要是针对对象、数组、函数这三类复合型对象执行的操作，涉及运算符包括 in、instanceof、delete。

扫一扫，看视频

3.6.1 归属检测

in 运算符能够检测左侧操作数是否为右侧操作数的成员。其中左侧操作数是一个字符串，或者可以转换为字符串的表达式，右侧操作数是一个对象或数组。

【示例 1】下面的代码使用 in 运算符检测属性 a、b、c、valueOf 是否为对象 o 的成员。

```
var o = {                              //定义对象
    a:1,                               //定义属性 a
    b:function(){}                     //定义方法 b
}
console.log("a" in o);                 //返回 true
console.log("b" in o);                 //返回 true
console.log("c" in o);                 //返回 false
console.log("valueOf" in o);           //返回 true，继承 Object 的原型方法
console.log("constructor" in o);       //返回 true，继承 Object 的原型属性
```

instanceof 运算符能够检测左侧的对象是否为右侧类型的实例。

【示例 2】下面的代码使用 instanceof 检测数组 a 是否为 Array、Object 和 Function 的实例。

```
var a = new Array();                   //定义数组
console.log(a instanceof Array);       //返回 true
console.log(a instanceof Object);      //返回 true，Array 是 Object 的子类
console.log(a instanceof Function);    //返回 false
```

🔊 提示：

如果左侧操作数不是对象，或者右侧操作数不是类型函数，则返回 false。如果右侧操作数不是复合型对象，则将返回错误。

扫一扫，看视频

3.6.2 删除属性

delete 运算符能够删除指定对象的属性，或者数组的元素。如果删除操作成功，则返回 true；否则返回 false。

【示例 1】下面的代码使用 delete 运算符删除对象 a 的属性 x。

```
var a ={                               //定义对象 a
  x : 1,                               //定义对象成员
  y : 2                                //定义对象成员
};
console.log(a.x);                      //调用对象成员，返回 1
console.log( delete a.x);              //删除对象成员 x 成功，返回 true
console.log(a.x);                      //返回 undefined，没有找到该对象成员
```

🔊 注意：

部分 JavaScript 内置成员和客户端成员，以及使用 var 语句声明的变量不允许删除。

```
c= 1;                                  //初始化变量 c，没有使用 var 语句声明
```

```
console.log(delete c);                    //返回 true，说明删除成功
var b = 1;                                //使用 var 语句声明并初始化变量
console.log(delete b);                    //返回 false，说明不允许删除
console.log(delete Object.constructor);   //返回 true，说明部分内部成员可以被删除
```

【**示例 2**】如果删除不存在的对象成员，或者非对象成员、数组元素、变量时，则返回 true，所以使用 delete 运算符时，要注意区分成功删除与无效操作。

```
var a ={};                                //定义对象 a
console.log(delete a);                    //返回 false，说明不允许删除
console.log(delete a.z);                  //返回 true，说明不存在该属性
console.log(delete b);                    //返回 true，说明不存在该变量
```

【**示例 3**】下面的代码使用 delete 运算符，配合 in 运算符，实现对数组成员执行检测、插入、删除或更新操作。

```
var a =[];                                //定义数组对象
if("x" in a)                              //如果对象 a 中存在 x
    delete a["x"];                        //则删除成员 x
else                                      //如果不存在成员 x
    a["x"] = true;                        //则插入成员 x，并为其赋值 true
console.log(a.x);                         //返回 true。查看成员 x 的值
if(delete a["x"])                         //如果删除成员 x 成功
    a["x"] = false;                       //更新成员 x 的值为 false
console.log(a.x);                         //返回 false。查看成员 x 的值
```

3.7　位　运　算

位运算就是对二进制数执行逐位整数运算。例如，1+1=2，在十进制计算中是正确的，但是在二进制计算中，1+1= 10；对于二进制数 100 取反，等于 001，而不是-100。

位运算符有 7 个，可分为以下两类。

➯　逻辑位运算符：位与（&）、位或（|）、位异或（^）和位非（~）。

➯　移位运算符：左移（<<）、右移（>>）和无符号右移（>>>）。

扫一扫，看视频

3.7.1　逻辑位运算

逻辑位运算符与逻辑运算符的运算方式相同，但是针对的对象不同。逻辑位运算符针对的是二进制的整数值，而逻辑运算符针对的是非二进制的值。

1．&运算符

&运算符（位与）对两个二进制操作数逐位进行比较，并根据如表 3.7 所示的&运算符换算表返回结果。

表 3.7　&运算符换算表

第 1 个数的位值	第 2 个数的位值	运 算 结 果
1	1	1
1	0	0
0	1	0
0	0	0

🔊 提示：

在位运算中数值 1 表示 true，0 表示 false，反之亦然。

【示例 1】 12 和 5 进行位与运算，则返回值为 4。

```
console.log(12&5);                          //返回值 4
```

解析 12 和 5 进行位与运算的算式解析过程如图 3.1 所示。通过位与运算，只有第 3 位的值为全 true，故返回 true，其他位均返回 false。

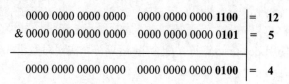

$$
\begin{array}{ll}
0000\ 0000\ 0000\ 0000 \quad 0000\ 0000\ 0000\ \mathbf{1100} & =\ \mathbf{12} \\
\&\ 0000\ 0000\ 0000\ 0000 \quad 0000\ 0000\ 0000\ \mathbf{0101} & =\ \mathbf{5} \\
\hline
0000\ 0000\ 0000\ 0000 \quad 0000\ 0000\ 0000\ \mathbf{0100} & =\ \mathbf{4}
\end{array}
$$

图 3.1　12 和 5 进行位与运算的算式解析过程

2．|运算符

|运算符（位或）对两个二进制操作数逐位进行比较，并根据表 3.8 所示的|运算符换算表返回结果。

表 3.8　|运算符换算表

第 1 个数的位值	第 2 个数的位值	运 算 结 果
1	1	1
1	0	1
0	1	1
0	0	0

【示例 2】 12 和 5 进行位或运算，则返回值为 13。

```
console.log(12|5);      //返回值 13
```

12 和 5 进行位或运算的算式解析过程如图 3.2 所示。通过位或运算，只有第 2 位的值为 false 外，其他位均返回 true。

$$
\begin{array}{ll}
0000\ 0000\ 0000\ 0000 \quad 0000\ 0000\ 0000\ \mathbf{1100} & =\ \mathbf{12} \\
|\ \ 0000\ 0000\ 0000\ 0000 \quad 0000\ 0000\ 0000\ \mathbf{0101} & =\ \mathbf{5} \\
\hline
0000\ 0000\ 0000\ 0000 \quad 0000\ 0000\ 0000\ \mathbf{1101} & =\ \mathbf{13}
\end{array}
$$

图 3.2　12 和 5 进行位或运算的算式解析过程

3．^运算符

^运算符（位异或）对两个二进制操作数逐位进行比较，根据表 3.9 所示的^运算符换算表返回结果。

表 3.9　^运算符换算表

第 1 个数的位值	第 2 个数的位值	运 算 结 果
1	1	0
1	0	1
0	1	1
0	0	0

【示例3】12 和 5 进行位异或运算，则返回值为 9。

```
console.log(12^5);                    //返回值 9
```

12 和 5 进行位异或运算的算式解析过程如图 3.3 所示。通过位异或运算，第 1、4 位的值为 true，而第 2、4 位的值为 false。

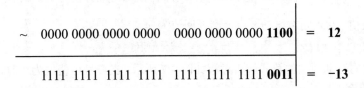

$$
\begin{array}{r}
\phantom{^{\wedge}}\ 0000\ 0000\ 0000\ 0000\quad 0000\ 0000\ 0000\ \mathbf{1100}\ \Big|\ =\ \mathbf{12}\\
^{\wedge}\ 0000\ 0000\ 0000\ 0000\quad 0000\ 0000\ 0000\ \mathbf{0101}\ \Big|\ =\ \mathbf{5}\\
\hline
0000\ 0000\ 0000\ 0000\quad 0000\ 0000\ 0000\ \mathbf{1001}\ \Big|\ =\ \mathbf{9}
\end{array}
$$

图 3.3　12 和 5 进行位异或运算的算式解析过程

4．~运算符

~运算符（位非）对一个二进制操作数逐位进行取反操作，其操作步骤如下：

第 1 步，把运算数转换为 32 位的二进制整数。

第 2 步，逐位进行取反操作。

第 3 步，把二进制反码转换为十进制浮点数。

【示例4】对 12 进行位非运算，则返回值为-13。

```
console.log(~12);                     //返回值-13
```

对 12 进行位非运算的算式解析过程如图 3.4 所示。

$$
\begin{array}{r}
\sim\ 0000\ 0000\ 0000\ 0000\quad 0000\ 0000\ 0000\ \mathbf{1100}\ \Big|\ =\ \mathbf{12}\\
\hline
1111\ 1111\ 1111\ 1111\quad 1111\ 1111\ 1111\ \mathbf{0011}\ \Big|\ =\ \mathbf{-13}
\end{array}
$$

图 3.4　对 12 进行位非运算的算式解析过程

📢 提示：

位非运算实际上就是对数字进行取负运算，再减 1。例如：
```
console.log(~12 == -12-1);            //返回 true
```

3.7.2　移位运算

移位运算就是对二进制值进行有规律移位，移位运算可以设计很多奇妙的效果，在图形图像编程中应用广泛。

1．<<运算符

<<运算符执行左移位运算。在移位运算过程中，符号位始终保持不变，如果右侧空出位置，则自动填充为 0；如果超出 32 位的值，则自动丢弃。

【示例1】把数字 5 向左移动 2 位，则返回值为 20。

```
console.log(5<<2);                    //返回值 20
```

把数字 5 向左移动 2 位的算式解析过程如图 3.5 所示。

扫一扫，看视频

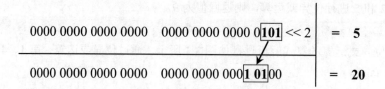

图3.5 把5向左移动2位的算式解析过程

2. >>运算符

>>运算符执行有符号右移位运算。与左移运算操作相反，它把32位数字中的所有有效位整体右移。再使用符号位的值填充空位。移动过程中超出的值将被丢弃。

【示例2】把数值1000向右移动8位，则返回值为3。

```
console.log(1000>>8);                    //返回值3
```

把数值1000向右移动8位的算式解析过程如图3.6所示。

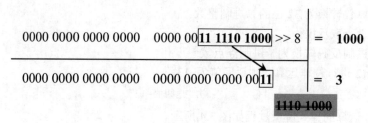

图3.6 把1000向右移动8位的算式解析过程

【示例3】把数值-1000向右移动8位，则返回值为-4。

```
console.log(-1000>>8);                   //返回值-4
```

把数值-1000向右移动8位的算式解析过程如图3.7所示。当符号位值位为1时，则有效位左侧的空位全部使用1进行填充。

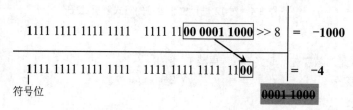

图3.7 把-1000向右移动8位的算式解析过程

3. >>>运算符

>>>运算符执行无符号右移位运算。它把无符号的32位整数所有数位整体右移。对于无符号或正数右移运算，则无符号右移与有符号右移运算的结果是相同的。

【示例4】下面两行表达式的返回值都是相同的。

```
console.log(1000>>8);                    //返回值3
console.log(1000>>>8);                   //返回值3
```

【示例5】对于负数来说，无符号右移将使用0来填充所有的空位，同时会把负数作为正数来处理，所得结果会非常大。所以，使用无符号右移运算符时，要特别小心，避免意外错误。把数值-1000向右无符号位移动8位，则返回值为16 772 212。

```
console.log(-1000>>8);      //返回值-4
```

```
console.log(-1000>>>8);    //返回值16 777 212
```

把数值-1000 向右无符号位移动 8 位的算式解析过程如图 3.8 所示。左侧空位不再用符号位的值来填充，而是用 0 来填充。

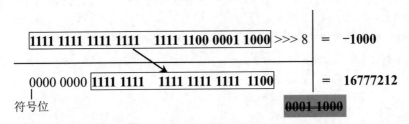

图 3.8 把-1000 向右无符号位移动 8 位的算式解析过程

3.8 其他运算

下面介绍其他几种运算符。这些运算符都很重要，也比较实用。另外，typeof 运算符可以检测值的类型，我们已在第 2 章中详细介绍过，本节不再赘述。

3.8.1 条件运算符

条件运算符是三元运算符，语法形式如下。

```
b ? x : y
```

b 操作数必须是一个计算值可转换为布尔型的表达式，x 和 y 是任意类型的值。

❯ 如果操作数 b 的返回值为 true，则执行 x 操作数，并返回该表达式的值。
❯ 如果操作数 b 的返回值为 false 时，则将执行 y 操作数，并返回该表达式的值。

【示例】定义变量 a，然后检测 a 是否被赋值，如果赋值，则使用该值；否则设置默认值。

```
var a = null;                               //定义变量 a
typeof a != "undefined" ? a = a : a = 0;    //检测变量 a 是否赋值，否则设置默认值
console.log(a);                             //显示变量 a 的值，返回 null
```

条件运算符可以转换为条件结构：

```
if(typeof a != "undefined")                 //赋值
    a=a;
else                                        //没有赋值
    a = 0;
console.log(a);
```

也可以转换为逻辑表达式：

```
 (typeof a != "undefined") && (a = a) || (a = 0); //逻辑表达式
console.log(a);
```

在上面的表达式中，如果 a 已赋值，则执行(a=a)表达式，执行完毕就不再执行逻辑或后面的(a = 0)表达式。如果 a 未赋值，则不再执行逻辑与运算符后面的(a=a)表达式，转而执行逻辑或运算符后面的表达式(a = 0)。

◀» 注意：

在实战中需要考虑假值的干扰。使用 typeof a != "undefined"进行检测，可以避开当变量赋值为 false、null、""、NaN 等假值时，也误认为没有赋值的情况。

扫一扫，看视频

3.8.2 逗号运算符

逗号运算符是二元运算符，它能够先执行运算符左侧的操作数，然后再执行右侧的操作数，最后返回右侧操作数的值。

【示例1】逗号运算符可以实现连续运算，如多个变量连续赋值。

```
var a = 1, b = 2, c = 3, d = 4;
```

等价于：

```
var a = 1;
var b = 2;
var c = 3;
var d = 4;
```

📢 注意：

与条件运算符、逻辑运算符根据条件来决定是否执行所有操作数不同，逗号运算符会执行所有的操作数，但并非返回所有操作数的结果，它只返回最后一个操作数的值。

【示例2】在下面的代码中，变量 a 的值是逗号运算之后，通过第二个操作数 c=2 的执行结果赋值得到。第一个操作数的执行结果没有返回，但是这个表达式被执行了。

```
a = (b=1,c=2);          //连续执行和赋值
console.log(a);         //返回 2
console.log(b);         //返回 1
console.log(c);         //返回 2
```

📢 提示：

逗号运算符仅需要执行运算，而不需要返回值。在特定环境中，可以在一个表达式中包含多个子表达式，通过逗号运算符让它们全部执行，而不用返回结果。

【示例3】for 循环结构的小括号内包含三个表达式，第一个表达式为初始化值，第二个表达式为监测条件，第三个表达式为递增表达式。使用逗号运算符可以在三个表达式中添加多个额外的计算任务，但要确保第二个表达式的最后一个子表达式返回一个可控布尔值，否则会导致死循环。

```
for(var a = 1, b = 10, c = 100; ++ c, a < b; a ++ , c -- ){
    console.log(a * c);
}
```

【示例4】逗号运算符的优先级是最低的。在下面的代码中，赋值运算符优先于逗号运算符，也就是说数值 1 被赋值给变量 b 之后，继续赋值给变量 a，最后才执行逗号运算符。

```
a = b=1,c=2;            //连续执行和赋值
console.log(a);         //返回 1
console.log(b);         //返回 1
console.log(c);         //返回 2
```

3.8.3 void 运算符

扫一扫，看视频

void 是一元运算符，它可以出现在任意类型的操作数之前，执行操作数，却忽略操作数的返回值，返回一个 undefined。void 常用于 HTML 脚本中执行 JavaScript 表达式，但不需要表达式的计算结果。

【示例1】在下面的代码中，使用 void 运算符让表达式返回 undefined。

```
var a = b = c = 2;               //定义并初始化变量的值
d = void (a -= (b *= (c += 5))); //执行 void 运算符，并把返回值赋予变量 d
console.log(a);                  //返回-12
```

```
console.log(b);                    //返回 14
console.log(c);                    //返回 7
console.log(d);                    //返回 undefined
```

由于 void 运算符的优先级比较高（14），所以在使用时应该使用小括号明确 void 运算符操作的操作数，避免引发错误。

【示例 2】在下面两行代码中，由于第一行代码没有使用小括号运算符，则 void 运算符优先执行，返回值 undefined 再与 1 执行减法运算，所以返回值为 NaN。在第二行代码中由于使用小括号运算符明确 void 的操作数，减法运算符先被执行，然后再执行 void 运算，最后返回值是 undefined。

```
console.log(void 2 - 1);           //返回 NaN
console.log(void (2 - 1));         //返回 undefined
```

【示例 3】void 运算符也能像函数一样使用，如 void(0)也是合法的。在特殊环境下一些复杂的语句可能不方便使用 void 运算符，而必须使用 void 函数。

```
console.log(void(i=0));            //返回 undefined
console.log(void(i=0, i++));       //返回 undefined
```

3.8.4 链判断运算

当访问子对象或者属性时，比较安全的做法是先检测对象是否存在，然后再访问，如果对象嵌套层级比较多，这样层层判断会非常麻烦，因此 ES 2020 引入了链判断运算符（?.），其语法格式如下：

```
obj?.prop                          //对象属性是否存在
obj?.[expr]                        //对象属性是否存在
func?.(...args)                    //函数或对象方法是否存在
```

操作数 obj 表示对象，prop 表示属性名。操作数 expr 为一个表达式，表达式的值为一个字符串，引用属性名。操作数 func 表示函数名，args 表示函数的参数。

本质上，?.运算符相当于一种短路机制，只要不满足条件，就不再往下执行。

【示例 1】下面的代码使用了?.运算符直接在链式调用时判断左侧的对象是否为 null 或 undefined。如果是，就不再往下运算，而是返回 undefined。

```
const firstName = message?.body?.user?.firstName || 'default';
const fooValue = myForm.querySelector('input[name=foo]')?.value
```

【示例 2】下面判断对象方法是否存在，如果存在，就立即调用该方法。

```
iterator.return?.()
```

在上面的代码中，iterator.return 如果有定义，就会调用该方法；否则 iterator.return 直接返回 undefined，不再执行?.后面的部分。

【示例 3】在下面的示例中，使用字符串的 match()方法对字符串"#C0FFEE"进行匹配，如果不匹配会返回 null；如果匹配会返回一个数组，?.运算符起到了判断作用。

```
let hex = "#C0FFEE".match(/#([A-Z]+)/i)?.[1];
```

3.8.5 null 判断运算

当访问对象的属性时，如果值为 null 或 undefined，一般需要为其指定默认值。例如，通过||运算符指定默认值。

```
const animationDuration = response.settings.animationDuration || 300;
```

上面代码通过||运算符指定默认值，但是如果属性的值为空字符串或 false 或 0，默认值也会生效。为了避免这种情况，ES 2020 引入了一个新的 null 判断运算符??。它的行为类似||，但是只有运算符左侧的

值为 null 或 undefined 时，才会返回右侧的值。例如：

```
const animationDuration = response.settings.animationDuration ?? 300;
```

在上面的代码中，默认值只有在左侧属性值为 null 或 undefined 时，才会生效。

【示例 1】null 判断运算一般与链判断运算符?.配合使用，为 null 或 undefined 的值设置默认值。

```
const animationDuration = response.settings?.animationDuration ?? 300;
```

在上面的代码中，如果 response.settings 是 null 或 undefined，或者 response.settings.animationDuration 是 null 或 undefined，就会返回默认值 300。也就是说，这一行代码包括了两级属性的判断。

【示例 2】这个运算符很适合判断函数参数是否赋值。

```
function Component(props) {
    const enable = props.enabled ?? true;   //判断 props 参数的 enabled 属性是否赋值
}
```

?? 本质上是逻辑运算，&& 和 || 运算符有优先级问题。优先级的不同，往往会导致逻辑运算的结果不同。如果多个逻辑运算符一起使用，必须用括号表明优先级，否则会报错。

3.9 表 达 式

在词法范畴中，运算符属于词，表达式属于短语。表达式是由一个或多个运算符、操作数组成的运算式。表达式的功能是执行计算，并返回一个值。

3.9.1 原始表达式

扫一扫，看视频

表达式是一个比较富有弹性的运算单元，简单的表达式就是一个直接量、常量或变量、保留字、全局对象等，这些简单的表达式无法再分割，也称为原始表达式。例如：

```
1                           //数值直接量，计算后返回数值 1
"string"                    //字符串直接量，计算后返回字符串"string"
false                       //布尔直接量，计算后返回布尔值 false
null                        //特殊值直接量，计算后返回直接量 null
/regexp/                    //正则直接量，计算后返回正则表达式对象
{a:1,b:"1"}                 //对象直接量，计算后返回对象
[1,"1"]                     //数组直接量，计算后返回数组
function(a,b){return a+b}   //函数直接量，计算后返回函数
a                           //变量，计算之后返回变量的值
```

使用运算符把一个或多个简单的表达式连接起来，构成复杂的表达式。复杂的表达式还可以嵌套组成更复杂的表达式。但是，不管表达式的形式怎么复杂，最后都要求返回一个唯一的值。

3.9.2 表达式的分类

根据表达式的功能不同，可以分为很多类型，常用类型说明如下：

❧ 定义表达式，如定义变量、定义函数。

```
var a = [];
var f = function(){};
```

❧ 初始化表达式，与定义表达式和赋值表达式常常混用。

```
var a = [1, 2];
var o = {x:1, y:2};
```

↘ 访问表达式。

```
console.log([1, 2][1]);              //返回 2
console.log(({x:1, y:2}).x);         //返回 1
console.log(({x:1, y:2})["x"]);      //返回 1
```

↘ 调用表达式。

```
console.log(function(){return 1;}());   //返回 1
console.log([1,3,2].sort());            //返回 1,2,3
```

↘ 实例化对象表达式。

```
console.log(new Object());     //返回实例对象
console.log(new Object);        //返回实例对象
```

根据运算符的类型，表达式还可以分为：算术表达式、关系表达式、逻辑表达式、赋值表达式等。

扫一扫，看视频

3.9.3 表达式的运算顺序

表达式可以嵌套，从而组成复杂的表达式。JavaScript 在解析时，先计算最小单元的表达式，然后把返回值投入到外围表达式（上级表达式）的运算，依次逐级上移。

表达式严格遵循"从左到右"的顺序执行运算，但是也会受到每个运算符的优先级和结合性的影响。同时，为了控制计算，用户可以通过小括号分组提升子表达式的优先级。

【示例1】对于下面这个复杂表达式来说，通过小括号可以把表达式分为 3 组，形成 3 个子表达式，每个子表达式又嵌套多层表达式。

```
(3-2-1)*(1+2+3)/(2*3*4)
```

JavaScript 首先计算"3-2-1"子表达式，然后计算"1+2+3"子表达式，接着计算"2*3*4"子表达式，最后再执行乘法运算和除法运算。其逻辑顺如下。

```
var a = 1+2+3,
    b = 2*3*4,
    c = 3-2-1,
    d = c * a / b;
```

【示例2】下面这个复杂的表达式不容易阅读。

```
(a + b > c && a - b < c || a > b > c)
```

使用小括号对它进行分组优化，则其运算的顺序就非常清楚了。

```
((a + b > c) && ((a - b < c) || (a > b > c)))
```

3.9.4 表达式的优化

表达式的优化包括两种方法。

↘ 运算顺序分组优化。
↘ 逻辑运算结构优化。

下面重点介绍逻辑运算结构优化。

在复杂表达式中一些不良的逻辑结构与人的思维结构相悖，会影响代码阅读，这个时候就应该根据人的思维习惯来优化表达式的逻辑结构。

扫一扫，看视频

【示例1】设计一个筛选学龄人群的表达式。如果使用表达式来描述就是：年龄大于等于 6 岁，且小于 18 岁的人。

```
if(age >= 6 && age < 18){  }
```

表达式 age>=6 && age<18 可以很容易阅读和理解。

如果再设计一个更复杂的表达式：筛选所有弱势年龄人群，以便在购票时实施半价优惠。

如果使用表达式来描述就是：年龄大于等于 6 岁，且小于 18 岁，或者年龄大于等于 65 岁的人。

```
if(age >= 6 && age <18 || age>= 65){ }
```

从逻辑上分析，上面表达式没有错误。但是在结构上分析就比较紊乱，先使用小括号对逻辑结构进行分组，以便阅读。

```
if((age >= 6 && age <18) || age>= 65){ }
```

人的思维是一种线性的、有联系、有参照的思维品质，表达式(age >= 6 && age < 18) || age >=65 的思维模型图如图 3.9 所示。

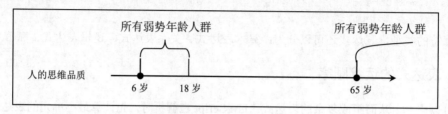

图 3.9　表达式(age >= 6 && age < 18) || age >=65 的思维模型图

如果仔细分析表达式 age >= 6 && age < 18 || age >= 65 的逻辑，其思维模型图如图 3.10 所示。可以看到它是一种非线性的、呈多线交叉的模式。

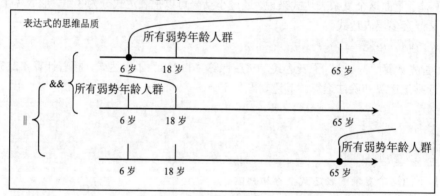

图 3.10　表达式 age >= 6 && age < 18 || age >= 65 的思维模型图

对于机器来说，表达式本身没有问题。但是对于阅读者来说，思维紊乱，不容易形成一条逻辑线。逻辑结构紊乱的原因是随意混用关系运算符。

如果调整一下表达式的结构顺序，就会非常清晰。

```
if((6 <= age && age < 18) || 65 <= age){ }
```

这里使用统一的大于号或小于号，即所有参与比较的项都按照从左到右、从小到大的思维顺序进行排列，而不再恪守变量位置。

【示例 2】优化逻辑表达式的嵌套。例如，下面这个条件表达式：

```
if(!(!isA || !isB)){ }
```

经过优化如下：

```
if(!(!(isA && isB))){ }
```

类似的逻辑表达式嵌套：

```
if(!(! isA && ! isB)){ }
```

经过优化如下：

```
if(!(!(isA || isB))){    }
```

【示例 3】条件运算符在表达式运算中经常使用。但是不容易阅读，必要时可以考虑使用 if 语句对其进行优化。例如，下面的代码使用条件运算符设计一个复杂表达式。

```
var a = {};
a.e = function(x){return x;};
a.f = function(x){return x + "";};
a.b = new Object(a.d ? a.e(1) : a.f(1));
```

使用 if 语句优化之后，就非常清晰了。

```
if(a.d){
    a.b = new Object(a.e(1));
}else{
    a.b = new Object(a.f(0));
}
```

3.9.5　表达式的计算

使用全局函数 eval() 能够解释 JavaScript 源码字符串，并对其进行计算，动态求值。例如，"3+2"仅是一个字符串，通过 eval() 函数，可以执行该字符串包含的表达式，返回两个数字之和。

```
eval("3+2")                                    //5
```

当解释器发现 eval() 调用时，会将参数解释为实际的 ECMAScript 语句，然后将其插入到该位置。通过 eval() 执行的代码属于该调用所在上下文，被执行的代码与该上下文拥有相同的作用域链。这意味着定义在包含上下文中的变量可以在 eval() 调用内部被引用。

eval() 的行为更像运算符，因为作为函数可以被赋予其他名称，如 let f = eval;，如果允许 eval 也可以这样做，那么解释器就无法确定哪些函数调用 eval()，因此无法进行积极的优化。JavaScript 对 eval() 的行为进行严格限制，使其符合运算符的操作规则，这样可以避免函数被乱引用的问题。

eval() 需要一个参数。如果传递字符串以外的任何值，它只返回该值。如果传递一个字符串，它将尝试将该字符串解析为 JavaScript 代码；如果失败，就抛出 SyntaxError。如果成功解析字符串，则计算代码并返回字符串中最后一个表达式或语句的值；如果最后一个表达式或语句没有值，则返回未定义的值。如果计算的字符引发异常，则该异常将在 eval() 调用过程中向外传播。

eval() 能够从当前作用域中查找变量的值，并以与本地代码相同的方式定义新的变量和函数。

- 如果函数定义了局部变量 x，然后调用 eval('x')，它将获得局部变量的值。
- 如果调用 eval('x=1')，则会更改局部变量的值。
- 如果函数调用 eval('var y=3')，它将声明一个新的局部变量 y。
- 如果被求值的字符串使用 let 或 const，则声明的变量或常量将是求值的局部变量，并且不会在调用环境中定义。
- 如果从顶层代码调用 eval()，它会对全局变量和全局函数进行操作。

【示例】一个函数可以使用如下代码声明局部函数。

```
eval("function f() {return x+1;}");
```

📢 注意：

传递给 eval() 的代码字符串本身必须具有语法意义：不能使用它将代码片段粘贴到函数中。例如，eval('return;') 是没有意义的，因为 return 只在函数内是合法的。如果字符串作为一个独立的脚本（即使是很短的脚本，比如 x=0），那么传递给 eval() 是合法的。否则，eval() 将抛出一个 SyntaxError。

严格模式对 eval() 函数的行为进行限制。当 eval() 从严格模式代码调用时，或者当要求值的代码字符串本身以 use strict 指令开头时，eval() 使用私有变量环境执行局部 eval。这意味着在严格模式下，计算的代码可以查询和设置局部变量，但不能在局部范围内定义新的变量或函数。

此外，严格模式通过有效地将 eval 变成一个保留字，使 eval() 更像运算符。不允许用别名覆盖 eval() 函数，也不允许声明名为 eval 的变量、函数、函数参数或 catch 块参数。

3.10 案例实战

扫一扫，看视频

3.10.1 判断质数

质数也称素数，是一个大于 1 的自然数，除了 1 和它自身外，不能被其他自然数整除，否则称为合数。本案例练习编写函数判断给定数字是否为质数，主要用到%和++运算符。设计思路：使用 for 循环从 2 到 n-1 逐个与 n 进行取模运算，如果找到一个被 n 整除的数，说明 n 不是质数。

```
function zhishu(n) {                    //参数 n 为正整数
    for (var i = 2; i < n; i++) {       //循环计算从 2 到 n-1 的整数
        if (n % i == 0) {               //模运算等于 0，说明能够整除
            return false;               //直接停止继续运算，返回 false
        }
    }
    return true;                        //如果都不能整除，则返回 true，说明是质数
}
console.log(zhishu(34))                 //=> true
```

扫一扫，看视频

3.10.2 求最大公约数和最小公倍数

最大公约数是两个或多个整数共有约数中最大的一个。可先找出从 1 到 min 之间所有能够被 min 和 max 整除的数，然后再找出其中最大的一个数。

```
function getMax(min, max) {
    var arr = [];                                //临时数组，用于存放 min 和 max 的所有公约数
    for (i = 1; i <= min; i++) {                 //从 1 到 min 逐个找
        if (min % i == 0 && max % i == 0) {      //同时被 min 和 max 整除
            arr[arr.length] = i;                 //存放所有公约数
        }
    }
    return arr[arr.length - 1];                  //取出数组最后一项，即为最大公约数
}
console.log(getMax(24, 32));                     //=> 8
```

最小公倍数是两个或多个整数公有的倍数，从 1 开始，0 不算。

```
function getMin(min, max) {
    var count = 0;                       //记录循环次数
    var times;                           //用于保存 min 的倍数
    for (var i = min; i <= max; i++) {
        //times 表示 min（较小数）的倍数，min 的倍数肯定比 min 本身要大
        times = min * i;
        count++;
        if (times % max == 0) {          //如果 min 的倍数也能够被 max 整除
            break;                       //则跳出循环，得出结论
        }
    }
    console.log('循环执行次数: ' + count);
```

```
        return times;
    }
    console.log(getMin(24, 32));                    //=> 576
```

扫一扫，看视频

3.10.3 求百位、十位和个位上的数字

三位数除以 100，整数位就是百位上的数字，然后取整即可获得百位上的数字；三位数与 100 进行取模运算，则可以获得十位和个位的数字，以同样的方法除以 10，整数位就是十位上的数字，然后取整即可；三位数与 10 进行取模运算，即可获得个位上的数字。

```
function numEach(num){
    var a=parseInt(num/100);            //获取百位上的数字
    var b=parseInt(num%100/10);         //获取十位上的数字
    var c=num%10;                       //获取个位上的数字
    console.log("百位："+a+", 十位："+b+", 个位："+c)
}
console.log(numEach(345));              //百位：3, 十位：4, 个位：5
```

扫一扫，看视频

3.10.4 比较 3 个数字的大小

本案例通过条件运算符连续运算，分别找出最大数字和最小数字；然后计算 3 个数字的和，减去最大数和最小数，即可获得中间的数字；最后，按从小到大顺序输出。

```
function sortNum(num1,num2,num3){
    let max=(num1>num2?num1:num2)>num3?(num1>num2?num1:num2):num3;  //最大数字
    let min=(num1<num2?num1:num2)<num3?(num1<num2?num1:num2):num3;  //最小数字
    let medium=num1+num2+num3-max-min;          //找中间数字
    console.log(min+" , "+medium+" , "+max)     //按从小到大顺序输出
}
console.log(sortNum(23,12,94));                 //12,23,94
```

扫一扫，看视频

3.10.5 获取任意区间的随机整数

本案例定义一个函数 getRandom()，根据设置的最小值和最大值，获取该区间内一个随机整数。

```
function getRandom(min, max) {
    min = min || 0;                         //设置默认值
    if (max < min) {                        //保证 max 为最大值，min 为最小值
        var _max = max;
        max = min;
        min = _max;
    }
    return  Math.floor(Math.random() * (max - min + 1)) + min;
}
console.log(getRandom(1, 30));              //=> 27
```

3.10.6 计算二进制中 1 的个数

设计输入一个正整数，求这个正整数转换成二进制后 1 的个数。设计思路：定义一个整数变量 number，number & 1 有两种可能：1 或 0。当结果为 1 时，说明最低位为 1；当结果为 0 时，说明最低位为 0，可以通过>>运算符右移一位，再求 number & 1，直到 number 为 0 时为止。

扫一扫，看视频

```
    var count = 0;                          //定义变量统计 1 的个数
```

```javascript
var number = parseInt(prompt("请输入一个正整数:"));   //输入一个正整数
var temp = number;                                  //备份输入的数字
if (number > 0) {                                   //输入正整数时
    while (true) {                                  //无限次循环
        if (number & 1 == 1) {                      //最后一位为 1
            count += 1;                             //统计 1 的个数
        }
        number >>= 1;                               //右移一位，并赋值给自己
        if (number == 0) {                          //数为 0
            break;                                  //退出循环
        }
    }
    console.log(temp, "的二进制中 1 的个数为", count); //打印结果
}else {                                             //输入非正整数数时
    console.log("输入的数不符合规范");                 //打印提示语句
}
```

3.11 实践与练习

1. 设圆的半径为 80，计算圆的周长。

2. 为抵抗洪水，战士连续作战 96 小时，计算共多少天多少小时。

3. 小明准备去美国旅游，当地温度主要以华氏度为单位，他需要编写一个程序将华氏度温度（80 华氏度）转换为摄氏度，并以华氏度和摄氏度为单位分别显示该温度。转换公式：摄氏度 = 5/9.0*(华氏度 −32)，保留 3 位小数。

4. 计算 705、816 这两个数字的个位、十位、百位相加的和。

5. 获取一个 1~100 范围内的随机整数。

6. 把字符串"20210628"转换为"2021 年 6 月 28 日"。

7. 张同学入职薪水 10000 元，每年涨幅 5%，求 50 年后薪水是多少。

8. 篮球从 5m 高的空中掉下来，每次弹起的高度是原来的 30%，经过几次弹起高度不足 0.1m。

9. 有一个 64 个方格的棋盘，在第一个方格里面放 1 粒芝麻的重量是 0.00001kg，在第二个方格里面放 2 粒芝麻，第三个方格里面放 4 粒芝麻，以此类推，放满棋盘上所有方格，计算棋盘上放的所有芝麻的重量。

10. 定义函数实现阶乘。

（答案位置：本章/在线支持）

3.12 在 线 支 持

第 4 章　语句和程序结构

在 JavaScript 中，表达式的行为是求值，语句的行为是执行命令。JavaScript 程序就是一系列句子的集合，在默认情况下，JavaScript 解释器按照这些语句的写入顺序逐条执行。使用流程控制语句可以改变语句的执行顺序，如 if 条件分支、switch 多分支、for 循环、while 循环、do...while 循环、break 中断、continue 继续执行等。

【学习重点】
- 了解 JavaScript 语句。
- 灵活设计分支结构。
- 灵活设计循环结构。
- 正确使用流程控制语句。
- 正确理解和应用异常处理语句。

4.1　语　句

4.1.1　认识语句

JavaScript 定义了很多句子，用于执行不同的命令。这些句子根据用途可以分为声明、分支控制、循环控制、流程控制、异常处理和其他。根据结构又可以分为单句和复句。
- 单句：单行语句，由零个、一个或多个关键字，以及表达式构成，用来完成简单的运算。
- 复句：使用大括号包含一个或多个单句，用来设计代码块、控制流程等复杂操作。

下面列举 JavaScript 所有句子的关键字和说明。
- async/await：声明一个异步函数。await 只能出现在 async()函数中。
- break：退出最内层循环或者退出 switch 语句，或者退出标签指定的语句。
- case：在 switch 语句中标记一条语句。
- class：声明一个类。
- const：声明并初始化一个或多个常量。
- continue：开始最内层循环或命名循环的下一次迭代。
- debugger：调试器断点。
- default：在 switch 中标记默认的语句。
- do...while：while 循环的替代方法。
- export：声明可以导入其他模块的值。
- for：一种简单的循环。
- for...await：异步迭代某个异步迭代器的值。
- for...in：枚举对象的属性名。
- for...of：枚举可迭代对象（如数组）的值。
- function：声明一个普通函数。
- if...else：根据条件执行一个或另一个语句。
- import：声明在其他模块中定义的值的名称。

- label：为语句指定一个与 break 和 continue 一起使用的名称。
- let：声明并初始化一个或多个块范围的变量。
- return：从函数返回值。
- switch：用 case 或者 default 语句标记的多分支语句。
- throw：抛出异常。
- try...catch...finally：处理异常和代码清理。
- "use strict"：对脚本或函数应用严格的模式限制。
- var：声明并初始化一个或多个变量。
- while：基本循环结构。
- with：扩展范围链。在严格模式下已弃用和禁止。
- yield：提供要迭代的值。仅在生成器函数中使用。

4.1.2 定义语句

扫一扫，看视频

在 JavaScript 中，使用分号可以定义一条语句。例如：

```
var a;
```

当语句单独一行显示时，可以省略分号，JavaScript 在解析时会自动补全分号。

📢 **注意：**

只有当省略分号，JavaScript 无法合并上下行进行解析时，才会补加分号。例如：

```
var a
a = 1
```

合并为一行后等于：

```
var a a = 1
```

JavaScript 无法理解这句话的意思，于是添加分号，作为两条语句来解析。但是，对于下面 3 行代码：

```
var b = ""
var a = b
(a = "abc").toUpperCase()
```

如果不添加分号，JavaScript 就会错误解析为如下两句。

```
var b = "";
var a = b(a = "abc").toUpperCase();
```

第 2 行结尾是变量 b，第 3 行开头是小括号，于是 JavaScript 就理解为 b() 函数的调用。

📢 **提示：**

以 [、(、/、+、-这 5 个符号开头的一行代码，很容易与上一行代码结合。例如：

```
a
[3].length                          //上下行合并解析为：a[3].length
a
/b/                                 //上下行合并解析为：a/b/
a
-1                                  //上下行合并解析为：a-1
a
+1                                  //上下行合并解析为：a+1
```

但是，对于下面两种特例需要警惕。

第一，return、break 和 continue 三个语句，如果分行显示，JavaScript 不会自动合并下一行进行解析。例如：

```
return
1;                                  //不会合并，直接解析为 2 句话：return; 1;
```

第二，++（递增）和--（递减）运算符会与下一行变量主动合并解析，但不会与上一行变量合并解析。例如：

```
var a = b = 1;
a                                          //结果为 1
++
b                                          //结果为 2
```

因此，当所有句子结束时，建议养成良好习惯，使用分号进行定义。只有这样，当代码被压缩时，不至于出现各种异常。

4.1.3 单句

单句一般占据一行，可以不执行任务，或者执行表达式运算等简短的命令。单句主要包括：

- 空语句。
- 表达式语句。
- 声明语句。
- 调试语句。
- 启用严格模式语句。

扫一扫，看视频

4.1.4 复句

一个或多个句子（statement）放在一个文件或<script>标签中就是一个语句段（statement block），如果使用大括号括起来，就成了复句（statements）。单个句子被包括在大括号中，也是复句。

复句又称语句块，语句块是一个独立运行的单元。在没有流程控制的情况下，块内语句要么都执行，要么都不执行。复句不需要使用分号与后面代码进行分隔，不过添加分号也不会出错。

【示例】复句结构比较复杂，它可以包含子句，也可以包含复句，形成结构嵌套。对于复句内的子句可以通过缩排版式以增强代码的可读性。

```
{
    //空复句
}
{
    console.log("单复句");
}
{
    console.log("外层复句");
    {
        console.log("内层复句");
    }
}
```

4.1.5 空语句

空语句就是没有任何可执行的代码，只有一个分号（;）。空语句没有副作用，也不会执行任何动作，相当于一个占位符。

扫一扫，看视频

【示例】在循环结构中使用空语句可以设计假循环。下面的代码在大括号内没有写入分号，但是JavaScript 能够自动添加分号，定义一个空语句。

```
for(var i = 0; i < 10; i ++){}
```

上面代码可以简写为：

```
for(var i = 0; i < 10; i ++);
```

上面写法容易引发错误，可以加上注释，或者使用复句。

```
for(var i = 0; i < 10; i ++)/*空语句*/;
for(var i = 0; i < 10; i ++){; }
```

扫一扫，看视频

4.1.6 表达式语句

表达式加上分号就形成了表达式语句。表达式语句是最简单的句子类型，具有副作用。赋值语句是表达式语句的一个主要类别。例如：

```
greeting = "Hello"+ name;
i *= 3;
```

递增和递减运算符++和--与赋值语句相关。由于能够更改变量值，所以具有副作用。delete 操作符具有删除对象属性的重要副作用，因此，它几乎总是用作语句，而不是作为表达式的一部分来使用。

```
delete o.x;
```

函数调用是表达式语句的另一个主要类别。例如：

```
console.log(debugMessage);
```

它们有影响宿主环境或程序状态的副作用。

📢 注意：

语句中的每一行代码都以分号结尾。

【示例1】下面是一个最简单的句子。只有一个直接量，也是最简单的表达式。

```
true;                        //最简单的句子
```

【示例2】下面是赋值语句，代码虽然很长，不过也只是一个表达式语句。

```
o =new ((o == "String")?String:(o == "Array")?Array:(o ==
"Number")?Number:(o == "Math")?Math:(o == "Date")?Date:(o ==
"Boolean")?Boolean:(o == "RegExp")?RegExp:Object);
```

赋值运算符右侧是一个多重条件运算，格式化显示如下。

```
new ((o == "String")?String:
(o == "Array")?Array:
(o == "Number")?Number:
(o == "Math")?Math:
(o == "Date")?Date:
(o == "Boolean")?Boolean:
(o == "RegExp")?RegExp:
Object);
```

📢 提示：

表达式与语句的区别如下：
- 从句法角度分析，表达式是短语，语句是一个句子。
- 从结构角度分析，表达式由操作数和运算符组成，语句由命令（关键字）和表达式组成。表达式之间可以通过空格分隔，而语句之间必须通过分号分隔。表达式可以包含子表达式，语句也可以包含子语句。
- 从表现角度分析，表达式呈现静态性，而语句呈现动态性。
- 从结果趋向分析，表达式必须返回一个值，而语句会完成特定的操作。

扫一扫，看视频

4.1.7 声明语句

声明语句包括声明变量、声明函数、声明类和声明标签 4 种。
- 使用 var、let 和 const 语句可以声明变量，具体用法可以参考 2.2 节的内容。

【示例1】下面的代码分别以不同形式声明多个变量并初始化（赋值）。

```
var a = 0, b = true, c, d;      //声明 4 个变量，并部分赋值
```

> 使用 function 语句可以声明函数，使用 class 语句可以声明类，这两个语句的具体用法可以参考第 8 章和第 11 章的相关内容。

【示例2】下面的代码使用 function 语句声明一个函数，函数名为 f。

```
function f(){
    console.log("声明函数");
}
```

> 声明标签的具体方法请参考 4.4.1 节 label 语句的使用。

扫一扫，看视频

4.1.8 调试语句

debugger 语句用于停止执行 JavaScript，同时如果调试函数可用，会调用调试函数。

debugger 语句可以放在代码的任何位置以中止脚本执行，但不会关闭任何文件或清除任何变量，类似于在代码中设置断点。

 注意：

如果调试工具不可用，则调试语句将无法工作。这时用户可以按 F12 键打开调试工具。

【示例】下面的代码使用 debugger 语句中止执行 for 循环的每一次迭代。在 IE 中开启调试工具，使用调试语句的演示效果如图 4.1 所示。

```
for(i = 1; i<5; i++) {
    console.log("循环次数: "+ i);
    debugger;
}
```

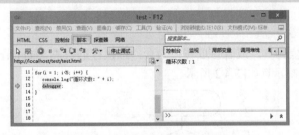

图 4.1   使用调试语句的演示效果

扫一扫，看视频

4.1.9 with 语句

with 语句能够临时改变作用域。语法格式如下：

```
with (object)
    statement
```

参数 object 表示一个对象，它临时定义了 with 结构体内所有变量的作用域，当执行完 with 结构之后，又恢复变量的原始状态。

with 关键字后面必须跟随一个由小括号包含的对象，而不是表达式。这个对象能够临时划定一个范围，指定 with 结构体内的变量的上下文环境，即作用域范围。

【示例】一起来看下面的语句。

```
document.getElementsByTagName("input")[0].value = 0;
```

```
document.getElementsByTagName("input")[1].value = 1;
document.getElementsByTagName("input")[2].value = 2;
```

将把它转换为 with 结构来表示：

```
with(o=document.getElementsByTagName("input")){
    o[0].value = 0;
    o[1].value = 1;
    o[2].value = 3;
}
```

with 结构可能会破坏变量的作用域，在严格模式中禁用 with 语句，一般不推荐使用。可以考虑使用变量引用的方法。例如：

```
var o = document.getElementsByTagName("input");
o[0].value = 0;
o[1].value = 1;
o[2].value = 3;
```

4.2 分支结构

在正常情况下，JavaScript 脚本是按顺序从上到下执行的，这种结构被称为顺序结构。如果使用 if、else/if 或 switch 语句，可以改变这种流程顺序，让代码根据条件选择执行的方向，这种结构被称为分支结构。

扫一扫，看视频

4.2.1　if 语句

if 语句允许根据特定的条件执行指定的语句或语句块。语法格式如下：

```
if (expr)
    statements
```

如果表达式 expr 的值为真，或者可以转换为真，则执行语句块 statements；否则，将忽略语句块 statements。if 语句流程控制示意如图 4.2 所示。

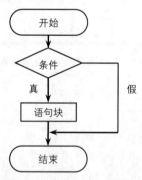

图 4.2　if 语句流程控制示意图

【示例】下面的代码使用内置函数 Math.random() 随机生成一个 1～100 的整数，然后判断该数能否被 2 整除，如果可以整除，则输出显示。

```
var num = parseInt(Math.random()*99 + 1);          //使用 random() 函数生成一个随机数
if (num % 2 == 0){                                  //判断变量 num 是否为偶数
    console.log(num +"是偶数。");
}
```

扫一扫，看视频

🔊 提示：

> 如果 statements 为单句，可以省略大括号，例如：
>
> ```
> if (num % 2 == 0)
>     console.log(num +"是偶数。");
> ```

🔊 注意：

> 建议养成好的编码习惯，不管是单句还是复句，都应使用大括号，避免因疏忽大意引发的错误。例如，不小心在 if (num % 2 == 0) 后面加上分号，JavaScript 解释器会把条件表达式之后的分号视为一个空语句，从而改变了条件表达式影响的范围，导致后面的语句永远被执行。
>
> ```
> if (num % 2 == 0);
>     console.log(num +"是偶数。");
> ```
> 这种 Bug 不容易被发现，也不会引发异常。

4.2.2　else 语句

else 语句仅在 if 或 else if 语句的条件表达式为假时执行。语法格式如下：

```
if (expr)
    statements1
else
    statements2
```

如果表达式 expr 的值为真，就执行语句块 statements1；否则，就执行语句块 statements2。if 和 else 语句组合流程控制示意如图 4.3 所示。

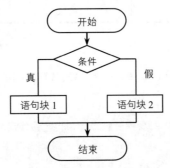

图 4.3　if 和 else 语句组合流程控制示意图

【示例 1】针对 4.2.1 小节的示例，可以设计一个二重分支，根据不同的条件显示不同的提示信息。

```
var num = parseInt(Math.random()*99 + 1);      //使用 random() 函数生成一个随机数
if (num % 2 == 0){                             //判断变量 num 是否为偶数
    console.log(num +"是偶数。");
} else {
    console.log(num +"是奇数。");
}
```

【示例 2】if...else 结构可以嵌套，以便设计多重分支结构。

```
var num = parseInt(Math.random()*99 + 1);      //使用 random() 函数生成一个 1~100 的随机数
if (num < 60){
    console.log("不及格");
}else{
    if (num < 70){
        console.log("及格");
    }else {
```

```
        if (num < 85){
            console.log("良好");
        }else {
            console.log("优秀");
        }
    }
}
```

一般可以简化为如下语法格式，这样更方便编写和维修。

```
var num = parseInt(Math.random()*99 + 1); //使用 random() 函数生成一个 1~100 的随机数
if (num < 60){console.log("不及格");}
else if (num < 70){console.log("及格");}
else if (num < 85){console.log("良好");}
else{console.log("优秀");}
```

把 else 与 if 关键字组合在一行内显示，然后重新格式化每个句子。整个嵌套结构的逻辑思路就变得清晰了。else if 语句流程控制示意图如图 4.4 所示。

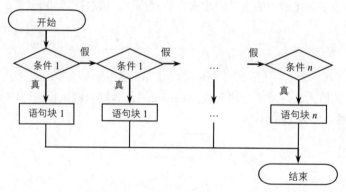

图 4.4　else if 语句流程控制示意图

🔊 注意：

设计嵌套分支结构时，建议使用复句。如果是一行单句，也应该使用大括号包裹起来，避免条件歧义。例如，下面嵌套就容易引发误解。

```
if(0)
    if(1)
        console.log(1);
else
    console.log(0);
```

针对上面代码，JavaScript 解释器将根据就近原则，按如下逻辑层次进行解释。

```
if(0)
    if(1)
        console.log(1);
    else
        console.log(0);
```

因此使用复句可以避免很多问题。

```
if(0){
    if(1)  console.log(1);
}else{
    console.log(0);
}
```

扫一扫,看视频

4.2.3 switch 语句

switch 语句专门用来设计多分支条件结构。与 if else 多分支结构相比,switch 结构更简洁,执行效率更高。语法格式如下:

```
switch (expr){
    case value1:
        statementList1
        break;
    case value2:
        statementList2
        break;
    …
    case valuen:
        statementListn
        break;
    default:
        default statementList
}
```

switch 语句根据表达式 expr 的值,依次与 case 后表达式的值进行比较,如果相等,则执行其后的语句列表,只有遇到 break 语句,或者 switch 语句结束才终止;如果不相等,继续查找下一个 case。switch 语句包含一个可选的 default 语句,如果在前面的 case 中没有找到相等的条件,则执行 default 语句列表,它与 else 语句类似。switch 语句流程控制示意如图 4.5 所示。

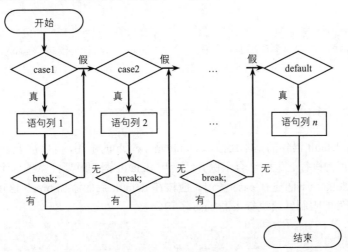

图 4.5 switch 语句流程控制示意图

【示例 1】下面的示例使用 switch 语句设计网站的"会员管理"登录模块。

```
var id = 1;
switch (id) {
    case 1:
        console.log("普通会员");
        break;                      //停止执行,跳出switch
    case 2:
        console.log("VIP 会员");
        break;                      //停止执行,跳出switch
    case 3:
```

```
        console.log("管理员");
        break;                          //停止执行，跳出 switch
    default:                            //上述条件都不满足时，默认执行的代码
        console.log("游客");
}
```

📢》 提示：

当 JavaScript 解析 switch 结构时，先计算条件表达式，然后计算第一个 case 子句后的表达式的值，并使用全等（===）运算符来检测两值是否相同。由于使用全等运算符，因此不会自动转换每个值的类型。

【示例 2】case 子句可以省略语句，这样当匹配时，会继续执行下一个 case 子句的语句，而不管下一个 case 条件是否满足。下面的示例演示了把普通会员和 VIP 会员合并在一起进行检测。

```
var id = 1;
switch (id) {
    case 1:                             //空匹配
    case 2:
        console.log("VIP 会员");
        break;
    case 3:
        console.log("管理员");
        break;
    default:
        console.log("游客");
}
```

📢》 注意：

在 switch 语句中，case 子句只是指明了执行起点，但是没有指明执行的终点，如果在 case 子句中没有 break 语句，就会发生连续执行的情况，从而忽略后面 case 子句的条件限制，这样就容易破坏 switch 结构的逻辑。如果在函数中使用 switch 语句，可以使用 return 语句终止 switch 语句，防止代码继续执行。

扫一扫，看视频

4.2.4　default 语句

4.2.3 小节介绍过 default 语句的基本用法。default 是 switch 的子句，可以位于 switch 内的任意位置，不会影响多重分支的正常执行。下面结合示例介绍使用 default 语句时要注意的 3 个问题。

【示例 1】如果 default 下面还有 case 子句，应该在 default 后面添加 break 语句，终止 switch 结构，防止程序突破 case 条件的限制继续执行下面 case 子句。

```
var id = 1;
switch (id) {
    default:                           //默认条件语句
        console.log("游客");
        break;                         //终止执行
    case 1:
        console.log("普通会员");
        break;
    case 2:
        console.log("VIP 会员");
        break;
    case 3:
        console.log("管理员");
        break;
}
```

【示例 2】 在下面的代码中，JavaScript 先检测 case 表达式的值，由于 case 表达式的值都不匹配，则跳转到 default 子句执行，然后继续执行 case 1 和 case 2 子句。但是，最后不会返回 default 子句再重复执行。

```
var id = 3;
switch (id) {
    default:
        console.log("游客");
    case 1:
        console.log("普通会员");
    case 2:
        console.log("VIP 会员");
}
```

【示例 3】 下面的示例使用 switch 语句设计一个四则运算函数。在 switch 结构内，先使用 case 枚举 4 种可预知的算术运算，当然还可以继续扩展 case 子句，枚举所有可能的操作，但是无法枚举所有不测，因此最后使用 default 处理意外情况。

```
function oper(a, b, opr){
    switch (opr){
        case"+":                    //正常枚举
            return a + b;
        case"-":                    //正常枚举
            return a - b;
        case"*":                    //正常枚举
            return a * b;
        case"/":                    //正常枚举
            return a / b;
        default:                    //异常处理
            return"非预期的 opr 值";
    }
}
console.log(oper(2, 5,"*"));        //返回 10
```

📢 提示：

default 语句与 case 语句简单比较如下。
- 语义不同：default 为默认项，case 为判例。
- 功能扩展：default 选项是唯一的，不可以扩展。而 case 选项是可扩展的，没有限制的。
- 异常处理：default 与 case 扮演的角色不同，case 用于枚举，default 用于异常处理。

4.2.5 比较 if 和 switch 语句

if 和 switch 都可以设计多重分支结构，一般情况下 switch 执行效率要高于 if 语句。但是，也不能一概而论，应根据具体问题具体分析。if 和 switch 语句的比较如表 4.1 所示。

扫一扫，看视频

表 4.1 if 和 switch 语句的比较

项　目	if 语句	switch 语句
结构	通过嵌套结构实现多重分支	专为多重分支设计
条件	可以测试多个条件表达式	仅能测试一个条件表达式
逻辑关系	可以处理复杂的逻辑关系	仅能处理多个枚举的逻辑关系
数据类型	可以适用任何数据类型	仅能应用整数、枚举、字符串等类型

相对而言，下面情况更适宜选用 switch 语句。

- 枚举表达式的值。这种枚举是可以期望的、平行的逻辑关系。
- 表达式的值具有离散性，不具有线性的非连续的区间值。
- 表达式的值是固定的，不会动态变化。
- 表达式的值是有限的，而不是无限的，一般应该比较少。
- 表达式的值一般为整数、字符串等简单的值。

下面情况更适宜选用 if 语句。

- 具有复杂的逻辑关系。
- 表达式的值具有线性特征，如对连续的区间值进行判断。
- 表达式的值是动态的。
- 测试任意类型的数据。

【示例1】本示例设计根据学生分数进行等级评定：如果分数小于60，则不及格；如果分数在60~75之间，则评定为合格；如果分数在75~85之间，则评定为良好；如果分数在85~100之间，则评定为优秀。

根据上述需求描述，确定检测的分数是一个线性区间值，因此选用 if 语句会更适合。

```
if(score < 60){console.log("不及格");}          //线性区间值判断
else if(score < 75){console.log("合格");}        //线性区间值判断
else if(score < 85){console.log("良好");}        //线性区间值判断
else {console.log("优秀");}
```

如果使用 switch 结构，则需要枚举100种可能；如果分数值还包括小数，则这种情况就更加复杂了，此时使用 switch 结构就不是明智之举。

【示例2】设计根据性别进行分类管理。这个示例属于有限枚举条件，使用 switch 会更高效。

```
switch(sex){                                    //离散值判断
    case 1:
        console.log("女士");
        break;
    case 2:
        console.log("男士");
        break;
    default:
        console.log("请选择性别");
}
```

4.3 循 环 结 构

在程序开发中，存在大量的重复性操作或计算，这些任务必须依靠循环结构来完成。JavaScript 定义了 while、do...while、for、for...in 和 for...of 5 种类型循环语句。

4.3.1 while 语句

扫一扫，看视频

while 语句是最基本的循环结构。语法格式如下：

```
while (expr)
    statements
```

当表达式 expr 的值为真时，将执行 statements 语句块，执行结束后，再返回到 expr 表达式继续进行判断。直到 expr 表达式的值为假，才跳出循环，执行下面的语句。while 循环语句的流程控制示意如图 4.6 所示。

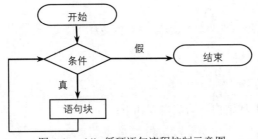

图 4.6　while 循环语句流程控制示意图

【示例】下面使用 while 语句输出 1～100 之间的所有偶数。

```
var n = 1;                              //声明并初始化循环变量
while(n <= 100){                        //循环条件
    n ++;                               //递增循环变量
    if(n%2 == 0) document.write(n +""); //执行循环操作
}
```

🔊 提示：

也可以在循环的条件表达式中设计循环增量。

```
var n = 1;                              //声明并初始化循环变量
while(n++ <= 100)                       //循环条件
    if(n%2 == 0) document.write(n +""); //执行循环操作
```

4.3.2　do…while 语句

do…while 与 while 循环非常相似，区别在于 expr 表达式的值是在每次循环结束时检查，而不是在开始时检查。因此 do…while 循环能够保证至少执行一次循环，而 while 循环就不一定了，如果 expr 表达式的值为假，则直接终止循环，不进入循环。do…while 语法格式如下：

```
do
    statement
while (expr)
```

do…while 循环语句的流程控制示意如图 4.7 所示。

【示例】针对 4.3.1 小节的示例使用 do…while 结构来设计，则代码如下。

```
var n = 1;                              //声明并初始化循环变量
do {                                    //循环条件
    n ++;                               //递增循环变量
    if(n%2 == 0) document.write(n +""); //执行循环操作
} while(n <= 100);
```

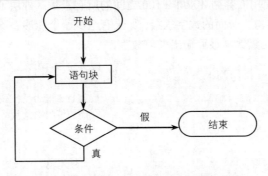

图 4.7　do…while 循环语句流程控制示意图

扫一扫，看视频

📢 提示：

建议在 do...while 结构的尾部使用分号表示语句结束，避免意外情况发生。

4.3.3 for 语句

for 语句是一种更简洁的循环结构。语法格式如下：

```
for (expr1; expr2; expr3)
    statements
```

表达式 expr1 在循环开始前无条件地求值一次，而表达式 expr2 在每次循环开始前求值。如果表达式 expr2 的值为真，则执行循环语句块 statements；否则将终止循环，执行下面的代码。表达式 expr3 在每次循环之后求值。for 循环语句的流程控制示意如图 4.8 所示。

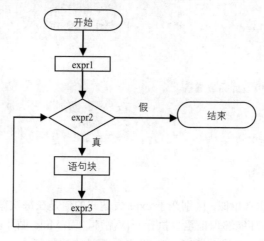

图 4.8　for 循环语句流程控制示意图

📢 注意：

for 语句中 3 个表达式都可以为空，或者包括以逗号分隔的多个子表达式。在表达式 expr2 中，所有用逗号分隔的子表达式都会计算，但只取最后一个子表达式的值进行检测。expr2 为空，会认为其值为真，意味着将无限循环下去。除了使用 expr2 表达式结束循环外，也可以在循环语句中使用 break 语句结束循环。

【示例 1】使用 for 循环来设计 4.3.1 小节的示例。

```
for(var n =1; n<=100; n++){
    if(n%2 == 0) document.write(n +"");        //执行循环操作
}
```

【示例 2】下面的示例使用嵌套循环求 1～100 之间的所有素数。外层 for 循环遍历每个数字，在内层 for 循环中，使用当前数字与其前面的数字求余。如果有至少一个能够整除，则说明它不是素数；如果没有一个被整除，则说明它是素数，最后输出当前数字。

```
for(var i=2; i<100; i++){              //打印 2~100 之间的素数
    var b = true;
    for(var j = 2; j < i; j++){        //判断 i 能否被 j 整除
                                       //能被整除则说明不是素数，修改布尔值为 false
        if(i%j == 0)  b = false;
    }
    if(b)  document.writeln(i +"");     //打印素数
}
```

4.3.4　for...in 语句

for...in 语句是 for 语句的一种特殊形式，语法格式如下：

```
for ([var] variable in <object | array>)
    statements
```

variable 表示一个变量，可以在其前面附加 var 语句，用来直接声明变量名。in 后面是一个对象或数组类型的表达式。在遍历对象或数组的过程中，可把获取的每一个值赋值给 variable。

然后，执行 statements 语句块，其中可以访问 variable 来读取每个对象属性或数组元素的值。执行完毕，返回继续枚举下一个元素，以此周而复始，直到所有元素都被枚举为止。

注意：

对于数组来说，值是数组元素的下标；对于对象来说，值是对象的属性名或方法名。

【示例 1】 下面的示例使用 for...in 语句遍历数组，并枚举每一个元素及它的值。

```
var a = [1, true, "0", [false], {}];          //声明并初始化数组变量
for(var n in a){                              //遍历数组
    document.write("a[" + n + "] = " + a[n] + "<br>");   //显示每个元素及其值
}
```

提示：

使用 while 或 for 语句可以实现相同的遍历操作。例如：

```
var a = [1, true, "0", [false], {}];          //声明并初始化数组变量
for(var n=0; n<a.length; n++){                //遍历数组
    document.write("a[" + n + "] = " + a[n] + "<br>");   //显示每个元素的值
}
```

【示例 2】 在下面的示例中，定义一个对象 o，设置 3 个属性。然后使用 for...in 迭代对象属性，把每个属性值寄存到一个数组中。

```
var o ={x : 1, y : true, z : "true"},        //定义包含 3 个属性的对象
    a = [],                                  //临时寄存数组
    n = 0;                                   //定义循环变量，初始化为 0
for(a[n ++ ] in o);                          //遍历对象 o，然后把所有属性都赋值到数组中
```

其中，for(a[n ++] in o);语句实际上是一个空的循环结构，分号表示一个空语句。

【示例 3】 for...in 适合枚举不确定长度的对象。在下面的示例中，使用 for...in 读取客户端 document 对象的所有可读属性。

```
for(var i = 0 in document){
    document.write("document."+i+"="+document[i] +"<br />");
}
```

注意：

如果对象属性被设置为只读、存档或不可枚举等限制特性，那么使用 for...in 语句就无法枚举了。枚举是没有固定的顺序，因此在遍历结果中会看到不同的排列顺序。

【示例 4】 for...in 能够枚举可枚举的属性，包括原生属性和继承属性。

```
Array.prototype.x = "x";                     //自定义数组对象的继承属性
var a = [1,2,3];                             //定义数组对象，并赋值
a.y = "y";                                   //定义数组对象的额外属性
for(var i in a){                             //遍历数组对象 a
    document.write(i+" : "+ a[i] + "<br />");
}
```

在上面的示例中，共获取 5 个元素，其中包括 3 个原生元素，一个是继承的属性 x 和一个额外的属性 y。如果仅想获取数组 a 的元素值，只能使用 for 循环结构。

```
for(var i = 0; i < a.length; i ++)
    document.write(i +": "+ a[i] +"<br />");
```

📢 **注意：**

> for...in 语句适合枚举长度不确定的对象属性。

扫一扫，看视频

4.3.5　for...of 语句

ES 6 新增了一个循环语句 for...of，主要用于遍历可迭代对象，如数组、字符串、集合和映射等序列对象。语法格式如下：

```
for ([let] variable of <iterable>)
    statements
```

variable 表示一个变量，可以在其前面附加 let 语句，用来直接声明块级变量名。of 后面是一个可迭代对象。在遍历可迭代对象过程中，会把获取的每一个元素赋值给 variable。

然后，执行 statements 语句块，其中可以访问 variable 来读取每个元素的值。执行完毕，返回继续迭代下一个元素，以此周而复始，直到所有元素都被遍历为止。

【示例 1】下面的示例使用 for...of 循环遍历一个数字数组的元素并计算它们的和。

```
let data = [1, 2, 3, 4, 5, 6, 7, 8, 9], sum = 0;
for(let element of data) {
    sum += element;
}
```

在默认情况下，对象不可迭代。如果要迭代对象的属性，可以使用 for...in 循环，或者结合使用 for/of 与 Object.keys()方法。例如：

```
let o = {x: 1, y: 2, z: 3};
let keys = "";
for(let k of Object.keys(o)) {
    keys += k;
}
```

Object.keys()返回一个对象的属性名数组，因为数组是可迭代对象，可以与 for...of 一起使用。

也可以使用 for(let v of Object.values(o))遍历对象包含的属性值。或者使用 for...of 和 Object.entries()以及解构赋值，遍历对象属性的键和值。例如：

```
let pairs = "";
for(let [k, v] of Object.entries(o)) {
    pairs += k + v;
}
```

Object.entries()返回对象属性的键值对数组，针对上面的示例，实际返回的值为[['x', 1], ['y', 2], ['z', 3]]。使用 for...of 进行迭代，每次迭代的元素是个数组，使用数组解构进行赋值给[k, v]。

【示例 2】使用 for...of 可以迭代字符串。下面的示例迭代字符串，并统计每个字符出现的次数。

```
let frequency = {};
for(let letter of "mississippi") {
    if (frequency[letter]) {
        frequency[letter]++;
    } else {
        frequency[letter] = 1;
```

```
    }
}
console.log(frequency)                    //{m: 1, i: 4, s: 4, p: 2}
```

扫一扫，看视频

📢 **提示：**

在 ES 6 中，for...of 也可以迭代集合（Set）和映射（Map）。当使用 for...of 迭代一个 Set 时，循环体对 Set 的每个元素运行一次。映射比较特殊，因为 Map 对象的迭代器不迭代 Map 键或 Map 值，而是键/值对。每次迭代过程中，迭代器都会返回一个数组，其中第一个元素是键，第二个元素是相应的值。

4.3.6　比较 for 和 while 语句

for 和 while 语句都可以完成重复性操作，使用时不可随意替换。简单比较如下。

1. 语义

for 语句是以变量的变化来控制循环进程，整个循环流程是预订好的，可以事先知道循环的次数、每次循环的状态等信息。

while 语句是根据特定条件来决定循环进程，这个条件是动态的，无法预知的，存在不确定性，每一次循环时都不知道下一次循环的状态如何，只能通过条件的检测来确定。

因此，for 语句常用于有规律的重复操作中，如数组、对象等迭代；while 语句更适用于待定条件的重复操作，以及依据特定事件控制的循环操作。

2. 模式

在 for 语句中，把循环的三要素（起始值、终止值和步长）定义为 3 个基本表达式作为结构语法的一部分固定在 for 语句内，使用小括号进行语法分隔，这与 while 语句内条件表达式截然不同，这样就更有利于 JavaScript 解释器进行快速编译。

for 语句适合简单的数值迭代操作。

【示例 1】下面的代码使用 for 语句迭代 10 之内的正整数。

```
for(var n = 1; n < 10; n ++) {           //循环操作的环境条件
    console.log(n);                      //循环操作的语句
}
```

用户可以按以下方式对 for 循环进行总结。

执行循环条件：1 < n < 10，步长为 n++。

执行循环语句：console.log(n)。

这种把循环操作的环境条件和循环操作语句分离开的设计模式能够提高程序的执行效率，同时也避免了把循环条件与循环语句混在一起而造成的错误。for 语句数值迭代计算简化示意图如图 4.9 所示。

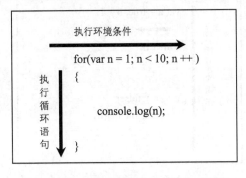

图 4.9　for 语句数值迭代计算简化示意图

如果循环条件比较复杂，for 语句就必须考虑如何把循环条件和循环语句联系起来才可以正确执行整个 for 结构。因为根据 for 结构的运算顺序，for 语句首先计算第 1 个、第 2 个表达式，然后执行循环体语句，最后返回执行 for 语句第 3 个表达式，如此周而复始。

【示例 2】下面的代码使用 for 语句模拟 while 语句在循环体内检测条件，并根据递增变量的值是否小于 10。如果大于等于 10，则设置条件变量 a 的值为 false，终止循环。

```javascript
for(var a = true, b = 1; a; b ++){
    if(b > 9)                              //在循环体内间接计算迭代的步长
    a = false;
    console.log(b);
}
```

在上面的示例中，for 语句的第三个表达式不是直接计算步长的，整个 for 结构也没有明确告知循环步长的表达式，要确知迭代的步长就必须根据循环体内的语句来决定。于是整个 for 结构的逻辑思维就存在一个回旋的过程，for 语句的条件迭代计算示意图如图 4.10 所示。

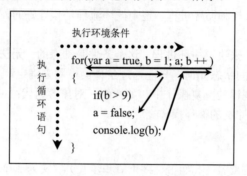

图 4.10   for 语句的条件迭代计算示意图

由于 for 语句的特异性，导致在执行复杂条件时会大大降低效率。相对而言，while 语句天生就是为复杂的条件而设计的，它将复杂的循环控制放在循环体内执行，而 while 语句自身仅用于检测循环条件，这样就避免了结构分离和逻辑跳跃。

【示例 3】下面的代码使用 while 语句迭代 10 之内的正整数。while 语句条件计算示意图如图 4.11 所示。

```javascript
var a = true, b = 1;           //在循环体内间接计算迭代
while(a) {                      //在循环体内间接计算迭代
    if(b > 9)                   //在循环体内间接计算迭代
    a = false;
    console.log(b);
    b ++;                       //在循环体内间接计算迭代
}
```

```
                │  var a = true, b = 1;
                │  ──────▶ 检测循环条件
    执          │  while(a)
    行          │  {
    循          │      if(b > 9)
    环          │      a = false;
    操          │      console.log(b);
    作          │      b ++;
                ▼  }
```

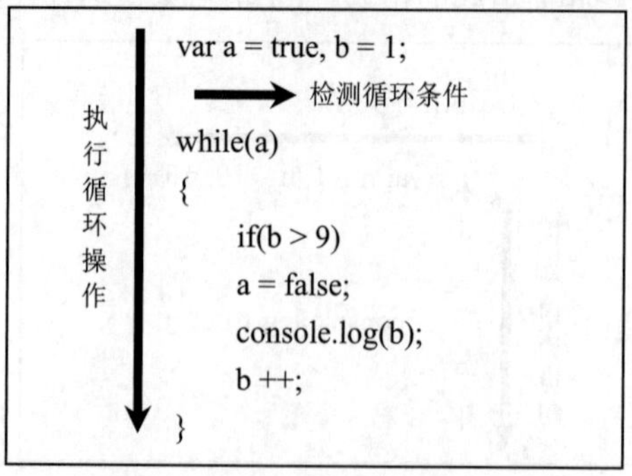

图 4.11   while 语句的条件计算示意图

3. 目标

如果说循环次数在循环之前就可以预测,如计算 1~100 之间的数字和。而有些循环具有不可预测性,用户无法事先确定循环的次数,甚至无法预知循环操作的趋向。这些都构成了在设计循环结构时必须考虑的达成目标问题。

即使是相同的操作,如果达成目标的角度不同,可能重复操作的设计也就不同。例如,统计全班学生的成绩和统计合格学生的成绩就是两个不同的达成目标。

一般来说,在循环结构中动态改变循环变量的值时建议使用 while 结构,而对于静态的循环变量,则可以考虑使用 for 结构。while 语句和 for 语句比较如表 4.2 所示。

表 4.2　while 语句和 for 语句比较

项目	while 语句	for 语句
条件	根据条件表达式的值决定循环操作	根据操作次数决定循环操作
结构	比较复杂,结构相对宽松	比较简洁,要求比较严格
效率	存在一定的安全隐患	执行效率比较高
变种	do...while 语句	for/in 语句

4.4　流 程 控 制

使用 label、break、continue、return 语句可以中途改变分支结构、循环结构的流程方向,以提升程序的执行效率。return 语句将在第 8 章中详细说明,本节不再介绍。

4.4.1　label 语句

在 JavaScript 中,使用 label 语句可以为一行语句添加标签,以便在复杂结构中设置跳转目标。语法格式如下:

```
label : statements
```

label 为任意合法的标识符,但不能使用保留字。然后使用冒号分隔标签名与标签语句。

🔊 **注意:**

由于标签名与变量名属于不同的命名体系,所以标签名与变量名可以重复。但是,标签名与属性名语法相似,故标签名和属性名不能重名,例如,下面写法是错误的。

```
a:{                      //标签名
    a:true               //属性名
}
```

使用点语法、中括号语法可以访问属性,但是无法访问标签语句。

```
console.log(o.a);        //可以访问属性
console.log(b.a);        //不能访问标签语句,将抛出异常
```

label 与 break 语句配合使用,主要应用在循环结构、多分支结构中,以便跳出内层嵌套体。

4.4.2　break 语句

break 语句能够结束当前 for、for...in、for...of、while、do...while 或者 switch 语句的执行。同时 break 可以接收一个可选的标签名,来决定跳出的结构语句。语法格式如下:

```
break label;
```

如果没有设置标签名,则表示跳出当前最内层结构。break 语句流程控制示意如图 4.12 所示。

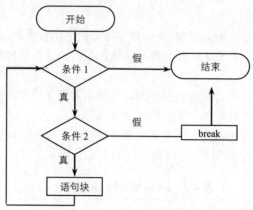

图 4.12　break 语句流程控制示意图

【示例 1】下面的示例设计在客户端查找 document 的 bgColor 属性。如果完全遍历 document 对象，会浪费时间，因此设计一个条件，判断所枚举的属性名是否等于"bgColor"，如果相等，则使用 break 语句跳出循环。

```
for(i in document){
    if(i.toString() == "bgColor"){
        document.write("document."+ i + " = " + document[i] +"<br />");
        break;
    }
}
```

在上面的代码中，break 语句并非跳出当前的 if 结构体，而是跳出当前最内层的循环结构。

【示例 2】在下面的嵌套结构中，break 语句并没有跳出 for...in 结构，仅仅退出 switch 结构。

```
for(i in document){
    switch(i.toString()){
        case "bgColor":
            document.write("document."+ i + " = " + document[i] + "<br />");
            break;
        default:
            document.write("没有找到");
    }
}
```

【示例 3】针对示例 2，可以为 for...in 语句定义一个标签 outloop，然后在最内层的 break 语句中设置该标签名，这样当条件满足时就可以跳出最外层的 for...in 循环结构。

```
outloop:for(i in document){
    switch(i.toString()){
        case "bgColor":
            document.write("document."+ i +" = " + document[i] + "<br />");
            break outloop;
        default:
            document.write("没有找到");
    }
}
```

📢 **注意：**

　　break 语句和 label 语句配合使用仅限于嵌套的循环结构，或者嵌套的 switch 结构，且需要退出非当前层结构时。break 与标签名之间不能够包含换行符，否则 JavaScript 会解析为两个句子。

break 语句主要功能是提前结束循环或多重分支，主要用在无法预控的环境下，避免死循环或者空循环。

扫一扫，看视频

4.4.3 continue 语句

continue 语句用在循环结构内，用于跳过本次循环中剩余的代码，并在表达式的值为真时，继续执行下一次循环。它可以接收一个可选的标签名，来决定跳出的循环语句。语法格式如下：

```
continue label;
```

continue 语句流程控制示意如图 4.13 所示。

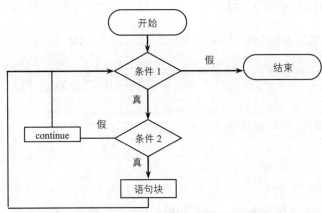

图 4.13　continue 语句流程控制示意图

【示例】下面的示例使用 continue 语句过滤数组中的字符串值。

```
var a = [1, "hi", 2, "good", "4", ,"" , 3, 4],//定义并初始化数组 a
    b = [], j = 0;                            //定义数组 b 和变量 j
for(var i in a){                              //遍历数组 a
    if(typeof a[i] == "string")               //如果为字符串，则返回继续下一次循环
        continue;
    b[j ++ ] = a[i];                          //把数字寄存到数组 b
}
document.write(b);                            //返回 1,2,3,4
```

📢 提示：

continue 语句只能用在 while、do...while、for、for...in、for...of 语句中，对于不同的循环结构，其执行顺序略有不同。

 ➥ 对于 for 语句来说，将会返回顶部计算第 3 个表达式，然后再计算第 2 个表达式，如果第 2 个表达式为 true，则继续执行下一次循环。
 ➥ 对于 for...in、for...of 语句来说，将会以下一个赋给变量的属性名开始，继续执行下一次循环。
 ➥ 对于 while 语句来说，将会返回顶部计算表达式，如果表达式为 true，则继续执行下一次循环。
 ➥ 对于 do...while 语句来说，会跳转到底部计算表达式，如果表达式为 true，则会返回顶部开始下一次循环。

4.5　异常处理

ECMA-262 规范了 7 种错误类型，其中 Error 是基类，其他 6 种错误类型是子类，都继承 Error 基类。Error 类型的主要用途是自定义错误对象。

 ➥ Error：普通异常。与 throw 语句和 try...catch 语句一起使用，属性 name 可以读/写异常类型，

message 属性可以读/写详细的错误信息。

➤ EvalError：不正确使用 eval()方法时抛出。

➤ SyntaxError：出现语法错误时抛出。

➤ RangeError：数字超出合法范围时抛出。

➤ ReferenceError：读取不存在的变量时抛出。

➤ TypeError：值的类型发生错误时抛出。

➤ URIError：URI 编码和解码错误时抛出。

4.5.1　try...catch...finally 语句

扫一扫，看视频

try...catch...finally 语句是 JavaScript 异常处理的语句。语法格式如下：

```
try{
    //调试代码块
}
catch(e){
    //捕获异常，并进行异常处理的代码块
}
finally{
    //后期清理代码块
}
```

在正常情况下，JavaScript 按顺序执行 try 子句中的代码，如果没有异常发生，将会忽略 catch 子句，跳转到 finally 子句中继续执行。

如果在 try 子句中运行时发生错误，或者使用 throw 语句主动抛出异常，则执行 catch 子句中的代码，同时传入一个参数，引用 Error 对象。

🔊 **注意：**

在异常处理结构中，大括号不能够省略。

【示例 1】下面的示例先在 try 子句中制造一个语法错误，然后在 catch 子句中获取 Error 对象，读取错误信息，最后在 finally 子句中提示代码。

```
try{
    1=1;                            //非法语句
}
catch(error){                       //捕获错误
    console.log(error.name);        //访问错误类型
    console.log(error.message);     //访问错误详细信息
}
finally{                            //清除处理
    console.log("1=1");             //提示代码
}
```

catch 和 finally 子句是可选的，在正常情况下应该包含 try 和 catch 子句。

```
try{1=1;}
catch(error){}
```

🔊 **注意：**

不管 try 语句是否完全执行，finally 语句最后都必须要执行，即使使用了跳转语句跳出了异常处理结构，也必须在跳出之前先执行 finally 子句。

【示例 2】下面的示例在函数体内设计一个异常处理结构，为每个子句添加一个 return 语句。调用函数后，实际返回的是"finally"，而不是"try"，因为 finally 子句必须最后执行，如果把 finally 子句去掉，函数才会返回"try"。

```
function test(){
    try{
        return"try";
    }catch(error){
        return"catch";
    }finally{
        return"finally";
    }
}
console.log(test());                    //返回"finally"
```

📢 提示：

　　try…catch…finally 语句允许嵌套使用，嵌套的层数不限，同时形成一条词法作用域链。在 try 中发生异常时，JavaScript 会停止程序的正常执行，并跳转到层级最近的 catch 子句（异常处理器）。如果没有找到异常处理器，则会沿着作用域链，检查上一级的 catch 子句，以此类推，直到找到一个异常处理器为止。如果在程序中都没有找到任何异常处理器，将会显示错误。

　　【示例 3】下面的代码就是一个多层嵌套的异常结构，在处理一系列的异常时，内层的 catch 子句通过将异常抛出，就可以将异常抛给外层的 catch 子句来处理。

```
try{                            //外层异常处理结构
    try{                        //内层异常处理结构
        test();                 //错误调用
    }
    catch(error){
                                //如果是异常引用，则会提示这样的信息
        if (error.name == "ReferenceError") console.log("错误参考");
        else  throw error;      //否则再次抛出一个异常，并把错误信息向上传递
    }
}
catch(error){                   //获取内层异常处理结构中抛出的异常
    console.log("内层 try/catch 不能够处理这个错误");
}
```

📢 提示：

　　JavaScript 语言的 try…catch 结构，以前明确要求 catch 命令后面必须跟参数，接收 try 代码块抛出的错误对象。很多时候，catch 代码块可能用不到这个参数，但是为了保证语法正确，还是必须写。ES 2019 作出了改变，允许 catch 语句省略参数。

```
try {
  //...
} catch {
  //...
}
```

4.5.2　throw 语句

throw 语句能够主动抛出一个异常，语法格式如下：

```
throw expression;
```

扫一扫，看视频

expression 是任意类型的表达式，一般为 Error 对象，或者 Error 子类实例。

当执行 throw 语句时，程序会立即停止执行。只有当使用 try/catch 语句捕获到被抛出的值时，程序才会继续执行。

【示例】下面的示例在循环体内设计当循环变量大于 5 时，定义并抛出一个异常。

```
try{
    for(var i=0; i<10;i++){
        if(i>5) throw new Error("循环变量的值大于 5 了");//定义错误对象，并抛出异常
        console.log(i);
    }
}
catch(error){}                              //捕获错误，其中 error 就是 new Error()的实例
```

在抛出异常时，JavaScript 也会停止程序的正常执行，并跳转到最近的 catch 子句。如果没有找到 catch 子句，则会检查上一级的 catch 子句，以此类推，直到找到一个异常处理器为止。如果在程序中都没有找到任何异常处理器，将会显示错误。

扫一扫，看视频

4.6 严格模式

ES 5 新增了严格运行模式。推出的目的如下：

➥ 消除 JavaScript 语法中不合理、不严谨的用法。

➥ 消除代码运行的一些安全隐患。

➥ 增强编译器效率，提升程序运行速度。

➥ 为未来新版本的规范化做好铺垫。

在代码首部添加如下一行字符串，即可启用严格模式。

```
"use strict"
```

不支持严格模式的浏览器会把它作为字符串直接量忽略掉。

"use strict"是一个特殊的字符串格式的指令，只能出现在脚本的开头或函数体的首部，出现在任何真正的语句之前。"use strict"指令的作用：指示后面的代码是严格代码。严格代码以严格模式执行。严格模式是 JavaScript 语言的一个子集，它修复了很多重要的语言缺陷，并提供了更强的错误检查和更高的安全性。因为严格模式不是默认模式。

◀》提示：

首部就是指其前面没有任何有效的 JavaScript 代码。例如，以下用法都不会触发严格模式。

➥ 'use strict'前有可执行的代码。

```
var width = 10;
'use strict';                   /*无效的严格模式*/
globalVar = 100;
```

➥ 'use strict'前有空语句。

```
;
'use strict';                   /*无效的严格模式*/
globalVar = 100;
```

或者空语句与'use strict'位于同一行。

```
;'use strict';                   /*无效的严格模式*/
globalVar = 100;
```

注意：

注释语句不作为有效的 JavaScript 代码。例如，下面用法会触发严格模式。

```
//严格模式
'use strict';                        /*有效的严格模式*/
globalVar = 100;
```

因此，只要前面没有产生实际运行结果的语句，'use strict'可以不在第 1 行。

严格模式有两种应用场景，简单说明如下。

1. 全局模式

将"use strict"放在脚本的第一行，则整个脚本都将以严格模式运行。如果不在第一行，则整个脚本将以正常模式运行。

【示例 1】下面的示例在页面中添加两个 JavaScript 代码块。第 1 个代码块将开启严格模式，第 2 个代码块将按正常模式解析。

```
<script>
"use strict";
console.log("这是严格模式。");
</script>
<script>
console.log("这是正常模式。");
</script>
```

2. 局部模式

将"use strict"放在函数内第 1 行，则整个函数将以严格模式运行。

【示例 2】下面的示例定义两个函数，其中第 1 个函数开启了严格模式，第 2 个函数按正常模式运行。

```
function strict(){
    "use strict";
    return"这是严格模式。";
}
function notStrict(){
    return"这是正常模式。";
}
```

如果脚本有"use strict"指令，则脚本的顶层（非函数）代码是严格代码。如果函数体是在严格代码中定义的，或者它有一个"use strict"指令，那么它就是严格代码。如果 eval()是从严格代码中调用的，或者如果代码字符串包含"use strict"指令，则传递给 eval()方法的代码为严格代码。

除了明确声明为严格的代码外，ES 6 类或模块中的任何代码都自动是严格代码。这意味着，如果所有 JavaScript 代码都是作为模块编写的，那么它都是自动严格的，并且永远不需要使用显式的"use strict"指令。

注意：

严格模式与非严格模式的区别如下（前 3 种尤为重要）：

- 在严格模式下不允许使用 with 语句。
- 在严格模式下，必须声明所有变量：如果将值分配给未声明的变量、函数、函数参数、catch 子句参数或全局对象属性，则会引发 ReferenceError。
- 在严格模式下，作为函数（而不是作为方法）调用的函数中的 this 值是 undefined。此外，在严格模式下，当使用 call()或 apply()调用函数时，this 值正好是作为 call()或 apply()的第一个参数传递的值。

- 在严格模式下，对不可写属性的赋值以及在不可扩展对象上创建新属性的尝试都会抛出 TypeError。在非严格模式下，这些尝试会自动失败。
- 在严格模式下，传递给 eval() 的代码不能像在非严格模式下那样在调用程序的作用域中声明变量或定义函数。
- 相反，变量和函数定义位于为 eval() 创建的新作用域中。eval() 返回时将丢弃此作用域。
- 在严格模式下，函数中的 arguments 对象保存传递给函数的值的静态副本。在非严格模式下，arguments 对象中数组元素和命名函数参数都引用相同的值。
- 在严格模式下，如果 delete 运算符后面跟一个非法标识符（如变量、函数或函数参数），则抛出 SyntaxError。在非严格模式下，这样的 delete 表达式不执行任何操作，计算结果为 false。
- 在严格模式下，尝试删除不可配置的属性会引发 TypeError。在非严格模式下，尝试失败，delete 表达式的计算结果为 false。
- 在严格模式下，对象直接量定义两个或多个同名属性是语法错误。在非严格模式下，不会发生错误。
- 在严格模式下，函数声明具有两个或多个同名参数是语法错误。在非严格模式下，不会发生错误。
- 在严格模式下，不允许使用八进制整数字符串（以 0 开头，后面不跟 x）。在非严格模式下，某些实现允许使用八进制字符串。
- 在严格模式下，标识符 eval 和 arguments 被视为关键字，并且不允许更改它们的值。不能为这些标识符赋值、将它们声明为变量、将它们用作函数名、将它们用作函数参数名或将它们用作 catch 块的标识符。
- 在严格模式下，检查调用堆栈的能力受到了限制。arguments.caller 参数以及 arguments.callee 参数都在严格模式函数中抛出一个 TypeError。严格模式函数还具有 caller 和 arguments 属性，这些属性在读取时都会抛出 TypeError。

🔊 提示：

ES 2016 规定只要函数参数使用了默认值、解构赋值或者扩展运算符，那么函数内部就不能显式设定为严格模式；否则会报错。例如：

```
function doSomething(a, b = a) {           //报错
    'use strict';
}
const doSomething = function ({a, b}) {     //报错
  'use strict';
};
const doSomething = (...a) => {             //报错
  'use strict';
};
```

函数内部的严格模式同样适用于函数体和函数参数。但是，在函数执行时，会先执行函数参数，然后再执行函数体。这样就有一个不合理的地方，只有从函数体之中才能知道参数是否应该以严格模式执行，但是参数却应该先于函数体执行。虽然可以先解析函数体代码，再执行参数代码，但是这样就增加了复杂性。因此，ECMAScript 标准禁止了这种用法，只要参数使用了默认值、解构赋值或者扩展运算符，就不能显式指定严格模式。

4.7 案 例 实 战

扫一扫，看视频

4.7.1 计算数列中被 3 整除的项

已知一个数列：1，12，123，1234，12345，…，12345678910，1234567891011，…。计算从数列的第 m 个数到第 n 个数（包含端点）中，共有多少个可以被 3 整除的数。

初步设计思路：使用嵌套的 for 循环实现，外层 for 遍历 m 到 n，内层 for 计算当前数字每位之和，再计算能否被 3 整除，如果能够整除，则计数一次；否则忽略。代码如下：

```
function findNum1(m, n) {
    let nums = 0;
```

```
    for (var i = m; i <= n; i++) {          //从 m 到 n 逐个计算
        var num = 1;
        for (var j = 2; j <= i; j++) {      //计算当前位置的数字
            num = num + j;
        }
        if (num % 3 == 0) {nums++;}          //如果能够整除，则计数
    }
    console.log(nums);
}
findNum1(1, 5);
```

优化设计思路：观察数列的数字分布规律，会发现数列中第 n 个数就是在前面数字基础上，在尾部添加一个 n 数。通过优化设计，可以减少一层循环。

```
function findNum2(l,r){
    let nums=0;
    for(var i=l;i<=r;i++){                   //从 m 到 n 逐个计算
        var num=((i+1)*i)/2;                 //求数字之和
        if(num%3==0){nums++;}                //如果能够整除，则计数
    }
    console.log(nums)
}
```

4.7.2 计算水仙花数

扫一扫，看视频

水仙花数就是一个三位数的每一个位数的立方和等于它自己，如 153=1*1*1+5*5*5+3*3*3。下面定义一个函数，求所有水仙花数，在函数中使用 for 遍历 100～999 之间的所有整数，然后计算百位、十位和个位上的数字，通过 if 条件检测各位上数字的立方和等于该数字。

```
function flower(){
    var numArr=[];
    for(var i=100;i<=999;i++){               //遍历所有三位数字
        var a=parseInt(i/100);               //求百位上的数
        var b=parseInt(i%100/10);            //求十位上的数
        var c=i%10;                          //求个位上的数
        if(i==Math.pow(a,3)+Math.pow(b,3)+Math.pow(c,3)){  //检测是否相等
            numArr.push(i);                  //如果相等，则存入数组
        }
    }
    return numArr;                           //返回数组
}
```

4.7.3 打印倒金字塔图形

扫一扫，看视频

本案例练习使用嵌套 for 循环结构输出倒金字塔图形，效果如图 4.14 所示。

```
<body style="text-align:center">
<script>
    var n = window.prompt("输入打印金字塔的行数");
    for (var i = 0; i <= n; i++) {
        for (var j = i; j <= n - 1; j++) {
            document.write("_____");
        }
        document.write("<br/>");
```

```
    }
    for (var i = 0; i <= n; i++) {
        for (var j = 0; j <= i - 1; j++) {
            document.write("_____");
        }
        document.write("<br/>");
    }
</script>
</body>
```

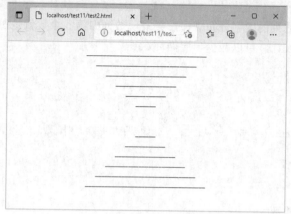

图 4.14　倒金字塔图形效果

扫一扫，看视频

4.7.4　抓小偷

警察抓了 a、b、c、d 4 个嫌疑犯，其中有 1 个人是小偷，审讯口供如下。

- ➥ a 说："我不是小偷。"
- ➥ b 说："c 是小偷。"
- ➥ c 说："小偷肯定是 d。"
- ➥ d 说："c 胡说！"

在上面陈述中，已知有 3 个人说的是实话，1 个人说的是假话，请编写程序推断谁是小偷。示例代码如下。

```
var arr = ["a","b","c","d"];                //嫌疑人编成的数组
for(var i in arr){
    if (3 == ((i != 0) + (i == 2) + (i == 3) + (i != 3))){
        var str = arr[i];                   //将 0、1、2、3 转化为 a、b、c、d
    }
}
console.log(str + '是小偷');                  //=> c 是小偷
```

将 a、b、c、d 分别表示为 0、1、2、3，循环遍历每个嫌疑犯。假设循环变量 i 为小偷，则使用变量 i 代入表达式，分别判断每个嫌疑人的口供，判断是否为真，而且为真的只能有 3 个。

4.7.5　阿姆斯特朗数

如果一个 n 位正整数等于其各位数字的 n 次方之和，则称该数为阿姆斯特朗数。其中当 n 为 3 时是一种特殊的阿姆斯特朗数，被称为水仙花数。例如，1634 是一个阿姆斯特朗数，因为 1634=1**4+6**4 +3**4+4**4。请输入一个数，编写程序判断该数是否为阿姆斯特朗数。

```
var n = parseInt(prompt("请输入一个数："));        //输入一个整数，其他类型的数没作异常处理
var l = String(n).length;                          //获取该数的长度
var s = 0;                                          //定义求和变量
var t = n;                                          //将n值赋值给t，对t作运算
while (t > 0) {                                     //循环遍历t，将t拆分
    d = t % 10;                                     //获取t的个位数
    s += d ** l;                                    //将t的个位数的l次方累加到s中
    t = parseInt(t / 10);                          //对t作整除运算
}
if (n == s) {                                       //判断原来数n和求和后的数s是否相等
    console.log("%d是阿姆斯特朗数", n);            //打印n是阿姆斯特朗数
}else {
    console.log("%d不是阿姆斯特朗数", n);          //打印n不是阿姆斯特朗数
}
```

4.7.6 打印杨辉三角

扫一扫，看视频

杨辉三角是一个经典的编程案例，它揭示了多次方二项式展开后各项系数的分布规律。简单地描述，就是每行开头和结尾的数字为1，除第1行外，每个数都等于它上方两数之和。高次方二项式展开后各项系数分布规律如图4.15所示。

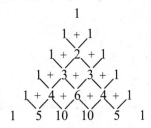

图4.15 高次方二项式展开后各项系数分布规律

【设计思路】

定义两个数组，数组1为上一行数字列表，为已知数组；数组2为下一行数字列表，为待求数组。假设上一行数组为[1,1]，即第2行数字。那么，下一行数组的元素值就等于上一行相邻两个数字的和，即为2，然后数组两端的值为1，这样就可以求出下一行数组，即第3行数字列表。求第4行数组的值，可以把已计算出的第3数组作为上一行数组，而第4行数字为待求的下一行数组，以此类推。

【实现代码】

使用嵌套循环结构，外层循环遍历高次方的幂数（即行数），内层循环遍历每次方的项数（即列数）。实现的核心代码如下：

```
var a1 = [1, 1];                    //上一行数组，初始化为[1, 1]
var a2 = [1, 1];                    //下一行数组，初始化为[1, 1]
for(var i = 2; i <= n; i ++){       //从第2行开始遍历高次方的幂数，n为幂数
    a2[0] = 1;                      //定义下一行数组的第一个元素为1
    for(var j = 1; j < i - 1; j ++){   //遍历上一行数组，并计算下一行数组中间的数字
        a2[j] = a1[j - 1] + a1[j];
    }
    a2[j] = 1;                      //定义下一行数组的最后一个元素为1
    for(var k = 0; k <= j; k ++){   //把数组的值传递给上一行数组，实现交替循环
        a1[k] = a2[k];
    }
}
```

}

完成算法设计后，就可以设计输出数表，完整代码请参考本小节实例源码。9 次幂杨辉三角数表分布图效果如图 4.16 所示。

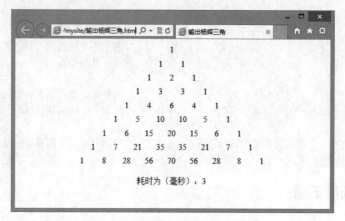

图 4.16　9 次幂杨辉三角数表分布图效果

4.8　实践与练习

1. 打印出 0~100 之间的所有偶数。

2. 打印出 1~10000 之间的所有对称数。

3. 打印出 1000~2000 年中所有的闰年。

4. 使用 for 循环遍历数组[{name: 'wang', age:'1'}, {name:'zhang', age:'2'}]，得到对象{wang: '1', zhang: '2'}。

5. 编写函数 randomSort(array)，能够将数组 array 的元素打乱存储，如[1,2,3,4,5]，输出为[3,2,4,5,1]。要求 N 次以内数组元素顺序不重复。

6. 实现随机选取 10~100 之间的 10 个数字，存入一个数组，并进行排序。

7. 分别用 while 语句和 for 语句编写 1+2+…+100 的求和程序。

8. 编写程序，实现输入一个月份返回这个月有多少天。

9. 一个加油站为了鼓励车主多加油，推出加多有优惠活动。92 号汽油，每升 6 元，如果大于等于 20 升，那么每升 5.9 元；97 号汽油，每升 7 元，如果大于等于 30 升，那么每升 6.59 元。根据用户选择，计算应该支付的金额。

10. 设计一个猜拳游戏：1 代表石头，2 代表剪刀，3 代表布，每次随机出 1、2、3 任意一个数，玩家也有三种状态，用玩家输入的数和随机计算的数对比，按照游戏规则比出胜负。

11. 打印 1~100 中不是 5 的倍数的数字。

12. 求 1+2+3+…+99 的和。

13. 求 1~100 之间偶数之和。

14. 求 10!，即 10 的阶乘，10×9×8×…×1。

15. 求 10! + 9! +…+1!。

16. 使用多个*字符拼成一个直角三角形。

17. 打印九九乘法表。

18. 输出 100~200 之间所有的质数。

19. 打印 1～100 之间所有不包含 7，且不是 7 的倍数的数字。

20. 随机生成 4 位或 6 位验证码。

21. 随机生成颜色。

（答案位置：本章/在线支持）

4.9　在 线 支 持

第5章 操作字符串

字符串是有限字符序列，包括字母、数字、特殊字符（如空格符等）。在 JavaScript 中，字符串是一类简单的值，通过 String 类型提供的大量原型方法，可以操作字符串。在表单开发、HTML 文本解析、格式化字符串显示、Ajax 响应处理等方面会广泛应用字符串操作方法。

【学习重点】
- ➥ 定义字符串。
- ➥ 获取字符串的值和长度。
- ➥ 字符串的连接和截取。
- ➥ 字符串的查找和替换。
- ➥ 字符串的检测和加解密。
- ➥ 使用模板字符串。

5.1 字符串的基本操作

扫一扫，看视频

5.1.1 定义字符串

1. 字符串的定义

使用双引号或单引号包含任意长度的文本。

【示例 1】任何被引号包含的文本都被称为字符串型数据。

```
var s = "true";                       //把布尔值转换为字符串
var s = "123";                        //把数值转换为字符串
var s = " [1,2,3]";                   //把数组转换为字符串
var s = "{x:1,y:2}";                  //把对象转换为字符串
var s = "console.log('Hello,World')"; //把可执行表达式转换为字符串
```

【示例 2】单引号和双引号可以配合使用来定义一个特殊形式的字符串。

```
var s = 'console.log("Hello,World")';
```

单引号可以包含双引号，或者双引号包含单引号。但是不能在单引号中包含单引号，或者在双引号中包含双引号。

【示例 3】由于一些字符包含多重语义，在字符串中需要使用转义字符来表示以避免产生歧义。转义字符的基本使用方法：在字符前面加反斜杠。转义字符的详细介绍可以参考 2.4.3 小节的相关内容。

```
var s = "\"";                         //有效的引号字符
```

📢 提示：

ES 6 新增了 String.raw()方法。该方法返回一个斜杠都被转义的字符串，即斜杠前面再加一个斜杠，常用于模板字符串的处理。例如：
```
String.raw('Hi\n${2+3}!')            //返回"Hi\\n5!"，显示"Hi\n5!"
String.raw('Hi\u000A!');             //返回"Hi\\u000A!"，显示的是转义后的结果"Hi\u000A!"
```
如果原字符串的斜杠已经转义了，那么 String.raw()会进行再一次转义。

【示例 4】对于字符串化脚本，可以调用全局方法 eval()执行字符串代码。详细介绍可以参考 3.9.5 小节的内容。

```
var s = "console.log('Hello,World')";      //表达式字符串
eval(s);                                     //执行表达式字符串
```

2. 构造字符串

使用 String()函数可以构造字符串，该函数可以接收一个或多个参数，并把它作为值来初始化字符串。

【示例 5】下面使用 new 运算符调用 String()函数，将创建一个字符串型对象。

```
var s = new String();               //创建一个空字符串对象，并赋值给变量 s
var s = new String("我是构造字符串");  //创建字符串对象，初始化之后赋值给变量 s
```

注意：

通过 String 构造函数构造的字符串与字符串直接量的类型是不同的。前者为引用型对象，后者为值类型的字符串。

【示例 6】下面的代码比较了构造字符串和字符串直接量的数据类型不同。

```
var s1 = new String(1);      //构造字符串
var s2 = "1";                //定义字符串直接量
console.log(typeof s1);      //返回 object，说明是引用型对象
console.log(typeof s2);      //返回 string，说明是值类型字符串
```

【示例 7】String()也可以作为普通函数使用，把参数强制转换为字符串类型的值返回。

```
var s = String(123456);      //包装字符串
console.log(s);              //返回字符串"123456"
console.log(typeof s);       //返回 string，说明是简单的值
```

【示例 8】String()允许传入多个参数，但是仅处理第 1 个参数，并把它转换为字符串返回。但是，所有参数表达式都会被 JavaScript 计算。

```
var s = String(1, 2, 3, 4, 5, 6);   //带有多个参数
console.log(s);                      //返回字符串"1"
console.log(typeof s);               //返回 string，数值被转换为字符串
```

【示例 9】下面变量 n 在构造函数内经过多次计算之后，最后值递增为 5。

```
var n = 1;                              //初始化变量
var s = new String(++ n, ++ n, ++ n, ++ n); //字符串构造处理
console.log(s);                          //返回 2
console.log(n);                          //返回 5
console.log(typeof s);                   //返回 object，说明是引用类型对象
console.log(typeof n);                   //返回 number，说明是数值类型
```

3. 使用字符编码

使用 fromCharCode()方法可以把字符编码转换为字符串。该方法可以包含多个整数参数，每个参数代表字符的 Unicode 编码，返回值为字符编码的字符串表示。

【示例 10】下面的代码演示了如何把一组字符串编码转换为字符串。

```
var a = [35835, 32773, 24744, 22909], b = []; //声明一个字符编码的数组
for(var i in a){                                //遍历数组
    b.push(String.fromCharCode(a[i]));          //把每个字符编码都转换为字符串存入数组
}
console.log(b.join(""));                         //返回字符串"读者您好"
```

可以把所有字符串按顺序传给 fromCharCode()。

```
var b = String.fromCharCode(35835, 32773, 24744, 22909);  //传递多个参数
```

也可以使用 apply()方法动态调用 fromCharCode()方法。

```
var a = [35835, 32773, 24744, 22909], b = [];
var b = String.fromCharCode.apply(null, a);    //动态调用 fromCharCode()方法，并传递数组
console.log(b);                                 //返回字符串"读者您好"
```

📢 提示：

　　fromCharCode()是 String 静态方法，不能通过字符串来调用。与 fromCharCode()方法相反，charCodeAt()方法可以把字符转换为 Unicode 编码。

📢 注意：

　　fromCharCode()用于从 Unicode 编码点返回对应字符，但是这个方法不能识别码点大于 0xFFFF 的字符。例如，String.fromCharCode(0x20BB7)返回"ୠ"，最高位 2 被舍弃了，返回码点 U+0BB7 对应的字符，而不是码点 U+20BB7 对应的字符。

　　ES 6 新增 String.fromCodePoint()方法，可以识别大于 0xFFFF 的字符，弥补了 String.fromCharCode()方法的不足。在作用上，与新增的 codePointAt()方法相反。其中 fromCodePoint()方法定义在 String 对象上，而 codePointAt()方法定义在字符串的实例对象上。

　　ES 6 还提供字符串实例的 normalize()方法，用来将字符的不同表示方法统一为同样的形式。例如：

```
'\u01D1'.normalize() === '\u004F\u030C'.normalize()    //true
```

扫一扫，看视频

5.1.2　获取字符串的值和长度

1. 获取字符串的值

　　使用字符串的 toString()方法可以返回字符串的字符表示，使用 valueOf()方法可以返回字符串的值。这两个方法的返回值始终相同，所以一般不直接调用这两个方法。

　　【示例 1】下面的示例将使用 toString()方法获取字符串"JavaScript"的字符表示。

```
var s = "JavaScript";
var a = s.toString();                  //返回字符串"JavaScript"
var b = s.valueOf();                   //返回字符串"JavaScript"
```

　　【示例 2】重写 toString()和 valueOf()方法，以便能个性化地显示字符串。

```
//重写 toString()方法，参数 color 表示显示的颜色
String.prototype.toString = function(color){
    var color = color ||"red";         //如果省略参数，则显示为红色
    return '<span style="color:' + color + '";>' + this.valueOf() + '</span>';
                                        //返回格式化显示带有颜色的字符串
}
document.write(s.toString());          //显示红色字符串"JavaScript"
document.write(s.toString("blue"));    //显示蓝色字符串"JavaScript"
```

　　上面的示例重写了 toString()方法，以 HTML 格式化方式显示了字符串的值。

2. 获取字符串的长度

　　使用字符串的 length 属性可以读取字符串的长度。长度以字符为单位，该属性为只读属性。

　　【示例 3】下面的代码使用字符串的 length 属性获取字符串的长度。

```
var s = "String 类型长度";            //定义字符串
console.log(s.length);                 //返回 10 个字符
```

📢 注意：

　　JavaScript 支持的字符包括单字节、双字节两种类型，为了精确计算字符串的字节长度，可以采用下面方法来计算。

【**示例 4**】为 String 扩展 byteLength()原型方法，该方法将枚举每个字符，并根据字符编码，判断当前字符是单字节还是双字节，然后统计字符串的字节长度。

```
String.prototype.byteLength = function(){        //获取字符串的字节数，扩展 String 类型方法
    var b = 0, l = this.length;                  //初始化字节数递加变量，并获取字符串参数的字符个数
    if(l){                                       //如果存在字符串，则执行计算
        for(var i = 0; i < l; i ++){             //遍历字符串，枚举每个字符
            if(this.charCodeAt(i) > 255){        //字符编码大于 255，说明是双字节字符
                b += 2;                          //则累加 2 个
            }else{
                b ++;                            //否则累加 1 个
            }
        }
        return b;                                //返回字节数
    }else{
        return 0;                                //如果参数为空，则返回 0 个
    }
}
```

应用原型方法：

```
var s = "String 类型长度";                        //定义字符串直接量
console.log(s.byteLength())                      //返回 14
```

📢 **提示：**

在检测字符是否为双字节或单字节时，下面再提供两种设计思路。

```
for(var i = 0; i < l; i ++){
    var c = this.charAt(i);                      //获取当前字符
    if (escape(c).length > 4) {                  //如果字符的转义序列大于 4 位，说明是双字节
        b += 2;
    }else if(c != "\r") {b ++;}
}
```

或者使用正则表达式进行字符编码验证。

```
for(var i = 0; i < l; i ++){
    var c = this.charAt(i);
    if (/^[\u0000-\u00ff]$/.test(c)) {           //其中/^[\u0000-\u00ff]$/表示匹配单字节字符
        b ++;
    }else {b += 2;}
}
```

5.1.3 字符串的连接

1. 使用加号运算符

连接字符串的最简便方法是使用加号运算符。

【**示例 1**】下面的代码使用加号运算符连接两个字符串。

```
var s1 = "abc", s2 = "def";
console.log(s1+s2);                              //返回字符串"abcdef"
```

2. 使用 concat()方法

使用字符串的 concat()方法可以把多个参数添加到指定字符串的尾部。该方法的参数类型和个数没有限制，它会把所有参数都转换为字符串，然后按顺序连接到当前字符串的尾部，最后返回连接后的字符串。

扫一扫，看视频

【示例 2】下面的代码使用字符串的 concat() 方法把多个字符串连接在一起。

```
var s1 = "abc";
var s2 = s1.concat("d","e","f");  //调用 concat() 连接字符串
console.log(s2);                   //返回字符串"abcdef"
```

📢 提示：

> concat() 方法不会修改原字符串的值，与数组的 concat() 方法操作相似。

3. 使用 join() 方法

在特定的操作环境中，也可以借助数组的 join() 方法来连接字符串，如 HTML 字符串输出等。

【示例 3】下面的代码演示了如何借助数组的 join() 方法来连接字符串。

```
var s = "JavaScript", a = [];        //定义一个字符串
for(var i = 0; i < 1000; i ++)       //循环执行 1000 次
    a.push(s);                        //把字符串装入数组
var str = a.join("");                //通过 join() 方法把数组元素连接在一起
a = null;                             //清空数组
document.write(str);
```

在上面的示例中，使用 for 语句把 1000 个"JavaScript"字符串装入数组，然后调用数组的 join() 方法把元素的值连接成一个长长的字符串。使用完毕应该立即清除数组，避免占用系统资源。

📢 提示：

> 在传统浏览器中，使用数组的 join() 方法连接超大字符串时，速度会很快，是推荐的最佳方法。随着现代浏览器优化了加号运算符的算法，使用加号运算符连接字符串速度也非常快，同时使用简单。一般推荐使用加号运算符来连接字符串，而 concat() 和 join() 方法可以在特定的代码环境中使用。

扫一扫，看视频

5.1.4　字符串的查找

在开发中经常需要检索字符串、查找特定字符串。String 类型的查找字符串的方法如表 5.1 所示。

表 5.1　String 类型的查找字符串的方法

查找字符串方法	说　　明
charAt()	返回字符串中的第 n 个字符
charCodeAt()	返回字符串中的第 n 个字符的代码
indexOf()	检索字符串
lastIndexOf()	从后向前检索一个字符串
match()	找到一个或多个正则表达式的匹配
search()	检索与正则表达式相匹配的子串

1. 查找字符

使用字符串的 charAt() 和 charCodeAt() 方法，可以根据参数（非负整数的下标值）返回指定位置的字符或字符编码。

📢 提示：

> 对于 charAt() 方法来说，如果参数不在 0 ~ length-1 之间，则返回空字符串。而对于 charCodeAt() 方法来说，则返回 NaN，而不是 0 或空字符串。

【**示例 1**】下面的示例为 String 类型扩展一个原型方法，用来把字符串转换为数组。在函数中使用 charAt()方法读取字符串中每个字符，然后装入一个数组并返回。

```
String.prototype.toArray = function(){      //把字符串转换为数组
    var l = this.length, a = [];            //获取当前字符串长度，并定义空数组
    if(l){                                   //如果存在，则执行循环操作，预防空字符串
        for(var i = 0; i < l; i ++){         //遍历字符串，枚举每个字符
            a.push(this.charAt(i));          //把每个字符都按顺序装入数组
        }
    }
    return a;                                //返回数组
}
```

应用原型方法：

```
var s = "abcdefghijklmn".toArray();          //把字符串转换为数组
for(var i in s){                             //遍历返回数组，显示每个字符
    console.log(s[i]);
}
```

2．查找字符串

使用字符串的 indexOf()和 lastIndexOf()方法，可以根据参数字符串返回指定子字符串的下标位置。这两个方法都有两个参数。

- 第 1 个参数为一个子字符串，指定要查找的目标。
- 第 2 个参数为一个整数，指定查找的起始位置，取值范围是 0～length-1。

对于第 2 个参数来说，有几种特殊情况需要注意：

- 如果值为负数，则视为 0，相当于从第 1 个字符开始查找。
- 如果省略了这个参数，也将从字符串的第 1 个字符开始查找。
- 如果值大于等于 length 属性值，则视为当前字符串中没有指定的子字符串，返回-1。

【**示例 2**】下面的代码查询字符串中首个字母 a 的下标位置。

```
var s = "JavaScript";
var i = s.indexOf("a");
console.log(i);                              //返回值为 1，即字符串中第 2 个字符
```

indexOf()方法只返回查找到的第 1 个子字符串的起始下标值，如果没有找到则返回-1。

【**示例 3**】下面的代码查询 URL 字符串中首个字母 w 的下标位置。

```
var s = "http://www.mysite.cn/";
var a = s.indexOf("www");                    //返回值为 7，即第 1 个字符 w 的下标位置
```

如果要查找下一个子字符串，则可以使用第 2 个参数来限定范围。

【**示例 4**】下面的代码分别查询 URL 字符串中两个点号字符的下标位置。

```
var s = "http://www.mysite.cn/";
var b = s.indexOf(".");                      //返回值为 10，即第 1 个字符.的下标位置
var e = s.indexOf(".", b + 1);               //返回值为 17，即第 2 个字符.的下标位置
```

📢 注意：

indexOf()方法是按从左到右的顺序进行查找的。如果希望从右到左来进行查找，则可以使用 lastIndexOf()方法来查找。

【**示例 5**】下面的代码按从右到左的顺序查询 URL 字符串中最后一个点号字符的下标位置。

```
var s = "http://www.mysite.cn/index.html";
var n = s.lastIndexOf(".");                  //返回值为 26，即第 3 个字符.的下标位置
```

📢 **注意：**

lastIndexOf()方法的查找顺序是从右到左，但是其参数和返回值都是根据字符串的下标从左到右的顺序来计算的，即字符串第一个字符下标值始终都是 0，而最后一个字符的下标值始终都是 length-1。

【示例 6】 lastIndexOf()方法的第 2 个参数指定开始查找的下标位置，但是将从该点开始向左查找，而不是向右查找。

```
var s = "http://www.mysite.cn/index.html";
var n = s.lastIndexOf(".", 11);          //返回值为 10，而不是 17
```

其中，第 2 个参数值 11 表示字符 c（第 1 个）的下标位置，然后从其左侧开始向左查找，所以就返回第 1 个点号的位置。如果找到，则返回第 1 次找到的字符串的起始下标值。

```
var s = "http://www.mysite.cn/index.html";
var n = s.lastIndexOf("www");           //返回值为 7（第 1 个 w），而不是 10
```

如果没有设置第 2 个参数，或者参数为负值，或者参数大于等于 length，则将遵循 indexOf()方法进行操作。

📢 **提示：**

ES 6 新增两个专用方法，说明如下。
- ➥ startsWith()：返回布尔值，表示参数字符串是否在原字符串的头部。
- ➥ endsWith()：返回布尔值，表示参数字符串是否在原字符串的尾部。

上述两个方法都支持第 2 个参数，表示开始搜索的位置。

3. 搜索字符串

search()方法与 indexOf()功能相同，查找指定字符串第 1 次出现的位置。但是 search()方法仅有一个参数，定义匹配模式。该方法没有 lastIndexOf()的反向检索功能，也不支持全局模式。

【示例 7】 下面的代码使用 search()方法匹配斜杠字符在 URL 字符串的下标位置。

```
var s = "http://www.mysite.cn/index.html";
var n = s.search("//");          //返回值为 5
```

📢 **注意：**

- ➥ search()方法的参数为正则表达式（RegExp 对象）。如果参数不是 RegExp 对象，则 JavaScript 会使用 RegExp()函数把它转换成 RegExp 对象。
- ➥ search()方法遵循从左到右的查找顺序，并返回第 1 个匹配的子字符串的起始下标位置值。如果没有找到，则返回-1。
- ➥ search()方法无法查找指定的范围，始终返回的第 1 个匹配子字符串的下标值，没有 indexOf()方法灵活。

📢 **提示：**

ES 6 又提供了 includes()方法，其返回值为布尔值，表示是否找到了参数字符串。该方法都支持第 2 个参数，表示开始搜索的位置。

4. 匹配字符串

match()方法能够找出所有匹配的子字符串，并以数组的形式返回。matchAll()方法能够找出所有匹配的子字符串，并以数组的形式返回。matchAll()方法也能够找出所有匹配的子字符串，但是它返回一个迭代器，调用迭代器的 next()方法，可以逐一访问每一个匹配的子字符串。

【示例 8】 下面的代码使用 match()方法找到字符串中所有字母 h，并返回它们。

```
var s = "http://www.mysite.cn/index.html";
var a = s.match(/h/g);                      //全局匹配所有字符 h
```

```
console.log(a);                              //返回数组[h,h]
```

match()方法返回的是一个数组，如果不是全局匹配，match()方法只能执行一次匹配。例如，下面匹配模式没有 g 修饰符，只能够执行一次匹配，返回仅有一个元素 h 的数组。

```
var a = s.match(/h/);                        //返回数组[h]
```

如果没有找到匹配字符，则返回 null，而不是空数组。

当不执行全局匹配时，如果匹配模式包含子表达式，则返回子表达式匹配的信息。

【示例 9】下面的代码使用 match()方法匹配 URL 字符串中所有点号字符。

```
var s = "http://www.mysite.cn/index.html";  //匹配字符串
var a = s.match(/(\.).*(\.).*(\.)/);        //执行一次匹配检索
console.log(a.length);                       //返回 4，包含 4 个元素的数组
console.log(a[0]);                           //返回字符串".mysite.cn/index."
console.log(a[1]);                           //返回第 1 个点号，由第 1 个子表达式匹配
console.log(a[2]);                           //返回第 2 个点号，由第 2 个子表达式匹配
console.log(a[3]);                           //返回第 3 个点号，由第 3 个子表达式匹配
```

在这个正则表达式"/(\.).*(\.).*(\.)/"中，左右两个斜杠是匹配模式分隔符，JavaScript 解释器能够根据这两个分隔符来识别正则表达式。在正则表达式中小括号表示子表达式，每个子表达式匹配的文本信息会被独立存储。点号需要转义，因为在正则表达式中它表示匹配任意字符，星号表示前面的匹配字符可以匹配任意多次。

在示例 9 中，数组 a 包含 4 个元素，其中第 1 个元素存放的是匹配文本，其余的元素存放的是每个正则表达式的子表达式匹配的文本。

另外，返回的数组还包含两个对象属性，其中 index 属性记录匹配文本的起始位置，input 属性记录被操作的字符串。

```
console.log(a.index);        //返回值 10，第 1 个点号字符的起始下标位置
console.log(a.input);        //返回字符串"http://www.mysite.cn/index.html"
```

注意：

在全局匹配模式下，match()将执行全局匹配。此时返回的数组元素存放的是字符串中所有匹配文本，该数组没有 index 属性和 input 属性。同时不再提供子表达式匹配的文本信息，也不提示每个匹配子串的位置。如果需要这些信息，可以使用 RegExp.exec()方法。

5.1.5 字符串的截取

String 定义了 3 个字符串截取的方法，String 类型的字符串截取方法及说明如表 5.2 所示。

扫一扫，看视频

表 5.2 String 类型的字符串截取方法及说明

方 法	说 明
slice()	抽取一个子串
substr()	抽取一个子串
substring()	返回字符串的一个子串

1. 截取指定长度的字符串

substr()方法能够根据指定长度来截取子字符串。它包含 2 个参数，第 1 个参数表示准备截取的子串的起始下标，第 2 个参数表示截取的长度。

【示例 1】在下面的示例中使用 lastIndexOf()获取字符串的最后一个点号的下标位置，然后从其后的位置开始截取 4 个字符：

```
var s = "http://www.mysite.cn/index.html";
var b = s.substr(s.lastIndexOf(".")+1, 4);        //截取最后一个点号后 4 个字符
console.log(b);                                    //返回子字符串"html"
```

📢 **注意：**

> ↘ 如果省略第 2 个参数，则表示截取从起始位置开始到结尾的所有字符。考虑到扩展名的长度不固定，省略第 2 个参数会更灵活。
>
> ```
> var b = s.substr(s.lastIndexOf(".")+1);
> ```
>
> ↘ 如果第 1 个参数为负值，则表示从字符串的尾部开始计算下标位置，即-1 表示最后一个字符，-2 表示倒数第 2 个字符，以此类推。这对于左侧字符长度不固定时非常有用。

📢 **提示：**

> ECMAScript 不再建议使用 substr()方法，推荐使用 slice()和 substring()方法。

2. 截取起止下标位置的字符串

slice()和 substring()方法都是根据指定的起止下标位置来截取子字符串。它们都可以包含 2 个参数，第 1 个参数表示起始下标，第 2 个参数表示结束下标。

【**示例 2**】下面的代码使用 substring()方法截取 URL 字符串中网站主机名信息。

```
var s = "http://www.mysite.cn/index.html";
var a = s.indexOf("www");              //获取起始点的下标位置
var b = s.indexOf("/", a);            //获取结束点后面的下标位置
var c = s.substring(a, b);            //返回字符串"www.mysite.cn"
var d = s.slice(a, b);                //返回字符串"www.mysite.cn"
```

📢 **注意：**

> ↘ 截取的字符串包含第 1 个参数所指定的字符。结束点不被截取，即不包含在字符串中。
> ↘ 第 2 个参数如果省略，表示截取到结尾的所有字符串。

📢 **提示：**

> slice()和 substring()方法使用比较如下。
>
> 如果第 1 个参数值比第 2 个参数值大，substring()方法能够在执行截取之前先交换两个参数，而对于 slice()方法来说则被视为无效，并返回空字符串。

【**示例 3**】下面的代码比较 substring()方法和 slice()方法用法不同。

```
var s = "http://www.mysite.cn/index.html";
var a = s.indexOf("www");              //获取起始点下标
var b = s.indexOf("/", a);            //获取结束点后下标
var c = s.substring(b, a);            //返回字符串"www.mysite.cn"
var d = s.slice(b, a);                //返回空字符串
```

📢 **提示：**

> 当起始点和结束点的值大小无法确定时，使用 substring()方法更合适。
>
> 如果参数值为负值,slice()方法能够把负号解释为从右侧开始定位,这与 Array 的 slice()方法相同。但是 substring()方法会视其为无效，并返回空字符串。

【**示例 4**】使用下面的代码比较 substring()方法和 slice()方法的用法。

```
var s = "http://www.mysite.cn/index.html";
var a = s.indexOf("www");              //获取起始点下标
var b = s.indexOf("/", a);            //获取结束点后下标
var l = s.length;                     //获取字符串的长度
var c = s.substring(a-l, b-l);        //返回空字符串
```

```
var d = s.slice(a-1, b-1);                    //返回子字符串 www.mysite.cn
```

5.1.6　字符串的替换

使用字符串的 replace()方法可以替换指定的子字符串。该方法包含两个参数，第 1 个参数表示执行匹配的正则表达式，第 2 个参数表示准备替换匹配的子字符串。

【示例 1】下面的代码使用 replace()方法替换字符串中 html 为 htm。

```
var s = "http://www.mysite.cn/index.html";
var b = s.replace(/html/,"htm");              //把字符串"html"替换为"htm"
console.log(b);                               //返回字符串"http://www.mysite.cn/index.htm"
```

该方法第 1 个参数是一个正则表达式对象，也可以传递字符串，如下所示。

```
var b = s.replace("html","htm");   //把字符串"html"替换为"htm"
```

与查找字符串中 search()和 match()等几个方法不同，replace()方法不会把字符串转换为正则表达式对象，而是以字符串直接量的文本模式进行匹配。第 2 个参数可以是替换的文本，或者是生成替换文本的函数，把函数返回值作为替换文本来替换匹配文本。

【示例 2】下面的代码在使用 replace()方法时，灵活使用替换函数修改匹配字符串。

```
var s = "http://www.mysite.cn/index.html";
function f(x){                                //替换文本函数
    return x.substring(x.lastIndexOf(".")+1, x.length - 1)  //获取扩展名部分字符串
}
var b = s.replace(/(html)/, f(s));            //调用函数指定替换文本操作
console.log(b);                               //返回字符串"http://www.mysite.cn/index.htm"
```

replace()方法实际上执行的是同时查找和替换两个操作。它将在字符串中查找与正则表达式相匹配的子字符串，然后调用第 2 个参数值或替换函数替换这些子字符串。如果正则表达式具有全局性质，那么将替换所有的匹配子字符串，否则就只替换第 1 个匹配子字符串。

【示例 3】在 replace()方法中约定了一个特殊的字符（$），这个美元符号如果附加一个序号就表示对正则表达式中匹配的子表达式存储的字符串引用。

```
var s = "JavaScript";
var b = s.replace(/(Java)(Script)/,"$2-$1");  //交换位置
console.log(b);                               //返回字符串"Script-Java"
```

在示例 3 中，正则表达式/(Java)(Script)/中包含两对小括号，按顺序排列，其中第 1 对小括号表示第 1 个子表达式，第 2 对小括号表示第 2 个子表达式，在 replace()方法的参数中可以分别使用字符串"$1"和"$2"来表示对它们匹配文本的引用。另外，美元符号与其他特殊字符组合还可以包含更多的语义。replace()方法第 2 个参数中特殊字符如表 5.3 所示。

表 5.3　replace()方法第 2 个参数中特殊字符

约定字符串	说　　明
$1、$2、…、$99	与正则表达式中的第 1～99 个子表达式相匹配的文本
$&（美元符号+连字符）	与正则表达式相匹配的子字符串
$`（美元符号+切换技能键）	位于匹配子字符串左侧的文本
$'（美元符号+单引号）	位于匹配子字符串右侧的文本
$$	表示$符号

【示例 4】由于字符串"$&"在 replace()方法中被约定为正则表达式所匹配的文本，利用它可以重复引用匹配的文本，从而实现字符串重复显示效果。其中正则表达式 "/.*/" 表示完全匹配字符串。

```
var s = "JavaScript";
var b = s.replace(/.*/, "$&$&");              //返回字符串"JavaScriptJavaScript"
```

【示例 5】对匹配文本左侧的文本完全引用。

```
var s = "JavaScript";
var b = s.replace(/Script/, "$& != $'");  //返回字符串"JavaScript != Java"
```

其中，字符"$&"代表匹配子字符串"Script"，字符"$`"代表匹配文本左侧文本"Java"。

【示例 6】对匹配文本右侧的文本完全引用。

```
var s = "JavaScript";
var b = s.replace(/Java/, "$&$' is"); //返回字符串"JavaScript is Script"
```

其中，字符"$&"代表匹配子字符串"Java"；字符"$'"代表匹配文本右侧的"Script"。然后把"$&$' is"所代表的字符串"JavaScript is"替换原字符串中的"Java"子字符串就组成了一个新的字符串"JavaScript is Script"。

🔊 提示：

replace()只能替换第一个匹配，如果要替换所有的匹配，需要使用正则表达式的 g 修饰符。ES 2021 引入了 replaceAll()方法，可以一次性替换所有的匹配。其用法与 replace()相同，例如：

```
'aabbcc'.replaceAll('b', '_')              //'aa__cc'
```

replace()方法的第 1 个参数可以是字符串，也可以是全局的正则表达式（带有 g 修饰符）。第 2 个参数可以使用函数，匹配时会调用函数，函数的返回值将作为替换文本使用，同时函数可以接收以$为前缀的特殊字符，用来引用匹配文本的相关信息。

【示例 7】下面的代码把字符串中每个单词转换为首字母大写形式显示。

```
var s = 'javascript is script, is not java.';        //定义字符串
//定义替换文本函数，参数为第 1 个子表达式匹配文本
var f = function($1){
    //把匹配文本的首字母转换为大写
    return $1.substring(0, 1).toUpperCase() + $1.substring(1).toLowerCase();}
var a = s.replace(/(\b\w+\b)/g, f);   //匹配文本并进行替换
console.log(a);                        //返回字符串"Javascript Is Script, Is Not Java."
```

在示例 7 中，替换函数的参数为特殊字符"$1"，它表示正则表达式/(\b\w+\b)/中小括号匹配的文本。然后在函数结构内对这个匹配文本进行处理，截取其首字母并转换为大写形式，余下字符大全小写，然后返回新处理的字符串。replace()方法在原文本中使用这个返回的新字符串替换掉每次匹配的子字符串。

【示例 8】对于示例 7，还可以进一步延伸，使用小括号来获取更多匹配信息。例如，直接利用小括号传递单词的首字母，然后进行大小写转换处理，处理结果都是一样的。

```
var s = 'javascript is script, is not java.'; //定义字符串
var f = function($1,$2,$3){                              //定义替换文本函数，请注意参数的变化
    return $2.toUpperCase()+$3;
}
var a = s.replace(/\b(\w)(\w*)\b/g, f);
console.log(a);
```

在函数 f()中，第 1 个参数表示每次匹配的文本，第 2 个参数表示第 1 个小括号的子表达式所匹配的文本，即单词的首字母，第 2 个参数表示第 2 个小括号的子表达式所匹配的文本。

replace()方法的第 2 个参数是一个函数，replace()方法会给它传递多个实参，这些实参都包含一定的意思，具体说明如下：

➥ 第 1 个参数表示匹配模式相匹配的文本，如上面的示例中每次匹配的单词字符串。

➥ 其后的参数是匹配模式中子表达式相匹配的字符串，参数个数不限，根据子表达式数而定。

❧ 后面的参数是一个整数，表示匹配文本在字符串中的下标位置。

❧ 最后一个参数表示字符串自身。

【示例 9】把示例 8 中替换文本函数改为如下形式：

```
var f = function(){
    return arguments[1].toUpperCase()+arguments[2];
}
```

也就是说，如果不为函数传递形参，直接调用函数的 arguments 属性，同样能够读取到正则表达式中相关匹配文本的信息。其中：

❧ arguments[0]：表示每次匹配的文本，即单词。

❧ arguments[1]：表示第 1 个子表达式匹配的文本，即单词的首个字母。

❧ arguments[2]：表示第 2 个子表达式匹配的文本，即单词的余下字母。

❧ arguments[3]：表示匹配文本的下标位置，如第一个匹配单词"javascript"的下标位置就是 0，以此类推。

❧ arguments[4]：表示要执行匹配的字符串，这里表示"javascript is script, is not java."。

【示例 10】下面的代码设计从服务器端读取学生成绩（JSON 格式），然后使用 for 语句把所有数据转换为字符串。再来练习自动提取字符串中的分数，并汇总、算出平均分。最后，利用 replace()方法提取每个分值，与平均分进行比较以决定替换文本的具体信息。字符串智能处理效果如图 5.1 所示。

```
var score = {                          //从服务器端接收的 JSON 数据
    "张三":56,
    "李四":76,
    "王五":87,
    "赵六":98
}, _score="";
for(var id in score){                  //把 JSON 数据转换为字符串
    _score += id + score[id];
}
var a = _score.match(/\d+/g), sum = 0; //匹配出所有分值，输出为数组
for(var i= 0; i<a.length; i++){        //遍历数组，求总分
    sum += parseFloat(a[i]);           //把元素值转换为数值后递加
};
var avg = sum / a.length;              //求平均分
function f(){
    var n = parseFloat(arguments[1]);  //把匹配的分数转换为数值，第 1 个子表达式
    return ":"+ n + "分" + "(" + ((n > avg) ? ("超出平均分"+ (n - avg)) : ("低于平均分" +
(avg - n))) + "分) <br>";               //设计替换文本的内容
}
var s1 = _score.replace(/(\d+)/g, f);  //执行匹配、替换操作
document.write(s1);
```

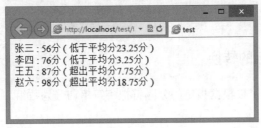

图 5.1 字符串智能处理效果

扫一扫，看视频

5.1.7 字符串大小写的转换

String 定义了 4 个方法实现字符串大小写的转换操作，字符串大小写转换的方法及说明如表 5.4 所示。

表 5.4 String 字符串大小写转换的方法及说明

方 法	说 明
toLocaleLowerCase()	把字符串转换成小写
toLocaleUpperCase()	将字符串转换成大写
toLowerCase()	将字符串转换成小写
toUpperCase()	将字符串转换成大写

【示例】下面的代码把字符串全部转换为大写形式。

```
var s = "JavaScript";
console.log(s.toUpperCase());          //返回字符串"JAVASCRIPT"
```

◀》提示：

toLocaleLowerCase()和 toLocaleUpperCase()是两个本地化原型方法。它们能够按照本地方式转换大小写字母，由于只有几种语言（如土耳其语）具有地方特有的大小写映射，所以通常与 toLowerCase()和 toUpperCase()方法的返回值一样。

扫一扫，看视频

5.1.8 字符串的比较

JavaScript 能够根据字符的 Unicode 编码大小逐位比较字符串大小。

【示例 1】小写字母 a 的编码为 97，大写字母 A 的编码为 65，则字符"a"就大于"A"。

```
console.log("a">"A");                  //返回 true
```

使用字符串的 localeCompare()方法，可以根据本地约定顺序来比较两个字符串的大小。ECMAScript 标准没有规定如何进行本地化比较操作。

localeCompare()方法包含一个参数，指定要比较的目标字符串。如果当前字符串小于参数字符串，则返回小于 0 的数；如果大于参数字符串，则返回大于 0 的数；如果两个字符串相等，或根据本地排序约定没有区别，该方法返回 0。

【示例 2】下面的代码把字符串"JavaScript"转换为数组，然后按本地字符顺序进行排序。

```
var s = "JavaScript";                  //定义字符串直接量
var a = s.split("");                   //把字符串转换为数组
var s1 = a.sort(function(a, b) {       //对数组进行排序
    return a.localeCompare(b)          //将根据前后字符在本地的约定进行排序
});
a = s1.join("");                       //然后再把数组还原为字符串
console.log(a);                        //返回字符串"aaciJprStv"
```

5.1.9 字符串与数组的转换

使用字符串的 split()方法可以根据指定的分隔符把字符串切分为数组。

扫一扫，看视频

◀》提示：

如果使用数组的 join()方法，可以把数组元素连接为字符串。

【示例 1】如果参数为空字符串，则 split()方法能够按单个字符进行切分，然后返回与字符串等长的数组。

```
var s = "JavaScript";
var a = s.split("");              //按字符空隙分割
console.log(s.length);           //返回值为 10
console.log(a.length);           //返回值为 10
```

【示例 2】如果参数为空，则 split()方法能把整个字符串作为一个元素的数组返回。

```
var s = "JavaScript";
var a = s.split();                        //空分割
console.log(a.constructor == Array);      //返回 true，说明是 Array 实例
console.log(a.length);                    //返回值为 1，说明没有对字符串进行分割
```

【示例 3】如果参数为正则表达式，则 split()方法能以匹配文本作为分隔符进行切分。

```
var s = "a2b3c4d5e678f12g";
var a = s.split(/\d+/);          //把匹配的数字作为分隔符来切分字符串
console.log(a);                  //返回数组[a,b,c,d,e, f,g]
console.log(a.length);          //返回数组的长度为 7
```

【示例 4】如果正则表达式匹配的文本位于字符串的边沿，则 split()方法也会执行切分操作，且为数组添加一个空元素。

```
var s = "122a2b3c4d5e678f12g";   //字符串左侧有匹配的数字
var a = s.split(/\d+/);          //把匹配的数字作为分隔符来切分字符串
console.log(a);                  //返回数组[,a,b,c,d,e,f,g]
console.log(a.length);          //返回数组的长度为 8
```

如果在字符串中指定的分隔符没有找到，则会返回一个包含整个字符串的数组。

【示例 5】split()方法支持第 2 个参数，该参数是一个可选的整数，用来指定返回数组的最大长度。如果设置了该参数，则返回的数组长度不会多于这个参数指定的值。如果没有设置该参数，则整个字符串都会被切分，不考虑数组长度。

```
var s = "JavaScript";
var a = s.split("",4);           //按顺序从左到右，仅切分 4 个元素的数组
console.log(a);                  //返回数组[J,a,v,a]
console.log(a.length);          //返回值为 4
```

【示例 6】如果想使返回的数组包括分隔符或分隔符的一个或多个部分，可以使用带子表达式的正则表达式来实现。

```
var s = "aa2bb3cc4dd5e678f12g";
var a = s.split(/(\d)/);         //使用小括号包含数字分隔符
console.log(a);                  //返回数组[aa,2,bb,3,cc,4,dd,5,e,6,,7,,8,f,1,,2,g]
```

5.1.10　字符串的格式化

JavaScript 定义了一组格式化字符串显示的方法，String 类型的格式化字符串的方法及说明如表 5.5 所示。

扫一扫，看视频

注意：

由于这些方法没有获得 ECMAScript 标准的支持，应慎重使用。

表 5.5　String 类型的格式化字符串的方法及说明

方　　法	说　　明
anchor()	返回 HTML a 标签中 name 属性值为 String 字符串文本的锚
big()	返回 HTML big 标签定义的大字体
blink()	返回使用 HTML blink 标签定义的闪烁字符串
bold()	返回使用 HTML b 标签定义的粗体字符串
fixed()	返回使用 HTML tt 标签定义的单间距字符串
fontcolor()	返回使用 HTML font 标签中 color 属性定义的带有颜色的字符串
fontsize()	返回使用 HTML font 标签中 size 属性定义的指定尺寸的字符串
italics()	返回使用 HTML i 标签定义的斜体字符串
link()	返回使用 HTML a 标签定义的链接
small()	返回使用 HTML small 标签定义的小字体的字符串
strike()	返回使用 HTML strike 标签定义删除线样式的字符串
sub()	返回使用 HTML sub 标签定义的下标字符串
sup()	返回使用 HTML sup 标签定义的上标字符串

【示例】下面的示例演示了如何使用上面字符串方法为字符串定义格式化显示属性。

```
var s = "abcdef";
document.write(s.bold());                          //定义加粗显示字符串"abcdef"
document.write(s.link("http://www.mysite.cn/"));   //为字符串"abcdef"定义超链接
document.write(s.italics());                       //定义斜体显示字符串"abcdef"
document.write(s.fontcolor("red"));                //定义字符串"abcdef"红色显示
```

📢 提示：

由于这些方法都是早期浏览器定义的，并获得大部分浏览器的支持，但是 IE 不支持 blink 标签，那么字符串调用 blink() 之后，在 IE 中是无效的。

扫一扫，看视频

5.1.11　清除两侧的空字符

ECMAScript 5 为 String 新增了 trim() 原型方法，用以从字符串中移除前导空字符、尾随空字符和行终止符。该方法在表单处理中非常实用。

📢 提示：

空字符包括空格、制表符、换页符、回车符和换行符。

【示例】下面的代码使用 trim() 方法快速清除掉字符串首尾空格。

```
var s = "   abc def    \r\n ";
s = s.trim();
console.log("[" + s + "]");          //[abc def]
console.log(s.length);               //7
```

📢 提示：

ES 2019 对字符串实例新增了 trimStart() 和 trimEnd() 这两个方法。它们的行为与 trim() 一致，trimStart() 消除字符串头部的空格，trimEnd() 消除字符串尾部的空格。它们返回的都是新字符串，不会修改原始字符串。

5.1.12　补充字符

repeat 方法返回一个新字符串，表示将原字符串重复 n 次。例如：

```
'hello'.repeat(3)                   //"hellohellohello"
'a'.repeat(0)                       //""
```

如果参数是小数，将被取整。例如：

```
'a'.repeat(2.5)                     //"aa"
```

如果 repeat 的参数是负数或者 Infinity，将抛出异常。如果参数是 0 到-1 之间的小数，则等同于 0。如果参数是 NaN 等同于 0。如果 repeat 的参数是字符串，则会先转换成数字。

ES 2017 引入字符串补全长度的功能。如果某个字符串不够指定长度，会在头部或尾部补全。其中 padStart()用于头部补全，padEnd()用于尾部补全。

padStart()和 padEnd()都包含两个参数，第 1 个参数设置字符串补全后的最大长度，第 2 个参数设置要补全的字符串。例如：

```
'x'.padStart(5, 'ab')               //'ababx'
'x'.padStart(4, 'ab')               //'abax'
```

如果原字符串的长度等于或大于最大长度，则字符串补全不生效，返回原字符串。

如果用来补全的字符串与原字符串，两者的长度之和超过了最大长度，则会截去超出位数的补全字符串。例如：

```
'abc'.padStart(10, '0123456789')    //'0123456abc'
```

如果省略第 2 个参数，默认使用空格补全长度。

【示例 1】padStart()常用为数值补全指定位数。下面的代码生成 10 位的数值字符串。

```
'1'.padStart(10, '0')               //"0000000001"
```

【示例 2】格式化提示字符串。

```
'12'.padStart(10, 'YYYY-MM-DD')     //"YYYY-MM-12"
```

5.1.13　Unicode 编码和解码

JavaScript 定义了 6 个全局方法，用于 Unicode 字符串的编码和解码。JavaScript 编码和解码的方法及说明如表 5.6 所示。

表 5.6　JavaScript 编码和解码的方法及说明

方　　法	说　　明
escape()	使用转义序列替换某些字符来对字符串进行编码
unescape()	对使用 escape()编码的字符串进行解码
encodeURI()	通过转义某些字符对 URI 进行编码
decodeURI()	对使用 encodeURI()方法编码的字符串进行解码
encodeURIComponent()	通过转义某些字符对 URI 的组件进行编码
decodeURIComponent()	对使用 encodeURIComponent()方法编码的字符串进行解码

1．escape()和 unescape()方法

escape()方法能够把除 ASCII 之外的所有字符转换为%xx 或%uxxxx（x 表示十六进制的数字）的转义序列。从\u0000 到\u00ff 的 Unicode 字符由转义序列%xx 替代，其他所有 Unicode 字符由%uxxxx 序列

替代。

【示例 1】下面的代码使用 escape()方法编码字符串。

```
var s = "JavaScript 中国";
s = escape(s);
console.log(s);                        //返回字符串"JavaScript%u4E2D%u56FD"
```

可以使用该方法对 Cookie 字符串进行编码，避免与其他约定字符发生冲突，因为 Cookie 包含的标点符号是有限制的。

与 escape()方法对应，unescape()方法能够对 escape()编码的字符串进行解码。

【示例 2】下面的代码使用 unescape()方法解码被 escape()方法编码的字符串。

```
var s = "JavaScript 中国";
s = escape(s);                         //Unicode 编码
console.log(s);                        //返回字符串"JavaScript%u4E2D%u56FD"
s = unescape(s);                       //Unicode 解码
console.log(s);                        //返回字符串"JavaScript 中国"
```

【示例 3】这种被解码的代码是不能够直接运行的，读者可以使用 eval()方法来执行它。

```
var s = escape('console.log("JavaScript 中国");'); //编码脚本
var s = unescape(s);                   //解码脚本
eval(s);                               //执行被解码的脚本
```

2. encodeURI()和 decodeURI()方法

ECMAScript 3 版本推荐使用 encodeURI()和 encodeURIComponent()方法代替 escape()方法，使用 decodeURI()和 decodeURIComponent()方法代替 unescape()方法。

【示例 4】encodeURI()方法能够让 URI 字符串进行转义处理。

```
var s = "JavaScript 中国";
s = encodeURI(s);
console.log(s);  //返回字符串"JavaScript%E4%B8%AD%E5%9B%BD"
```

encodeURI()方法与 escape()方法的编码结果是不同的，但是它们都不会对 ASCII 字符进行编码。

相对而言，encodeURI()方法会更加安全。它能够将字符转换为 UTF-8 编码字符，然后用十六进制的转义序列（形式为%xx）对生成的 1 个、2 个或 4 个字节的字符编码。

使用 decodeURI()方法可以对 encodeURI()方法的结果进行解码。

【示例 5】下面的代码演示了如何对 URL 字符串进行编码和解码操作。

```
var s = "JavaScript 中国";
s = encodeURI(s);                      //URI 编码
console.log(s);                        //返回字符串"JavaScript%E4%B8%AD%E5%9B%BD"
s = decodeURI(s);                      //URI 解码
console.log(s);                        //返回字符串"JavaScript 中国"
```

3. encodeURIComponent()和 decodeURIComponent()

encodeURIComponent()与 encodeURI()方法不同。它们主要区别就在于，encodeURIComponent()方法假定参数是 URI 的一部分，例如，协议、主机名、路径或查询字符串。因此，它将转义用于分隔 URI 各个部分的标点符号。而 encodeURI()方法仅把它们视为普通的 ASCII 字符，并没有转换。

【示例 6】下面的代码比较 URL 字符串被 encodeURIComponent()方法编码前后的比较。

```
var s = "http://www.mysite.cn/navi/search.asp?keyword=URI";
a = encodeURI(s);
console.log(a);
b = encodeURIComponent(s);
```

```
console.log(b);
```

输出显示为：

```
http://www.mysite.cn/navi/search.asp?keyword=URI
http%3A%2F%2Fwww.mysite.cn%2Fnavi%2Fsearch.asp%3Fkeyword%3DURI
```

第 1 行字符串是 encodeURI()方法编码的结果，第 2 行字符串是 encodeURIComponent()方法编码的结果。与 encodeURI()方法一样，encodeURIComponent()方法对于 ASCII 字符不编码。而用于分隔 URI 各种组件的标点符号，都由一个或多个十六进制的转义序列替换。

使用 decodeURIComponent()方法可以对 encodeURIComponent()方法编码的结果进行解码。

```
var s = "http://www.mysite.cn/navi/search.asp?keyword=URI";
b = encodeURIComponent(s);
b = decodeURIComponent(b)
console.log(b);
```

5.1.14　Base64 编码和解码

扫一扫，看视频

Base64 是一种编码方法，可以将任意字符（包括二进制字符流）转成可打印字符。JavaScript 定义了两个与 Base64 相关的全局方法。

> ❯ btoa()：字符串或二进制值转为 Base64 编码。
> ❯ atob()：把 Base64 编码转为原来字符。

◀》注意：

Base64 方法不能够操作非 ASCII 字符。

【示例】要将非 ASCII 码字符转为 Base64 编码，必须使用 5.1.13 小节介绍方法把 Unicode 双字节字符串转换为 ASCII 字符表示，再使用这两个方法。

```
function b64Encode(str) {
    return btoa(encodeURIComponent(str));
}
function b64Decode(str) {
    return decodeURIComponent(atob(str));
}
var b = b64Encode('JavaScript 从入门到精通');
var a = b64Decode(b);
console.log(b); //返回 SmF2YVNjcmlwdCVFNCVCQiU4RSVFNSU4NSVBNSVFOSU5NyVBOCVFNSU
4OCVCMCVFNyVCMiVCRSVFOSU4MCU5QQ==
console.log(a); //返回'JavaScript 从入门到精通'
```

5.2　模板字符串

ES 6 为 JavaScript 引入了与字符串处理相关的一个新特性——模板字符串，提供了多行字符串、字符串模板的功能，这是 ES 6 许多特性中最容易被低估的特性。模板字符串在规范文档更早的版本中叫 Template Strings，所以也被描述为模板字符串，有时简称为 ES 6 模板。

5.2.1　定义模板字符串

定义模板字符串的具体语法格式如下：

扫一扫，看视频

```
//格式1
`string text`                                      //普通字符串
//格式2
`string text line 1
 string text line 2`                               //多行字符串
//格式3
`string text ${expression} string text`            //字符串中嵌入变量
//格式4
tag `string text ${expression} string text`        //带标签的模板字符串
```

　　模板字符串使用反引号（` `）来代替普通字符串中的双引号和单引号。模板字符串可以包含特定语法（${expression}）的占位符。占位符中的表达式和周围的文本会一起传递给一个默认函数，该函数负责将所有的部分连接起来，如果一个模板字符串由表达式开头，则该字符串被称为带标签的模板字符串，该表达式通常是一个函数，它会在模板字符串处理后被调用，在输出最终结果前，都可以通过该函数来对模板字符串进行操作处理。在模板字符串内使用反引号（`）时，需要在它前面加转义符（\）。例如：

```
`\`` === "`"                                       //--> true
```

5.2.2　多行字符串

扫一扫，看视频

　　在新行中插入的任何字符都是模板字符串中的一部分。使用普通字符串，可以通过以下方式定义多行字符串。

```
console.log('string text line 1\n' +
'string text line 2');
```

　　输出为：

```
"string text line 1
string text line 2"
```

　　使用模板字符串可以定义相同效果的多行字符串，代码如下：

```
console.log(`string text line 1
string text line 2`);
```

　　输出为：

```
"string text line 1
string text line 2"
```

　　【示例】如果使用模板字符串表示多行字符串，则所有空格和缩进都会被保留在输出之中。

```
$('#list').html(`
<ul>
  <li>first</li>
  <li>second</li>
</ul>
`);
```

　　上面代码中，所有模板字符串的空格和换行都是被保留的，比如<ul>标签前面会有一个换行。如果不想要这个换行，可以使用 trim()方法消除它。

```
$('#list').html(`
<ul>
  <li>first</li>
  <li>second</li>
</ul>
`.trim());
```

扫一扫，看视频

5.2.3 插入表达式

在普通字符串中嵌入表达式，可以使用如下方法。

```
var a = 5;
var b = 10;
console.log('Fifteen is ' + (a + b) + ' and\nnot ' + (2 * a + b) + '.');
```

输出为：

```
"Fifteen is 15 and
not 20."
```

我们也可以通过模板字符串嵌入表达式：

```
var a = 5;
var b = 10;
console.log(`Fifteen is ${a + b} and
not ${2 * a + b}.`);
```

输出为：

```
"Fifteen is 15 and
not 20."
```

【示例】要想在模板字符串中嵌入变量，需要将变量名写在${}之中（大括号内可以放入任意的 JavaScript 表达式）。

```
let x = 1;
let y = 2;
`${x} + ${y} = ${x + y}`              //"1 + 2 = 3"
`${x} + ${y * 2} = ${x + y * 2}`      //"1 + 4 = 5"
let obj = {x: 1, y: 2};
`${obj.x + obj.y}`                    //"3"
```

通过模板字符串还能调用函数：

```
function fn() {
  return "Hello World";
}
`foo ${fn()} bar`                     //foo Hello World bar
```

如果大括号中的值不是字符串，则会按照一般的规则将之转换为字符串。例如，大括号中是一个对象，将会默认调用对象的 toString()方法。如果模板字符串中的变量没有声明，那么系统就会报错。

由于模板字符串的大括号内部是执行 JavaScript 代码的，因此，如果大括号内部是一个字符串，那么就会原样输出字符串。

扫一扫，看视频

5.2.4 嵌套模板

【示例 1】如果条件 a 是真的，那么就返回这个模板化的文字。

```
var classes = 'header'
classes += (isLargeScreen()?
  '' : item.isCollapsed?
  'icon-expander' : 'icon-collapser');
```

在 ES 2015 中使用模板字符串，而没有嵌套。

```
const classes = `header ${isLargeScreen() ? '' :
```

```
(item.isCollapsed ? 'icon-expander' : 'icon-collapser')}`;
```

在 ES 2015 中嵌套模板字符串的方法如下：

```
const classes = `header ${isLargeScreen() ? '' :
 `icon-${item.isCollapsed ? 'expander' : 'collapser'}`}`;
```

【示例 2】下面的示例将定义一个嵌套模板字符串。

```
const tmpl = addrs => `
 <table>
 ${addrs.map(addr => `
  <tr><td>${addr.first}</td></tr>
  <tr><td>${addr.last}</td></tr>
 `).join('')}
 </table>
`;
```

在上述代码的模板字符串的变量中又嵌入了另一个模板字符串：

```
const data = [
   {first: '<Jane>', last: 'Bond'},
   {first: 'Lars', last: '<Croft>'},
];
console.log(tmpl(data));
```

5.2.5 带标签的模板字符串

扫一扫，看视频

模板字符串允许附加一个标签前缀，标签名就是一个函数名，该函数将被调用来处理这个模板字符串。例如：

```
alert`hello`
```

等同于：

```
alert(['hello'])
```

标签模板其实不是模板，而是函数调用的一种特殊形式。"标签"指的就是函数，紧跟在后面的模板字符串就是它的参数。

但是，如果模板字符里面有变量，就不是简单地调用了，而是会将模板字符串先处理成多个参数，再调用函数。例如：

```
let a = 5;
let b = 10;
tag`Hello ${a + b} world ${a * b}`;
```

等同于：

```
tag(['Hello ', ' world ', ''], 15, 50);
```

上面代码中，模板字符串前面有一个标识名 tag，它是一个函数。整个表达式的返回值，就是 tag() 函数处理模板字符串后的返回值。

函数 tag() 依次会接收到多个参数。语法格式如下：

```
function tag(stringArr, value1, value2){
   //...
}
```

等同于：

```
function tag(stringArr, ...values){
```

```
//...
}
```

tag()函数的第 1 个参数是一个数组，该数组的成员是模板字符串中那些没有变量替换的部分，即变量替换只发生在数组的第 1 个成员与第 2 个成员之间、第 2 个成员与第 3 个成员之间，以此类推。

tag()函数的其他参数都是模板字符串各个变量被替换后的值。在上面的示例中，模板字符串含有两个变量，因此 tag 会接收到 value1 和 value2 两个参数。

tag()函数所有参数的实际值如下。

❯ 第 1 个参数：['Hello ', ' world ', '']。
❯ 第 2 个参数：15。
❯ 第 3 个参数：50。

也就是说，tag()函数实际上是以下面的形式调用。

```
tag(['Hello', 'world', ''], 15, 50)
```

【示例 1】可以按照需要编写 tag()函数的代码。下面是 tag()函数的一种写法。

```
let a = 5;
let b = 10;
function tag(s, v1, v2) {
    console.log(s[0]);
    console.log(s[1]);
    console.log(s[2]);
    console.log(v1);
    console.log(v2);
}
tag`Hello ${a + b} world ${a * b}`;
```

输出为：

```
"Hello"
"world"
""
15
50
```

【示例 2】下面是一个更复杂的示例。

```
let total = 30;
let msg = passthru`The total is ${total} (${total*1.05} with tax)`;
function passthru(literals) {
    let result = '';
    let i = 0;
    while (i < literals.length) {
        result += literals[i++];
        if (i < arguments.length) {
            result += arguments[i];
        }
    }
    return result;
}
msg //"The total is 30 (31.5 with tax)"
```

示例 2 展示了如何将各个参数按照原来的位置拼合回去。

passthru()函数采用 rest 参数的写法如下：

```
function passthru(literals, ...values) {
```

```
    let output = "";
    let index;
    for (index = 0; index < values.length; index++) {
        output += literals[index] + values[index];
    }
    output += literals[index]
    return output;
}
```

【示例 3】标签模板的一个重要应用，就是过滤 HTML 字符串，防止用户输入恶意代码。

```
function SaferHTML(templateData) {
    let s = templateData[0];
    for (let i = 1; i < arguments.length; i++) {
        let arg = String(arguments[i]);
        s += arg.replace(/&/g, "&amp;")
                .replace(/</g, "&lt;")
                .replace(/>/g, "&gt;");
        //Don't escape special characters in the template.
        s += templateData[i];
    }
    return s;
}
```

上面代码中，sender 变量往往是用户提供的，经过 SaferHTML 函数处理，里面的特殊字符都会被转义。

```
let sender = '<script>alert("abc")</script>';        //恶意代码
let message = SaferHTML`<p>${sender} has sent you a message.</p>`;
message
//<p>&lt;script&gt;alert("abc")&lt;/script&gt; has sent you a message.</p>
```

【示例 4】标签模板的另一个应用，就是多语言转换，就是国际化处理。

```
function e2c(arr, ...,vari) {
    return `欢迎访问${vari[0]}，您是第${vari[1]}位访问者！`;
}
let siteName = 'JS自学网', visitorNumber = 5000;
let message = e2c`Welcome to ${siteName}, you are visitor number ${visitorNumber}!`;
console.log( message )          // "欢迎访问JS自学网，您是第5000位访问者！"
```

5.2.6　原始字符串

扫一扫，看视频

在标签函数的第 1 个参数中，存在一个特殊的属性 raw，它是一个数组，通过 raw[0]可以访问模板字符串的原始字符串表示，而不需要经过特殊字符的替换。例如：

```
function tag(strings) {
  console.log(strings.raw[0]);
}
tag`string text line 1 \n string text line 2`;
```

输出如下，包含模板字符串中两个特殊字符：'\'和'n'，'n'本表示换行符。

```
"string text line 1 \n string text line 2"
```

【示例】在下面的代码中，因为 String.raw 标签的存在，所以\n 不被转义，其相当于"Hi\\n5!"。

```
var str = String.raw`Hi\n${2+3}!`;              //"Hi\n5!"
str.length;                                     //6
str.split('').join(',');                        //"H,i,\,n,5,!"
```

扫一扫，看视频

原始字符串不转义，在某些情况下没有用。例如，在使用 new RegExp()动态构建正则表达式时；输出或执行代码块等场景中，一些特殊字符容易被转义；单引号字符串里面不能插入换行符（\n）等。

5.2.7　带标签的模板字符串与转义序列

自 ES 2016 起，带标签的模板字符串要遵守以下转义序列的规则。

- Unicode 字符以"\u"开头，如\u00A9。
- Unicode 码位用"\u{}"表示，如\u{2F804}。
- 十六进制以"\x"开头，如\xA9。
- 八进制以"\"和数字开头，如\251。

如果遵守上面的转义规则，则下面这种带标签的模板是有问题的，解析器都会去查找有效的转义序列，但是只能得到这是一个形式错误的语法。

```
latex`\unicode`
```

在较老的 ECMAScript 版本中报错（ES 2016 及更早）。ES 2018 关于非法转义序列的修订：带标签的模板字符串应该允许嵌套支持常见转义序列的语言，如 DSLs、LaTeX。ECMAScript 提议模板字符串修订，第 4 阶段将要集成到 ECMAScript 2018 标准，移除对 ECMAScript 在带标签的模板字符串中转义序列的语法限制。

不过，非法转义序列在"cooked"当中仍然会体现出来。它们将以 undefined 元素的形式存在于"cooked"之中。例如：

```
function latex(str) {
 return {"cooked": str[0],"raw": str.raw[0]}
}
latex(`\unicode`)                  //{cooked: undefined, raw:"\\unicode"}
```

📢 注意：

这一转义序列限制只对带标签的模板字符串有效，而不包括不带标签的模板字符串。

```
let bad = `bad escape sequence: \unicode`;
```

5.3　案 例 实 战

扫一扫，看视频

5.3.1　过滤敏感词

在接收表单数据时，经常需要检测特殊字符,过滤敏感词汇。本案例为 String 扩展一个原型方法 filter()，用来检测字符串中是否包含指定的特殊字符。

【设计思路】

定义 filter()的参数为任意长度和个数的特殊字符列表，检测的返回结果为布尔值。如果检测到任意指定的特殊字符，则返回 true；否则返回 false。

【实现代码】

```
//检测特殊字符，参数为特殊字符列表，返回 true 表示存在，否则不存在
String.prototype.filter = function(){
    if(arguments.length < 1) throw new Error("缺少参数");     //如果没有参数，则抛出异常
    var a = [], _this = this;                      //定义空数组，把字符串存储在内部变量中
    for(var i = 0; i < arguments.length; i ++){    //遍历参数，把参数列表转换为数组
        a.push(arguments[i]);                      //把每个参数值推入数组
    }
```

```
    var i = - 1;                              //初始化临时变量为-1
    a.forEach(function(key){                  //迭代数组，检测字符串中是否包含特殊字符
        if(i != - 1) return true;             //如果临时变量不等于-1，提前返回true
        i = _this.indexOf(key)                //检索到的字符串下标位置
    });
    if(i == - 1){                             //如果i等于-1，返回false，说明没有检测到特殊字符
        return false;
    }else{                                    //如果i不等于-1，返回true，说明检测到特殊字符
        return true;
    }
}
```

【应用代码】

下面应用 String 类型的扩展方法 check()，来检测字符串中是否包含特殊字符尖角号，以判断字符串中是否存在 HTML 标签。

```
var s = '<script language="javascript"type="text/javascript">';  // 定义字符串直接量
var b = s.filter("<",">");                    //调用 String 扩展方法，检测字符串
console.log(b);                               //返回 true，说明存在"<"或">"，即存在标签
```

由于 Array 的原型方法 forEach()能够多层迭代数组。所以可以以数组的形式传递参数。

```
var s = '<script language="javascript"type="text/javascript">';
var a = ["<",">","\"","\'","\\","\/","\;","\|"];
var b = s.check(a);
console.log(b);
```

把特殊字符存储在数组中，这样更方便管理和引用。

5.3.2 自定义编码和解码

扫一扫，看视频

本小节将根据字符在 Unicode 字符表中的编号对字符串进行个性编码。例如，字符"中"的 Unicode 编码为 20013，如果在网页中使用 Unicode 编码显示，则可以输入"中"。

【设计思路】

使用 charCodeAt()方法能够把指定的字符转换为 Unicode 编码。然后利用 replace()方法逐个对字符地进行匹配、编码转换，最后返回以网页能够显示的编码格式的信息。

【编码实现】

下面的代码利用字符串的 charCodeAt()方法对字符串进行自定义编码。

```
var toUnicode = String.prototype.toUnicode = function(){//对字符串进行编码操作
    var _this = arguments[0] || this;    //判断是否存在参数，如果存在就使用静态方法调用参数值，
                                          否则就作为字符串对象的方法来处理当前的字符串对象
    function f(){                         //定义替换文本函数
        return "&#" + arguments[0].charCodeAt(0) + ";"; //以网页编码格式显示被编码的字符串
    }
    return _this.replace(/[^\u00-\uFF]|\w/gmi, f);  //使用 replace()方法执行匹配、替换操作
};
```

在函数体内首先判断参数，以决定执行操作的方式。然后在 replace()字符替换方法中，借助替换函数完成被匹配字符的转码操作。

【应用代码】

```
var s = "JavaScript 中国";                 //定义字符串
s = toUnicode(s);                          //以静态函数的方式调用
console.log(s);
```

```
//&#106;&#97;&#118;&#97;&#115;&#99;&#114;&#105;&#112;&#116;&#20013;&#22269;
var s = "JavaScript 中国";
s = s.toUnicode();                          //以 String 原型方法的方式调用
document.write(s);                          //显示为"JavaScript 中国"
```

【解码实现】

与 toUnicode()编码操作相反，但是设计思路和代码实现基本相同。

```
var fromUnicode = String.prototype.fromUnicode = function(){//对 Unicode 编码进行解码操作
  var _this = arguments[0] || this;    //判断是否存在参数，如果存在，就使用静态方法调用参数值，
                                          否则，8 就作为字符串对象的方法来处理当前的字符串对象
  function f(){   //定义替换文本函数
     return String.fromCharCode(arguments[1]); //把第一个子表达式值转换为字符
  }
  return _this.replace(/&#(\d*);/gmi, f); //使用 replace()匹配并替换 Unicode 编码为字符
};
```

对于 ASCII 字符来说，其 Unicode 编码在\u00~\uFF（十六进制）之间，而对于双字节的汉字来说，则应该是大于\uFF 编码的字符集，因此在判断时要考虑到不同的字符集合。

【应用代码】

```
var s = "JavaScript 中国";           //定义字符串
s = s.toUnicode();                   //对字符串进行 Unicode 编码
console.log(s);                      //返回字符串"&#106;&#97;&#118;&#97;&#115;&#99;
                                        &#114;&#105;&#112;&#116;&#20013;&#22269;"
s = s.fromUnicode();                 //对被编码的字符串进行解码
console.log(s);                      //返回字符串"JavaScript 中国"
```

5.3.3 字符串加密和解密

字符串加密和解密的关键是算法设计，字符串经过复杂的编码处理，返回一组看似杂乱无章的字符串。对于常人来说，输入的字符串是可以阅读的信息，但是被函数打乱或编码之后显示的字符串就变成无意义的信息。要想把这些垃圾信息变为可用信息，还需要使用相反的算法把它们逆转回来。

【设计思路】

如果把字符串"中"进行自定义加密。可以考虑利用 charCodeAt()方法获取该字符的 Unicode 编码。

```
var s = "中";
var b = s.charCodeAt(0);                  //返回值 20013
```

然后以 36 为倍数不断取余数。

```
b1 = b % 36;                         //返回值 33，求余数
b = (b - b1) / 36;                   //返回值 555，求倍数
b2 = b % 36;                         //返回值 15，求余数
b = (b - b2) / 36;                   //返回值 15，求倍数
b3 = b % 36;                         //返回值 15，求余数
```

那么不断求得的余数，可以通过下面公式反算出原编码值。

```
var m = b3 * 36 * 36 + b2 * 36 + b1;  //返回值 20013，反求字符"中"的编码值
```

有了这种算法，就可以实现字符与加密数值之间的相互转换。
再定义一个密钥：

```
var key = "0123456789ABCDEFGHIJKLMNOPQRSTUVWXYZ";
```

把余数定位到密钥中某个下标值相等的字符上，这样就实现了加密效果。反过来，如果知道某个字符在密钥中的下标值，然后反算出被加密字符的 Unicode 编码值，最后就可以逆推出被加密字符的

原信息。

本案例设定密钥是以 36 个不同的数值和字母组成的字符串。不同密钥，加密和解密的结果是不同的，加密结果以密钥中的字符作为基本元素。

【实现代码】

加密字符串：

```
var toCode = function(str){            //加密字符串
    //定义密钥，36 个字母和数字
    var key = "0123456789ABCDEFGHIJKLMNOPQRSTUVWXYZ";
    var l = key.length;                //获取密钥的长度
    var a = key.split("");             //把密钥字符串转换为字符数组
    var s = "", b, b1, b2, b3;         //定义临时变量
    for(var i = 0; i < str.length; i ++){   //遍历字符串
        b = str.charCodeAt(i);         //逐个提取每个字符，并获取 Unicode 编码值
        b1 = b % l;                    //求 Unicode 编码值的余数
        b = (b - b1) / l;              //求最大倍数
        b2 = b % l;                    //求最大倍数的余数
        b = (b - b2) / l;              //求最大倍数
        b3 = b % l;                    //求最大倍数的余数
        s += a[b3] + a[b2] + a[b1];    //根据余数值映射到密钥中对应下标位置的字符
    }
    return s;;                         //返回这些映射的字符
}
```

解密字符串：

```
var fromCode = function(str){          //解密 toCode()方法加密的字符串
    //定义密钥，36 个字母和数字
    var key = "0123456789ABCDEFGHIJKLMNOPQRSTUVWXYZ";
    var l = key.length;                //获取密钥的长度
    var b, b1, b2, b3, d = 0, s;       //定义临时变量
    s = new Array(Math.floor(str.length / 3))  //计算加密字符串包含的字符数，并定义数组
    b = s.length;                      //获取数组的长度
    for(var i = 0; i < b; i ++){       //以数组的长度为循环次数，遍历加密字符串
        b1 = key.indexOf(str.charAt(d))  //截取周期内第 1 个字符，计算在密钥中下标值
        d ++;
        b2 = key.indexOf(str.charAt(d))  //截取周期内第 2 个字符，计算在密钥中的下标值
        d ++;
        b3 = key.indexOf(str.charAt(d))  //截取周期内第 3 个字符，计算在密钥中的下标值
        d ++;
        s[i] = b1 * l * l + b2 * l + b3  //利用下标值，反推被加密字符的 Unicode 编码值
    }
    b = eval("String.fromCharCode(" + s.join(',') + ")");  //用 fromCharCode()算出字符串
    return b;                          //返回被解密的字符串
}
```

【应用代码】

```
var s = "JavaScript 中国";            //字符串直接量
s = toCode(s);                         //加密字符串
console.log(s);
// 返回"02Y02P03A02 P03702R03602X034038FFXH6L"
s = fromCode(s);                       //解密被加密的字符串
console.log(s);                        //返回字符串"JavaScript 中国"
```

扫一扫，看视频

5.3.4　生成四位随机验证码

本例构建 62 个字符集，其中包括 26 个字母大小写和 10 个数字，然后利用 Math.random()方法生成 0～61 之间的随机数，映射字符集中的字符，通过这种方式随机生成 4 个验证码所需要的字符。

```
请输入验证码：<input id="inputCode"><span id="spanCode">xxxx</span>
<button id="btn">验证</button>
<script>
    //1.生成验证码池：26 个字母大小写和 10 个数字
    pool = "ABCDEFGHIJKLMNOPQRSTUVWXYZabcdefghijklmnopqrstuvwxyz1234567890";
    var arr = [];                          //2.生成一个 4 位随机验证码，放入 arr 中
    for (var i = 0; i < 4; i++) {
        var index = parseInt(Math.random() * pool.length);
        arr[i] = pool.charAt(index);       //获取字符串的第 index 个字符
    };
    var code = arr.join("");               //3.验证码拼接到页面中
    spanCode.innerHTML = code;             //显示 4 个随机字符的验证码
    btn.onclick = function () {            //4.判断验证码是否正确，忽略大小写
        var input = inputCode.value;       //获取用户输入
        input = input.toUpperCase();       //都转成大写，再比较
        code = code.toUpperCase();         //都转成大写，再比较
        if (input === code) {alert('输入正确');}
        else {alert('错误！请重新输入');};
    };
</script>
```

5.3.5　输入验证

本案例设计一个文本框，对用户输入的信息进行检测，要求必须输入"@"字符，且只能够输入一次。也就是说输入有且只有一个"@"字符。

```
<input id="inputData"><button id="bt">验证输入是否有且只有一个@符号</button>
<script>
bt.onclick = function () {
    var input = inputData.value;        //获取用户的输入
    //开始判定是否"有且只有一个@"
    var i1 = input.indexOf('@');        //@第一次出现的下标
    var i2 = input.lastIndexOf('@');    //@最后一次出现的下标
    if (i1 == i2 && i1 != -1) {         //如果第一次与最后一次的位置相同
        alert('有且只有一个@');
    } else {alert('不符合要求的输入');}
}
</script>
```

扫一扫，看视频

5.3.6　信息分割与提取

本案例设计对用户输入的邮箱地址进行拆分，提取有用的信息。

```
<input id="inputEmail"><button id="btn">拆分邮箱</button><p id="pResult">结果加载中...</p>
<script>
btn.onclick = function () {
    var email = inputEmail.value;       //获取输入邮箱
    var i = email.indexOf('@');         //找到分割位置下标
```

```
    var uname = email.substring(0, i);        //分割用户名
    var hostname = email.substring(i + 1);    //分割域名
    pResult.innerHTML = "用户名: "+ uname + "<br>" + "域名: " + hostname; //输出
};
</script>
```

扫一扫，看视频

5.3.7　网页时钟

本案例使用 setInterval 定时器，每秒钟获取一次系统时间。利用 Date 对象获取系统当前时间，然后使用 getHours()、getMinutes()和 getSeconds()方法分别读取时、分和秒的值，最后显示出来。

```
<span id="spanHour">00</span>:<span id="spanMinute">00</span>
:<span id="spanSecond">00</span><br><hr><button id="btnStopTime">时间停止</button>
<script>
var timer = setInterval(function () {        //启动一个周期性定时器
    var now = new Date();                    //获得当前系统时间
    spanHour.innerHTML = now.getHours();     //获得小时部分，再拼接到页面中，以下类似
    spanMinute.innerHTML = now.getMinutes();
    spanSecond.innerHTML = now.getSeconds();
}, 1000);
btnStopTime.onclick = function () {
    clearInterval(timer);                    //取消定时器，即停止计时
};
</script>
```

扫一扫，看视频

5.3.8　日期和时间的格式化

本案例对 Date 进行扩展，将日期转化为指定格式的字符串。具体说明如下：

月（M）、日（d）、小时（h）、分（m）、秒（s）、季度（q）可以用 1 到 2 个占位符，年（y）可以用 1～4 个占位符，毫秒（S）只能用 1 个占位符，是 1～3 位的数字。

```
Date.prototype.format = function (fmt) {//author: meizz
    var o = {
        "M+": this.getMonth() + 1,                        //月份
        "d+": this.getDate(),                             //日
        "h+": this.getHours(),                            //小时
        "m+": this.getMinutes(),                          //分
        "s+": this.getSeconds(),                          //秒
        "q+": Math.floor((this.getMonth() + 3) / 3),      //季度
        "S": this.getMilliseconds()                       //毫秒
    };
    if (/(y+)/.test(fmt))
        fmt = fmt.replace(RegExp.$1, (this.getFullYear() +"").substr(4 - RegExp.$1.length));
    for (var k in o)
        if (new RegExp("("+ k +")").test(fmt))
            fmt = fmt.replace(RegExp.$1, (RegExp.$1.length == 1) ? (o[k]) : (("00"+
            o[k]).substr((""+ o[k]).length)));
    return fmt;
}
var now = new Date("2021/9/1 1:2:3");          //把字符串"2021/9/1 1:2:3"包装为时间对象
console.log(now.format("yyyy-MM-dd hh:mm:ss.S"));       //=>2021-09-01 01:02:03.0
console.log(now.format("yyyy-M-d h:m:s.S"));            //=>2021-9-1 1:2:3.0
```

5.3.9　日期增减操作

本案例为 Date 扩展一组方法，根据参数可以为时间对象增加或减少年数、月数、天数、时数、分数和秒数，主要使用 getFullYear()、getMonth()、getDate()、getHours()、getMinutes()和 getSeconds()方法获取时间对象的元素，然后根据参数进行增减操作，其中正数表示增加，负数表示减少。最后，再使用 setFullYear()、setMonth()、setDate()、setHours()、setMinutes()和 setSeconds()方法用改动的数字重新设置时间对象。

```javascript
Date.prototype.addYear = function (year) {          //年的增减操作
    this.setFullYear(this.getFullYear() + year);
    return this;
}
Date.prototype.addMonth = function (month) {        //月的增减操作
    this.setMonth(this.getMonth() + month);
    return this;
}
Date.prototype.addDay = function (day) {            //日的增减操作
    this.setDate(this.getDate() + day);
    return this;
}
Date.prototype.addHour = function (hour) {          //时的增减操作
    this.setHours(this.getHours() + hour);
    return this;
}
Date.prototype.addMinute = function (minute) {      //分的增减操作
    this.setMinutes(this.getMinutes() + minute);
    return this;
}
Date.prototype.addSecond = function (second) {      //秒的增减操作
    this.setSeconds(this.getSeconds() + second);
    return this;
}
```

5.4　实践与练习

1. 编写一个函数，将输入的字符串反转过来。
2. 给定一个 32 位有符号整数，将整数中的数字进行反转。
3. 给定一个字符串，找到它的第一个不重复的字符，并返回它的索引。如果不存在，则返回-1。
4. 给定两个字符串 s 和 t，编写一个函数来判断 t 是不是 s 的一个字母异位词。
5. 给定一个字符串，验证它是否是回文串，只考虑字母和数字字符，可以忽略字母的大小写。
6. 编写一个函数将任意字符串都转为整数，其中空字符可以去除，非数字字符串为 0。
7. 给定一个"haystack"字符串和一个"needle"字符串，在"haystack"字符串中找出"needle"字符串出现的第一个位置（从 0 开始）。如果不存在，则返回-1。
8. 报数序列是指一个整数序列，按照其中的整数的顺序进行报数，得到下一个数。其前 5 项为：1、11、21、1211、111221。给定一个正整数 n，输出报数序列的第 n 项。
9. 编写一个函数来查找字符串数组中的**长公共前缀。如果不存在公共前缀，返回空字符串""。
10. 获取两个日期间年的间隔。提示，年份相减，跟日期其他部分无关。

11. 获取两个日期间月的间隔。提示，月份相减，跟日期其他部分无关。

12. 在数字显示中，1~9 与 10 占位不同，影响版式的规整，编写一个简单函数解决这个问题。

13. 参考以下数据，设计在页面加载后，将提供的空气质量数据数组按照某种逻辑（如空气质量大于 60）进行过滤筛选，最后将符合条件的数据按照一定的格式要求显示在网页中。

```
var aqiData = [
    ["北京", 90],
    ["上海", 50],
    ["福州", 10],
    ["广州", 50],
    ["成都", 90],
    ["西安", 100]
];
```

14. 有如下页面数据结构，读取 source 列表，从中提取出城市以及对应的空气质量，将数据按照某种顺序排序后，在 resort 列表中按照顺序显示出来。

```
<ul id="source">
    <li>北京空气质量：<b>90</b></li>
    <li>上海空气质量：<b>70</b></li>
    <li>天津空气质量：<b>80</b></li>
    <li>广州空气质量：<b>50</b></li>
    <li>深圳空气质量：<b>40</b></li>
    <li>福州空气质量：<b>32</b></li>
    <li>成都空气质量：<b>90</b></li>
</ul>
<ul id="resort"></ul>
```

15. 编写函数获取 URL 中的参数。如果指定参数名称，则返回该参数的值，或者空字符串；如果不指定参数名称，则返回全部的参数对象或者{}；如果存在多个同名参数，则返回数组。

16. 统计字符串中每个字符的出现频率，返回一个对象直接量，其中 key 为统计字符，value 为出现频率。

17. 给定字符串 str，检查其是否包含数字，如果包含，则返回 true；否则返回 false。

18. 给定字符串 str，检查其是否包含连续重复的字母（a~z 或 A~Z），如果包含，则返回 true；否则返回 false。

19. 给定字符串 str，检查其是否以元音字母结尾，元音字母包括 a、e、i、o、u，以及对应的大写，如果包含，则返回 true；否则返回 false。

20. 给定字符串 str，检查其是否包含连续 3 个数字，如果包含，则返回最新出现的 3 个数字的字符串；如果不包含则返回 false。

21. 给定字符串 str，检查其是否符合格式：※※※-※※※-※※※※，其中*为 Number 类型。

（答案位置：本章/在线支持）

5.5 在 线 支 持

第 6 章　使用正则表达式

正则表达式也称规则表达式（regular expression，RE），简称正则，是嵌入在 JavaScript 中的一种轻量、专业的编程语言，可以匹配符合指定模式的文本。JavaScript 支持 Perl 风格的正则表达式语法，通过内置 RegExp 类型实现支持。

【学习重点】
- ➥ 正确定义正则表达式。
- ➥ 使用 RegExp 对象。
- ➥ 熟练正则表达式基本语法。
- ➥ 灵活使用正则表达式操作字符串。

6.1　正则表达式

6.1.1　定义正则表达式

扫一扫，看视频

1. 构造正则表达式

使用 RegExp() 构造函数可以定义正则表达式对象，具体语法格式如下：

```
new RegExp(pattern, attributes)
```

参数 pattern 是一个字符串，指定匹配模式或者正则表达式对象；参数 attributes 是一个可选的修饰性标志，如 g、i 和 m 等，分别设置全局匹配、区分大小写的匹配和多行匹配。

该函数将返回一个新的 RegExp 对象，对象包含指定的匹配模式和匹配标志。

【示例 1】下面的示例使用 RegExp() 构造函数定义了一个简单的正则表达式，设置第 1 个参数匹配模式为字符"a"，没有设置第 2 个参数，所以这个正则表达式只能够匹配字符串中第 1 个小写字母 a，后面的字母 a 将无法被匹配到。

```
var r = new RegExp("a");           //构造最简单的正则表达式
var s = "JavaScript!=JAVA";        //定义字符串直接量
var a = s.match(r);                //调用正则表达式执行匹配操作，返回匹配的数组
console.log(a);                    //返回数组["a"]
console.log(a.index);              //返回值为1，匹配的下标位置
```

【示例 2】如果希望匹配字符串中所有的字母 a，且不区分大小写，则可以在第 2 个参数中设置 g 和 i 修饰词。

```
var r = new RegExp("a","gi");      //设置匹配模式为全局匹配，且不区分大小写
var s = "JavaScript!=JAVA";        //字符串直接量
var a = s.match(r);                //匹配查找
console.log(a);                    //返回数组["a","a","A","A"]
```

【示例 3】在正则表达式中可以使用特殊字符。下面的示例的正则表达式将匹配字符串"JavaScript JAVA"中每个单词的首字母。

```
var r = new RegExp("\\b\\w","gi");  //构造正则表达式对象
var s = "JavaScript JAVA";          //字符串直接量
```

```
var a = s.match(r);                      //匹配查找
console.log(a);                          //返回数组["j","J"]
```

在示例 3 中，字符串"\\b\\w"表示一个匹配模式，其中 "\b" 表示单词的边界，"\w" 表示任意 ASCII 字符。反斜杠表示转义序列，为了避免 Regular()构造函数的误解，必须使用 "\\" 替换所有 "\" 字符，使用双反斜杠表示斜杠本身的意思。

🔊 提示：

在脚本中动态创建正则表达式时，使用构造函数 RegExp()会更方便。例如，如果检索的字符串是由用户输入的，那么就必须在运行时使用 RegExp()构造函数来创建正则表达式，而不能使用其他方法。

【示例 4】如果 RegExp()构造函数的第 1 个参数是一个正则表达式对象，则第 2 个参数可以省略。这时 RegExp()构造函数将创建一个参数相同的正则表达式对象。

```
var r = new RegExp("\\b\\w","gi");       //构造正则表达式对象
var r1 = new RegExp(r);                  //把正则表达式传递给 RegExp()构造函数
var s = "JavaScript JAVA";               //字符串直接量
var a = s.match(r);                      //匹配查找
console.log(a);                          //返回数组["j","J"]
```

把正则表达式直接量传递给 RegExp()构造函数，可以进行类型封装。

🔊 提示：

当第 1 个参数为正则表达式对象时，ES 5 不允许使用第 2 个参数添加修饰符，否则会报错。ES 6 改变了这种行为，允许使用第 2 个参数指定修饰符。而且，返回的正则表达式会忽略原有的正则表达式的修饰符，使用新指定的修饰符。

【示例 5】RegExp()也可以作为普通函数使用，这时与使用 new 运算符调用构造函数功能相同。不过如果函数的参数是正则表达式对象，那么它仅返回正则表达式，而不再创建一个新的正则表达式对象。

```
var a = new RegExp("\\b\\w","gi");       //构造正则表达式对象
var b = new RegExp(a);                   //对正则表达式对象进行再封装
var c = RegExp(a);                       //返回正则表达式直接量
console.log(a.constructor == RegExp);    //返回 true
console.log(b.constructor == RegExp);    //返回 true
console.log(c.constructor == RegExp);    //返回 true
```

2. 正则表达式直接量

正则表达式直接量使用双斜杠作为分隔符进行定义，双斜杠之间包含的字符为正则表达式的字符模式，字符模式不能使用引号，标志字符放在最后一个斜杠的后面。语法如下：

```
/pattern/attributes
```

【示例 6】下面的示例定义一个正则表达式直接量，然后进行调用。

```
var r = /\b\w/gi;
var s = "JavaScript JAVA";
var a = s.match(r);                      //直接调用正则表达式直接量
console.log(a);                          //返回数组["j","J"]
```

🔊 提示：

在 RegExp()构造函数与正则表达式直接量语法中，匹配模式的表示是不同的。对于 RegExp()构造函数来说，它接收的是字符串，而不是正则表达式的匹配模式。所以，示例中，RegExp()构造函数中第 1 个参数中的特殊字符必须使用双反斜杠来表示，以防止字符串中每个字符被 RegExp()构造函数转义。同时对于第 2 个参数中的修饰词也应该使用引号来包含。而正则表达式直接量中，每个字符都按正则表达式的规则来定义，普通字符与特殊字符都会被

正确解释。

【示例 7】在 RegExp() 构造函数中可以传递变量，而在正则表达式直接量中是不允许的。

```
var r = new RegExp("a"+ s +"b","g");          //动态创建正则表达式
var r = /"a"+ s +"b"/g;                        //错误的用法
```

对于正则表达式直接量来说，""和"+"都将被视为普通字符而进行匹配，而不是作为字符与变量的语法标识符进行连接操作。

6.1.2　正则表达式修饰符

扫一扫，看视频

在 ES 6 之前，JavaScript 正则表达式仅支持 g、i 和 m 3 个修饰符。简单说明如下。

❧ g：global（全局）的缩写，定义全局匹配，即正则表达式将在指定字符串范围内执行所有匹配，而不是找到第一个匹配结果后就停止匹配。

❧ i：case-insensitive（大小写不敏感）中 insensitive 的缩写，定义不区分大小写匹配，即对于字母大小写视为等同。

❧ m：multiline（多行）的缩写，定义多行字符串匹配。

ES 6 为正则表达式新增 3 个修饰符。简单说明如下。

1．Unicode 模式

u 表示 Unicode 模式，定义正确处理大于 \uFFFF 的 Unicode 字符，即能够正确处理 4 个字节的 UTF-16 编码。

【示例】在下面的代码中，\uD83D\uDC2A 是一个由 4 个字节组成的 UTF-16 编码，表示一个字符。然而，ES 5 不支持 4 个字节的 UTF-16 编码，它会将其识别为两个字符，而 ES 6 则能够将其识别为一个字符。

```
/^\uD83D/u.test('\uD83D\uDC2A')          //false
/^\uD83D/.test('\uD83D\uDC2A')           //true
```

一旦加上 u 修饰符，将会修改正则表达式的行为，具体说明如下：

❧ 在默认状态下，点（.）元字符可以匹配除了换行符以外的任意单个字符，但是不能够识别码点大于 0xFFFF 的 Unicode 字符。添加 u 修饰符，可以识别码点大于 0xFFFF 的 Unicode 字符。

❧ ES 6 新增大括号表示 Unicode 字符，这种表示方法在正则表达式中必须加上 u 修饰符，才能识别当中的大括号，否则会被解读为量词。例如：

```
/\u{61}/.test('a')          //false
/\u{61}/u.test('a')         //true
/\u{20BB7}/u.test('𠮷')     //true
```

上面的代码表示，如果不加 u 修饰符，正则表达式无法识别 \u{61} 这种表示法，只会认为这匹配 61 个连续的 u。

❧ 使用 u 修饰符后，所有量词都会正确识别码点大于 0xFFFF 的 Unicode 字符。例如：

```
/𠮷{2}/.test('𠮷𠮷')          //false
/𠮷{2}/u.test('𠮷𠮷')         //true
```

❧ u 修饰符也影响到预定义模式，能否正确识别码点大于 0xFFFF 的 Unicode 字符。例如：

```
/^\S$/.test('𠮷')          //false
/^\S$/u.test('𠮷')         //true
```

上面代码的"\S"是预定义模式，匹配所有非空白字符。只有加了 u 修饰符，它才能正确匹配码点大于 0xFFFF 的 Unicode 字符。

当使用 i 修饰符时，有些 Unicode 字符的编码不同，但是字型很相近。例如，\u004B 和\u212A 都是大写的 K。

```
/[a-z]/i.test('\u212A')                        //false
/[a-z]/iu.test('\u212A')                       //true
```

在上面的代码中，不加 u 修饰符，就无法识别非规范的 K 字符。

➥ 没有 u 修饰符的情况下，正则中没有定义的转义（如逗号）无效，而在 u 模式中会报错。例如：

```
/\,/                                           ///\,/
/\,/u                                          //报错
```

在上面的代码中，没有 u 修饰符时，逗号前面的反斜杠是无效的，加了 u 修饰符就报错。

2．sticky 模式

y 修饰符定义 sticky（粘连）模式，其作用与 g 修饰符相似，也是全局匹配，后一次匹配都从上一次匹配成功的下一个位置开始。不同之处在于，g 修饰符只要剩余字符串中存在匹配就可，而 y 修饰符要确保匹配必须从剩余的第一个位置开始。

【示例 2】在下面的代码中定义两个正则表达式，一个使用 g 修饰符，另一个使用 y 修饰符。这两个正则表达式各执行了两次，第 1 次执行时，两者行为相同，剩余字符串都是_a_a。由于 g 修饰没有位置要求，所以第 2 次执行会返回结果，而 y 修饰符要求匹配必须从头部开始，所以返回 null。

```
var s = 'a_a_a';
var r1 = /a/g;
var r2 = /a/y;
r1.exec(s)                                     //["a"]
r2.exec(s)                                     //["a"]
r1.exec(s)                                     //["a"]
r2.exec(s)                                     //null
```

3．dotAll 模式

在正则表达式中，点（.）是一个特殊的元字符，表示匹配任意单个字符，但是不匹配下面两类字符。

➥ 4 个字节的 UTF-16 字符。

➥ 行终止符，如换行符（\n）、回车符（\r）、行分隔符和段分隔符。

ES 2018 引入 s 修饰符，使得.可以匹配任意单个字符，包括 4 个字节的 UTF-16 字符和行终止符。s 修饰符也称为 dotAll 模式，即点（dot）代表一切字符。例如：

```
/foo.bar/s.test('foo\nbar')  //true
```

扫一扫，看视频

6.1.3　执行匹配

使用正则表达式的 exec()方法，可以执行通用的匹配操作。具体语法格式如下：

```
regexp.exec(string)
```

regexp 表示正则表达式对象，参数 string 是要检索的字符串。返回一个数组，其中存放匹配的结果。如果未找到匹配结果，则返回 null。

返回数组的第 1 个元素是与正则表达式相匹配的文本，第 2 个元素是与正则表达式的第 1 个子表达式相匹配的文本（如果有），第 2 个元素是与正则表达式的第 2 个子表达式相匹配的文本（如果有），以此类推。

除了数组元素和 length 属性之外，exec()方法还会返回下面两个属性。

➥ index：匹配文本的第 1 个字符的下标位置。

➥ input：存放被检索的原型字符串，即参数 string 自身。

📢) 提示：

在非全局模式下，exec()方法返回的数组与 String.match()方法返回的数组是相同的。

在全局模式下，exec()方法和 String.match()方法返回的结果不同。当调用 exec()方法时，会为正则表达式对象定义 lastIndex 属性，指定执行下一次匹配的起始位置，同时返回匹配数组，与非全局模式下的数组结构相同。而 String.match()仅返回匹配文本组成的数组，没有附加信息。因此，在全局模式下获取完整的匹配信息只能使用 exec()方法。

当exec()方法找到了与表达式相匹配的文本后,会重置 lastIndex 属性为匹配文本的最后一个字符下标位置加1，为下一次匹配设置起始位置。因此，通过反复调用 exec()方法，可以遍历字符串，实现全局匹配操作，如果找不到匹配文本时，将返回 null，并重置 lastIndex 属性为 0。

【示例】在下面的示例中，定义正则表达式，然后调用 exec()方法，逐个匹配字符串中每个字符，最后使用 while 语句显示完整的匹配信息。

```
var s = "JavaScript";                //测试使用的字符串直接量
var r = /\w/g;                       //匹配模式
while((a = r.exec(s))){              //循环执行匹配操作
    console.log("匹配文本 = "+  a[0] + "a.index = "+ a.index  + "r.lastIndex = "+
    r.lastIndex);                    //显示每次匹配操作后返回的数组信息
}
```

在 while 语句中，把返回结果作为循环条件，当返回值为 null 时，说明字符串检测完毕，立即停止迭代，否则继续执行。在循环体内，读取返回数组 a 中包含的匹配结果，并读取结果数组的 index 属性，以及正则表达式对象的 lastIndex 属性。执行全局匹配操作演示效果如图 6.1 所示。

图 6.1　执行全局匹配操作演示效果

📢) 注意：

正则表达式对象的 lastIndex 属性是可读可写的。针对指定正则表达式对象，如果使用 exec()方法对一个字符串执行匹配操作后，再对另一个字符串执行相同的匹配操作，应该手动重置 lastIndex 属性为 0，否则不会从字符串的第一个字符开始匹配，返回的结果也会不同。

6.1.4　执行检测

使用正则表达式的 test()方法，可以检测一个字符串是否包含另一个字符串。语法格式如下：

```
regexp.test(string)
```

regexp 表示正则表达式对象，参数 string 表示要检测的字符串。如果字符串 string 中含有与 regexp 正则表达式匹配的文本，则返回 true；否则返回 false。

【示例 1】在下面的示例中，使用 test()方法检测字符串中是否包含字符。

```
var s = "JavaScript";
```

扫一扫，看视频

```
var r = /\w/g;                          //匹配字符
var b = r.test(s);                      //返回 true
```

同样使用下面的正则表达式也能够匹配，并返回 true。

```
var r = /JavaScript/g;
var b = r.test(s);                      //返回 true
```

但是如果使用下面这个正则表达式进行匹配，就会返回 false，因为在字符串"JavaScript"中就找不到对应的匹配。

```
var r = /\d/g;                          //匹配数字
var b = r.test(s);                      //返回 false
```

📢 **注意：**

在全局模式下，test()等价于 exec()方法。配合循环语句，它们都能够迭代字符串，执行全局匹配操作，test()返回布尔值，exec()返回数组或者 null。虽然，test()方法返回值是布尔值，但是通过正则表达式对象的属性和 RegExp 静态属性，依然可以获取到每次迭代操作的匹配信息。

📢 **提示：**

有关这两个对象的属性将在 6.1.5 小节和 6.1.6 小节中详细介绍。

【**示例 2**】针对 6.1.2 小节的示例，下面使用 test()方法代替 exec()方法，可以实现相同的设计效果。

```
var s = "JavaScript";                   //测试字符串
var r = /\w/g;                          //匹配模式
while(r.test(s)){                       //循环执行匹配检测，如果 true，则继续验证
    console.log("匹配文本 = "+ RegExp.lastMatch + " r.lastIndex = "+ r.lastIndex);
                                        //利用 RegExp 静态属性显示当前匹配的信息
}
```

RegExp.lastMatch 记录了每次匹配的文本，正则表达式对象的 lastIndex 属性记录下一次匹配的起始位置。

📢 **注意：**

使用 test()执行匹配时，IE 支持：RegExp.index 记录了匹配文本的起始下标位置，RegExp.lastIndex 记录下一次匹配的起始位置。但是其他浏览器不支持。

🏛 **拓展：**

除了正则表达式内置方法外，字符串对象中很多方法也支持正则表达式的模式匹配操作，如 match()、replace()、search()和 split()。ES 6 设计这 4 个方法在内部全部调用 RegExp 对应的实例方法，从而做到所有与正则相关的方法，全都定义在 RegExp 对象上。

比较字符串对象和正则表达式对象包含的 6 种模式匹配的方法如表 6.1 所示。

表 6.1 比较各种模式匹配的方法

方　法	所属对象	参　数	返　回　值	通　用　性	特　殊　性
exec()	正则表达式	字符串	匹配结果的数组。如果没有找到，返回值为 null	通用强大	一次只能匹配一个单元，并提供详细的返回信息
test()	正则表达式	字符串	布尔值，表示是否匹配	快速验证	一次只能匹配一个单元，返回信息与 exec()方法的基本相似
search()	字符串	正则表达式	匹配起始位置。如果没有找到任何匹配的字符串，则返回-1	简单字符定位	不执行全局匹配，将忽略标志 g，也会忽略正则表达式的 lastIndex 属性

续表

方法	所属对象	参 数	返 回 值	通 用 性	特 殊 性
match()	字符串	正则表达式	匹配的数组，或者匹配信息的数组	常用字符匹配方法	将根据全局模式的标志 g，决定匹配操作的行为
replace()	字符串	正则表达式，或替换文本	返回替换后的新字符串	匹配替换操作	可以支持替换函数，同时可以获取更多匹配信息
split()	字符串	正则表达式，或分隔字符	返回数组	特殊用途	把字符串分隔为字符串数组

📢 提示：

ES 2020 新增 String.prototype.matchAll()方法，可以一次性取出所有匹配，该方法返回的是一个遍历器（Iterator），而不是数组。

【示例 3】在下面的代码中，由于 string.matchAll(regex)返回的是遍历器，所以可以用 for/of 循环取出。相对于返回数组，返回遍历器的好处在于，如果匹配结果是一个很大的数组，那么遍历器比较节省资源。

```
const string = 'test1test2test3';
const regex = /t(e)(st(\d?))/g;
for (const match of string.matchAll(regex)) {
    console.log(match);
}
```

使用...运算符或 Array.from()方法可以把遍历器转为数组。例如：

```
[...string.matchAll(regex)]
Array.from(string.matchAll(regex))
```

6.1.5　编译正则表达式

使用正则表达式的 compile()方法，能够重新编译正则表达式。这样在脚本执行过程中可以动态修改正则表达式的匹配模式。

compile()方法的用法与 RegExp()构造函数的用法是相同的，具体语法格式如下：

```
regexp.compile(regexp,modifier)
```

参数 regexp 表示正则表达式对象，或者匹配模式字符串。当第 1 个参数为匹配模式字符串时，可以设置第 2 个参数 modifier，使用它定义匹配的类型，如 g、i、gi 等。

【示例】在 6.1.3 小节的示例 2 的基础上，设计在匹配到第 3 个字母时，重新修改字符模式，定义在后续操作中仅匹配大写字母，结果就只匹配到 S 这个大写字母。在匹配迭代中修改正则表达式的效果如图 6.2 所示。

```
var s = "JavaScript";                    //测试字符串
var r = /\w/g;                           //匹配模式
var n=0
while(r.test(s)){                        //循环执行匹配验证
    if(r.lastIndex == 3){                //当匹配第 4 个字符时，调整匹配模式
        r.compile(/[A-Z]/g);            //修改字符模式，定义仅匹配大写字母
        r.lastIndex = 3;                //设置下一次匹配的起始位置
    }
    console.log("匹配文本 = " + RegExp.lastMatch + "r.lastIndex = " +  r.lastIndex);
}
```

扫一扫，看视频

图 6.2　在匹配迭代中修改正则表达式的效果

在示例的代码中，r.compile(/[A-Z]/g);可以使用 r.compile("[A-Z]","g");代替。

📢 注意：

> 重新编译正则表达式之后，正则表达式所包含的信息都被恢复到初始化状态，如 lastIndex 变为 0。因此，如果想继续匹配，就需要设置 lastIndex 属性，定义继续匹配的起始位置。反之，当执行正则表达式匹配操作之后，如果想用该正则表达式去继续匹配其他字符串，不妨利用下面方法恢复其为初始状态，而不用手动重置 lastIndex 属性。
>
> ```
> regexp.compile(regexp);
> ```
> 其中 regexp 表示同一个正则表达式。

扫一扫，看视频

6.1.6　正则表达式的属性

每个正则表达式对象都包含一组属性。RegExp 对象属性如表 6.2 所示。

表 6.2　RegExp 对象属性

属　　性	说　　明
global	返回 Boolean 值，检测 RegExp 对象是否具有标志 g
ignoreCase	返回 Boolean 值，检测 RegExp 对象是否具有标志 i
multiline	返回 Boolean 值，检测 RegExp 对象是否具有标志 m
unicode	ES 6 新增属性，返回 Boolean 值，检测 RegExp 对象是否具有标志 u
sticky	ES 6 新增属性，返回 Boolean 值，检测 RegExp 对象是否具有标志 y
dotAll	ES 6 新增属性，返回 Boolean 值，检测 RegExp 对象是否具有标志 s
flags	ES 6 新增属性，以字符串格式返回正则表达式的修饰符
lastIndex	一个整数，返回或者设置执行下一次匹配的下标位置
source	返回正则表达式的字符模式源码

📢 注意：

> lastIndex 属性可读可写，通过设置该属性，可以定义匹配的起始位置。除了 lastIndex 属性外，其他属性都是只读属性。

【示例】下面的示例演示了如何读取正则表达式对象的基本信息，以及 lastIndex 属性在执行匹配前后的变化。

```
var s = "JavaScript";                      //测试字符串
var r = /\w/g;                             //匹配模式
console.log("r.global = " + r.global);      //返回 true
console.log("r.ignoreCase = " + r.ignoreCase);//返回 true
console.log("r.multiline = " + r.multiline); //返回 false
console.log("r.source = " + r.source);      //返回 a
console.log("r.lastIndex = " + r.lastIndex); //返回 0
```

```
r.exec(s);                              //执行匹配操作
console.log("r.lastIndex = " + r.lastIndex);  //返回 1
```

6.1.7 RegExp 静态属性

扫一扫，看视频

RegExp 类型包含一组静态属性，通过 RegExp 对象直接访问。这组属性记录了当前脚本中最新正则表达式匹配的详细信息。RegExp 静态属性如表 6.3 所示。

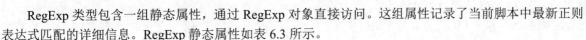 提示：

> 这些静态属性大部分有两个名字：长名（全称）和短名（简称，以美元符号开头表示）。

表 6.3 RegExp 静态属性

属性名称		说　明
长名	短名	
input	$_	返回当前所作用的字符串，初始值为空字符串""
index		当前模式匹配的开始位置，从 0 开始计数。初始值为-1，每次成功匹配时，index 属性值都会随之改变
lastIndex		当前模式匹配的最后一个字符的下一个字符位置，从 0 开始计数，常被作为继续匹配的起始位置。初始值为-1，表示从起始位置开始搜索，每次成功匹配时，lastIndex 属性值都会随之改变
lastMatch	$&	最后模式匹配的字符串，初始值为空字符串""。在每次成功匹配时，lastMatch 属性值都会随之改变
lastParen	$+	最后子模式匹配的字符串，如果匹配模式中包含有子模式（包含小括号的子表达式），在最后模式匹配中最后一个子模式所匹配到的子字符串。初始值为空字符串""。每次成功匹配时，lastParen 属性值都会随之改变
leftContext	$`	在当前所作用的字符串中，最后模式匹配的字符串左边的所有内容。初始值为空字符串""。每次成功匹配时，其属性值都会随之改变
rightContext	$'	在当前所作用的字符串中，最后模式匹配的字符串右边的所有内容。初始值为空字符串""。每次成功匹配时，其属性值都会随之改变
$1~$9	$1~$9	只读属性，如果匹配模式中有小括号包含的子模式，$1~$9 属性值分别是第 1~9 个子模式所匹配到的内容。如果有超过 9 个以上的子模式，$1~$9 属性分别对应最后的 9 个子模式匹配结果。在一个匹配模式中，可以指定任意多个小括号包含的子模式，但 RegExp 静态属性只能存储最后 9 个子模式匹配的结果。在 RegExp 实例对象的一些方法所返回的结果数组中，可以获得所有圆括号内的子匹配结果

【示例 1】下面的示例演示了 RegExp 类型静态属性使用，匹配字符串"JavaScript"。

```
var s = "JavaScript,not JavaScript";
var r = /(Java)Script/gi;
var a = r.exec(s);                    //执行匹配操作
console.log(RegExp.input);            //返回字符串"JavaScript,not JavaScript"
console.log(RegExp.leftContext);      //返回空字符串，左侧没有内容
console.log(RegExp.rightContext);     //返回字符串",not JavaScript"
console.log(RegExp.lastMatch);        //返回字符串"JavaScript"
console.log(RegExp.lastParen);        //返回字符串"Java"
```

执行匹配操作后，各个属性的返回值说明如下：

❧ input 属性记录操作的字符串："JavaScript,not JavaScript"。

❧ leftContext 属性记录匹配文本左侧的字符串，在第一次匹配操作时，左侧文本为空。而 rightContext 属性记录匹配文本右侧的文本，即为",not JavaScript"。

❧ lastMatch 属性记录匹配的字符串，即为"JavaScript"。

❧ lastParen 属性记录匹配的分组字符串，即为"Java"。

如果匹配模式中包含多个子模式，则最后一个子模式所匹配的字符就是 RegExp.lastParen。

```
var r = /(Java)(Script)/gi;
```

```
var a = r.exec(s);                   //执行匹配操作
console.log(RegExp.lastParen);       //返回字符串"Script"，而不再是"Java"
```

【示例 2】针对示例 1 也可以使用短名来读取相关信息。

```
var s = "JavaScript,not JavaScript";
var r = /(Java)(Script)/gi;
var a = r.exec(s);
console.log(RegExp.$_);              //返回字符串"JavaScript,not JavaScript"
console.log(RegExp["$`"]);          //返回空字符串
console.log(RegExp["$'"]);          //返回字符串",not JavaScript"
console.log(RegExp["$&"]);          //返回字符串"JavaScript"
console.log(RegExp["$+"]);          //返回字符串"Script"
```

📢 **注意：**

这些属性的值都是动态的，在每次执行匹配操作时，都会被重新设置。

6.2　正则表达式的基本语法

正则表达式的语言规模较小，常被嵌入到其他语言中使用，且应用有一定的限制，不是所有字符串处理任务都可以使用正则表达式完成。有一些任务可以用正则表达式完成，但表达式会非常复杂，而使用 JavaScript 代码直接处理，可能会更容易理解。

6.2.1　匹配字符

大多数字符只会匹配自己，这些字符称为普通字符。例如，正则表达式 JavaScript 将完全匹配字符串 "JavaScript"。但有少量字符不能够匹配自己，它们表示特殊的含义，这些字符称为元字符，如下所示：

.　^　$　*　+　?　{}　[]　\　|　()

如果要匹配元字符自身，可以在元字符左侧添加反斜杠进行转义。转义字符（\）能够将元字符转义为普通字符。例如，下面的字符组合可匹配元字符自身：

\.　\^　\$　*　\+　\?　\{\}　\[　\]　\\　\|　\()

表示字符的方法有多种，除了可以直接使用字符本身外，还可以使用 ASCII 编码或者 Unicode 编码来表示。

【示例 1】下面使用 ASCII 编码定义正则表达式直接量。

```
var r = /\x61/;            //以 ASCII 编码匹配字母 a
var s = "JavaScript";
var a = s.match(r);        //匹配第 1 个字符 a
```

由于字母 a 的 ASCII 编码为 97，被转换为十六进制数值后为 61，因此，如果要匹配字符 a，就应该在前面添加"\x"前缀，以提示它为 ASCII 编码。

【示例 2】ASCII 编码只能够匹配有限的单字节字符，使用 Unicode 编码可以表示双字节字符。Unicode 编码方式："\u"前缀加上 4 位十六进制值。

```
var r = /\u0061/;          //以 Unicode 编码匹配字母 a
var s = "JavaScript";      //字符串直接量
var a = s.match(r);        //匹配第 1 个字符 a
```

📢 **注意：**

在 RegExp()构造函数中使用元字符时，应使用双反斜杠。

```
var r = new RegExp("\\u0061");
```

RegExp()构造函数的参数只接收字符串，而不是字符模式。在字符串中，任何字符加反斜杠还表示字符本身，如字符串"\u"就被解释为字符 u 本身，所以对于"\u0061"字符串来说，在转换为字符模式时，就被解释为"u0061"，而不是"\u0061"，此时反斜杠就失去转义功能。解决方法：在字符 u 前面加双反斜杠。

📢 提示：

正则表达式使用反斜杠来转义元字符，同时反斜杠还具有其他功能，具体说明如下。

1. 定义非打印字符

非打印字符及说明如表 6.4 所示。

表 6.4 非打印字符及说明

非打印字符	说　　明
\f	匹配一个换页符
\n	匹配一个换行符
\r	匹配一个回车符
\s	匹配任何空白字符，包括空格、制表符、换页符等。等价于[\f\n\r\t\v]
\S	匹配任何非空白字符。等价于[^ \f\n\r\t\v]
\t	匹配一个制表符
\v	匹配一个垂直制表符

2. 预定义字符集

预定义字符及说明如表 6.5 所示。

表 6.5 预定义字符及说明

预定义字符	说　　明
\d	匹配一个数字字符，等价于[0-9]
\D	匹配一个非数字字符，等价于[^0-9]
\s	匹配任何空白字符，包括空格、制表符、换页符等，等价于[\f\n\r\t\v]
\S	匹配任何非空白字符，等价于[^ \f\n\r\t\v]
\w	匹配包括下画线的任何单词字符，等价于[A-Za-z0-9_]
\W	匹配任何非单词字符，等价于[^A-Za-z0-9_]

3. 定义断言限定符

定义断言限定符及说明如表 6.6 所示。

表 6.6 定义断言限定符及说明

断言限定符	说　　明
\b	单词定界符
\B	非单词定界符

扫一扫，看视频

6.2.2 字符类

1. 定义字符类

字符类也称为字符集，它表示匹配字符集中任意一个字符。使用元字符"["和"]"可以定义字符类，例如，[set]可以匹配 s、e、t 字符集中任意一个字母。

在字符类中，元字符不再表示特殊的含义。例如，[abc$]将匹配 a、b、c 或$中任意一个字符，$本是一个元字符，但在字符类中被剥夺了特殊性，仅能够匹配字符自身。

在字符类中，如果要匹配[、]、-或^这 4 个元字符，需要在[、]、-或^字符左侧添加反斜杠进行转义，或者把[、]、-作为字符类中第 1 个字符，把^作为字符类中非第 1 个字符。

2. 定义字符范围

也可以使用一个范围来表示一组字符，即给出两个字符，并用-标记将它们分开，它表示一个连续的、相同系列的字符集。连字符左侧字符为范围起点，连字符右侧字符为范围终点。例如，[a-c]可以匹配字符 a、b 或 c，它与[abc]功能相同。

🔊 **注意：**

字符范围都是根据匹配模式指定的字符编码表中的位置来确定。

3. 定义排除范围

如果匹配字符类中未列出的字符，可以包含一个元字符^，并作为字符类的第 1 个字符。例如，[^0]将匹配除 0 以外的任何字符。但是，如果^在字符类的其他位置，则没有特殊含义。例如，[0^]将匹配 0 或^。

4. 预定义字符集

预定义字符集也是一组特殊的字符类，用于表示数字集、字母集或任何非空格的集合。在默认匹配模式下，预定义字符集的匹配范围说明如下。

- ➥ \d：匹配任何十进制数字，等价于类[0-9]。
- ➥ \D：匹配任何非数字字符，等价于类[^0-9]。
- ➥ \s：匹配任何空白字符，等价于类[\t\n\r\f\v]。
- ➥ \S：匹配任何非空白字符，相当于类[^ \t\n\r\f\v]。
- ➥ \w：匹配任何字母与数字字符，相当于类[a-zA-Z0-9_]。
- ➥ \W：匹配任何非字母与数字字符，相当于类[^a-zA-Z0-9_]。

上面这些集合可以包含在字符类中。例如，[\s,.]可以匹配任何空格字符的字符类，或者匹配,和.字符。

元字符.也是一个字符集，它匹配除换行符\n 之外的任何字符。如果在 re.DOTALL 模式下，还可以匹配换行符。如果要匹配点号自身，需要使用\进行转义。

【示例 1】字符范围遵循字符编码的顺序进行匹配。如果将要匹配的字符恰好在字符编码表中特定区域内，就可以使用这种方式表示。

如果匹配任意 ASCII 字符：

```
var r = /[\u0000-\u00ff]/g;
```

如果匹配任意双字节的汉字：

```
var r = /[^\u0000-\u00ff]/g;
```

如果要匹配任意大小写字母和数字：

```
var r = /[a-zA-Z0-9]/g;
```

使用 Unicode 编码设计，匹配数字：

```
var r = /[\u0030-\u0039]/g;
```

使用下面字符模式可以匹配任意大写字母：

```
var r = /[\u0041-\u004A]/g;
```

使用下面字符模式可以匹配任意小写字母：

```
var r = /[\u0061-\u007A]/g;
```

【示例 2】在字符范围内可以混用各种字符模式。

```
var s = "abcdez";                    //字符串直接量
var r = /[abce-z]/g;                 //字符 a、b、c，以及从 e~z 之间的任意字符
var a = s.match(r);                  //返回数组["a","b","c","e","z"]
```

【示例 3】在中括号内不要有空格，否则会误解为还要匹配空格。

```
var r = /[0-9 ]/g;
```

【示例 4】字符范围可以组合使用，以便设计更灵活的匹配模式。

```
var s = "abc4 abd6 abe3 abf1 abg7"; //字符串直接量
var r = /ab[c-g][1-7]/g;            //前两个字符为 ab，第 3 个字符为从 c 到 g，
                                      第 4 个字符为 1~7 的任意数字
var a = s.match(r);                  //返回数组["abc4", "abd6", "abe3", "abf1", "abg7"]
```

【示例 5】使用反义字符范围可以匹配很多无法直接描述的字符，实现以少应多的目的。

```
var r = /[^0123456789]/g;
```

在这个正则表达式中，将会匹配除了数字以外任意的字符。反义字符类比简单字符类显得功能更加强大和实用。

扫一扫，看视频

6.2.3 重复匹配

1. 限定符

简单的字符匹配无法体现正则表达式的优势，正则表达式的另一个优势是可以重复匹配。重复匹配将用到几个具有限定功能的量词，用来指定正则中一个字符、字符类，或者表达式可能重复匹配的次数。限定符及说明如表 6.7 所示。

表 6.7 限定符及说明

限定符	说　　明
*	匹配 0 次或多次，等价于{0,}
+	匹配 1 次或多次，等价于{1,}
?	匹配 0 次或 1 次，等价于{0,1}
{n}	n 为非负整数，匹配 n 次
{m,n}	m 和 n 均为非负整数，其中 m≤n。表示最少匹配 m 次，且最多匹配 n 次。如果省略 m，则表示最少匹配 0 次；如果省略 n，则表示最多匹配无限次

{m,n}的用法较为复杂，其中 m 和 n 是十进制整数。这个限定符意味着必须至少重复 m 次，最多重复 n 次。例如，a/{1,3}b 将匹配 a/b、a//b 和 a///b，但不匹配没有斜线的 ab，或者有 4 个斜线的 a////b。

在{m,n}限定符中，省略 m，将解释为 0 下限；省略 n，将解释为无穷大的上限。因此，{0,} 与元字

符*相同，{1,}相当于元字符+，{0,1}和元字符?相同。建议选用*、+或?，这样更短、更容易阅读。

【示例1】下面结合示例进行演示说明。先设计一个字符串：

```
var s = "ggle gogle google gooogle goooogle gooooogle goooooogle gooooooogle
gooooooooogle"
```

如果仅匹配单词 ggle 和 gogle，可以设计为：

```
var r = /go?gle/g;              //匹配前一项字符 o0 次或 1 次
var a = s.match(r);             //返回数组["ggle","gogle"]
```

量词"?"表示前面的字符或子表达式为可有可无，等效于：

```
var r = /go{0,1}gle/g;         //匹配前一项字符 o0 次或 1 次
var a = s.match(r);            //返回数组["ggle","gogle"]
```

如果匹配第 4 个单词 gooogle，可以设计为：

```
var r = /go{3}gle/g;           //匹配前一项字符 o 重复显示 3 次
var a = s.match(r);            //返回数组["gooogle"]
```

等效于：

```
var r = /gooogle/g;            //匹配字符 gooogle
var a = s.match(r);            //返回数组["gooogle"]
```

如果匹配第 4～6 个之间的单词，可以设计为：

```
var r = /go{3,5}gle/g;         //匹配第 4～6 个之间的单词
var a = s.match(r);            //返回数组["gooogle","goooogle","gooooogle"]
```

如果匹配所有单词，可以设计为：

```
var r = /go*gle/g;    //匹配所有的单词
var a = s.match(r);   //返回数组
["ggle","gogle","google","gooogle","goooogle","gooooogle","goooooogle","gooooooogle","gooooooooogle"]
```

量词"*"表示前面的字符或子表达式可以不出现，或者重复出现任意次。等效于：

```
var r = /go{0,}gle/g;//匹配所有的单词
var a = s.match(r);   //返回数组["ggle", "gogle", "google", "gooogle", "goooogle",
"gooooogle", "goooooogle", "gooooooogle", "gooooooooogle"]
```

如果匹配包含字符"o"的所有单词，可以设计为：

```
var r = /go+gle/g;    //匹配的单词中字符"o"至少出现 1 次
var a = s.match(r);   //返回数组["gogle", "google", "gooogle", "goooogle", "gooooogle",
"goooooogle", "gooooooogle", "gooooooooogle"]
```

量词"+"表示前面字符或子表达式至少出现 1 次，最多重复次数不限。等效于：

```
var r = /go{1,}gle/g;//匹配的单词中字符"o"至少出现 1 次
var a = s.match(r);   //返回数组["gogle", "google", "gooogle", "goooogle", "gooooogle",
"goooooogle", "gooooooogle", "gooooooooogle"]
```

📢 注意：

重复类量词总是出现在它们所作用的字符或子表达式后面。如果想作用多个字符，需要使用小括号把它们包裹在一起形成一个子表达式。

2. 贪婪匹配

在上述限定符中，*、+、?、{m,n}具有贪婪性。当重复匹配时，正则引擎将尝试尽可能多地重复它。如果模式的后续部分不匹配，则匹配引擎将回退并以较少的重复次数再次尝试。

例如，定义正则表达式 a[bcd]*b，这个正则开始匹配为字母 a，然后匹配字符类[bcd]中的零个或多个字母，最后以字母 b 结尾。现在准备匹配字符串"abcbd"，具体的运算过程如下：

第 1 步，首先匹配 a，正则中的 a 匹配。

第 2 步，引擎尽可能多地匹配[bcd]*，直到字符串结束，则匹配到"abcbd"。

第 3 步，最后引擎尝试匹配 b，但是当前位于字符串结束位置，结果匹配失败。

第 4 步，于是引擎回退一次，重新尝试，[bcd]*少匹配一个字符，匹配到"abcb"。

第 5 步，再次尝试匹配 b，但是当前位置是最后一个字符 d，结果仍然匹配失败。

第 6 步，引擎再次回退，重新尝试，[bcd]*只匹配 bc，匹配到"abc"。

第 7 步，再试一次 b，这次当前位置的字符是 b，则匹配成功，最后匹配到"abcb"。

这个过程简单演示了匹配引擎最初如何进行，如果没有找到匹配，它将逐步回退，并一次又一次地重试正则的其余部分，直到[bcd]*尝试零匹配；如果失败，引擎将断定该字符串与正则完全不匹配。

3. 惰性匹配

与贪婪匹配相反的是惰性匹配，惰性匹配也称为非贪婪性匹配。在限定符后面加上?，可以实现非贪婪或者最小匹配。非贪婪的限定符如下：

```
*?  +?  ??  {m,n}?
```

例如，使用正则<.*>匹配字符串"<a> b <c>"，它将找到整个字符串，而不是"<a>"。如果在*之后添加?，引擎将会采用最小算法从左侧开始，而不是从右侧开始尝试匹配，这样将会匹配尽量少的字符，因此使用正则<.*?>仅会匹配"<a>"。

【示例 2】下面的示例显示当多个重复类量词同时满足条件时，会在保证右侧重复类量词最低匹配次数的基础上，最左侧的重复类量词将尽可能占有所有字符。

```
var s = "<html><head><title></title></head><body></body></html>";
var r = /(<.*>)(<.*>)/
var a = s.match(r);
//左侧子表达式匹配"<html><head><title></title></head><body></body>"
console.log(a[1]);
console.log(a[2]);                    //右侧子表达式匹配"</html>"
```

与贪婪匹配相反，惰性匹配将遵循另一种算法：在满足条件的前提下，尽可能少地匹配字符。定义惰性匹配的方法：在重复类量词后面添加问号（?）限制词。贪婪匹配体现了最大化匹配原则，惰性匹配则体现了最小化匹配原则。

【示例 3】下面的示例演示了如何定义惰性匹配模式。

```
var s ="<html><head><title></title></head><body></body></html>";
var r = /<.*?>/
var a = s.match(r);                   //返回单个元素数组["<html>"]
```

在上面的示例中，对于正则表达式/<.*?>/来说，它可以返回匹配字符串"<>"，但是为了能够确保匹配条件成立，在执行中还是匹配了带有 4 个字符的字符串" html "。惰性取值不能够以违反模式限定的条件而返回，除非没有找到符合条件的字符串，否则必须满足它。

💬 提示：

针对 6 种重复类的惰性匹配简单描述如下。

❯ {n,m}?: 尽量匹配 n 次，但是为了满足限定条件，也可能最多重复 m 次。

❯ {n}?: 尽量匹配 n 次。

❯ {n,}?: 尽量匹配 n 次，但是为了满足限定条件，也可能匹配任意次。

❯ ??: 尽量匹配，但是为了满足限定条件，也可能最多匹配 1 次，相当于{0,1}?。

❯ +?: 尽量匹配 1 次，但是为了满足限定条件，也可能匹配任意次，相当于{1,}?。

❯ *?: 尽量不匹配，但是为了满足限定条件，也可能匹配任意次，相当于{0,}?。

扫一扫，看视频

6.2.4 捕获组

1. 定义组

组由(和)元字符标记，将包含在其中的表达式组合在一起，可以使用重复限定符重复组的内容，例如，(ab)*将匹配 ab 零次或多次。

正则表达式可以包含多个组，组之间可以相互嵌套。确定每个组的编号，只需从左到右计算左括号字符。第 1 个左括号"("的编号为 1，然后每遇到一个分组的左括号"("，编号就加 1。

使用(和)表示的组也捕获它们匹配的文本的起始和结束索引，因此组的编号实际上是从 0 开始的，组 0 始终存在，它表示整个正则，因此在匹配对象的方法中都将组 0 作为默认参数。

【示例1】在下面的代码中，不仅匹配出每个变量声明，同时还抽出每个变量及其值。

```
var s ="ab=21,bc=45,cd=43";
var r = /(\w+)=(\d*)/g;
while(a = r.exec(s)){
    console.log(a);                //返回类似 ["ab=21","ab","21"]3 个数组
}
```

2. 反向引用

引擎能够临时缓存所有组表达式匹配的信息，并按照在正则表达式中从左至右的顺序进行编号，从 1 开始。每个缓冲区都可以使用\n 访问，其中 n 为一个标识特定缓冲区的编号。反向引用在执行字符串替换时非常有用。

注意：

JavaScript 字符串文字也使用"反斜杠+数字"的格式在字符串中表示特殊字符，因此在正则中引入反向引用时，务必使用原始字符串表示法定义正则表达式。

【示例2】在下面的代码中，通过引用前面子表达式匹配的文本，以实现成组匹配字符串。

```
var s ="<h1>title<h1><p>text<p>";
var r = /(<\/?\w+>).*\1/g;
var a = s.match(r);            //返回数组["<h1>title<h1>","<p>text<p>"]
```

提示：

由于子表达式可以相互嵌套，它们的顺序将根据左括号的顺序来确定。例如，下面的示例定义匹配模式包含多个子表达式。

```
var s = "abc";
var r = /(a(b(c)))/;
var a = s.match(r);            //返回数组["abc","abc","bc","c"]
```

在这个模式中，共产生了 3 个反向引用，第 1 个是"(a(b(c)))"，第 2 个是"(b(c))"，第 3 个是"(c)"。它们引用的匹配文本分别是字符串"abc" "bc"和"c"。

注意：

对子表达式的引用，是指引用前面子表达式所匹配的文本，而不是子表达式的匹配模式。如果要引用前面子表达式的匹配模式，则必须使用下面方式，只有这样才能够达到匹配目的。

```
var s ="<h1>title</h1><p>text</p>";
var r = /((<\/?\w+>).*(<\/?\w+>))/g;
var a = s.match(r);            //返回数组["<h1>title</h1>","<p>text</p>"]
```

扫一扫，看视频

6.2.5　反向引用的应用

反向引用在开发中主要有以下几种常规用法。

【示例 1】在正则表达式对象的 test()方法，以及字符串对象的 match()和 search()等方法中使用。在这些方法中，反向引用的值可以从 RegExp()构造函数中获得。

```
var s = "abcdefghijklmn";
var r = /(\w)(\w)(\w)/;
r.test(s);
console.log(RegExp.$1);        //返回第 1 个子表达式匹配的字符 a
console.log(RegExp.$2);        //返回第 2 个子表达式匹配的字符 b
console.log(RegExp.$3);        //返回第 3 个子表达式匹配的字符 c
```

通过示例 1 可以看到，正则表达式执行匹配测试后，所有子表达式匹配的文本都被分组存储在 RegExp()构造函数的属性内，通过前缀符号$与正则表达式中子表达式的编号来引用这些临时属性。其中属性$1 标识符指向第 1 个值引用，属性$2 标识符指向第 2 个值引用，以此类推。

【示例 2】可以直接在定义的字符模式中包含反向引用。这可以通过使用特殊转义序列（如\1、\2 等）来实现（详细内容可以参阅 6.2.4 小节的内容）。

```
var s = "abcbcacba";
var r = /(\w)(\w)(\w)\2\3\1\3\2\1/;
var b = r.test(s);            //验证正则表达式是否匹配该字符串
console.log(b);               //返回 true
```

在上面的示例的正则表达式中，"\1" 表示对第 1 个反向引用（\w）所匹配的字符 a 引用，"\2" 表示对第 2 个反向引用（\w）所匹配的字符 b 引用，"\3" 表示对第 2 个反向引用（\w）所匹配的字符 c 引用。

【示例 3】可以在字符串对象的 replace()方法中使用。通过使用特殊字符序列$1、$2、$3 等来实现。在下面的示例中将颠倒相邻字母和数字的位置。

```
var s = "aa11bb22c3d4e5f6";
var r = /(\w+?)(\d+)/g;
var b = s.replace(r,"$2$1");
console.log(b);               //返回字符串"11aa22bb3c 4d5e6f"
```

在示例 3 中，正则表达式包括两个分组，第 1 个分组匹配任意连续的字母，第 2 个分组匹配任意连续的数字。在 replace()方法的第 2 个参数中，$1 表示对正则表达式中第 1 个子表达式匹配文本的引用，而$2 表示对正则表达式中第 2 个子表达式匹配文本的引用，通过颠倒$1 和$2 标识符的位置，即可实现字符串的颠倒替换原字符串。

6.2.6　命名组

除了默认的编号外，ES 2018 引入命名组功能，允许为每一个组指定一个别名，这样便于阅读代码，又便于引用。语法格式如下：

```
(?<name>...)
```

name 是组的别名，命名组的行为与捕获组完全相同，并且将名称与组进行关联。用户可以通过别名或者数字编号两种方式检索有关组的信息。

【示例 1】下面的代码使用命名组进行定义，然后就可以在 exec()方法返回结果的 groups 属性上引用该组名。同时，数字序号（matchObj[1]）依然有效。

```
const RE_DATE = /(?<year>\d{4})-(?<month>\d{2})-(?<day>\d{2})/;
const matchObj = RE_DATE.exec('2021-12-31');
```

```
const year = matchObj.groups.year;          //"2021"
const month = matchObj.groups.month;        //"12"
const day = matchObj.groups.day;            //"31"
```

命名组匹配等于为每一组匹配加上了 ID，便于描述匹配的目的。如果组的顺序变了，也不用改变匹配后的处理代码。

【示例 2】如果命名组没有匹配，那么对应的 groups 对象属性会是 undefined。

```
const RE_OPT_A = /^(?<as>a+)?$/;
const matchObj = RE_OPT_A.exec('');
matchObj.groups.as                          //undefined
'as' in matchObj.groups                     //true
```

上面代码中，命名组 as 没有找到匹配，那么 matchObj.groups.as 属性值就是 undefined，并且 as 这个键名在 groups 是始终存在的。

在正则表达式内引用某个命名组匹配的语法格式如下：

```
\k<组名>
```

【示例 3】下面的代码简单演示如何引用某个命名组。

```
const RE_TWICE = /^(?<word>[a-z]+)!\k<word>$/;
RE_TWICE.test('abc!abc')                     //true
RE_TWICE.test('abc!ab')                      //false
```

使用数字进行引用（\1）依然有效。例如：

```
const RE_TWICE = /^(?<word>[a-z]+)!\1$/;
RE_TWICE.test('abc!abc')                     //true
RE_TWICE.test('abc!ab')                      //false
```

这两种引用语法还可以同时使用。例如：

```
const RE_TWICE = /^(?<word>[a-z]+)!\k<word>!\1$/;
RE_TWICE.test('abc!abc!abc')                 //true
RE_TWICE.test('abc!abc!ab')                  //false
```

📢 提示：

执行命名组匹配之后，可以使用解构赋值直接从匹配结果上为变量赋值。例如，在下面的代码中，变量 one 的值为 foo，two 的值为 bar。

```
let {groups: {one, two}} = /^(?<one>.*):(?<two>.*)$/u.exec('foo:bar');
```

在执行字符串替换时，可以使用$<组名>引用命名组。例如：

```
let re = /(?<year>\d{4})-(?<month>\d{2})-(?<day>\d{2})/u;
'2021-01-02'.replace(re, '$<day>/$<month>/$<year>')          //'02/01/2021'
```

上面代码中，replace()方法的第 2 个参数是一个字符串，而不是正则表达式。

replace()方法的第 2 个参数也可以是函数，具体用法请参考 5.1.6 节的内容。

6.2.7　非捕获组

如果分组的目的仅仅是为了重复匹配表达式的内容，那么完全可以让引擎不要缓存表达式匹配的信息，这样能够节省系统资源，提升执行效率。使用下面语法可以定义非捕获组。

```
(?:...)
```

【示例】下面的代码演示了如何禁止引用。

```
var s1 = "abc";
var r = /(?:\w*?)|(?:\d*?)/;                 //非引用型分组
var a = r.test(s1);                         //返回 true
```

扫一扫，看视频

扫一扫，看视频

非引用型分组对于必须使用子表达式，但是又不希望存储无用的匹配信息，或者希望提高匹配速度，是非常重用的方法。

6.2.8　边界断言

正则表达式大多数结构匹配的文本会出现在最终的匹配结果中，但是也有些结构并不真正匹配文本，仅匹配一个位置而已，或者判断某个位置左或右侧是否符合要求，这种结构被称为断言（assertion），即零宽度匹配。常见断言有 3 种：行定界符、单词定界符、环视。本小节重点介绍前两种断言。

1. 行定界符

➥ ^：匹配行的开头。如果没有设置 MULTILINE 标志，只会在字符串的开头匹配。在 MULTILINE 模式下，^将在字符串中的每个换行符后立即匹配。

📢 提示：

如果要匹配字符^自身，可以使用转义字符\^。

➥ $：匹配行的末尾，定义为字符串的结尾，或者后跟换行符的任何位置。

📢 提示：

如果要匹配字符$自身，可以使用转义字符\$，或者将其包裹在字符类中，如[$]。

2. 单词定界符

➥ \b：匹配单词的边界，即仅在单词的开头或结尾位置匹配。单词的边界由空格或非字母的数字字符表示。

📢 注意：

JavaScript 字符串文字和正则字符串之间存在冲突，在 JavaScript 字符串文字中，\b 表示退格字符，ASCII 值为 8。如果不用原始字符串，那么 JavaScript 将\b 转换为退格，正则就不会按照预期匹配。

另外，在一个字符类中，这个断言没有用处，\b 表示退格字符，以便与 JavaScript 的字符串文字兼容。

➥ \B：与\b 相反，仅在当前位置不在单词边界时才匹配。

【示例】下面的代码演示如何使用边界量词。先定义如下字符串。

```
var s = "how are you";
```

匹配最后一个单词。

```
var r = /\w+$/;
var a = s.match(r);                    //返回数组["you"]
```

匹配第 1 个单词。

```
var r = /^\w+/;
var a = s.match(r);                    //返回数组["how"]
```

匹配每一个单词。

```
var r = /\w+/g;
var a = s.match(r);                    //返回数组["how","are","you"]
```

6.2.9　环视断言

扫一扫，看视频

环视也是一种零宽断言，是指在某个位置向左或向右看，保证其左或右侧必须出现某类字符，包括单词字符\w 和非单词字符\W，环视也只是一个判断，匹配一个位置，本身不匹配任何字符。

1. 正前瞻

使用下面语法可以定义表达式后面必须满足特定的匹配条件。语法格式如下：

```
表达式(?=匹配条件)
```

例如，下面表达式仅匹配后面包含数字的字母 a。

```
a(?=\d)
```

【示例 1】下面的代码定义一个正前瞻的匹配模式。

```
var s = "one:1;two=2";
var r = /\w*(?==)/;                    //使用正前瞻指定执行匹配必须满足的条件
var a = s.match(r);                    //返回数组["two"]
```

在示例 1 中，通过 (?==)锚定条件，指定只有在\w*所能够匹配的字符后面跟随一个等号字符，才能够执行\w*匹配。所以，最后匹配的是字符串"two"，而不是字符串"one"。

2. 负前瞻

使用下面语法可以定义表达式后面必须不满足特定的匹配条件。语法格式如下：

```
表达式(?!匹配条件)
```

例如，下面表达式仅匹配后面不包含数字的字母 a。

```
a(?!\d)
```

【示例 2】下面的代码定义一个负前瞻的匹配模式。

```
var s = "one:1;two=2";
var r = /\w*(?!=)/;                    //使用负前瞻，指定执行匹配不必满足的条件
var a = s.match(r);                    //返回数组["one"]
```

在示例 2 中，通过(?!=)锚定条件，指定只有在\w*所能够匹配的字符后面不跟随一个等号字符，才能够执行\w*匹配。所以，最后匹配的是字符串"one"，而不是字符串"two"。

3. 正回顾

ES 2018 引入正回顾和负回顾语法。使用正回顾语法可以定义表达式前面必须满足特定的匹配条件。语法格式如下：

```
(?<=匹配条件) 表达式
```

例如，下面表达式仅匹配前面包含数字的字母 a。

```
(?<=\d)a
```

4. 负回顾

使用负回顾语法可以定义表达式前面必须不满足特定的匹配条件。语法格式如下：

```
(?<!匹配条件) 表达式
```

例如，下面表达式仅匹配前面不包含数字的字母 a。

```
(?<!\d)a
```

6.2.10 选择匹配

扫一扫，看视频

| 表示选择匹配，如果 A 和 B 是正则表达式，那么 A|B 将匹配任何与 A 或 B 匹配的字符串。| 具有非常低的优先级，因此 A 和 B 将尽可能包含整个字符串，例如，Crow|Servo 将匹配"Crow"或"Servo"，而不是"Cro""w"或"S"和"ervo"。

🔊 提示：

要匹配字符|自身，可以使用转义字符\|，或将其放在字符类中，如[|]。

↘ 可以匹配任意数字或字母。

```
var r = /\w+|\d+/;                          //选择重复字符类
```

↘ 可以定义多重选择模式。定义方法：在多个子模式之间加入选择操作符。

```
var r = /(abc)|(efg)|(123)|(456)/;          //多重选择匹配
```

🔊 注意：

为了避免歧义，应该为选择操作的多个子模式加上小括号。

【示例】设计对提交的表单字符串进行敏感词过滤。先设计一个敏感词列表，然后使用竖线把它们连接在一起，定义选择匹配模式，最后使用字符串的 repalce()方法把所有敏感字符替换为可以显示的编码格式。

```
var s = '<meta charset="utf-8">';          //待过滤的表单提交信息
var r = /\'|\"|\<|\>/gi;                    //过滤敏感字符的正则表达式
function f(){                               //替换函数
                                           //把敏感字符替换为对应的网页显示的编码格式
    return" &# "+ arguments[0].charCodeAt(0) + ";";
}
var a = s.replace(r,f);                     //执行过滤替换
document.write(a);                          //在网页中显示正常的字符信息
console.log(a);                            //返回"&#60;meta charset=&#34;utf-8&#34;&#62;"
```

6.2.11　Unicode 属性类

ES 2018 引入\p{...}和\P{...}语法，允许匹配符合 Unicode 某种属性的所有字符。由于 Unicode 的各种属性非常多，所以这种属性类的能力非常强。语法格式如下：

```
\p{UnicodePropertyName=UnicodePropertyValue}
```

Unicode 属性类要指定属性名和属性值。对于某些属性，可以只写属性名，或者只写属性值。语法格式如下：

```
\p{UnicodePropertyName}
\p{UnicodePropertyValue}
```

\P{...}是\p{...}的反向匹配，即匹配不满足条件的字符。

🔊 注意：

这两种类只对 Unicode 有效，因此在定义正则表达式时一定要加上 u 修饰符。如果不加 u 修饰符，正则表达式使用\p 和\P 会报错。

【示例 1】在下面的代码中，\p{Script=Greek}指定匹配一个希腊文字母，所以匹配 π 成功。

```
const regexGreekSymbol = /\p{Script=Greek}/u;
regexGreekSymbol.test('π')                 //true
```

【示例 2】在下面的代码中，属性类指定匹配所有十进制字符，可以看到各种字形的十进制字符都会匹配成功。

```
const regex = /^\p{Decimal_Number}+$/u;
regex.test('1234567890123456')             //true
```

【示例 3】\p{Number}能匹配罗马数字。

```
const regex = /^\p{Number}+$/u;
```

```
regex.test('²³¹¹¼½¾')                           //true
regex.test('㉛㉜㉝')                             //true
regex.test(' Ⅰ ⅡⅢ Ⅳ Ⅴ Ⅵ Ⅶ Ⅷ Ⅸ Ⅹ Ⅺ Ⅻ')          //true
```

【示例 4】下面是一些常用的匹配操作类。

```
//匹配所有空格
\p{White_Space}
//匹配各种文字的所有字母，等同于 Unicode 版的 \w
[\p{Alphabetic}\p{Mark}\p{Decimal_Number}\p{Connector_Punctuation}\p{Join_Control}]
//匹配各种文字的所有非字母的字符，等同于 Unicode 版的 \W
[^\p{Alphabetic}\p{Mark}\p{Decimal_Number}\p{Connector_Punctuation}\p{Join_Control}]
//匹配 Emoji
/\p{Emoji_Modifier_Base}\p{Emoji_Modifier}?|\p{Emoji_Presentation}|\p{Emoji}\uFE0F/gu
//匹配所有的箭头字符
const regexArrows = /^\p{Block=Arrows}+$/u;
regexArrows.test('←↑→↓↔↕↖↗↘↙↚↛↜↝↞↟↠↡↢↣↤↥↦')       //true
```

6.3　案　例　实　战

扫一扫，看视频

6.3.1　匹配十六进制颜色值

十六进制颜色值字符串格式如下：

```
#ffbbad
#Fc01DF
#FFF
#ffE
```

模式分析：

➥ 表示一个十六进制字符，可以用字符类[0-9a-fA-F]来匹配。

➥ 其中字符可以出现 3 次或 6 次，需要使用量词和分支结构。

➥ 使用分支结构时，需要注意顺序。

设计代码：

```
var regex = /#([0-9a-fA-F]{6}|[0-9a-fA-F]{3})/g;
var string = "#ffbbad #Fc01DF #FFF #ffE";
console.log(string.match(regex));//["#ffbbad", "#Fc01DF", "#FFF", "#ffE"]
```

扫一扫，看视频

6.3.2　匹配时间

以 24 小时制为例，时间字符串格式如下：

```
23:59
02:07
```

模式分析：

➥ 共 4 位数字，第 1 位数字可以为 [0-2]。

➥ 当第 1 位为 2 时，第 2 位可以为 [0-3]，其他情况时，第 2 位为[0-9]。

➥ 第 3 位数字为[0-5]，第 4 位为 [0-9]。

设计代码：

```
var regex = /^([01][0-9]|[2][0-3]):[0-5][0-9]$/;
```

```
console.log(regex.test("23:59"));                //=> true
console.log(regex.test("02:07"));                //=> true
```

如果要求匹配"7:9"格式，也就是说时分前面的"0"可以省略。优化后的代码如下：

```
var regex = /^(0?[0-9]|1[0-9]|[2][0-3]):(0?[0-9]|[1-5][0-9])$/;
console.log(regex.test("23:59"));                //=> true
console.log(regex.test("02:07"));                //=> true
console.log(regex.test("7:9"));                  //=> true
```

6.3.3　匹配日期

扫一扫，看视频

常见日期格式：yyyy-mm-dd，例如：2018-06-10。

模式分析：

- 年，4 位数字即可，可用[0-9]{4}。
- 月，共 12 个月，分两种情况 01、02、…、09 和 10、11、12，可用(0[1-9]|1[0-2])。
- 日，最大 31 天，可用 (0[1-9]|[12][0-9]|3[01])。

设计代码：

```
var regex = /^[0-9]{4}-(0[1-9]|1[0-2])-(0[1-9]|[12][0-9]|3[01])$/;
console.log(regex.test("2018-06-10"));           //=> true
```

6.3.4　匹配成对标签

扫一扫，看视频

成对标签的格式如下：

```
<title>标题文本</title>
<p>段落文本</p>
```

模式分析：

- 匹配一个开标签，可以使用正则 <[^>]+>。
- 匹配一个闭标签，可以使用 <\/[^>]+>。
- 要匹配成对标签，就需要使用反向引用，其中开标签<[^>]+>改成<([^>]+)>，使用小括号的目的是为了后面使用反向引用，闭标签使用了反向引用<\/\1>。
- [\d\D]表示这个字符是数字或者不是数字，因此也就匹配任意字符。

设计代码：

```
var regex = /<([^>]+)>[\d\D]*<\/\1>/;
var string1 = "<title>标题文本</title>";
var string2 = "<p>段落文本</p>";
var string3 = "<div>非法嵌套</p>";
console.log(regex.test(string1));          //true
console.log(regex.test(string2));          //true
console.log(regex.test(string3));          //false
```

6.3.5　匹配物理路径

扫一扫，看视频

物理路径字符串格式如下：

```
F:\study\javascript\regex\regular expression.pdf
F:\study\javascript\regex\
F:\study\javascript
F:\
```

模式分析：

- ➥ 整体模式是盘符:\文件夹\文件夹\文件夹\。
- ➥ 其中匹配"F:\"，需要使用[a-zA-Z]:\\，盘符不区分大小写。注意，\字符需要转义。
- ➥ 文件名或者文件夹名，不能包含一些特殊字符，此时需要排除字符类[^\\:*<>|"?\r\n/]来表示合法字符。
- ➥ 名字不能为空名，至少有一个字符，也就是要使用量词+。因此匹配"文件夹\"，可用[^\\:*<>|"?\r\n/]+\\。
- ➥ "文件夹\"可以出现任意次，就是 ([^\\:*<>|"?\r\n/]+\\)*。其中括号表示其内部正则是一个整体。
- ➥ 路径的最后一部分可以是"文件夹"，没有"\"，因此需要添加([^\\:*<>|"?\r\n/]+)?。
- ➥ 最后拼接成一个比较复杂的正则表达式。

设计代码：

```
var regex = /^[a-zA-Z]:\\([^\\:*<>|"?\r\n/]+\\)*([^\\:*<>|"?\r\n/]+)?$/;
console.log(regex.test("F:\\javascript\\regex\\index.html"));  // => true
console.log(regex.test("F:\\javascript\\regex\\"));              //=> true
console.log(regex.test("F:\\javascript"));                      //=> true
console.log(regex.test("F:\\"));                                //=> true
```

扫一扫，看视频

6.3.6 设计货币数字匹配模式

货币数字的千位分隔符格式，如"12345678"表示为"12,345,678"。

【操作步骤】

第 1 步，根据千位把相应的位置替换成","，以最后一个逗号为例，解决方法：(?=\d{3}$)。

```
var result = "12345678".replace(/(?=\d{3}$)/g, ',')
console.log(result);                      //=>"12345,678"
```

其中(?=\d{3}$)匹配\d{3}$前面的位置，而\d{3}$ 匹配的是目标字符串最后 3 位数字。

第 2 步，确定所有的逗号。因为逗号出现的位置要求后面 3 个数字一组，也就是\d{3}至少出现一次。此时可以使用量词+：

```
var result = "12345678".replace(/(?=(\d{3})+$)/g, ',')
console.log(result);                      //=>"12,345,678"
```

第 3 步，匹配其余数字，会发现问题如下：

```
var result = "123456789".replace(/(?=(\d{3})+$)/g, ',')
console.log(result);                      //=>",123,456,789"
```

因为上面是正则表达式，从结尾向前数，只要是 3 的倍数，就把其前面的位置替换成逗号。如何解决匹配的位置不能是开头。

第 4 步，匹配开头可以使用^，但要求该位置不是开头，可以考虑使用 (?!^)，实现代码如下：

```
var regex = /(?!^)(?=(\d{3})+$)/g;
var result = "12345678".replace(regex, ',')
console.log(result);                            //=>"12,345,678"
result = "123456789".replace(regex, ',');
console.log(result);                            //=>"123,456,789"
```

第 5 步，如果要把"12345678 123456789"替换成"12,345,678 123,456,789"。此时需要修改正则表达式，需要把里面的开头^和结尾$修改成\b。实现代码如下：

```
var string = "12345678 123456789",
regex = /(?!\b)(?=(\d{3})+\b)/g;
var result = string.replace(regex, ',')
```

```
console.log(result);                //=>"12,345,678 123,456,789"
```

其中，(?!\b)要求当前是一个位置，但不是\b 前面的位置，其实 (?!\b) 说的就是\B。因此最终正则变成了：/\B(?=(\d{3})+\b)/g。

第 6 步，进一步格式化。千分符表示法一个常见的应用就是货币格式化。例如：

```
1888
```

格式化如下：

```
$ 1888.00
```

有了前面的铺垫，可以很容易实现，具体代码如下：

```
function format (num) {
    return num.toFixed(2).replace(/\B(?=(\d{3})+\b)/g, ",").replace(/^/,"$$");
};
console.log(format(1888));          //=>"$ 1,888.00"
```

6.3.7　表单验证

扫一扫，看视频

本案节示例将利用 HTML5 表单内建校验机制，设计一个表单验证页面。

【操作步骤】

第 1 步，新建 HTML5 文档，设计一个 HTML5 表单页面。

```
<form method= "post" action= " "name= "myform" class= "form">
    <label for="user_name">真实姓名<br/>
        <input id="user_name "type="text"name="user_name "required pattern="^
        ([\u4e00-\u9fa5]+|([a-z]+\s?)+)$ "/>
    </label>
    <!--省略结构，详细代码可参考本小节的示例源码-->
</form>
```

第 2 步，设计表单控件的验证模式。真实姓名选项为普通文本框，要求必须输入 required，验证模式为中文字符：

```
pattern="^([\u4e00-\u9fa5]+|([a-z]+\s?)+)$"
```

比赛项目选项设计一个数据列表，使用 datalist 元素设计，使用 list="ball"绑定到文本框上。

第 3 步，电子邮箱选项设计 type="email"类型，同时使用以下匹配模式兼容老版本浏览器：

```
pattern="^[0-9a-z][a-z0-9\._-]{1,}@[a-z0-9-]{1,}[a-z0-9]\.[a-z\.]{1,}[a-z]$"
```

第 4 步，手机号码选项设计 type="tel"类型，同时使用以下匹配模式兼容老版本浏览器：

```
pattern="^1\d{10}$|^(0\d{2,3}-?|\(0\d{2,3}\))?[1-9]\d{4,7}(-\d{1,8})?$"
```

第 5 步，身份证号选项使用普通文本框设计，要求必须输入，定义匹配模式如下：

```
pattern="^[1-9]\d{5}[1-9]\d{3}((0\d)|(1[0-2]))(([0|1|2]\d)|3[0-1])\d{3}([0-9]|X)$"
```

第 6 步，出生年月选项设计 type="month"类型，这样就不需要进行验证，用户必须在日期选择器面板中进行选择，无法作弊。

第 7 步，名次期望选项设计 type="range"类型，限制用户只能在 1~10 之间进行选择。

6.4　实践与练习

1. 有一个字符串"<div id="container"class="main"></div>"，请编写正则表达式提取其中的"id="container""子串信息。

2. 编写函数用以校验给定的字符串是否全由数字组成。

3. 字符串的 trim()方法能够去掉字符串的开头和结尾的空白符，定义函数使用正则表达式模拟该方法功能。

4. 使用正则表达式将每个单词的首字母转换为大写。

5. 使用正则表达式将 CSS 属性名以驼峰化表示。

6. 使用正则表达式将驼峰化 CSS 属性名转换为标准的连字符表示的名称。

7. 将 HTML 字符串进行转义化表示，以便在网页中正确显示。

8. 针对问题 7，将实体字符转换为等值的 HTML。

9. 匹配成对的 HTML 标签信息。

10. 如何判断字符串中包含的数字。

11. 使用正则表达式从时间字符串中提取出年、月、日。

12. 把日期格式从 yyyy-mm-dd 替换成 yyyy/mm/dd。

13. 已知字符串"2,3,5"，使用正则表达式把它改成"5=2+3"格式表示。

14. 使用正则表达式把"2+3=5"变成"2+3=2+3=5=5"。

15. 模拟 DOM 的 getElementsByClassName()方法，设计一个函数来获取页面中指定类的所有元素。

16. 下面是一个密码验证的正则表达式，要求密码长度为 6～12 位，由数字、小写字符和大写字母组成，但必须至少包括两种字符。从执行效率角度分析，复杂的正则表达式比不上简单的正则表达式执行效率高，请编写一个函数，把该正则表达式分解为多步进行验证。

```
/(?!^[0-9]{6,12}$)(?!^[a-z]{6,12}$)(?!^[A-Z]{6,12}$)^[0-9A-Za-z]{6,12}$/
```

17. 给定字符串 str，检查其是否符合美元书写格式。

18. 编写函数检测输入的参数是否是正确的格式。

19. 编写函数将 RGB 颜色字符串转换为十六进制的形式，如 rgb(255, 255, 255)转为#ffffff。

（答案位置：本章/在线支持）

6.5 在 线 支 持

第7章　使用数组和集合

数组（array）是有序数据集合，数组中每个成员被称为元素（element），每个元素的名称（键）被称为数组下标（index）。数组内不同元素的值可以为任意类型。数组的长度是弹性的、可读可写的。在 JavaScript 中，数组是复合型数据，属于引用型对象。数组主要用于管理数据，方便快速、批量运算。

【学习重点】
- ➤ 定义和访问数组。
- ➤ 正确检测数组。
- ➤ 能够灵活操作数组。
- ➤ 能够正确使用集合。

7.1　定　义　数　组

扫一扫，看视频

7.1.1　构造数组

使用 new 运算符调用 Array() 构造函数，可以构造一个新数组。

【示例 1】直接调用 Array() 函数，不传递参数，可以创建一个空数组。

```
var a = new Array();                                    //空数组
```

【示例 2】传递多个值，可以创建一个包含多个元素的数组。

```
var a = new Array(1,true,"string",[1,2],{x:1,y:2});     //创建数组
```

每个参数指定一个元素的值，值的类型没有限制。参数的顺序也是数组元素的顺序，数组的 length 属性值等于所传递参数的个数。

【示例 3】传递一个数值参数，可以定义数组的长度，也就是数组包含的元素个数。

```
var a = new Array(5);                                   //指定长度的数组
```

参数值等于数组的 length 属性值，每个元素的默认值为 undefined。

【示例 4】如果传递一个参数，值为 1，则 JavaScript 将定义一个长度为 1 的数组，而不是包含一个元素，其值为 1 的数组。

```
var a = new Array(1);
console.log(a[0]);                                      //返回 undefined，说明参数为长度值
```

7.1.2　数组直接量

扫一扫，看视频

数组直接量的语法格式：在中括号中包含多个值列表，值之间以逗号分隔。

【示例】下面的代码使用数组直接量定义数组。

```
var a = [];                                             //空数组
var a = [1,true,"0",[1,0],{x:1,y:0}];                   //包含具体元素的数组
```

推荐使用数组直接量定义数组，因为数组直接量是定义数组的最简便、最高效的方法。

扫一扫，看视频

7.1.3　多维数组

JavaScript 默认不支持多维数组，设置元素的值为数组，可以模拟二维数组结构。如果嵌套的每个数组中，每个元素的值也为数组，则可以模拟三维数组，以此类推，通过数组嵌套结构可以定义多维数组。

【示例 1】 下面的代码将定义一个二维数组。

```
var a = [                              //定义二维数组
    [1.1, 1.2],
    [2.1, 2.2]
];
```

【示例 2】 下面的示例将使用嵌套 for 语句，把 1～100 的整数以二维数组的形式存储。

```
var a = [];
for(var i = 0; i < 10; i ++){          //行循环
    var b = [];                        //辅助数组
    for(var j = 0; j < 10; j ++){      //列循环
        b[j] = i * 10 + j + 1;         //定义数组 b 的元素值
    }
    a[i] = b;                          //把数组 b 赋值给数组 a
}
console.log(a);                        //返回 1~100 的二维数列
```

数列格式如下所示。

```
a = [
      [1, 2, 3, 4, 5, 6, 7, 8, 9, 10],
      [11, 12, 13, 14, 15, 16, 17, 18, 19, 20],
      [21, 22, 23, 24, 25, 26, 27, 28, 29, 30],
      [31, 32, 33, 34, 35, 36, 37, 38, 39, 40],
      [41, 42, 43, 44, 45, 46, 47, 48, 49, 50],
      [51, 52, 53, 54, 55, 56, 57, 58, 59, 60],
      [61, 62, 63, 64, 65, 66, 67, 68, 69, 70],
      [71, 72, 73, 74, 75, 76, 77, 78, 79, 80],
      [81, 82, 83, 84, 85, 86, 87, 88, 89, 90],
      [91, 92, 93, 94, 95, 96, 97, 98, 99, 100]
];
```

📢 提示：

模仿二维数组的语法格式来定义数组，JavaScript 会把二维数组的下标视为一个逗号表达式，运算值为最后一个数字。

```
var a = [];
a[0,0] = 1;
a[0,1] = 2;
```

扫一扫，看视频

7.1.4　空位数组

空位数组就是包含空元素的数组。所谓空元素，就是从语法上看，数组中两个逗号之间没有任何值。出现空位数组的情况如下：

↳ 直接量定义空位数组。

```
var a = [1,, 2];
a.length;                              //返回 3
```

如果最后一个元素后面加逗号，不会产生空位，与没有逗号时效果一样。例如：

```
var a = [1, 2,];
a.length;                          //返回2
```

↘ 构造函数定义空位数组。

```
var a = new Array(3);             //指定长度的数组
a.length;                         //返回3，产生3个空元素
```

↘ delete 删除数组元素后形成空位数组。

```
var a = [1, 2, 3];
delete a[1];
console.log(a[1]);                //undefined
console.log(a.length);            //3
```

上面代码使用 delete 命令删除了数组的第 2 个元素，这个位置就形成了空位。

空元素可以读/写，length 属性不排斥空位。如果使用 for 遍历数组，空元素都可以被读取，空元素返回值为 undefined。例如：

```
var a = [,,,];
for(var i =0; i<a.length;i++)
    console.log(a[i]);            //返回3个undefined
```

📢 注意：

空元素与元素的值为 undefined 是两个不同的概念，虽然空元素的返回值也是 undefined，但 JavaScript 在初始化数组时，只有真正存储值的元素才可以分配内存。

ES 5 在大多数情况下会忽略空位，具体说明如下：

↘ forEach()、filter()、reduce()、every()和 some()都会跳过空位。

↘ map()会跳过空位，但会保留这个值。

↘ join()和 toString()会将空位视为 undefined，而 undefined 和 null 会被处理成空字符串。

ES 6 则是明确将空位转为 undefined，具体说明如下：

↘ Array.from()方法会将数组的空位转为 undefined。

↘ 扩展运算符（...）也会将空位转为 undefined。

↘ copyWithin()会连空位一起复制。

↘ fill()会将空位视为正常的数组位置。

↘ for...of 循环也会遍历空位。

↘ entries()、keys()、values()、find()和 findIndex()会将空位处理成 undefined。

由于空位的处理规则不是很统一，在使用数组时建议避免出现空位。

7.1.5 关联数组

扫一扫，看视频

如果数组的下标值超出范围，如负数、浮点数、布尔值、对象或其他值，JavaScript 会自动把它转换为一个字符串，并定义为关联数组。关联数组就是与数组关联的对象，简单地说就是数组对象，字符串下标就是数组对象的属性。

【示例 1】在下面的示例中，数组下标 false、true 将不会被强制转换为数值 0、1，JavaScript 会把变量 a 视为对象，false 和 true 转换为字符串被视为对象的属性名。

```
var a = [];                              //声明数组
a[false] = false;
a[true] = true;
console.log(a[0]);                       //返回 undefined
console.log(a[1]);                       //返回 undefined
console.log(a[false]);                   //返回 false
```

```
console.log(a[true]);                        //返回 true
console.log(a["false"]);                     //返回 false
console.log(a["true"]);                      //返回 true
```

【示例 2】关联数组是一种数据格式，被称为哈希表。哈希表的数据检索速度要优于数组。

```
var a = [["张三",1],["李四",2],["王五",3]];      //二维数组
for(var i in a){                             //遍历二维数组
    if(a[i][0] == "李四") console.log(a[i][1]); //检索指定元素
}
```

如果使用文本下标会更为高效：

```
var a = [];                                  //定义空数组
a["张三"] = 1;                               //以文本下标来存储元素的值
a["李四"] = 2;
a["王五"] = 3;
console.log(a["李四"]);                       //快速定位检索
```

【示例 3】对象也可以作为数组下标，JavaScript 会试图把对象转换为数值，如果不行，则把它转换为字符串，然后以文本下标的形式进行操作。

```
var a = [];                                  //数组直接量
var b = function(){                          //函数直接量
    return 2;
}
a[b] = 1;                                    //把对象作为数组下标
console.log(a.length);                       //返回长度为 0
console.log(a[b]);                           //返回 1
```

可以这样读取元素值：

```
var s =b.toString();                         //获取对象的字符串
console.log(a[s]);                           //利用文本下标读取元素的值
```

还可以这样设计下标，此时为数组的元素，而不是关联属性了。

```
a[b()] = 1;                                  //在下标处调用函数，则返回值为 2
console.log(a[2]);                           //所以可以使用 2 来读取该元素值
console.log(a.length);                       //返回数组长度为 3
```

扫一扫，看视频

7.1.6 类数组

类数组也称伪类数组，即类似数组结构的对象。简单地说，就是对象的属性名为非负整数，且从 0 开始，有序递增，同时包含 length 属性，length 属性显示包含元素的个数，应确保其值与属性个数保持动态一致，方便对类数组进行迭代。如函数的 arguments 对象就是一个类数组。

【示例】在下面的示例中，obj 是一个对象直接量，当使用数组下标为其赋值时，JavaScript 不再把它看作是数组下标，而是把它看作对象的属性名。

```
var obj = {};                                //定义对象直接量
obj[0] = 0;
obj[1] = 1;
obj[2] = 2;
obj.length = 3;
console.log(obj["2"]);                       //返回 2
```

它相当于一个对象直接量：

```
var obj = {
    0 : 0,
```

```
    1 : 1,
    2 : 2,
    length : 3
};
```

由于数字是非法的标识符，所以不能使用点语法读/写属性。

```
console.log(obj.0);
```

而应该使用中括号语法来读写属性。

```
console.log(obj["2"]);
```

7.2 访 问 数 组

7.2.1 读/写数组

在数组中，元素就是一组有序排列的变量，但是没有标识符，以下标进行索引，下标从 0 开始，有序递增。数组下标是非负整数型表达式，或者是字符型数字，不可以为其他类型的值或表达式。使用中括号（[]）可以读/写数组。中括号左侧是数组名称，中括号内为数组下标。

扫一扫，看视频

数组[下标表达式]

下标表达式是值为非负整数的表达式。

【示例 1】下面的代码使用中括号为数组写入数据，然后再读取数组元素的值。

```
var a = [];                         //声明一个空数组
a[0] = 0;                           //为第 1 个元素赋值为 0
a[2] = 2;                           //为第 3 个元素赋值为 2
console.log(a[0]);                  //读取第 1 个元素，返回值为 0
console.log(a[1]);                  //读取第 2 个元素，返回值为 undefined
console.log(a[2]);                  //读取第 3 个元素，返回值为 2
```

在上面代码中仅为 0 和 2 下标位置的元素赋值，下标为 1 的元素为空，读取时为空的元素返回值默认为 undefined。

【示例 2】下面使用 for 为数组批量赋值。其中 i ++是一个递增表达式，i 表示数组下标。

```
var a = new Array();                //创建一个空数组
for(var i = 0; i < 10; i ++){       //循环为数组赋值
    a[i ++ ] = ++ i;                //不按顺序为数组元素赋值
}
console.log(a);                     //返回 2,,,5,,,8,,, 11
```

【示例 3】利用数组结构实现两个变量的值互换。

```
var a = 10, b = 20;                 //变量初始化
a = [b, b = a][0];                  //通过数组快速交换数据
```

在匿名数组中，把变量 b 的值传递给第 1 个元素，在第 2 个元素中把变量 a 的值赋给变量 b，再把变量 b 的值传递给第 2 个元素。这个过程是按顺序执行的，变量 b 被重写，同时数组也被添加了 2 个元素，最后使用中括号语法读取第 1 个元素的值，并赋给变量 a，从而实现互换。

7.2.2 访问多维数组

读/写多维数组的方法与普通数组的方法相同，都是使用中括号进行访问，具体格式如下：

➥ 二维数组的访问。

扫一扫，看视频

```
数组[下标表达式]  [下标表达式]
```

➡ 三维数组的访问。

```
数组[下标表达式]  [下标表达式]  [下标表达式]
```

以此类推。

【示例】 下面的代码设计一个二维数组。然后分别访问第 1 行第 1 列的元素值，以及第 2 行第 2 列的元素值。

```
var a = [];                        //声明二维数组
a[0] = [1,2];                      //为第 1 个元素赋值为数组
a[1] = [3,4];                      //为第 2 个元素赋值为数组
console.log(a[0][0])              //返回 1，读取第 1 个元素的值
console.log(a[1][1])              //返回 4，读取第 4 个元素的值
```

📢 注意：

在存取多维数组时，左侧中括号内的下标值不能够超出数组范围，否则就会抛出异常。如果第一个下标超出数组范围，返回值为 undefined，显然表达式 undefined[1]是错误的。

扫一扫，看视频

7.2.3　数组长度

每个数组都有 length 属性，该属性返回数组的最大长度，即其值等于最大下标值加 1。由于数组下标必须小于 $2^{32}-1$，所以 length 属性最大值等于 $2^{32}-1$。

【示例 1】 下面的代码定义了一个空数组，然后为下标等于 100 的元素赋值，则 length 属性返回 101。因此，length 属性不能体现数组元素的实际个数。

```
var a = [];                        //声明空数组
a[100] =2;
console.log(a.length);            //返回 101
```

length 属性可读可写，是动态属性。length 属性值也会随数组元素的变化而自动更新。同时，如果修改 length 属性值，也将影响数组的元素，具体说明如下：

➡ 如果 length 属性被设置了一个比当前 length 值小的值，则数组会被截断，新长度之外的元素值都会丢失。

➡ 如果 length 属性被设置了一个比当前 length 值大的值，那么空元素就会被添加到数组末尾，使得数组增长到新指定的长度，读取值都为 undefined。

【示例 2】 下面的代码演示了 length 属性值动态变化对数组的影响。

```
var a = [1,2,3];                   //声明数组直接量
a.length = 5;                      //增长数组长度
console.log(a[4]);                //返回 undefined，说明该元素还没有被赋值
a.length = 2;                      //缩短数组长度
console.log(a[2]);                //返回 undefined，说明该元素的值已经丢失
```

扫一扫，看视频

7.2.4　使用 for

for 和 for…in 语句都可以遍历数组。for 语句需要配合 length 属性和数组下标来实现，执行效率没有 for…in 语句高。另外，for…in 语句会跳过空元素。

📢 提示：

对于超长数组，建议使用 for…in 语句进行遍历。

【示例 1】下面的示例使用 for 语句遍历数组，筛选出所有数字元素。

```
var a = [1, 2,,,,,,,,,true,,,,,,, "a",,,,,,,,,,,,,,,,4,,,,56,,,,,,"b"]; //定义数组
var b = [], num=0;
for(var i = 0; i < a.length; i ++){         //遍历数组
    if(typeof a[i] == "number")             //如果为数字，则返回该元素的值
      b.push(a[i]);
    num++;                                  //计数器
}
console.log(num);                           //返回 42，说明循环了 42 次
console.log(b);                             //返回[1,2,4,56]
```

【示例 2】下面的代码使用 for...in 语句遍历示例 1 中的数组 a。在 for...in 循环结构中，变量 i 表示数组的下标，而 a[i]为可以读取指定下标的元素值。

```
var b = [], num=0;
for(var i in a){                            //遍历数组
    if(typeof a[i] == "number")             //如果为数字，则返回该元素的值
      b.push(a[i]);
    num++;                                  //计数器
}
console.log(num);                           //返回 7，说明循环了 7 次
console.log(b);                             //返回[1,2,4,56]
```

通过计时器可以看到，for...in 遍历数组，仅循环了 7 次，而 for 语句循环了 42 次。

扫一扫，看视频

7.2.5 使用 forEach()方法

forEach()是 Array 的原型方法，可以为数组执行遍历操作。具体语法格式如下：

```
array.forEach(callbackfn[, thisArg])
```

参数说明如下。

- ↘ array：数组对象。
- ↘ callbackfn：回调函数，将为数组的每个元素调用该函数一次。
- ↘ thisArg：可选参数，callbackfn()函数中 this 引用的对象。如果省略，则为 undefined。

对于数组中出现的每个元素，forEach()方法都会调用 callbackfn()函数一次，采用升序索引顺序。但不会为数组中空元素调用回调函数。

📢 提示：

除了数组外，forEach 还可以用于类数组对象，如 arguments 等。

回调函数的语法格式如下：

```
function callbackfn(value, index, array)
```

参数说明如下。

- ↘ value：数组元素的值。
- ↘ index：数组元素的数字索引。
- ↘ array：包含该元素的数组对象。

📢 提示：

forEach()方法不直接修改原始数组，但回调函数可能会修改它。在 forEach()方法启动后，回调函数修改数组的影响如表 7.1 所示。

表 7.1　回调函数修改数组的影响

forEach()方法启动后的条件	元素是否传递给回调函数
在数组的原始长度之外添加元素	否
添加元素以填充数组中缺少的元素	是，如果该索引尚未传递给回调函数
元素已更改	是，如果该元素尚未传递给回调函数
从数组中删除元素	否，除非该元素已传递给回调函数

【示例 1】 下面的示例使用 forEach() 遍历数组 a，输出显示每个元素的值和下标索引。

```javascript
function f(value, index, array) {
    console.log("a[" + index + "] = " + value)
}
var a = ['a', 'b', 'c'];
a.forEach(f);
```

【示例 2】 下面的示例使用 forEach() 遍历数组 a，然后计算数组元素的和并输出。

```javascript
var a = [10, 11, 12], sum = 0;
a.forEach(function(value){
    sum += value;
});
console.log(sum);                            //返回 33
```

【示例 3】 下面的示例演示如何使用 forEach() 方法的第 2 个参数，该参数为回调函数的 this 传递对象。当遍历数组过程中，先读取数组元素的值，然后改写它的值。

```javascript
var obj = {
    f1: function(value, index, array) {
        console.log("a[" + index + "] = " + value);
        array[index] = this.f2(value);
    },
    f2: function(x) {return x * x}
};
var a = [12, 26, 36];
a.forEach(obj.f1, obj);
console.log(a);                              //返回[144,676,1296]
```

7.2.6　使用 Object.keys() 函数

使用 Object.keys() 函数可以获取一个对象的所有键名，参数是一个对象，返回的是一个数组，数组的元素就是该对象的本地属性名。如果使用 Object.keys() 来遍历数组，可以得到数组的所有元素的下标值。

【示例 1】 下面的代码直观比较了使用 Object.keys() 函数获取对象和数组的键的结果。

```javascript
var o = {a:"A", b:"B",c:"C"}
console.log(Object.keys(o));                 //返回["a","b","c"]
var a = ["A","B","C"]
console.log(Object.keys(a));                 //返回["0","1","2"]
```

keys 功能比较专一，应用范围比较窄，但是执行效率比较高。

【示例 2】 除了获取键名集合外，使用 Object.keys() 函数还可以间接统计对象的长度。

```javascript
var o = {a:"A", b:"B",c:"C"}
console.log(Object.keys(o).length);          //返回 3
var a = ["A","B","C"]
console.log(Object.keys(a).length);          //返回 3
```

扫一扫，看视频

Object 类型没有定义 length 原型属性,我们可以利用 keys()方法获取对象的长度。

🔊 提示:

Object.getOwnPropertyNames()与 Object.keys()用法相同,参数都是对象,返回值都是一个数组,数组元素都是属性名。不同点:keys 仅能遍历本地的、可枚举的属性;getOwnPropertyNames()可以遍历所有的本地属性。

```
var o = {a:"A", b:"B",c:"C"}
console.log(Object.keys(o));                      //返回["a", "b", "c"]
console.log(Object.getOwnPropertyNames(o));       //返回["a", "b", "c"]
var a = ["A","B","C"]
console.log(Object.keys(a));                       //返回["0", "1", "2"]
console.log(Object.getOwnPropertyNames(a));        //返回["0", "1", "2", "length"]
```

数组的 length 是不可枚举的属性,所以仅在 Object.getOwnPropertyNames()的返回结果中能看到。因此,要快递遍历数组,可以使用 Object.keys()方法。

扫一扫,看视频

7.2.7　使用 entries()、keys()和 values()方法

ES 6 新增了 3 个原型方法可用于所有的可迭代对象:entries()、keys()和 values(),其中,keys()是对键名的遍历,values()是对键值的遍历,entries()是对键值对的遍历。

【示例 1】entries()、keys()和 values()都返回一个迭代器对象,可以用 for...of 循环进行遍历。

```
for (let index of ['a', 'b'].keys()) {
    console.log(index);                           //0 和 1
}
for (let elem of ['a', 'b'].values()) {
    console.log(elem);                            //'a'和'b'
}
for (let [index, elem] of ['a', 'b'].entries()) {
    console.log(index, elem);                     //0 "a"和1 "b"
}
```

【示例 2】如果不使用 for...of 循环,可以手动调用迭代器对象的 next()方法进行遍历。

```
let letter = ['a', 'b', 'c'];
let entries = letter.entries();
console.log(entries.next().value);                //[0, 'a']
console.log(entries.next().value);                //[1, 'b']
console.log(entries.next().value);                //[2, 'c']
```

7.3　操 作 数 组

7.3.1　数组与字符串的相互转换

扫一扫,看视频

Array 定义了 3 个原型方法,可以把数组转换为字符串。Array 对象的数组与字符串相互转换的方法如表 7.2 所示。

表 7.2　Array 对象的数组与字符串相互转换的方法

数组方法	说　　明
toString()	将数组转换成一个字符串
toLocaleString()	把数组转换成本地约定的字符串
join()	将数组元素连接起来以构建一个字符串

【示例 1】toString()能够把每个元素转换为字符串，然后以逗号连接输出显示。

```
var a = [1, 2, 3, 4, 5, 6, 7, 8, 9, 0];     //定义数组
var s = a.toString();                        //把数组转换为字符串
console.log(s);                              //返回字符串"1, 2, 3, 4, 5, 6, 7, 8, 9, 0"
```

当数组用于字符串环境中时，JavaScript 会自动调用 toString()方法将数组转换成字符串。在其他环境下，需要明确调用这个方法。

toString()先把每个元素转换为字符串，再使用逗号进行分隔，以字符序列的形式输出。

```
var a = [[1, [2, 3], [4, 5]], [6, [7, [8, 9], 0]]];   //定义多维数组
var s = a.toString();                        //把数组转换为字符串
console.log(s);                              //返回字符串"1, 2, 3, 4, 5, 6, 7, 8, 9, 0"
```

【示例 2】toLocalString()与 toString()用法基本相同，主要区别在于 toLocalString()方法能够根据本地约定的分隔符把生成的字符串连接起来。

```
var a = [1, 2, 3, 4, 5];                     //定义数组
var s = a.toLocaleString();                  //把数组转换为本地字符串
console.log(s);                              //返回字符串"1.00, 2.00, 3.00, 4.00, 5.00"
```

在上面的示例中，toLocalString()方法根据中国大陆的使用习惯，先把数字转换为浮点数之后再执行字符串转换操作。

【示例 3】join()方法可以把数组转换为字符串，不过它可以指定分隔符。在调用 join()方法时，可以传递一个参数作为分隔符来连接每个元素。如果省略参数，默认使用逗号作为分隔符，此时与 toString()方法转换操作效果相同。

```
var a = [1, 2, 3, 4, 5];                     //定义数组
var s = a.join("==");                        //指定分隔符
console.log(s);                              //返回字符串"1==2==3==4==5"
```

使用 String 的原型方法 split()可以把字符串转换为数组。

【示例 4】split()方法可以指定两个参数，第 1 个参数为分隔符，指定分隔的界标，第 2 个参数指定要返回数组的长度。

```
var s = "1==2==3==4==5";                     //定义字符串
var a = s.split("==");                       //分隔字符串为数组
console.log(a);                              //返回数组[1, 2, 3, 4, 5]
```

7.3.2 将数组转换为参数序列

扫一扫，看视频

使用扩展运算符（...）可以将一个数组转换为使用逗号分隔的参数序列。语法格式如下：

```
序列 = ...[数组]
```

【示例 1】扩展运算符主要用于函数调用。在下面的代码中，使用了扩展运算符将一个数组变为参数序列，然后传递给函数进行调用。

```
function add(x, y) {
    return x + y;
}
add(...[4, 3])                               //7
```

提示：

扩展运算符可以与正常的函数参数结合使用。例如：
```
function f(v, w, x, y, z) {}
const args = [0, 1];
f(-1, ...args, 2, ...[3]);
```

174

扩展运算符后面还可以放置表达式。例如：

```
const arr = [...(x > 0 ? ['a'] : []), 'b',];
```

如果扩展运算符后面是一个空数组，则不产生任何效果。

```
[...[], 1]                                        //[1]
```

📢 注意：

只有在函数调用时，扩展运算符才可以放在圆括号中，否则会报错。

【示例 2】由于扩展运算符可以展开数组，所以可以替代函数的 apply() 方法，不用 apply() 就可以将数组转为函数的参数。

```
function f(x, y, z) {}
var args = [0, 1, 2];
f.apply(null, args);                    //ES 5 的写法
f(...args);                             //ES 6 的写法
```

【示例 3】由于 JavaScript 不提供求数组最大元素的函数，只能使用 apply() 调用 Math.max() 函数求最大值。有了扩展运算符以后，就可以把数组转为一个参数序列，直接调用 Math.max()。

```
Math.max.apply(null, [14, 3, 77])       //ES 5 的写法
Math.max(...[14, 3, 77])                //ES 6 的写法
//等同于
Math.max(14, 3, 77);
```

【示例 4】在下面的代码中，通过 push() 函数将一个数组添加到另一个数组的尾部。在 ES 5 中，push() 方法的参数不能是数组，一般通过 apply() 方法变通使用 push() 方法。有了扩展运算符，就可以直接将数组传入 push() 方法。

```
var arr1 = [0, 1, 2];
var arr2 = [3, 4, 5];
Array.prototype.push.apply(arr1, arr2);  //ES 5 的写法
arr1.push(...arr2);                      //ES 6 的写法
```

7.3.3　应用扩展运算符

扫一扫，看视频

1. 克隆数组

ES 5 通过 concat() 方法可以间接克隆数组，而不是复制数组。例如：

```
const a1 = [1, 2];
const a2 = a1.concat();
```

扩展运算符提供了克隆数组的简便写法。例如：

```
const a1 = [1, 2];
const a2 = [...a1];                     //方法 1
const [...a2] = a1;                     //方法 2
```

2. 合并数组

扩展运算符可以快速合并数组。例如：

```
const arr1 = ['a', 'b'];
const arr2 = ['c'];
arr1.concat(arr2);                      //ES 5 合并数组
[...arr1, ...arr2]                      //ES 6 合并数组
```

上述方法都是浅拷贝，即成员都是对原数组成员的引用，如果修改了引用指向的值，会同步反映到

新数组。

3. 与解构赋值结合使用

扩展运算符可以与解构赋值结合起来，用于生成数组。例如：

```
const [first, ...rest] = [1, 2, 3, 4, 5];
first                                        //1
rest                                         //[2, 3, 4, 5]
const [first, ...rest] = [];
first                                        //undefined
rest                                         //[]
const [first, ...rest] = ["foo"];
first                                        //"foo"
rest                                         //[]
```

📢 注意：

如果将扩展运算符用于数组赋值，只能放在参数的最后一位，否则会报错。

4. 将字符串转换为数组

扩展运算符可以将字符串转为数组。例如：

```
[...'hello']                                 //["h", "e", "l", "l", "o"]
```

📢 提示：

通过这种方式可以正确识别4字节的 Unicode 字符。例如：
```
console.log('\uD83D\uDE80'.length)           //2
console.log([...'\uD83D\uDE80'].length)      //1
```

上面代码的第1种写法，JavaScript 会将4字节的 Unicode 字符识别为2个字符，采用扩展运算符就能够正确识别为1个字符。

5. 转换 Iterator 接口的对象

扩展运算符内部调用的是数据结构的 Iterator 接口，因此只要具有 Iterator 接口的对象，如 Map、Set 和 Generator 函数等，都可以使用扩展运算符，转为真正的数组。对于没有部署 Iterator 接口的类似数组的对象，扩展运算符就无法将其转为真正的数组。

【示例1】在下面的代码中，先定义 Number 对象的迭代器接口，扩展运算符将5自动转成 Number 实例以后，就会调用这个接口，就会返回自定义的结果。

```
Number.prototype[Symbol.iterator] = function*() {
  let i = 0;
  let num = this.valueOf();
  while (i < num) {
    yield i++;
  }
}
console.log([...5])                          //[0, 1, 2, 3, 4]
```

【示例2】在下面的代码中，变量 go 是一个 Generator 函数，执行后返回的是一个迭代器对象，对这个迭代器对象执行扩展运算符，就会将内部遍历得到的值转为一个数组。

```
const go = function*(){
  yield 1;
```

```
  yield 2;
  yield 3;
};
[...go()]                                      //[1, 2, 3]
```

7.3.4　将对象转换为数组

扫一扫，看视频

ES 6 新增 Array.from()方法，可以将伪类数组或可迭代对象转换为数组，如 NodeList 集合、arguments 对象等，以便利用数组的特性和方法来操作元素。如果参数为数组，会返回一个新数组。

【示例 1】在下面的代码中，querySelectorAll()方法返回的是一个类似数组的对象，先使用 Array.from()方法将这个对象转为真正的数组，再使用 filter 方法。

```
let ps = document.querySelectorAll('p');
Array.from(ps).filter(p => {
    return p.textContent.length > 100;
});
```

📢 提示：

扩展运算符（...）也可以将某些数据结构转为数组。例如：

```
function foo() {
    const args = [...arguments];              //arguments 对象
}
[...document.querySelectorAll('div')]         //NodeList 对象
```

但是，扩展运算符仅用于部署了迭代器接口的对象。Array.from()方法还支持类似数组的对象，任何有 length 属性的对象，都可以通过 Array.from()方法转为数组。

【示例 2】在下面的代码中，Array.from()返回了一个具有 3 个成员的数组，每个位置的值都是 undefined，而扩展运算符就转换不了这个对象。

```
Array.from({length: 3});                       //[undefined, undefined, undefined]
```

📢 提示：

如果浏览器不支持 Array.from()方法，可以使用 Array.prototype.slice()方法替代。例如，下面的代码可以将对象 obj 转换为数组。

```
[].slice.call(obj)
```

Array.from()还可以接收第 2 个参数（处理函数），用来对每个元素进行处理，将处理后的值放入返回的数组。例如：

```
Array.from(arrayLike, x => x * x);
```

等同于：

```
Array.from(arrayLike).map(x => x * x);
```

【示例 3】在下面的代码中，将数组中布尔值为 false 的成员转为 0。

```
Array.from([1,, 2,, 3], (n) => n || 0)         //[1, 0, 2, 0, 3]
```

【示例 4】在下面的代码中，将返回的参数的类型组成一个数组。

```
function typesOf () {
  return Array.from(arguments, value => typeof value)
}
typesOf(null, [], NaN)                          //['object', 'object', 'number']
```

Array.from()还可以接收第 3 个参数，用来绑定 this。

【示例 5】Array.from()可以将字符串转为数组，然后返回字符串的长度。因为它能正确处理大于 \uFFFF 的 Unicode 字符。

```
function countSymbols(string) {
    return Array.from(string).length;
}
```

扫一扫，看视频

7.3.5 将值转换为数组

ES 6 新增 Array.of()方法，可以将一个值或一组值转换为数组。Array.of()用以替代 Array()或 new Array()用法，解决由于参数不同而导致的行为不统一。例如：

```
Array.of()                              //[]
Array.of(undefined)                     //[undefined]
Array.of(1)                             //[1]
Array.of(1, 2)                          //[1, 2]
```

Array.of()总是返回参数值组成的数组。如果没有参数，就返回一个空数组。

【示例】使用数组构造函数 Array()也可以将一组值转换为数组。但是，如果参数个数的不同，会导致 Array()的行为有差异。

```
Array(3, 11, 8)                         //[3,11,8]
Array(3)                                //[,,,]
Array.of(3, 11, 8)                      //[3,11,8]
Array.of(3)                             //[3]
```

当参数个数不少于 2 个时，Array()才会返回由参数组成的新数组。而当参数只有一个正整数时，实际上是指定数组的长度。

扫一扫，看视频

7.3.6 模拟栈操作

使用 push()和 pop()方法可以在数组尾部执行操作。其中，push()方法能够把一个或多个参数值附加到数组的尾部，并返回添加元素后的数组长度。pop()方法能够删除数组中最后一个元素，并返回被删除的元素。

【示例 1】下面的代码使用 push()和 pop()方法在数组尾部执行交替操作，模拟栈进、栈出行为。

```
var a = [];                             //定义数组，模拟空栈
console.log(a.push(1));                 //进栈，栈值为[1]，length 为 1
console.log(a.push(2));                 //进栈，栈值为[1,2]，length 为 2
console.log(a.pop());                   //出栈，栈值为[1]，length 为 1
console.log(a.push(3,4));               //进栈，栈值为[1,3,4]，length 为 3
console.log(a.pop());                   //出栈，栈值为[1,3]，length 为 2
console.log(a.pop());                   //出栈，栈值为[1]，length 为 1
```

◀))提示：

栈（stack）也称堆栈，是一种运算受限的线性表，即仅允许在表的顶端进行插入和删除运算。这一端被称为栈顶，另一端称为栈底。向一个栈插入新元素称作入栈，把顶部新插入的元素删除称作出栈。入栈和出栈示意图如图 7.1 所示。

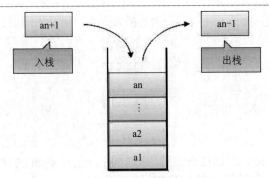

图 7.1　入栈和出栈

栈遵循"先进后出、后进先出"的原则，类似的行为在日常生活中也是比较常见的，如叠放物品，叠在上面的总是先使用。还有弹夹中的子弹，以及文本框中输入和删除字符操作等。

【示例 2】下面运用栈运算来设计一个进制转换的问题。定义一个函数，接收十进制的数字，然后返回一个二进制的字符串表示。

【设计思路】

把十进制数字转换为二进制值，实际上就是把数字与 2 进行取余，然后再使用相除结果与 2 继续取余。在运算过程中把每次的余数推入栈中，最后再出栈组合为字符串即可。

例如，把 10 转换为二进制的过程为：10/2 == 5 余 0，5/2 == 2 余 1，2/2 == 1 余 0，1 小于 2 余 1，进栈后为 0101，出栈后为 1010，即 10 转换为二进制值为 1010。

【实现代码】

```
function d2b (num) {
    var a = [], r, b = '';              //a 为栈，r 为余数，b 为二进制字符串
    while (num>0) {                     //逐步求余
        r = Math.floor(num % 2);        //获取余数
        a.push(r);                      //把余数推入栈中
        num = Math.floor(num / 2);      //获取相除后整数部分值，准备下一步求余
    }
    while (a.length) {                  //依次出栈，然后拼接为字符串
        b += a.pop().toString();
    }
    return b;                           //返回二进制字符串
}
```

【应用代码】

```
console.log(d2b(59));                   //返回 111011
console.log((59).toString(2));          //返回 111011
```

十进制转二进制时，余数是 0 或 1，同理十进制转八进制时，余数为 0～8 的整数；但是十进制转十六进制时，余数为 0～9 之间的数字加上 A、B、C、D、E、F（对应 10、11、12、13、14 和 15），因此，还需要对栈中的数字进行转换。

7.3.7　模拟队列操作

扫一扫，看视频

使用 unshift() 和 shift() 方法可以在数组头部执行操作。其中，unshift() 方法能够把一个或多个参数值附加到数组的头部，第 1 个参数为数组新的元素 0，第 2 个参数为新的元素 1，以此类推，最后返回添加元素后的数组长度。

shift() 方法能够删除数组第 1 个元素，并返回该元素，然后将余下所有元素前移一位，以填补数组头部的空缺。如果数组为空，shift() 将不进行任何操作，返回 undefined。

【示例 1】使用 unshift() 分批插入元素与一次性插入元素结果是不同的。

```
var a = [0];                        //定义数组
a.unshift(1,2);                     //一次性增加两个元素
console.log(a);                     //返回[1,2,0]
var a = [0];
a.unshift(1);                       //增加元素 1
a.unshift(2);                       //增加元素 2
console.log(a);                     //返回[2,1,0]
```

【示例 2】将 pop() 与 unshift() 方法结合使用，或者将 push() 与 shift() 方法结合使用，可以模拟队列操作。下面的示例利用队列模式把数组元素的所有值放大 10 倍。

```
var a = [1,2,3,4,5];                //定义数组
for(var i in a){                    //遍历数组
    var t = a.pop();               //尾部弹出
    a.unshift(t*10);               //头部推入，把推进的值放大 10 倍
}
console.log(a);                     //返回[10,20,30,40,50]
```

🔊 提示：

队列也是一种运算受限的线性表，不过与栈操作不同，队列只允许在一端进行插入操作，在另一端进行删除操作。队列遵循"先进先出、后进后出"的原则，类似的行为在生活中比较常见，如排队购物、任务排序等。在 JavaScript 动画设计中，也会用到队列操作来设计回调函数。

【示例 3】下面的示例是一个经典的编程游戏：有一群猴子排成一圈，按 1、2、3、…、n 依次编号。然后从第 1 只开始数，数到第 m 只，则把它踢出圈；然后从它后面再开始数，当再次数到第 m 只，继续把它踢出去，以此类推，直到只剩下一只猴子为止，那只猴子就是大王。要求编程模拟此过程，输入 m、n，输出最后是大王的猴子编号。

```
//n 表示猴子个数，m 表示踢出位置
function f(n, m){
    //将猴子编号并放入数组
    var arr = [];
    for(i = 1; i < n+1; i++){
        arr.push(i);
    }
    //当数组内只剩下一个猴子时跳出循环
    while(arr.length > 1){
        for(var i=0; i< m-1; i++){       //定义排队轮转的次数
            arr.push(arr.shift());       //队列操作，完成猴子的轮转
        }
        arr.shift();                     //踢出第 m 个猴子
    }
    return arr;                          //返回包含最后一个猴子的数组
}
console.log(f(5,3));                     //编号为 4 的猴子胜出
```

7.3.8 删除元素

扫一扫，看视频

使用 pop() 方法可以删除尾部的元素，使用 shift() 方法可以删除头部的元素。7.3.6 小节和 7.3.7 小节已经分别介绍，这里就不再赘述。也可以选择下面 3 种方法来删除元素。

【示例 1】使用 delete 运算符能删除指定下标位置的数组元素，删除后的元素为空位元素，删除数组的 length 保持不变。

```
var a = [1, 2, true,"a","b"];                //定义数组
delete a[0];                                 //删除指定下标的元素
console.log(a);                              //返回[, 2, true,"a","b"]
```

【示例2】使用 length 属性可以删除尾部一个或多个元素，甚至可以清空整个数组。删除元素之后，数组的 length 将会动态更新。

```
var a = [1, 2, true,"a","b"];                //定义数组
a.length = 3;                                //删除尾部 2 个元素
console.log(a);                              //返回[1, 2, true]
```

【示例3】使用 splice()方法可以删除指定下标位置后一个或多个数组元素。该方法的参数比较多，功能也很多，本示例仅演示它如何删除数组元素。其中第 1 个参数为操作的起始下标位置，第 2 个参数指定要删除元素的个数。

```
var a = [1,2,3,4,5];                         //定义数组
a.splice(1,2)                                //执行删除操作
console.log(a);                              //返回[1, 4, 5]
```

在 splice(1,2,3,4,5)方法中，第 1 个参数值 1 表示从数组 a 的第 2 个元素位置开始，删除两个元素，删除后数组 a 仅剩下 3 个元素。

提示：

如果给 splice()方法传递一个参数，则该方法仅执行删除操作，参数值指定删除元素的起始下标（包括该下标元素），splice()方法将删除后面所有元素。

```
var a = [1,2,3,4,5];                         //定义数组
a.splice(2);                                 //从第 3 个元素开始执行删除
console.log(a);                              //返回[1, 2]
```

7.3.9 添加元素

使用 push()方法可以在尾部添加一个或多个元素，使用 unshift()方法可以在头部附加一个或多个元素。7.3.6 小节和 7.3.7 小节中已经介绍过了，这里就不再赘述。也可以使用下面的 3 种方法添加元素。

【示例1】通过中括号和下标值可以为数组指定下标位置添加新元素。

```
var a = [1,2,3];                             //定义数组
a[3] =4;                                     //为数组添加一个元素
console.log(a);                              //返回[1,2,3,4]
```

【示例2】concat()方法能够把传递的所有参数按顺序添加到数组的尾部。下面的代码为数组 a 添加 3 个元素。

```
var a = [1,2,3,4,5];                         //定义数组
var b = a.concat(6,7,8);                     //为数组 a 添加 3 个元素
console.log(b);                              //返回[1,2,3,4,5,6,7,8]
```

注意：

concat()方法比较特殊，使用时应注意下面两个问题。

第一，concat()方法可以有多个参数，并把它们作为元素按顺序连接到数组的尾部。如果参数是数组，则 concat()方法会把它打散分别作为单独的元素连接到数组的尾部。

```
var b = a.concat([1,2,3],[4,5]);             //连接数组
console.log(b.length);                       //返回 10，说明参数数组被打散了
```

不过 concat()方法仅能够打散一维数组，它不会递归打散参数数组中包含的数组。

```
var b = a.concat([[1,2],3],[4,5]);           //连接数组
console.log(b.length);                       //返回 9，说明数组[1,2]没有被打散
```

第二，concat()方法将创建并返回一个新数组，而不是在原来数组基础上添加新元素。所以，希望在原数组基础上添加元素，建议使用 push()和 unshift()方法来实现。但是 push()和 unshift()方法不能够打散参数数组，而是把它作为单独的参数执行添加操作。

【示例 3】使用 splice()方法在指定下标位置后添加一个或多个元素。splice()方法不仅可以删除元素，也可以在数组中插入元素。其中第 1 个参数为操作的起始下标位置，设置第 2 个参数为 0，不执行删除操作，然后通过第 3 个及后面参数设置要插入的元素。

```
var a = [1,2,3,4,5];                      //定义数组
a.splice(1,0,3,4,5)                       //执行插入操作
console.log(a);                           //返回[1,3,4,5,2,3,4,5]
```

在上面代码中，第 1 个参数值 1 表示从数组 a 的第 1 个元素位置后插入元素 3、4 和 5。

扫一扫，看视频

7.3.10 截取数组

1. 使用 splice()方法

splice()方法可以添加元素、删除元素，也可以截取数组片段。删除元素时，将返回被删除的数组片段，因此可以使用 splice()方法截取数组片段。

由于 splice()方法的功能多，参数复杂，使用时应该注意下面几个问题。

第一，splice()方法的参数都是可选的。如果不给它传递参数，则该方法不执行任何操作。

- ↘ 如果给它传递一个参数，则该方法仅执行删除操作，参数值指定删除元素的起始下标（包括该下标元素），splice()方法将删除后面所有元素。
- ↘ 如果指定两个参数，则第 2 个参数值表示要删除元素的个数。
- ↘ 如果指定 3 个或多个参数，则第 3 个以及后面所有参数都被视为插入的元素。
- ↘ 如果不执行删除操作，第 2 个参数值应该设置为 0，但是不能够空缺，否则该方法无效。

第二，splice()方法的删除和插入操作是同时进行的，且是在原数组基础上执行操作。插入的元素将填充被删除元素的位置，并根据插入元素个数适当调整插入点位置。而不是在删除数组之后重新计算插入点的位置。

第三，splice()方法执行的返回值是被删除的子数组。

```
var a = [1,2,3,4,5];                      //定义数组
var b = a.splice(2);                      //从第 3 个元素开始执行删除
console.log(b);                           //被删除的子数组是[1, 2]
```

如果没有删除元素，则返回的是一个空数组。

```
var b = a.splice(2,0);                    //不执行删除操作
console.log(b.constructor == Array);      //返回 true，说明是一个空数组
```

第四，当第 1 个参数值大于 length 属性值时，被视为在数组尾部执行操作，因此删除无效，但是可以在尾部插入多个指定元素。

```
var a = [1,2,3,4,5];                      //定义数组
var b = a.splice(6,2,2,3);                //起始值大于 length 属性值
console.log(a);                           //返回[1, 2, 3, 4, 5, 2, 3]
```

第五，参数取负值问题。如果第 1 个参数为负值，则按绝对值从数组右侧开始向左侧定位。如果第 2 个参数为负值，则被视为 0。

```
var a = [1,2,3,4,5];                      //定义数组
var b = a.splice(-2,-2,2,3);             //第 1 和第 2 个参数都为负值
console.log(a);                           //返回[1, 2, 3, 2, 3, 4, 5]
```

2．使用 slice()方法

slice()方法与 splice()方法功能相近，但是它仅能够截取数组中指定区段的元素，并返回这个子数组。该方法包含两个参数，分别指定截取子数组的起始和结束位置的下标。

```
var a = [1,2,3,4,5];                    //定义数组
var b = a.slice(2,5);                   //截取第 3～6 个元素前的所有元素
console.log(b);                         //返回[3, 4, 5]
```

◀)) 提示：

使用 slice()方法时，应该注意下面几个问题。

第一，第 1 个参数指定起始下标位置，包括该值指定的元素，第 2 个参数指定结束位置，不包括指定的元素。

第二，该方法的参数可以自由设置。如果不传递参数，则不会执行任何操作；如果仅指定一个参数，则表示从该参数值指定的下标位置开始截取到数组的尾部所有元素。

```
var b = a.slice(2);                     //截取数组中第 3 个元素，以及后面所有元素
console.log(b);                         //返回[3, 4, 5]
```

第三，当参数为负值时，表示按从右到左的顺序进行定位，即倒数定位法，而不再按正数顺序定位（从左到右），但取值顺序依然是从左到右。

```
var b = a.slice(-4,-2);                 //截取倒数第 2 个元素到倒数第 2 个元素前的元素
console.log(b);                         //返回[2, 3]
```

如果起始下标值大于或等于结束下标值，将不执行任何操作。

```
var b = a.slice(-2,-4);                 //截取倒数第 2 个元素到倒数第 4 个元素前的元素
console.log(b);                         //返回空集
```

上面的示例说明数组在截取时始终是按从左到右的顺序执行操作，而不会是从右到左的反向操作。

第四，当起始参数值大于或等于 length 属性值时，将不会执行任何操作，返回空数组。而如果第 2 个参数值大于 length 属性值时，将被视为 length 属性值。

```
var b = a.slice(3,10);                  //截取第 4 个元素，直到后面所有元素
console.log(b);                         //返回[4, 5]
```

第五，slice()方法将返回数组的一部分（子数组），但不会修改原数组。而 splice()方法是在原数组基础上进行截取。如果希望在原数组基础上进行截取操作，而不是截取为新的数组，这时候就只能够使用 splice()方法了。

7.3.11 数组排序

扫一扫，看视频

1．使用 reverse()方法

reverse()能够颠倒数组元素的排列顺序，该方法不需要参数。

```
var a = [1,2,3,4,5];                    //定义数组
a.reverse();                            //颠倒数组顺序
console.log(a);                         //返回数组[5,4,3,2,1]
```

◀)) 注意：

该方法是在原数组基础上进行操作，而不是创建新的数组。

2．使用 sort()方法

sort()方法能够根据一定条件对数组元素进行排序。如果调用 sort()方法时没有传递参数，则按字母顺序对数组中的元素进行排序。

```
var a = ["a","e","d","b","c"];          //定义数组
a.sort();                               //按字母顺序对元素进行排序
console.log(a);                         //返回数组[a,b,c,d,e]
```

◀》提示：

使用 sort()方法时，应该注意下面几个问题。

第一，所谓的字母顺序，实际上是根据字母在字符编码表中的顺序进行排列的，每个字符在字符表中都有一个唯一的编号。

第二，如果元素不是字符串，则 sort()方法试图把数组元素都转换成字符串，以便进行比较。

第三，sort()方法将根据元素值进行逐位比较，而不是根据字符串的个数进行排序。

```
var a = ["aba","baa","aab"];        //定义数组
a.sort();                           //按字母顺序对元素进行排序
console.log(a);                     //返回数组[aab,aba,baa]
```

在排序时，首先比较每个元素的第 1 个字符，在第 1 个字符相同的情况下，再比较第 2 个字符，以此类推。

第四，在任何情况下，数组中 undefined 的元素都被排列在数组末尾。

第五，sort()方法是在原数组基础上进行排序操作的，不会创建新的数组。

sort()方法不仅仅按字母顺序进行排序，还可以根据其他顺序执行操作。这时就必须为方法提供一个函数参数，该函数要比较两个值，然后返回一个用于说明这两个值的相对顺序的数字。排序函数应该具有两个参数 a 和 b，其返回值如下：

❥ 如果根据自定义评判标准，a 小于 b，在排序后的数组中 a 应该出现在 b 之前，就返回一个小于 0 的值。

❥ 如果 a 等于 b，就返回 0。

❥ 如果 a 大于 b，就返回一个大于 0 的值。

【示例 1】在下面的示例中，将根据排序函数比较数组中每个元素的大小，并按从小到大的顺序执行排序。

```
function f(a, b){                   //排序函数
    return (a - b)                 //返回比较参数
}
var a = [3, 1, 2, 4, 5, 7, 6, 8, 0, 9];    //定义数组
a.sort(f);                         //根据数字大小由小到大进行排序
console.log(a);                    //返回数组[0,1,2,3,4,5,6,7,8,9]
```

如果按从大到小的顺序执行排序，则可以让返回值取反即可。

【示例 2】如果根据奇偶数顺序排列数组，只需要判断排序函数中两个参数是否为奇偶数，并决定排列顺序。

```
function f(a, b){                   //排序函数
    var a = a % 2;                 //获取参数 a 的奇偶性
    var b = b % 2;                 //获取参数 b 的奇偶性
    if(a == 0) return 1;           //如果参数 a 为偶数，则排在左边
    if(b == 0) return -1;          //如果参数 b 为偶数，则排在右边
}
var a = [3, 1, 2, 4, 5, 7, 6, 8, 0, 9];    //定义数组
a.sort(f);                         //根据数字大小由大到小进行排序
console.log(a);                    //返回数组[3,1,5,7,9,0,8,6,4,2]
```

sort()方法在调用排序函数时，对每个元素值传递给排序函数，如果元素值为偶数，则保留其位置不动；如果元素值为奇数，则调换参数 a 和 b 的显示顺序，从而实现对数组中所有元素进行奇偶排序。如果希望偶数排在前面，奇数排在后面，则只需要取返回值。排序函数如下所示。

```
function f(a, b){
    var a = a % 2;
    var b = b % 2;
    if(a == 0) return -1;
```

```
    if(b == 0) return 1;
}
```

【示例 3】不区分大小写排序字符串。在正常情况下，对字符串进行排序是区分大小写的，这是因为每个大写字母和小写字母在字符编码表中的顺序是不同的，大写字母的序号大于小写字母。

```
var a = ["aB","Ab","Ba","bA"];              //定义数组
a.sort();                                   //默认方法排序
console.log(a);                             //返回数组["Ab","Ba","aB","bA"]
```

大写字母总是排在左侧，如果让小写字母总是排在左侧，可以设计为：

```
function f(a, b){                           //如果 a 小于 b，则 a、b 位置不动，反之换位
    return (a < b);
}
var a = ["aB", "Ab", "Ba", "bA"];
a.sort(f);                                  //根据排序函数进行排序
console.log(a);                             //返回数组["Ab","Ba","aB","bA"]
```

比较字母的大小时，JavaScript 是根据字符编码大小来决定的，为 true 时，返回 1；为 false 时，则返回-1。

如果不希望区分字母大小，大写字母和小写字母按相同顺序排列，可以设计为：

```
function f(a, b){                           //排序函数
    var a = a.toLowerCase;                  //转换为小写形式
    var b = b.toLowerCase;                  //转换为小写形式
    if(a < b){                              //如果 a 的编码小于 b，则换位操作
        return 1;
    }
    else{                                   //否则，保持原位不动
        return -1;
    }
}
var a = ["aB", "Ab", "Ba", "bA"];          //定义数组
a.sort(f);                                  //执行排序
console.log(a);                             //返回数组["aB", "Ab", "Ba", "bA"]
```

如果要调整排序顺序，为返回值取反即可。

【示例 4】把浮点数和整数分开显示。

```
function f(a, b){                           //排序函数
    if(a > Math.floor(a)) return  1;        //如果 a 是浮点数，则调换位置
    if(b > Math.floor(b)) return  - 1;      //如果 b 是浮点数，则调换位置
}
var a = [3.55555, 1.23456, 3, 2.11111, 5, 7, 3];  //定义数组
a.sort(f);                                  //进行筛选
console.log(a);                             //返回数组[3,5,7,3,2.11111,1.23456,3.55555]
```

如果要调整排序顺序，为返回值取反即可。

🔊 提示：

早先的 ECMAScript 没有规定 sort()的默认排序算法是否稳定，留给浏览器自己决定，这导致某些实现是不稳定的。ES 2019 明确规定，sort()的默认排序算法必须稳定，现在 JavaScript 各个主要实现的默认排序算法都是稳定的。

7.3.12 元素定位

使用 indexOf()和 lastIndexOf()方法可以检索数组元素，返回指定元素的索引位置。与 String 的 indexOf()

扫一扫，看视频

和 lastIndexOf()原型方法用法相同。

1．indexOf()方法

indexOf()方法返回某个元素值在数组中的第 1 个匹配项的索引，如果没有找到指定的值，则返回-1。用法如下：

```
array.indexOf(searchElement[, fromIndex])
```

参数说明如下。

- ➥ array：表示一个数组对象。
- ➥ searchElement：必选参数，要在 array 中定位的值。
- ➥ fromIndex：可选参数，用于开始搜索的数组索引。如果省略该参数，则从索引 0 处开始搜索。如果 fromIndex 大于或等于数组长度，则返回-1。如果 fromIndex 为负，则搜索从数组长度加上 fromIndex 的位置处开始。

📢 提示：

> indexOf()方法是按升序索引顺序执行搜索，即从左到右进行检索。检索时，会让数组元素与 searchElement 参数值进行全等比较（===）。

【示例 1】下面的代码演示了如何使用 indexOf()方法。

```
var a = ["ab","cd","ef","ab","cd"];
console.log(a.indexOf("cd"));              //1
console.log(a.indexOf("cd", 2));           //4
console.log (a.indexOf("gh"));             //-1
console.log (a.indexOf("ab", -2));         //3
```

2．lastIndexOf()方法

lastIndexOf()方法返回指定的值在数组中的最后一个匹配项的索引。用法与 indexOf()方法相同。

【示例 2】下面的代码演示了如何使用 lastIndexOf()方法。

```
var a = ["ab","cd","ef","ab","cd"];
console.log(a.lastIndexOf("cd"));          //4
console.log(a.lastIndexOf("cd", 2));       //1
console.log(a.lastIndexOf("gh"));          //-1
console.log(a.lastIndexOf("ab", -3));      //0
```

扫一扫，看视频

7.3.13　检测数组

isArray()方法是 Array 类型的一个静态方法，使用它可以判断一个值的类型是否为数组。

```
var a = [1, 2, 3];
console.log(typeof a);                     //"object"
console.log(Array.isArray(a));             //true
```

在上面的代码中，typeof 运算符只能显示数组的类型是 Object，而 Array.isArray()方法可以直接返回布尔值。在条件表达式中，使用该方法非常实用。

使用运算符 in 可以检测某个值是否存在于数组中。

📢 注意：

> in 运算符主要用于对象，也适用于数组。

【示例】在下面的代码中，数组存在键名为 2 的键。由于键名都是字符串，所以数值 2 会自动转成字符串。

```
var a = [1, 2, 3];
console.log(2 in a);                  //true
console.log('2' in a);                //true
console.log(4 in a);                  //false
```

📢 注意：

如果数组的某个位置是空位，in 运算符将返回 false。

ES 2016 引入了 includes()实例方法，其用法与字符串的 includes()方法类似，用于检测数组是否包含给定的值，例如：

```
[1, 2, 3].includes(2)                 //true
[1, 2, 3].includes(4)                 //false
[1, 2, NaN].includes(NaN)             //true
```

该方法的第 2 个参数可以设置搜索的起始位置，默认为 0。如果第 2 个参数为负数，则表示倒数的位置；如果这时它大于数组长度，则会重置为从 0 开始。例如：

```
[1, 2, 3].includes(3, 3);             //false
[1, 2, 3].includes(3, -1);            //true
```

📢 提示：

没有该方法之前，通常使用数组的 indexOf()方法，检查是否包含某个值。但是 indexOf()方法有两个缺点：一是不够语义化，它的含义是找到参数值的第 1 个出现位置，所以要去比较是否不等于-1，不够直观。二是它使用严格相等运算符（===）进行判断，这会导致对 NaN 的误判。

Map 和 Set 数据结构有一个 has()方法，与 includes()方法的功能不同。Map 结构的 has()方法是用来查找键名的，如 Map.prototype.has(key)、WeakMap.prototype.has(key)、Reflect.has(target, propertyKey)。Set 结构的 has()方法是用来查找值的，如 Set.prototype.has(value)、WeakSet.prototype.has(value)。

7.3.14 检测元素

1. 检测是否全部符合

使用 every()方法可以确定数组的所有元素是否都满足指定的测试。具体用法如下：

```
array.every(callbackfn[, thisArg])
```

扫一扫，看视频

参数说明如下。

➥ array：必选参数，一个数组对象。

➥ callbackfn：必选参数，一个接收最多 3 个参数的函数。every()方法会为 array 中的每个元素调用 callbackfn 函数，直到 callbackfn 返回 false，或直到到达数组的结尾。

➥ thisArg：可选参数，可在 callbackfn 函数中为其引用 this 关键字的对象。如果省略 thisArg，则 undefined 将用作 this 值。

如果 callbackfn 函数为所有数组元素返回 true，则返回值为 true；否则返回值为 false。如果数组没有元素，则 every()方法将返回 true。

every()方法会按升序顺序对每个数组元素调用一次 callbackfn 函数，直到 callbackfn 函数返回 false。如果找到导致 callbackfn 返回 false 的元素，则 every()方法会立即返回 false。否则，every()方法返回 true。every()方法不为数组中缺少的元素调用该回调函数。

除了数组对象之外，every()方法可由具有 length 属性且具有已按数字编制索引的属性名的任何对象使用，如关联数组对象、Arguments 等。

回调函数语法如下：

```
function callbackfn(value, index, array)
```

用户可以使用最多 3 个参数来声明回调函数。回调函数的参数说明如下。

- value：数组元素的值。
- index：数组元素的数字索引。
- array：包含该元素的数组对象。

📢 提示：

数组对象可由回调函数修改。在 every()方法启动后修改数组对象所获得的结果可以参阅 forEach()方法说明。

【示例 1】下面的示例检测数组中元素是否都为偶数，并进行提示。

```
function f(value, index, ar) {
    if (value % 2 == 0) return true;
    else  return false;
}
var a = [2, 4, 5, 6, 8];
if (a.every(f)) console.log("都是偶数。");
else console.log("不全为偶数。");
```

【示例 2】下面的示例检测数组中元素的值是否在指定范围内。范围值通过一个对象来设置。通过本示例演示 thisArg 参数的用法。

```
var f = function(value) {
    if (typeof value !== 'number') return false;
    else  return value >= this.min && value <= this.max;
}
var a = [10, 15, 19];
var obj = {min: 10, max: 20}
if (a.every(f, obj)) console.log ("都在指定范围内。");
else console.log ("部分不在范围内。");
```

2. 检测是否存在符合

使用 some()方法可以确定数组的元素是否存在有满足指定的测试，或者检测数组是否全部都不能够满足指定的测试。具体用法如下：

```
array.some(callbackfn[, thisArg])
```

参数说明如下。

- array：必选参数，一个数组对象。
- callbackfn：必选参数，一个接收最多 3 个参数的函数。some()方法会为 array 中的每个元素调用 callbackfn 函数，直到 callbackfn 返回 true，或直到到达数组的结尾。
- thisArg：可选参数，可在 callbackfn 函数中为其引用 this 关键字的对象。如果省略 thisArg，则 undefined 将用作 this 值。

some()方法会按升序索引顺序对每个数组元素调用 callbackfn 函数，直到 callbackfn 函数返回 true。如果找到导致 callbackfn 返回 true 的元素，则 some()方法会立即返回 true。如果回调不对任何元素返回 true，则 some()方法会返回 false。

some()方法不为数组中缺少的元素调用该回调函数。除了数组对象之外，some()方法可由具有 length 属性且具有已按数字编制索引的属性名的任何对象使用，如关联数组对象、Arguments 等。

回调函数的语法与在 every()方法中的用法相同，这里就不再重复说明。

【示例 3】下面的示例检测数组中元素的值是否都为奇数。如果 some()方法检测到偶数，则返回 true，并提示不全是偶数；如果没有检测到偶数，则提示全部是奇数。

```
function f(value, index, ar) {
    if (value % 2 == 0) return true;
}
var a = [1, 15, 4, 10, 11, 22];
var evens = a.some(f);
if(evens) console.log("不全是奇数。");
else  console.log("全是奇数。");
```

7.3.15　映射数组

扫一扫，看视频

使用 map()方法可以对数组的每个元素调用指定的回调函数，并返回包含结果的数组。具体用法如下：

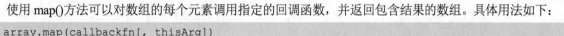

```
array.map(callbackfn[, thisArg])
```

参数说明如下。

- ↘ array：必选参数，一个数组对象。
- ↘ callbackfn：必选参数，最多可以接收 3 个参数的函数。对于数组中的每个元素，map()方法都会调用 callbackfn 函数一次。
- ↘ thisArg：可选参数，callbackfn 函数中的 this 关键字可引用的对象。如果省略 thisArg，则 undefined 将用作 this 值。

map()方法将返回一个新数组，其中每个元素均为关联的原始数组元素的回调函数返回值。对于数组中的每个元素，map()方法都会调用 callbackfn 函数一次（采用升序索引顺序）。将不会为数组中缺少的元素调用回调函数。

除了数组对象之外，map()方法可由具有 length 属性且具有已按数字编制索引的属性名的任何对象使用，如 Arguments 参数对象。

回调函数的语法如下：

```
function callbackfn(value, index, array1)
```

用户可以使用最多 3 个参数来声明回调函数。回调函数的参数说明如下。

- ↘ value：数组元素的值。
- ↘ index：数组元素的数字索引。
- ↘ array：包含该元素的数组对象。

拓展：

map()方法不直接修改原始数组，但回调函数可能会修改它。在 map()方法启动后，回调函数修改数组的影响如表 7.3 所示。

表 7.3　回调函数修改数组的影响

map()方法启动后的条件	元素是否传递给回调函数
在数组的原始长度之外添加元素	否
添加元素以填充数组中缺少的元素	是，如果该索引尚未传递给回调函数
元素已更改	是，如果该元素尚未传递给回调函数
从数组中删除元素	否，除非该元素已传递给回调函数

【**示例 1**】下面的示例使用 map()方法映射数组，把数组中每个元素的值的平方乘以 PI 值，把返回的圆的面积值作为新数组的元素值，最后返回这个新数组。

```
function f(radius) {
    var area = Math.PI * (radius * radius);
    return area.toFixed(0);
```

```
}
var a = [10, 20, 30];
var a1 = a.map(f);
console.log(a1);                          //314,1257,2827
```

【**示例 2**】下面的示例使用 map() 方法映射数组，把数组中每个元素的值除以一个阈值，然后返回这个新数组。其中回调函数和阈值都以对象的属性存在，通过这种方法演示如何在 map() 方法中使用 thisArg 参数。

```
var obj = {
    val: 10,
    f: function (value) {
        return value % this.val;
    }
}
var a = [6, 12, 25, 30];
var a1 = a.map(obj.f, obj);
console.log(a1);                          //6,2,5,0
```

【**示例 3**】下面的示例演示如何使用 JavaScript 内置方法作为回调函数。

```
var a = [9, 16];
var a1 = a.map(Math.sqrt);
console.log(a1);                          //3,4
```

【**示例 4**】下面的示例演示如何使用 map() 方法应用于一个类数组。在示例中通过动态调用的方法（call）把 map() 作用于一个字符串上，则 map() 将遍历字符串中每个字符，并调用回调函数 threeChars，把每个字符左右 3 个字符截取出来，映射到一个新数组中。

```
function f(value, index, str) {
    return str.substring(index - 1, index + 2);
}
var s = "Thursday";
var a = [].map.call(s, f);
console.log(a);                           //Th,Thu,hur,urs,rsd,sda,day,ay
```

扫一扫，看视频

7.3.16 数组过滤

使用 filter() 方法可以返回数组中满足指定条件的元素。具体用法如下：

```
array.filter(callbackfn[, thisArg])
```

参数说明如下。

- ➘ array：必选参数，一个数组对象。
- ➘ callbackfn：必选参数，一个接收最多 3 个参数的函数。对于数组中的每个元素，filter() 方法都会调用 callbackfn 函数一次。
- ➘ thisArg：可选参数，可在 callbackfn 函数中为其引用 this 关键字的对象。如果省略 thisArg，则 undefined 将用作 this 值。

返回值是一个包含回调函数为其返回 true 的所有值的新数组。如果回调函数为 array 的所有元素返回 false，则新数组的长度为 0。

对于数组中的每个元素，filter() 方法都会调用 callbackfn 函数一次（采用升序索引顺序）。不为数组中缺少的元素调用该回调函数。回调函数的用法与在 map() 方法中相同，这里就不再重复说明。

📢 提示：

除了数组对象之外，filter() 方法可由具有 length 属性且具有已按数字编制索引的属性名的任何对象使用。

【示例 1】下面的示例演示如何使用 filter()方法筛选出数组中的素数。

```
function f(value, index, ar) {
    high = Math.floor(Math.sqrt(value)) + 1;
    for (var div = 2; div <= high; div++) {
        if (value % div == 0) {
            return false;
        }
    }
    return true;
}
var a = [31, 33, 35, 37, 39, 41, 43, 45, 47, 49, 51, 53];
var a1 = a.filter(f);
console.log(a1);                           //31,37,41,43,47,53
```

【示例 2】下面的示例演示如何使用 filter()方法过滤掉数组中在指定范围外的元素。

```
var f = function(value) {
    if (typeof value !== 'number')  return false;
    else return value >= this.min && value <= this.max;
}
var a = [6, 12, "15", 16, "the", -12];
var obj = {min: 10, max: 20}
var r = a.filter(f, obj);
console.log(r);                        //12,16
```

【示例 3】下面的示例演示如何使用 filter()方法过滤字符串中每个单词的首字母。

```
function f(value, index, ar) {
    if (index == 0)  return true;          //第 1 个字母直接选择
    else  return ar[index - 1] === "";     //如果字母前面是空字符，则返回这个字母
}
var a = "The quick brown fox jumps over the lazy dog.";
var subset = [].filter.call(a, f);
console.log(subset);                       //T,q,b,f,j,o,t,l,d
```

7.3.17　数组汇总

使用 reduce()和 reduceRight()方法可以汇总数组元素的值。

1．reduce()方法

对数组中的所有元素调用指定的回调函数。该回调函数的返回值为累积结果，并且此返回值在下一次调用该回调函数时作为参数提供。具体用法如下：

```
array.reduce(callbackfn[, initialValue])
```

参数说明如下。

❑ array：必选参数，一个数组对象。

❑ callbackfn：必选参数，一个接收最多 4 个参数的函数。对于数组中的每个元素，reduce()方法都会调用 callbackfn 函数一次。

❑ initialValue：可选参数， 如果指定 initialValue，则它将用作初始值来启动累积。第 1 次调用 callbackfn 函数会将此值作为参数而非数组值提供。

reduce()方法的返回值是通过最后一次调用回调函数获得的累积结果。

如果提供了参数 initialValue，则 reduce()方法会对数组中的每个元素调用一次 callbackfn 函数（按

升序索引顺序）。如果未提供 initialValue，则 reduce()方法会对从第 2 个元素开始的每个元素调用 callbackfn 函数。

回调函数的返回值在下一次调用回调函数时作为 previousValue 参数提供。最后一次调用回调函数获得的返回值作为 reduce()方法的返回值。该方法不为数组中缺少的元素调用该回调函数。

回调函数的语法如下：

```
function callbackfn(previousValue, currentValue, currentIndex, array)
```

回调函数参数说明如下。

- previousValue：通过上一次调用回调函数获得的值。如果向 reduce()方法提供 initialValue，则在首次调用函数时，previousValue 为 initialValue。
- currentValue：当前数组元素的值。
- currentIndex：当前数组元素的数字索引。
- array：包含该元素的数组对象。

在第 1 次调用回调函数时，作为参数提供的值取决于 reduce()方法是否具有 initialValue 参数。如果向 reduce()方法提供 initialValue，则 previousValue 参数为 initialValue，currentValue 参数是数组中的第 1 个元素的值。

如果未提供 initialValue，则 previousValue 参数是数组中的第 1 个元素的值，currentValue 参数是数组中的第 2 个元素的值。

数组对象可由回调函数修改，在 reduce()方法启动后修改数组对象所获得的结果可以参阅 forEach()方法中说明。

【示例 1】下面的示例演示将数组值连接成字符串，各个值用 "::" 分隔开。由于未向 reduce()方法提供初始值，第 1 次调用回调函数时会将"abc"作为 previousValue 参数并将"def"作为 currentValue 参数。

```
function f(pre, curr) {
    return pre +"::"+ curr;
}
var a = ["abc","def", 123, 456];
var r = a.reduce(f);
console.log(r);                                         //abc::def::123::456
```

【示例 2】下面的示例使用 reduce()方法对数组进行求和。

```
function f(pre, curr) {
    parseFloat(pre) ? pre = pre : pre = 0;              //检测数字，非数字值设置为 0
    parseFloat(curr) ? curr = curr : curr = 0;          //检测数字，非数字值设置为 0
    return pre + curr;
}
var a = [2, 1, 5, 5];
var r = a.reduce(f);
console.log (r);                                        //13
```

【示例 3】下面的示例获取一个数组，该数组仅包含另一个数组中介于 1～10 之间的值，提供给 reduce()方法的初始值是一个空数组。

```
function f(pre, curr) {
    var next;
    if (curr >= 1 && curr <= 10)
        next = pre.concat(curr);
    else
        next = pre;
    return next;
}
```

```
var a1 = [20, 1, -5, 6, 50, 3];
var a = new Array();
var r = a1.reduce(f, a);
console.log(r);                            //1,6,3
```

2. reduceRight()方法

从右向左对数组中的所有元素调用指定的回调函数。该回调函数的返回值为累积结果，并且此返回值在下一次调用该回调函数时作为参数提供。具体用法如下：

```
array1.reduceRight(callbackfn[, initialValue])
```

该方法的语法和用法与reduce()方法完全相同，唯一不同的是它是从数组右侧开始调用回调函数。如果提供了参数 initialValue，则 reduceRight()方法会按降序索引顺序对数组中的每个元素调用一次callbackfn 函数。如果未提供参数 initialValue，则 reduceRight()方法会按降序索引顺序对每个元素（从倒数第 2 个元素开始）调用 callbackfn 函数。

【示例 4】下面的示例使用reduceRight()方法，以"::"为分隔符，从右到左把数组元素的值连接在一起。

```
function f (pre, curr) {
    return pre +"::"+ curr;
}
var a = ["abc","def", 123, 456];
var r = a.reduceRight(f);
console.log(r);                            //456::123::def::abc
```

7.3.18 批量复制元素

扫一扫，看视频

使用 copyWithin()方法可以在当前数组内部将指定位置的成员复制到其他位置（会覆盖原有成员），然后返回当前数组。具体用法如下：

```
array.copyWithin(target, start = 0, end = this.length)
```

3 个参数都应该是数值，如果不是，会自动转为数值，具体说明如下。

- ➥ array：必选参数，一个数组对象。
- ➥ target：必选参数，从该位置开始替换数据。如果为负值，表示倒数。
- ➥ start：可选参数，从该位置开始读取，默认为 0。如果为负值，表示从末尾开始计算。
- ➥ end：可选参数，到该位置前停止读取数据，默认等于数组长度。如果为负值，表示从末尾开始计算。

【示例】下面的代码演示 copyWithin()方法的应用。

```
//从 3 号位直到数组结束的成员（4 和 5）复制到从 0 号位开始的位置
[1, 2, 3, 4, 5].copyWithin(0, 3)            //[4, 5, 3, 4, 5]
//将 3 号位复制到 0 号位
[1, 2, 3, 4, 5].copyWithin(0, 3, 4)         //[4, 2, 3, 4, 5]
//-2 相当于 3 号位，-1 相当于 4 号位
[1, 2, 3, 4, 5].copyWithin(0, -2, -1)       //[4, 2, 3, 4, 5]
```

7.3.19 查找元素

扫一扫，看视频

使用 find()方法可以找出第 1 个符合条件的数组成员。该方法的参数是一个回调函数，所有数组成员依次执行回调函数，直到找出第 1 个返回值为 true 的成员，然后返回该成员。如果没有符合条件的成员，则返回 undefined。回调函数可以接收 3 个参数，依次为当前的值、当前的位置和原数组。

【示例 1】下面的代码找出数组中第 1 个小于 0 的成员。

```
[1, 4, -5, 10].find((n) => n < 0)                    //-5
[1, 4, -5, 10].find(function(value, index, arr) {
    return value < 0;
})                                                    //-5
```

findIndex()方法的用法与 find()方法非常类似，返回第 1 个符合条件的数组成员的位置，如果所有成员都不符合条件，则返回-1。例如：

```
[1, 5, 10, 15].findIndex(function(value, index, arr) {
    return value > 9;
})                                                    //2
```

📢 提示：

find()方法和 findIndex()方法都可以接收第 2 个参数，用来绑定回调函数的 this 对象。

【示例 2】在下面的代码中，find()方法接收了第 2 个参数 person 对象，回调函数中的 this 对象指向 person 对象。

```
function f(v){
    return v > this.age;
}
let person = {name: 'John', age: 20};
[10, 12, 26, 15].find(f, person);                     //26
```

find()和 findIndex()方法都可以发现 NaN，弥补了数组的 indexOf()方法的不足。例如，在下面的代码中，indexOf()方法无法识别数组的 NaN 成员，但是 findIndex()方法可以借助 Object.is()方法进行识别。

```
[NaN].indexOf(NaN)                                    //-1
[NaN].findIndex(y => Object.is(NaN, y))               //0
```

扫一扫，看视频

7.3.20 填充数组

使用 fill()方法可以用给定的值填充一个数组。利用该方法可以为新创建的数组进行初始化。

【示例 1】fill()方法常用于初始化数组，数组中已有的元素会被全部抹去。

```
['a', 'b', 'c'].fill(7)                               //[7, 7, 7]
new Array(3).fill(7)                                  //[7, 7, 7]
```

fill()方法可以接收第 2 个和第 3 个参数，用于指定填充的起始位置和结束位置。

【示例 2】在下面的代码中，从 1 号位开始向原数组填充 7，到 2 号位之前结束。

```
['a', 'b', 'c'].fill(7, 1, 2)                         //['a', 7, 'c']
```

📢 注意：

如果填充的值的类型为对象，那么被赋值的是同一个内存地址的对象，而不是深拷贝对象。

扫一扫，看视频

7.3.21 扁平化数组

使用 flat()方法可以将嵌套的数组"拉平"，变成一维的数组。该方法返回一个新数组，对原数据没有影响。

【示例 1】在下面的代码中，原数组的成员包含一个数组，flat()方法将子数组的成员取出来，添加在原来的位置。

```
[1, 2, [3, 4]].flat()                                 //[1, 2, 3, 4]
```

flat()方法默认只会"拉平"一层，如果想要"拉平"多层的嵌套数组，可以为 flat()方法传递一个整数，该参数表示想要拉平的层数，默认为 1。

【示例 2】在下面的代码中，flat()方法的参数为 2，表示要"拉平"两层的嵌套数组。

```
[1, 2, [3, [4, 5]]].flat()                  //[1, 2, 3, [4, 5]]
[1, 2, [3, [4, 5]]].flat(2)                 //[1, 2, 3, 4, 5]
```

如果参数为 Infinity，则表示不管有多少层嵌套，都要转成换一维数组。例如：

```
[1, [2, [3]]].flat(Infinity)                //[1, 2, 3]
```

如果原数组有空位，flat()方法将会跳过空位。例如：

```
[1, 2,, 4, 5].flat()                        //[1, 2, 4, 5]
```

flatMap()方法能够对原数组的每个成员执行一个函数，然后对返回值组成的数组执行 flat()方法。该方法返回一个新数组，不改变原数组。

【示例 3】在下面的代码中，相当于[[2, 4], [3, 6], [4, 8]].flat()。

```
[2, 3, 4].flatMap((x) => [x, x * 2])        //[2, 4, 3, 6, 4, 8]
```

flatMap()只能展开一层数组。

【示例 4】在下面的代码中，遍历函数返回的是一个双层的数组，但是默认只能展开一层，因此 flatMap()返回的还是一个嵌套数组，相当于 [[[2]], [[4]], [[6]], [[8]]].flat()。

```
[1, 2, 3, 4].flatMap(x => [[x * 2]])        //[[2], [4], [6], [8]]
```

🔊 提示：

flatMap()方法的参数是一个遍历函数，该函数可以接收 3 个参数，分别是当前数组成员、当前数组成员的位置（从 0 开始）、原数组。flatMap()方法还可以有第 2 个参数，用来绑定遍历函数里面的 this。

```
arr.flatMap(function callback(currentValue[, index[, array]]) {}[, thisArg])
```

7.4　使用集合

ES 6 提供了新的数据结构 Set。它类似于数组，但是成员的值都是唯一的，没有重复的值。

扫一扫，看视频

7.4.1　定义集合

Set 是一个构造函数，使用 new 可以调用，生成 Set 数据结构。语法格式如下：

```
new Set()
new Set(iterable)
```

参数 iterable 表示一个可迭代的对象，即可使用 for 遍历的数集，返回 iterable 包含的元素组成的集合。如果没有参数，则创建一个空的集合对象。

【示例 1】下面的示例创建一个空集合对象，然后调用集合对象的 add()方法添加新元素，结果表明 Set 结构不会添加重复的值。

```
const s = new Set();                        //创建一个空集合对象
[2, 3, 5, 4, 5, 2, 2].forEach(x => s.add(x)); //调用集合对象的 add()方法添加新元素
for (let i of s) {
    console.log(i);
}                                           //2 3 5 4
```

Set()函数可以接收一个参数用来初始化。参数为一个具有 iterable 接口的数据结构，如数组。

【示例 2】在下面的代码中，前 2 个 Set()函数接收数组作为参数，第 3 个接收类似数组的对象作为参数。

```
const set = new Set([1, 2, 3, 4, 4]);          //把一个数组转换为数集
console.log([...set]);                         //[1, 2, 3, 4]
const items = new Set([1, 2, 3, 4, 5, 5, 5, 5]);
console.log(items.size);                       //5
const set = new Set(document.querySelectorAll('div'));
```

使用 Set()可以去除数组中重复的成员，也可以用于字符串去重。例如：

```
[...new Set('ababbc')].join('')                //"abc"
```

📢 注意：

向 Set 添加值的时候，不会发生类型转换。例如，5 和"5"是两个不同的值。Set 内部使用类似于全等运算符（===）的算法来判断两个值是否相同，唯一区别：Set 认为 NaN 等于自身，而===运算符认为 NaN 不等于自身。另外，两个对象总是不相等的。例如，由于两个空对象不相等，所以它们被视为两个值。

```
let set = new Set();
set.add({});
set.size                    //1
set.add({});
set.size                    //2
```

扫一扫，看视频

7.4.2 操作 Set 对象

Set 提供了两个实例属性，简单说明如下。

- ➭ constructor：构造函数，默认就是 Set 构造函数。
- ➭ size：返回 Set 实例的成员总数。

Set 的原型方法分为两大类：操作方法（用于操作数据）和遍历方法（用于遍历成员）。下面先介绍 4 个操作方法。

- ➭ add(value)：添加某个值，返回 Set 对象本身。
- ➭ delete(value)：删除某个值，返回一个布尔值，表示删除是否成功。
- ➭ has(value)：返回一个布尔值，表示该值是否为 Set 的成员。
- ➭ clear()：清除所有成员，没有返回值。

【示例】下面的示例简单演示 Set 对象的基本操作方法。

```
s.add(1).add(2).add(2);          //注意 2 被加入了两次
s.size                           //2
s.has(1)                         //true
s.has(2)                         //true
s.has(3)                         //false
s.delete(2);
s.has(2)                         //false
```

使用 Array.from()方法可以将 Set 结构转为数组。例如：

```
const items = new Set([1, 2, 3, 4, 5]);
const array = Array.from(items);
```

扫一扫，看视频

7.4.3 遍历 Set 集合

Set 提供 4 个可以遍历成员的原型方法，并根据插入顺序进行遍历。简单说明如下。

- ➭ keys()：返回键名的迭代器。
- ➭ values()：返回键值的迭代器。
- ➭ entries()：返回键值对的迭代器。

➘ forEach()：使用回调函数遍历每个成员。

keys()、values()、entries()方法返回的都是迭代器对象。由于 Set 结构没有键名，只有键值，所以 keys() 和 values()方法的行为完全一致。

【示例 1】在下面的代码中，entries()方法返回的迭代器同时包括键名和键值，所以每次输出一个数组，它的两个成员完全相等。

```javascript
let set = new Set(['red', 'green', 'blue']);
for (let item of set.keys()) {
    console.log(item);
}
for (let item of set.values()) {
    console.log(item);
}
for (let item of set.entries()) {
    console.log(item);
}
```

Set 默认可遍历，它的默认迭代器生成函数就是它的 values()方法。因此，可以省略 values()方法，直接使用 for...of 循环遍历 Set。例如：

```javascript
let set = new Set(['red', 'green', 'blue']);
for (let x of set) {
    console.log(x);
}                                            //blue
```

【示例 2】Set 结构的实例与数组一样，也拥有 forEach()方法，用于对每个成员执行某种操作，没有返回值。

```javascript
let set = new Set([1, 4, 9]);
set.forEach((value, key) => console.log(key + ' : ' + value))
```

forEach()方法的参数就是一个处理函数。该函数的参数与数组的 forEach()方法一致，依次为键值、键名、集合本身。

🔊 注意：

Set 结构的键名就是键值，两者是同一个值，因此第 1 个参数与第 2 个参数的值永远都是一样的。另外，forEach()方法还可以有第 2 个参数，表示绑定处理函数内部的 this 对象。

7.4.4 应用集合

在遍历 Set 结构时，可以使用扩展运算符（...），其内部使用 for...of 循环。

【示例 1】下面的示例使用扩展运算符把 Set 结构解包，并转换为数组。

```javascript
let set = new Set(['red', 'green', 'blue']);
let arr = [...set];                          //['red', 'green', 'blue']
```

也可以通过这种方式，去除数组的重复成员。

```javascript
let arr = [3, 5, 2, 2, 5, 5];
let unique = [...new Set(arr)];              //[3, 5, 2]
```

【示例 2】在 Set 对象上间接调用数组的 map()和 filter()方法。

```javascript
let set = new Set([1, 2, 3]);
set = new Set([...set].map(x => x * 2));        //返回 Set 结构：{2, 4, 6}
let set = new Set([1, 2, 3, 4, 5]);
set = new Set([...set].filter(x => (x % 2) == 0));//返回 Set 结构：{2, 4}
```

扫一扫，看视频

【**示例 3**】使用 Set 实现并集、交集和差集运算。

```
let a = new Set([1, 2, 3]);
let b = new Set([4, 3, 2]);
//并集
let union = new Set([...a, ...b]);                    //Set {1, 2, 3, 4}
//交集
let intersect = new Set([...a].filter(x => b.has(x)));   //set {2, 3}
//差集
let difference = new Set([...a].filter(x => !b.has(x)));  //Set {1}
```

在遍历操作中，如果同步改变原 Set 结构，目前没有直接的方法，可以通过下面两种方法变通实现。

❧ 用原 Set 结构映射出一个新的结构，然后赋值给原 Set 结构。

❧ 用 Array.from()方法。

【**示例 4**】下面的示例演示了上述两种方法，直接在遍历操作中改变原 Set 结构。

```
//方法 1
let set = new Set([1, 2, 3]);
set = new Set([...set].map(val => val * 2));       //set 的值是 2, 4, 6
//方法 2
let set = new Set([1, 2, 3]);
set = new Set(Array.from(set, val => val * 2));    //set 的值是 2, 4, 6
```

扫一扫，看视频

7.4.5　定义 WeakSet

WeakSet 与 Set 类似，也是不重复的值的集合。但是，WeakSet 的成员只能是对象，而不能是其他类型的值。另外，WeakSet 中的对象都是弱引用，即垃圾回收机制不考虑 WeakSet 对该对象的引用，也就是说，如果其他对象都不再引用该对象，那么垃圾回收机制会自动回收该对象所占用的内存，不考虑该对象是否还存在于 WeakSet 之中。

定义 WeakSet 数据结构的语法格式如下：

```
const ws = new WeakSet();
const ws = new WeakSet(iterable);
```

WeakSet 可以接收一个 Iterable 接口的对象作为参数，可迭代对象的成员会自动成为 WeakSet 实例对象的成员。

【**示例 1**】在下面的示例中，a 是一个数组，它有两个成员，也都是数组。将 a 作为 WeakSet()构造函数的参数，a 的成员会自动成为 WeakSet 的成员。

```
const a = [[1, 2], [3, 4]];
const ws = new WeakSet(a);            //WeakSet {[1, 2], [3, 4]}
```

【**示例 2**】下面的示例试图向 WeakSet 添加一个数值和 Symbol 值，将抛出异常，因为 WeakSet 只能放置对象。

```
const ws = new WeakSet();
ws.add(1)                            //TypeError: Invalid value used in weak set
ws.add(Symbol())                     //TypeError: invalid value used in weak set
```

📢 提示：

WeakSet 内的对象引用，都不计入垃圾回收机制，WeakSet 适合临时存放一组对象，以及存放跟对象绑定的信息。只要这些对象在外部消失，它在 WeakSet 内的引用就会自动消失。WeakSet 内部成员个数是不确定的，因此 ES 6 规定 WeakSet 不可遍历。

扫一扫，看视频

7.4.6　使用 WeakSet

WeakSet 提供 3 个实例方法，简单说明如下。

- add(value)：向 WeakSet 实例添加一个新成员。
- delete(value)：清除 WeakSet 实例的指定成员。
- has(value)：返回一个布尔值，表示某个值是否在 WeakSet 实例之中。

【示例 1】下面的示例简单演示 WeakSet 的用法。

```
const ws = new WeakSet();
const obj = {};
const foo = {};
ws.add(window);
ws.add(obj);
ws.has(window);                          //true
ws.has(foo);                             //false
ws.delete(window);
ws.has(window);                          //false
```

　　WeakSet 没有 size 属性，没有办法遍历它的成员。WeakSet 不能遍历，是因为成员都是弱引用，随时可能消失，遍历机制无法保证成员的存在，很可能刚刚遍历结束，成员就取不到了。WeakSet 的一个用处是存储 DOM 节点，而不用担心这些节点从文档移除时会引发内存泄漏。

　　【示例 2】下面的示例保证了 Foo 的实例方法只能在 Foo 的实例上调用。这里使用 WeakSet 的好处是，foos 对实例的引用，不会被计入内存回收机制，所以删除实例的时候，不用考虑 foos，也不会出现内存泄漏。

```
const foos = new WeakSet()
class Foo {
    constructor() {
        foos.add(this)
    }
    method () {
        if (!foos.has(this)) {
            throw new TypeError('Foo.prototype.method 只能在 Foo 的实例上调用!');
        }
    }
}
```

7.5　案 例 实 战

扫一扫，看视频

7.5.1　为数组扩展方法

　　为数组扩展方法可以通过 Array.prototype 实现，这些原型方法会被所有数组实例继承。下面为数组扩展一个求和的方法。

```
Array.prototype.sum||                            //检测是否存在同名方法
(Array.prototype.sum = function(){               //定义该方法
    var _n = 0;                                  //临时汇总变量
    for(var i in this){                          //遍历当前数组对象
        if(this[i] = parseFloat(this[i])) _n += this[i];   //如果数是数字，则进行累加
    };
```

```
      return _n;                                        //返回累加的和
});
```

该原型方法 sum()能够计算当前数组中数字元素的和。在遍历数组时，先把每个元素转换为浮点数，如果转换成功，则累加；如果转换失败，则忽略。下面调用该方法：

```
var a = [1, 2, 3, 4, 5, 6, 7, 8, "9"];                 //定义数组直接量
console.log(a.sum());                                  //返回 45
```

其中第 9 个元素是一个字符串类型的数字，汇总时也被转换为数值进行相加。

📢 注意：

使用 reduce()方法可以实现求和计算，代码实现如下：

```
var arr = ["b", "a", 2, 6];                            //过滤掉非数字元素
var sum = arr.reduce((x, y) =>{parseFloat(x) ? x = x : x = 0;
                  parseFloat(y) ? y = y : y = 0;  return x + y;});
console.log(sum);                                      //=> 8;
```

7.5.2 数组去重

扫一扫，看视频

为数组去除重复项是开发中经常遇到的问题，解决方法有多种。最简单的方法是，使用 for 语句遍历数组，再嵌套一个 for，逐一比较元素是否重复。本案例另外介绍两种比较高效的方法：练习数组处理的逻辑思维。

📢 提示：

在 ES 6 中，可以使用下面两种方法快速去重。

```
var arr = ["222", 222, 2, 2, 3];
var uniquearr1 = Array.from(new Set(arr));        //方法1: => ['222', 222, 2, 3]
var uniquearr2 = [...new Set(arr)];               //方法2: => ['222', 222, 2, 3]
```

【示例 1】借助哈希表（hash 表）来快速过滤。在遍历原数组时，使用对象属性保存每个元素的值，这样可以降低反复遍历数组的时间。

```
Array.prototype.unique = function () {
    var n = {}, r = [];                               //n 为 hash 表，r 为临时数组
    for (var i = 0; i < this.length; i++) {           //遍历当前数组
        //增加类型的检测，避免相同的字符串型和数值型值，如 1 与"1"被误为重复项
        if (!n[typeof (this[i]) + this[i]]) {         //为属性名添加类型前缀
            n[typeof (this[i]) + this[i]] = true;     //存入 hash 表
            r.push(this[i])                           //把当前项 push 到临时数组里
        }
    }
    return r
};
var arr = ["222", 222, 2, 2, 3];
var newarry = arr.unique();
console.log(newarry);                                 //=> ['222', 222, 2, 3]
```

上面的示例使用 hash 表，把已经出现过的元素值以下标的形式存入一个对象内，下标引用比用 indexOf 搜索数组快得多。

【示例 2】本示例先使用 JavaScript 的 sort()方法对数组进行排序，然后比较相邻的两个值，去除重复项。最终测试结果显示该方法的运行时间比前面方法都要短。

```
Array.prototype.unique = function() {
    this.sort();
```

```
    var re = [this[0]];
    for (var i = 1; i < this.length; i++) {
        if (this[i] !== re[re.length - 1]) {
            re.push(this[i]);
        }
    }
    return re;
}
```

7.5.3 设计遍历器

扫一扫，看视频

在 JavaScript 数组中，forEach()、filter()、map()、every()、some()等方法都具有遍历功能。用户也可以自定义遍历器，通过练习掌握数组遍历的实现原理，同时也可以根据需要定制遍历器，满足特定需求，也更好驾驭 forEach()、filter()、map()、every()、some()等方法。

本案例设计一个简单的数组遍历器，实现在每个元素上执行指定的函数。

```
Array.prototype.each = function(f){              //数组遍历器，扩展 Array 原型方法
    try{                                         //异常处理，避免不可预测的错误
        this.i || (this.i = 0);                  //初始化遍历计数器
        if(this.length > 0 && f.constructor == Function){
                                                 //如果数组长度大于 0，参数为函数
            while(this.i < this.length){         //遍历数组
                var e = this[this.i];            //获取当前元素
                if(e && e.constructor == Array){ //如果元素存在，且为数组
                    e.each(f);                   //递归调用遍历器
                }else{                           //否则，在元素上调用参数函数，并传递值
                    f.apply(e, [e]);
                }
                this.i ++;                       //递加计数器
            }
            this.i = null;                       //如果遍历完毕，则清空计数器
        }
    }
    catch(w){}                                   //捕获异常，暂不处理
    return this                                  //返回当前数组
}
var a = [1, [2, [3, 4]]]
var f = function(x){
    console.log(x);
}
a.each(f);                                       //调用遍历器，为每个元素执行一次函数传递
```

◀» 注意:
不能够使用 for...in 语句进行循环操作，因为 for...in 能够遍历本地属性。

7.5.4 设计编辑器

扫一扫，看视频

本案例为 Array 扩展原型方法 edit()，根据传入的函数编辑数组中每个元素，并返回编辑后的数组。

```
Array.prototype.edit || (Array.prototype.edit = function(){     //数组元素批处理方法
    var b = arguments, a = [];                      //获取参数，并定义一个临时数组
    this.each(function(){                           //调用遍历器，遍历所有元素
```

```
        a.push(b[0].call(b[1], this));          //调用参数函数，把当前元素作为参数传入
    });
    return a;                                    //返回临时数组
});
```

在函数体内，先定义私有变量保存参数对象，并定义一个临时数组，存储编辑后的数组元素值。然后，调用遍历器 each()，遍历数组中的每个元素。为遍历器传递一个函数，该函数将在每个元素上执行。该函数中包含一条处理语句，它通用 call()方法调用传递给 edit()的参数函数，并把当前元素作为参数传递入这个函数，执行了结果放在临时数组 a 中，最后返回这个临时的数组 a。具体代码如下：

```
var a = [1, 2, 3, 4];                           //定义数组直接量
var f = function(x){                            //求平方值
    return x * x;
}
var b = a.edit(f);                              //为数组元素执行求平方操作
console.log(b);                                 //返回[1, 4, 9, 16]
```

📣 注意：

在处理多维数组时，该原型方法会把它们全部转换为一维数组。

扫一扫，看视频

7.5.5　设计过滤器

本案例为数组定义一个过滤器，对每个元素进行检测。如果满足条件，则返回 true；否则返回 false。应用时，先设计好过滤函数，然后传递给遍历器即可实现过滤数组元素的目的。

```
Array.prototype.filter || (Array.prototype.filter = function(){      //过滤数组元素方法
    var b = arguments, a = [];
    this.each(function(){                       //遍历数组
        if(b[0].call(b[1], this))               //如果执行参数函数时，返回值为 true
        a.push(this);                           //则把该元素存储到临时数组中
    });
    return a;                                    //最后返回这个临时数组元素
});
```

定义数组和一个过滤函数，设计如果参数值大于 4，则返回 true。

```
var a = [1, 2, 3, 4, 5, 6, 7, 8, 9]
var f = function(x){
    if(x > 4) return true;
}
```

调用数组 a 的原型方法 filter()，并把过滤函数作为参数传递给方法 filter()。

```
var b = a.filter(f);                            //调用数组元素过滤方法
console.log(b);                                 //返回[5, 6, 7, 8, 9]
```

7.6　实践与练习

1. 编写程序实现从数组[2, 3, 5, 8, 29, 24, 5, 32, 14]中选出大于 5 的数组成员，并组成新数组。
2. 编写程序求数组[20, 18, 30, 21, 23, 26, 20, 32, 40]的平均值。
3. 已知数组['red', 'pink', 'blue', 'yellow', 'green']，编写程序实现将数据内容反过来存放。
4. 编写程序实现从指定数组中随机取得一个元素。
5. 编写程序实现从数组中删除假值。

6. 编写程序实现查找两个数组的交集。

7. 使用一行代码快速合并多个数组。

8. 使用一行代码快速把数组转换为对象。

9. 快速清空一个数组。

10. 有类似如下结构的数组，编写程序提取 name 字段并组成一个新数组。

```
var friends = [
    {name: 'John', age: 22},
    {name: 'Peter', age: 23},
    {name: 'Mark', age: 24},
]
```

11. 打乱一个数字数组的顺序。

12. 把一个数组直接附加在另一个数组的尾部。

13. 获取一个数字数组中的最大值和最小值。

14. 定义一个函数，求任意个数字的和。

15. 将字符串的每个单词首字母大写。

16. 删除字符串中的重复字符。

17. 编写函数移除数组 arr 中的所有值与 item 相等的元素。不要直接修改数组 arr，结果返回新的数组。

18. 移除数组 arr 的所有值与 item 相等的元素，直接在给定的 arr 数组上进行操作，并将结果返回。

19. 在数组 arr 末尾添加元素 item。不要直接修改数组 arr，结果返回新的数组。

20. 删除数组 arr 最后一个元素。不要直接修改数组 arr，结果返回新的数组。

21. 在数组 arr 开头添加元素 item。不要直接修改数组 arr，结果返回新的数组。

22. 删除数组 arr 第 1 个元素。不要直接修改数组 arr，结果返回新的数组。

23. 合并数组 arr1 和数组 arr2。不要直接修改数组，结果返回新的数组。

24. 在数组 arr 的 index 处添加元素 item。不要直接修改数组 arr，结果返回新的数组。

25. 统计数组 arr 中值等于 item 的元素出现的次数。

26. 找出数组 arr 中重复出现过的元素。

27. 为数组 arr 中的每个元素求二次方。不要直接修改数组 arr，结果返回新的数组。

28. 在数组 arr 中，查找所有值与 item 相等的元素出现的位置。

29. 编写函数，分别实现求两个数组的并集、交集和补集。

30. 编写函数，实现数组扁平化。数组扁平化是指将嵌套多层的数组"拉平"，变成一维数组，以便数组迭代和处理。

31. 设计样本筛选函数，允许传入一个数值，随机生成指定范围内的样本数据。

（答案位置：本章/在线支持）

7.7 在 线 支 持

第8章 使用函数

函数是一段封装的代码，可以被反复执行。在 JavaScript 中，函数可以是一个值、一个对象、一种类型，还可以是一个表达式，因此函数可以赋值，参与运算，可以设置属性，甚至可以存储值、构造实例等。JavaScript 拥有函数式编程的很多特性，灵活使用函数，可以编写出功能强大、代码简洁、设计优雅的程序。

【学习重点】
- ↘ 定义函数。
- ↘ 灵活调用函数。
- ↘ 正确使用函数参数和返回值。
- ↘ 灵活使用函数的作用域、闭包体和函数式运算。

8.1 定义函数

扫一扫，看视频

8.1.1 声明函数

使用 function 语句可以声明函数。具体用法如下：

```
function funName([args]){
    statements
}
```

funName 是函数名，与变量名一样都必须是 JavaScript 合法的标识符。在函数名之后是一个由小括号包含的参数列表，参数之间以逗号分隔，参数是可选的，没有个数限制。

作为标识符，参数仅在函数体内被访问，参数是函数作用域的私有成员。调用函数时，通过为函数传递值，然后使用参数获取外部传入的值，并在函数体内干预函数的运行。

在小括号之后是一个大括号，大括号内包含的语句就是函数体结构的主要内容。在函数体中，大括号是必不可少的，缺少大括号，JavaScript 将会抛出语法错误。

🔊 提示：

ES 2017 开始允许函数的最后一个参数有尾逗号。例如：

```
function clownsEverywhere(
  param1,
  param2,
) {/* ... */}
```
这个规定可以确保：函数参数与数组和对象的尾逗号规则保持一致。

【示例】function 语句必须包含函数名、小括号和大括号，其他代码都可省略，因此最简单的函数体是一个空函数。

```
function funName(){}                              //空函数
```

如果使用匿名函数，则可以省略函数名。例如：

```
function(){}                                      //匿名空函数
```

扫一扫，看视频

📢 提示：

var 和 function 都是声明语句，声明的变量和函数在 JavaScript 预编译时被解析，这个过程被称为变量提升和函数提升。在预编译期，JavaScript 引擎会为每个 function 创建上下文，定义变量对象，同时把函数内所有形参、私有变量、嵌套函数作为属性注册到上下文所在对象上。

8.1.2 构造函数

使用 Function()构造函数可以快速生成函数。具体用法如下：

```
var funName = new Function(p1, p2, ..., pn, body);
```

Function()的参数类型都是字符串；p1~pn 表示所创建函数的参数名称列表；body 表示所创建函数的函数结构体语句，body 语句之间通过分号进行分隔。

【示例 1】可以省略所有参数，仅传递一个字符串，用来表示函数体。

```
var f = new Function("a", "b", "return a+b"); //通过构造函数来克隆函数结构
```

在上面的代码中，f 就是所创建函数的名称。同样是定义函数，使用 function 语句可以设计相同结构的函数。

```
function f(a, b){                               //使用 function 语句定义函数结构
    return a + b;
}
```

【示例 2】使用 Function()构造函数可以不指定任何参数，创建一个空函数结构体。

```
var f = new Function();                         //定义空函数
```

【示例 3】在 Function()构造函数参数中，p1~pn 是参数名称的列表，即 p1 不仅能代表一个参数，它可以是一个逗号隔开的参数列表。下面的定义方法是等价的。

```
var f = new Function("a", "b", "c", "return a+b+c")
var f = new Function("a, b, c", "return a+b+c")
var f = new Function("a,b", "c", "return a+b+c")
```

📢 注意：

Function()构造函数不是很常用，因为一个函数体通常会包含很多代码，如果将这些代码以一行字符串的形式进行传递，代码的可读性会很差。

📢 提示：

使用 Function()构造函数可以动态创建函数，它不会把用户限制在 function 语句预声明的函数体中。使用 Function()构造函数，能够把函数当作表达式来使用，而不是当作一个结构，因此使用起来会更灵活。其缺点就是，Function()构造函数在执行期被编译，执行效率非常低。一般不推荐使用。

8.1.3 函数直接量

函数直接量也称为匿名函数，即函数没有函数名，仅包含 function 关键字、参数和函数体。具体用法如下。

扫一扫，看视频

```
function([args]){
    statements
}
```

【示例 1】下面的代码定义一个函数直接量。

```
function(a, b){                                 //函数直接量
    return a + b;
```

```
}
```

在上面的代码中，函数直接量与使用 function 语句定义函数结构基本相同，它们的结构都是固定的。但是函数直接量没有指定函数名，而是直接利用关键字 function 来表示函数的结构，这种函数也被称为匿名函数。

【示例 2】匿名函数就是一个表达式，即函数表达式，而不是函数结构的语句。在下面的示例中把匿名函数作为一个值赋值给变量 f。

```
var f = function(a, b){            //把函数作为一个值直接赋值给变量 f
    return a + b;
};
```

当把函数结构作为一个值赋值给变量之后，变量就可以作为函数被调用，此时变量就指向那个匿名函数。

```
console.log(f(1,2));               //返回数值 3
```

【示例 3】匿名函数作为值，可以参与更复杂的表达式运算。针对上面的示例可以使用如下代码完成函数定义和调用一体化操作。

```
console.log(                       //把函数作为一个操作数进行调用
    (function(a, b){
        return a + b;
    }) (1,2));                     //返回数值 3
```

8.1.4　嵌套函数

扫一扫，看视频

JavaScript 允许函数可以相互嵌套，因此可以定义复杂的嵌套结构函数。

【示例 1】使用 function 语句声明两个相互嵌套的函数体结构。

```
function f(x, y){                  //外层函数
    function e(a, b){              //内层函数
        return a * b;
    }
    return x + y;
}
```

【示例 2】嵌套的函数只能够在函数体内可见，函数外不允许直接访问、调用。

```
function f(x, y){
    function e(a, b){
        return a * b;
    }
    return e(3, 6) + y;           //内层函数参与表达式运算有效
    console.log(e(3, 6));         //无效的调用
}
console.log(f(3, 6));            //调用外层函数
```

8.1.5　箭头函数

扫一扫，看视频

ES 6 新增箭头函数，它是一种特殊结构的函数表达式，语法比 function() 函数表达式更简洁，并且没有自己的 this、arguments、super 或 new.target，不能用作构造函数，不能与 new 一起使用。语法格式如下：

```
(param1, param2, ..., paramN) => {statements}
(param1, param2, ..., paramN) => expression
```

其中，param1, param2, ..., paramN 表示参数列表，statements 表示函数内的语句块，expression 表示

函数内仅包含一个表达式，它相当于如下语法。

```
function (param1, param2, ..., paramN) {return expression;}
```

当只有一个参数时，小括号是可选的。

```
(singleParam) => {statements}                //正确
singleParam => {statements}                  //正确
```

没有参数时，需要使用空的小括号表示。

```
() => {statements}
```

提示：

如果不需要参数，或者需要多个参数，则需要使用一个小括号代表参数部分。例如：

```
var f = () => 5;
var sum = (num1, num2) => num1 + num2;
```
等同于：
```
var f = function () {return 5};
var sum = function(num1, num2) {
    return num1 + num2;
};
```
如果函数体部分代码块由多条语句组成，则需要使用大括号将所有语句括起来，并且使用 return 语句声明返回值。例如：
```
var sum = (num1, num2) => {return num1 + num2;}
```
如果返回一个对象，则需要在大括号外面加上小括号，否则会报错。例如：
```
let fn = id => ({id: id});
```
如果函数只有一条语句，且不需要返回值，则可以省略大括号。例如：
```
let fn = () => console.log("hi");
```
箭头函数可以与变量解构结合使用。例如：
```
const full = ({first, last}) => first + ' ' + last;
```
等同于：
```
function full(person) {
    return person.first + ' ' + person.last;
}
```

【示例 1】 使用箭头函数简化回调函数。

```
[1,2,3].map(function (x) {                    //普通函数的写法
    return x * x;
});
[1,2,3].map(x => x * x);                       //箭头函数的写法
```

【示例 2】 rest 参数与箭头函数结合使用。

```
const fn1 = (...nums) => nums;
fn1(1, 2, 3, 4, 5)                            //[1,2,3,4,5]
const fn2 = (head, ...tail) => [head, tail];
fn2(1, 2, 3, 4, 5)                            //[1,[2,3,4,5]]
```

注意：

- 箭头函数没有自己的 this 对象。
- 箭头函数不可以当作构造函数，即箭头函数不能够使用 new 命令，否则会抛出一个错误。
- 箭头函数不可以使用 arguments 对象，该对象在函数体内不存在，可以用 rest 参数代替。
- 箭头函数不可以使用 yield 命令，箭头函数不能用作 Generator 函数。

对于普通函数来说，内部的 this 指向函数运行时所在的对象，但是这一点对箭头函数不成立。它没

有自己的 this 对象，内部的 this 就是定义时上层作用域中的 this。也就是说，箭头函数内部的 this 指向是固定的，相比之下，普通函数的 this 指向是可变的。

【示例 3】在下面的代码中，setTimeout() 的参数是一个箭头函数，这个箭头函数的定义生效是在 foo 函数生成时，而它的真正执行要等到 100 毫秒后。如果是普通函数，执行时 this 应该指向全局对象 window，这时应该输出 21。但是，箭头函数导致 this 总是指向函数定义生效时所在的对象（为 {id: 42}），所以打印出来的是 42。

```
function foo() {
    setTimeout(() => {
        console.log('id:', this.id);
    }, 100);
}
var id = 21;
foo.call({id: 42});                        //id: 42
```

总之，箭头函数根本没有自己的 this，导致内部的 this 就是外层代码块的 this。正是因为它没有 this，所以也就不能用作构造函数。

【示例 4】以下 3 个变量在箭头函数之中也是不存在的，指向外层函数的对应变量：arguments、super、new.target。

```
function foo() {
    setTimeout(() => {
        console.log('args:', arguments);
    }, 100);
}
foo(2, 4, 6, 8)  //args: [2, 4, 6, 8]
```

在上面的代码中，箭头函数内部的变量 arguments 其实是函数 foo 的 arguments 变量。

【示例 5】由于箭头函数没有自己的 this，所以当然也就不能用 call()、apply()、bind() 这些方法去改变 this 的指向。

```
(function() {
    return [
        (() => this.x).bind({x: 'inner'})()
    ];
}).call({x: 'outer'});                     //['outer']
```

在上面的代码中，箭头函数没有自己的 this，所以 bind() 方法无效，内部的 this 指向外部的 this。

📢 注意：

由于箭头函数使得 this 从动态变成静态，下面两个场合不应该使用箭头函数。
↘ 定义对象的方法，且该方法内部包括 this。

【示例 6】在下面的代码中，cat.jumps() 方法是一个箭头函数，这是错误的。调用 cat.jumps() 方法时，如果是普通函数，该方法内部的 this 指向 cat；如果写成上面那样的箭头函数，使得 this 指向全局对象，因此不会得到预期结果。这是因为对象不构成单独的作用域，导致 jumps 箭头函数定义时的作用域就是全局作用域。

```
const cat = {
    lives: 9,
    jumps: () => {
        this.lives--;
    }
}
```

➥ 需要动态 this 时,也不应使用箭头函数。

【**示例 7**】在下面的代码中,单击按钮会报错,因为 button 的监听函数是一个箭头函数,导致里面的 this 就是全局对象。如果改成普通函数,this 就会动态指向被单击的按钮对象。

```
var button = document.getElementById('press');
button.addEventListener('click', () => {
    this.classList.toggle('on');
});
```

如果函数体很复杂,有许多行,或者函数内部有大量的读/写操作,不单纯是为了计算值,这时也不应该使用箭头函数,而是要使用普通函数,这样可以提高代码可读性。

扫一扫,看视频

8.1.6 嵌套箭头函数

箭头函数允许在内部使用箭头函数,形成嵌套的箭头函数结构。

【**示例 1**】在下面的代码中,采用 ES 5 语法定义多重嵌套函数。

```
function insert(value) {
  return {into: function (array) {
    return {after: function (afterValue) {
      array.splice(array.indexOf(afterValue) + 1, 0, value);
      return array;
    }};
  }};
}
insert(2).into([1, 3]).after(1);        //[1, 2, 3]
```

上面这个函数可以使用箭头函数改写。

```
let insert = (value) => ({into: (array) => ({after: (afterValue) => {
    array.splice(array.indexOf(afterValue) + 1, 0, value);
    return array;
}})});
insert(2).into([1, 3]).after(1);        //[1, 2, 3]
```

【**示例 2**】在下面的代码中,设计一个管道机制,即前一个函数的输出是后一个函数的输入。

```
const pipeline = (...funcs) => val => funcs.reduce((a, b) => b(a), val);
const plus1 = a => a + 1;
const mult2 = a => a * 2;
const addThenMult = pipeline(plus1, mult2);
addThenMult(5)                          //12
```

采用下面写法简化语法。

```
const plus1 = a => a + 1;
const mult2 = a => a * 2;
mult2(plus1(5))                         //12
```

8.2 调 用 函 数

JavaScript 提供 4 种函数调用的模式:函数调用、方法调用、使用 call()方法和 apply()方法动态调用、使用 new 命令间接调用,下面分别进行介绍。

扫一扫，看视频

8.2.1 函数调用

在默认状态下，函数是不会被执行的。使用小括号（()）可以激活并执行函数，在小括号中可以包含零个或多个参数，参数之间通过逗号进行分隔。

【示例1】在下面的示例中，使用小括号调用函数，然后直接把返回值传入函数，进行第2次运算，这样可以节省两个临时变量。

```
function f(x,y){                          //定义函数
    return x*y;                           //返回值
}
console.log(f(f(5,6),f(7,8)));            //返回 1680。重复调用函数
```

【示例2】如果函数返回值为一个函数，则在调用时可以使用多个小括号反复调用。

```
function f(x, y){                         //定义函数
    return function(){                    //返回函数类型的数据
        return x * y;
    }
}
console.log(f(7, 8)());                   //返回值 56，反复调用函数
```

【示例3】设计递归调用函数，即在函数内调用自身，这样可以反复调用，但最终返回的都是函数自身。

```
function f(){                             //定义函数
    return f;                             //返回函数自身
}
console.log(f()()()()()()()()()()());     //返回函数自身
```

当然，上述设计方法在实际开发中没有任何应用价值，不建议使用。

扫一扫，看视频

8.2.2 方法调用

当一个函数被设置为对象的属性值时，我们称之为方法。使用点语法可以调用一个方法。

【示例】下面将创建一个 obj 对象，它有一个 value 属性和一个 increment()方法。increment()方法可接收一个可选的参数，如果该参数不是数字，那就默认使用数字1。

```
var obj = {
    value : 0,
    increment : function(inc) {
        this.value += typeof inc === 'number' ? inc : 1;
    }
}
obj.increment();
console.log(obj.value);                   //1
obj.increment(2);
console.log(obj.value);                   //3
```

使用点语法可以调用对象 obj 的方法 increment，然后通过 increment()方法改写 value 属性的值。在 increment()方法中可以使用 this 访问 obj 对象，然后使用 obj.value 方式读/写 value 属性值。

◀) 提示：

有关对象、属性和方法的知识，第9章和第10章还将继续讲解。

扫一扫，看视频

8.2.3 使用 call()方法和 apply()方法动态调用

call()和 apply()是 Function 的原型方法，它们能够将特定函数当作一个方法绑定到指定对象上，并进行调用。具体用法如下：

```
function.call(thisobj, args...)
function.apply(thisobj, [args])
```

function 表示要调用的函数；参数 thisobj 表示绑定对象，即 this 指代的对象；参数 args 表示要传递给被调用函数的参数。call()方法只能接收多个参数列表，而 apply()方法只能接收一个数组或者伪类数组，数组元素将作为参数列表传递给被调用的函数。

📢 提示：

call()和 apply()方法的主要功能包括：

➥ 调用函数。
➥ 修改函数体内的 this 指代对象。
➥ 为对象绑定方法。
➥ 跨越限制调用不同类型的方法。

【示例 1】下面的示例使用 call()方法动态调用函数 f，并传入参数值 3 和 4，返回运算值。

```
function f(x,y){                        //定义求和函数
    return x+y;
}
console.log(f.call(null, 3, 4));        //返回 7
```

在上面的示例中，f 是一个简单的求和函数，通过 call()方法把函数 f 绑定到空对象 null 身上，以实现动态调用函数 f，同时把参数 3 和 4 传递给函数 f，返回值为 7。实际上，f.call(null, 3, 4)等价于 null.m(3,4)。

【示例 2】示例 1 使用 call()方法调用，实际上也可以使用 apply()方法来调用函数 f()。

```
function f(x,y){                        //定义求和函数
    return x+y;
}
console.log(f.apply(null, [3, 4]));     //返回 7
```

📢 注意：

如果把一个数组或伪类数组的所有元素作为参数进行传递时，使用 apply()方法就非常便利。

【示例 3】下面使用 apply()方法设计一个求最大值的函数。

```
function max(){                                  //求最大值函数
    var m = Number.NEGATIVE_INFINITY;           //声明一个负无穷大的数值
    for(var i = 0; i < arguments.length; i ++){  //遍历所有实参
        if(arguments[i] > m)                    //如果实参值大于变量 m
        m = arguments[i];                       //则把该实参值赋值给 m
    }
    return m;                                    //返回最大值
}
var a = [23, 45, 2, 46, 62, 45, 56, 63];        //声明并初始化数组
var m = max.apply(Object, a);                   //动态调用 max，绑定为 Object 的方法
console.log(m);                                 //返回 63
```

在示例 3 中，设计定义一个函数 max()，用来计算所有参数中最大值参数。首先，通过 apply()方法

动态调用 max()函数。然后，把它绑定为 Object 对象的一个方法，并把包含多个值的数组传递给它。最后，返回经过 max 计算后的最大数组元素。

如果使用 call()方法，就需要把数组所有元素全部读取出来，再逐一传递给 call()方法，显然这种做法不是很方便。

【示例 4】也可以动态调用 Math 的 max()方法来计算数组的最大值元素。

```javascript
var a = [23, 45, 2, 46, 62, 45, 56, 63];    //声明并初始化数组
var m = Math.max.apply(Object, a);           //调用系统 max()方法
console.log(m);                              //返回 63
```

【示例 5】使用 call()和 apply()方法可以把一个函数转换为指定对象的方法，并在这个对象上调用该方法。当函数动态调用之后，这个对象的临时方法也就不存在了。

```javascript
function f() {
    return "函数 f";
}
var obj = {};
f.call(obj);                        //把函数 f 绑定为 obj 对象的方法
console.log(obj.f());               //再次调用该方法，则返回编译错误
```

🔊 提示：

本小节主要介绍了使用 call()和 apply()方法调用函数的基本用法，由于涉及类型、对象和 this 知识，其他功能将在第 10 章中详细介绍。

扫一扫，看视频

8.2.4 使用 new 命令调用

使用 new 命令可以实例化对象，这是它的主要功能，但是在创建对象的过程中会激活并运行函数。因此，使用 new 命令可以间接调用函数。

🔊 注意：

使用 new 命令调用函数时，返回的是对象，而不是 return 的返回值。如果不需要返回值，或者 return 的返回值是对象，可以选用 new 间接调用函数。

【示例】下面的示例简单演示了如何用 new 命令把传入的参数值显示在控制台。

```javascript
function f(x,y){                      //定义函数
    console.log("x = "+ x + ", y = " + y);
}
new f(3, 4);
```

🔊 提示：

关于 new 命令的详细用法请参考第 10 章内容。

8.3 函数参数和返回值

参数和返回值是函数对外互动的主要入口和出口，用户只能通过参数来控制函数的运行。

扫一扫，看视频

8.3.1 形参和实参

函数的参数包括两种类型。

➥ 形参：在定义函数时，声明的参数变量仅在函数内部可见。

➥ 实参：在调用函数时，实际传入的值。

【示例 1】定义 JavaScript 函数时，可以设置零个或多个参数。

```
function f(a,b){                    //设置形参 a 和 b
    return a+b;
}
var x=1,y=2;                        //声明并初始化变量
console.log(f(x,y));               //调用函数并传递实参
```

在示例 1 中，a、b 就是形参，而在调用函数时向函数传递的变量 x、y 就是实参。

一般情况下，函数的形参和实参数量应该相同，但是 JavaScript 并没有要求形参和实参必须相同。在特殊情况下，函数的形参和实参数量可以不相同。

【示例 2】如果函数实参数量少于形参数量，那么多出来的形参的值默认为 undefined。

```
(function(a,b){                     //定义函数，包含 2 个形参
    console.log(typeof a);         //返回 number
    console.log(typeof b);         //返回 undefined
})(1);                              //调用函数，传递一个实参
```

【示例 3】如果函数实参数量多于形参数量，那么多出来的实参就不能够通过形参进行访问，函数会忽略掉多余的实参。在下面这个示例中，实参 3 和 4 就被忽略掉了。

```
(function(a,b){                     //定义函数，包含 2 个形参
    console.log(a);                //返回 1
    console.log(b);                //返回 2
})(1,2,3,4);                        //调用函数，传入 4 个实参值
```

📢 提示：

在实际应用中，经常存在实参数量少于形参数量，但是在函数内依然可以使用这些形参，这是因为在定义函数时，已经对它们进行了初始化，设置了默认值。在调用函数时，如果用户不传递或少传递实参，则函数会采用默认值。而形参数量少于实参的情况比较少见，这种情况一般发生在参数数量不确定的函数中。

扫一扫，看视频

8.3.2 获取参数个数

使用 arguments 对象的 length 属性可以获取函数的实参个数。arguments 对象只能在函数体内可见，因此 arguments.length 也只能在函数体内使用。

使用函数对象的 length 属性可以获取函数的形参个数，该属性为只读属性。在函数体内、体外都可以使用。

【示例 1】下面设计一个 checkArg() 函数，用来检测函数的形参和实参是否一致，如果不一致，就会抛出异常。

```
function checkArg(a){                          //检测函数实参与形参是否一致
    if(a.length != a.callee.length)           //如果实参与形参个数不同，则抛出错误
        throw new Error("实参和形参不一致");
}
function f(a, b){                              //求两个数的平均值
    checkArg(arguments);                       //根据 arguments 来检测函数实参和形参是否一致
    return ((a*1 ? a: 0) + (b*1 ? b: 0)) / 2; //返回平均值
}
console.log(f(6));                             //抛出异常。调用函数 f，传入 1 个参数
```

◀》注意：

当参数指定了默认值以后，函数的 length 属性将返回没有指定默认值的参数个数。也就是说，指定了默认值后，length 属性将失真。

【示例 2】在下面的代码中，length 属性的返回值等于函数的参数个数减去指定了默认值的参数个数。最后一个函数定义了 3 个参数，其中有一个参数 c 指定了默认值，因此 length 属性等于 3 减去 1，最后得到 2。

```
(function (a) {}).length                    //1
(function (a = 5) {}).length                //0
(function (a, b, c = 5) {}).length          //2
```

这是因为 length 属性的含义是，该函数预期传入的参数个数。某个参数指定默认值以后，预期传入的参数个数就不包括这个参数了。

另外，rest 参数也不会计入 length 属性。例如：

```
(function(...args) {}).length               //0
```

如果设置了默认值的参数不是尾参数，那么 length 属性也不再计入后面的参数。例如：

```
(function (a = 0, b, c) {}).length          //0
(function (a, b = 1, c) {}).length          //1
```

8.3.3 使用 arguments 对象

扫一扫，看视频

arguments 对象表示函数的实参集合，仅能够在函数体内可见，并可以直接访问。

【示例 1】在下面的示例中，函数没有定义形参，但是在函数体内通过 arguments 对象可以获取调用函数时传入的每一个实参值。

```
function f(){                               //定义没有形参的函数
    for(var i = 0; i < arguments.length; i ++){//遍历 arguments 对象
        console.log(arguments[i]);         //显示指定下标的实参的值
    }
}
f(3, 3, 6);                                 //逐个显示每个传递的实参
```

◀》注意：

arguments 对象是一个伪类数组，不能够继承 Array 的原型方法。可以使用数组下标的形式访问每个实参，如 arguments[0]表示第 1 个实参，下标值从 0 开始，直到 arguments.length-1。其中 length 是 arguments 对象的属性，表示函数包含的实参个数。同时，arguments 对象可以允许更新其包含的实参值。

【示例 2】在下面的示例中，使用 for 循环遍历 arguments 对象，然后把循环变量的值传入 arguments，以便改变实参值。

```
function f(){
    for(var i = 0; i < arguments.length; i ++){   //遍历 arguments 对象
        arguments[i] =i;                   //修改每个实参的值
        console.log(arguments[i]);         //提示修改的实参值
    }
}
f(3, 3, 6);                                 //返回提示 0、1、2，而不是 3、3、6
```

【示例 3】通过修改 length 属性值，也可以改变函数的实参个数。当 length 属性值增大时，则增加的实参值默认为 undefined；如果 length 属性值减小，则会丢弃 length 长度值之后的实参值。

```
function f(){
```

```
        arguments.length = 2;                          //修改 arguments 对象的 length 属性值
        for(var i = 0; i < arguments.length; i ++){
            console.log(arguments[i]);
        }
    }
    f(3, 3, 6);                                         //返回提示 3、3
```

8.3.4 使用 callee 和 name

callee 是 arguments 对象的属性，它引用当前 arguments 对象所在的函数。使用该属性可以在函数体内调用函数自身。在匿名函数中，callee 属性比较有用，例如，利用它可以设计递归调用。

【示例】在下面的示例中，使用 arguments.callee 获取匿名函数，然后通过函数的 length 属性获取函数形参个数，最后比较实参个数与形参个数，以检测用户传递的参数是否符合要求。

```
function f(x, y, z){
    var a = arguments.length;                          //获取函数实参的个数
    var b = arguments.callee.length;                   //获取函数形参的个数
    if (a != b){                                        //如果形参和实参个数不相等，则提示错误信息
        throw new Error("传递的参数不匹配");
    }
    else{                                               //如果形参和实参数目相同，则返回它们的和
        return x + y + z;
    }
}
console.log(f(3, 4, 5));                                //返回值为 12
```

📢 提示：

arguments.callee 等价于函数名，在上面的示例中，arguments.callee 等于 f。

📢 提示：

ES 6 支持函数的 name 属性，使用该属性可以返回该函数的函数名。例如：

```
function foo() {}
foo.name                                               //"foo"
```

📢 注意：

如果将一个匿名函数赋值给一个变量，ES 5 的 name 属性会返回空字符串，而 ES 6 的 name 属性会返回实际的函数名。例如：

```
var f = function() {};
f.name                                                 //ES5 返回""
f.name                                                 //ES6 返回"f"
```

如果将一个具名函数赋值给一个变量，则 ES 5 和 ES 6 的 name 属性都会返回这个具名函数原来的名字。例如：

```
const bar = function baz() {};
bar.name                                               //ES5 返回"baz"
bar.name                                               //ES6 返回"baz"
```

Function 构造函数返回的函数实例，name 属性的值为 anonymous。例如：

```
(new Function).name                                    //"anonymous"
```

bind 返回的函数，name 属性值会加上 bound 前缀。例如：

```
function foo() {};
foo.bind({}).name                                      //"bound foo"
(function(){}).bind({}).name                           //"bound"
```

扫一扫，看视频

8.3.5　应用 arguments 对象

在实际开发中，arguments 对象非常有用，灵活使用 arguments 对象，可以提升编程技巧。下面结合几个典型示例展示 arguments 的应用。

（1）使用 arguments 对象能够增强函数应用的灵活性。例如，如果函数的参数个数不确定，或者函数的参数的个数很多，而又不想逐一定义每一个形参，则可以省略定义参数，直接在函数体内使用 arguments 对象来访问调用函数的实参值。

【示例 1】下面的示例定义一个求平均值的函数，函数借助 arguments 对象来计算参数的平均值。在调用函数时，可以传入任意多个参数。

```javascript
function avg(){                                //求平均数
    var num = 0, l = 0;                        //声明并初始化临时变量
    for(var i = 0; i < arguments.length; i ++){ //遍历所有实参
        if(typeof arguments[i] != "number")     //如果参数不是数值
            continue;                           //则忽略该参数值
        num += arguments[i];                    //计算参数的数值之和
        l ++;                                   //计算参与和运算的参数个数
    }
    num /= l;                                   //求平均值
    return num;                                 //返平均值
}
console.log(avg(1, 2, 3, 4));                   //返回 2.5
console.log(avg(1, 2,"3", 4));                  //返回 2.3333333333333335
```

【示例 2】在页面设计中经常需要验证表单输入值，下面的示例检测文本框中输入的值是否为合法的邮箱地址。

```javascript
function isEmail(){
    if(arguments.length>1) throw new Error("只能够传递一个参数"); //检测参数个数
    var regexp = /^\w+((-\w+)|(\.\w+))*\@[A-Za-z0-9]+
((\.|-)[A-Za-z0-9]+)*\.[A-Za-z0-9]+$/;          //定义正则表达式
    if (arguments[0].search(regexp)!= -1)        //匹配实参的值
        return true;                             //如果匹配，则返回 true
    else
        return false;                            //如果不匹配，则返回 false
}
var email = "zhangsan@css8.cn";                  //声明并初始化邮箱地址字符串
console.log(isEmail(email));                     //返回 true
```

（2）arguments 对象是伪类数组，不是数组，可以通过 length 属性和中括号语法来遍历或访问实参的值。不过，通过动态调用的方式也可以使用数组的方法，如 push()、pop()、slice()等。

【示例 3】使用 arguments 可以模拟重载。实现方法：通过 arguments.length 属性值判断实际参数的个数和类型，决定执行不同的代码。

```javascript
function sayHello() {
    switch (arguments.length) {
        case 0:
            return "Hello";
        case 1:
            return "Hello, "+ arguments[0];
        case 2:
            return (arguments[1] == "cn" ? "你好, ":"Hello,") + arguments[0];
```

```
    };
}
console.log(sayHello());                              //"Hello"
console.log(sayHello("Alex"));                        //"Hello, Alex"
console.log(sayHello("Alex", "cn"));                  //"你好, Alex"
```

【示例 4】下面的示例使用动态调用的方法，让 arguments 对象调用数组方法 slice()，可以把函数的参数对象转换为数组。

```
function f() {
    return [].slice.apply(arguments);
}
console.log(f(1,2,3,4,5,6));                          //返回[1,2,3,4,5,6]
```

8.3.6 参数的默认值

扫一扫，看视频

ES 6 允许为函数的参数设置默认值，设置方法即直接写在形参定义的后面。例如：

```
function add(x, y = 0) {
    return x + y;
}
add(1)                                    //1
add(1, 2)                                 //3
```

📢 注意：

参数变量是默认声明的，不能用 let 或 const 再次声明。使用参数默认值时，函数不能有同名参数。例如：

```
function foo(x, x, y) {// ...}            //不报错
function foo(x, x, y = 1) {// ...}        //报错
```

参数默认值不是传值的，而是每次都重新计算默认值表达式的值。

【示例 1】在下面的代码中，参数 p 的默认值是 $x+1$。每次调用函数 foo()，都会重新计算 $x+1$，而不是默认 p 等于 100。

```
let x = 99;
function foo(p = x + 1) {
    console.log(p);
}
foo()                                     //100
x = 100;
foo()                                     //101
```

参数默认值可以与解构赋值的默认值结合起来使用。

【示例 2】在下面的代码中，只使用了对象的解构赋值默认值，没有使用函数参数的默认值。只有当函数 foo() 的参数是一个对象时，变量 x 和 y 才会通过解构赋值生成。如果函数 foo() 调用时没提供参数，变量 x 和 y 就不会生成，从而报错。通过提供函数参数的默认值，就可以避免这种情况。

```
function foo({x, y = 5}) {
    console.log(x, y);
}
foo({})                          //undefined 5
foo({x: 1})                      //1 5
foo({x: 1, y: 2})                //1 2
foo()                            //TypeError: Cannot read property 'x' of undefined
```

【示例 3】在下面的代码中，如果没有提供参数，函数 foo() 的参数默认为一个空对象。

```
function foo({x, y = 5} = {}) {
    console.log(x, y);
}
foo()                                    //undefined 5
```

【示例 4】 在下面的代码中，如果函数 fetch() 的第 2 个参数是一个对象，就可以为它的 3 个属性设置默认值。这种写法不能省略第 2 个参数，如果结合函数参数的默认值，就可以省略第 2 个参数，这时就会出现双重默认值。

```
function fetch(url, {body = '', method = 'GET', headers = {}}) {
    console.log(method);
}
fetch('http://example.com', {})    //"GET"
fetch('http://example.com')        //报错
```

【示例 5】 在下面的代码中，函数 fetch() 没有第 2 个参数时，函数参数的默认值就会生效，然后才是解构赋值的默认值生效，变量 method 才会取到默认值 GET。

```
function fetch(url, {body = '', method = 'GET', headers = {}} = {}) {
    console.log(method);
}
fetch('http://example.com')        //"GET"
```

扫一扫，看视频

8.3.7　参数默认值的位置

一般情况下，定义了默认值的参数，应该是函数的尾参数。

【示例 1】 如果非尾部的参数设置默认值，那么该参数是不能省略的。在下面的代码中，有默认值的参数都不是尾参数，这样就无法省略该参数。

```
function f(x, y = 5, z) {
    return [x, y, z];
}
f()                                      //[undefined, 5, undefined]
f(1)                                     //[1, 5, undefined]
f(1,,2)                                  //报错
f(1, undefined, 2)                       //[1, 5, 2]
```

🔊 **提示：**

如果传入 undefined，将触发该参数等于默认值，而 null 不支持该功能。

【示例 2】 在下面的代码中，x 参数对应 undefined，结果触发了默认值，y 参数等于 null，就没有触发默认值。

```
function foo(x = 5, y = 6) {
    console.log(x, y);
}
foo(undefined, null)               //5 null
```

【示例 3】 利用参数默认值可以指定某一个参数不得省略，如果省略，就抛出一个错误。

```
function throwIfMissing() {
    throw new Error('Missing parameter');
}
function foo(mustBeProvided = throwIfMissing()) {
    return mustBeProvided;
}
foo()                              //Error: Missing parameter
```

上面代码的 foo()函数，如果调用的时候没有参数，就会调用默认值 throwIfMissing()函数，从而抛出一个错误。

从上面代码中还可以看到，参数 mustBeProvided 的默认值等于 throwIfMissing()函数的运行结果（注意函数名 throwIfMissing 之后有一对圆括号），这表明参数的默认值不是在定义时执行，而是在运行时执行。如果参数已经赋值，默认值中的函数就不会运行。

另外，可以将参数默认值设为 undefined，表明这个参数是可以省略的。

```
function foo(optional = undefined) {…}
```

扫一扫，看视频

8.3.8 rest 参数

ES 6 新增 rest 参数（剩余参数），用于获取函数的多余参数，这样就不再使用 arguments 对象。语法格式如下：

```
function(a, b, ...args) {
    //函数体
}
```

如果函数最后一个形参以...为前缀，则它就表示剩余参数，将传递的所有剩余的实参组成一个数组，传递给形参 args。

🔊 提示：

剩余参数与 arguments 对象之间的区别主要有 3 个。
➥ 剩余参数只包含那些没有对应形参的实参，而 arguments 对象包含了所有的实参。
➥ arguments 对象是一个伪类数组，而剩余参数是真正的数组类型。如果 arguments 要使用数组的方法，必须使用 Array.from()方法先将其转为数组。
➥ arguments 对象有自己的属性，如 callee 等。

【示例 1】在下面的代码中，add 是一个求和函数，利用 rest 参数可以向该函数传入任意多个的参数。

```
function add(...values) {
    let sum = 0;
    for (var val of values) {
        sum += val;
    }
    return sum;
}
add(1, 2, 3, 4)                                    //10
```

【示例 2】使用 rest 参数代替 arguments 变量。下面比较两种写法，对传入的参数进行排序，比较后可以发现，rest 参数的写法更自然也更简洁。

```
function sortNumbers() {                    //arguments 变量的写法
    return Array.from(arguments).sort();
}
const sortNumbers = (...numbers) => numbers.sort();    //rest 参数的写法
```

🔊 注意：

rest 参数只能是最后一个参数，之后不能再有其他参数，否则会报错。另外，函数的 length 属性不计算 rest 参数。

扫一扫，看视频

8.3.9 函数的返回值

在函数体内，使用 return 语句可以设置函数的返回值，一旦执行 return 语句，将停止函数的运行，运算并返回 return 后面的表达式的值。如果函数不包含 return 语句，则执行完函数体内每条语句后，返回 undefined 值。

📢 提示：

> JavaScript 是一种弱类型语言，所以函数对于接收和输出的值都没有类型限制，JavaScript 也不会自动检测输入和输出值的类型。

【示例1】下面的代码定义函数的返回值为函数。

```
function f(){
    return function(x, y){          //返回值为函数
        return x + y;
    }
}
```

【示例2】函数的参数没有限制，但是返回值只能是一个，如果要输出多个值，可以通过数组或对象进行设计。

```
function f(){
    var a = [];
    a[0] = true;
    a[1] = function(x, y){
        return x + y;
    }
    a[2] = 123;
    return a;                       //返回多个值
}
```

在上面的代码中，函数返回值为数组，该数组包含 3 个元素，从而实现使用一个 return 语句，返回多个值的目的。

【示例3】在函数体内可以包含多个 return 语句，但是仅能执行一个 return 语句，因此在函数体内可以使用分支结构决定函数返回值，或者使用 return 语句提前终止函数运行。

```
function f(x, y){
    //如果参数为非数字类型，则终止函数执行
    if(typeof x != "number" || typeof y != "number") return;
    //根据条件返回值
    if(x > y) return x - y;
    if(x < y) return y - x;
    if(x * y <= 0) return x + y;
}
```

8.4　函数作用域

JavaScript 支持全局作用域和局部作用域。局部作用域包括函数作用域和块级作用域，局部变量只能在当前作用域中可见，故也称为私有变量。

8.4.1　词法作用域

作用域（scope）表示变量的作用范围、可见区域，包括词法作用域和执行作用域。

➥ 词法作用域：根据代码的结构关系来确定作用域。词法作用域是一种静态的词法结构，JavaScript 解析器主要根据词法结构确定每个变量的可见性和有效区域。

➥ 执行作用域：当代码被执行时，才能够确定变量的作用范围和可见性，与词法作用域相对，它是一种动态作用域。函数的作用域会因为调用对象不同而发生变化。

📢 注意：

JavaScript 支持词法作用域，JavaScript 函数只能运行在被预先定义好的词法作用域里，而不是被执行的作用域里。

8.4.2　执行上下文和活动对象

JavaScript 代码是按顺序从上到下被解析的，当然 JavaScript 引擎并非逐行地分析和执行代码，而是逐段地去分析和执行。当执行一段代码时，先进行预处理，如变量提升、函数提升等。

JavaScript 可执行代码包括 3 种类型：全局代码、函数代码、eval 代码。每执行一段可执行的代码时，都会创建对应的执行上下文。在脚本中可能存在大量的可执行代码段，所以，JavaScript 引擎先创建执行上下文栈来管理脚本中所有执行上下文。

📢 提示：

执行上下文是一个专业术语，比较抽象，实际上就是在内存中开辟的一块独立运行的空间，执行上下文栈相当于一个数组，数组元素就是一个个独立的执行上下文区域。

当 JavaScript 开始解释程序时，最先遇到的是全局代码，因此在初始化程序时，首先向执行上下文栈压入一个全局执行上下文，并且只有当整个应用程序结束时，全局执行上下文才被清空。

当执行一个函数时，会创建一个函数的执行上下文，并且压入到执行上下文栈，当函数执行完毕时，会将函数的执行上下文从栈中弹出。

每个执行上下文都有 3 个基本属性，本小节将重点介绍变量对象。

➥ 变量对象。
➥ 作用域链。
➥ this。

变量对象是与执行上下文相关的数据作用域，存储了在上下文中定义的变量和函数声明。JavaScript 代码不能直接访问该对象，但是可以访问该对象的成员（如 arguments）。不同代码段中的变量对象也不相同，简单说明如下。

1．全局上下文的变量对象

全局上下文的变量对象，初始化是全局对象。

全局对象是预定义的对象，作为 JavaScript 的全局函数和全局属性的占位符。通过全局对象，可以访问其他所有预定义的对象、函数和属性。

在客户端 JavaScript 中，全局对象是 window 对象，通过 window 对象的 window 属性指向自身。

【示例 1】下面的代码演示了在全局作用域中声明变量 b，并赋值，然后通过 window 对象的属性 b 来读取这个全局变量值。同时演示了使用 this 访问 window 对象，使用 this.window 同样可以访问 window 对象。

```
var b = true;
console.log(window.b);              //true
this.window.b = false;
console.log(this.b);                //false
```

2．函数上下文的变量对象

变量对象是 ECMAScript 规范术语，在一个执行上下文中，变量对象才被激活，只有激活的变量对象，它的各种属性才能被访问。

在函数执行上下文中，变量对象常常被称为活动对象，两者意思相同。活动对象是在进入函数上下文时被创建，初始化时只包括 Arguments 对象。它通过函数的 arguments 属性访问。arguments 属性值为 Arguments 对象。

函数执行上下文的代码处理可以分成两个阶段：分析和执行，简单说明如下。

【执行过程】

第 1 步，进入执行上下文。当进入执行上下文时，不会执行代码，只进行分析，此时变量对象包括以下几项。

- ➥ 函数的所有形参（如果是函数上下文）：由名称和对应值组成的一个变量对象的属性被创建。如果没有实参，属性值设为 undefined。
- ➥ 函数声明：由名称和对应值（函数对象）组成一个变量对象的属性被创建。如果变量对象已经存在相同名称的属性，则会完全替换这个属性。
- ➥ 变量声明：由名称和对应值（undefined）组成一个变量对象的属性被创建。如果变量名称与已经声明的形参或函数相同，则变量声明不会覆盖已经存在的这类属性。

【示例 2】在进入函数执行上下文时，会给变量对象添加形参、函数声明、变量声明等初始的属性值。下面的代码简单演示了这个阶段的处理过程。

```
function f(a) {                    //声明外部函数
   var b = 1;                      //声明局部变量，并赋值1
   function c() {}                 //声明内部函数
   var d = function() {};          //声明局部变量，并赋值为匿名函数
   b = 2;                          //修改变量b的值为2
}
f(3);                              //调用函数，并传入实参值为3
```

在进入函数执行上下文后，活动对象的结构模拟如下：

```
AO = {
   arguments: {
      0: 3,                        //实参值
      length: 1                    //实参长度
   },
   a: 3,                           //实参值
   b: undefined,                   //声明局部变量b
   c: function c(){},              //声明函数c，引用function c(){}
   d: undefined                    //声明局部变量d
}
```

第 2 步，执行代码。在代码执行阶段，会按顺序执行代码，这时可能会修改变量对象的值。

【示例 3】在代码执行阶段，可能会修改变量对象的属性值。针对上面的示例，当代码执行完后，活动对象的结构模拟如下：

```
AO = {
   arguments: {
      0: 3,                        //实参值
      length: 1                    //实参长度
   },
   a: 3,                           //实参值
   b: 1,                           //初始化赋值
   c: function c(){},              //引用声明的函数c
   d: function(){}                 //引用函数表达式"d"
}
```

扫一扫，看视频

8.4.3 作用域链

JavaScript 作用域属于静态概念，根据词法结构来确定，而不是根据执行来确定。作用域链是 JavaScript 提供的一套解决标识符的访问机制。JavaScript 规定每一个作用域都有一个与之相关联的作用域链。

作用域链用来在函数执行时求出标识符的值。该链中包含多个对象，在对标识符进行求值的过程中，会从链首的对象开始，然后依次查找后面的对象，直到在某个对象中找到与标识符名称相同的属性。如果在作用域链的顶端（全局对象）仍然没有找到同名的属性，则返回 undefined 的属性值。

📢 注意:

在每个对象中进行属性查找时，还会使用该对象的原型域链（可参考第 10 章内容）。在一个执行上下文中，与其关联的作用域链只会被 with 语句和 catch 子句影响。

【示例 1】在下面的示例中，通过多层嵌套函数设计一个作用域链，在最内层函数中可以逐级访问外层函数的私有变量。

```
var a = 1;                          //全局变量
(function(){
   var b = 2;                       //第 1 层局部变量
   (function(){
      var c = 3;                    //第 2 层局部变量
      (function(){
         var d = 4;                 //第 3 层局部变量
         console.log(a+b+c+d);      //返回 10
      })()                          //直接调用函数
   })()                             //直接调用函数
})()                                //直接调用函数
```

在上面代码中，JavaScript 引擎首先在最内层活动对象中查询属性 a、b、c 和 d，其中只找到了属性 d，并获得它的值 "4"，然后沿着作用域链在上一层活动对象中继续查找属性 a、b 和 c，其中找到了属性 c，获得它的值 "3"，以此类推，直到找到所有需要的变量值为止。变量的作用域链如图 8.1 所示。

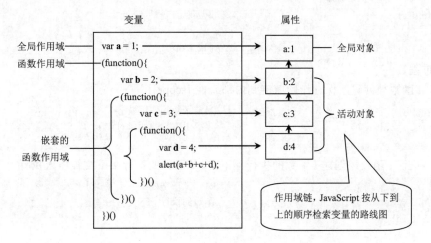

图 8.1 变量的作用域链

下面结合一个示例，通过函数的创建和激活两个阶段来介绍作用域链的创建过程。

1. 函数创建

函数的作用域在函数定义时就已经确定。每个函数都有一个内部属性[[scope]]，当函数创建时，[[scope]]保存所有父变量对象的引用，[[scope]]就是一个层级链。

📢 **注意：**

> [[scope]]并不代表完整的作用域链。例如：
>
> ```
> function f1() {
>     function f2() {
>         //…
>     }
> }
> ```
>
> 在函数创建时，每个函数的[[scope]]如下，其中 globalContext 表示全局上下文，VO 表示变量对象，f1Context 表示函数 f1 的上下文，AO 表示活动对象。
>
> ```
> f1.[[scope]] = [
>     globalContext.VO
> ];
> f2.[[scope]] = [
>     f1Context.AO,
>     globalContext.VO
> ];
> ```

2. 函数激活

当函数激活时，进入函数上下文，创建 VO/AO 后，就会将活动对象添加到作用链的前端。这时如果命名执行上下文的作用域链为 Scope，则可以表示为：

```
Scope = [AO].concat([[Scope]]);
```

至此，作用域链创建完毕。

【**示例 2**】下面的示例结合变量对象和执行上下文栈，总结函数执行上下文中作用域链和变量对象的创建过程。

```
var g = "global scope";          //全局变量
function f(){                     //声明函数
    var l = 'local scope';       //私有变量
    return l;                    //返回私有变量
}
f();                             //调用函数
```

【**执行过程**】

第 1 步，f 函数被创建，保存作用域链到内部属性[[scope]]。

```
f.[[scope]] = [                  //当前函数的作用域链
    globalContext.VO             //全局上下文的变量对象
];
```

第 2 步，执行 f 函数，创建 f 函数的执行上下文，f 函数的执行上下文被压入执行上下文栈。

```
ECStack = [                      //执行上下文栈
    fContext,                    //函数的执行上下文
    globalContext                //全局上下文
];
```

第 3 步，f 函数并不立刻执行，开始做准备工作。准备工作包括 3 项。

第 1 项准备工作：复制函数 f 的[[scope]]属性，创建作用域链。

```
fContext = {                     //函数的执行上下文
```

```
    Scope: f.[[scope]],                      //把函数的作用域链添加到函数的执行上下文
}
```

第 2 项准备工作：使用 arguments 创建活动对象，然后初始化活动对象，加入形参、函数声明、变量声明。

```
fContext = {                                 //函数的执行上下文
    AO: {                                    //函数的活动对象
        arguments: {                         //为活动对象添加 arguments
            length: 0
        },
        l: undefined                         //创建本地变量
    }
}
```

第 3 项准备工作：将活动对象压入 f 作用域链顶端。

```
fContext = {                                 //函数的执行上下文
    AO: {                                    //活动对象
        arguments: {                         //参数集合
            length: 0
        },
        l: undefined                         //本地变量
    },
    Scope: [AO, [[Scope]]]                   //作用域链
}
```

第 4 步，准备工作做完后，开始执行函数，随着函数的执行，开始修改 AO 的属性值。

```
fContext = {                                 //函数的执行上下文
    AO: {                                    //活动对象
        arguments: {                         //参数集合
            length: 0
        },
        l: 'local scope'                     //初始化本地变量
    },
    Scope: [AO, [[Scope]]]                   //作用域链
}
```

第 5 步，查找到本地变量 l 的值，然后返回 l 的值。

第 6 步，函数执行完毕，函数上下文从执行上下文栈中弹出。

```
ECStack = [                                  //执行上下文栈
    globalContext                            //全局上下文
];
```

8.4.4　函数的标识符

在函数结构中，一般包含以下类型的标识符。

- 函数参数。
- arguments。
- 局部变量。
- 内部函数。
- this。

其中 arguments 和 this 是系统默认标识符，不需要特别声明。这些标识符在函数体内的优先级如下（其中左侧优先级要大于右侧）：

扫一扫，看视频

this → 局部变量 → 形参 → arguments → 函数名。

【示例1】下面的示例将在函数结构内显示函数结构的字符串。

```
function f(){                        //定义函数
    console.log(f)                   //提示函数结构
}
f();                                 //调用函数，返回函数 f
```

【示例2】如果定义形参 f，则同名情况下参数变量的优先级会高于函数的优先级。

```
function f(f){                       //定义形参与函数同名
    console.log(f)                   //提示标识符 f 的值
}
f(true);                             //返回 true，而不是函数 f
```

【示例3】比较形参与 arguments 属性的优先级。

```
function f(arguments){               //函数形参名与参数属性 arguments 同名
    console.log(typeof arguments)    //提示参数的类型
}
f(true);                             //返回 boolean，而不是属性 arguments 的类型 object
```

上面的示例说明了形参变量的优先级会高于 arguments 属性对象的优先级。

【示例4】比较 arguments 属性与函数名的优先级。

```
function arguments(){                //定义函数名与 arguments 属性名同名
    console.log(typeof arguments)    //返回 arguments 的类型
}
arguments();                         //返回 arguments 属性的类型 object
```

【示例5】比较局部变量和形参变量的优先级。

```
function f(x){                       //定义普通函数
    var x = 10;                      //定义局部变量并赋值
    console.log(x);                  //显示变量 x 的值
}
f(5);                                //传递参数值为5，返回提示为10
```

上面的示例说明函数内局部变量的优先级高于形参变量的优先级。

【示例6】如果局部变量没有赋值，则会选择形参变量。

```
function f(x){                       //定义普通函数
    var x;                           //定义局部变量
    console.log(x);                  //显示变量 x 的值
}
f(5);                                //传递参数值为5，返回提示为5
```

如果局部变量与形参变量重名时，局部变量没有赋值，则形参变量要优先于局部变量。

【示例7】下面的示例演示当局部变量与形参变量混在一起使用时的微妙关系。

```
function f(x){
    var x = x;                       //把形参 x 传递给局部变量 x
    console.log(x);
}
f(5);                                //返回提示为5
```

如果从局部变量与形参变量之间的优先级来看，则 var x = x 左右两侧都应该是局部变量，由于 x 初始化值为 undefined，所以该表达式就表示把 undefined 传递给自身。但是从上面的示例来看，这说明左侧的是由 var 语句声明的局部变量，而右侧的是形参变量。也就是说，如果当局部变量没有初始化时，应用的是形参变量优先于局部变量。

8.4.5 设置默认值的参数作用域

一旦设置了参数的默认值，函数进行声明初始化时，参数会形成一个单独的作用域。等到初始化结束，这个作用域就会消失。在不设置参数默认值时，这种语法是不会出现的。

【**示例 1**】在下面的代码中，参数 y 的默认值等于变量 x。调用函数 f()时，参数形成一个单独的作用域。在这个作用域里面，默认值变量 x 指向第 1 个参数 x，而不是全局变量 x，所以输出是 2。

```
var x = 1;
function f(x, y = x) {
    console.log(y);
}
f(2)                                    //2
```

【**示例 2**】在下面的代码中，函数 f()调用时，参数 y=x 形成一个单独的作用域。这个作用域里面，变量 x 本身没有定义，所以指向外层的全局变量 x。函数调用时，函数体内部的局部变量 x 影响不到默认值变量 x。

```
let x = 1;
function f(y = x) {
    let x = 2;
    console.log(y);
}
f()                                     //1
```

如果此时全局变量 x 不存在，就会报错。

```
function f(y = x) {
    let x = 2;
    console.log(y);
}
f()                                     //ReferenceError: x is not defined
```

【**示例 3**】在下面的代码中，参数 x = x 形成一个单独作用域。实际执行的是 let x = x，由于暂时性死区的原因，这行代码会报错"x is not defined"。

```
var x = 1;
function foo(x = x) {
    console.log(x);
}
foo()                                   //ReferenceError: x is not defined
```

如果参数的默认值是一个函数，该函数的作用域也遵守这个规则。

【**示例 4**】在下面的代码中，函数 bar()的参数 func 的默认值是一个匿名函数，返回值为变量 foo。函数参数形成的单独作用域里面，并没有定义变量 foo，所以 foo 指向外层的全局变量 foo，因此输出 outer。

```
let foo = 'outer';
function bar(func = () => foo) {
    let foo = 'inner';
    console.log(func());
}
bar();                                  //outer
```

【**示例 5**】在下面的代码中，匿名函数里面的 foo 指向函数外层，但是函数外层并没有声明变量 foo，所以就报错了。

```
function bar(func = () => foo) {
    let foo = 'inner';
    console.log(func());
}
bar()                                      //ReferenceError: foo is not defined
```

【示例6】在下面的代码中，函数 foo() 的参数形成一个单独作用域。这个作用域里面，首先声明了变量 x，然后声明了变量 y，y 的默认值是一个匿名函数。这个匿名函数内部的变量 x 指向同一个作用域的第 1 个参数 x。函数 foo() 内部又声明了一个内部变量 x，该变量与第 1 个参数 x 由于不是同一个作用域，所以不是同一个变量，因此执行 y 后，内部变量 x 和外部全局变量 x 的值都没变。

```
var x = 1;
function foo(x, y = function() {x = 2;}) {
    var x = 3;
    y();
    console.log(x);
}
foo()                                      //3
x                                          //1
```

如果将 var x = 3 的 var 去除，函数 foo() 的内部变量 x 就指向第 1 个参数 x，与匿名函数内部的 x 是一致的，所以最后输出的就是 2，而外层的全局变量 x 依然不受影响。

```
var x = 1;
function foo(x, y = function() {x = 2;}) {
    x = 3;
    y();
    console.log(x);
}
foo()                                      //2
x                                          //1
```

8.5 闭 包

闭包是 JavaScript 重要特性之一，在函数式编程中有着重要作用，本节将介绍闭包的结构和基本用法。

8.5.1 定义闭包

扫一扫，看视频

闭包就是一个能够持续存在的函数上下文活动对象。

1. 形成原理

函数被调用时，会产生一个临时上下文活动对象，它是函数作用域的顶级对象，作用域内所有私有变量、参数、私有函数等都将作为上下文活动对象的属性而存在。

函数被调用后，在默认情况下，上下文活动对象会被立即释放，避免占用系统资源。但是，当函数内的私有变量、参数、私有函数等被外界引用，则这个上下文活动对象暂时会继续存在，直到所有外界引用被注销。

但是，函数作用域是封闭的，外界无法访问。那么，在什么情况下外界可以访问到函数内的私有成员呢？

根据作用域链，内部函数可以访问外部函数的私有成员。如果内部函数引用了外部函数的私有成员，同时内部函数又被传给外界，或者对外界开放，那么闭包体就形成了。这个外部函数就是一个闭包体，它被调用后，它的调动对象暂时不被注销，其属性会继续存在，通过内部函数，可以持续读/写外部函数的私有成员。

2. 闭包结构

典型的闭包体是一个嵌套结构的函数。内部函数引用外部函数的私有成员，同时内部函数又被外界引用，当外部函数被调用后，就形成了闭包，这个函数也称为闭包函数。

下面是一个典型的闭包结构。

```
function f(x){                  //外部函数
    return function(y){         //内部函数，通过返回内部函数，实现外部引用
        return x + y;           //访问外部函数的参数
    };
}
var c = f(5);                   //调用外部函数，获取引用内部函数
console.log(c(6));              //调用内部函数，原外部函数的参数继续存在
```

解析过程简单描述如下：

第 1 步，在 JavaScript 脚本预编译期，声明的函数 f() 和变量 c 先被词法预解析。

第 2 步，在 JavaScript 执行期，调用函数 f()，并传入值 5。

第 3 步，在解析函数 f() 时，将创建执行环境（函数作用域），创建活动对象，把参数和私有变量、内部函数都映射为活动对象的属性。

第 4 步，参数 x 的值为 5，映射到活动对象的 x 属性。

第 5 步，内部函数，通过作用域链，引用了参数 x，但是还没有被执行。

第 6 步，外部函数被调用后，返回内部函数，导致内部函数被外界变量 c 引用。

第 7 步，JavaScript 解析器检测到外部函数的活动对象的属性被外界引用，无法注销该活动对象，于是在内存中继续维持该对象的存在。

第 8 步，当调用 c，即调用内部函数时，可以看到外部函数的参数 x 存储的值继续存在，于是也就可以实现后续运算操作，返回 x+y=5+6=11。

🔊 **注意：**

下面结构形式也可以形成闭包：通过全局变量引用内部函数，实现内部函数对外开放。

```
var c;                          //声明全局变量
function f(x){                  //外部函数
    c = function(y){            //内部函数，通过向全局变量开放实现外部引用
        return x + y;           //访问外部函数的参数
    };
}
f(5);                           //调用外部函数
console.log(c(6));              //使用全局变量 c 调用内部函数，返回 11
```

3. 闭包变体

除了嵌套函数外，如果外部引用函数内部的私有数组或对象，也容易形成闭包。

```
var add;                        //全局变量，定义访问闭包的通道
function f(){                   //外部函数
    var a = [1,2,3];            //私有变量，引用型数组
    add = function(x){          //测试函数，对外开放
        a[0] = x*x;             //修改私有数组的元素值
    }
    return a;                   //返回私有数组的引用
}
```

```
var c = f();
console.log(c[0]);              //读取闭包内数组，返回1
add(5);                         //测试修改数组
console.log(c[0]);              //读取闭包内数组，返回25
add(10);                        //测试修改数组
console.log(c[0]);              //读取闭包内数组，返回100
```

与函数相同，对象和数组也是引用型数据。调用函数 f()，返回私有数组 a 的引用，即传址给全局变量 c，而 a 是函数 f() 的私有变量，被调用后，活动对象继续存在，这样就形成了闭包。

📢 注意：

这种特殊形式的闭包没有实际应用价值，因为它的功能单一，只能作为一个静态的、单向的闭包。而闭包函数可以设计各种复杂的运算表达式，它是函数式编程的基础。

反之，如果返回的是一个简单的值，就无法形成闭包，值传递是直接复制。外部变量 c 得到的仅是一个值，而不是对函数内部变量的引用，这样当函数调用后，直接注销活动对象。

```
function f(x){                  //外部函数
   var a = 1;                   //私有变量，简单值
   return a;
}
var c = f(5);
console.log(c);                 //仅是一个值，返回1
```

8.5.2　使用闭包

扫一扫，看视频

下面结合示例介绍闭包的简单使用，加深对闭包的理解。

【示例1】使用闭包实现优雅的打包，定义存储器。

```
var f = function(){             //外部函数
   var a = []                   //私有数组初始化
   return function(x){          //返回内部函数
      a.push(x);                //添加元素
      return a;                 //返回私有数组
   };
}();                            //直接调用函数，生成执行环境
var a = f(1);                   //添加值
console.log(a);                 //返回1
var b = f(2);                   //添加值
console.log(b);                 //返回1,2
```

在上面的示例中，通过外部函数设计一个闭包，定义一个永久的存储器。当调用外部函数，生成执行环境之后，就可以利用返回的匿名函数不断向闭包体内的数组 a 传入新值，传入的值会一直持续存在。

【示例2】在网页中事件处理函数很容易形成闭包。

```
function f(){                   //事件处理函数，闭包
   var a = 1;                   //私有变量a，初始化为1
   b = function(){              //开放私有函数
      console.log("a = " + a);  //读取a的值
   }
   c = function(){              //开放私有函数
      a ++;                     //递增a的值
   }
   d = function(){              //开放私有函数
      a --;                     //递减a的值
```

```
    }
  }
</script>
<button onclick="f()">生成闭包</button>
<button onclick="b()">查看 a 的值</button>
<button onclick="c()">递 增</button>
<button onclick="d()">递 减</button>
```

　　在浏览器中浏览时，首先单击"生成闭包"按钮，生成一个闭包。单击"查看 a 的值"按钮，可以随时查看闭包内私有变量 a 的值。分别单击"递增"和"递减"按钮时，可以动态修改闭包内变量 a 的值。事件处理函数闭包演示效果如图 8.2 所示。

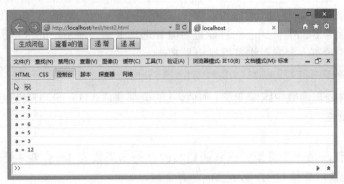

图 8.2　事件处理函数闭包演示效果

扫一扫，看视频

8.5.3　闭包的局限性

闭包的价值是方便在表达式运算过程中存储数据。但是，它的缺点也不容忽视。

- ➥　由于函数调用后，无法注销调动对象，会占用系统资源，在脚本中大量使用闭包，容易导致内存泄漏。解决方法：慎用闭包，不要滥用。
- ➥　由于闭包的作用，其保存的值是动态的，如果处理不当，容易出现异常或错误。下面结合示例进行具体说明。

【示例】设计一个简单的选项卡效果。

HTML 结构如下：

```
<div class="tab_wrap">
  <ul class="tab"id="tab">
    <li id="tab_1"class="hover">Tab1</li>
    <li id="tab_2"class="normal">Tab2</li>
    <li id="tab_3"class="normal">Tab3</li>
  </ul>
  <div class="content"id="content">
    <div id="content_1 "class="show"><img src="images/1.jpg" height="200"/></div>
    <div id="content_2 "class="none"><img src="images/2.jpg" height="200"/></div>
    <div id="content_3 "class="none"><img src="images/3.jpg" height="200"/></div>
  </div>
</div>
```

CSS 样式代码就不再细说了，读者可以参考本小节的示例源码。下面重点看一下 JavaScript 脚本。

```
window.onload = function(){
  var tab = document.getElementById("tab").getElementsByTagName("li"),
    content = document.getElementById("content").getElementsByTagName("div");
```

```
for(var i = 0; i < tab.length; i ++){
    tab[i].addEventListener("mouseover", function(){
        for(var n = 0; n < tab.length; n ++){
            tab[n].className = "normal";
            content[n].className = "none";
        }
        tab[i].className = "hover";
        content[i].className = "show";
    });
}
}
```

在 load 事件处理函数中，使用 for 语句为每个 li 元素绑定 mouseover 事件，在 mouseover 事件处理函数中，重置所有选项卡 li 的类样式，然后设置当前 li 选项卡高亮显示，同时显示对应的内容容器。

但是，在浏览器中预览，会发现浏览器抛出异常。

SCRIPT5007: 无法设置未定义或 null 引用的属性 "className"

在 mouseover 事件处理函数中跟踪变量 i 的值，i 的值都变成了 3，tab[3]自然是一个 null，所以也不能够读取 className 属性。

【原因分析】

上面 JavaScript 代码是一个典型的嵌套函数结构。外部函数为 load 事件处理函数，内部函数为 mouseover 事件处理函数，变量 i 为外部函数的私有变量。

通过事件绑定，mouseover 事件处理函数被外界引用（li 元素）。这样就形成了一个闭包体。虽然在 for 语句中为每个选项卡 li 分别绑定事件处理函数，但是这个操作是动态的，因此 tab[i]中 i 的值也是动态的，所以就出现了上述异常。

【解决方法】

解决闭包的缺陷，最简单的方法是阻断内部函数对外部函数的变量引用。这样就形成不了闭包体。针对本小节的示例，可以在内部函数（mouseover 事件处理函数）外边增加一层防火墙，不让其直接引用外部变量。

```
window.onload = function(){
    var tab = document.getElementById("tab").getElementsByTagName("li"),
        content = document.getElementById("content").getElementsByTagName("div");
    for(var i = 0; i < tab.length; i ++){
        (function(j){
            tab[j].addEventListener("mouseover", function(){
                for(var n = 0; n < tab.length; n ++){
                    tab[n].className = "normal";
                    content[n].className = "none";
                }
                tab[j].className = "hover";
                content[j].className = "show";
            });
        })(i);
    }
}
```

在 for 语句中，直接调用匿名函数，把外部函数的 i 变量传给调用函数，在调用函数中接收这个值，而不是引用外部变量 i，规避了闭包体带来的困惑。Tab 选项卡演示效果如图 8.3 所示。

图 8.3　Tab 选项卡演示效果

8.6　函数式运算

高阶函数是函数式编程最显著的特征，它有以下特点。

◥　函数可以作为参数来使用，也称为回调函数，如函数合成运算。

◥　函数可以返回函数作为输出值，如函数柯里化运算。

函数式编程有两种最基本的运算：compose（函数合成）和 curry（柯里化）。

8.6.1　函数合成

在函数式编程中，经常见到如下表达式运算。

```
a(b(c(x)));
```

这是"包菜式"多层函数调用，但不是很优雅。为了解决函数多层调用的嵌套问题，我们需要用到函数合成。合成语法形式如下：

```
var f = compose(a, b, c);        //合成函数
f(x);
```

使用 compose 要注意 3 点。

◥　compose 的参数是函数，返回的也是一个函数。

◥　除了初始函数（最右侧的一个）外，其他函数的接收参数都是上一个函数的返回值，所以初始函数的参数可以是多元的，而其他函数的接收值是一元的。

◥　compsoe()函数可以接收任意的参数，所有的参数都是函数，且执行方向是自右向左的，初始函数一定放到参数的最右侧。

【设计思路】

既然函数像多米诺骨牌式地执行，则可以使用递归或迭代，在函数体内不断地执行 arguments 中的函数，将上一个函数的执行结果作为下一个执行函数的输入参数。

【实现代码】

```
var compose = function() {           //函数合成，从右到左合成函数
    var _arguments = arguments;      //缓存外层参数
    var length = _arguments.length;  //缓存长度
    var index = length;              //定义游标变量
    //检测参数，如果存在非函数参数，则抛出异常
    while (index--) {
        if (typeof _arguments[index] !== 'function') {
```

```
                throw new TypeError('参数必须为函数!');
            }
        }
    return function() {
        var index = length-1;                      //定位到最后一个参数下标
        //如果存在 2 个及以上参数，则调用最后一个参数函数，并传入内层参数
        //否则就返回第 1 个参数函数
        var result = length ? _arguments[index].apply(this, arguments) : arguments[0];
        //迭代参数函数
        while (index--) {
            //把右侧函数的执行结果作为参数传给左侧参数函数，并调用
            result = _arguments[index].call(this, result);
        }
        return result;                             //返回最左侧参数函数的执行结果
    }
}
// 反向函数合成，即从左到右合成函数
var composeLeft = function() {
    return compose.apply(null, [].reverse.call(arguments));
}
```

【应用代码】

在上述代码中，compose 实现是从右到左进行合成的，它还提供了从左到右的合成，即 composeLeft，同时在 compose 中添加了一层函数的校验，允许传递一个或多个参数。

```
var add = function (x) {return x + 5;}      //加法运算
var mul = function (x) {return x * 5;}      //乘法运算
var sub = function (x) {return x - 5;}      //减法运算
var div = function (x) {return x / 5;}      //除法运算
var fn = compose(add, mul, sub, div);
console.log(fn(50));                        //返回 30
var fn = compose(add, compose(mul, sub, div));
console.log(fn(50));                        //返回 30
var fn = compose(compose(add, mul), sub, div);
console.log(fn(50));                        //返回 30
```

上面几种组合方式都可以，最后都返回 30。注意，排列顺序要保持一致。

8.6.2　函数柯里化

扫一扫，看视频

函数合成是把多个单一参数函数合成一个多参数函数的运算。例如，a(x) 和 b(x) 组合为 a(b(x))，则合成为 f(a, b, x)。而柯里化是把一个多参数的函数转换为单一参数函数。

设想 curry 可以接收一个函数，即原始函数，返回的也是一个函数，即柯里化函数。这个返回的柯里化函数在执行的过程中，会不断地返回一个存储了传入参数的函数，直到触发了原始函数执行的条件。例如，设计一个 add() 函数，计算两个参数之和。

```
var add = function (x, y) {
    return x + y;
}
```

柯里化函数：

```
var curryAdd = curry(add)
```

这个 add 需要两个参数，但是执行 curryAdd 时，可以传入更少的参数，当传入的参数少于 add 需要

的参数时，add 函数并不会执行，curryAdd 就会将这个参数记录下来，并且返回另外一个函数，这个函数可以继续执行传入参数。如果传入参数的总数等于 add 需要参数的总数，就执行原始参数，返回想要的结果。或者没有参数限制，最后根据空的小括号作为执行原始参数的条件，返回运算结果。

📢 提示：

curry()函数的设计不是固定的，可以根据具体应用场景灵活定制。curry 主要有 3 个作用：缓存参数、暂缓函数执行、分解执行任务。

【实现代码】

```
function curry(fn) {                           //柯里化函数
    var _argLen = fn.length;                   //记录原始函数的形参个数
    var _args = [].slice.call(arguments,1);    //把传入的第 2 个及以后参数转换为数组
    function wrap() {                           //curry()函数
        //把当前参数转换为数组，与前面参数进行合并
        _args = _args.concat([].slice.call(arguments));
        function act() {                       //参数处理函数
            //把当前参数转换为数组，与前面参数进行合并
            _args = _args.concat([].slice.call(arguments));
            //如果传入参数总和大于等于原始参数的个数，触发执行条件
            if ((_argLen == 0  && arguments.length == 0) ||
                (_argLen > 0 &&  _args.length >= _argLen) ) {
                //执行原始函数，并把每次传入参数传入进去，返回执行结果，停止 curry
                return fn.apply(null, _args);
            }
            return arguments.callee;
        }
        //如果传入参数大于等于原始函数的参数个数，即触发了执行条件
        if ((_argLen == 0 && arguments.length ==0) ||
            (_argLen > 0 && _args.length >= _argLen)) {
            // 执行原始函数，并把每次传入参数传入进去，返回执行结果，停止 curry
            return fn.apply(null, _args);
        }
        act.toString = function () {           //定义处理函数的字符串表示为原始函数的字符串表示
            return fn.toString();
        }
        return act;                            //返回处理函数
    }
    return wrap;                               //返回 curry()函数
}
```

【应用代码】

1. 应用函数无形参限制

设计求和函数，没有形参限制，柯里化函数将根据空小括号作为最后调用原始函数的条件。

```
//求和函数，参数不限
var add= function() {
    //把参数转换为数组，然后调用数组的 reduce()方法
    //迭代所有参数值，返回最后汇总的值
    return [].slice.call(arguments).reduce(function (a, b) {
        //如果元素的值为数值，则参与求和运算，否则设置为 0，跳过非数字的值
        return (typeof a == "number"? a : 0) + (typeof b == "number"? b : 0);
    })
```

```
}
//柯里化函数
var curried = curry(add);
console.log(curried(1)(2)(3)());          //6
var curried = curry(add);
console.log(curried(1, 2, 3)(4)());        //10
var curried = curry(add,1);
console.log(curried(1, 2)(3)(3)());        //10
var curried = curry(add,1,5);
console.log(curried(1, 2, 3, 4)(5)());     //21
```

2. 应用函数有形参限制

设计求和函数，返回3个参数之和。

```
var add = function (a,b,c) {                //求和函数，3个参数之和
    return a + b+c;
}
//柯里化函数
var curried = curry(add,2)
console.log(curried(1)(2));                 //5
var curried = curry(add,2,1)
console.log(curried(2));                    //5
var curried = curry(add)
console.log(curried(1)(2)(6));             //9
var curried = curry(add)
console.log(curried(1, 2, 6));            //9
```

8.7 递 归 函 数

递归函数就是函数对自身的调用，是循环运算的一种算法模式。

🔊 注意：

递归和迭代都是循环的一种。在实际应用中，能不用递归就不用递归，递归都可以用迭代来代替。

扫一扫，看视频

8.7.1 递归运算

1. 求解递归问题

递归运算主要用于解决一些数学运算问题，如阶乘函数、幂函数和斐波那契数列。

【示例1】斐波那契数列就是一组数字，从第3项开始，每一项都等于前两项之和。例如：
1、1、2、3、5、8、13、21、34、55、89、144、233、377、610、987、1597、2584、4181
使用递归函数计算斐波那契数列，其中最前面的两个数字是0和1。

```
var fibonacci = function(n) {
    return n < 2 ? n : fibonacci(n - 1) + fibonacci(n - 2);
};
console.log(fibonacci(19))                    //4181
```

尝试传入更大的数字，会发现递归运算的次数加倍递增，速度加倍递减，返回值加倍放大。如果尝试计算100的斐波那契数列，则浏览器基本瘫痪。

下面使用迭代算法来设计斐波那契数列，代码如下，测试瞬间完成，基本没有延迟。

```
var fibonacci = function(n) {
    var a=[0,1];                              //记录数列的数组,第1个和第2个元素值确定
    for(var i=2; i<=n; i++){                  //从第3个数字开始循环
        a.push(a[i-2] + a[i-1]);             //计算新数字,并推入数组
    }
    return a[n];                              //返回指定位数的数列结果
};
console.log(fibonacci(19))                    //4181
```

2. 解析递归型数据结构

很多数据结构都具有递归特性,如 DOM 文档树、多级目录结构、多级导航菜单、家族谱系结构等。对于这类数据结构,使用递归算法进行遍历比较合适。

【示例2】下面使用递归运算计算指定节点内所包含的全部节点数。

```
function f(n){                               //统计指定节点及其所有子节点的元素个数
    var l = 0;                               //初始化计数变量
    if(n.nodeType == 1) l ++;                //如果是元素节点,则计数
    var child = n.childNodes;                //获取子节点集合
    for(var i = 0; i < child.length; i ++){  //遍历所有子节点
        l += f(child[i]);                    //递归运算,统计当前节点下所有子节点数
    }
    return l;                                //返回节点数
}
window.onload = function(){
    console.log(f(document.body))            //返回2,即body和script两个节点
}
```

3. 适合使用递归法解决问题

有些问题最适合采用递归的方法求解,如汉诺塔问题。

【示例3】下面使用递归运算设计汉诺塔演示函数。参数说明:n 表示金片数;a、b、c 表示柱子,注意排列顺序。返回说明:当指定金片数以及柱子名称,将输出整个移动的过程。

```
function f(n, a, b, c){
    if(n == 1)                               //当为1片时,直接移动
        document.write("移动【盘子"+n+"】从【" + a + "柱】到【" + c + "柱】<br>");
                                             //直接让参数a移给c
    else{
        f(n - 1, a, c, b);                   //调整参数顺序,让参数a移给b
        document.write("移动【盘子"+n+"】从【" + a + "柱】到【" + c + "柱】<br>");
        f(n - 1, b, a, c);                   //调整参数顺序,让参数b移给c
    }
}
f(3,"A","B","C");                            //调用汉诺塔函数
```

运行结果如下所示。

```
移动【盘子1】从【A柱】到【C柱】
移动【盘子2】从【A柱】到【B柱】
移动【盘子1】从【C柱】到【B柱】
移动【盘子3】从【A柱】到【C柱】
移动【盘子1】从【B柱】到【A柱】
移动【盘子2】从【B柱】到【C柱】
移动【盘子1】从【A柱】到【C柱】
```

扫一扫，看视频

8.7.2　尾递归

尾递归是递归的一种优化算法，递归函数执行时会形成一个调用记录，当子一层的函数代码执行完成之后，父一层的函数才会销毁调用记录，这样就形成了调用栈，栈的叠加可能会产生内存溢出。而尾递归函数的每子一层函数不再需要使用父一层的函数变量，所以当父一层的函数执行完毕就会销毁栈记录，避免了内存溢出，节省了内存空间。

【示例】下面是阶乘的一种普通线性递归运算。

```
function f(n){
    return (n == 1) ? 1 : n * f(n - 1);
}
console.log(f(5));                          //120
```

使用尾递归算法后，则可以使用如下方法。

```
function f(n, a){
    return(n == 1) ? a : f(n - 1, a * n);
}
console.log(f(5, 1));                       //120
```

很容易看出，普通递归比尾递归更加消耗资源，每次重复的过程调用都使得调用链条不断加长，系统不得不使用栈进行数据保存和恢复，而尾递归就不存在这样的问题，因为它的状态完全由变量 n 和 a 保存。

📢 提示：

从理论上分析，尾递归也是递归的一种类型，不过它的算法具有迭代算法的特征。上面的阶乘尾递归可以改写为下面的迭代循环。

```
var n = 5
var w = 1;
for(var i = 1; i <= 5; i ++){
    w = w * i;
}
console.log(w);
```
尾递归由于直接返回值，不需要保存临时变量，所以性能不会产生线性增加，同时 JavaScript 引擎会将尾递归形式优化成非递归形式。

8.8　案例实战

扫一扫，看视频

8.8.1　定义 bind()

bind()是 ES 5 新增的方法，主要作用是将函数绑定到某个对象，但是 IE 8 浏览器不支持 bind()方法。本案例练习定义一个 bind()函数，能够兼容 IE 的早期版本。练习的目的不是越俎代庖，替换 ES 5 的 bind()，而是体会 JavaScript 函数的灵活应用。

```
Function.prototype.bind = function () {          //作用域绑定函数
    var self = this,                             //保存 this 指代的函数
        context = [].shift.call(arguments),      //弹出第 1 个参数，作为调用对象
        args = [].slice.call(arguments);         //把余下参数转换为数组
    return function () {                          //返回闭包函数
        //把 bind()的第 2 个参数及其后面参数与闭包函数的参数合并为一个数组
```

```
        var arrs = [].concat.call(args, [].slice.call(arguments));
        return self.apply(context, arrs);              //在 context 上调用绑定的函数,
                                                       //并传入参数合并数组

    }
}
```

应用 bind(),可以实现函数柯里化运算,就是把一个函数拆解为多步调用。

```
var sum = function (x, y) {
    return x + y;
}
var succ = sum.bind(null, 1);
console.log(succ(2));                                  //=> 3
```

8.8.2 设计缓存函数

本案例利用闭包特性设计一个缓存函数,把需要调用的函数缓存起来,在缓存中执行函数,当下次再调用该函数时,如果执行相同的运算,则直接返回结果,不再重复运算。

```
var memoize = function(f) {
    var cache = {};                                    //缓存对象
    return function () {
        var arg_str = JSON.stringify(arguments);       //转换为字符串序列
                                                       //如果已经缓存,则直接返回,否则执行函数
        cache[arg_str] = cache[arg_str] ? cache[arg_str] + '(from cache)' : f.apply(f, arguments);
        return cache[arg_str];
    };
};
var squareNumber = memoize(function(x) {return x * x;});
console.log(squareNumber(4));                          //16
console.log(squareNumber(4));                          //16(from cache)
console.log(squareNumber(5));                          //25
console.log(squareNumber(5));                          //25(from cache)
```

8.8.3 定义函子

函子是函数式编程里最重要的概念,它是一个容器,包含了值和处理函数,具有映射和变形功能。jQuery()和 Promise()都是典型的函子范式。下面结合一个简单案例了解函子的基本应用。

```
var Functor = function (x) {                           //定义函子
    this.value = x;
}
Functor.of = function (x) {                            //Functor 构造函数
    return new Functor(x);
}
//映射函数,为当前值调用处理函数,并返回处理结果,即返回新的函子
Functor.prototype.map = function(f) {
    return this.isNothing() ? Functor.of(null) : Functor.of(f(this.value));
}
//检测值是否为空,当值为 null 或 undefined,返回 true
Functor.prototype.isNothing = function() {
    return (this.value === null || this.value === undefined);
}
var add = function (x) {                               //求和运算
```

扫一扫,看视频

扫一扫,看视频

```
    return function (y) {
        return x + y;
    }
};
console.log(Functor.of(4).map(add(6)).map(add(11))    //连续求和
.map(add(11)).map(add(10)).value);                    //Functor(42)
```

上面代码通过链式调用，可以允许输入一堆.map()，实现连续求和。

从本质上分析，Functor 是一个对于函数调用的抽象，赋予容器自己去调用函数的能力。当 map 一个函数时，让容器自己来运行这个函数，这样容器就可以自由地选择何时何地如何操作这个函数，以致拥有惰性求值、错误处理、异步调用等非常实用的特性。

8.8.4　计算斐波那契数列

扫一扫，看视频

fibonacci（斐波那契数列）一般使用递归函数计算。一个 fibonacci 数字是之前两个 fibonacci 数字之和，最前面的两个数字是 0 和 1。实现代码如下：

```
var fibonacci = function(n) {
    return n < 2 ? n : fibonacci(n - 1) + fibonacci(n - 2);
};
```

递归函数运行效率较低，可以使用函数式编程进行优化：

```
var fibonacci = (function() {               //闭包体
    var memo = [0, 1];                      //初始化数组
    var fib = function(n) {                 //返回匿名函数
        var result = memo[n];               //存储运算结果
        if(typeof result !== 'number') {    //如果没有结果，
            result = fib(n - 1) + fib(n - 2);  //则递归运算
            memo[n] = result;               //存储计算结果
        }
        return result;                      //返回结果
    };
    return fib;
}());
```

上面函数主要利用函数闭包特性，把每一次运算结果记录下来，如果再出现相同的运算时，则直接返回结果，避免重复运算。

```
for(var i = 0; i <= 10; i += 1) {
    console.log('<br>' + i + ': ' + fibonacci(i));
}
```

通过比较会发现，优化后的函数执行效率提高 10 倍以上。

8.9　实践与练习

1. 下面函数被执行后的返回值是什么？

```
function test(){
    try{return 2;}
    catch(error){return 1;}
    finally{return 0;}
}
```

2. 下面函数被执行后的返回值是什么？

```
var test = function fn(){
    return
    2;
};
```

3. JavaScript 不提供找出数组最大元素的函数，结合 apply()和 Math.max()方法，定义一个函数返回给定数组的最大元素。

4. ES 6 新增 Array.from()方法，可以把类数组转换为真正的数组，如果在 ES 5 环境中该如何解决这个问题？

5. 如何将一个数组的值推送到另一个数组中？

6. 新建对象 obj，并重写 hasOwnProperty()方法，如果需要恢复使用该对象的原生 hasOwnProperty()方法，该怎么办？

7. 在按钮的事件处理函数中，this 一般指向按钮对象，如何实现让 this 指向特定对象。

8. 下面写法是否正确，并说明理由。

```
function foo(x = 0) {let x = 1;}
```

9. 利用参数默认值指定某一个参数不得省略，如果省略将抛出错误。请举例演示一下。

10. 利用 rest 参数编写一个函数，模拟数组的 push()方法的功能。

11. 利用扩展运算符求一个数组的最大值。

12. 使用扩展运算符将字符串转换为数组。

13. 下面一行代码表示什么意思？请使用传统语法进行描述。

```
var f = () => {};
```

14. 运行下面一段代码，则 console.log(bar[0]());提示信息是什么？并说明原因。

```
function foo(){
    var arr = [];
    for(var i = 0; i < 2; i++){
        arr[i] = function(){return i;}
    }
    return arr;
}
var bar = foo();
console.log(bar[0]());
```

15. 将函数 fn()的执行上下文改为 obj 对象。

16. 实现函数 functionFunction()，调用之后满足条件：返回值为一个函数 f()；调用返回的函数 f，返回值为按照调用顺序的参数拼接，拼接字符为英文逗号加一个空格，即 ', '；所有函数的参数数量为 1，且均为 String 类型。

17. 实现函数 makeClosures()，调用之后满足如下条件：返回一个函数数组 result，长度与 arr 相同；运行 result 中第 i 个函数，即 resulti，结果与 fn(arr[i])相同。

18. 已知函数 fn()执行需要 3 个参数。请实现函数 partial()，调用之后满足如下条件：返回一个函数 result()，该函数接收一个参数；执行 result(str3)，返回的结果与 fn(str1, str2, str3)一致。

19. 函数 useArguments()可以接收 1 个及以上的参数。请实现函数 useArguments()，返回所有调用参数相加后的结果。本题的测试参数均为 Number 类型，无须考虑参数的转换。

20. 实现函数 callIt()，调用之后满足如下条件：返回的结果为调用 fn 之后的结果；fn 的调用参数为 callIt 的第 1 个参数之后的全部参数。

21. 实现函数 partialUsingArguments()，调用之后满足如下条件：返回一个函数 result()；调用 result

之后，返回的结果与调用函数 fn()的结果一致；fn 的调用参数为 partialUsingArguments 的第 1 个参数之后的全部参数以及 result 的调用参数。

22. 已知 fn()为一个预定义函数，实现函数 curryIt()，调用之后满足如下条件：返回一个函数 a()，a 的 length 属性值为 1，即显式声明 a 接收一个参数；调用 a 之后，返回一个函数 b(), b 的 length 属性值为 1；调用 b 之后，返回一个函数 c(), c 的 length 属性值为 1；调用 c 之后，返回的结果与调用 fn 的返回值一致；fn 的参数依次为函数 a()、b()、c()的调用参数。

23. 完成函数 createModule，调用之后满足如下要求：返回一个对象；对象的 greeting 属性值等于 str1，name 属性值等于 str2；对象存在一个 sayIt()方法，该方法返回的字符串为 greeting 属性值 +','+ name 属性值。

24. 编写函数实现返回传入的最大参数数字。

25. 递归实现阶乘。

26. 递归实现斐波那契。

27. 偏函数就是调用之后能够返回一个特定功能的函数，定义一个偏函数实现类型检查。

（答案位置：本章/在线支持）

8.10　在线支持

第 9 章　使用对象和映射

对象（object）是键/值对的集合，是一种复合型数据结构，对象内部数据无序排列，对象成员被称为属性或方法。在 JavaScript 中，对象也是一个泛化的概念，任何值都可以转换为对象，以对象的方式使用，如数字对象、布尔值对象、字符串对象等，它们都继承 Object 类型，拥有相同的原型方法。此外，JavaScript 也允许自定义对象。

【学习重点】
- ↘ 定义对象。
- ↘ 访问对象。
- ↘ 使用对象属性。
- ↘ 使用映射。
- ↘ 使用内置对象。

9.1　定 义 对 象

9.1.1　构造对象

扫一扫，看视频

使用 new 运算符调用构造函数，可以构造一个实例对象。具体用法如下：

```
var objectName = new functionName(args);
```

简单说明如下。
- ↘ objectName：返回的实例对象。
- ↘ functionName：构造函数，与普通函数基本相同，但是不需要 return 返回值，返回实例对象，在函数内可以使用 this 预先访问。详细说明可参考 10.1 节内容。
- ↘ args：实例对象初始化配置参数列表。

【示例】下面的示例使用不同类型的构造函数定义各种实例。

```
var o = new Object();            //定义一个空对象
var a = new Array();             //定义一个空数组
var f = new Function();          //定义一个空函数
```

9.1.2　对象直接量

扫一扫，看视频

使用直接量可以快速定义对象，也最高效、最简便。具体用法如下：

```
var objectName = {
    属性名1:属性值1,
    属性名2:属性值2,
    ...
    属性名n:属性值n
};
```

在对象直接量中，属性名与属性值之间通过冒号进行分隔，属性值可以是任意类型的数据，属性名可以是 JavaScript 标识符，或者是字符串型表达式。属性与属性之间通过逗号进行分隔，最后一个属性末尾不需要逗号。

📢 注意：

ES 2017 允许函数的最后一个参数、数组和对象的最后一个成员后添加逗号，简称尾逗号规则。

【示例 1】下面的代码使用对象直接量定义 2 个对象。

```
var o = {                              //对象直接量
   a : 1,                              //定义属性
   b : true                           //定义属性
}
var o1 = {                             //对象直接量
   "a": 1,                             //定义属性
   "b": true                          //定义属性
}
```

【示例 2】属性值可以是任意类型的值。如果属性值是函数，则该属性也称为方法。

```
var o = {                              //对象直接量
   a : function(){                     //定义方法
      return 1;
   }
}
```

【示例 3】如果属性值是对象，可以设计嵌套结构的对象。

```
var o = {                              //对象直接量
   a : {                              //嵌套对象
      b:1
   }
}
```

【示例 4】如果不包含任何属性，则可以定义一个空对象。

```
var o = {}                             //定义一个空对象直接量
```

📢 注意：

ES 6 允许在大括号里面，直接写入变量和函数，作为对象的属性和方法。例如：

```
const foo = 'bar';
const baz = {foo};
```

在上面的代码中，变量 foo 直接写在大括号里面。这时，属性名就是变量名，属性值就是变量值，等同于 const baz = {foo: foo}。除了属性简写，方法也可以简写。例如：

```
const o = {
   method() {return"Hello!";}
};
```

等同于：

```
const o = {
   method: function() {return"Hello!";}
};
```

这种写法用于函数的返回值，会非常方便。例如：

```
function getPoint() {
   const x = 1;
   const y = 10;
   return {x, y};
}
getPoint()                             //{x:1, y:10}
```

📢 注意:

简写的对象方法不能用作构造函数，否则将会报错。例如:

```
const obj = {
    f() {this.foo = 'bar';}
};
new obj.f()                                //报错
```

在上面的代码中，f()是一个简写的对象方法，所以 obj.f()不能当作构造函数使用。

9.1.3　使用 Object.create()方法

Object.create()方法是 ECMAScript 5 新增的一个静态方法，用来定义一个实例对象。该方法可以指定对象的原型和对象特性。具体用法如下:

```
Object.create(prototype, descriptors)
```

参数说明如下。

➲ prototype: 必选参数，指定原型对象，可以为 null。

➲ descriptors: 可选参数，包含一个或多个属性描述符的 JavaScript 对象。属性描述符包含数据特性和访问器特性，其中数据特性说明如下。

    ↻ value: 指定属性值。

    ↻ writable: 默认为 false，设置属性值是否可写。

    ↻ enumerable: 默认为 false，设置属性是否可枚举（for…in）。

    ↻ configurable: 默认为 false，设置是否可修改属性特性和删除属性。

访问器特性包含两个方法，简单说明如下。

    ↻ set(): 设置属性值。

    ↻ get(): 返回属性值。

【示例 1】下面的示例使用 Object.create()方法定义一个对象，继承 null，包含两个可枚举的属性 size 和 shape，属性值分别为"large"和"round"。

```
var newObj = Object.create(null, {
        size: {                                //属性名
            value:"large",                     //属性值
            enumerable: true                   //可以枚举
        },
        shape: {                               //属性名
            value:"round",                     //属性值
            enumerable: true                   //可以枚举
        }
});
console.log(newObj.size);                      //large
console.log(newObj.shape);                     //round
console.log(Object.getPrototypeOf(newObj));    //null
```

【示例 2】下面的示例使用 Object.create()方法定义一个与对象直接量具有相同原型的对象。

```
var obj = Object.create(Object.prototype, {    //继承 Object.prototype 原型对象
    x: {
        value: undefined,                      //属性值
        writable: true,                        //可写
        configurable: true,                    //可以配置
        enumerable: true                       //可以枚举
```

```
    }
});
console.log("obj.prototype = " + Object.getPrototypeOf(obj));
                                        //"obj.prototype = [object Object]"
```

📢 提示：

Object.getPrototypeOf() 函数可获取原始对象的原型。如果要获取对象的属性描述符，可以使用 Object.getOwnPropertyDescriptor()函数。

【示例 3】下面的示例定义一个对象，使用访问器属性 b 来读/写数据属性 a。

```
var obj = Object.create(Object.prototype, {
    a: {                                     //数据属性 a
        writable:true,
        value:"a"
    },
    b: {                                     //访问器属性 b
        get: function() {
            return this.a;
        },
        set: function(value) {
            this.a = value;
        }
    }
});
console.log(obj.a);                          //"a"
console.log(obj.b);                          //"a"
obj.b = 20;
console.log(obj.b);                          //20
```

9.2 操作对象

扫一扫，看视频

9.2.1 复制对象

对象是引用型数据，赋值操作可以把一个对象复制给另一个对象。复制的过程实际上就是把对象在内存中的地址赋值给另一个变量。复制前后，两个对象全等，都引用同一个原对象。

📢 提示：

地址是一串长整型数字，类似 ID 编号。

【示例】下面的示例定义一个对象 obj，然后赋值给 obj1 后，obj 就全等于 obj1，它们都引用同一个对象，也就是说它们的值都是同一个地址。

```
var obj = {                              //定义对象
    x:true,
    y:false
}
var obj1 = obj;                          //引用对象
console.log(obj1 === obj);               //true，说明两个对象相同
console.log(obj1.x);                     //true
console.log(obj.x);                      //true
```

扫一扫，看视频

9.2.2　克隆对象

克隆对象包括浅拷贝和深拷贝。浅拷贝就是利用 for...in 遍历对象，然后把每个对象成员赋值给另一个对象，不考虑成员的值是否为引用型对象。深拷贝就是利用递归操作，把对象的成员和成员值都克隆一遍，不允许克隆对象与原对象存在相同的引用。

【示例】在下面的示例中，通过浅拷贝操作把 obj 的属性转移给 obj1 对象。

```
var obj = {                        //定义对象
    x:true,
    y:false
}
var obj1 = {};
for(var i in obj){                 //遍历 obj 对象，把它的所有成员赋值给对象 obj1
    obj1[i] = obj[i];
}
console.log(obj1 === obj);         //false，说明两个对象不同
console.log(obj1.x);               //true
console.log(obj.x);                //true
```

9.2.3　销毁对象

JavaScript 能够自动回收无用存储单元，当一个对象没有被变量引用时，该对象就被废除。JavaScript 会自动销毁所有废除的对象。如果把对象的所有引用都设置为 null，可以强制废除对象。

扫一扫，看视频

【示例】当对象不被任何变量引用时，JavaScript 会自动回收对象所占用的资料。

```
var obj = {                        //定义对象，被变量 obj 引用
    x:true,
    y:false
}
obj = null;                        //设置为空，废除引用
```

9.3　操 作 属 性

属性也称为名值对，包括属性名和属性值。属性名可以是包含空字符串在内的任意字符串，ES 6 允许在大括号中直接使用变量或函数。一个对象中不能存在两个同名的属性。属性值可以是任意类型的数据。

9.3.1　定义属性

1．直接量定义

在对象直接量中，属性名与属性值之间通过冒号分隔，冒号左侧是属性名，右侧是属性值，名值对（属性）之间通过逗号分隔。

【示例 1】在下面的示例中，使用直接量方法定义对象 obj，然后添加了两个成员，一个是属性，另一个是方法。

```
var obj = {                        //定义对象
    x:1,                           //属性
    y:function(){                  //方法
        return this.x + this.x;
```

```
    }
}
```

2. 点语法定义

【**示例 2**】通过点语法，可以在构造函数内或者对象外添加属性。

```
var obj = {}                          //定义空对象
obj.x = 1;                            //定义属性
obj.y = function(){                   //定义方法
    return this.x + this.x;
}
```

📢 提示：

除了直接用标识符作为属性名，也可以使用表达式作为属性名，这时要将表达式放在方括号之内。例如：

```
obj['x'] = 1;
obj['x' + 'y'] = 123;
```

如果使用直接量方式定义对象（使用大括号），在 ES 5 中只能使用标识符定义属性。例如：

```
var obj = {
    foo: true,
    abc: 123
};
```

ES 6 允许直接量定义对象时，使用表达式作为对象的属性名，方法是把表达式放在方括号内。例如：

```
let lastWord = 'last word';
const a = {
    'first word': 'hello',
    [lastWord]: 'world'
};
a['first word']                       //"hello"
a[lastWord]                           //"world"
a['last word']                        //"world"
```

表达式还可以用于定义方法名。例如：

```
let obj = {
    ['h' + 'ello']() {
        return 'hi';
    }
};
obj.hello()                           //hi
```

📢 注意：

属性名表达式与简洁表示法，不能同时使用，否则会报错。例如：

```
//报错
const foo = 'bar';
const bar = 'abc';
const baz = {[foo]};
//正确
const foo = 'bar';
const baz = {[foo]: 'abc'};
```

属性名表达式如果是一个对象，默认情况下会自动将对象转为字符串[object Object]。例如，在下面的代码中，[keyA]和[keyB]得到的都是[object Object]，所以[keyB]会把[keyA]覆盖掉，而 myObject 最后只有一个[object Object]属性。

```
const keyA = {a: 1};
const keyB = {b: 2};
```

```
const myObject = {
    [keyA]: 'valueA',
    [keyB]: 'valueB'
};
myObject //Object {[object Object]:"valueB"}
```

3. 使用 Object.defineProperty()函数

使用 Object.defineProperty()函数可以为对象添加属性，或者修改现有属性。如果指定的属性名在对象中不存在，则执行添加操作；如果在对象中存在同名属性，则执行修改操作。具体用法如下：

```
Object.defineProperty(object, propertyname, descriptor)
```

参数说明如下。

- object：指定要添加或修改属性的对象，可以是 JavaScript 对象或者 DOM 对象。
- propertyname：表示属性名的字符串。
- descriptor：定义属性的描述符，包括对数据属性或访问器属性。

Object.defineProperty 返回值为已修改的对象。

【示例 3】下面的示例先定义一个对象直接量 obj，然后使用 Object.defineProperty()函数为 obj 对象定义属性：属性名为 x、值为 1、可写、可枚举、可修改特性。

```
var obj = {};
Object.defineProperty(obj,"x", {
    value: 1,
    writable: true,
    enumerable: true,
    configurable: true
});
console.log(obj.x);                    //1
```

4. 使用 Object.defineProperties

使用 Object.defineProperties()函数可以一次定义多个属性。具体用法如下：

```
object.defineProperties(object, descriptors)
```

参数说明如下。

- object：对其添加或修改属性的对象，可以是本地对象或 DOM 对象。
- descriptors：包含一个或多个描述符对象。每个描述符对象描述一个数据属性或访问器属性。

【示例 4】在下面的示例中，使用 Object.defineProperties()函数将数据属性和访问器属性添加到对象 obj 上。

```
var obj = {};
Object.defineProperties(obj, {
    x: {                               //定义属性 x
        value: 1,
        writable: true,               //可写
    },
    y: {                               //定义属性 y
        set: function (x) {           //设置访问器属性
            this.x = x;               //改写 obj 对象的 x 属性的值
        },
        get: function () {            //设置访问器属性
            return this.x;            //获取 obj 对象的 x 属性的值
        },
```

```
    }
});
obj.y = 10;
console.log (obj.x);                    //10
```

扫一扫，看视频

9.3.2 读/写属性

1. 使用点语法

使用点语法可以快速读/写对象属性，点语法左侧是引用对象的变量，右侧是属性名。

【示例 1】下面的示例定义对象 obj，包含属性 x，然后使用点语法读取属性 x 的值。

```
var obj = {                             //定义对象
    x:1,
}
console.log(obj.x);                     //访问对象属性 x，返回 1
obj.x = 2;                              //重写属性值
console.log(obj.x);                     //访问对象属性 x，返回 2
```

2. 使用中括号语法

从结构上分析，对象与数组相似，因此可以使用中括号来读/写对象属性。

【示例 2】针对上面的示例，可以使用中括号语法读/写对象 obj 的属性 x 的值。

```
console.log(obj["x"]);                  //2
obj["x"] = 3;                           //重写属性值
console.log(obj["x"]);                  //3
```

📢 注意：

在中括号语法中，必须以字符串形式指定属性名，而不能够使用标识符。

中括号内可以使用字符串，也可以是字符型表达式，即只要表达式的值为字符串即可。

【示例 3】下面的示例使用 for...in 遍历对象的可枚举属性，并读取它们的值，然后重写属性值。

```
for(var i in obj){                      //遍历对象
    console.log(obj[i]);                //读取对象的属性值
    obj[i] = obj[i] + obj[i];           //重写属性值
    console.log(obj[i]);                //读取修改后属性值
}
```

在上面的代码中，中括号中的表达式 i 是一个变量，其返回值为 for...in 遍历对象时枚举的每个属性名。

3. 使用 Object.getOwnPropertyNames()函数

使用 Object.getOwnPropertyNames()函数能够返回指定对象私有属性的名称。私有属性是指用户在本地定义的属性，而不是继承的原型属性。具体用法如下：

```
Object.getOwnPropertyNames(object)
```

参数 object 表示一个对象，返回值为一个数组，其中包含所有私有属性的名称，还包括可枚举的和不可枚举的属性和方法的名称。如果仅返回可枚举的属性和方法的名称，应该使用 Object.keys()函数。

【示例 4】在下面的示例中定义一个对象，该对象包含 3 个属性，然后使用 getOwnPropertyNames()函数获取该对象的私有属性名称。

```
var obj = {x:1, y:2, z:3}
var arr = Object.getOwnPropertyNames(obj);
console.log (arr);                      //返回属性名：x,y,z
```

4. 使用 Object.keys()函数

使用 Object.keys()函数仅能获取可枚举的私有属性名称。具体用法如下：

```
Object.keys(object)
```

参数 object 表示指定对象，可以是 JavaScript 对象或 DOM 对象。返回值是一个数组，其中包含对象的可枚举属性名称。

📢 提示：

也可以使用 Object.values()和 Object.entries()方法获取可枚举的私有属性名称，具体说明可参阅 9.6.3 小节的内容。

5. Object.getOwnPropertyDescriptor()函数

使用 Object.getOwnPropertyDescriptor()函数能够获取对象属性的描述符。具体用法如下：

```
Object.getOwnPropertyDescriptor(object, propertyname)
```

参数 object 表示指定的对象；propertyname 表示属性的名称。返回值为属性的描述符对象。

【示例5】在下面的示例中定义一个对象 obj，包含 3 个属性，然后使用 Object.getOwnPropertyDescriptor()函数获取属性 x 的数据属性描述符，并使用该描述符将属性 x 设置为只读。最后，再调用 Object.defineProperty()函数，使用数据属性描述符修改属性 x 的特性。遍历修改后的对象，可以发现只读特性 writable 为 false。

```
var obj = {x:1, y:2, z:3}                        //定义对象
var des = Object.getOwnPropertyDescriptor(obj,"x");     //获取属性 x 的数据属性描述符
for (var prop in des) {                          //遍历属性描述符对象
    console.log(prop + ': ' + des[prop]);    //显示特性值
}
des.writable = false;                            //重写特性，不允许修改属性
des.value = 100;                                 //重写属性值
Object.defineProperty(obj,"x", des);             //使用修改后的数据属性描述符覆盖属性 x
var des = Object.getOwnPropertyDescriptor(obj,"x");//重新获取属性 x 的数据属性描述符
for (var prop in des) {                          //遍历属性描述符对象
    console.log(prop + ': ' + des[prop]);    //显示特性值
}
```

📢 注意：

一旦为未命名的属性赋值后，对象会自动定义该名称的属性，在任何时候和位置为该属性赋值，都不需要定义属性，而只会重新设置它的值。如果读取未定义的属性，则返回值都是 undefined。

9.3.3　删除属性

扫一扫，看视频

使用 delete 运算符可以删除对象的属性。

【示例】下面的示例使用 delete 运算符删除指定属性。

```
var obj = {x: 1}                    //定义对象
delete obj.x;                       //删除对象的属性 x
console.log(obj.x);                 //返回 undefined
```

📢 提示：

当删除对象属性之后，不是将该属性值设置为 undefined，而是从对象中彻底清除该属性。如果使用 for/in 语句枚举对象属性，只能枚举属性值为 undefined 的属性，但不会枚举已删除属性。

扫一扫，看视频

9.3.4 使用方法

方法也是函数，当函数被赋值给对象的属性，就被称为方法。方法的使用与普通函数是相同的，唯一不同点是，在方法内常用 this 引用调用对象，其实在普通函数内也有 this，只不过不常用。

使用点语法或中括号语法可以访问方法，使用小括号可以激活方法。

【示例 1】与普通函数用法一样，可以在调用方法时传递参数，也可以设计返回值。

```
var obj = {}
obj.f = function(n){                //定义对象的方法
    return 10*n;
}
var n = obj.f(5);                   //调用方法，设置参数为 5
console.log(n);                     //返回值 50
```

【示例 2】在方法内 this 总是指向当前调用对象。在下面的示例中，当在不同运行环境中调用对象 obj 的方法 f()，该方法的 this 指向是不同的。

```
var obj = {                         //定义对象
    f:function(){                   //定义对象的方法
        console.log(this);          //访问当前对象
    }
}
obj.f();                            //此时 this 指向对象 obj
var f1 = obj.f;                     //引用对象 obj 的方法 f()
f1();                               //此时 this 指向对象 window
```

📢 提示：

函数的 name 属性可以返回函数名。对象方法也是函数，因此也有 name 属性。

【示例 3】在下面的代码中，方法的 name 属性返回函数名（即方法名）。

```
const person = {
  sayName() {
    console.log('hello!');
  },
};
person.sayName.name                 //"sayName"
```

【示例 4】如果对象的方法使用了取值函数（getter）和存值函数（setter），则 name 属性不是在该方法上面，而是在该方法的属性的描述对象的 get 和 set 属性上面，返回值是方法名前加上 get 和 set。

```
const obj = {
    get foo() {},
    set foo(x) {}
};
obj.foo.name                        //报错
const descriptor = Object.getOwnPropertyDescriptor(obj, 'foo');
descriptor.get.name                 //"get foo"
descriptor.set.name                 //"set foo"
```

📢 注意：

bind()方法创建的函数，name 属性返回 bound 加上原函数的名字；Function()构造函数创建的函数，name 属性返回 anonymous。

```
(new Function()).name               //"anonymous"
```

```
var doSomething = function() {};
doSomething.bind().name                    //"bound doSomething"
```

如果对象的方法是一个 Symbol 值，那么 name 属性返回的就是这个 Symbol 值的描述。

```
const key1 = Symbol('description');
const key2 = Symbol();
let obj = {
    [key1]() {},
    [key2]() {},
};
obj[key1].name                             //"[description]"
obj[key2].name                             //""
```

在上面的代码中，key1 对应的 Symbol 值有描述，key2 没有。

9.4 属性描述对象

属性描述对象是 ECMAScript 5 新增的一个内部对象，可以用来描述对象的属性的特性。

扫一扫，看视频

9.4.1 属性描述对象的结构

属性描述符就是一个结构固定的对象。属性描述对象包含 6 个属性，可以选择使用。

- value：设置属性值，默认值为 undefined。
- writable：设置属性值是否可写，默认值为 true。
- enumerable：设置属性是否可枚举，即是否允许使用 for/in 语句或 Object.keys()函数遍历访问，默认为 true。
- configurable：设置是否可设置属性特性，默认为 true。如果为 false，将无法删除该属性，不能够修改属性值，也不能修改属性的属性描述对象。
- get：取值函数，默认为 undefined。
- set：存值函数，默认为 undefined。

【示例 1】下面的示例演示了使用 value 读/写属性值的基本用法。

```
var obj = {};                                              //定义空对象
Object.defineProperty(obj, 'x', {value: 100});             //添加属性 x，值为 100
console.log(Object.getOwnPropertyDescriptor(obj, 'x').value);  //返回 100
```

【示例 2】下面的示例演示了使用 writable 属性禁止修改属性 x。

```
var obj = {};
Object.defineProperty(obj, 'x', {
    value: 1,                              //设置属性默认值为 1
    writable: false                        //禁止修改属性值
});
obj.x = 2;                                 //修改属性 x 的值
console.log(obj.x)                         //1，说明修改失败
```

📢 提示：

在正常模式下，如果 writable 为 false，重写属性值不会报错，但是操作失败，而在严格模式下会抛出异常。

【示例 3】enumerable 可以禁止 for…in 语句、Object.keys()函数、JSON.stringify()方法遍历访问指定属性，这样可以设置隐藏属性。

```
var obj = {};
Object.defineProperty(obj, 'x', {          //定义属性
    value: 1,                              //定义属性值
    enumerable: false                      //禁止遍历
});
console.log(obj.x);                        //1，直接读取
for (var key in obj) {                     //遍历
    console.log(key);
}                                          //空，没有找到属性
console.log(Object.keys(obj));             //[]
console.log(JSON.stringify(obj));          //"{}"
```

◀))) 提示：

ES 6 新增 Object.assign()方法，可以忽略 enumerable 为 false 的属性，只复制对象自身的可枚举的属性。另外，只有 for/in 会返回继承的属性，其他 3 个方法都会忽略继承的属性，只处理对象自身的属性。ES 6 还规定所有 Class 的原型的方法都是不可枚举的。总之，操作中引入继承的属性会让问题复杂化，大多数时候，我们只关心对象自身的属性。所以，尽量不要用 for...in 循环，而用 Object.keys()代替。

【示例 4】configurable 可以禁止修改属性描述对象，当其值为 false 时，value、writable、enumerable 和 configurable 禁止修改，同时禁止删除属性。在下面的示例中，当设置属性 x 禁止修改配置后，下面操作都是不允许的，其中 obj.x =5;操作失败，而后面 4 个操作方法都将抛出异常。

```
var obj = Object.defineProperty({}, 'x', {
    configurable: false                                      //禁止配置
});
obj.x =5;                                                    //试图修改其值
console.log(obj.x);                                          //修改失败，返回 undefined
Object.defineProperty(obj, 'x', {value: 2});                 //抛出异常
Object.defineProperty(obj, 'x', {writable: true});          //抛出异常
Object.defineProperty(obj, 'x', {enumerable: true});        //抛出异常
Object.defineProperty(obj, 'x', {configurable: true}); //抛出异常
```

◀))) 注意：

当 configurable 为 false 时，如果把 writable 改为 false 是允许的。只要 writable 或 configurable 有一个为 true，value 也允许修改。

◀))) 提示：

ES 6 一共有 5 种方法可以遍历对象的属性。
- for...in：循环遍历对象自身的和继承的可枚举属性，不含 Symbol 属性。
- Object.keys(obj)：返回一个数组，包括对象自身的（不含继承的）所有可枚举属性（不含 Symbol 属性）的键名。
- Object.getOwnPropertyNames(obj)：返回一个数组，包含对象自身的所有属性（不含 Symbol 属性，但是包括不可枚举属性）的键名。
- Object.getOwnPropertySymbols(obj)：返回一个数组，包含对象自身的所有 Symbol 属性的键名。
- Reflect.ownKeys(obj)：返回一个数组，包含对象自身的（不含继承的）所有键名，不管键名是 Symbol 还是字符串，也不管是否可枚举。

以上 5 种方法遍历对象的键名，都遵守同样的属性遍历的次序规则。
- 首先遍历所有数值键，按照数值升序排列。
- 其次遍历所有字符串键，按照加入时间升序排列。
- 最后遍历所有 Symbol 键，按照加入时间升序排列。例如：

```
Reflect.ownKeys({[Symbol()]:0, b:0, 10:0, 2:0, a:0})// ['2', '10', 'b', 'a', Symbol()]
```

在上面的代码中，Reflect.ownKeys 方法返回一个数组，包含了参数对象的所有属性。这个数组的属性次序是这样的，首先是数值属性 2 和 10，其次是字符串属性 b 和 a，最后是 Symbol 属性。

9.4.2　访问器

除了使用点语法或中括号语法访问属性的 value 外，还可以使用访问器，包括 set 和 get 两个函数。其中，set()函数可以设置 value 属性值，而 get()函数可以读取 value 属性值。

借助访问器，可以为属性的 value 设计高级功能，如禁用部分特性、设计访问条件、利用内部变量或属性进行数据处理等。

【示例 1】下面的示例设计对象 obj 的 x 属性值必须为数字。为属性 x 定义了 get()和 set()特性。obj.x 取值时，就会调用 get；赋值时，就会调用 set。

```
var obj = Object.create(Object.prototype, {
    _x : {                              //数据属性
        value : 1,                      //初始值
        writable:true
    },
    x: {                               //访问器属性
        get: function() {               //getter
            return this._x;             //返回_x 属性值
        },
        set: function(value) {          //setter
            if(typeof value  != "number") throw new Error('请输入数字');
            this._x = value;            //赋值
        }
    }
});
console.log(obj.x);                     //1
obj.x = "2";                            //抛出异常
```

【示例 2】JavaScript 也支持一种简写方法。针对示例 1，通过如下方式可以快速定义属性。

```
var obj ={
    _x : 1,                            //定义_x 属性
    get x() {return this._x},          //定义 x 属性的 getter
    set x(value) {                     //定义 x 属性的 setter
        if(typeof value  != "number") throw new Error('请输入数字');
        this._x = value;               //赋值
    }
};
console.log(obj.x);                    //1
obj.x = 2;
console.log(obj.x);                    //2
```

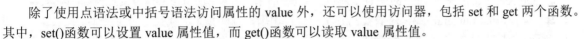

注意:

取值函数 get()不能接收参数，存值函数 se()只能接收一个参数，用于设置属性的值。

9.4.3　操作属性描述对象

属性描述对象是一个内部对象，无法直接读/写，可以通过下面几个函数进行操作。

- Object.getOwnPropertyDescriptor()：可以读出指定对象的私有属性的属性描述对象。
- Object.defineProperty()：通过定义属性描述对象来定义或修改一个属性，然后返回修改后的对象，具体用法可以参考 9.3.1 小节的内容。
- Object.defineProperties()：可以同时定义多个属性描述对象，具体用法可以参考 9.3.1 小节的内容。
- Object.getOwnPropertyNames()：获取对象的所有私有属性，具体用法可以参考 9.3.2 小节的内容。
- Object.keys()：获取对象的所有本地可枚举的属性，具体用法可以参考 9.3.2 小节的内容。
- propertyIsEnumerable()：对象实例方法，直接调用，判断指定的属性是否可枚举。

【示例 1】针对 9.4.2 小节的示例 1，在下面的示例中，定义 obj 的 x 属性允许配置特性，然后使用 Object.getOwnPropertyDescriptor()函数获取对象 obj 的 x 属性的属性描述对象。修改属性描述对象的 set 函数，重设检测条件，允许非数值型数字，也可以赋值。

```
var obj = Object.create(Object.prototype, {
    _x : {                                  //数据属性
        value : 1,                          //初始值
        writable:true
    },
    x: {                                    //访问器属性
        configurable:true,                  //允许修改配置
        get: function() {                   //getter
            return  this._x;                //返回_x 属性值
        },
        set: function(value) {              //setter
            if(typeof value != "number") throw new Error('请输入数字');
            this._x = value;                //赋值
        }
    }
});
var des = Object.getOwnPropertyDescriptor(obj, "x");   //获取属性 x 的属性描述对象
des.set = function(value){                  //修改属性 x 的属性描述对象的 set 函数
                                            //允许非数值型的数字，也可以进行赋值
    if(typeof value != "number" &&  isNaN(value * 1)) throw new Error('请输入数字');
    this._x = value;
}
obj = Object.defineProperty(obj,"x", des);
console.log(obj.x);                         //1
obj.x = "2";                                //把一个非数值型数字赋值给属性 x
console.log(obj.x);                         //2
```

【示例 2】前面在 9.2.2 小节和 9.2.3 小节中介绍过对象复制的方法，但是该方法无法复制属性描述符包含的丰富信息。下面的示例将定义一个扩展函数，然后通过它可以把一个对象包含的属性以及丰富的信息复制给另一个对象。

【实现代码】

```
function extend(toObj, fromObj) {           //扩展对象
    for (var property in fromObj) {         //遍历对象属性
        if (!fromObj.hasOwnProperty(property)) continue;         //过滤掉继承属性
        Object.defineProperty(              //复制完整的属性信息
            toObj,                          //目标对象
            property,                       //私有属性
            Object.getOwnPropertyDescriptor(fromObj, property)   //获取属性描述对象
        );
    }
```

```
    return toObj;                        //返回目标对象
}
```

【应用代码】

```
var obj = {};                           //新建对象
obj.x = 1;                              //定义对象属性
extend(obj, {get y(){return 2}})        //定义读取器对象
console.log(obj.y);                     //2
```

9.4.4　控制对象状态

JavaScript 提供了 3 种方法，用来精确控制一个对象的读/写状态，防止对象被改变。

- Object.preventExtensions()：阻止为对象添加新的属性。
- Object.seal()：阻止为对象添加新的属性，同时也无法删除旧属性。等价于把属性描述对象的 configurable 属性设为 false。注意，该方法不影响修改某个属性的值。
- Object.freeze()：阻止为一个对象添加新属性、删除旧属性、修改属性值。

同时提供 3 个对应的辅助检查函数，简单说明如下。

- Object.isExtensible()：检查一个对象是否允许添加新的属性。
- Object.isSealed()：检查一个对象是否使用了 Object.seal()方法。
- Object.isFrozen()：检查一个对象是否使用了 Object.freeze()方法。

【示例】下面的代码分别使用 Object.preventExtensions()、Object.seal()和 Object.freeze()方法控制对象的状态，然后再使用 Object.isExtensible()、Object.isSealed()和 Object.isFrozen()函数检测对象的状态。

```
var obj1 = {};
console.log(Object.isExtensible(obj1));              //true
Object.preventExtensions(obj1);
console.log(Object.isExtensible(obj1));              //false
var obj2 = {};
console.log(Object.isSealed(obj2));                 //true
Object.seal(obj2);
console.log(Object.isSealed(obj2));                 //false
var obj3 = {};
console.log(Object.isFrozen(obj3));                //true
Object.freeze(obj3);
console.log(Object.isFrozen(obj3));                //false
```

9.5　Object 原型方法

在 JavaScript 中，所有对象都继承自 Object，Object 提供两组方法：静态函数和原型方法。Object 原型方法定义在 Object.prototype 对象上，所有对象都可以继承。本节重点介绍 Object 原型方法。

9.5.1　使用 toString()方法

toString()方法能够返回一个对象的字符串表示，它返回的字符串比较灵活，可能是一个具体的值，也可能是一个对象的类型标识符。

【示例 1】下面的代码显示对象实例与对象类型的 toString()方法返回值是不同的。

```
function F(x,y){                        //构造函数
   this.x = x;
```

```
    this.y = y;
}
var f = new F(1,2);                         //实例化对象
console.log(F.toString());                  //返回函数的源代码
console.log(f.toString());                  //返回字符串"[object Object]"
```

toString()方法返回信息简单，为了能够返回更多有用信息，用户可以重写该方法。例如，针对实例对象返回的字符串都是"[object Object]"，可以对其进行扩展，让对象实例能够返回构造函数的源代码。

```
Object.prototype.toString = function(){
    return this.constructor.toString();
}
```

调用 f.toString()，则返回函数的源代码，而不是字符串"[object Object]"。当然，重写方法不会影响 JavaScript 内置对象的 toString()返回值，因为它们都是只读的。

```
console.log(f.toString());                  //返回函数的源代码
```

当把数据转换为字符串时，JavaScript 一般都会调用 toString()方法来实现。由于不同类型的对象在调用该方法时，所转换的字符串都不同，而且都有规律，所以开发人员常用它来判断对象的类型，弥补 typeof 运算符和 constructor 属性在检测对象数据类型的不足，详细内容请参阅 2.5.2 小节。

【示例 2】当自定义类型时，用户可以重置 toString()方法，自定义对象的数据类型。下面的示例为自定义类型 Me 定义一个标识字符串"[object Me]"。

```
function Me(){}                             //自定义数据类型
Me.prototype.toString = function(){        //自定义 Me 数据类型的 toString()方法
    return"[object Me]";
}
var me = new Me();
console.log(me.toString());                //返回"[object Me]"
console.log(Object.prototype.toString.apply(me)); //默认返回"[object Object]"
```

📢 提示：

Object 还定义了 toLocaleString()方法，该方法的主要作用是：留出一个接口，允许不同的对象返回针对本地的字符串表示。在默认情况下，toLocaleString()方法与 toString()方法返回值完全相同。

目前，主要有 3 个对象自定义了 toLocaleString()方法。
- ↘ Array.prototype.toLocaleString()。
- ↘ Number.prototype.toLocaleString()。
- ↘ Date.prototype.toLocaleString()。

在 Array 中重写 toString()，让其返回数组元素值的字符串组合；在 Date 中重写 toString()，让其返回当前日期字符串表示；在 Number 中重写 toString()，让其返回数字的字符串表示；在 Date 中重写 toLocaleString()，让其返回当地格式化日期字符串。

扫一扫，看视频

9.5.2 使用 valueOf()方法

valueOf()方法能够返回对象的值。JavaScript 自动类型转换时会默认调用这个方法。Object 对象默认调用的 valueOf()方法的返回值与 toString()方法的返回值相同，但是部分类型对象重写了 valueOf()方法。

【示例 1】Date 对象的 valueOf()方法返回值是当前日期对象的毫秒数。

```
var o = new Date();                                 //对象实例
console.log(o.toString());                          //返回当前时间的 UTC 字符串
console.log(o.valueOf());                           //返回距离 1970 年 1 月 1 日午夜之间的毫秒数
console.log(Object.prototype.valueOf.apply(o));     //默认返回当前时间的 UTC 字符串
```

对于 String 和 Boolean 对象具有明显的原始值时，它们的 valueOf()方法会返回合适的原始值。

【示例 2】在自定义类型时，除了重写 toString()方法外，也可以重写 valueOf()方法。这样当读取自定义对象的值时，避免返回的值总是"[object Object]"。

```
function Point(x,y){                              //自定义数据类型
    this.x = x;
    this.y = y;
}
Point.prototype.valueOf = function(){            //自定义 Point 数据类型的 valueOf()方法
    Return "("+ this.x + "," + this.y + ")";
}
var p = new Point(26,68);
console.log(p.valueOf());                         //返回当前对象的值"(26,68)"
console.log(Object.prototype.valueOf.apply(p)); //默认返回值为"[object Object]"
```

在特定环境下数据类型转换时（如把对象转换成字符串），valueOf()方法的优先级要比 toString()方法的优先级高。因此，如果一个对象的 valueOf()和 toString()方法返回值不同时，而希望转换的字符串为 toString()方法的返回值时，就必须明确调用对象的 toString()方法。

9.5.3 检测私有属性

扫一扫，看视频

根据继承关系的不同，对象属性可以分为两类：私有属性和继承属性。

【示例 1】在下面的自定义类型中，this.name 就表示对象的私有属性，而原型对象中的 name 属性就是继承属性。

```
function F(){                                     //自定义数据类型
    this.name = "私有属性";
}
F.prototype.name = "继承属性";
```

为了方便判断一个对象属性的类型，Object 对象预定义了 hasOwnProperty()方法，该方法可以快速检测属性的类型。

【示例 2】针对上面的自定义类型，可以实例化对象，然后判断当前对象调用的属性 name 是什么类型。

```
var f = new F();                                 //实例化对象
console.log(f.hasOwnProperty("name"));           //返回 true，说明当前调用的 name 是私有属性
console.log(f.name);                             //返回字符串"私有属性"
```

凡是构造函数的原型属性（原型对象包含的属性），都是继承属性，使用 hasOwnProperty()方法检测时，都会返回 false。但是，对于原型对象本身来说，则这些原型属性又是原型对象的私有属性，所以返回值又是 true。

9.5.4 检测枚举属性

扫一扫，看视频

在大多数情况下，in 运算符是探测对象中属性是否存在的最好途径。然而在某些情况下，可能希望仅当一个属性是自有属性时才检查其是否存在。in 运算符会检查私有属性和原型属性，所以不得不选择 hasOwnProperty()方法。

```
var person = {
    'first-name': 'zhang',
    'last-name': 'san',
    sayName: function() {
```

```
        console.log(this['first-name']+ this['last-name']);
    }
};
console.log('first-name' in person);                     //true
console.log(person.hasOwnProperty('first-name'));        //true
console.log('toString' in person);                       //true
console.log(person.hasOwnProperty('toString'));          //false
```

【示例 1】for...in 语句可用来遍历一个对象中的所有属性名，该枚举过程将会列出所有的属性，包括原型属性和私有属性。很多情况下需要过滤掉一些不想要的值，如方法或原型属性。最为常用的过滤器是 hasOwnProperty()方法，或者使用 typeof 运算符进行排除。

```
for (var name in person) {
    if (typeof person[name] != 'function')               //排除所有方法
        console.log(name+':'+ person[name]);
}
```

使用 for...in 语句枚举，属性名出现的顺序是不确定的，最好的办法就是完全避免使用 for...in 语句，而是创建一个数组，在其中以正确的顺序包含属性名。通过使用 for 语句，可以不用担心可能出现原型属性，并且按正确的顺序取得它们的值。

```
var properties = ['sayName', 'first-name', 'last-name']; //使用数组定义枚举顺序
for (var i = 0; i < properties.length; i += 1) {
    console.log(properties[i]+':'+ person[properties[i]]);
}
```

对于 JavaScript 对象来说，用户可以使用 for...in 语句遍历一个对象"可枚举"的属性。但并不是所有对象属性都可以枚举，只有用户自定义的私有属性和原型属性才允许枚举。

【示例 2】对于下面自定义的对象 o，使用 for...in 循环可以遍历它的所有私有属性和原型属性，但是 JavaScript 允许枚举的属性只有 a、b 和 c。

```
function F(){
    this.a =1;
    this.b =2;
}
F.prototype.c =3;
F.d = 4;
var o = new F();
for(var I in o){
    console.log(I);
}
```

【示例 3】为了判定指定私有属性是否允许枚举，Object 对象定义了 propertyIsEnumerable()方法。该方法的返回值为 true，则说明指定的私有属性可以枚举，否则是不允许枚举的。

```
console.log(o.propertyIsEnumerable("a"));       //返回值为 true，说明可以枚举
console.log(o.propertyIsEnumerable("b"));       //返回值为 true，说明可以枚举
console.log(o.propertyIsEnumerable("c"));       //返回值为 false，说明不可以枚举
console.log(o.propertyIsEnumerable("d"));       //返回值为 false，说明不可以枚举
var o = F;
console.log(o.propertyIsEnumerable("d"));       //返回值为 true，说明可以枚举
```

9.5.5 检测原型对象

在 JavaScript 中，Function 对象预定义了 prototype 属性，该属性指向一个原型对象。当定义构造函数时，系统会自动创建一个对象，并传递给 prototype 属性，这个对象被称为原型对象。原型对象可以存

扫一扫，看视频

储构造类型的原型属性，以便让所有实例对象共享。

【示例】下面的代码为自定义类型函数定义两个原型成员。

```
var f = function(){}              //定义函数
f.prototype = {                   //函数的原型对象
    a : 1,
    b : function(){
        return 2;
    }
}
console.log(f.prototype.a);       //读取函数的原型对象的属性 a，返回 1
console.log(f.prototype.b());     //读取函数的原型对象的属性 b，返回 2
```

当使用 new 运算符调用函数时，就会创建一个实例对象，这个实例对象将继承构造函数的原型对象中所有属性。

```
var o = new f();                  //实例对象
console.log(o.a);                 //访问原型对象的属性
console.log(o.b());               //访问原型对象的属性
```

Object 对象定义了 isPrototypeOf()方法，该方法可以检测一个对象的原型对象。例如，针对上面的示例，可以判断 f.prototype 就是对象 o 的原型。

```
var b = f.prototype.isPrototypeOf(o);
console.log(b);
```

9.6 Object 扩展

9.6.1 对象包装函数

扫一扫，看视频

Object()也是一个函数，它可以将任意值转为对象。如果参数为空，或者为 undefined 和 null，Object() 将返回一个空对象。例如：

```
var obj = Object();
//等同于
var obj = Object(undefined);
var obj = Object(null);
```

【示例】如果参数为数组、对象、函数，则返回原对象，不进行转换。根据这个特性，可以设计一个类型检测函数，专门检测一个值是否为引用型对象。

```
function isObject(value) {
    return value === Object(value);
}
console.log(isObject([]));        //true
console.log(isObject(true));      //false
```

9.6.2 对象构造函数

Object()不仅可以当作工具函数使用，还可以当作构造函数使用。如果使用 new 命令调用 Object()函数，将创建一个实例对象。例如，下面的代码将创建一个新的实例对象。

```
var obj = new Object();
```

扫一扫，看视频

🔊 提示：

有关构造函数的详细内容，请参考第 10 章讲解。

9.6.3　扩展工具

Object 对象包含很多工具函数，在前面各章节中都分别进行了介绍，下面简单总结如下：

- 对象遍历。
  - Object.keys()：以数组形式返回参数对象包含的可枚举的私有属性名。
  - Object.values()：以数组形式返回参数对象包含的可枚举的私有属性值。
  - Object.entries()：以数组形式返回参数对象包含的可枚举的私有属性键值对。
  - Object.fromEntries()：Object.entries()逆操作，用于将一个键值对数组转为对象。
  - Object.getOwnPropertyNames()：以数组形式返回参数对象包含的私有属性名。
- 对象属性。
  - Object.getOwnPropertyDescriptor()：获取某个属性的描述对象。
  - Object.getOwnPropertyDescriptors()：获取指定对象所有自身属性（非继承属性）的描述对象。
  - Object.defineProperty()：通过描述对象定义某个属性。
  - Object.defineProperties()：通过描述对象定义多个属性。
- 对象状态。
  - Object.preventExtensions()：防止对象扩展。
  - Object.isExtensible()：判断对象是否可扩展。
  - Object.seal()：禁止对象配置。
  - Object.isSealed()：判断一个对象是否可配置。
  - Object.freeze()：冻结一个对象。
  - Object.isFrozen()：判断一个对象是否被冻结。
- 对象原型。
  - Object.create()：返回一个新的对象，并指定原型对象和属性。
  - __proto__：实例对象的私有属性（前后各两个下画线），用来读取或设置当前对象的原型对象（prototype）。
  - Object.setPrototypeOf()：设置对象的 Prototype 对象。
  - Object.getPrototypeOf()：获取对象的 Prototype 对象。
- 对象操作。
  - Object.assign()：用于对象的合并，将源对象（source）的所有可枚举属性复制到目标对象（target）。
  - Object.is()：比较两个值是否严格相等，与严格比较运算符（===）的行为基本一致。

9.7　使用对象扩展运算符

ES 2018 为对象引入了扩展运算符（...），下面结合具体示例对扩展运算符进行说明。

9.7.1　解构赋值

解构赋值用于从一个对象取值，相当于将目标对象自身的所有可遍历的但尚未被读取的属性分配到指定的对象上面。所有的键和它们的值都会复制到新对象上面。

【示例 1】 在下面的代码中，变量 z 是解构赋值所在的对象。它获取等号右边的所有尚未读取的键（a 和 b），将它们连同值一起复制过来，其中 x 等于 1，y 等于 2，z 为{a: 3, b: 4}。

```
let {x, y, ...z} = {x: 1, y: 2, a: 3, b: 4};
```

◁》注意：

由于解构赋值要求等号右边是一个对象，所以如果等号右边是 undefined 或 null，就会报错，因为它们无法转为对象。

【示例 2】 解构赋值必须是最后一个参数，否则会报错。在下面的代码中，解构赋值不是最后一个参数，所以会报错。

```
let {...x, y, z} = someObject;          //句法错误
let {x, ...y, ...z} = someObject;       //句法错误
```

解构赋值的复制是浅拷贝，即如果一个键的值是复合类型的值，如数组、对象、函数，那么解构赋值复制的是对这个值的引用，而不是这个值的副本。

【示例 3】 在下面的代码中，x 是解构赋值所在的对象，复制了对象 obj 的 a 属性。a 属性引用了一个对象，修改这个对象的值，会影响到解构赋值对它的引用。

```
let obj = {a: {b: 1}};
let {...x} = obj;
obj.a.b = 2;
x.a.b    //2
```

扩展运算符的解构赋值，不能复制继承自原型对象的属性。

【示例 4】 在下面的代码中，对象 o3 复制了 o2，但是只复制了 o2 自身的属性，没有复制它的原型对象 o1 的属性。

```
let o1 = {a: 1};
let o2 = {b: 2};
o2.__proto__ = o1;
let {...o3} = o2;
o3                                      //{b: 2}
o3.a                                    //undefined
```

解构赋值的一个用处是扩展某个函数的参数，引入其他操作。

【示例 5】 在下面的代码中，原始函数 baseFunction()接收 a 和 b 作为参数，函数 wrapperFunction()在 baseFunction()的基础上进行了扩展，能够接收多余的参数，并且保留原始函数的行为。

```
function baseFunction({a, b}) {}
function wrapperFunction({x, y, ...restConfig}) {
    return baseFunction(restConfig);        //其余参数传给原始函数
}
```

9.7.2 扩展运算

对象的扩展运算符（...）可以用于取出参数对象的所有可遍历属性，复制到当前对象中。例如：

```
let z = {a: 3, b: 4};
let n = {...z};                             //{a: 3, b: 4}
```

由于数组是特殊的对象，所以对象的扩展运算符也可以用于数组。例如：

```
let foo = {...['a', 'b', 'c']};
foo                                         //{0:"a", 1:"b", 2:"c"}
```

如果扩展运算符后面是一个空对象，则没有任何效果。例如：

```
{...{}, a: 1}                                    //{a: 1}
```

如果扩展运算符后面不是对象，则会自动将其转为对象。

【示例 1】在下面的代码中，扩展运算符后面是整数 1，会自动转为数值的包装对象 Number{1}。由于该对象没有自身属性，所以返回一个空对象。

```
{...1}                                          //{}，等同于 {...Object(1)}
```

类似的代码：

```
{...true}                                       //{}
{...undefined}                                  //{}
{...null}                                       //{}
```

如果扩展运算符后面是字符串，会自动转成一个类似数组的对象，因此返回的不是空对象。

```
{...'hello'}                                    //{0:"h", 1:"e", 2:"l", 3:"l", 4:"o"}
```

🔊 提示：

对象的扩展运算符等同于使用 Object.assign() 方法。

【示例 2】在下面的代码中，只复制了对象实例的属性，如果想完整克隆一个对象，还需要复制对象原型的属性，可以采用下面的写法。

```
let aClone = {...a};
//等同于
let aClone = Object.assign({}, a);
```

扩展运算符可以用来合并两个对象。例如：

```
let ab = {...a, ...b};
//等同于
let ab = Object.assign({}, a, b);
```

如果用户自定义的属性放在扩展运算符后面，则扩展运算符内部的同名属性会被覆盖掉。例如：

```
let aWithOverrides = {...a, x: 1, y: 2};
//等同于
let aWithOverrides = {...a, ...{x: 1, y: 2}};
//等同于
let x = 1, y = 2, aWithOverrides = {...a, x, y};
//等同于
let aWithOverrides = Object.assign({}, a, {x: 1, y: 2});
```

在上面的代码中，a 对象的 x 属性和 y 属性复制到新对象后会被覆盖掉。

【示例 3】使用扩展运算符修改现有对象部分的属性。在下面的代码中，newVersion 对象自定义了 name 属性，其他属性全部复制自 previousVersion 对象。

```
let newVersion = {
    ...previousVersion,
    name: 'New Name'                            //Override the name property
};
```

如果把自定义属性放在扩展运算符前面，就变成了设置新对象的默认属性值。

```
let aWithDefaults = {x: 1, y: 2, ...a};
//等同于
let aWithDefaults = Object.assign({}, {x: 1, y: 2}, a);
//等同于
let aWithDefaults = Object.assign({x: 1, y: 2}, a);
```

与数组的扩展运算符一样，对象的扩展运算符后面可以跟表达式。例如：

```
const obj = {
    ...(x > 1 ? {a: 1} : {}),
    b: 2,
};
```

扩展运算符的参数对象之中，如果有取值函数 get，这个函数是会执行的。例如：

```
let a = {
    get x() {
        throw new Error('not throw yet');
    }
}
let aWithXGetter = {...a};                  //执行取值函数，抛出异常
```

在上面的示例中，取值函数 get 在扩展 a 对象时会自动执行，导致报错。

9.8 使用映射

9.8.1 定义映射

Map（映射）数据结构类似于对象，也是键值对的集合，但是允许各种类型的值（包括对象）作为键。Object 和 Map 都是 Hash 结构，但两者有如下区别。

➥ Object：字符串到值的映射。

➥ Map：值到值的映射。

如果定义更完善的键值对数据结构，Map 要优于 Object。

定义 Map 结构的语法格式如下：

```
new Map([iterable])
```

参数为可迭代对象。如果是数组，其元素为键值对，即两个元素的数组，如 [[1, 'one'],[2, 'two']])。每个键值对都会添加到新的 Map 对象中。null 会被当作 undefined。

【**示例 1**】下面的示例定义 Map 结构，使用 Map 结构的 set()方法，将对象 o 当作 m 的一个键，然后又使用 get()方法读取这个键，接着使用 delete()方法删除了这个键。

```
const m = new Map();
const o = {p: 'Hello World'};
m.set(o, 'content')
m.get(o)                            //"content"
m.has(o)                            //true
m.delete(o)                         //true
m.has(o)                            //false
```

【**示例 2**】下面的示例接收一个数组作为参数。

```
const map = new Map([
    ['name', '张三'],
    ['title', 'Author']
]);
map.size                            //2
map.has('name')                     //true
map.get('name')                     //"张三"
map.has('title')                    //true
map.get('title')                    //"Author"
```

【示例 3】任何具有 Iterator 接口且每个成员都是一个双元素的数组的数据结构都可以当作 Map() 构造函数的参数。因此 Set 和 Map 都可以用来生成新的 Map。

```
const set = new Set([
    ['foo', 1],
    ['bar', 2]
]);
const m1 = new Map(set);
m1.get('foo')                           //1
const m2 = new Map([['baz', 3]]);
const m3 = new Map(m2);
m3.get('baz')                           //3
```

在上面的示例代码中，分别使用 Set 对象和 Map 对象，当作 Map() 构造函数的参数，结果都生成了新的 Map 对象。

📢 提示：

如果对同一个键多次赋值，后面的值将覆盖前面的值。如果读取一个未知的键，则返回 undefined。

📢 注意：

只有对同一个对象的引用，Map 结构才将其视为同一个键。例如：

```
const map = new Map();
map.set(['a'], 555);
map.get(['a'])                          //undefined
```

上面代码的 set() 和 get() 方法，表面是针对同一个键，但实际上这是两个不同的数组实例，内存地址是不一样的，因此 get() 方法无法读取该键，返回 undefined。

Map 的键实际上是跟内存地址绑定的，只要内存地址不一样，就视为两个键。如果 Map 的键是一个简单类型的值（如数字、字符串、布尔值），则只要两个值严格相等，Map 将其视为一个键，如 0 和 -0 就是一个键，布尔值 true 和字符串 true 则是两个不同的键。另外，undefined 和 null 也是两个不同的键。虽然 NaN 不严格相等于自身，但 Map 将其视为同一个键。

扫一扫，看视频

9.8.2　使用方法

Map 提供了如下属性和方法，方便用户对 Map 结构的数据进行操作。

1. size

size 属性可返回 Map 结构的成员总数。例如：

```
const map = new Map();
map.set('foo', true);
map.set('bar', false);
map.size                                //2
```

2. set(key, value)

set() 方法可设置键名 key 对应的键值为 value，然后返回当前的 Map 对象。如果 key 已经存在，则会更新键值，否则新生成该键。例如，以链式写法进行设计。

```
let map = new Map()
    .set(1, 'a')
    .set(2, 'b')
    .set(3, 'c');
```

3. get(key)

get()方法可读取键名 key 对应的键值，如果找不到 key，返回 undefined。例如：

```
const m = new Map();
const hello = function() {console.log('hello');};
m.set(hello, 'Hello ES 6!')              //键是函数
m.get(hello)                             //Hello ES 6!
```

4. has(key)

has()方法可返回一个布尔值，表示某个键是否在当前 Map 对象中。例如：

```
const m = new Map();
m.set('edition', 6);
m.has('edition')                         //true
m.has('years')                           //false
```

5. delete(key)

delete()方法可删除某个键，返回 true。如果删除失败，返回 false。例如：

```
const m = new Map();
m.set(undefined, 'nah');
m.has(undefined)                         //true
m.delete(undefined)
m.has(undefined)                         //false
```

6. clear()

clear()方法可清除所有成员，没有返回值。

```
let map = new Map();
map.set('foo', true);
map.size                                 //1
map.clear()
map.size                                 //0
```

9.8.3 遍历映射

扫一扫，看视频

Map 提供 3 个遍历器生成函数和一个遍历方法。注意，Map 遍历顺序就是插入顺序。

- ↘ keys()：返回键名的遍历器。
- ↘ values()：返回键值的遍历器。
- ↘ entries()：返回所有成员的遍历器。
- ↘ forEach()：遍历 Map 的所有成员。

【示例 1】使用扩展运算符（...）可以快速实现从 Map 结构到数组结构转换。

```
const map = new Map([
    [1, 'one'],
    [2, 'two'],
    [3, 'three'],
]);
[...map.keys()]                          //[1, 2, 3]
[...map.values()]                        //['one', 'two', 'three']
[...map.entries()]                       //[[1,'one'], [2, 'two'], [3, 'three']]
[...map]                                 //[[1,'one'], [2, 'two'], [3, 'three']]
```

【示例 2】结合数组的 map()方法、filter()方法，可以实现 Map 的遍历和过滤。

```
const map0 = new Map()
    .set(1, 'a')
    .set(2, 'b')
    .set(3, 'c');
const map1 = new Map(
    [...map0].filter(([k, v]) => k < 3)
);                              //产生 Map 结构 {1 => 'a', 2 => 'b'}
const map2 = new Map(
    [...map0].map(([k, v]) => [k * 2, '_' + v])
);                              //产生 Map 结构 {2 => '_a', 4 => '_b', 6 => '_c'}
```

【示例 3】Map 也有一个 forEach()方法，与数组的 forEach()方法类似，可以实现遍历。

```
map.forEach(function(value, key, map) {
    console.log("Key: %s, Value: %s", key, value);
});
```

forEach()方法还可以接收第 2 个参数，用来绑定 this。

```
const reporter = {
    report: function(key, value) {
      console.log("Key: %s, Value: %s", key, value);
    }
};
map.forEach(function(value, key, map) {
    this.report(key, value);
}, reporter);
```

在上面的代码中，forEach()方法的回调函数的 this 就指向 reporter。

9.8.4　与其他数据互相转换

扫一扫，看视频

1. Map 转为数组

使用扩展运算符（...）可以快速把 Map 转为数组。例如：

```
const myMap = new Map().set(true, 7).set({foo: 3}, ['abc']);
[...myMap]                          //[[true, 7], [{foo: 3}, ['abc']]]
```

2. 数组转为 Map

将数组传入 Map()构造函数。例如：

```
new Map([
    [true, 7],
    [{foo: 3}, ['abc']]
])
```

3. Map 转为对象

如果 Map 的键都是字符串，可以转为对象。如果有非字符串的键名，则键名会被转成字符串，再作为对象的键名。例如：

```
function strMapToObj(strMap) {
    let obj = Object.create(null);
    for (let [k,v] of strMap) {
      obj[k] = v;
    }
    return obj;
}
```

```
const myMap = new Map()
    .set('yes', true)
    .set('no', false);
strMapToObj(myMap)                              //{yes: true, no: false}
```

4. 对象转为 Map

使用 Object.entries()可以把对象转为 Map。例如：

```
let obj = {"a":1,"b":2};
let map = new Map(Object.entries(obj));
```

5. Map 转为 JSON

如果 Map 的键名都是字符串，可以转为对象 JSON。例如：

```
function strMapToJson(strMap) {
    return JSON.stringify(strMapToObj(strMap));
}
let myMap = new Map().set('yes', true).set('no', false);
strMapToJson(myMap)                         //'{"yes":true,"no":false}'
```

如果 Map 的键名有非字符串，可以转为数组 JSON。例如：

```
function mapToArrayJson(map) {
    return JSON.stringify([...map]);
}
let myMap = new Map().set(true, 7).set({foo: 3}, ['abc']);
mapToArrayJson(myMap)                  //'[[true,7],[{"foo":3},["abc"]]]'
```

6. JSON 转为 Map

JSON 转为 Map，则所有键名都是字符串。

```
function jsonToStrMap(jsonStr) {
    return new Map(object.entries)(JSON.parse(jsonStr));
}
jsonToStrMap('{"yes": true,"no": false}') //Map {'yes' => true, 'no' => false}
```

🔊 提示：

如果整个 JSON 就是一个数组，且每个数组成员本身又是一个有两个成员的数组。这时，可以一一对应地转为 Map，即 Map 转为数组 JSON 的逆操作。

```
function jsonToMap(jsonStr) {
    return new Map(JSON.parse(jsonStr));
}
jsonToMap('[[true,7],[{"foo":3},["abc"]]]')
//Map {true => 7, Object {foo: 3} => ['abc']}
```

9.8.5　WeakMap

扫一扫，看视频

WeakMap 与 Map 结构类似，也是用于生成键值对的集合。WeakMap 与 Map 的区别有两点。

➥ WeakMap 只接收对象作为键名（null 除外），不接收其他类型的值作为键名。

➥ WeakMap 的键名所指向的对象不计入垃圾回收机制。

WeakMap 的设计目的：在存放数据时，防止形成对于对象的引用。形成引用之后，如果不手动删除，就会造成内存泄漏。

WeakMap 的键名所引用的对象都是弱引用，即垃圾回收机制不将该引用计算在内。因此，只要所引用的对象的其他引用都被清除，垃圾回收机制就会释放该对象所占用的内存。也就是说，一旦不再需要，WeakMap 里面的键名对象和所对应的键值对会自动消失，不用手动删除引用。

【示例 1】在网页的 DOM 元素上添加数据，就可以使用 WeakMap 结构。当该 DOM 元素被清除，其所对应的 WeakMap 记录就会自动被移除，这样可以防止内存泄漏。

```javascript
const wm = new WeakMap();
const element = document.getElementById('example');
wm.set(element, 'some information');
wm.get(element)                          //"some information"
```

📢 注意：

WeakMap 弱引用的只是键名，而不是键值。键值依然是正常引用。

WeakMap 与 Map 的区别如下：

➥ WeakMap 没有遍历操作，既没有 keys()、values()和 entries()方法，也没有 size 属性。

➥ 无法清空 WeakMap 的成员，即不支持 clear()方法。

WeakMap 只有 4 个方法可用：get()、set()、has()、delete()。

【示例 2】WeakMap 应用的典型场合就是 DOM 节点作为键名。

```javascript
let myWeakmap = new WeakMap();
myWeakmap.set(
    document.getElementById('logo'),
    {timesClicked: 0});
document.getElementById('logo').addEventListener('click', function() {
    let logoData = myWeakmap.get(document.getElementById('logo'));
    logoData.timesClicked++;
}, false);
```

在上面的代码中，document.getElementById('logo')是一个 DOM 节点，每当发生 click 事件，就更新一下状态。将这个状态作为键值放在 WeakMap 里，对应的键名就是这个节点对象。一旦这个 DOM 节点删除，该状态就会自动消失，不存在内存泄漏风险。

【示例 3】使用 WeakMap 部署私有属性。

```javascript
const _counter = new WeakMap();
const _action = new WeakMap();
class Countdown {
    constructor(counter, action) {
        _counter.set(this, counter);
        _action.set(this, action);
    }
    dec() {
        let counter = _counter.get(this);
        if (counter < 1) return;
        counter--;
        _counter.set(this, counter);
        if (counter === 0) {
            _action.get(this)();
        }
    }
}
const c = new Countdown(2, () => console.log('DONE'));
c.dec()
c.dec()                                  //DONE
```

在上面的代码中，Countdown 类的两个内部属性_counter 和_action 是实例的弱引用，所以如果删除实例，它们也就随之消失，不会造成内存泄漏。

9.9 案 例 实 战

扫一扫，看视频

9.9.1 判断对象是否为空

判断对象是否为空，有以下 3 种方法。

1. for…in 语句

```
let isEmpty = (obj) => {
   for(let i in obj){
      return false;
   }
   return true;
}
console.log(isEmpty({}));              //true
console.log(isEmpty({a:1}));           //false
```

2. JSON.stringify()方法

```
let isEmpty = (obj) => {return JSON.stringify(obj) === '{}'}
console.log(isEmpty({}));              //true
console.log(isEmpty({a:1}));           //false
```

3. Object.keys()方法

```
let isEmpty = (obj) => {return !Object.keys(obj).length}
console.log(isEmpty({}));              //true
console.log(isEmpty({a:1}));           //false
```

9.9.2 为 Object 扩展 forEach()方法

扫一扫，看视频

JavaScript 为 Array 提供了一组原型迭代方法，本小节及后面几节尝试为 Object 扩展一组原型迭代方法，作为一组工具方便 Web 开发应用。forEach()能够迭代对象的本地属性，并在每个属性上调用一次回调函数，语法格式：dict.forEach((value, key, dict)=>{/*…*/});。

```
if (!Object.prototype.forEach) {                         //避免覆盖原生方法
   Object.defineProperty(Object.prototype, 'forEach', {  //为 Object.prototype 定义属性
      value: function (callback, thisArg) {              //参数为回调函数和调用对象
         if (this == null) {                             //禁止随意调用
            throw new TypeError('Not an object');
         }
         thisArg = thisArg || window;                    //默认调用对象为 window
         for (var key in this) {                         //迭代对象
            if (this.hasOwnProperty(key)) {              //过滤本地属性
               callback.call(thisArg, this[key], key, this); //动态调用回调函数
                                                         //参数为：值、键、对象

            }
         }
      }
   }
});
```

```
}
```

应用原型方法：

```
let obj1 = {x:1, y:2, z:3};                    //定义对象
let obj2 = {};                                 //备用对象
obj1.forEach((v,k) => obj2[v] = k);            //迭代 obj1，翻转键值对给 obj2
console.log (JSON.stringify(obj2));            //=> {"1":"x","2":"y","3":"z"}
```

扫一扫，看视频

9.9.3　为 Object 扩展 map()方法

map()方法能够迭代对象的本地属性，并返回一个映射数组。语法格式：let array = dict.map((value, key, dict)=>{/*...*/});。

```
if (!Object.prototype.map) {                            //避免覆盖原生方法
    Object.defineProperty(Object.prototype, 'map', {    //为 Object.prototype 定义属性
        value: function (callback, thisArg) {           //参数为回调函数和调用对象
            if (this == null) {                         //禁止随意调用
                throw new TypeError('Not an object');
            }
            thisArg = thisArg || window;                //默认调用对象为 window
            const arr = [];                             //临时数组
            for (var key in this) {                     //迭代对象
                if (this.hasOwnProperty(key)) {         //过滤本地属性
                    arr.push(callback.call(thisArg, this[key], key, this)); //动态调用回调函数
                                                        //参数为：值、键、对象

                }
            }
            return arr;                                 //返回数组
        }
    });
}
```

应用原型方法：

```
let obj1 = {x: 1, y: 2, z: 3};
let arr = obj1.map(v => v);
console.log(JSON.stringify(arr));                       //=> [1,2,3]
```

扫一扫，看视频

9.9.4　为 Object 扩展 filter()方法

filter()方法能够迭代对象的本地属性，并返回一个经过过滤后的对象。语法格式：let object = dict.filter((value, key, dict)=>{/*...*/});。

```
if (!Object.prototype.filter) {                         //避免覆盖原生方法
    Object.defineProperty(Object.prototype, 'filter', { //为 Object.prototype 定义属性
        value: function (callback, thisArg) {           //参数为回调函数和调用对象
            if (this == null) {                         //禁止随意调用
                throw new TypeError('Not an object');
            }
            thisArg = thisArg || window;                //默认调用对象为 window
            const res = {};                             //临时对象组
            for (var key in this) {                     //迭代对象
                //如果为本地属性，且动态调用回调函数的返回值为 true
                //回调函数参数为：值、键、对象
                if (this.hasOwnProperty(key) && callback.call(thisArg, this[key], key, this)) {
                    res[key] = this[key];               //为临时对象添加键值对
```

```
        }
      }
      return res;                              //返回过滤后的对象
    }
  });
}
```

应用原型方法：

```
let obj1 = {x: 1, y: 2, z: function(){console.log("z")}};
let obj2 = obj1.filter(v =>{return (typeof v) === "function"});   //过滤出对象包含的方法
console.log(obj2);                           //=>{z: function(){console.log("z")}}
```

9.9.5　设计 extend()扩展函数

在 Web 应用中，很多接口都需要一个参数对象，同时函数内部已包含一个默认的配置对象，开发的
第一步就需要把参数对象合并到配置对象中。extend 是常用工具，可以扩展参数、合并对象。本案例设
计的 extend()函数包含 3 个参数：target 为目标对象，source 为源对象，deep 表示是否拷贝对象中的对象，
如果为 true 则进行深拷贝，为 false 则进行浅拷贝。

```
function extend(target, source, deep) {                        //扩展函数
    var target = typeof target === "object"? target : {};      //初始化目标对象
    var source = typeof source === "object"? source : {};      //初始化源对象
    var deep = deep || false;                                  //初始化是否深拷贝
    for (var i in source) {                                    //遍历源对象
        if (source.hasOwnProperty(i)) {                        //如果存在本地属性，则操作
            if (typeof source[i] === "object" && deep) {       //如果值为对象，且深度迭代
                target[i] = (Object.prototype.toString.call(source[i]) === "[object Array]")?
                    [] : {};                                   //根据值类型，定义数组或对象
                extend(target[i], source[i], deep);            //递归调用 extend()函数
            } else {
                target[i] = source[i];                         //浅拷贝
            }
        }
    }
    return target;                                             //返回扩展后的目标对象
}
```

下面的代码应用 extend()函数，把对象 b 合并到对象 a 中，并进行深度合并，这样两者之间就不会相
互干扰。

```
a = {x:5};                                        //目标对象
b = {x:1,a:{aa:[{aaa:11},{bbb:22}]}};             //源对象
a = extend(a, b, true);                           //深度拷贝
console.log(a.a === b.a);                          //=> false
```

9.10　实践与练习

1. 使用 3 种方式创建一个对象，包括 new 构造函数、对象直接量和 Object.create()函数。
2. new Object()、new Object(undefined)和 new Object(null)作用是否相同？动手测试一下。
3. 写一个判断变量是否为对象的函数。
4. 下面两种写法是否都正确？并说明理由。

```
var o = {'p': 'Hello World'};
```

```
var o = {p: 'Hello World'};
```

5. 将 Object.prototype.toString()方法封装成一个类型识别方法。

6. 阅读下面一行简洁的代码，简单说明它有什么作用，并展开表示。

```
var len = book && book.subtitle && book.subtitle.length;
```

7. 在遍历对象时，经常会用到：in、for…in、hasOwnProperty()、Object.keys()、Object.getOwnPropertyNames()，请简单比较它们之间的区别。

8. 下面两行代码是否有区别？简单说明理由。

```
if (a) {...}
if (window.a) {...}
```

9. 下面两种写法哪个正确？并说明理由。

```
var person = {a + 3: 'abc'};
var person = {[a + 3]: 'abc'};
```

10. 下面的代码是否有误？并说明理由。

```
var a = 1;
var o = {1: 10}
o[a];
```

11. 使用全等运算符（===）可以判断两个对象是否相同，编写一个函数快速检测两个对象的内容是否相等。

12. 设计一个打点计时器，要求从 start 到 end，包含 start 和 end，每隔 100 毫秒 console.log 一个数字，每次数字增幅为 1，返回对象需要包含一个 cancel()方法，用于停止定时操作，且第一个数需要立即输出。

13. 定义一个函数，接收不定数量的数组作为参数，使用 ES 6 的剩余参数和扩展运算符将这些数组合并为一个数组。

14. 定义一个函数，参数为一个 URL 格式的字符串，把字符串的查询部分转换为对象格式表示，如 https://test.cn/index.php?filename=try&name=aa，返回格式为{filename:"try",name:"aa"}。

15. 编写函数实现对象深拷贝。

（答案位置：本章/在线支持）

9.11 在 线 支 持

第 10 章　构造函数、原型和继承

JavaScript 是基于对象，而不是面向对象的编程语言。在面向对象的编程模式中，有两个核心概念：对象和类。在 ECMAScript 6 规范之前，JavaScript 没有提供类的概念，主要通过构造函数来模拟类，通过原型实现继承。

【学习重点】
- ↘ 理解构造函数和 this。
- ↘ 设计 JavaScript 类型。
- ↘ 正确使用原型继承。
- ↘ 设计基于原型模式的 Web 应用框架。

10.1　构　造　函　数

JavaScript 构造函数也称构造器（constructor）、类型函数，功能类似对象模板，一个构造函数可以生成任意多个实例，实例对象具有相同的公共属性、行为特征，但拥有不同的数据和状态，属于不同的个体实例。

10.1.1　定义构造函数

扫一扫，看视频

在语法上，构造函数与普通函数相近。任何常规的 JavaScript 函数不包括箭头函数、生成器函数和异步函数，都可以用作构造函数。定义构造函数的语法格式如下：

```
function  类型名称(配置参数) {
    this.属性= 属性值;
    ...
    this.方法= function(){
        //处理代码
    };
    ...
    //可以包含 return
}
```

📢 提示：

建议构造函数的类型名称首字母大写，与普通函数区分开来。

📢 注意：

构造函数有两个显著特点。
- ↘ 函数体内使用 this，引用将要生成的实例对象。
- ↘ 必需使用 new 命令调用函数，生成实例对象。

【示例】下面的示例演示定义一个构造函数，包含了 2 个属性和 1 个方法。

```
function Point(x,y){              //构造函数
    this.x = x;                   //私有属性
    this.y = y;                   //私有属性
```

```
    this.sum = function(){              //方法
        return this.x + this.y;
    }
}
```

在上面代码中，Point()就是构造函数，它提供模板，用来生成实例对象。

10.1.2 调用构造函数

扫一扫，看视频

使用 new 命令可以调用构造函数，创建实例，并返回这个对象。

【示例】针对 10.1.1 小节的示例，下面使用 new 命令调用构造函数，生成两个实例，然后分别读取属性，调用方法 sum()。

```
function Point(x,y){                     //构造函数
    this.x = x;                          //私有属性
    this.y = y;                          //私有属性
    this.sum = function(){               //私有方法
        return this.x + this.y;
    }
}
var p1 = new Point(100,200);             //实例化对象 1
var p2 = new Point(300,400);             //实例化对象 2
console.log(p1.x);                       //100
console.log(p2.x);                       //300
console.log(p1.sum());                   //300
console.log(p2.sum());                   //700
```

📢 提示：

构造函数可以接收参数，以便初始化实例对象。如果不需要传递参数，可以省略小括号，直接使用 new 命令调用，下面两行代码是等价的。
```
var p1 = new Point();
var p2 = new Point;
```

📢 注意：

如果不使用 new 命令，直接使用小括号调用构造函数，这时构造函数就是普通函数，不会生成实例对象，this 就代表调用函数的对象，在客户端指代全局对象 window。

为了避免误用，最有效的方法是在函数中启用严格模式，代码如下，这样调用构造函数时就需要使用 new 命令，否则会抛出异常。

```
function Point(x,y){                     //构造函数
    'use strict';                        //启用严格模式
    this.x = x;                          //私有属性
    this.y = y;                          //私有属性
    this.sum = function(){               //私有方法
        return this.x + this.y;
    }
}
```

或者使用 if 对 this 进行检测，如果 this 不是实例对象，则强迫返回实例对象。

```
function Point(x,y){                     //构造函数
    if(!(this instanceof Point)) return new Point(x, y);   //检测 this 是否为实例对象
    this.x = x;                          //私有属性
    this.y = y;                          //私有属性
```

```
    this.sum = function(){              //私有方法
        return this.x + this.y;
    }
}
```

扫一扫，看视频

10.1.3　构造函数的返回值

构造函数允许使用 return 语句。如果返回值为简单值，则将被忽略，直接返回 this 指代的实例对象；如果返回值为对象，则将覆盖 this 指代的实例，返回 return 后面跟随的对象。

为什么会出现这种情况呢？这与 new 命令解析过程有关系，使用 new 命令调用函数的解析过程如下：

第 1 步，当使用 new 命令调用函数时，先创建一个空对象，作为实例返回。

第 2 步，设置实例的原型，指向构造函数的 prototype 属性。

第 3 步，设置构造函数体内的 this 值，让它指向实例。

第 4 步，开始执行构造函数内部的代码。

第 5 步，如果构造函数内部有 return 语句，而且 return 后面跟着一个对象，会返回 return 语句指定的对象；否则会忽略 return 返回值，直接返回 this 对象。

【示例】下面的示例在构造函数内部定义 return 返回一个对象直接量，当使用 new 命令调用构造函数时，返回的不是 this 指代的实例，而是这个对象直接量，因此当读取 x 和 y 属性值时，与预期的结果是不同的。

```
function Point(x,y){                    //构造函数
    this.x = x;                         //私有属性
    this.y = y;                         //私有属性
    return {x : true, y : false}
}
var p1 = new Point(100,200);           //实例化对象1
console.log(p1.x);                     //true
console.log(p1.y);                     //false
```

10.1.4　引用构造函数

扫一扫，看视频

在普通函数内，使用 arguments.callee 可以引用函数自身。但在严格模式下，是不允许使用 arguments.callee 引用函数的，这时可以使用 new.target 来引用构造函数。

在函数体中，可以通过特殊表达式 new.target 判断函数是否被作为构造函数调用了。如果 new.target 值是 undefined，则包含函数是作为函数调用的，没有使用 new 关键字。JavaScript 的各种错误的构造函数的调用都是因为没有使用 new。

【示例】下面的示例在构造函数内部使用 new.target 指代构造函数本身，以便对用户操作进行监测，如果没有使用 new 命令，则强制使用 new 实例化。

```
function Point(x,y){                         //构造函数
    'use strict';                            //启用严格模式
    if(!(this instanceof new.target)) return new new.target(x, y); //检测this是否为实例对象
    //或者使用下面表达式进行检测
    //如果 new.target 值是 undefined，则函数没有使用 new 调用，强制使用 new 调用
    //if (!new.target) return new new.target(x, y);
    this.x = x;                              //私有属性
    this.y = y                               //私有属性
}
var p1 = new Point(100,200);                 //实例化对象1
console.log(p1.x);                           //100
```

扫一扫，看视频

◀》注意：

　IE 浏览器对 new.target 的支持不是很完备，使用时要考虑其兼容性。

10.2　this 指针

　JavaScript 函数的作用域是静态的，但是函数的调用却是动态的。由于函数可以在不同的上下文运行环境中执行，因此 JavaScript 在函数体内预置了 this 关键字，用来获取当前的运行环境。

10.2.1　使用 this

　this 是由 JavaScript 引擎在执行函数时自动生成的一个动态指针，它指向当前函数调用的对象。其具体用法如下：

```
this[.属性]
```

　如果 this 未包含属性，则传递的是当前对象。

　this 用法灵活，其引用的值也是变化多端。下面简单总结 this 在 5 种常用场景中的表现，以及应对策略。

1. 普通调用

　【示例1】下面的示例演示了函数引用和函数调用对 this 的影响。

```
var obj = {                         //父对象
   name :"父对象obj",
   func : function(){
       return this;
    }
}
obj.sub_obj = {                     //子对象
   name :"子对象sub_obj",
   func : obj.func                  //引用父对象obj的方法func
}
var who = obj.sub_obj.func();
console.log(who.name);              //返回"子对象sub_obj"，说明this代表sub_obj
```

　如果把子对象 sub_obj 的 func 改为函数调用。

```
obj.sub_obj = {
   name :"子对象sub_obj",
   func : obj.func()                //调用父对象obj的方法func
}
```

　则函数中的 this 所代表的是定义函数时所在的父对象 obj。

```
var who = obj.sub_obj.func;
console.log(who.name);              //返回"父对象obj"，说明this代表父对象obj
```

2. 实例化

　【示例2】使用 new 命令调用函数时，this 总是指代实例对象。

```
var obj ={};
obj.func = function(){
   if(this == obj) console.log("this = obj");
   else if(this == window) console.log("this = window");
```

```
        else if(this.constructor == arguments.callee) console.log("this = 实例对象");
    }
    new obj.func;                    //实例化
```

3.动态调用

【示例 3】使用 call()方法和 apply()方法可以强制改变 this，使其指向参数对象。

```
function func(){
    //如果 this 的构造函数等于当前函数，则表示 this 为实例对象
    if(this.constructor == arguments.callee) console.log("this = 实例对象");
    //如果 this 等于 window，则表示 this 为 window 对象
    else if (this == window) console.log("this = window 对象");
    //如果 this 为其他对象，则表示 this 为其他对象
    else console.log("this == 其他对象 \n this.constructor = " + this.constructor);
}
func();                    //this 指向 window 对象
new func();                //this 指向实例对象
func.call(1);              //this 指向数值对象
```

在上面的示例中，直接调用函数 func()时，this 代表 window。当使用 new 命令调用函数时，将创建一个新的实例对象，this 就指向这个新创建的实例对象。

使用 call()方法执行函数 func()时，由于 call()方法的参数值为数字 1，则 JavaScript 引擎会把数字 1 强制封装为数值对象，此时 this 就会指向这个数值对象。

4.事件处理

【示例 4】在事件处理函数中，this 总是指向触发该事件的对象。

```
<input type="button"value="测试按钮"/>
<script>
var button = document.getElementsByTagName("input")[0];
var obj ={};
obj.func = function(){
    if(this == obj) console.log("this = obj");
    if(this == window) console.log("this = window");
    if(this == button) console.log("this = button");
}
button.onclick = obj.func;
</script>
```

在上面的代码中，func()所包含的 this 不再指向对象 obj，而是指向按钮 button，因为 func()是被传递给按钮的事件处理函数之后才被调用执行的。

如果使用 DOM 2 级标准注册事件处理函数：

```
if(window.attachEvent){                    //兼容 IE 模型
    button.attachEvent("onclick", obj.func);
} else{                                    //兼容 DOM 标准模型
    button.addEventListener("click", obj.func, true);
}
```

在 IE 浏览器中，this 指向 window 和 button，而在 DOM 标准的浏览器中仅指向 button。因为，在 IE 浏览器中，attachEvent()是 window 对象的方法，调用该方法时，this 会指向 window。

为了解决浏览器兼容性问题，可以调用 call()或 apply()方法强制在对象 obj 身上执行 func()方法，避免不同浏览器对 this 解析不同。

```
if(window.attachEvent){
    button.attachEvent("onclick", function(){   //用闭包封装 call()方法强制执行 func()
        obj.func.call(obj);
    });
}else{
    button.addEventListener("click", function(){
        obj.func.call(obj);
    }, true);
}
```

当再次执行时，func()中包含的 this 始终指向对象 obj。

5. 定时器

【示例5】使用定时器调用函数。

```
var obj ={};
obj.func = function(){
    if(this == obj) console.log("this = obj");
    else if(this == window) console.log("this = window");
    else if(this.constructor == arguments.callee) console.log("this = 实例对象");
    else console.log("this == 其他对象 \n this.constructor = " + this.constructor);
}
setTimeout(obj.func, 100);
```

在 IE 中 this 指向 window 和 button 对象，具体原因与上面讲解的 attachEvent()方法相同。在符合 DOM 标准的浏览器中，this 指向 window 对象，而不是 button 对象。

因为方法 setTimeout()是在全局作用域中被执行的，所以 this 指向 window 对象。解决浏览器兼容性问题，可以使用 call 或 apply 动态绑定来实现。

```
setTimeout(function(){
    obj.func.call(obj);
}, 100);
```

10.2.2　this 安全策略

扫一扫，看视频

由于 this 指代的不确定性，使用时应该时刻保持谨慎。在 Web 开发中，可以考虑先锁定 this 的值，锁定 this 有两种基本方法。

➥ 使用私有变量存储 this。
➥ 使用 call()方法和 apply()方法强制绑定 this 的值。

【示例1】使用 this 作为参数来调用函数，可以避免 this 因环境变化而变化的问题。

例如，下面做法是错误的，因为 this 会始终指向 window 对象，而不是当前按钮对象。

```
<input type="button" value="按钮 1" onclick="func()"/>
<input type="button" value="按钮 2" onclick="func()"/>
<input type="button" value="按钮 3" onclick="func()"/>
<script>
function func(){
    console.log(this.value);
}
</script>
```

如果把 this 作为参数进行传递，那么它就会代表当前对象。

```
<input type="button" value="按钮 1" onclick="func(this)"/>
<input type="button" value="按钮 2" onclick="func(this)"/>
```

```
<input type="button" value="按钮 3" onclick="func(this)"/>
<script>
function func(obj){
    console.log(obj.value);
}
</script>
```

【示例 2】使用私有变量存储 this，设计静态指针。

例如，在构造函数中把 this 存储在私有变量中，然后在方法中使用私有变量来引用构造函数的 this，这样在类型实例化后方法内的 this 不会发生变化。

```
function Base(){                        //基类
    var _this = this;                   //当初始化时，存储实例对象的引用指针
    this.func = function(){
        return _this;                   //返回初始化时实例对象的引用
    };
    this.name = "Base";
}
function Sub(){                         //子类
    this.name = "Sub";
}
Sub.prototype = new Base();            //继承基类
var sub = new Sub();                   //实例化子类
var _this = sub.func();
console.log(_this.name);               //this 始终指向基类实例，而不是子类实例
```

【示例 3】使用 call() 和 apply() 方法强制固定 this 的值。

作为一个动态指针，this 也可以被转换为静态指针。实现方法：使用 call() 或 apply() 方法强制指定 this 的指代对象。

【实现代码】

```
//把 this 转换为静态指针
//参数 obj 表示预设置 this 所指代的对象，返回一个预备调用的函数
Function.prototype.pointTo = function(obj){
    var _this = this;                   //存储当前函数对象
    return function(){                  //返回一个闭包函数
        return _this.apply(obj, arguments);  //返回执行当前函数，并强制设置为指定对象
    }
}
```

为 Function 扩展一个原型方法 pointTo()，该方法将在指定的参数对象上调用当前函数，从而把 this 绑定到指定对象上。

【应用代码】

下面利用这个扩展方法，以实现强制指定对象 obj1 的方法 func() 中的 this 始终指向 obj1。

```
var obj1 ={
    name : "this = obj1"
}
obj1.func = (function(){
    return this;
}).pointTo(obj1);                       //把 this 绑定到对象 obj1 身上
var obj2 ={
    name : "this = obj2",
    func : obj1.func
}
```

```
var _this = obj2.func();
console.log(_this.name);                //返回"this=obj1"，说明 this 指向 obj1，而不是 obj2
```

拓展：

可以扩展 new 命令的替代方法，从而间接实现自定义实例化类。

```
//把构造函数转换为实例对象
//参数 func 表示构造函数，返回构造函数 func 的实例对象
function instanceFrom(func){
    var _arg = [].slice.call(arguments, 1);      //获取构造函数可能需要的初始化参数
    func.prototype.constructor = func;           //设置构造函数的原型构造器指向自身
    func.apply(func.prototype, _arg);            //在原型对象上调用构造函数，
                                                 //此时 this 指代原型对象，相当实例对象
    return func.prototype;                       //返回原型对象
}
```

下面使用这个实例化类函数把一个简单的构造函数转换为具体的实例对象。

```
function F(){
    this.name = "F";
}
var f = instanceFrom(F);
console.log(f.name);
```

call()方法和 apply()方法具有强大的功能，它不仅能够执行函数，也能够实现 new 命令的功能。

10.2.3 绑定函数

绑定函数是为了纠正函数的执行上下文，把 this 绑定到指定对象上，避免在不同执行上下文中调用函数时，this 指代的对象不断变化。

【实现代码】

```
function bind(fn, context) {  //绑定函数
    return function() {
        return fn.apply(context, arguments);      //在指定上下文对象上动态调用函数
    };
}
```

bind()函数接收一个函数和一个上下文环境，返回一个在给定环境中调用给定函数的函数，并且将返回函数的所有的参数原封不动地传递给调用函数。

注意：

这里的 arguments 属于内部函数，而不属于 bind()函数。在调用返回的函数时，会在给定的环境中执行被传入的函数，并传入所有参数。

【应用代码】

函数绑定可以在特定的环境中为指定的参数调用另一个函数，该特征常与回调函数、事件处理函数一起使用。

```
<button id="btn">测试按钮</button>
<script>
var handler = {                               //事件处理对象
    message : 'handler',                      //名称
    click : function(event) {                 //事件处理函数
        console.log(this.message);           //提示当前对象的 message 值
    }
```

```
};
var btn = document.getElementById('btn');
btn.addEventListener('click', handler.click); //undefined
</script>
```

在上面的示例中，为按钮绑定单击事件处理函数，设计当单击按钮时，将显示 handler 对象的 message 属性值。但是，实际测试发现，this 最后指向了 DOM 按钮，而非是 handler。

解决方法：使用闭包进行修正。

```
var handler = {                               //事件处理对象
    message : 'handler',                      //名称
    click : function(event) {                 //事件处理函数
        console.log(this.message);            //提示当前对象的 message 值
    }
};
var btn = document.getElementById('btn');
btn.addEventListener('click', function(){     //使用闭包进行修正：封装事件处理函数的调用
    handler.click();
});  //'handler'
```

改进方法：使用闭包比较麻烦，如果创建多个闭包可能会令代码变得难以理解和调试，因此使用 bind() 绑定函数就很方便。

```
var handler = {                               //事件处理对象
    message : 'handler',                      //名称
    click : function(event) {                 //事件处理函数
        console.log(this.message);            //提示当前对象的 message 值
    }
};
var btn = document.getElementById('btn');
btn.addEventListener('click', bind(handler.click, handler));   //'handler'
```

10.2.4　使用 bind() 方法

ECMAScript 5 为 Function 新增 bind() 方法，用来把函数绑定到指定对象上。在绑定函数中，this 对象被解析为传入的对象。具体用法如下：

```
function.bind(thisArg[,arg1[,arg2[,argN]]])
```

参数说明如下。

- function：必选参数，一个函数对象。
- thisArg：必选参数，this 可在新函数中引用的对象。
- arg1[,arg2[,argN]]：可选参数，要传递到新函数的参数的列表。

bind() 方法将返回与 function() 函数相同的新函数，thisArg 对象和初始参数除外。

【示例 1】下面的示例定义原始函数 check，用来检测传入的参数值是否在一个指定范围内，范围下限和上限根据当前实例对象的 min 和 max 属性决定。然后使用 bind() 方法把 check() 函数绑定到对象 range 身上。如果再次调用这个新绑定后的函数 check1() 后，就可以根据该对象的属性 min 和 max 来确定调用函数时传入值是否在指定的范围内。

```
var check = function (value) {
    if (typeof value !== 'number')  return false;
    else  return value >= this.min && value <= this.max;
}
var range = {min : 10,  max : 20};
```

```
var check1 = check.bind(range);
var result = check1 (12);
console.log(result);                      //true
```

【示例 2】下面的示例在示例 1 的基础上为 obj 对象定义了两个上下限属性，以及一个方法 check()。然后，直接调用 obj 对象的 check()方法，检测 10 是否在指定范围，则返回值为 false，因为当前 min 和 max 值分别为 50 和 100。接着，把 obj.check()方法绑定到 range 对象，则再次传入值 10，则返回值为 true，说明在指定范围，因为此时 min 和 max 值分别为 10 和 20。

```
var obj = {
    min: 50,
    max: 100,
    check: function (value) {
        if (typeof value !== 'number')
            return false;
        else
            return value >= this.min && value <= this.max;
    }
}
var result = obj.check(10);
console.log(result);                      //false
var range = {min: 10, max: 20};
var check1 = obj.check.bind(range);
var result = check1(10);
console.log(result);                      //true
```

【示例 3】下面的示例演示了如何利用 bind()方法为函数两次传递参数值，以便实现连续参数求值计算。

```
var func = function (val1, val2, val3, val4) {
    console.log(val1 + " " + val2 + " " + val3 + " " + val4);
}
var obj = {};
var func1 = func.bind(obj, 12, "a");
func1("b", "c");                          //12 a b c
```

10.2.5　链式语法

扫一扫，看视频

jQuery 框架最大亮点之一就是它的链式语法。实现方法为：设计每一个方法的返回值都是 jQuery 对象（this），这样调用方法的返回结果可以为下一次调用其他方法做准备。

【示例】下面的示例演示如何在函数中返回 this 来设计链式语法。分别为 String 扩展了 3 个方法：trim()、writeln()和 log()，其中 writeln()和 log()方法返回值都为 this，而 trim()方法返回值为修剪后的字符串。这样就可以用链式语法在一行语句中快速调用这 3 个方法。

```
Function.prototype.method = function(name, func) {
    if(!this.prototype[name]) {
        this.prototype[name] = func;
        return this;
    }
};
String.method('trim', function() {
    return this.replace(/^\s+|\s+$/g, '');
});
String.method('writeln', function() {
    console.log(this);
```

```
    return this;
});
String.method('log', function() {
    console.log(this);
    return this;
});
var str = "abc";
str.trim().writeln().log();
```

10.3　原　　型

在 JavaScript 中，函数都有原型，函数实例化后，实例对象通过 prototype 可以访问原型，实现继承机制。

扫一扫，看视频

10.3.1　定义原型

原型是一个普通对象，继承于 Object 类，由 JavaScript 自动创建并依附于每个函数身上。构造函数、原型和实例之间的互动关系如下。

- Constructor（构造函数、构造器）：通过 prototype 属性访问原型。
- Prototype（原型）：通过 constructor 属性访问构造器。
- Instances（实例）：通过 new 调用构造器，获取实例对象；通过原型继承访问原型对象。

【示例】在下面的代码中为函数 P()定义原型。

```
function P(x){                      //构造函数
    this.x = x;                     //声明私有属性，并初始化为参数 x
}
P.prototype.x = 1;                  //添加原型属性 x，赋值为 1
var p1 = new P(10);                 //实例化对象，并设置参数为 10
P.prototype.x = p1.x                //设置原型属性值为私有属性值
console.log(P.prototype.x);         //返回 10
```

10.3.2　访问原型

扫一扫，看视频

访问原型对象有三种方法，简单说明如下：

- obj.__proto__。
- obj.constructor.prototype。
- Object.getPrototypeOf(obj)。

其中 obj 表示一个实例对象；constructor 表示构造函数；__proto__（前后各两个下画线）是一个私有属性，可读可写，与 prototype 属性相同，都可以访问原型对象。Object.getPrototypeOf(obj)是一个静态函数，参数为实例对象，返回值是参数对象的原型对象。

📢 注意：

　　__proto__ 属性是一个私有属性，存在浏览器兼容性问题，以及缺乏非浏览器环境的支持。使用 obj.constructor.prototype 也存在一定风险，如果 obj 对象的 constructor 属性值被覆盖，则 obj.constructor.prototype 将会失效。因此，比较安全的用法是使用 Object.getPrototypeOf(obj)。

【示例】下面的代码创建一个空的构造函数，然后实例化，分别使用上述 3 种方法访问实例对象的原型。

```
var F = function(){};                          //构造函数
var obj = new F();                             //实例化
var proto1 = Object.getPrototypeOf(obj);       //引用原型
var proto2 = obj.__proto__;                    //引用原型，注意，IE 暂不支持
var proto3 = obj.constructor.prototype;        //引用原型
var proto4 = F.prototype;                       //引用原型
console.log(proto1 === proto2);                //true
console.log(proto1 === proto3);                //true
console.log(proto1 === proto4);                //true
console.log(proto2 === proto3);                //true
console.log(proto2 === proto4);                //true
console.log(proto3 === proto4);                //true
```

扫一扫，看视频

10.3.3　设置原型

设置原型对象有 3 种方法，简单说明如下：

❯ obj.__proto__ = prototypeObj。
❯ Object.setPrototypeOf(obj, prototypeObj)。
❯ Object.create(prototypeObj)。

其中，obj 表示一个实例对象；prototypeObj 表示原型对象。注意，IE 不支持前面两种方法。

【示例】下面的代码简单演示例如上述 3 种方法，为对象直接量设置原型。

```
var proto = {name:"prototype"};               //原型对象
var obj1 = {};                                 //普通对象直接量
obj1.__proto__ = proto;                        //设置原型
console.log(obj1.name);

var obj2 = {};                                 //普通对象直接量
Object.setPrototypeOf(obj2, proto);            //设置原型
console.log(obj2.name);
var obj3 = Object.create(proto);               //创建对象，并设置原型
console.log(obj3.name);
```

扫一扫，看视频

10.3.4　检测原型

使用 isPrototypeOf()方法可以判断该对象是否为参数对象的原型。isPrototypeOf()方法是一个原型方法，可以在每个实例对象上调用。

【示例】下面的代码简单演示如何检测原型对象。

```
var F = function(){};                          //构造函数
var obj = new F();                             //实例化
var proto1 = Object.getPrototypeOf(obj);       //引用原型
console.log(proto1.isPrototypeOf(obj));        //true
```

📢 提示：

也可以使用下面的代码检测不同类型的实例。

```
var proto = Object.prototype;
console.log(proto.isPrototypeOf({}));                //true
console.log(proto.isPrototypeOf([]));                //true
console.log(proto.isPrototypeOf(/ /));               //true
console.log(proto.isPrototypeOf(function(){}));      //true
console.log(proto.isPrototypeOf(null));              //false
```

10.3.5 原型属性和私有属性

原型属性可以被所有实例访问，而私有属性只能被当前实例访问。

【示例 1】在下面的示例中，演示如何定义一个构造函数，并为实例对象定义私有属性。

```
function f(){                          //声明一个构造类型
    this.a = 1;                        //为构造类型声明一个私有属性
    this.b = function(){               //为构造类型声明一个私有方法
        return this.a;
    };
}
var e =new f();                        //实例化构造类型
console.log(e.a);                      //调用实例对象的属性a，返回1
console.log(e.b());                    //调用实例对象的方法b，提示1
```

构造函数 f()中定义了两个私有属性，分别是属性 a 和方法 b()。当构造函数实例化后，实例对象继承了构造函数的私有属性。此时可以在本地修改实例对象的属性 a 和方法 b()。

```
e.a = 2;
console.log(e.a);
console.log(e.b());
```

如果给构造函数定义了与原型属性同名的私有属性，则私有属性会覆盖原型属性值。

如果使用 delete 运算符删除私有属性，则原型属性会被访问。在示例 1 基础上删除私有属性，则会发现可以访问原型属性。

【示例 2】私有属性可以在实例对象中被修改，但是不同实例对象之间不会相互干扰。

```
function f(){                          //声明一个构造类型
    this.a = 1;                        //为构造类型声明一个私有属性
}
var e =new f();                        //实例 e
var g =new f();                        //实例 g
console.log(e.a);                      //返回值为1，说明它继承了构造函数的初始值
console.log(g.a);                      //返回值为1，说明它继承了构造函数的初始值
e.a = 2;                               //修改实例 e 的属性 a 的值
console.log(e.a);                      //返回值为2，说明 e 的属性 a 的值改变了
console.log(g.a);                      //返回值为1，说明 g 的属性 a 的值没有受影响
```

示例 2 演示了如果使用私有属性，则实例对象之间就不会相互影响。但是如果希望统一修改实例对象中包含的私有属性值，就需要一个个修改，工作量会很大。

【示例 3】原型属性将会影响所有实例对象，修改任何原型属性值，则该构造函数的所有实例都会看到这种变化，这样就避免了私有属性修改的麻烦。

```
function f(){}                         //声明一个构造类型
f.prototype.a = 1;                     //为构造类型声明一个原型属性
var e =new f();                        //实例 e
var g =new f();                        //实例 g
console.log(e.a);                      //返回值为1，说明它继承了构造函数的初始值
console.log(g.a);                      //返回值为1，说明它继承了构造函数的初始值
f.prototype.a = 2;                     //修改原型属性值
console.log(e.a);                      //返回值为2，说明实例 e 的属性 a 的值改变了
console.log(g.a);                      //返回值为2，说明实例 g 的属性 a 的值改变了
```

扫一扫，看视频

10.3.6 应用原型

下面通过几个实例介绍原型在代码中的应用技巧。

【示例1】利用原型为对象设置默认值。当原型属性与私有属性同名时，删除私有属性之后，可以访问原型属性，即可以把原型属性值作为初始化默认值。

```
function p(x){                      //构造函数
    if(x)                           //如果参数存在，则设置属性，该条件是关键
        this.x = x;                 //使用参数初始化私有属性x的值
}
p.prototype.x = 0;                  //利用原型属性，设置私有属性x的默认值
var p1 = new p();                   //实例化一个没有带参数的对象
console.log(p1.x);                  //返回0，即显示私有属性的默认值
var p2 = new p(1);                  //再次实例化，传递一个新的参数
console.log(p2.x);                  //返回1，即显示私有属性的初始化值
```

【示例2】利用原型间接实现本地数据备份。把本地对象的数据完全赋值给原型对象，相当于为该对象定义一个副本，通俗地说就是备份对象。这样当对象属性被修改时，可以通过原型对象来恢复本地对象的初始值。

```
function p(x){                      //构造函数
    this.x = x;
}
p.prototype.backup = function(){    //原型方法，备份本地对象的数据到原型对象中
    for(var i in this){
        p.prototype[i] = this[i];
    }
}
var p1 = new p(1);                  //实例化对象
p1.backup();                        //备份实例对象中的数据
p1.x =10;                           //改写本地对象的属性值
console.log(p1.x)                   //返回10，说明属性值已经被改写
p1 = p.prototype;                   //恢复备份
console.log(p1.x)                   //返回1，说明对象的属性值已经被恢复
```

【示例3】利用原型还可以为对象属性设置"只读"特性，这在一定程度上可以避免对象内部数据被任意修改的尴尬。下面的示例演示了如何根据平面上两点坐标来计算它们之间的距离。构造函数p()用来设置定位点坐标，当传递两个参数值时，会返回以参数为坐标值的点，如果省略参数，则默认点为原点（0,0）。而在构造函数1中通过传递的两点坐标对象计算它们的距离。

```
function p(x,y){                    //求坐标点构造函数
    if(x) this.x =x;                //初始x轴值
    if(y) this.y = y;              //初始y轴值
    p.prototype.x =0;              //默认x轴值
    p.prototype.y = 0;            //默认y轴值
}
function l(a,b){                    //求两点距离构造函数
    var a = a;                     //参数私有化
    var b = b;                     //参数私有化
    var w = function(){            //计算x轴距离，返回对函数引用
        return Math.abs(a.x - b.x);
    }
    var h = function(){            //计算y轴距离，返回对函数引用
```

```
                return Math.abs(a.y - b.y);
        }
        this.length = function(){        //计算两点距离，调用私有方法w()和h()
            return Math.sqrt(w()*w() + h()*h());
        }
        this.b = function(){             //获取起点坐标对象
            return a;
        }
        this.e = function(){             //获取终点坐标对象
            return b;
        }
    }
    var p1 = new p(1,2);                 //实例化p构造函数，声明一个点
    var p2 = new p(10,20);               //实例化p构造函数，声明另一个点
    var l1 = new l(p1,p2);               //实例化l构造函数，传递两点对象
    console.log(l1.length())             //返回20.12461179749811，计算两点距离
    l1.b().x = 50;                       //不经意改动方法b()的一个属性为50
    console.log(l1.length())   //返回43.86342439892262，说明影响两点距离值
```

在测试中会发现，如果无意间修改了构造函数l的方法b()或e()的值，则构造函数l中的length()方法的计算值也随之发生变化。这种动态效果对于需要动态跟踪两点坐标变化来说，是非常必要的。但是，这里并不需要当初始化实例之后随意地被改动坐标值。毕竟方法b()和e()与参数a和b是没有多大联系的。

为了避免因为改动方法b()的属性x值会影响两点距离，可以在方法b()和e()中新建一个临时性的构造类，设置该类的原型为a，然后实例化构造类并返回，这样就阻断了方法b()与私有变量a的直接联系，它们之间仅就是值的传递，而不是对对象a的引用，从而避免因为方法b()的属性值变化，而影响私有对象a的属性值。

```
this.b = function(){               //方法b()
    function temp(){};             //临时构造类
    temp.prototype = a;            //把私有对象传递给临时构造类的原型对象
    return new temp();             //返回实例化对象，阻断直接返回a的引用关系
}
this.e = function(){               //方法f()
    function temp(){};             //临时构造类
    temp.prototype = a;            //把私有对象传递给临时构造类的原型对象
    return new temp();             //返回实例化对象，阻断直接返回a的引用关系
}
```

还有一种方法，这种方法是在给私有变量w和h赋值时，不是赋值函数，而是函数调用表达式，这样私有变量w和h存储的是值类型数据，而不是对函数结构的引用，从而就不再受后期相关属性值的影响。

```
function l(a,b){                     //求两点距离构造函数
    var a = a;                       //参数私有化
    var b = b;                       //参数私有化
    var w = function(){              //计算x轴距离，返回函数表达式的计算值
        return Math.abs(a.x - b.x);
    }()
    var h = function(){              //计算y轴距离，返回函数表达式的计算值
        return Math.abs(a.y - b.y);
    }()
    this.length = function(){        //计算两点距离，直接使用私有变量w和h来计算
        return Math.sqrt(w()*w() + h()*h());
```

```
    }
    this.b = function(){              //获取起点坐标对象
        return a;
    }
    this.e = function(){              //获取终点坐标对象
        return b;
    }
}
```

【示例 4】利用原型进行批量复制。

```
function f(x){                       //构造函数
    this.x = x;                      //声明私有属性
}
var a = [];                          //声明数组
for(var i = 0; i < 100; i ++){       //使用 for 循环结构批量复制构造类 f 的同一个实例
    a[i] = new f(10);                //把实例分别存入数组
}
```

上面的代码演示了如何复制 100 次同一个实例对象。这种做法本无可非议，但是如果在后期修改数组中每个实例对象时，就会非常麻烦。现在可以尝试使用原型来进行批量复制操作。

```
function f(x){                       //构造函数
    this.x = x;                      //声明私有属性
}
var a = [];                          //声明数组
function temp(){}                    //定义一个临时的空构造类 temp
temp.prototype = new f(10);          //实例化，并传递给构造类 temp 的原型对象
for(var i = 0; i < 100; i ++){       //使用 for 复制临时构造类 temp 的同一个实例
    a[i] = new temp();               //把实例分别存入数组
}
```

把构造类 f 的实例存储在临时构造类的原型对象中，然后通过临时构造类 temp 实例来传递复制的值。这样，要想修改数组的值，只需要修改类 f 的原型即可，从而避免逐一修改数组中每个元素。

10.3.7　原型链

扫一扫，看视频

在 JavaScript 中，实例对象在读取属性时，总是先检查私有属性，如果存在，则会返回私有属性值，否则就会检索 prototype 原型，如果找到同名属性，则返回 prototype 原型的属性值。

prototype 原型允许引用其他对象。如果在 prototype 原型中没有找到指定的属性，则 JavaScript 将会根据引用关系继续检索 prototype 原型对象的 prototype 原型，以此类推。

【示例】下面的示例演示了对象属性查找原型的基本方法和规律。

```
function a(x){                       //构造函数 a
    this.x = x;
}
a.prototype.x = 0;                   //原型属性 x 的值为 0
function b(x){                       //构造函数 b
    this.x = x;
}
b.prototype = new a(1);              //原型对象为构造函数 a 的实例
function c(x){                       //构造函数 c
    this.x = x;
}
c.prototype = new b(2);              //原型对象为构造函数 b 的实例
```

```
var d = new c(3);                  //实例化构造函数 c
console.log(d.x);                  //调用实例对象 d 的属性 x，返回值为 3
delete d.x;                        //删除实例对象的私有属性 x
console.log(d.x);                  //调用实例对象 d 的属性 x，返回值为 2
delete c.prototype.x;              //删除 c 类的原型属性 x
console.log(d.x);                  //调用实例对象 d 的属性 x，返回值为 1
delete b.prototype.x;              //删除 b 类的原型属性 x
console.log(d.x);                  //调用实例对象 d 的属性 x，返回值为 0
delete a.prototype.x;              //删除 a 类的原型属性 x
console.log(d.x);                  //调用实例对象 d 的属性 x，返回值为 undefined
```

原型链能够帮助用户更清楚地认识 JavaScript 面向对象的继承关系，原型链检索示意图如图 10.1 所示。

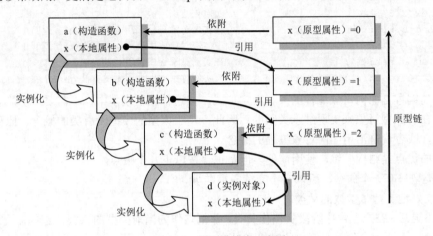

图 10.1　原型链检索示意图

10.3.8　原型继承

原型继承是一种简化的继承机制，也是 JavaScript 原生支持的继承模式。在原型继承中，类和实例概念被淡化了，一切都从对象的角度来考虑。原型继承不再需要使用类来定义对象的结构，直接定义对象，并被其他对象引用，这样就形成了一种继承关系，其中引用对象被称为原型对象。JavaScript 能够根据原型链来查找对象之间的这种继承关系。

【示例】下面使用原型继承的方法设计类型继承。

```
function A(x){                      //A 类
   this.x1= x;                      //A 的私有属性 x1
   this.get1 = function(){          //A 的私有方法 get1()
      return this.x1;
   }
}
function B(x){                      //B 类
   this.x2 = x;                     //B 的私有属性 x2
   this.get2 = function(){          //B 的私有方法 get2()
      return this.x2 + this.x2;
   };
}
B.prototype = new A(1);            //原型对象继承 A 的实例
function C(x){                      //C 类
   this.x3 = x;                     //C 的私有属性 x3
   this.get3 = function(){          //C 的私有方法 get3()
```

```
        return this.x3 * this.x3;
    };
}
C.prototype = new B(2);                    //原型对象继承 B 的实例
```

在上面的示例中，分别定义了 3 个构造函数，然后通过原型链把它们串连在一起，这样 C 能够继承 B 和 A 函数的成员，而 B 能够继承 A 的成员。

prototype 最大的特点就是能够允许对象实例共享原型对象的成员。因此，如果把某个对象作为一个类型的原型，那么这个对象的类型也可以作为那些以这个对象为原型的实例的父类。

此时，可以在 C 的实例中调用 B 和 A 的成员。

```
var b = new B(2);                          //实例化 B
var c = new C(3);                          //实例化 C
console.log(b.x1);                         //在实例对象 b 中调用 A 的属性 x1，返回 1
console.log(c.x1);                         //在实例对象 c 中调用 A 的属性 x1，返回 1
console.log(c.get3());                     //在实例对象 c 中调用 C 的方法 get3()，返回 9
console.log(c.get2());                     //在实例对象 c 中调用 B 的方法 get2()，返回 4
```

基于原型的编程是面向对象编程的一种特定形式。在这种编程模型中，不需要声明静态类，而是通过复制已经存在的原型对象来实现继承关系的。因此，基于原型的模型没有类的概念，原型继承中的类仅是一种模式，或者说是沿用面向对象编程的概念。

原型继承的优点是结构简练，使用简便，但是也存在以下几个缺点。

➥ 每个类型只有一个原型，所以它不支持多重继承。

➥ 不能友好地支持带参数的父类。

➥ 使用不灵活。在原型声明阶段实例化父类，并把它作为当前类型的原型，这限制了父类实例化的灵活性，无法确定父类实例化的时机和场合。

10.3.9 扩展原型方法

扫一扫，看视频

JavaScript 允许通过 prototype 为原生类型扩展方法，扩展方法可以被所有对象调用。例如，通过 Function. prototype 为函数扩展方法，然后为所有函数调用。

【实现代码】

为 Function 添加一个原型方法 method()，该方法可以为其他类型添加原型方法。

```
Function.prototype.method = function(name, func) {
    this.prototype[name] = func;
    return this;
};
```

【示例 1】下面利用 method()扩展方法为 Number 扩展一个 int()原型方法。该方法可以对浮点数进行取整。

```
Number.method('int', function() {
    return Math[this < 0 ? 'ceil' : 'floor'](this);
});
console.log((-10 / 3).int());                              //-3
```

Number.method()方法能够根据数字的正负来判断是使用 Math.ceil 还是 Math.floor，这样就避免了每次都编写上面的代码。

【示例 2】下面利用 method()扩展方法为 String 扩展一个 trim()原型方法。该方法可以清除字符串左右两侧的空字符。

```
String.method('trim', function() {
```

```
    return this.replace(/^\s+|\s+$/g, '');
});
console.log('"' +"abc".trim() + '"');          //返回带引号的字符串: "abc"
```

trim()方法使用了一个正则表达式，把字符串中的左右两侧的空格符清除掉。

📢 注意：

通过为原生的类型扩展方法，可以大大提高 JavaScript 编程灵活性。但是在扩展基类时务必小心，避免覆盖原生方法。建议在覆盖之前先确定是否已经存在该方法。

```
Function.prototype.method = function(name, func) {
    if(!this.prototype[name]) {                      //检测是否已经存在同名属性
        this.prototype[name] = func;
        return this;
    }
};
```

另外，可以使用 hasOwnProperty()方法过滤原型属性或者私有属性。

10.3.10　使用 super

扫一扫，看视频

this 关键字总是指向调用函数所在的当前对象，ES 6 新增 super 关键字，用于指向当前对象的原型对象。

【示例 1】在下面的代码中，obj.find()通过 super.foo 引用了原型对象 proto 的 foo 属性。

```
const proto = {
    foo: 'hello'
};
const obj = {
    foo: 'world',
    find() {
        return super.foo;
    }
};
Object.setPrototypeOf(obj, proto);
obj.find()                                    //"hello"
```

📢 注意：

super 关键字表示原型对象时，只能用在对象的方法之中，用在其他地方都会报错。例如，下面几种用法都会报错。

```
const obj = {
    foo: super.foo
}
const obj = {
    foo: () => super.foo
}
const obj = {
    foo: function () {
        return super.foo
    }
}
```

第 1 种写法是 super 用在属性里面，第 2 种和第 3 种写法是 super 用在一个函数里面，然后赋值给 foo 属性。目前，只有对象方法的简写法可以被 JavaScript 引擎确认为对象的方法。

JavaScript 引擎内部，super.foo 等同于 Object.getPrototypeOf(this).foo（属性）或 Object.getPrototypeOf (this).foo.call(this)（方法）。

【示例 2】在下面的代码中，super.foo 指向原型对象 proto 的 foo()方法，但是绑定的 this 却还是当前对象 obj，因此输出的就是 world。

```javascript
const proto = {
    x: 'hello',
    foo() {
        console.log(this.x);
    },
};
const obj = {
    x: 'world',
    foo() {
        super.foo();
    }
}
Object.setPrototypeOf(obj, proto);
obj.foo()                                        //"world"
```

10.4 案 例 实 战

扫一扫，看视频

10.4.1 构造原型

直接使用 prototype 实现类的继承存在两个问题。

➥ 构造函数与原型方法是分离的，无法在调用构造函数时向原型方法传递参数。

➥ 如果原型属性值为引用型数据，实例可以修改属性值，同时影响所有实例。

构造原型可以解决上述两个问题。实现方法：对于需要参数的方法，使用构造函数模式来设计；对于公共方法，使用原型模式来设计。

【示例】下面的示例把两个属性设计为构造函数模式，把方法设计为原型模式。

```javascript
function Book(title,pages){                 //构造函数模式设计
    this.title = title;                     //初始化参数
    this.pages = pages;                     //初始化参数
}
Book.prototype.what = function(){           //原型模式设计
    console.log(this.title +this.pages);    //公共方法
};
var book1 = new Book("JavaScript 程序设计",160);
var book2 = new Book("C 程序设计",240);
```

构造原型模式是 ECMAScript 定义类的推荐标准。一般建议使用构造函数模式定义所有属性，使用原型模式定义所有方法。这样实例化时，所有方法都只创建一次，而每个实例都能够根据需要设置属性值。

扫一扫，看视频

10.4.2 动态原型

根据面向对象的设计原则，类的所有成员都应该被封装在类结构体内。因此，可以把原型方法放在构造函数中，但是当每次实例化时，类的原型方法也会被重复创建，生成大量原型方法，浪费资源。这时，可以使用 if 判断原型方法是否存在，如果存在就不再创建该方法，否则就创建方法。

```javascript
function Book(title,pages){
    this.title = title;
    this.pages = pages;
    if(typeof Book.isLock == "undefined"){ //创建原型方法的锁
```

```
        Book.prototype.what = function(){
            console.log(this.title +this.pages);
        };
        Book.isLock = true;                    //创建原型方法后，把锁锁上，避免重复创建
    }
}
var book1 = new Book("JavaScript 程序设计",160);
var book2 = new Book("C 程序设计",240);
```

typeof Book.isLock 表达式检测标志属性，如果返回为 undefined 字符串，说明没有创建原型方法，则允许创建原型方法，并设置该属性值为 true，下次实例化时，可以不再创建原型方法。

10.4.3 工厂模式

工厂模式是定义类的最基本方法，也是 JavaScript 最常用的一种开发模式。它把对象实例化简单封装在一个函数中，然后通过调用函数，实现快速、批量生产实例对象。

【示例 1】下面的示例设计一个 Car 类型，包含 3 个属性：汽车颜色（color）、驱动轮数（drive）、百公里油耗（oil），同时定义一个方法，用来显示汽车颜色。

```
function Car(color,drive,oil) {          //汽车类
    var _car = new Object();             //临时对象
    _car.color = color;                  //初始化颜色
    _car.drive = drive;                  //初始化驱动轮数
    _car.oil = oil;                      //初始化百公里油耗
    _car.showColor = function() {        //方法，提示汽车颜色
        console.log(this.color);
    };
    return _car;                         //返回实例
}
var car1 = Car("red", 4, 8);
var car2 = Car("blue", 2, 6);
car1.showColor();                        //输出"red"
car2.showColor();                        //输出"blue"
```

【示例 2】为了避免重复创建方法，可以把方法置于 Car()工厂函数的外面，让每个实例共享同一个函数。

```
function showColor(){                     //公共方法，提示汽车颜色
    console.log(this.color);
};
function Car(color,drive,oil) {           //汽车类
    var _car = new Object();              //临时对象
    _car.color = color;                   //初始化颜色
    _car.drive = drive;                   //初始化驱动轮数
    _car.oil = oil;                       //初始化百公里油耗
    _car.showColor = showColor;           //引用外部函数
    return _car;                          //返回实例
}
```

在 Car()工厂函数内部，通过引用 showColor()函数避免了每次实例化时都要创建一个新的函数。从功能上讲，这样解决了重复创建函数的问题；但是从结构上讲，这样分离设计不便于封装。

扫一扫，看视频

10.4.4　类式继承

类式继承的设计目的：在子类中调用父类构造函数。具体设计思路如下：

第 1 步，在子类中，使用 apply()方法动态调用父类，把子类构造函数的参数传递给父类构造函数。让子类继承父类的私有属性，即 Parent.apply(this, arguments);代码行。

第 2 步，在父类和子类之间建立原型链，即 Sub.prototype = new Parent();代码行。通过这种方式保证父类和子类是原型链上的上下级关系，即子类的 prototype 指向父类的一个实例。

第 3 步，恢复子类的原型对象的构造函数，即 Sub.prototype.constructor = Sub;语句行。当改动 prototype 原型，那么就会破坏原来的 constructor 引用，所以必须重置 constructor。

具体设计步骤如下：

第 1 步，定义一个封装函数。设计入口为子类和父类对象，函数功能是子类能够继承父类的所有原型成员，不定义出口。

```
function extend(Sub,Sup){                    //类式继承封装函数
    //其中参数 Sub 表示子类，Sup 表示父类
}
```

第 2 步，在函数体内，首先定义一个空函数 F，用来实现功能中转。设计它的原型为父类的原型，然后把空函数的实例传递给子类的原型，这样就避免了直接实例化父类可能带来的系统负荷。因为在实际开发中，父类的规模可能会很大，如果实例化，会占用大量内存。

第 3 步，恢复子类原型的构造器子类自己。同时，检测父类原型构造器是否与 Object 的原型构造器发生耦合。如果是，则恢复它的构造器为父类自身。

【实现代码】

```
function extend(Sub,Sup){                              //类式继承封装函数
    var F = function(){};                             //定义一个空函数
    F.prototype = Sup.prototype;                      //设置空函数的原型为父类的原型
    Sub.prototype = new F();                          //实例化空函数，并把父类原型引用传递给子类
    Sub.prototype.constructor = Sub;                  //恢复子类原型的构造器为子类自身
    Sub.sup = Sup.prototype;                          //在子类定义一个私有属性存储父类原型
    //检测父类原型构造器是否为自身
    if(Sup.prototype.constructor == Object.prototype.constructor){
        Sup.prototype.constructor =Sup                //类式继承封装函数
    }
}
```

【应用代码】

下面定义两个类，尝试把它们绑定为继承关系。

```
function A(x){                                //构造函数 A
    this.x = x;                               //私有属性 x
    this.get = function(){                    //私有方法 get()
        return this.x;
    }
}
A.prototype.add = function(){                 //原型方法 add()
    return this.x + this.x;
}
A.prototype.mul = function(){                 //原型方法 mul()
    return this.x * this.x;
}
function B(x){                                //构造函数 B
```

```
        A.call(this,x);                        //在函数体内调用构造函数 A，实现内部数据绑定
    }
    extend(B,A);                               //调用封装函数，把 A 和 B 的原型捆绑在一起
    var f = new B(5);                          //实例化类 B
    console.log(f.get())                       //继承类 A 的方法 get()，返回 5
    console.log(f.add())                       //继承类 A 的方法 add()，返回 10
    console.log(f.mul())                       //继承类 A 的方法 mul()，返回 25
```

📢 提示：

　　在继承类封装函数中，有这么一句 Sub.sup = Sup.prototype;，在上面的应用代码中没有被使用，那么它有什么作用呢？为了解答这个问题，先看下面的代码。

```
    extend(B,A);
    B.prototype.add = function(){              //为 B 类定义一个原型方法
        return this.x + " " + this.x
    }
```

　　上面的代码是在调用封装函数之后，再为 B 类定义了一个原型方法，该方法名与基类中原型方法 add()同名，但是功能不同。如果此时测试程序，会发现子类 B 定义的原型方法 add()将会覆盖父类 A 的原型方法 add()。

```
    console.log(f.add())                       //返回字符串 55，而不是数值 10
```
　　如果在 B 类的原型方法 add()中调用父类的原型方法 add()，从而避免代码耦合现象发生。

```
    B.prototype.add = function(){              //定义子类 B 的原型方法 add()
        return B.sup.add.call(this);           //在函数内部调用父类方法 add()
    }
```

10.4.5　为 String 扩展 toHTML()方法

　　本案例为 String 扩展一个 toHTML()原型方法，该方法能够把字符串中的 HTML 转义字符替换为对应的 HTML 字符，以便在网页中正确显示标记信息。

　　首先，为 Function 增加 method()原型方法。

```
Function.prototype.method = typeof Function.prototype.method === "function"?
    Function.prototype.method :                //先检测是否已经存在该方法，否则定义函数
    function (name, func) {
        if(!this.prototype[name]){             //检测当前类型中是否存在指定名称的原型
            this.prototype[name] = func;       //绑定原型方法
        }
        return this;                           //返回类型
    };
```

　　然后，为 String 增加 toHTML()原型方法。

```
String.method('toHTML', function() {
    var entity = {                             //过滤的转义字符实体
        quot : '"',
        lt : '<',
        gt : '>'
    };
    return function() {                        //返回方法的函数体
        return this.replace(/&([^&;]+);/g, function(a, b) { //匹配字符串中 HTML 转义字符
            var r = entity[b];                 //映射转义字符实体
            return typeof r === 'string' ? r : a;  //替换并返回
        });
    };
}());                                          //生成闭包体
```

在上面的代码中，为 String 类型扩展了一个 toHTML()原型方法，它调用 String 对象的 replace()方法来查找以'&'开头和以';'结束的子字符串。如果这些字符可以在转义字符实体表 entity 中找到，那么就将该字符实体替换为映射表中的值。转义字符实体表 entity 被封闭在闭包体内，作为私有数据不对外开放，管理人员可以根据需要扩充或更新实体表。最后，应用 toHTML()方法。

```
console.log('&lt;&quot;&gt;');                    //&lt;&quot;&gt;
console.log('&lt;&quot;&gt;'.toHTML());           //<">
```

扫一扫，看视频

10.4.6 设计序列号生成器

本案例设计一个能够自动生成序列号的序列号生成器：toSerial()，该函数返回一个能够产生唯一序列字符串的对象，这个字符串由两部分组成：字符前缀+序列号。这两部分可以分别使用 setPrefix()和setSerial()方法进行设置，然后调用实例对象的 get()方法来读取这个字符串。每执行该方法，都会自动产生唯一一个序列字符串。

```
var toSerial = function() {                        //包装函数
    var prefix = '';                              //私有变量，前缀字符，默认为空字符
    var serial = 0;                               //私有变量，序列号，默认为0
    return {                                       //返回一个对象直接量
        setPrefix : function(p) {                 //设置前缀字符
            prefix = String(p);                   //强制转换为字符串
        },
        setSerial : function(s) {                 //设置序列号
            serial = typeof s == "number"? s : 0; //如果参数不是数字，则设置为0
        },
        get : function() {                        //读取自动生成的序列号
            var result = prefix + serial;
            serial += 1;                          //递加序列号
            return result;                        //返回结果
        }
    };
};
var serial = toSerial();                           //获取生成序列号对象
serial.setPrefix('No.');                           //设置前缀字符串
serial.setSerial(100);                             //设置起始序号
console.log(serial.get());                         //"No.100"
console.log(serial.get());                         //"No.101"
console.log(serial.get());                         //"No.102"
```

serial 对象包含的方法都没有使用 this 或 that，因此没有办法损害 serial，除非调用对应的方法，否则没法改变 prefix 或 serial 的值。serial 对象是可变的，所以它的方法可能会被替换掉，但是替换后的方法依然不能访问私有成员。如果把 serial.get 作为一个值传递给第三方函数，这个函数只能通过它产生唯一字符串，却不能通过它来改变 prefix 或 serial 的值。

10.5　实践与练习

1. 使用对象直接量的方式创建一个对象 person，包含 3 个属性：name、age 和 job；包含 1 个方法：sayName()，输出自己姓名。
2. 使用工厂模式创建对象 person。
3. 使用构造函数模式创建对象 person。

4. 使用原型模式创建对象 person。

5. 使用构造原型模式创建对象 person。

6. 设计一个深拷贝函数，通过该深拷贝函数将父例的属性和方法复制到子例，以此实现继承。

7. ES 5 新增 Object.create()方法，使用该方法可以设计原型式继承。请编写一个简单的示例演示一下。

8. 封装函数 f()，使 f()的 this 指向指定的对象。

9. 给定一个构造函数 constructor()，请完成 alterObjects()方法，将 constructor()的所有实例的 greeting 属性指向给定的 greeting 变量。

10. 找出对象 obj 不在原型链上的属性，返回数组格式为 key: value，结果数组不要求顺序。

（答案位置：本章/在线支持）

10.6　在线支持

第 11 章 类 和 模 块

JavaScript 从 1995 年诞生至今将近 30 年了，早期仅是一个简单的网页脚本语言，如今已成为主流编程语言，JavaScript 代码的复杂度也直线上升，单页 JavaScript 代码过万行已经司空见惯，复杂的单页 Web 应用甚至超过几十万行。编写和维护如此复杂的代码，必须使用模块化策略。目前，业界主流做法都是采用面向对象编程。但是，JavaScipt 语法不支持类，导致传统的面向对象编程方法无法直接使用。

ECMAScript 6 引入 class 关键字，使用 class 创建类，以正式支持面向对象编程，class 的背后仍然是原型和构造函数，新的 JavaScript 类与旧式类工作方式基本相同。ECMAScript 6 同时引入模块规范，集成了 AMD 和 CommonJS，全方位简化之前的模块加载器，目前都得到了主流浏览器的支持。

【学习重点】
- 使用 class 定义类。
- 正常实例化类。
- 灵活掌握类的字段和方法。
- 理解类的继承。
- 正确使用 export 和 import。

11.1 类

11.1.1 认识类

类是用于创建对象的模板，如果两个或多个对象的结构功能类似，就可以抽象出一个模板，依照模板复制出多个相似的实例，就像工厂使用模具生产产品一样。通过类来创建对象，开发者就不必重写代码，以达到代码复用的目的。

函数也能够实现代码复用，但是无法解决数据封装和处理的难题，也无法实现多个函数之间的有机联系，更不能实现代码的继承。类能够实现把多个函数捆绑在一起，分工合作，用代码封装数据，以更便捷的方式处理该数据。

ES 5 通过构造函数表示类，ES 6 引入了 class 关键字，通过 class 定义类，俗称新式类。class 类本质上也是在函数 function、原型 prototype 实现方式基础上做了进一步的封装，让开发者使用起来更简单明了。但是 class 类在某些语法和语义上与 ES 5 的旧类不同。简单概况如下。

- 严格模式：类默认采用严格模式解析，不需要使用 use strict 指定运行模式。
- 不存在变量提升：ES 6 不会把类的声明提升到代码头部。这种规定的原因与类的继承有关系，必须保证子类在父类之后定义。因此，类不存在变量提升，如果类的使用在前，定义在后，这样会报错。
- 块作用域：函数受函数作用域限制，而类受块作用域限制。
- 特性继承：ES 6 类只是 ES 5 构造函数的包装，所以函数的许多特性都被 class 继承，如 name 属性。
- 生成器方法：如果在方法之前加上星号（*），则表示该方法是一个生成器函数。
- this：在类的方法中，可以包含 this，它指向类或实例。this 不能单独使用，否则会报错。

扫一扫，看视频

11.1.2 定义类

类也是特殊的函数，与函数声明和定义函数表达式一样，定义类的方法有两种。

1. 类声明

类声明的语法格式如下：

```
class 类名{                              //类声明
    //类主体
}
```

类主体可以包含：静态字段、静态方法、构造函数、实例字段、实例方法等。

函数声明与类声明之间有一个重要区别：函数声明会提升，类声明不会。只有先声明类，然后才能够访问它，否则将抛出 ReferenceError 错误。

📢 提示：

与 ES 5 构造函数一样，类名的首字母习惯上大写，以区别于通过它创建的实例。

【示例 1】下面的代码声明了一个学生类，然后实例化一个有姓名、有年龄、有性别的学生。

```
class Student {                              //声明一个类
    constructor(name, age, sex) {            //构造函数
        this.name = name;                    //姓名
        this.age = age;                      //年龄
        this.sex = sex;                      //性别
    }
    read() {console.log(this.name + this.age + this.sex)}   //实例方法
}
var Tom = new Student('tom', 21, '男');     //实例化类，并初始化信息
Tom.read();                                  //调用实例方法，显示学生信息
```

对象 Tom 是按照 Student 模板，实例化出来的对象。实例化出来的对象拥有预先定制好的结构和功能。

📢 提示：

在定义类的方法时，不需要 function 关键字，使用简写语法。方法与方法之间不需要逗号分隔，否则会报错。

2. 类表达式

类表达式可以命名，也可以不命名。命名类表达式的名称是该类体的局部名称，可以通过类的 name 属性检索。不命名类表达式也称为匿名类。类表达式的语法格式如下：

```
const 变量 = class 类名{//类主体};          //命名类表达式
const 变量 = class {//类主体};              //不命名类表达式
```

类的名字在 class 内部使用。在 class 外部，可以使用变量引用类。如果内部不需要类名，可以省略类名。

【示例 2】下面的代码使用匿名表达式和命名表达式方式定义 2 个类。

```
let Rectangle = class {                      //匿名类
    constructor(height, width) {             //构造函数
        this.height = height;                //高
        this.width = width;                  //宽
    }
};
console.log(Rectangle.name);                 //=>"Rectangle"
```

```
let Rectangle = class Rectangle2 {              //命名类
    constructor(height, width) {                //构造函数
        this.height = height;                   //高
        this.width = width;                     //宽
    }
};
console.log(Rectangle.name);                     //=>"Rectangle2"
```

扫一扫，看视频

11.1.3　实例化

使用 new 调用类，可以实例化类，生成一个实例对象，语法格式如下：

```
实例对象 = new 类名();
```

如果类的构造函数包含参数，则实例化时需要传入参数。class 类的实例化与 ES 5 构造函数的实例化写法完全一样，唯一区别：ES 5 构造函数可以直接调用，如果直接调用，将以普通函数模式运行，而直接调用 class 类将报错。

【示例 1】在下面的示例中，声明一个 Point 类，其中包含 x、y 两个字段，x 和 y 定义在 this 上，this 指代未来的实例对象，x 和 y 属于实例属性，也称本地属性；还包含一个方法：toString()，该方法定义在 Point 主体内，属于实例方法。

```
class Point {                                    //声明类
    constructor(x, y) {                          //构造函数
        this.x = x;                              //实例属性
        this.y = y;                              //实例属性
    }
    toString() {                                 //实例方法
        return '(' + this.x + ', ' + this.y + ')';
    }
}
var point = new Point(2, 3);                     //实例化，并初始传入 2 个值
                                                 //这两个值最后传递给 constructor(x, y)函数
point.toString()                                 //=> (2, 3)
point.hasOwnProperty('x')                         //=> true
point.hasOwnProperty('y')                         //=> true
point.hasOwnProperty('toString')                  //=> false
point.__proto__.hasOwnProperty('toString')        //=> true
```

🔊 提示：

每一个类默认都有一个名为 constructor 的特殊方法，称为构造函数。如果类包含多个 constructor()方法，将抛出一个 SyntaxError 异常。

当使用 new 命令调用类，生成实例的时候，会自动调用该方法，用于初始化实例的信息，对实例进行任何设置。一个类如果没有显式定义 constructor()方法，JavaScript 会自动添加一个空的 constructor()方法。

constructor()方法默认返回实例对象（ this ），也可以返回另外一个对象。例如：

```
class Point{
    constructor() {
        return Object.create(null);
    }
}
new Point() instanceof Point                      //=> false
```

在上面的代码中，constructor()函数返回一个新对象，结果对象就不是 Point 类的实例。

【补充】

ES 6 为 new 命令引入 new.target 属性，该属性一般用在构造函数之中，返回 new 命令作用的构造函数。如果构造函数不通过 new 命令或 Reflect.construct() 调用，new.target 会返回 undefined，因此，使用该条件可以判断构造函数是如何调用的。在 class 内部调用 new.target，将返回当前 class。在函数外部使用 new.target，将会报错。

```
class Rectangle {
    constructor(length, width) {
        console.log(new.target === Rectangle);
        this.length = length;
        this.width = width;
    }
}
var obj = new Rectangle(3, 4);                    //=> true
```

11.1.4 类的字段

扫一扫，看视频

字段是用来保存信息的变量。根据归属不同，字段可以分为两类。

❥ 实例字段：归属于类的实例，只能够通过实例来访问。也称为实例属性、实例变量、本地属性或本地变量。

❥ 静态字段：归属于类本身，只能够通过类来访问。也称为类属性或类变量。

根据访问权限，字段可以分为以下两类。

❥ 公共（public）：可以在任意位置访问，包括类的内部和类的外部。

❥ 私有（private）：只能在类的内部访问。

下面结合具体示例进行说明。

1. 公共实例字段

公共字段可以在任意位置访问、更新，没有限制。可以读取它们的值，并将其分配给构造函数、方法，以及类的外部变量等。

实例字段的作用：保存实例的个人信息，不与其他实例共享，主要用于初始化实例对象。

【示例 1】 在下面的代码中，表达式 this.name = name 将创建一个实例字段 name，并分配一个初始值。

```
class User {
    constructor(name) {
        this.name = name;
    }
}
```

name 是一个公共字段，可以在 User 类主体内外访问它。

```
const user = new User('Hi');          //实例化，初始 name 的值
user.name;                            //在类的外部访问，=> 'Hi'
```

实例字段一般在 constructor() 方法内创建，并接收用户传入的参数值，初始化对象。也可以在构造函数外，即在类主体内其他位置定义字段。例如：

```
class User {
    name = 'Hi';
}
```

如果字段的值固定，建议以这种方式声明，并置于类的顶部，方便了解类的数据结构，且在声明类时可以立即初始化数据。

```
const user = new User();
user.name;                                       //=> 'Hi'
```

2. 私有实例字段

私有字段仅可以在类的内部访问。定义私有字段的方法：在字段名称前面加上特殊符号#，如#myField。每次使用私有字段时，都必须保留前缀#，不管是声明、读取，还是修改。

私有实例字段的作用：保存实例的功用性、私有值，主要用于实例的逻辑处理，不对外开放。

【示例2】在下面的代码中，定义一个私有字段 #name。

```
class User {
    #name;                                       //私有字段
    constructor(name) {                          //构造函数
        this.#name = name;                       //实例化私有字段
    }
    getName() {                                  //实例方法
        return this.#name;                       //在方法内访问私有字段
    }
}
const user = new User('Hi');
user.getName();                                  //通过方法，可以间接在外部索取，=> 'Hi'
user.#name;                                      //直接在类的外部访问，将抛出语法错误
```

#name 是一个私有字段，可以在 User 主体内访问和修改#name。方法 getName()可以访问私有字段#name。如果尝试在类主体之外直接访问私有字段#name，则会引发语法错误。

3. 公共静态字段

静态字段是在类本身上定义的变量。定义静态字段的方法：使用 static 关键字，在其后面设置字段名称，如 static myStaticField。

静态字段的作用：常用于定义类常量，或者存储类的公共信息。

【示例3】下面的示例添加一个公共实例字段 type，用来指示用户类型：admin、regular，再添加两个静态字段：TYPE_ADMIN 和 TYPE_REGULAR，定义类常量，用以区分用户类型。

```
class User {
    static TYPE_ADMIN = 'admin';                 //公共静态字段
    static TYPE_REGULAR = 'regular';             //公共静态字段
    name;                                        //公共实例字段
    type;                                        //公共实例字段
    constructor(name, type) {                     //构造函数
        this.name = name;                        //初始化字段
        this.type = type;                        //初始化字段
    }
}
const admin = new User('Site Admin', User.TYPE_ADMIN);
admin.type === User.TYPE_ADMIN;                  //=> true
```

公共静态字段 TYPE_ADMIN 和 TYPE_REGULAR 定义了 User 类的常量。要访问静态字段，必须使用 User.TYPE_ADMIN 和 User.TYPE_REGULAR。

4. 私有静态字段

私有静态字段只能够在类的内部使用。定义私有静态字段的方法：在静态字段名称前添加特殊符号#，如 static #myPrivateStaticField。

私有静态字段的作用：用于类内部各个方法的公共值，不对外开放，仅用于类的逻辑处理。

【示例 4】下面的示例设计一个 User 类，并限制该类的实例数量。如果要隐藏有关实例限制的详细信息，可以创建私有静态字段。

```
class User {
    static #MAX_INSTANCES = 2;              //私有静态字段：限制实例的信息
    static #instances = 0;                  //私有静态字段：实例计数器
    name;                                   //公共实例字段
    constructor(name) {
        User.#instances++;                  //计数
        if (User.#instances > User.#MAX_INSTANCES) {    //如果超出了限制，则抛出异常
            throw new Error('Unable to create User instance');
        }
        this.name = name;                   //初始化字段
    }
}
new User('Jon Snow');                       //创建第 1 个实例
new User('Arya Stark');                     //创建第 2 个实例
new User('Sansa Stark');                    //创建第 3 个实例，超出限制抛出异常
```

静态字段 User.#MAX_INSTANCES 用来设置允许的最大实例数，而 User.#instances 静态字段则计算实际的实例数。这些私有静态字段只能在 User 类中访问。

扫一扫，看视频

11.1.5　类的方法

字段主要用于保存数据，而处理数据、执行各种任务还需要用到方法，即类的各种特殊函数。JavaScript 类支持实例方法和静态方法。

1. 实例方法

实例方法是附加在实例上的函数，可以访问和修改实例数据，也可以调用其他实例方法，以及任何静态方法。

【示例 1】下面的示例定义 2 个实例方法：getName()返回 User 类实例的名称，nameContains(string) 可以接收一个参数 str，判断用户名是否包含指定的字符串。

```
class User {
    constructor(name) {                     //构造函数
        this.name = name;                   //实例字段
    }
    getName() {return this.name;}           //实例方法，返回用户名
    nameContains(str) {return this.name.includes(str);}    //实例方法，检索用户名
}
const user = new User('Hi');
console.log(user.getName());                //=> 'Hi'
console.log(user.nameContains('Stark'));    //=> false
```

在实例方法和构造函数中，this 指向类的实例。使用 this 可以访问实例的数据：this.field，也可以调用其他实例方法：this.method()。

【补充】

与 ES 5 构造函数的原型相似，在 ES 6 的 class 内，所有实例方法也是原型方法，为所有实例共享，允许实例可读，但不可写。原型方法的主要功能：为所有实例提供一致的行为支持。类的所有原型方法都可以通过类的 prototype 进行读/写操作，例如：

```
console.log(User.prototype.getName());                    //调用原型方法
User.prototype.getName = function(){return"other value";};  //重写原型方法
```

🔊 提示：

在实例方法名称前面添加#前缀，可以定义私有实例方法。

【示例 2】以示例 1 为基础，设置 getName()方法设为私有，在 nameContains(str)内，可以这样调用私有方法：this.#getName()。

```
class User {
    constructor(name) {                           //构造函数
        this.name = name;                        //实例字段
    }
    #getName() {return this.name;}               //实例方法，返回用户名
    nameContains(str) {return this.#getName().includes(str);}  //实例方法，检索用户名
}
const user = new User('Hi');
console.log(user.nameContains('Stark'));         //=> false
```

作为私有方法，就不能在 User 类主体之外调用。调用方法 user.#getName()，将抛出异常，提示私有字段只能够在类内部使用。

2. getter()和 setter()

getter()表示取值函数，setter()表示存值函数。与对象直接量语法类似，在类中也可以使用 get 和 set 关键字为实例定义读/写属性，绑定取值函数和存值函数，允许实例以字段访问的方式调用方法，便于对字段的读/写行为进行更多控制。

当尝试获取字段值时，将调用 getter()函数；当尝试设置值时，会调用 setter()函数。getter()函数不需要参数，setter()函数只能接收一个参数。

【示例 3】继续以示例 2 为基础，为了确保 name 属性不能为空，将私有字段#nameValue 包装在一个 getter 和 setter 中。

```
class User {
    #nameValue;                              //私有实例字段，存储值
    constructor(name) {                      //构造函数
        this.#nameValue = name;             //初始化实例字段 name 的值
    }
    get name() {                            //取值函数，getter()
        return this.#nameValue;
    }
    set name(name) {                        //存值函数，setter()
        if (name === '') {                 //如果参数为空，则抛出异常
            throw new Error('name field of User cannot be empty');
        }
        this.#nameValue = name;            //为私有字段#nameValue 赋值
    }
}
const user = new User('Hi');
console.log(user.name);                     //调用取值函数, => 'Hi'
user.name = 'World';                        //调用存值函数
user.name = '';                            //存值函数将抛出异常
```

当访问 user.name 的值时，将执行 get name() {...}取值函数，而 user.name = 'World'将调用存值函数，如果新值是一个空字符串，则调用 getter()函数将抛出异常。

📢 提示:

方法名可以采用表达式表示。例如:

```
let methodName = 'getArea';
class Square {
    constructor(length){}
    [methodName](){}
}
```

📢 注意:

在 class 内定义的所有方法和字段都是不可枚举的,这一点 ES 6 与 ES 5 的行为不一致。

3. 静态方法

静态方法是直接附加在类上的函数。创建静态方法的方法:使用 static 关键字,如 static myStaticMethod() {...}。静态方法的主要功能:为类创建工具函数,处理与类相关的逻辑,而不是与类的实例相关的逻辑。

📢 注意:

静态方法不被实例继承,调用静态方法不需要实例化类,不能通过类的实例调用静态方法,直接通过类自身去调用。在静态方法中,可以访问静态字段,但无法访问实例字段。

【示例 4】继续以示例 3 为基础,新添加 isNameTaken()方法,它是一种静态方法,使用静态私有字段 User.#takenNames 来检查采用的名称。

```
class User {
    static #takenNames = [];                            //静态私有字段,保存用户名
    static isNameTaken(name) {return User.#takenNames.includes(name);} //静态方法
    name;                                               //实例字段
    constructor(name) {
        this.name = name;                               //初始化用户名
        User.#takenNames.push(name);                    //并把用户名存入静态私有字段中
    }
}
const user = new User('Hi');
console.log(User.isNameTaken('Hi'));                    //=> true
console.log(User.isNameTaken('Arya Stark'));            //=> false
```

静态方法可以是私有的:static #staticFunction(){...}。只能在类主体中调用私有静态方法。

📢 提示:

在静态方法中,this 指向类自身,而不是实例。父类的静态方法,可以被子类继承。类也是一个对象,可以为其绑定属性。例如,下面为 Foo 类定义了一个静态属性 prop。

```
class Foo {}
Foo.prop = 1;                                           //静态属性
Foo.prop                                                //=> 1
```

11.1.6 类的继承

1. 继承实现

ES 5 通过原型实现继承,ES 6 通过 extends 关键字支持单继承。语法格式如下:

```
class 父类 {}
```

扫一扫,看视频

```
class 子类 extends 父类 {}
```

子类通过 extends 关键字继承父类的构造函数、字段和方法，但是父类的私有成员不会被子类继承。

【示例 1】下面的示例创建一个子类 Reader，扩展父类 User。从 User 继承构造函数、getName() 方法和 name 字段，同时声明一个新字段 arr。

```
class User {                                //父类
    name;                                   //字段
    constructor(name) {                     //构造函数
        this.name = name;                   //初始化字段
    }
    getName() {                             //方法
        return this.name;
    }
}
class Reader extends User {                 //子类，扩展了父类
    arr = [];                               //新添加 arr 字段
}
const reader = new Reader('Hi');           //实例化子类
console.log(reader.name);                  //继承自父类 => 'Hi'
console.log(reader.getName());             //继承自父类 => 'Hi'
console.log(reader.arr);                   //来自子类新字段 => []
```

2. 调用父类的构造函数

如果子类定义了构造函数，实例化时会覆盖掉父类的构造函数，JavaScript 将抛出异常。因此，要确保父类的构造函数在子类中实现初始化。解决方法：在子类中调用父类的构造函数。

如果在子类中调用父类的构造函数，需要使用子类构造函数提供的特殊方法 super()。

这是因为子类自己的 this 对象，必须先通过父类的构造函数完成塑造，得到与父类同样的实例属性和方法，然后再对其进行加工，加入子类自己的实例属性和方法。如果不调用 super() 方法，子类就得不到父类的 this 对象。

🔊 提示：

> ES 5 继承机制是先创造子类的实例对象 this，然后再将父类的方法添加到 this 上面（Parent.apply(this)）。ES 6 的继承机制完全不同，是先将父类实例对象的属性和方法加到 this 上面，所以必须先调用 super() 方法，然后再用子类的构造函数修改 this。如果子类没有定义 constructor() 方法，这个方法会被默认添加。

【示例 2】以示例 1 为基础，让 Reader 的构造函数调用 User 的构造函数，并初始化 name 和 age 字段。

```
class User {                                //父类
    constructor(name) {                     //父类构造函数
        this.name = name;                   //本地属性
    }
}
class Reader extends User {                 //子类
    constructor(name, age) {                //子类构造函数
        super(name);                        //调用父类构造函数，初始化父类实例
        this.age = age;                     //本地属性
    }
}
const reader = new Reader('Hi', 20);       //实例化子类
console.log(reader.name);                  //=> 'Hi'
console.log(reader.age);                   //=> 20
```

📢 注意:

> new.target 指代当前正在执行的类,而不管它在代码中的位置。例如,实例化子类,父类的构造函数中的 new.target 将指向子类,而不是父类。

3. 调用父类的方法

如果在子类的方法中访问父类的方法,可以使用 super。与 this 相对,this 指代当前方法的调用者,可以是实例,也可以是类对象。而 super 既可以指代父类的实例,又可以指代父类自身。

super 有两个作用。

- ➥ 作为函数被调用时,代表父类的构造函数,super 内的 this 指代子类的实例。ES 6 规定子类的构造函数必须执行一次 super() 方法,返回父类的实例。super() 相当于 Parent.prototype.constructor.call(this)。
- ➥ 作为对象使用时,有两种情况:如果在实例方法中使用时,指向父类的实例;在静态方法中使用时,指向父类自身。

📢 提示:

> 作为函数时,super() 只能用在子类的构造函数中,用在其他地方都会报错。

【示例 3】子类的 getName() 覆盖了父类的 getName(),要访问父类的 getName(),可以使用 super.getName()。

```
class User {                                   //父类
    name;                                      //实例字段
    constructor(name) {                        //父类构造函数
        this.name = name;                      //本地属性
    }
    getName() {                                //实例方法
        return this.name;
    }
}
class Reader extends User {                     //子类
    posts = [];                                //实例字段
    constructor(name, posts) {                  //子类构造函数
        super(name);                           //实例化父类构造函数
        this.posts = posts;                    //本地属性
    }
    getName() {                                //重写方法
        const name = super.getName();          //调用被覆盖的父类方法
        if (name === '') {                     //如果名字为空,则返回提示字符
            return 'Null';
        }
        return name;
    }
}
const reader = new Reader('', ['Hi', 'World']);  //实例化
reader.getName();                               //=> 'Null'
```

📢 注意:

> - ➥ 在子类普通方法中通过 super 调用父类的方法时,方法内部的 this 指向当前的子类实例。
> - ➥ 在子类的静态方法中通过 super 调用父类的方法时,方法内部的 this 指向当前的子类,而不是子类的实例。

扫一扫，看视频

11.1.7 类和原型

JavaScript 的类是建立在原型继承之上的，每一个类都是一个函数，都是通过调用构造函数创建一个实例。

【示例 1】下面两个代码段是等效的。

```
//ES 6 定义类型的方法
class User {
    constructor(name) {
        this.name = name;
    }
    getName() {
        return this.name;
    }
}
//ES 5 构造类型的方法
function User(name) {
    this.name = name;
}
User.prototype.getName = function () {
    return this.name;
}
```

ES 5 规定每一个对象都有__proto__属性，指向构造函数的 prototype。ES 6 规定类同时支持 prototype 和__proto__，表示两条继承链。

➥ 子类的__proto__属性，总是指向父类。

➥ 子类 prototype 的__proto__属性，总是指向父类的 prototype 属性。

【示例 2】在下面的代码中，子类 B 的__proto__属性指向父类 A，子类 B 的 prototype 属性的__proto__属性指向父类 A 的 prototype 属性。

```
class A {}
class B extends A {}
B.__proto__ === A                        //=> true
B.prototype.__proto__ === A.prototype    //=> true
```

11.2 模　　块

11.2.1 认识模块

当 Web 应用的代码规模越来越庞大时，需要把代码分离到多个文件中，这些文件就被称为模块。一个模块通常是一个类，或者多个函数组成的方法库。

长期以来 JavaScript 是没有模块句法的，随着代码规模的增大，开始把代码整理到模块中，出现了一些库。

➥ AMD：最早的模块规范，开始由 require.js 实现，用于浏览器。

➥ CommonJS：Node.js 推出的规范，用于服务器。

➥ UMD：统一模块规范，与 AMD、CommonJS 规范兼容。

2015 年，ECMAScript 6 正式推出官方模块规范，完全取代 CommonJS 和 AMD 规范，成为浏览器和服务器通用的模块解决方案，也已经在新版浏览器和 Node.js 得到了支持。

ES 6 模块借用了 CommonJS 和 AMD 的很多优秀特性，ES 6 模块主要有以下特点。

- 模块内部的代码总是处于严格模式。
- 模块级别作用域。模块之间的变量如果没有使用 export 命令导出，默认是相互隔离的。
- 一个模块中的代码只有在首次加载时执行。
- 在模块内顶级 this 的值是 undefined。
- 模块中 var 声明不会被添加到 window 对象。
- 模块是异步加载和执行的。

ES 6 模块功能主要由两个命令构成：export 和 import。export 命令用于定义模块的对外接口，import 命令用于输入其他模块提供的对外接口功能。

11.2.2　使用 export 命令

一个模块就是一个独立的文件，外部无法获取文件内的所有变量。如果要读取模块内的某个变量，必须使用 export 命令导出该变量，让外部可见。

导出语句必须在模块顶级，不能嵌套在某个块中。语法格式如下：

```
export ...                    //允许
if (condition) {              //不允许
    export ...
}
```

导出命令对模块内 JavaScript 的执行没有直接影响，export 语句的位置和顺序没有限制。ES 6 模块支持两种导出：命名导出和默认导出。不同的导出方式对应不同的导入方式。

1. 命名导出

【示例 1】下面是一个 test.js 文件，使用 export 命令输出 3 个变量。

```
export var firstName = 'Michael';
export var lastName = 'Jackson';
export var year = 1958;
```

也可以按如下方式编写。

```
var firstName = 'Michael';
var lastName = 'Jackson';
var year = 1958;
export {firstName, lastName, year};
```

在 export 命令后面，使用大括号指定所要输出的一组变量。它与前一种写法是等价的，推荐使用这种写法。

使用 export 命令也可以输出函数或类。例如，下面的代码对外输出一个函数 fn()。

```
export function fn(x, y) {return x * y;};
```

可以使用 as 关键字重命名输出变量名。例如：

```
function v1() {...}
function v2() {...}
export {v1 as streamV1, v2 as streamV2, v2 as streamLatestVersion};
```

重命名函数 v1 和 v2 的对外接口，其中 v2 可以用不同的名字输出两次。

2. 默认导出

使用 default 关键字可以定义默认导出，每个模块只能有一个默认导出，重复的默认导出会导致语法错误。

【示例2】下面的示例定义了一个默认导出，外部模块可以导入这个模块，而这个模块本身就是 foo 的值。

```
const foo = 'foo';
export default foo;
```

ES 6 模块会自动识别 default 别名，对应的值虽然用命名语法导出，但会作为默认导出。

```
const foo = 'foo';
export {foo as default};              //等同于 export default foo;
```

命名导出和默认导出不会冲突，ES 6 支持在一个模块中同时定义这两种导出。

```
const foo = 'foo';
const bar = 'bar';
export {bar};
export default foo;
```

这两个 export 语句可以组合为一行。

```
const foo = 'foo';
const bar = 'bar';
export {foo as default, bar};
```

📢 **注意：**

使用 export 命令定义对外接口，必须与模块内部的变量建立一一对应关系。例如，下面两种写法都会报错，因为没有提供对外的接口。

```
export 1;                             //直接输出 1，1 只是一个值，不是接口
var m = 1;
export m;                             //通过变量 m，还是直接输出 1
```

正确的写法如下：

```
export var m = 1;
var m = 1;
export {m};
var n = 1;
export {n as m};
```

上面 3 种写法都是正确的，规定了对外的接口 m。其他脚本可以通过这个接口取到值 1。它们的实质是，在接口名与模块内部变量之间建立了一一对应的关系。同样的，对于函数和类的输出，也必须遵守这样的写法。

11.2.3　使用 import 命令

使用 export 命令定义模块的对外接口后，可以通过 import 命令在其他 JavaScript 文件中加载导出模块。与 export 命令类似，import 命令必须位于模块的顶级。语法格式如下：

```
import ...                            //允许
if (condition) {                      //不允许
    import ...
}
```

如果多次重复执行同一句 import 语句，那么只会执行一次，而不会执行多次。

import 语句与使用导入值的语句的相对位置并不重要，推荐把导入语句放在模块顶部。

```
//允许
import {foo} from 'xxx.js';
console.log(foo);
//允许，应该避免
```

扫一扫，看视频

```
console.log(foo);
import {foo} from 'xxx.js';
```

导入的文件可以是相对路径，也可以是绝对路径，必须是字符串，不能是表达式。

如果在浏览器中加载模块，则文件必须带有.js 扩展名，不然可能无法正确解析。如果通过第三方模块加载器打包或解析的 ES 6 模块，则可能不需要包含文件扩展名。

【示例】下面的代码使用 import 命令加载 test.js 文件，并从中输入变量。import 命令接收一对大括号，里面指定要从其他模块导入的变量名。大括号里面的变量名必须与被导入模块对外接口的名称相同。

```
import {firstName, lastName, year} from 'test.js';
let name = firstName + ' ' + lastName;
```

如果输入重名变量，可以使用 as 关键字，将输入的变量重命名。例如：

```
import {lastName as surname} from 'xxx.js';
```

import 命令输入的变量都是只读的，不允许在加载模块的脚本里面修改接口。例如：

```
import {a} from 'xxx.js'
a = {};                            //Syntax Error : 'a' is read-only;
```

如果 a 是一个对象，改写 a 的属性是允许的。例如：

```
import {a} from 'xxx.js'
a.foo = 'hello';                   //合法操作
```

其他模块可以读到改写后的值。不过，这种写法很难查错，建议凡是输入的变量，都当作完全只读，不要轻易改变它的属性。

◀» 注意：

import 命令具有提升效果，会提升到整个模块的头部，首先执行。由于 import 是静态执行，所以不能使用表达式和变量，这些只有在运行时才能得到结果的语法结构。

◀» 提示：

如果在一个模块之中先输入后输出同一个模块，import 语句可以与 export 语句写在一起。

```
export {foo, bar} from 'my_module';
// 可以简单理解为
import {foo, bar} from 'my_module';
export {foo, bar};
```

在上面的代码中，export 和 import 语句可以结合在一起，写成一行。

◀» 注意：

写成一行以后，foo 和 bar 实际上并没有被导入当前模块，只是相当于对外转发了这两个接口，导致当前模块不能直接使用 foo 和 bar。

模块的接口改名和整体输出方法如下：

```
export {foo as myFoo} from 'my_module';        //接口改名
export * from 'my_module';                     //整体输出
```

默认接口的写法如下：

```
export {default} from 'foo';
```

具名接口改为默认接口的写法如下：

```
export {es6 as default} from './someModule';
//等同于
import {es6} from './someModule';
export default es6;
```

默认接口也可以改名为具名接口：

```
export {default as es6} from './someModule';
```

扫一扫，看视频

11.2.4 动态加载

ES 2020 引入 import()函数，支持动态加载模块。语法格式如下：

```
import(specifier)
```

参数 specifier 指定所要加载的模块的位置。import 命令能够接收什么参数，import()函数就能接收什么参数，两者区别主要是后者为动态加载。import()返回一个 Promise 对象。

import()函数的应用场合如下。

（1）按需加载。import()可以在需要的时候再加载某个模块。

【示例 1】在下面的代码中，import()方法放在 click 事件的监听函数中，只有用户单击了按钮，才会加载这个模块。

```
button.addEventListener('click', event => {
    import('./dialogBox.js')
    .then(dialogBox => {
        dialogBox.open();
    }).catch(error => {/* Error handling */})
});
```

（2）条件加载。import()可以放在 if 代码块，根据不同的情况加载不同的模块。

【示例 2】在下面的代码中，如果满足条件，就加载模块 A，否则加载模块 B。

```
if (condition) {import('moduleA').then(...);}
else {import('moduleB').then(...);}
```

（3）动态的模块路径。import()允许模块路径动态生成。

【示例 3】在下面的代码中，根据函数 f()的返回结果加载不同的模块。

```
import(f()).then(...);
```

📢 注意：

import()加载模块成功以后，这个模块会作为一个对象，当作 then()方法的参数。因此，可以使用对象解构赋值的语法，获取输出接口。

```
import('./myModule.js')
.then(({export1, export2}) => {//...·});
```
上面代码中，export1 和 export2 都是 myModule.js 的输出接口，可以解构获得。

如果模块有 default 输出接口，可以用参数直接获得。例如：

```
import('./myModule.js')
.then(myModule => {console.log(myModule.default);});
```

上面的代码也可以使用具名输入的形式。

```
import('./myModule.js')
.then(({default: theDefault}) => {console.log(theDefault);});
```

如果想同时加载多个模块，可以采用下面的写法。例如：

```
Promise.all([
    import('./module1.js'),
    import('./module2.js'),
    import('./module3.js'),
]).then(([module1, module2, module3]) => {//···});
```

11.2.5　浏览器加载

ECMAScript 6 模块可以嵌入在网页中，也可以作为外部文件引入。在 HTML 网页中，浏览器使用 <script> 标签加载 ES 6 模块，且需要设置 type="module" 属性。语法格式如下：

```
<script type="module">
//模块代码
</script>
<script type="module"src="xxx.js"></script>
```

代码是在模块作用域中运行，而不是在全局作用域运行。模块内部的顶层变量，外部不可见。模块脚本自动采用严格模式，不管有没有声明 use strict。

JavaScript 模块文件没有专门的内容类型，所有模块都会像<script defer>脚本一样异步加载，按顺序执行。不会造成堵塞浏览器，即等到整个页面渲染完，再执行模块脚本。等同于打开了<script>标签的 defer 属性。

```
<script type="module"src="xxx.js"></script>
<!-- 等同于 -->
<script type="module"src="xxx.js"defer></script>
```

浏览器引擎解析到<scripttype="module">标签后，会立即下载模块文件，但执行会延迟到文档解析完成。无论对嵌入的模块代码，还是引入的外部模块文件，都是如此。

如果网页有多个<script type="module">，它们会按照在页面出现的顺序依次执行。与<script defer>一样，修改模块标签的位置，无论是在<head>中还是在<body>中，只会影响文件什么时候加载，而不会影响模块什么时候加载。

<script>标签的 async 属性也可以打开，这时只要加载完成，渲染引擎就会中断渲染立即执行。执行完成后，再恢复渲染。

```
<script type="module"src="xxx.js"async></script>
```

一旦使用了 async 属性，<script type="module">就不会按照在页面出现的顺序执行，而是只要该模块加载完成，就执行该模块。不过，入口模块仍必须等待其依赖加载完成。

与<script type="module">标签关联的 ES 6 模块被认为是模块图中的入口模块。一个页面上有多少个入口模块没有限制，重复加载同一个模块也没有限制。同一个模块无论在一个页面中被加载多少次，也不管它是如何加载的，实际上都只会加载一次。

嵌入的模块定义代码不能使用 import 加载到其他模块。只有通过外部文件加载的模块才可以使用 import 加载。因此，嵌入模块只适合作为入口模块。

🔊 提示：

> 在模块之中，可以使用 import 命令加载其他模块，.js 后缀不可省略，需要提供绝对路径或相对路径，也可以使用 export 命令输出对外接口。
>
> 在模块中，顶层 this 关键字返回 undefined，而不是指向 window。因此，在模块顶层使用 this 关键字是无意义的。

11.3　案例实战

11.3.1　设计员工类

本案例设计一个员工类，包含员工姓名、部门、年龄等信息，并添加统计员工总人数的功能。

实现方法：通过 new.target.count 为类添加一个静态计数器，并在构造函数中汇总实例化的次数。从而实现自动计数功能，一旦有新员工加入，实例化时就会自动计数。

```javascript
class Employee {                                      //定义员工类
    constructor(name, age, department) {              //初始化类
        this.name = name;                            //员工姓名
        this.age = age;                              //员工年龄
        this.department = department;                //所属部门
        if (new.target.count) {new.target.count += 1;}   //每创建一个员工类，员工人数自增
        else {new.target.count = 1;}
    }
}
//实例化类
let emp1 = new Employee('zhangsan', 19, 'A');
let emp2 = new Employee('Lisi', 23, 'B');
let emp3 = new Employee('Wangwu', 120, 'C');
console.log('总共创建${Employee.count}个员工对象')    //打印员工人数
```

执行程序，输出结果为：

总共创建 3 个员工对象

扫一扫，看视频

11.3.2 设计圆类

本案例设计一个圆类，该类能够表示圆的位置和大小，能够计算圆的面积和周长，能够对圆的位置和半径进行修改。创建圆的实例后，用户可以根据需求执行相应计算，如求圆的周长、圆的面积，或者随意修改圆心点位置和半径。

```javascript
class Circle {                                       //圆类
    constructor(x, y, r) {                           //初始化圆类
        this._x = x;                                //x 轴坐标
        this._y = y;                                //y 轴坐标
        this._r = r;                                //半径
    }
    get position() {return {"x": this._x, "y": this._y};}   //获取圆的位置，以对象方式返回
    set position(pos) {                              //设置圆的位置，参数以对象格式转入
        this._x = pos.x;                            //格式为：{x: 值， y：值}
        this._y = pos.y;
    }
    set r(n) {this._r = n;}                          //设置圆的半径
    get r() {return this._r;}                        //获取圆的半径
    get_area() {return (3.14 * this._r ** 2).toFixed(2);}        //计算圆的面积
    get_circumference() {return (2 * 3.14 * this._r).toFixed(2);    }    //计算圆的周长
}
let circle = new Circle(2, 4, 4);                    //实例化圆类
let area = circle.get_area();                        //计算圆的面积
let circumference = circle.get_circumference();      //计算圆的周长
let obj1 = circle.position;                          //获取圆的坐标点
console.log('圆的初始位置：(${obj1.x},${obj1.y})，圆的初始半径：${circle.r}');
console.log('圆的面积:' + area);
console.log('圆的周长:' + circumference);
circle.position = {"x": 3, "y": 4};                  //修改圆的位置
circle.r = 10;                                       //修改圆的半径
let obj2 = circle.position;                          //获取圆的坐标点
```

执行程序，控制台的输出信息如下：

```
圆的初始位置：(2,4)，圆的初始半径：4
圆的面积:50.24
圆的周长:25.12
```

11.3.3 判断点与矩形的位置关系

扫一扫，看视频

本案例编写一个矩形类 Rectangle，包含宽度 width 和高度 height 两个属性，提供两个方法，分别实现计算矩形的面积和计算矩形的周长。再编写一个具有位置参数的矩形类 PlainRectangle，继承 Rectangle 类，包含两个坐标属性，设计一个判断指定坐标点是否在矩形内的方法，其中确定位置用左上角的矩形坐标表示。

```javascript
class Rectangle {                                          //定义矩形类
    constructor(width = 10, height = 10) {                 //初始化类
        this.width = width;
        this.height = height;
    }
    area() {return (this.width * this.height).toFixed(2);} //定义面积方法
    perimeter() {return (2 * (this.width + this.height)).toFixed(2);}  //定义周长方法
}
class PlainRectangle extends Rectangle {                   //定义有位置参数的矩形
    constructor(width, height, startX, startY) {           //初始化类
        super(width, height);                              //调用父类的构造方法
        this.startX = startX;
        this.startY = startY;
    }
    isInside(x, y) {                                       //定义点与矩形位置方法
        let is_x = x >= this.startX && x <= (this.startX + this.width);  //判断 x 轴是否符合
        let is_y = y >= this.startY && y <= (this.startY + this.height); //判断 y 轴是否符合
        if (is_x && is_y) return true;                     //点在矩形上的条件
        else return false;
    }
}
let plainRectangle = new PlainRectangle(10, 5, 10, 10);    //实例化类
console.log('矩形的面积:' + plainRectangle.area());        //调用面积方法
console.log('矩形的周长:' + plainRectangle.perimeter());   //调用周长方法
if (plainRectangle.isInside(15, 11))                       //判断点是否在矩形内
    console.log('点(15, 11)在矩形内');
else  console.log('点(15, 11)不在矩形内');
```

执行程序，输出结果如下：

```
矩形的面积:50.00
矩形的周长:30.00
点(15, 11)在矩形内
```

11.3.4 控制类的存取操作

扫一扫，看视频

本案例设计一个 Bank 类，通过取值函数和存值函数控制 curr 属性的读/写行为，避免用户恶意输入，限制只能输入大于 0 的币值。同时在读取数字时，以本地化人民币格式显示。

```javascript
class Bank {
    constructor(curr=0) {this._curr = curr;}               //默认值为 0，保存用户输入的值
```

```
    get curr() {return "¥" + this._curr.toFixed(2);}      //取值函数，格式化数字显示
    set curr(value) {                                      //存值函数
        if(typeof value === "number" && value > 0)         //设置监测条件
            this._curr = value;
    }
}
let test = new Bank();
console.log(test.curr);                                    //¥0.00
test.curr = 123;
console.log(test.curr);                                    //¥123.00
```

扫一扫，看视频

11.3.5 定义类的生成器方法

本案例定义一个 Foo 类，添加 Symbol.iterator()方法，该方法前面有一个星号，表示该方法是一个生成器函数，该方法将返回一个 Foo 类的默认迭代器。Symbol.iterator 为一个表达式，用为方法名时，需要添加中括号，即[Symbol.iterator]。[Symbol.iterator]是 for...in 自动迭代的接口，通过这种方式，可以为类绑定可迭代接口。

```
class Foo {                                                //声明类
    constructor(...args) {this.args = args;}               //构造函数
    *[Symbol.iterator]() {                                 //定义生成器函数
        for (let arg of this.args) {
            yield arg;                                     //异步返回值
        }
    }
}
for (let x of new Foo('hello', 'world')) {                 //迭代实例的 args 值
    console.log(x);                                        //hello  world
}
```

11.4 实践与练习

1. 定义一个学生类，包含学生姓名、性别、学号等信息，实例化之后，允许调用 introduce()方法可以介绍个人信息。

2. 设计一个四则运算类，初始可以接收两个值，能够实现简单的加、减、乘、除运算。

3. 设计一个自行车 Bike 类，包含品牌字段，颜色字段和骑行功能，然后再派生出以下子类：折叠自行车类，包含骑行功能；电动自行车类，包含电池字段，骑行功能。

4. 设计一个父类 Teacher 和一个子类 Student，然后为父类和子类填充具体实现，要求能够体现如下知识点：声明类、命名表达式类、构造函数、静态方法、实例方法、箭头函数、模板表达式。

5. 从某数据库接口得到如下值。

```
{rows: [
    ["Lisa", 16, "Female", "2000-12-01"],
    ["Bob", 22, "Male", "1996-01-21"]
 ], metaData: [
    {name: "name", note: ''},
    {name: "age", note: ''},
    {name: "gender", note: ''},
    {name: "birthday", note: ''}
]}
```

rows 是数据，metaData 是对数据的说明。现写一个函数 parseData()，将上面的对象转化为期望的数组格式，如下所示。

```
[ {name: "Lisa", age: 16, gender: "Female", birthday: "2000-12-01"},
 {name: "Bob", age: 22, gender: "Male", birthday: "1996-01-21"},]
```

（答案位置：本章/在线支持）

11.5　在 线 支 持

第 12 章 迭代器和生成器

迭代与遍历都是按顺序反复执行一段程序，不过迭代是集合元素的通用获取方式。在获取集合元素之前，系统会先判断集合中有没有元素，如果存在元素，则取出，直到取出所有元素，这种获取元素方式的专业术语称为迭代。

在程序开发中，经常需要遍历集合中的所有元素，在数组中可以使用 for 循环，通过其索引下标来遍历每个数组元素，但是有些集合是没有索引的，无法通过 for 循环来遍历，为了满足所有集合的遍历需求，ECMAScript 6 正式支持迭代模式，并新增了两个高级特性：迭代器和生成器。使用这两个特性，能够清晰、高效、方便地实现数据的遍历操作。

【学习重点】
- ❯ 理解迭代器的工作机制。
- ❯ 理解生成器的设计模式。
- ❯ 灵活使用迭代器和生成器访问集合数据。

12.1 迭 代 器

12.1.1 认识迭代器

迭代器（iterator）就是为了实现对不同类型的数据结构，进行统一的遍历操作的一种机制，只要给需要遍历的对象或数据集合部署 Iterator 接口，通过调用该接口，或者使用该接口的 API 消耗方法，就可以实现遍历操作。

在 JavaScript 中，可遍历的对象以及可遍历的方式有很多。JavaScript 原生可遍历的对象主要是数组（array）和对象（object），ES 6 又新添了 Map 和 Set，遍历这些结构都有不同的方法。为了便于处理，统一操作，于是就诞生了迭代器模式。

JavaScript 包含多种类型的数据结构，如 Array、Map、Set、String、TypedArray、arguments 对象、NodeList 对象等。为了支持标准的迭代操作，JavaScript 为它们内置了 Iteratable（可迭代接口）和 Iterator 接口。分析这些对象的构造原型，都可以看到 Symbol.iterator 可迭代接口，该接口的属性名是 Symbol 类型，意味着这个属性是唯一的、不可覆盖的。Symbol.iterator 是一个函数，执行该函数，将返回一个迭代器对象。

迭代器为不同的数据结构提供统一的访问机制，任何数据结构只要部署了可迭代接口（iteratable），就可以使用 for...of 语句轻松实现遍历操作。

JavaScript 迭代器分为内部迭代器和外部迭代器两种，简单说明如下。
- ❯ 内部迭代器：本身是函数，该函数内部已经定义了迭代规则，接收完整的迭代过程，外部只需一次调用。例如，Array.prototype.forEach 方法、jQuery.each 函数都是内部迭代器。
- ❯ 外部迭代器：本身是函数，执行后返回一个迭代对象，迭代下一个元素必须显式调用。使用 forEach 遍历，需要一次性把数据全部读取完，而迭代器可以用一次一步的方式控制行为，使得迭代过程更加灵活可控。

提示：

数组，以及 ES 6 新增的 Map、Set 数据结构，都部署了迭代器接口，同时还提供了与迭代器接口相关的以下 3 个通用方法，调用这些方法都能够返回迭代器对象。

- ➥ entries()：遍历[键名, 键值]组成的数组。
- ➥ keys()：遍历所有的键名。
- ➥ values()：遍历所有的键值。

扫一扫，看视频

12.1.2 定义迭代器

迭代器实际上就是一个工厂函数，也称迭代器生成函数。设计该函数必须包含以下逻辑。

- ➥ 返回一个迭代器对象。
- ➥ 迭代器对象需要拥有一个 next()方法。
- ➥ next()方法应该返回一个迭代结果对象。
- ➥ 迭代结果对象需要包含两个属性：value 和 done。其中，value 属性代表当前成员的值，done 属性是一个布尔值，标志遍历是否结束。

迭代器生成函数的语法格式如下：

```
function iterator() {                      //迭代器生成函数
   ...
   return {                                //返回迭代器对象
     next: function() {                    //包含 next()接口方法
        return {                           //返回迭代结果对象
           value: 当前值,
           done: 当前状态, 布尔值
        };
     }
   };
}
```

【示例 1】下面的示例定义了一个迭代器，返回一个迭代器对象，用来对数组执行迭代操作。

```
function fn(a) {                           //迭代器
   var i = 0;                              //计数器
   return {                                //返回迭代器对象
     next: function() {                    //接口方法
        //如果没有超出下标范围，则读取当前元素，否则结束迭代
        return i < a.length?               //返回迭代器结果对象
           {value: a[i++], done: false} :
           {value: undefined, done: true};
     }
   };
}
var a = [1,2,3];
var it = fn(a);
console.log(it.next());                    //{value: 1, done: false}
console.log(it.next());                    //{value: 2, done: false}
console.log(it.next());                    //{value: 3, done: false}
console.log(it.next());                    //{value: undefined, done: true}
```

【示例 2】可以设计无限迭代的迭代器对象。下面的示例设计一个迭代器，不需要外部集合的支持，能够自动生成数据，并允许无限迭代。

```
function fn() {
    var i = 0;
    return {
        next: function () {
            return {value: i++, done: false}
        }
    };
}
var it = fn();
console.log(it.next());                    //{value: 0, done: false}
console.log(it.next());                    //{value: 1, done: false}
console.log(it.next());                    //{value: 2, done: false}
console.log(it.next());                    //{value: 3, done: false}
```

扫一扫，看视频

12.1.3　部署迭代器

定义迭代器之后，只能够通过调用 next()方法一步一步读取，无法实现自动化处理。针对 12.1.2 小节的示例 2，使用 for...of 命令遍历集合对象 it。

```
for(let o of it){
    console.log(o);
}
```

则提示错误信息：it is not iterable，说明 it 不是可迭代对象。

根据 ECMAScript 6 迭代模式的规范，如果把 Iterator 接口部署到数据结构的 Symbol.iterator 上，即把迭代器赋值给 Symbol.iterator，部署可迭代接口（Iterable），for...of 命令就能够自动识别和遍历，这个数据结构就是可迭代的对象（iterable）。可迭代接口的语法格式如下：

```
{                                          //迭代器对象，或者其他对象
    ...
    [Symbol.iterator] : function () {      //定义可迭代接口
        ...
        return iterator;                   //返回迭代器对象
    }
}
```

Symbol.iterator 可以属于迭代器对象，也可以属于非迭代器对象，但是调用[Symbol.iterator]()接口方法，必须返回一个迭代器对象。返回的迭代器对象可以是：

➥ 父对象，此时父对象必须为迭代器对象，即部署了 next()接口方法。
➥ 其他类型的迭代器对象。
➥ 引用父对象的 next()接口方法的其他对象，此时该迭代器也属于父迭代器的变体。

📢 提示：

Symbol.iterator 是一个表达式，返回 Symbol 对象的 iterator 属性，这是一个预定义的、类型为 Symbol 的特殊值，所以需要放在方括号内才有效。

【示例 1】针对 12.1.2 小节的示例 2，绑定可迭代接口，为返回的迭代器对象定义 Symbol.iterator 属性，让其返回迭代器对象，这样就可以实现 for...of 自动遍历操作了。

```
function fn() {
    var i = 0;                             //计数器
    var o = {                             //迭代器对象
        next: function () {               //定义 next()接口方法
            return {value: i++, done: false};
```

```
        },
        [Symbol.iterator] : function () {      //定义可迭代接口方法
            return o;                          //返回迭代器对象
        }
    };
    return o;                                  //返回迭代器对象
}
var it = fn();                                 //生成迭代器对象
for(let o of it){                              //自动遍历集合对象
    console.log(o);                            //显示 value 的值
}
```

注意：

由于示例 1 没有定义终止条件，导致迭代操作会无限循环，为了防止此类问题，需要在 next() 方法中添加终止条件。代码如下：

```
function fn() {
    var i = 0;                                 //计数器
    var o = {                                  //迭代器对象
        next: function () {                    //定义 next() 接口方法
            if(i>10) return {value: undefined, done: true}; //定义迭代终止条件
            return {value: i++, done: false};
        },
        [Symbol.iterator] : function () {      //定义可迭代接口方法
            return o;                          //返回迭代器对象
        }
    };
    return o;                                  //返回迭代器对象
}
var it = fn();                                 //生成迭代器对象
for(let o of it){                              //自动遍历集合对象
    console.log(o);                            //显示 value 的值
}
```

【示例 2】下面的示例设计一个实现计数器功能的简单类，该类实现了可迭代接口（iterable）。实例化之后，实例对象通过 this 引用生成器对象，实现迭代器接口（iterator）。

```
class Counter {
    constructor(limit) {                       //构造器
        this.count = 1;                        //初始数字
        this.limit = limit;                    //最大数字
    }
    next() {                                   //定义迭代器接口方法
        if (this.count <= this.limit) {        //如果在指定数字范围内，则可继续迭代
            return {done: false, value: this.count++};
        } else {                               //如果超出指定数字范围，则结束迭代
            return {done: true, value: undefined};
        }
    }
    [Symbol.iterator]() {                      //定义可迭代接口方法
        return this;
    }
}
let counter = new Counter(3);                  //实例化，指定最大数
for (let i of counter) {console.log(i);}       //可以迭代，返回 1 2 3
for (let i of counter) {console.log(i);}       //无可迭代的值，迭代终止
```

【示例 3】示例 2 定义计数器类，实现了 Iterator 接口，但是每个实例只能被迭代一次。为了让一个可迭代对象能够创建多个迭代器，必须每创建一个迭代器就对应一个新计数器。为此，可以把计数器变量放到闭包里，然后通过闭包返回迭代器。

```javascript
class Counter {
    constructor(limit) {                      //构造器
        this.limit = limit;                   //设置迭代终点
    }
    [Symbol.iterator]() {                     //定义可迭代接口
        let count = 1, limit = this.limit;    //初始迭代起点和终点
        return {                              //返回迭代器对象
            next() {                          //定义 next() 接口方法
                if (count <= limit) {         //设计迭代条件
                    return {done: false, value: count++};
                } else {
                    return {done: true, value: undefined};
                }
            }
        };
    }
}
let counter = new Counter(3);
for (let i of counter) {console.log(i);}      //每次迭代，都会返回 1 2 3
for (let i of counter) {console.log(i);}      //每次迭代，都会返回 1 2 3
```

扫一扫，看视频

12.1.4 控制迭代器

一个完整的迭代器对象应该包含 3 个接口方法，语法格式如下：

```javascript
{                                         //迭代器对象
    ...
    next : function() {}                   //定义可迭代接口
    return : function() {}                 //中止接口
    throw : function() {}                  //异常接口
}
```

其中 next() 方法是必须的，而 return() 和 throw() 方法为可选项，具体说明如下。

- ↘ return()：如果提前退出迭代，将被调用。该方法必须返回一个有效的迭代器结果对象，简单情况下，可以只返回 {done: true}。
- ↘ throw()：向迭代器报告一个异常/错误，一般配合生成器（Generator）使用。可以在某种情况下被自动调用，也可以手动调用。

提前退出迭代的方法包括：

- ↘ 在 for...of 循环中使用 break、continue、return 或 throw 命令。
- ↘ 在解构操作中，存在无法消费的值的情况。

【示例】下面的代码演示了提前退出迭代的两种情况。

```javascript
class Counter {
    constructor(limit) {                      //构造器
        this.limit = limit;                   //设置迭代终点
    }
    [Symbol.iterator]() {                     //定义可迭代接口
        let count = 1, limit = this.limit;    //初始迭代起点和终点
        return {                              //返回迭代器对象
```

```
        next() {                                    //定义 next()接口方法
            if (count <= limit) {                    //设计迭代条件
                return {done: false, value: count++};
            } else {
                return {done: true, value: undefined};
            }
        },
        return() {                                   //定义 return()接口方法
            console.log('提前终止迭代');
            return {done: true};
        }
    };
}
}
//方法 1：在 for/of 循环中使用 break、continue、return 或 throw 命令
let counter1 = new Counter(5);
for (let i of counter1) {
    if (i > 2) {break;}
    console.log(i);
}
//方法 2：在解构操作中，存在无法消费所有的值的情况
let counter2 = new Counter(5);
let [a, b] = counter2;                        //虽然还有很多值可以迭代，但只能消费 2 个值
```

🔊 提示：

如果迭代器还没有关闭，可以继续从上次离开的地方继续迭代。

🔊 注意：

并不是所有的类似数组的对象都拥有 Iterator 接口，可以使用 Array.from()方法将其转为数组，这样就可以继承 Array 的 Iterator 接口。

普通对象不能直接使用 for...of，必须部署了 Iterator 接口后才能使用。可以先使用 Object.keys()方法将对象的键名包装成迭代器对象，然后使用 for...in 执行遍历。

12.1.5　应用迭代器

扫一扫，看视频

ES 6 把 for...of 定为遍历所有数据结构的标准方法，规定任何对象只要部署了可迭代接口，就可以应用 for...of 命令。for...of 内部会自动调用数据结构的 Symbol.iterator()方法，获取对应的迭代器。然后，iterator.next()被调用，迭代结果对象的 value 属性值会被放入到 for...of 的循环变量中。数据结构的数据项会依次存入到循环变量中，直到迭代器结果对象中的 done 属性变成 true 为止，循环就结束。

for...of 完全废除了 for 循环中追踪集合索引的需要，更专注于操作集合内容上。在默认情况下，for...of 可以迭代数组、Set 和 Map 结构、Generator 对象和字符串以及某些类似数组的对象，如 arguments 对象、DOM NodeList 对象等。

另外，在很多场合下，JavaScript 也支持可迭代操作，会在后台自动调用可迭代对象的 Symbol.iterator()方法，创建一个迭代器。简单说明如下。

1．解构赋值

对数组和 Set 结构进行解构赋值时，会默认调用 Symbol.iterator()方法。例如：

```
let arr = ['foo', 'bar', 'baz'];
let [a, b, c] = arr;                         //调用 arr 的 Symbol.iterator()方法，迭代取值
```

```
console.log(a, b, c);                    //foo, bar, baz
```

2. 扩展运算符

扩展运算符（...）也会调用默认的 Iterator 接口。例如：

```
let arr = ['foo', 'bar', 'baz'];
let arr2 = [...arr];                     //使用扩展运算符(...)，迭代取值
console.log(arr2);                       //['foo', 'bar', 'baz']
```

3. 创建集合或映射

使用 Map()、Set()、WeakMap()、WeakSet()构造器可以创建可迭代的对象。例如：

```
let arr = ['foo', 'bar', 'baz'];
let set = new Set(arr);
console.log(set);                        //Set(3) {'foo', 'bar', 'baz'}
```

下面几种方法也能够创建可迭代的对象。
- ➢ Array.from()方法。
- ➢ Promise.all()方法。
- ➢ Promise.race()方法。
- ➢ yield *操作符，仅在生成器中使用。

📢 提示：

如果父类实现了 Iterable 接口，那么子类的实例对象也会继承该接口。例如：
```
class Test extends Array {}              //自定义数组子类
let test = new Test(1, 2, 3);
for (let e of test) {
    console.log(e);
}
```

12.2 生 成 器

12.2.1 认识生成器

普通函数被调用后，在结束之前不会被随意打断。而 ES 6 引入了一种叫生成器的函数，这种特殊结构的函数可以在执行过程中暂停运行，也可以立即恢复执行，还可以过一段时间之后恢复执行。在每次暂停/恢复执行时，提供了一个双向传递信息的途径。生成器可以返回一个值，恢复它的控制代码，也可以接收一个值。

生成器（generator）函数是 ES 6 提供的一种异步编程解决方案，语法行为与传统函数完全不同。实际上，生成器函数就是一个状态机，内部封装了多个状态，供迭代使用。

执行生成器函数会返回一个迭代器对象，也就是说，生成器函数除了具备状态机功能外，还是一个迭代器生成函数。返回的迭代器对象可以依次遍历生成器函数内部的每一个状态。

生成器具有以下作用。
- ➢ 函数节流，把耗时的复杂任务用 yield 分成小块慢慢做。
- ➢ 可以生成无限序列，如斐波那契数列。
- ➢ 方便遍历，不用手动维护内部状态。

12.2.2　定义生成器

生成器函数就是一个普通函数，但与普通函数相比，它有两点不同。

➷ 生成器函数的 function 关键字与函数名之间有一个星号。

➷ 生成器在函数体内，使用 yield 表达式定义不同的状态。

生成器函数的语法格式如下：

```
function* generator() {
    ...
    yield 表达式;                 //状态1
    yield 表达式;                 //状态2
    ...
    return;
}
```

只要是可以定义函数的地方，都可以定义生成器。在函数名前面加一个星号（*）就表示该函数是一个生成器。例如：

```
function* fn() {}                     //声明生成器函数
let fn = function* () {}              //定义生成器函数表达式
let foo = {* fn() {}}                 //定义对象方法为生成器函数
class Foo {* fn() {}}                 //定义类的方法为生成器函数
class Bar {static * fn() {}}          //定义类静态方法为生成器函数
```

◀)) 注意：

标识生成器函数的星号不受两侧空格的影响。箭头函数不能用来定义生成器函数。

调用生成器函数会产生一个生成器对象。生成器对象一开始处于暂停执行的状态。与迭代器相似，生成器对象也实现了 Iterator 接口，拥有 next()方法。调用 next()方法会让生成器开始或恢复执行。

next()方法的返回值是一个迭代器对象。当函数体为空时，调用一次 next()时，就会让生成器到达 done: true 状态，返回迭代器对象：{done: true, value: undefined}。value 属性是生成器函数的返回值，默认值为 undefined，可以通过生成器函数的返回值指定。

【示例】下面的代码定义了一个生成器函数，函数体内包含两个 yield 表达式和一个 return 表达式，即定义生成器包含 3 种状态：1、2 和 0。

```
function* test() {
    yield 1;                          //状态1
    yield 2;                          //状态2
    return 0;                         //状态3
}
var t = test();                       //调用生成器函数
```

生成器函数的调用方法与普通函数一样，即在函数名后面加上一对小括号。不同的是，调用生成器函数后，该函数并不执行，返回的也不是函数运行结果，而是一个指向内部状态的指针对象，即生成器对象。

然后，调用生成器对象的 next()方法，使指针移向下一个状态。每次调用 next()方法时，内部指针就从函数头部或上一次停下来的地方开始执行，直到遇到下一个 yield 表达式或 return 语句为止。

```
t.next()                              //{value: 1, done: false}
t.next()                              //{value: 2, done: false}
t.next()                              //{value: 0, done: true}
t.next()                              //{value: undefined, done: true}
```

生成器对象的 next()方法的运行逻辑如下：

- 遇到 yield 表达式，暂停执行后面的操作，并将紧跟在 yield 后面的那个表达式的值作为返回的迭代器对象的 value 属性值。下一次调用 next()方法时，再继续往下执行，直到遇到下一个 yield 表达式。
- 如果没有再遇到新的 yield 表达式，就一直运行到函数结束，或者直到遇到 return 语句为止，并将 return 语句后面的表达式的值作为返回的迭代器对象的 value 属性值。
- 如果该函数没有 return 语句，则返回的迭代器对象的 value 属性值为 undefined。

📢》注意：

> yield 关键字后面的表达式，只有当调用 next()方法，移动内部指针指向该语句时才会执行。因此，这等于为 JavaScript 提供了一种以手动方式进行惰性求值的语法功能。例如：
>
> ```
> function* test() {
>     yield 1 + 2;
> }
> ```
>
> 在上面的代码中，yield 后面的表达式 1+2，不会立即求值，只会在 next()方法将指针移到这一句时，才会求值。也就是说，当调用函数 test()方法时，表达式 1+2 并没有被计算，只有当调用生成器对象的 next()方法时，才开始执行计算。

📢》提示：

> yield 与 return 都能返回其后表达式的值，但是每次遇到 yield 时，函数会立即暂停执行，直到下一次（调用 next()方法时）再从该位置继续向后执行，而 return 不具备这个功能。一个函数只能执行一次 return，执行后就会结束函数的运行，但是可以执行多次 yield，因此生成器函数可以有任意多个 yield，返回一系列的值。

扫一扫，看视频

12.2.3 使用 yield 命令

ES 6 新增 yield 关键字，用于定义生成器对象的不同状态。yield 只能用在生成器函数体内，而普通函数不能够包含 yield 关键字。

当生成器被执行时，函数会暂停执行，函数作用域的状态会被保留。当调用生成器对象的 next()方法时，会执行函数体内的代码，如果遇到 yield 命令，会停止执行，返回迭代器结果对象，并把 yield 关键字后面表达式的值传递给结果对象的 value 属性，只有调用生成器对象的 next 方法才可以恢复执行。

1. 生成器和迭代器

yield 会返回一个迭代器结果对象，该对象包含两个属性：value 和 done，分别代表返回值和是否完成。yield 无法独立工作，需要与 next()方法配合使用，实现惰性加载。

【示例 1】调用生成器函数，将返回一个生成器对象，该对象被部署了可迭代接口 Symbol.iterator。用户可以使用 next()方法取值，也可以使用 for...of 进行迭代。

```
function* test() {                    //生成器函数
    yield 1;
    yield 2;
    yield 3;
}
let t = test();                       //定义生成器对象
console.log(t.next());                //next 手动迭代，返回{value: 1, done: false}
for (const i of t) {                  //自动迭代
    console.log(i);                   //返回 2  3
}
```

也可以通过一个简单的循环来实现。

```
function* test() {
    for(let n = 1; n<4; n++)
        yield n;
}
```

🔊 提示：

在生成器对象上显式调用 next()方法的用处并不大，如果把生成器对象当成可迭代对象，那么使用起来会更方便。

2．yield*可迭代对象

【示例 2】ES 6 支持 "yield*表达式可迭代对象" 语法，以增强 yield 的行为，以便迭代一个可迭代对象，从而一次产出一个值。

```
function* test() {
    yield* [1, 2, 3];                    //迭代可迭代对象：数组
}
for (const x of test()) {
    console.log(x);                      //1 2 3
}
```

"yield*可迭代对象" 的语法功能类似下面的语法结构。

```
function* test() {
    for (const i of [1, 2, 3]) {
        yield i;
    }
}
```

3．yield*生成器对象

【示例 3】ES 6 支持 "yield*生成器对象" 语法，它可在一个生成器内执行另一个生成器。

```
function* foo() {                        //第 1 个生成器
    yield 'a';
}
function* bar() {                        //第 2 个生成器
    yield* foo();                        //执行第 1 个生成器
    yield 'b';
}
```

上面用法等同于下面写法：

```
function* bar() {
    yield 'a';
    yield 'b';
}
```

12.2.4　使用 next()方法

yield 不能直接生产值，只产生一个等待输出的函数。yield 表达式的值由 next()控制，next()可以被无限次调用。

【示例 1】yield 会把传给 next()方法的第 1 个参数值作为 yield 表达式的值。

```
function* test() {
    console.log(yield);
    console.log(yield);
}
let t = test('foo');
```

```
t.next(1);                          //第1次调用时，传入的参数值被忽略
t.next(2);                          //第2次调用时，显示为2
t.next(3);                          //第3次调用时，显示为3
```

📢 注意：

由于 next()方法的参数表示上一个 yield 表达式的值，所以在第 1 次调用 next()方法时，传递参数是无效的。只有第 2 次调用 next()方法时，参数才开始生效。

【示例2】yield 表达式的值是 next()方法传入的值。利用这种机制，可以在生成器函数运行的不同阶段从外部向内部注入不同的值，从而控制生成器的运行。在下面的示例中，如果向 next()方法传入一个假值，即可停止迭代，防止生成器持续工作。

```
function* test(n) {                 //生成器函数
    while(true){                    //无限循环
        let a = yield n++;          //a 保存 yield 表达式的值
        console.log("a = " + a);    //跟踪 yield 表达式的值
        if(!a) return a;            //如果为假值，则停止函数的运行，返回 a
    }
}
let t = test(1);                    //新建生成器对象
console.log(t.next("a"));           //{value: 1, done: false}
console.log(t.next("b"));           //{value: 2, done: false}
console.log(t.next(false));         //{value: false, done: true}
console.log(t.next("c"));           //{value: undefined, done: true}
```

当第 3 次调用 next()传入 false，生成器监测到该值为假，执行 return，返回{value: false, done: true}，终止迭代，第 4 次调用 next()时，显示迭代器已经终止。

📢 注意：

如果 yield 放在其他表达式中，需要使用小括号单独括起来。例如：

```
function* foo(x) {
    var y = 2 * (yield (x + 1));
    var z = yield (y / 3);
    return (x + y + z);
}
```

12.2.5 控制生成器

扫一扫，看视频

与迭代器类似，生成器也支持 3 个方法：next()、throw()、return()，这 3 个方法本质上是相同的，它们的作用都是让生成器函数恢复执行，并且使用不同的语句替换 yield 表达式。具体说明如下。

- next()：将 yield 表达式替换成一个值。
- throw()：将 yield 表达式替换成一个 throw 语句。
- return()：将 yield 表达式替换成一个 return 语句。

1. throw()

生成器函数返回一个生成器对象，该对象都有一个 throw()方法，可以在函数体外抛出错误，然后在生成器函数体内捕获。throw()方法可以接收一个参数，该参数会被 catch 接收。一般建议参数为抛出的 Error 实例。

【示例1】在下面的示例中，生成器对象 i 连续抛出两个错误。第 1 个抛出的错误被生成器函数体内的 catch 捕获。第 2 次抛出错误，由于生成器函数内 catch 已经执行，这个错误就被抛出函数体，被函数体外的 catch 捕获。

```
var g = function* () {              //生成器函数
    try {
        yield;
    } catch (e) {                   //体内 catch
        console.log('内部捕获', e);
    }
};
var i = g();                        //生成生成器对象
i.next();
try {
    i.throw('a');                   //抛出第 1 个错误
    i.throw('b');                   //抛出第 2 个错误
} catch (e) {                       //体外 catch
    console.log('外部捕获', e);
}
```

📣 注意:

生成器对象的 throw()方法与全局的 throw 命令不同, throw 命令抛出的异常只能被函数体外的 catch 捕获。

➤ 如果生成器函数内部没有部署 try...catch 代码块, 那么 throw()方法抛出的错误, 将被外部 try...catch 代码块捕获。

➤ 如果生成器函数内部和外部, 都没有部署 try...catch 代码块, 那么程序将报错, 直接中断执行。

➤ throw()方法抛出的错误要被内部捕获, 前提是必须至少执行过一次 next()方法。throw()方法被捕获以后, 会附带执行下一条 yield 表达式。也就是说, 会附带执行一次 next()方法。另外, throw 命令与 throw()方法是无关的, 两者互不影响。

2. return()

return()方法可以返回给定的值, 并且终结遍历生成器函数。

【示例 2】在下面的代码中, 生成器对象 g 调用 return()方法后, 返回的 value 属性值就是 return()方法的参数 foo, 且终止生成器函数的遍历, 返回的 done 属性值为 true, 以后再调用 next()方法, done 属性值总是 true。

```
function* gen() {                   //生成器函数
    yield 1;
    yield 2;
    yield 3;
}
var g = gen();                      //生成生成器对象
g.next()                            //{value: 1, done: false}
g.return('foo')                     //{value:"foo", done: true}
g.next()                            //{value: undefined, done: true}
```

如果调用 return()方法时, 不提供参数, 则返回值的 value 属性为 undefined。

如果生成器函数内部有 try...finally 代码块, 且正在执行 try 代码块, 那么 return()方法会导致立刻进入 finally 代码块, 执行完以后, 才结束整个函数。

12.2.6 应用生成器

1. 异步操作

把异步操作放在 yield 表达式里, 等调用 next()方法时再执行。因此, 生成器函数的一个重要应用就是用来处理异步操作, 重写回调函数。

扫一扫, 看视频

【示例 1】使用生成器函数逐行读取文本文件。下面的示例打开文本文件，然后使用 yield 表达式手动逐行读取文件。

```
function* numbers() {
    let file = new FileReader("numbers.txt");   //打开文本文件
    try {
        while (!file.eof) {                         //逐行读取
            yield parseInt(file.readLine(), 10);//异步操作，等待调用 next()
        }
    } finally {
        file.close();                             //最后关闭打开的文件
    }
}
```

2. 管理控制流

【示例 2】假设有一个多步操作，采用回调函数写法，则代码如下：

```
step1(function (value1) {
    step2(value1, function (value2) {
        step3(value2, function (value3) {
            step4(value3, function (value4) {
                //Do something with value4
            });
        });
    });
});
```

使用 Promise 优化上面代码。

```
Promise.resolve(step1).then(step2).then(step3).then(step4).then(function (value4) {
    //处理 value4
}, function (error) {
    //处理异常
}).done();
```

使用生成器函数可以进一步优化代码运行。

```
function* task(value1) {
    try {
        var value2 = yield step1(value1);
        var value3 = yield step2(value2);
        var value4 = yield step3(value3);
        var value5 = yield step4(value4);
        //处理 value4
    } catch (e) {
        //处理异常
    }
}
```

然后，使用按次序自动执行所有步骤。

```
function fn(task) {
    var it = task.next(task.value);         //读取迭代器对象
    if (!it.done) {                          //如果生成器函数未结束，则继续调用
        task.value = it.value
        fn(task);                            //递归调用，传入迭代器对象
    }
```

```
}
fn(task('初始值'));
```

3．部署迭代器接口

【**示例 3**】下面的示例演示如何为一个数组部署迭代器接口。

```
function* Test(array) {
    var index = 0;
    while (index < array.length) {
        yield array[index++];
    }
}
var gen = Test(['a', 'b']);
console.log(gen.next().value);          //'a'
console.log(gen.next().value);          //'b'
console.log(gen.next().done);           //true
```

3．用于数据结构

生成器是一个数组结构，因为生成器函数可以返回一个迭代器，包含一系列的值。

【**示例 3**】下面的示例定义了一个包含 3 个函数调用的数据结构，然后像处理数组那样，处理这 3 个返回的函数。

```
function* Test() {
    yield fs.readFile.bind(null, '1.txt');
    yield fs.readFile.bind(null, '2.txt');
    yield fs.readFile.bind(null, '3.txt');
}
for (task of Test()) {
    //task 是一个函数，可以模仿回调函数操作
}
```

12.3　案例实战

12.3.1　为 Object 部署迭代器

在默认情况下，对象是不可迭代的，但是有时候对象也需要被迭代。为什么 ES 6 不给对象部署可迭代接口呢？这是因为，对于对象来说，需要考虑遍历的到底是私有属性，还是原型属性，或者是可枚举属性，甚至是[Symbol.iterator]属性。鉴于各方意见不一，并且传统的 for...in 命令能够满足对象的遍历需求，于是 ES 6 就没有为 Object 部署迭代器。

本示例演示如何为 Object 类型部署迭代器接口，实现在所有对象上应用 for...of 命令，自动完成对象的迭代。注意，本迭代器可应用的对象必须是类似数组的对象结构，语法格式如下：

```
{0: 值, 1: 值, 2: 值, 3: 值, 4: 值 ...}
```

为 Object 原型绑定可迭代接口，代码如下：

```
Object.prototype[Symbol.iterator] = function () { //部署可迭代接口
    let curIndex = 0;                             //当前下标指针
    let next = () => {                            //定义迭代器接口
        return {                                  //返回迭代结果对象
            value: this[curIndex],                //获取当前指针位置的值
```

扫一扫，看视频

```
            done: this.length == curIndex++        //如果指针等于对象的长度，则终止迭代
        }
    }
    return {                                        //返回迭代器对象
        next,                                       //必须包含 next 接口
        return() {                                  //中途中止迭代的回调函数
            console.log('已执行 return');
            return {};                              //返回空对象
        }
    }
}
```

新建一个测试对象，使用 for...of 为该对象应用迭代器。

```
let obj = {0: 'a', 1: 'b', 2: 'c'}                  //测试对象，结构类似数组，包含 3 个属性
for (let item of obj) {                             //自动调用，遇到对迭代器消耗提前终止的条件
    if (item == 'c') {                              //如果值为'c'，则跳出循环，提前终止迭代
        break
    } else {                                        //否则显示值
        console.log(item)
    }
}
for (let item of obj) {                             //自动调用，主动抛出异常
    if (item == 'c') {                              //如果值为'c'，则抛出异常，提前终止迭代
        throw new Error('Errow')
    } else {                                        //否则显示值
        console.log(item)
    }
}
let ot = obj[Symbol.iterator]()                     //手动调用，调用可迭代接口函数
console.log(ot.return())
```

12.3.2 设计球队出场顺序

扫一扫，看视频

本示例设计一个球队 Team 的数据结构，允许接收一个球员信息的集合，其中每条记录都有一个 num 和 name 字段（分别表示球员的队号和姓名），以及一些用于确定出场顺序的特定字段，其中 first 字段为 true 的记录表示首个出场的球员，为 next 的记录表示下一个出场的球员。在默认情况下，Team 对象是不可迭代的，本示例通过部署 Symbol.iterator 接口并设计一个迭代器，使返回的出场队员能够基于内定的顺序排列，而返回值只是队员的队号和姓名。

```
class Team {                                        //自定义球队数据结构
    constructor(data) {                             //构造函数，接收一个队员数据集合
        this.data = data;                           //在本地存储队员数据
    }
    firstItem() {                                   //查询首个出场的球员
        return this.data.find(i => i.first);
    }
    findById(id) {                                  //查询指定 id 的球员记录
        return this.data.find(i => i.id === id);
    }
    [Symbol.iterator]() {                           //部署可迭代接口
        let item = {next: this.firstItem().id};     //获取首个出场球员的 id
        return {                                    //返回迭代器对象
            next: () => {                           //定义迭代器接口
```

```
                item = this.findById(item.next);        //把指针移到下一个球员
                if (item) {                             //返回球员信息
                    return {value: item.num +":"+ item.name, done: false};
                }
                return {value: undefined, done: true};    //终止迭代
            },
        };
    }
}
let data = [                                            //队员信息
    {id: 0, name: '梅西', num: '一号', next: 3, first: false},
    {id: 1, name: '凯恩', num: '二号', next: null, first: false},
    {id: 2, name: '内马尔', num: '三号', next: 1, first: false},
    {id: 3, name: 'C罗', num: '四号', next: 2, first: true},
];
const team = new Team(data);                            //根据队员信息创建一个球队
for (let item of team) {                                //迭代球队，显示出场球员信息
    console.log(item);
}
```

显示出场球员信息如下：

```
四号：C罗
三号：内马尔
二号：凯恩
```

12.3.3　部署多个迭代器

扫一扫，看视频

迭代器也是函数，意味着它可以像其他函数一样被任意调用。同时，部署迭代器也不限于 Symbol.iterator 接口，可以通过引用其他迭代器等方式来实现。从而这种设计模式使我们可以为同一对象定义多个迭代器。

本示例设计一个数据结构 List，通过引用参数数组 data 的内置迭代器，使 List 实现可迭代，迭代将返回数组 data 的值。同时，为 List 实例对象定义 values()方法，它通过数组的 filter()方法过滤掉 done 为 false 的元素，然后再通过 map()方法生成一个新数组，新数组包含 value 属性值，最后返回新数组的迭代器，迭代时将返回每个对象的 value。

```
class List {                                           //自定义数据结构
    constructor(data) {                                //初始数据结构，接收一个可迭代的数据集合
        this.data = data;
    }
    [Symbol.iterator]() {                              //部署可迭代接口
        return this.data[Symbol.iterator]();          //返回参数数组的迭代器
    }
    values() {                                         //对象方法，获取所有记录的值
        //过滤参数数组，再把其 value 值映射一个新数组，返回新数组的迭代器
        return this.data.filter(i => i.done).map(i => i.value)[Symbol.iterator]();
    }
}
let arr = [                                            //测试数据
    {done: true, value: 1},
    {done: true, value: 2},
    {done: false},
    {done: true, value: 4},
```

```
];
const list = new List(arr);                          //实例化数据结构
for (let item of list) {                             //迭代实例对象，返回数组每个元素记录
    console.log(item);
}
for (let item of list.values()) {                    //迭代新数组，返回 1 2 4
    console.log(item);
}
```

扫一扫，看视频

12.3.4　设计范围迭代器

Python 语言为序列对象提供了一个切片功能，允许使用如下语法获取序列的切片数据。切片使用 2 个冒号分隔 3 个整数来表示，基本语法格式如下：

```
obj[start : end : step]
```

obj 表示序列对象，包含 3 个参数，分别表示开始下标、结束下标和步长。

本示例设计一个范围迭代器，允许接收 3 个参数，分别为开始下标、结束下标和步长，然后返回一个迭代器，将生成一个指定范围的整数切片。

```
function Range(start = 0, end = Infinity, step = 1) {   //设计范围迭代器
    let index = start;                                  //记录下标位置
    let num = 0;                                         //记录生成的元素个数
    return {                                             //返回迭代器对象
        next: function () {                              //定义迭代器接口方法
            let result;                                  //临时结果变量
            if (index < end) {                           //如果在指定范围，则运行迭代
                result = {value: index, done: false}     //设计迭代结果对象
                index += step;                           //根据步长，向下移动指针
                num++;                                   //递增计数
                return result;                           //返回迭代结果对象
            }
            return {value: num, done: true}              //终止迭代
        }
    };
}
let it = Range(1, 20, 3);                                //实例化范围
let result = it.next();
while (!result.done) {
    console.log(result.value);                           //1 4 7 10 13 16 19
    result = it.next();                                  //调用迭代器，返回迭代结果对象
}
console.log("总数: " + result.value);                    //总数: 7
```

扫一扫，看视频

12.3.5　生成器在 Ajax 中的应用

本示例把 Ajax 异步处理置于生成器函数中，利用生成器的特性实现更灵活的控制。注意，本示例需要在虚拟服务器环境中进行测试。

首先，新建文本文件 1.txt，并放在站点根目录下，其中包含的文本内容如下：

```
[[1,2,3],
[4,5,6],
[7,8,9]]
```

然后，在相同目录下新建 HTML5 文件，设计如下脚本。

```
function* main() {                                //生成器函数
    var result = yield request("1.txt");          //请求当前目录下的1.txt 文件
    console.log(result);                          //显示结果
    //do 别的 ajax 请求;
}
function request(url) {                           //请求函数
    var r = new XMLHttpRequest();                 //创建异步请求实例
    r.open("GET", url, true);                     //打开 GET 请求
    r.onreadystatechange = function () {          //完成请求之后，执行解析任务
        if (r.readyState != 4 || r.status != 200) return;   //如果未达目标，则直接返回
        var data = JSON.parse(r.responseText);    //解析文本字符串
        it.next(data);                            //把解析的信息发给 yield 表达式
    };
    r.send();                                     //发送请求
}
var it = main();                                  //新建生成器对象
it.next();                                        //读取信息
console.log("结束解析");                          //提示结束
```

生成器不但可以用于 Ajax 的异步处理，也能用于浏览器的文件系统 filesystem 的异步请求。

12.4　实践与练习

1. 列举 JavaScript 包含哪些内置的可迭代对象，并简单解释原因。
2. 举例说明 JavaScript 提供了哪些专用于可迭代对象的语句和表达式。
3. 举例说明 JavaScript 数组提供了哪些具有迭代器特征的方法。
4. for…of 只能遍历可迭代对象，尝试为对象编写一个迭代器，模拟可迭代对象的 entries()方法，返回对象的 key 和 value。
5. 生成器可以实现按需计算，这使得它能够有效地表示一个计算成本很高的序列，甚至是一个无限序列。同时，next()方法可以接收一个参数，用于修改生成器内部状态。传递给 next()方法的参数值会被 yield 接收。设计斐波那契数列生成器，并使用 next()方法重新启动序列。

（答案位置：本章/在线支持）

12.5　在　线　支　持

第13章 异步编程

JavaScript 支持多种异步编程方案，如回调函数、事件监听、发布订阅模式、生成器、Promise、async 和 await 等。ES 6 新增了 Promise 对象，ES 8 新增了 async 和 await 语句，借助这两个新特性，不仅可以实现 JavaScript 之前编程中难以实现的，或者说不可能实现的任务，而且还能写出更清晰、更简洁、容易理解、容易调试的代码。Promise 对象的主要功能是解决回调函数层层嵌套的问题，而 async 和 await 语句可以进一步优化 Promise，在不阻塞主线程的前提下，用同步代码实现异步访问资源的能力。

【学习重点】
- ➦ 理解 Promise 的运行逻辑。
- ➦ 正确使用 async 和 await。
- ➦ 能够使用 Promise 设计多层异步任务。

13.1 异步编程概述

在传统单线程编程中，程序的运行是同步的，所有任务需要排队，按顺序执行，不能同时执行。与之相反，异步可以不按顺序，并发执行。通俗地说，同步需要按代码顺序执行，异步可以不按代码顺序执行。

JavaScript 是单线程编程语言，一个线程不能够同时接收多个请求。当一个任务没有结束时，主线程就无法处理其他请求。如果某一步操作延迟，或者死循环，那么整个网页将失去响应，出现假死现象。

为了解决这个问题，JavaScript 通过回调函数来实现异步处理。回调函数就是一个普通函数，但是会异步执行。例如：

```
setTimeout(function () {
    console.log(1);
}, 1000);
console.log(2);
```

在上面的代码中，使用定时器启动一个异步任务，并告诉它在 1 秒之后要做什么。当执行定时器时，会产生一个子线程，子线程等待 1 秒，然后调用匿名函数。在定时器中，这个匿名函数就是回调函数。

主线程不用关心异步任务的运行状态，它自己会善始善终。第一行代码为定时器的任务，但是主线程不会等待 1 秒。因此，主线程先执行 console.log(2);，等待 1 秒后，后台自动执行 console.log(1);，最终输出结果为：2 1。同步执行需要等待，显然异步执行的效率会更高。

13.2 Promise

13.2.1 认识 Promise

Promise 是 CommonJS 工作组提出的一种规范，目的是为异步编程提供统一的接口，ES 6 将其写进了语言标准，统一了用法，并提供原生的 Promise 对象。

注意：

IE 内核的浏览器不支持 Promise，兼容方法是使用第三方插件 bluebird.js，下载该插件后在页面中导入插件即可。

　　Promise 对象代表未来将要发生的事件，并能够保存异步操作的任务，通过 Promise 对象可以获取异步操作的消息。Promise 对象的主要优点如下：

- 提供统一的 API，各种异步操作都可以使用相同的方法进行处理，使异步操作更容易控制。
- 可以将异步操作的逻辑以同步操作的流程表达出来，避免了传统语法中的层层嵌套的回调函数，使代码结构变得更优雅，更容易理解。

　　Promise 对象代表一个异步操作，支持以下 3 种状态，状态不受外界影响。其中，fulfilled 和 rejected 状态统称为 resolved（已定型）。

- pending：待定中，为初始状态，悬而未决，既没有成功，也没有失败。
- fulfilled：已兑现，即操作已成功或已完成。
- rejected：已拒绝，即操作已失败。

　　Promise 对象通过自身的状态来控制异步操作。而只有异步操作的结果可以决定当前是哪一种状态，任何其他操作都无法改变这个状态。这也是 Promise（承诺）这个名字的由来。

　　这 3 种状态的变化途径只有两种。

- 从未决到成功。
- 从未决到失败。

　　一旦状态发生变化，就不会再有新的状态变化，并一直保持这个结果。这意味着 Promise 实例对象的状态变化只能发生一次。因此，Promise 的结果最终只有两种。

- 异步操作成功，Promise 实例对象传回一个值（value），状态变为 fulfilled。
- 异步操作失败，Promise 实例对象抛出一个错误（error），状态变为 rejected。

　　当异步操作的状态发生变化，再为 Promise 对象添加回调函数，也会得到相同的结果。这与事件不同。事件的特点是，如果一旦错过了事件响应的时机，再去监听，是得不到结果的。

提示：

Promise 也存在一些缺点，简单了解一下：

- 无法取消 Promise，一旦创建 Promise，就会立即执行，无法中途取消。
- 如果不设置回调函数，Promise 内部抛出的错误不会反映到外部。
- 当 Promise 对象处于 pending（未决）状态时，无法知道目前进展到哪一个阶段，是刚刚开始，还是即将完成。

13.2.2　创建 Promise

　　使用 Promise 构造函数可以创建一个 Promise 实例对象。语法格式如下：

```
let promise = new Promise(executor)
```

　　参数 executor 必须是一个函数，如果 executor 被执行时抛出异常，promise 状态会变为 rejected，executor 的返回值也会被忽略。

　　executor 函数又包含两个参数，这两个参数也是函数，不需要用户自己部署，由 JavaScript 提供支持。executor 函数展开后语法格式如下：

```
const promise = new Promise(function(resolve, reject) {
    //异步处理。处理结束后，根据情况，调用 resolve()函数或 reject()函数
    if (/* 异步跟踪条件表达式 */){        //当条件完成，则回调 resolve()函数
        resolve(value);
    } else {                              //当操作失败，则回调 reject()函数
        reject(error);
```

```
    }
});
```

- ➥ resolve()函数：在异步操作成功时调用，即当 Promise 状态从 pending 变为 fulfilled 时调用，同时允许将异步操作的结果作为参数传递出去，最后被回调函数接收。
- ➥ reject()函数：在异步操作失败时调用，即当 Promise 状态从 pending 变为 rejected 时调用，同时允许将异步操作的错误作为参数传递出去，最后被回调函数接收。

一般来说，调用 resolve()或 reject()以后，Promise 的使命就完成了，后继操作应该放在 then()方法里，而不应该直接写在 resolve()或 reject()调用语句的后面。因此，为了避免意外，建议在 resolve()和 reject()调用语句前面加上 return 关键字，即直接结束函数运行。例如：

```
const promise = new Promise(function(resolve, reject) {
    //异步处理。处理结束后，根据情况，调用 resolve()函数或 reject()函数
    if (/* 异步跟踪条件表达式 */){      //当条件完成，则回调 resolve()函数
        return resolve(value);
    } else {                          //当操作失败，则回调 reject()函数
        return reject(error);
    }
    //后面的语句不会执行
})
```

【示例】下面的示例创造一个 Promise 实例，简单演示在异步操作中 Promise 的处理过程。

```
const p = new Promise(function (b1, b2) {              //创建 Promise 实例
    setTimeout(function () {                           //使用定时器延迟响应，模拟异步操作
        let n = Math.floor(Math.random() * 100);      //随机生成一个 0~100 的整数
        if (n % 2 == 0)                               //如果 n 是偶数，则表示操作成功
            b1(n);                                    //操作成功时调用该函数
        else
            b2(n);                                    //操作失败时调用该函数
    }, 500);                                          //延迟半秒钟
});
function f1(n) {console.log("成功获取一个偶数："+ n);}   //成功时等待调用的回调函数
function f2(n) {console.log("异步请求失败。");}          //失败时等待调用的回调函数
p.then(f1, f2);                                        //处理异常操作
```

创建一个 Promise 实例后，将保存异步操作的任务，等待后期回调函数的响应处理。当异步操作成功时会调用 b1()，当异步操作失败时会调用 b2()，实际上后期将回调 f1()和 f2()。在本例中，使用定时器 setTimeout 来模拟异步延迟操作的过程，实际应用时可能是 XHR 请求，或者是 HTML5 API 应用等。

13.2.3　使用 then()方法

扫一扫，看视频

then()是 Promise 的实例方法，用于指定当前 Promise 状态发生变化时的回调函数。

```
Promise.prototype.then(resolve, reject);
```

参数说明如下。

- ➥ resolve：当 Promise 实例变成 fulfilled 状态时，该参数将作为回调函数被调用。resolve 接收一个参数，参数值由当前 Promise 实例的 resolve()方法传值设置。
- ➥ reject：当 Promise 实例变成 rejected 状态时，该参数将作为回调函数被调用。reject 接收一个参数，参数值由当前 Promise 实例的 reject()方法传值设置。

【示例 1】下面的示例使用 Promise 对象实现 Ajax 异步操作。

新建 1.txt，内容如下，保存在本地虚拟服务器的站点根目录下。

```
[1,2,3]
```

新建 HTML5 文档，输入下面 JavaScript 代码，保存在站点根目录下。

```
function ajax(URL) {                                //Ajax 请求函数
    return new Promise(function (resolve, reject) {  //创建并返回一个 Promise 实例
        var req = new XMLHttpRequest();              //创建一个 XHR 实例
        req.open('GET', URL, true);                  //以 GET 方式打开请求的 URL
        req.onload = function () {                    //请求完成，准备接收数据
            if (req.status === 200) {
                resolve(req.responseText);           //成功时调用该回调函数，并返回数据
            } else {
                reject(new Error(req.statusText));   //失败时，返回错误信息
            }
        };
        req.onerror = function () {                   //请求失败，返回错误信息
            reject(new Error(req.statusText));
        };
        req.send();                                   //发送请求
    });
}
var URL = "1.txt";
ajax(URL).then(function (value) {                     //操作成功时，接收数据，并进行处理
    console.log('异步请求的内容是：\n');
    let a = JSON.parse(value);                        //把 JSON 字符串转换为 JavaScript 对象
    for (let item of a)                               //迭代并显示数据
        console.log(item + '\n');
}, function (error) {                                 //操作成功时，提示错误信息
    console.log('错误: ' + error);
});
```

在上面的代码中，resolve 和 reject 被调用时，都带有参数。它们的参数会被传递给回调函数。reject 的参数通常是 Error 对象的实例，而 resolve 的参数除了正常的值以外，也可以是另一个 Promise 实例。

then()方法默认返回一个新的 Promise 实例，也可以使用 return 指定要返回的 Promise 实例，这样可以采用链式语法，连续调用 then()方法。

【示例 2】使用示例 1 的 Ajax 请求函数 ajax()，发起 4 次请求，分别请求 4 个不同的文件。下面的示例就是利用链式语法，4 次调用 then()方法，其中前 3 次返回一个新 Promise 实例，发起一个新的异步请求。

```
ajax("1.txt").then(info => {console.log(info); return ajax("2.txt")})
    .then(info => {console.log(info); return ajax("3.txt")})
    .then(info => {console.log(info); return ajax("4.txt")})
    .then(info => console.log(info));
```

◀))) 注意：

Promise 实例的所有接口方法默认都是返回一个新的 Promise 实例，这样便于采用链式语法，连续混合调用。

13.2.4　使用 catch()方法

catch()是 Promise 的实例方法，用于当发生错误时调用指定的回调函数，实际上它等效于 then(null, reject)或.then(undefined, reject)的写法。

Promise 对象内部自带了 try…catch，当同步代码发生运行错误时，会自动将错误对象作为参数值调

扫一扫，看视频

用 reject，这样就会触发 catch() 方法的回调函数。

【示例 1】 在下面的示例中，调用 13.2.3 小节的示例 1 的 ajax() 函数，返回一个 Promise 对象，发起一个异步请求。如果请求成功，则调用 then() 方法指定的回调函数；如果请求失败，则调用 catch() 方法指定的回调函数。

```
ajax("1.txt").then(info => console.log(info))
        .catch(e => console.log(e));
```

🔊 **提示：**

如果 then() 方法指定的回调函数，发生运行时错误，也会被 catch() 方法捕获。例如：

```
ajax("1.txt").then(info => {console.log(info);
                    throw new Error("主动抛出一个错误")
}).catch(e => console.log(e));
```

在上面代码中，then() 的回调函数主动抛出一个错误，虽然请求成功，但是这个异常依然被 catch() 方法的回调函数捕获。在控制台显示如下信息。

```
[1,2,3]
Error: 主动抛出一个错误
```

🔊 **注意：**

如果 Promise 状态已经变成 resolved，再抛出错误是无效的。
Promise 对象的错误与事件流特性类似，具有冒泡特性，会一直向后传递，直到被捕获为止。

【示例 2】 在下面的示例中，通过链式语法发起多个文件请求。在实际应用中，无法确保其中某个文件的请求会失败，因此在最后一步，通过 catch() 方法对所有请求进行监测，只要其中一个文件请求失败，最后都能够被捕获。

```
ajax("1.txt").then(info => {console.log(info); return ajax("2.txt")})
        .then(info => {console.log(info); return ajax("3.txt")})
        .then(info => {console.log(info); return ajax("4.txt")})
        .then(info => console.log(info))
        .catch(e => console.log(e));
```

因此，不要在 then() 方法里面定义 rejected 状态的回调函数，建议使用 catch() 方法跟踪 rejected 状态，专门进行捕获。过早地处理 reject 回调函数，会对之后 Promise 的链式调用造成影响。在没有迫切需要的情况下，建议在链式语法的最后使用 catch() 方法再进行错误处理。

如果没有使用 catch() 方法指定错误处理的回调函数，Promise 对象抛出的错误不会传递到外层代码，即不会影响后面代码的运行。

【示例 3】 在下面的代码中，第 1 次请求文件不存在，Promise 将抛出一个异常，其后的多次请求将被终止，但是内部错误不会影响 Promise 外部的代码，最后一行定时器依然会继续执行。

```
ajax("不存在的文件.txt").then(info => {console.log(info); return ajax("2.txt")})
        .then(info => {console.log(info); return ajax("3.txt")})
        .then(info => {console.log(info); return ajax("4.txt")})
        .then(info => console.log(info));
setTimeout(() => {console.log("该行信息继续被执行")}, 2000);
```

13.2.5 使用 finally() 方法

finally() 是 ES 2018 引入的实例方法，用于指定不管 Promise 对象最后状态如何，都会执行的操作。语法格式如下：

```
promise
```

扫一扫，看视频

```
.then(result => {...})                          //处理信息
.catch(error => {...})                          //处理错误
.finally(() => {...});                          //善后处理
```

在上面的代码中，不管 promise 最后的状态如何，在执行完 then()或 catch()方法指定的回调函数以后，都会执行 finally()方法指定的回调函数。

【示例】下面的示例演示了 finally 的基本用法。

```
ajax("不存在的文件.txt").then(info => {console.log(info); return ajax("2.txt")})
        .then(info => {console.log(info); return ajax("3.txt")})
        .then(info => {console.log(info); return ajax("4.txt")})
        .then(info => console.log(info))
        .finally(() => console.log("我肯定会被执行"));
setTimeout(() => {console.log("该行信息继续被执行")}, 2000);
```

在控制台输出信息如下：

```
我肯定会被执行
Error: Not Found
该行信息继续被执行
```

13.2.6　使用 all()方法

扫一扫，看视频

all()是 Promise 的静态方法，用于将多个 Promise 实例包装成一个新的 Promise 实例。语法格式如下：

```
const p = Promise.all([p1, p2, p3……]);
```

参数是一个数组，或者一个可迭代的对象，元素 p1、p2、p3……都是 Promise 实例。如果不是，则会调用 Promise.resolve()方法，将参数转为 Promise 实例，再进行处理。

返回的 Promise 实例 p 的状态由 p1、p2、p3……决定。分为两种情况，简单说明如下：

- ↘ 只有 p1、p2、p3……的状态都变成 fulfilled 状态，p 的状态才会变成 fulfilled，此时 p1、p2、p3……的返回值组成一个数组，传递给 p 的回调函数。
- ↘ 只要 p1、p2、p3……中有一个变成 rejected 状态，p 的状态就变成 rejected，此时第一个被 reject 的实例的返回值会传递给 p 的回调函数。

【示例】继续以 13.2.5 小节的示例为基础，重写代码。新建 4 个 Promise 实例对象，把 13.2.5 小节的示例的链式语法的 4 次文件请求，分离为 4 个独立的请求，然后把它们放在一个数组中，传递给变量 ps。只有这 4 次请求都成功了，即 4 个 Promise 实例的状态都变成 fulfilled，才会调用 Promise.all()方法的回调函数。如果其中有一个请求失败，即变为 rejected，都不能够调用 Promise.all()方法。

```
const ps = [1, 2, 3, 4].map(function (id) {      //生成一个 Promise 对象的数组
    return ajax(id + ".txt");
});
Promise.all(ps)                                  //创建一个新的 Promise 实例
.then(function (info) {                           //如果所有请求都成功，则调用该回调函数
    console.log(info);
}).catch(function(e){
    console.log(e);
});
```

假设 1.txt、2.txt、3.txt、4.txt 文件的内容分别为"[1,2,3]""[2,3,4]""[3,4,5]"和"[4,5,6]"，则在控制台输出信息如下：

```
(4) ['[1,2,3]', '2', '[3,4,5]', '[4,5,6]']
```

如果有任何一个文件请求失败，则会输出下面信息。

```
Error: Not Found
```

📢 **注意：**

作为参数的 Promise 实例，如果自己定义了 catch()方法，一旦变为 rejected，则调用自己的 catch()方法，而不会触发 all 的 catch()方法。

扫一扫，看视频

13.2.7 使用 any()方法

ES 2021 引入了 Promise.any()方法，该方法可以将多个 Promise 实例包装成一个新的 Promise 实例。语法格式如下：

```
const p = Promise.any([p1, p2, p3……]);
```

参数是一个数组，或者一个可迭代的对象，元素 p1、p2、p3……都是 Promise 实例。如果不是 Promise 实例，则会调用 Promise.resolve()方法，将参数转为 Promise 实例，再进行处理。

返回的 Promise 实例 p 的状态由 p1、p2、p3……决定。分成两种情况，简单说明如下：

➥ 只有 p1、p2、p3……的状态都变成 rejected 状态，p 的状态才会变成 rejected，此时会传递给 p 的回调函数一个异常：AggregateError: All promise were rejected。

➥ 只要 p1、p2、p3……中有一个变成 fulfilled 状态，p 的状态就变成 fulfilled，此时第一个被 resolve 的实例的返回值会传递给 p 的回调函数。

【示例】继续以 13.2.6 小节的示例为基础，修改代码。使用 Promise.any(ps)替换 Promise.all(ps)。

```
Promise.any(ps)                      //创建一个新的 Promise 实例
.then(function (info) {              //如果所有请求都成功，则调用该回调函数
    console.log(info);
}).catch(function(e){
    console.log(e);
});
```

只要有一个文件请求成功，则就表示操作成功，并返回第一个请求成功的信息。Promise.any()抛出的错误不是一般的 Error 错误对象，而是一个 AggregateError 实例，它相当于一个数组，每个成员对应一个被 rejected 的操作所抛出的错误。

扫一扫，看视频

13.2.8 使用 race()方法

race()是 Promise 的静态方法，也能够将多个 Promise 实例包装成一个新的 Promise 实例。语法格式如下：

```
const p = Promise.race([p1, p2, p3……]);
```

只要 p1、p2、p3……之中有一个实例率先改变状态，p 的状态就跟着改变。率先改变的 Promise 实例的返回值就会传递给 p 的回调函数。

📢 **提示：**

Promise.race()方法的参数与 Promise.all()方法一样，如果不是 Promise 实例，会调用 Promise.resolve()方法，将参数转为 Promise 实例，再进一步处理。

Promise.race()与 Promise.any()方法类似，唯一的不同是：Promise.any()不会因为某个 Promise 变成 rejected 状态而结束，必须等到所有 Promise 都变成 rejected 状态时才会结束。

【示例】在下面的示例中，p2 的状态比 p1 的状态早 500 毫秒发生变化，不管是成功还是失败，race 的状态也跟着发生变化，显示信息：'p2 失败'。

```
let p1 = new Promise((resolve, reject) => {    //Promise 实例 1，状态 1 秒钟后发生变化
```

```
    setTimeout(() => {
        resolve('p1 成功')
    }, 1000)
})
let p2 = new Promise((resolve, reject) => {    //Promise 实例 1，状态 500 毫秒后发生变化
    setTimeout(() => {
        reject('p2 失败')
    }, 500)
})
Promise.race([p1, p2]).then((result) => {      //跟踪率先状态发生变化的 Promise 实例
    console.log(result)
}).catch((error) => {
    console.log(error)                         //显示信息: 'p2 失败'
})
```

13.2.9　使用 allSettled()方法

ES 2020 引入 Promise.allSettled()方法，该方法可以将多个 Promise 实例包装成一个新的 Promise 实例。语法格式如下：

```
const p = Promise.allSettled([p1, p2, p3······]);
```

参数是一个数组，或者一个可迭代的对象，元素 p1、p2、p3······都是 Promise 实例。如果不是，则会调用 Promise.resolve()方法，将参数转为 Promise 实例再进行处理。

返回的 Promise 实例 p 的状态由 p1、p2、p3······决定。只有所实例都返回结果，不管是 fulfilled 还是 rejected，p 才会结束。一旦结束，状态总是 fulfilled，不会变成 rejected。并把它们的所有返回值以数组的形式传回。

【示例】以 13.2.9 小节的示例为基础，改为 Promise.allSettled()方法监听。

```
Promise.allSettled([p1, p2]).then((result) => {
    console.log(result)
})
```

在控制台显示 result 信息，result 是一个数组，每个元素都是一个对象，对应两个 Promise 实例，如下所示。

```
[{status: "fulfilled", value: "p1 成功"},
 {reason: "p2 失败", status: "rejected"}]
```

每个对象都有 status 属性，属性值为 fulfilled 或 rejected。

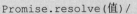 提示：

利用 Promise.allSettled()可以监听所有请求，不管请求成功还是失败，只有所有请求都结束，才停止显示等待图标。

```
const promise = [fetch('/api-1'), fetch('/api-2'), fetch('/api-3'),];
await Promise.allSettled(promise);           //异步监听请求
removeLoadingIndicator();                     //当所有请求都结束，才移除正在加载的指示信号
```

13.2.10　使用 resolve()方法

Promise.resolve()方法能够将参数值转换为 Promise 对象。语法格式如下：

```
Promise.resolve(值)/
```

等价于：

```
new Promise(resolve => resolve(值))
```

Promise.resolve()方法允许调用时不带参数，直接返回一个 resolved 状态的 Promise 对象。

- 如果参数是 Promise 实例，那么 Promise.resolve 将不做任何修改，原封不动地返回这个实例对象。
- 如果参数是一个 thenable 对象，即具有 then()方法的对象，Promise.resolve()方法会将这个对象转为 Promise 对象，然后就立即执行 thenable 对象的 then()方法。
- 如果参数是一个原始值，或者是一个不具有 then()方法的对象，则 Promise.resolve()方法返回一个新的 Promise 对象，状态为 resolved。

【示例】在下面的示例中，setTimeout(fn, 0)在下一轮"事件循环"开始时执行，Promise.resolve()在本轮"事件循环"结束时执行，console.log('one')则是立即执行，因此最先输出。

```
setTimeout(function () {
    console.log('three');
}, 0);
Promise.resolve().then(function () {
    console.log('two');
});
console.log('one');
```

输出为：

```
one  two  three
```

扫一扫，看视频

13.2.11 使用 reject()方法

Promise.reject()方法能够返回一个新的 Promise 实例，该实例的状态为 rejected。

【示例 1】下面的示例生成一个 Promise 实例 p，状态为 rejected，reject 回调函数会被立即执行。

```
const p = Promise.reject('出错了');
```

等效于：

```
const p = new Promise((resolve, reject) => reject('出错了'))
p.then(null, function (s) {
    console.log(s)
});                                    //出错了
```

Promise.reject()方法的参数值将被传递给 reject 回调函数。

【示例 2】在下面的代码中，Promise.reject()方法的参数是一个字符串，后面 catch()方法的参数 e 就是这个字符串。

```
Promise.reject('出错了')
.catch(e => {
    console.log(e === '出错了')
})                                     //true
```

13.3 async 和 await

13.3.1 认识 async 函数

ES 2017 新增了 async 和 await 语句，其中，async 表示异步的意思，await 是 async wait（异步等待）的简写。async 可以理解为声明一个异步函数，而 await 用于等待一个异步任务执行完成。

async 函数由 async 关键字声明，它是 AsyncFunction 构造函数的实例，其中允许使用 await 关键字。

async 和 await 与 Promise 一样都是非阻塞的，且 async 和 await 是基于 Promise 实现的，不能用于普通的回调函数。

async 和 await 对 JavaScript 异步编程进行升级，用一种更简洁的方式编写基于 Promise 的异步行为，而无须刻意地链式调用 Promise，使异步操作变得更加便捷，编写的代码也更容易阅读和调试。它不需要 then()方法，不需要写匿名函数处理 Promise 的 resolve 值，避免了代码嵌套，明显节约代码，使异步代码更像同步代码。

从语法结构上看，async 函数与生成器函数类似，就是将生成器函数的星号*替换成 async，将 yield 替换成 await。结构代码如下：

```
async function() {                    //async 函数结构
    await 表达式;
}
function* () {                        //生成器函数结构
    yield 表达式;
}
```

13.3.2 使用 async

扫一扫，看视频

async 可以声明异步函数，也允许用于函数表达式、箭头函数和方法。语法格式如下：

```
async function fn() {}                 //异步函数声明
let fn = async function() {};          //异步函数表达式
let fn = async () => {};               //异步箭头函数
class Class {                          //异步方法
    async fn() {}
}
```

async()函数具有普通函数的大部分行为和特性，唯一的不同是它具有异步特征。async()函数的返回值始终是 Promise 对象，以便 then()方法使用。具体说明如下：

- 如果 return 返回一个 Promise 对象，async 会直接返回该对象。
- 如果 return 返回一个非 Promise 对象的值，async 会使用 Promise.resolve()方法把它封装成 Promise 对象再返回，最后把该值传递给 then()方法的 resolve 回调函数。
- 如果没有 return 返回值，async 会使用 Promise.resolve(undefined) 方法生成 Promise 对象再返回，传递给 resolve 的值为 undefined。

async()函数如果不包含 await 关键字，那么它与普通函数没有什么区别。在没有 await 的情况下，调用 async()函数会立即执行，返回一个 Promise 对象，这与返回 Promise 对象的普通函数没有什么不同。

【示例1】下面的代码使用 async 定义一个异步函数 f()，把 return 返回值传递给 then()方法的回调函数。如果没有 return，则返回 undefined。

```
async function f() {
    return 'hello world';
}
f().then(v => console.log(v))              //"hello world"
```

【示例2】如果 async()函数内出现异常，会导致返回的 Promise 对象变为 rejected 状态，触发 catch()方法。

```
async function f() {
    throw new Error('出错了');
}
f().catch(e => console.log('reject', e))        //reject Error: 出错了
```

如果没有遇到 return 语句，或者没有抛出异常，必须等待 async 函数内所有 await 命令执行完毕，也就是所有异步操作执行完毕，才会发生状态改变，async()函数返回的 Promise()对象才会执行 then()方法指定的回调函数。

扫一扫，看视频

13.3.3 使用 await

await 能够暂停 async()函数的执行，等待异步处理结果。因此，await 只能在 async()函数中使用。await 的行为与生成器函数中的 yield 类似。await 可以单独使用，也可以在表达式中使用。具体语法格式如下。

```
[返回值] = await 表达式;
```

简单说明如下：

➥ 如果表达式的值为 Promise 对象，则 await 返回值就是 Promise 对象的处理结果。

 ↳ 如果 Promise 对象的状态为 pending，await 会暂停 async()函数的执行，处于等待状态，直到 Promise 对象的状态发生变化，然后返回结果。

 ↳ 如果 Promise 对象的状态为 fulfilled，await 表达式的值就是 resolve 传递的值。

 ↳ 如果 Promise 对象的状态为 rejected，await 表达式会抛出 reject 异常原因。

➥ 如果表达式的值不是 Promise 对象，则 await 返回值就是表达式的值自身。

📢 注意：

await 暂停 async()函数，但不会阻塞主进程，当调用 async()函数时，后面代码会同步执行。

【示例 1】下面的示例演示 await 如何等待 Promise 处理结果，await 表达式的值此时就是 Promise 对象的处理结果。

```
function test(x) {                    //测试函数
    return new Promise(resolve => {   //返回 Promise 对象
        setTimeout(() => {
            resolve(x);               //调用 resolve 回调函数，返回 await 表达式的值
        }, 2000);
    });
}
async function f1() {                 //声明 async 函数
    var x = await test(10);          //等待 Promise 处理
    console.log(x);                  //Promise 正常处理，resolve 传递的值: 10
}
f1();                                 //调用异步函数
```

【示例 2】如果等待结果不是 Promise 对象，则 await 直接运算并返回表达式的值，即 await 表达式的值为对象自身。

```
async function f2() {
    var y = await 20;                //等待简单的值
    console.log(y);                  //await 20 表达式的值等于 20
}
f2();                                 //调用异步函数
```

【示例 3】在下面的代码中，async()函数的返回值为 await 表达式的值，等同于 return 123。那么，async 会调用 Promise.resolve(123)方法，把 123 封装为 Promise 对象，然后把 123 传递给 then()方法的 resolve 回调函数。

```
async function f() {return await 123;}
f().then(v => console.log(v))         //123
```

async 和 await 允许使用 try...catch 结构，可以同时处理同步和异步错误。而 try...catch 是不能处理 Promise 中的错误的，只能使用 Promise 的 catch()方法，显然这样的错误处理代码比较冗余。

如果 Promise 处理出现异常，则 Promise 实例变为 rejected 状态，reject 参数会被 catch()方法接收。任何一个 await 后面的 Promise 对象变为 rejected 状态，如果异常未被捕获，那么整个 async 函数会中断执行。

【示例 4】在下面的代码中，await 表达式的值为一个新建的 rejected 状态的 Promise 对象，reject 参数会被 catch()方法接收。

```
async function f3() {
    try {
        var z = await Promise.reject(30);    //等待异常
    } catch (e) {
        console.log(e);                      //30
    }
}
f3();                                        //调用异步函数
```

13.3.4 异步函数的应用

扫一扫，看视频

1. 实现暂停功能

```
async function sleep(delay) {               //暂停函数，返回 Promise 对象
    //暂停 delay 时间后，执行 resolve()函数
    return new Promise((resolve) => setTimeout(resolve, delay));
}
async function foo() {                       //异步函数
    const t0 = Date.now();                   //开始计时
    await sleep(1000);                       //等待 Promise 处理结果，暂停约 1000 毫秒
    console.log(Date.now() - t0);            //显示暂停时间
}
foo();                                       //1001
```

2. 实现串行化处理

按串行顺序依次执行 4 个计算函数，其行为类似：**f4(f3(f2(f1(x))))**。

```
function f1(x) {return x + 2;}
function f2(x) {return x * 2;}
function f3(x) {return x - 2;}
function f4(x) {return x / 2;}
async function f(x) {                        //异步函数
    x = await f1(x);
    x = await f2(x);
    x = await f3(x);
    x = await f4(x);
    return x;
}
f(5).then(console.log);                      //6
```

3. 实现并行化处理

如果执行顺序不是必须的，则可以先一次性初始化所有 Promise，然后再分别等待结果。

```
async function randomDelay(id) {            //任务函数，随机暂停和输出
    return new Promise((resolve) => setTimeout(() => {
```

```
        setTimeout(console.log, 0, id);
        resolve();
    }, Math.random() * 1000));
}
async function foo() {                          //异步函数
    const p1 = randomDelay(1);                 //初始化所有 Promise
    const p2 = randomDelay(2);
    const p3 = randomDelay(3);
    const p4 = randomDelay(4);
    await p1;                                   //等待结果
    await p2;
    await p3;
    await p4;
}
foo();
```

13.4 案 例 实 战

扫一扫，看视频

13.4.1 设计投票统计器

本案例使用 Promise 设计一个投票统计器，工作流程如下：只有全体议员都同意，则全票通过，当选主席；否则落选。具体设计步骤如下：

第 1 步，设计一个处理器，返回一个 Promise 实例，接收一个议员的投票信息，如果该议员同意，则调用 resolve()函数，状态为 fulfilled；如果不同意，则调用 reject()函数，状态为 rejected。

```
function handler(member) {
    return new Promise(function (resolve, reject) {//返回 Promise 实例
        if (member.agree) {                        //如果同意，则操作成功
            resolve(member);
        } else {                                   //如果不同意，则操作失败
            reject(member);
        }
    });
}
```

第 2 步，设计一个投票器，随机生成一个整数，如果为偶数，则表示同意，否则表示不同意。

```
function voter() {
    let n = Math.floor(Math.random() * 100);   //随机生成一个 0～100 的整数
    if (n % 2 == 0)                            //如果是偶数，则表示同意
        return true;                          //同意就返回 true
    else return false;                         //不同意返回 false
}
```

第 3 步，设计议会全体会员集合，包含每位议员的姓名和是否同意的信息？

```
var all = [                                    //所有议员信息集合，投票不确定，随机生成
    {name:"张三", agree: voter()},
    {name:"李四", agree: voter()},
    {name:"王五", agree: voter()},
    {name:"赵六", agree: voter()},
    {name:"侯七", agree: voter()},
]
```

第 4 步，为每位议员创建 Promise 实例。

```
const ps = all.map(function (member) {        //为每位议员注册 Promise 实例
    return handler(member);                    //返回一个 Promise 实例数组
});
```

第 5 步，使用 Promise.all()函数统计所有议员的投票信息，并进行处理。

```
Promise.all(ps).then(function (info) {        //所有 Promise 实例操作成功，则处理
    console.log("全票通过");
    console.log(info);
}).catch(function (e) {                        //如果有一个议员不同意，则处理
    console.log("落选");
    console.log(e);
});
```

13.4.2　设计图片加载器

本案例将图片预加载写成一个 Promise。当图片加载成功或者失败，Promise 的状态也跟着发生变化。这样，就可以在代码中根据 Promise 的状态决定后期如何操作被加载的图片，例如，是否显示图片，或者提示错误信息，或者重新加载，或者更换图片源等。

```
const preloadImage = function (path) {                //图片预加载函数
    return new Promise(function (resolve, reject) {    //创建一个 Promise 实例
        const image = new Image();                     //新建图片对象
        image.onload = function () {                    //加载成功，变为 fulfilled 状态
            resolve(image);                            //触发 resolve()回调函数
        };
        image.onerror = function () {                  //加载失败，变为 rejected 状态
            reject(new Error('Could not load image at ' + path)); //触发 reject()回调函数
        };
        image.src = path;
    });
};
let url = "https://scpic.chinaz.net/files/pic/pic9/202111/apic36313.jpg"; //待加载的图片
preloadImage(url)
    .then(function (image) {                           //如果加载成功，则在文档中显示
        document.body.appendChild(image);
    })
    .catch(err => console.log(err));                   //如果加载失败，则提示错误信息
```

13.4.3　比较使用 Promise 和 async 设计动画

扫一扫，看视频

假设为指定网页对象绑定一系列动画，要求按顺序执行，前一个动画执行完毕，才能够执行下一个动画，如果中途出错，则停止全部动画执行。下面分别使用 Promise 和 async()函数实现动画设计。

第 1 步，在页面中设计一个小球，代码如下：

```
<style>
.ball {
    width: 40px; height: 40px; background: red;
    border-radius: 20px; position: relative;
}
</style>
<div class="ball"></div>
```

第2步，在 JavaScript 脚本中设计动画函数。参数 ball 为动画对象，left 表示运动后 x 轴终点坐标，单位为 px。该函数的返回值为 Promise 对象，在 Promise 执行函数 executor()中设计定时器动画。在定时器动画中，跟踪小球位置，如果小球运动到终点，则停止动画，触发 resolve()回调函数。

```
function promiseAnimate(ball, left) {                        //动画包装函数
    return new Promise(function (resolve, reject) {          //返回 Promise 对象
        function animate(ball, left) {                       //动画递归函数
            setTimeout(function () {                         //定时器
                var cssLeft = parseInt(ball.style.left, 10)||0;    //获取对象坐标值
                if (cssLeft === left) {                      //如果运动到终点，则停止动画
                    resolve();                               //触发 resolve()回调函数
                } else {                                     //未到终点
                    if (cssLeft < left) {                    //调整对象的 left 坐标点
                        cssLeft += 1;
                    } else {
                        cssLeft -= 1;
                    }
                    ball.style.left = cssLeft +"px";         //重新定位对象位置
                    animate(ball, left);                     //递归调用动画函数
                }
            }, 3);                                           //设置动画频率
        }
        animate(ball, left);                                 //立即启动动画
    });
}
```

第3步，获取页面中指定小球。

```
var ball = document.querySelector(".ball");
```

第4步，使用 Promise()方法连续运动小球。

```
promiseAnimate(ball, 500)                         //从左向右运动到右侧 500px 位置
    .then(function () {                           //然后，从右向左运动到 100px 位置
        return promiseAnimate(ball, 100);        //返回新的 Promise 对象
    })
    .then(function () {                           //然后，从左向右运动到右侧 500px 位置
        return promiseAnimate(ball, 500);        //返回新的 Promise 对象
    })
    .then(function () {                           //然后，从右向左运动到 100px 位置
        return promiseAnimate(ball, 100);        //返回新的 Promise 对象
    })
```

第5步，使用 async()函数连续运动小球。

```
(async () => {                                    //定义 async()匿名函数
    await promiseAnimate(ball, 500);             //从左向右运动到右侧 500px 位置
    await promiseAnimate(ball, 100);             //接着，从右向左运动到 100px 位置
    await promiseAnimate(ball, 500);             //接着，从左向右运动到右侧 500px 位置
    await promiseAnimate(ball, 100);             //接着，从右向左运动到 100px 位置
})()                                             //直接调用 async()函数
```

可以看到 async()函数的实现比较简洁，符合语义，代码量也较少。

13.5 实践与练习

1. 编写代码，使用 Promise 和 XMLHttpRequest 实现图像的加载。
2. 仔细阅读下面的一段代码，指出代码存在哪些错误，并说明理由。

```
doSomething().then(function (result) {
    doSomethingElse(result)
        .then(newResult => doThirdThing(newResult));
}).then(() => doFourthThing());
```

3. 认真阅读下面的代码，请使用一种更优雅的写法替换它，使代码看起来更加简洁、易懂。

```
[func1, func2, func3].reduce((p, f) => p.then(f), Promise.resolve()).then(result =>
{console.log(result);});
```

📢 提示：

其中，func1、func2 和 func3 分别表示任务函数。

4. 认真阅读下面的一段代码，说一说数字 1、2、3、4 的输出顺序，并说明理由。

```
const wait = ms => new Promise(resolve => setTimeout(resolve, ms));
wait().then(() => console.log(4));
Promise.resolve().then(() => console.log(2)).then(() => console.log(3));
console.log(1);
```

5. 设计一个暂停器，要求满足下面两个条件：第一，允许设置暂停时间；第二，要求暂停结束后，能够继续执行后面的任务。
6. 阅读下面的一段代码，经浏览器测试后，在控制台会看到哪些数字？

```
new Promise((resolve, reject) => {
    console.log(1);
    resolve();
})
.then(() => {
    throw new Error(2);
    console.log(3);
})
.catch(() => {
    console.log(4);
})
.then(() => {
    console.log(5);
});
```

7. 阅读下面的一段代码，在浏览器中进行测试，控制台会显示哪些错误信息。

```
let ps = [1, 2, 3, 4].map(i => {let _i = i; return _i => new Promise((resolve,
reject) => {throw new Error("error:"+ i)})})
ps[0]()
    .then(result => ps[1]()
        .then(result => ps[2](result))
        .catch(e => console.log(e.message)))
    .then(() => ps[3]())
    .catch(e => console.log(e.message));
```

8. 现有一个业务，需要分步完成，每个步骤都是异步的，而且依赖于上一个步骤的结果。假设以定时器 setTimeout 模拟异步操作，请编写代码分别使用 Promise 的 then 链以及 async 和 await 来演示业务执行流程。

（答案位置：本章/在线支持）

13.6 在线支持

3

第 3 部分

JavaScript BOM 和 DOM

第 14 章 JavaScript 多线程编程

JavaScript 是单线程模型的语言,所有任务只能在一个线程上完成,一次只能做一件事,前面的任务没有做完,后面的任务只能等着。随着多核 CPU 的流行,单线程开发带来很多不便,无法充分发挥计算机的运算潜能。HTML5 新增 Web Workers API,期望解决 JavaScript 的这种缺陷,通过创建后台线程,实现多线程并发计算的目标。

【学习重点】
- 创建线程对象。
- 使用 Web Workers。
- 使用共享线程。
- 设计多线程编程页面。

14.1 Web Workers 基础

14.1.1 Web Workers 概述

Web Workers API 是 HTML5 新增的编程接口,能够为 JavaScript 创造多线程环境,允许主线程创建 Worker 线程,并将一些任务分配给它运行。在主线程运行的同时,Worker 线程在后台运行,两者并发执行,互不干扰。当 Worker 线程完成计算任务,再把结果返给主线程,这样就可以把一些高频运算或高延迟的任务放在后台执行,主线程就会很流畅,不会被阻塞或拖延,如用户交互或页面渲染等。

如果配合 Web Sockets 或 Server-Sent Events 技术,Worker 还可以用于后台监听,实时监听服务器的消息,并能够即时将最新信息显示在页面中。

Worker 线程一旦被创建成功,就会始终运行,不会被主线程的活动打断,如用户单击按钮、提交表单等,这有利于主线程更加快速地响应。当然,Worker 比较耗费资源,不应该过度使用,而且一旦使用完毕,就应该关闭 Worker。

一般情况下,在 Worker 线程中可以运行任意的代码,但是要注意 Worker 也存在一些限制,具体说明如下。

- 同源限制:分配给 Worker 线程运行的脚本文件,必须与主线程的脚本文件同源。
- DOM 限制:Worker 线程所在的全局对象与主线程不一样,无法读取主线程所在网页的 DOM 对象,也无法使用 document、window、parent 对象。但是,Worker 线程可以访问 navigator 对象和 location 对象。
- 通信联系:Worker 线程和主线程不在同一个上下文环境,不能直接通信,必须通过消息进行通信。
- 脚本限制:Worker 线程不能执行 alert()和 confirm()方法,但可以使用 XMLHttpRequest 对象发送异步请求。
- 文件限制:Worker 线程无法读取本地文件,即不能打开本机的文件系统(file://),它所加载的脚本必须来自网络。

Worker 可执行的操作如下。

- ➥ self：使用 self 关键字访问本线程范围内的作用域。
- ➥ postMessage(meseage)：使用该方法可以向创建线程的源窗口发送消息。
- ➥ onmessage：监听该事件，可以接收源窗口发送的消息。
- ➥ importScripts(url)：使用该方法可以在 Worker 中加载 JavaScript 脚本文件，也可以导入多个脚本文件，但导入的脚本文件与使用该线程文件必须同源。例如：

```
importScripts("worker.js","worker1.js","worker2.js");
```

- ➥ 加载一个 JavaScript 文件，执行运算，而不挂起主进程，并通过 postMessage、onmessage 进行通信。
- ➥ Web Workers：在线程中可以嵌套一个或多个子线程。
- ➥ close()：可以使用该方法结束本线程。
- ➥ eval1()、isNaN()、escape()等：可以调用 JavaScript 所有核心函数。
- ➥ setTimeout()、clearTimeout()、setInterval()和 clearInterval()：在线程中可以使用定时器。
- ➥ 可以访问 navigator 的部分属性。与 window.navigator 对象类似，包含 appName、platform、userAgent、appVersion 属性等。
- ➥ 可以使用 JavaScript 核心对象，如 Object、Array、Date 等。
- ➥ object：可以创建和使用本地对象。
- ➥ sessionStorage、localStorage：可以在线程中使用 Web Storage。
- ➥ XMLHttpRequest：在线程中可以处理 Ajax 请求。
- ➥ Fetch：允许异步请求资源。
- ➥ WebSocket：可以使用 Web Sockets API 向服务器发送和接收信息。
- ➥ CustomEvent：用于创建自定义事件。
- ➥ Promise：允许异步处理消息。
- ➥ IndexedDB：可以在客户端存储大量结构化数据，包括文件、二进制大型对象（blobs）。

Worker 不可执行的操作如下。

- ➥ 不能跨域加载 JavaScript。
- ➥ Worker 内代码不能访问 DOM。如果改变 DOM，只能通过发送消息给主线程，让主线程进行处理。
- ➥ 加载数据时，没有直接使用 JSONP 或 Ajax 等技术高效。

目前，IE 10+、Edge 12+、Firefox 3.5+、Chrome 4+、Safari 4+、Opera 11.5+浏览器支持 Web Workers API。

🔊 提示：

> 进程（process）是指计算机中已运行的程序，是程序的一个运行实例。线程（thread）是进程中一个单一顺序的控制流，一个进程中可以并发开启多个线程，每条线程可以并发执行不同的任务。如果一个进程只有一个线程，称之为单线程，否则称之为多线程。
>
> 浏览器的内核是渲染进程，在渲染进程中包含多个线程：GUI 渲染线程（负责解析 HTML、CSS）、JavaScript 引擎线程（负责解析 JavaScript 脚本）、事件触发器线程、定时触发器线程、HTTP 异步请求线程。

14.1.2 使用 Worker

1. 主线程

第 1 步，在主线程中，可以使用 new 命令调用 Worker()构造函数，新建一个 Worker 线程。浏览器原生提供 Worker()构造函数，用来供主线程生成 Worker 线程。语法格式如下：

```
var worker = new Worker(jsUrl, options);
```

Worker()构造函数可以接收两个参数：第 1 个参数是脚本的网址，必须遵守同源政策，该参数是必需的，且只能加载 JavaScript 脚本，否则会报错。该文件就是 Worker 线程所要执行的任务。由于 Worker 不能读取本地文件，所以这个脚本文件必须来自网络。如果下载失败，Worker 就会默默地失败。

第 2 个参数是配置对象，该对象可选。它的一个作用就是指定 Worker 的名称，用来区分多个 Worker 线程。

Worker()构造函数返回一个 Worker 线程对象，用来供主线程操作 Worker。Worker 线程对象的属性和方法如下。

- ➥ Worker.onerror：指定 error 事件的监听函数。
- ➥ Worker.onmessage：指定 message 事件的监听函数，接收数据在 Event.data 属性中。
- ➥ Worker.onmessageerror：指定 messageerror 事件的监听函数。发送的数据无法序列化成字符串时，会触发这个事件。
- ➥ Worker.postMessage()：向 Worker 线程发送消息。
- ➥ Worker.terminate()：立即终止 Worker 线程。

第 2 步，主线程调用 worker.postMessage()方法，向 Worker 发消息。

```
worker.postMessage('Hello World');
worker.postMessage({method: 'echo', args: ['Work']});
```

worker.postMessage()方法的参数，就是主线程传递给 Worker 的数据。它可以是各种数据类型，包括二进制数据。

第 3 步，主线程通过 worker.onmessage 绑定的监听函数，接收 Worker 线程发回来的消息。

```
worker.onmessage = function (event) {
    console.log('Received message ' + event.data);
    doSomething();
}
function doSomething() {
    //执行任务
    worker.postMessage('Work done!');
}
```

在上面的代码中，事件对象的 data 属性可以获取 Worker 发来的数据。

第 4 步，Worker 完成任务以后，主线程就可以关掉它，代码如下：

```
worker.terminate();
```

2. Worker 线程

在 Worker 线程内，需要绑定一个监听函数，监听 message 事件。

```
self.addEventListener('message', function (e) {
    self.postMessage('You said: ' + e.data);
}, false);
```

在上面的代码中，self 表示 Worker 线程自身，即 Worker 线程的全局对象，等同于语句 this.postMessage('You said: ' + e.data);，或者 postMessage('You said: ' + e.data);。

也可以使用 self.onmessage 绑定监听函数。监听函数的参数是一个事件对象，它的 data 属性包含主线程发来的数据。self.postMessage()方法用来向主线程发送消息。

🔊 提示：

Worker 有自己的全局对象，不是主线程的 window，而是一个专门为 Worker 定制的全局对象。因此定义在 window 上的对象和方法不是全部都可以为 Worker 使用，Worker 线程有一些自己的全局属性和方法，简单说明如下。

- ➥ self.name：Worker 的名字。该属性只读，由构造函数指定。
- ➥ self.onmessage：指定 message 事件的监听函数。

- self.onmessageerror：指定 messageerror 事件的监听函数。发送的数据无法序列化成字符串时，会触发这个事件。
- self.close()：关闭 Worker 线程。
- self.postMessage()：向产生这个 Worker 线程的源发送消息。
- self.importScripts()：加载 JavaScript 脚本文件。

根据主线程发来的数据，Worker 线程可以在 message 事件中执行不同的操作。例如：

```
self.addEventListener('message', function (e) {
    var data = e.data;
    switch (data.cmd) {
        case 'start':
            self.postMessage('WORKER STARTED: ' + data.msg);
            break;
        case 'stop':
            self.postMessage('WORKER STOPPED: ' + data.msg);
            self.close();                    //在 Worker 内部关闭自身
            break;
        default:
            self.postMessage('Unknown command: ' + data.msg);
    };
}, false);
```

3. Worker 加载脚本

使用 importScripts()方法可以在 Worker 内部加载其他脚本。

```
importScripts('script1.js');
importScripts('script1.js', 'script2.js');      //同时加载多个脚本
```

4. 错误处理

主线程可以监听 Worker 是否发生错误。如果发生错误，Worker 会触发主线程的 error 事件。

```
worker.onerror(function (event) {
    console.log(['ERROR: Line', e.lineno, 'in', e.filename, ':',
    e.message].join(''));
});
```

Worker 内部也可以监听 error 事件。

5. 关闭 Worker

使用完毕，为了节省系统资源，必须关闭 Worker。

```
worker.terminate();                          //主线程
self.close();                                //Worker 线程
```

6. 数据通信

主线程与 Worker 线程之间的通信内容，可以是文本，也可以是对象。注意，对象是传值，而不是传址，Worker 对通信内容的修改不会影响到主线程，实际上在传输过程中会先将通信内容串行化，然后再把串行化后的字符串发给 Worker，后者再把它还原为对象。

主线程与 Worker 线程之间也可以交换二进制数据，如 File、Blob、ArrayBuffer 等类型，也可以在线程之间发送。例如：

```
//主线程
var uInt8Array = new Uint8Array(new ArrayBuffer(10));
for (var i = 0; i < uInt8Array.length; ++i) {
```

```
        uInt8Array[i] = i * 2;                    //[0, 2, 4, 6, 8,...]
    }
    worker.postMessage(uInt8Array);
    //Worker 线程
    self.onmessage = function (e) {
        var uInt8Array = e.data;
        postMessage('Inside worker.js: uInt8Array.toString() = ' + uInt8Array.toString());
        postMessage('Inside worker.js: uInt8Array.byteLength = ' + uInt8Array.byteLength);
    };
```

【示例】设计主页面，在该页面中创建一个 Worker，然后导入汇总计算的外部 JavaScript 文件。通过 postMessage()方法将用户输入的数字传递给 Worker，并通过 onmessage 事件回调函数接收运算的结果。

```
<script type="text/javascript">
var worker = new Worker("SumCalculate.js");       //创建执行运算的线程
worker.onmessage = function(event) {              //接收从线程中传出的计算结果
    alert("合计值为" + event.data + "。");
};
function calculate() {
    var num = parseInt(document.getElementById("num").value, 10);
    worker.postMessage(num);                      //将数值传给线程
}
</script>
输入数值:<input type="text" id="num">
<button onclick="calculate()">计算</button>
```

把给定值的求和运算放到线程中单独执行，且把线程代码单独存储在 SumCalculate.js 脚本文件中。

```
onmessage = function(event) {
    var num = event.data;
    var result = 0;
    for (var i = 0; i <= num; i++)
        result += i;
    postMessage(result);                          //向线程创建源送回消息
}
```

📢 注意:

由于 Web Worker 有同源限制，所以在进行本地调试时，需要先启动本地服务器，如果直接使用 file://协议打开页面时，将抛出异常。

14.1.3 使用共享线程

扫一扫，看视频

Web Workers API 定义了两类工作线程：专用线程（Dedicated Worker）和共享线程（Shared Worker），其中 Dedicated Worker 只能为一个页面所使用（可以参考 14.1.2 小节的示例），而 Shared Worker 可以被多个页面所共享。共享线程是一种特殊类型的 Worker，可以被多个浏览上下文访问，如多个 window、iframe 和 worker，它们拥有不同的作用域，但是必须同源。

使用步骤如下：

第 1 步，在主线程中，使用 SharedWorker()构造函数可以创建 SharedWorker 对象。语法格式如下：

```
var work = new SharedWorker('worker.js', 'work');
```

SharedWorker()构造函数的第 1 个参数指定共享服务的 JavaScript 脚本文件；第 2 个参数为配置对象，也可以是字符串，如果是字符串，则等效于配置对象中的 name 属性值，在 Worker 环境可以通过 self.name

获取该值。

第 2 步，SharedWorker 对象有一个只读属性 port，返回一个 MessagePort 对象，该对象可以用来进行通信和对共享 Worker 进行控制。

📢 提示：

MessagePort 接口表示 MessageChannel 的两个端口之一，允许从一个端口发送消息，并监听到达另一个端口。

第 3 步，调用 MessagePort 对象的 start()方法可以手动启动端口。

第 4 步，当启动端口后，在脚本中可以使用 port.postMessage()向 Worker 发送消息。

第 5 步，然后使用 port.onmessage 处理从 Worker 返回的消息。

第 6 步，在 Worker 中，可以使用 SharedWorkerGlobalScope.onconnect 连接到的相同端口。在 connect 事件处理函数中，通过事件对象的 ports 属性可以获取到与该 Worker 相关联的端口集合，然后在指定端口的 onmessage 事件处理函数中处理来自主线程的消息。也可以通过该端口的 postMessage()向主线程发送消息。

【示例】下面的示例利用共享线程 SharedWorker 设计一个点赞计数器。这样在不同页面中点赞，在共享线程中分享点赞的总次数。

1. 主线程（test.html）的主要代码

```
<button id="good">点赞</button>
<p>共<span id="likedCount">0</span>个👍</p>
<script>
var likes = 0;                                      //点赞次数
var good = document.querySelector("#good");
var likedCountEl = document.querySelector("#likedCount");
var worker = new SharedWorker("shared_worker.js");  //创建共享线程
worker.port.start();                                //启动共享线程
good.addEventListener("click", function () {        //点赞
    worker.port.postMessage("like");               //向共享线程发送消息
});
worker.port.onmessage = function (val) {            //接收共享线程中点赞总次数
    likedCountEl.innerHTML = val.data;             //在页面中显示次数
};
</script>
```

2. 共享线程（shared_worker.js）的主要代码

```
var num = 1;
onconnect = function (e) {
    var port = e.ports[0];                          //获取共享线程的端口
    port.onmessage = function () {                  //监听该端口
        port.postMessage(num ++);                   //向主线程发送点赞次数
    };
};
```

使用同一个浏览器在不同窗口或页面访问 test.html，然后点赞，会显示不同页面总的点赞数。

14.1.4　使用 Inline Worker

14.1.2 和 14.1.3 小节的示例主要展示了使用外部的 JavaScript 脚本来创建 Worker 的任务，其实也可以通过 Blob URL 或 Data URL 的形式在主线程中创建 Worker 任务，这类 Worker 俗称为 Inline Worker。

扫一扫，看视频

🔊 提示：

    Blob URL 和 Object URL 是一种伪协议，允许 Blob 和 File 对象用作图像，下载二进制数据链接等的 URL 源。在脚本中使用 URL.createObjectURL()方法创建 Blob URL，该方法接收一个 Blob 对象，并为其创建一个唯一的 URL，语法格式如下：

```
blob:<origin>/<uuid>
```

例如：

```
blob:https://example.org/40a5fb5a-d56d-4a33-b4e2-0acf6a8e5f641
```

    浏览器内部为每个通过 URL.createObjectURL()方法生成的 URL 存储了一个从 URL 到 Blob 的映射。因此，此类 URL 较短，但可以访问 Blob。生成的 URL 仅在当前文档打开的状态下才有效。具体演示可以参考下面的示例。

    Data URL 由 4 个部分组成：前缀（data:），指示数据类型的 MIME 类型，如果是非文本，则为可选的 base64 标记，数据本身，语法格式如下：

```
data:[<mediatype>][;base64],<data>
```

    其中，mediatype 是个 MIME 类型的字符串，如"image/jpeg"表示 JPEG 图像文件。如果被省略，则默认值为 text/plain;charset=US-ASCII。如果数据是文本类型，可以直接嵌入文本；如果是二进制数据，可以先进行 base64 编码，然后再嵌入。

    【示例】下面的示例让浏览器后台轮询服务器，以便第一时间获取最新消息。这个工作可以放在 Worker 线程里面实现。设计 Worker 线程每秒钟轮询一次数据，然后与缓存进行比较，如果不同，说明服务端有了新的消息，就通知主线程，并显示新的信息。为了方便测试，本示例轮询服务器的当前时间。

1. 主线程（test.html）

```
<div id = "wrapper"></div>
<script>
function createWorker(f) {                              //创建线程
    var blob = new Blob(['(' + f.toString() +')()']); //把 f 转换为字符串，然后生成 Blob 对象
    var url = window.URL.createObjectURL(blob);        //创建 URL
    var worker = new Worker(url);                       //把 URL 传递给 Worker()构造函数，生成新线程
    return worker;                                      //返回新线程
}
var pollingWorker = createWorker(function (e) {
    var cache;                                          //缓存数据
    function compare(a, b) {                            //数据比较函数
        return a == b;
    };
    setInterval(function () {                           //定义定时器，间隔为 1 秒
        //使用 fetch 向 test.php 发出异步请求
        fetch('http://localhost/test/test.php').then(res => res.text()).then(function (data) {
            if (!compare(data, cache)) {                //比较响应的数据是否与缓存数据相同
                cache = data;                           //如果不同，则更新数据
                self.postMessage(data);                 //把数据发给主线程
            }
        })
    }, 1000)
});
var wrapper = document.getElementById("wrapper")
pollingWorker.onmessage = function (event) {   //监听轮询线程
    wrapper.innerHTML = "服务器端当前时间:<br>" + event.data;     //获取消息并显示
}
```

```
pollingWorker.postMessage('init');          //向轮询线程发送消息，开始轮询
</script>
```

2. 后台服务器（test.php）

```php
<?php
header('Cache-Control:no-cache');          //不缓存服务端发送的数据
echo date('Y-m-d H:i:s');                  //定义服务器向客户端发送的数据
?>
```

14.2 案例实战

14.2.1 过滤运算

【示例】设计一个随机生成整数的数组，将该整数数组传入线程，挑选出其中能被 3 整除的数字，并将符合条件的数字显示在页面表格中。

【操作步骤】

第 1 步，设计前台页面代码，该页面的 HTML 代码部分包含一个空白表格，在前台脚本中随机生成整数数组，然后送到后台线程，在后台线程挑选出能够被 3 整除的数字，再传回前台脚本，在前台脚本中根据挑选结果动态创建表格中的行、列，并将挑选出来的数字显示在表格中。

```javascript
<script type="text/javascript">
var intArray=new Array(200);               //随机数组
var intStr="";
for(var i=0;i<200;i++){                     //生成 200 个随机数
    intArray[i]=parseInt(Math.random()*200);
    if(i!=0)
        intStr+=";";                        //用分号作随机数组的分隔符
    intStr+=intArray[i];
}
var worker = new Worker("script.js");       //创建一个线程
worker.postMessage(intStr);                //向后台线程提交随机数组
worker.onmessage = function(event) {        //从线程中取得计算结果
    if(event.data!="") {
        var j,k,tr,td;
        var intArray=event.data.split(";");
        var table=document.getElementById("table");
        for(var i=0;i<intArray.length;i++){
            j=parseInt(i/10,0);
            k=i%10;
            if(k==0) {                        //如果该行不存在，则添加行
                tr=document.createElement("tr");
                tr.id="tr"+j;
                table.appendChild(tr);
            }else {                            //如果该行存在，则获取该行
                tr=document.getElementById("tr"+j);
            }
            td=document.createElement("td");
            tr.appendChild(td);
            td.innerHTML=intArray[j*10+k];
        }
```

```
        }
    };
</script>
<table id="table"></table>
```

第 2 步，将后台线程中需要处理的任务代码存放在脚本文件 script.js 中，详细代码如下：

```
onmessage = function(event) {
    var data = event.data;
    var returnStr;
    var intArray=data.split(";");
    returnStr="";
    for(var i=0;i<intArray.length;i++){
        if(parseInt(intArray[i])%3==0) {
            if(returnStr!="")
                returnStr+=";";
            returnStr+=intArray[i];
        }
    }
    postMessage(returnStr);                    //返回 3 的倍数的数字拼接成的字符串
}
```

第 3 步，在浏览器中预览，即可查看运行效果。

扫一扫，看视频

14.2.2　并发运算

利用线程可以嵌套的特性，在 Web 应用中实现多个任务并发处理，这样能够提高 Web 应用程序的执行效率和反应速度。同时通过线程嵌套把一个较大的后台任务切分成几个子线程，在每个子线程中各自完成相对独立的一部分工作。

【示例】本示例将在 14.2.1 小节的示例的基础上，把主页脚本中随机生成数组的工作放到后台线程中，然后使用另一个子线程在随机数组中挑选可以被 3 整除的数字。对于数组的传递以及挑选结果的传递均采用 JSON 对象来进行转换，以验证是否能在线程之间进行 JavaScript 对象的传递工作。

【操作步骤】

第 1 步，在主页面中定义一个线程。设计不向该线程发送数据，在 onmessage 事件回调函数中进行后期数据处理，并把返回的数据显示在页面中。

```
<script type="text/javascript">
var worker = new Worker("script.js");
worker.postMessage("");
worker.onmessage = function(event) {};
</script>
<table id="table"></table>
```

第 2 步，在后台主线程文件 script.js 中，随机生成 200 个整数构成的数组，然后把这个数组提交到子线程，在子线程中把可以被 3 整除的数字挑选出来，然后送回主线程。主线程再把挑选结果送回页面进行显示。

```
onmessage=function(event){
    var intArray=new Array(200);
    for(var i=0;i<200;i++)
        intArray[i]=parseInt(Math.random()*200);
    var worker;
    worker=new Worker("worker2.js");                    //创建子线程
    worker.postMessage(JSON.stringify(intArray));       //把随机数组提交给子线程进行挑选工作
```

```
    worker.onmessage = function(event) {
        postMessage(event.data);                        //把挑选结果返回主页面
    }
}
```

在上面代码中，向子线程中提交消息时使用的是 worker.postMessage()方法，而向主页面提交消息时使用 postMessage()方法。在线程中，向子线程提交消息时使用子线程对象的 postMessage()方法，而向本线程的创建源发送消息时直接使用 postMessage()方法即可。

第 3 步，设计子线程的任务处理代码。下面是子线程代码，子线程在接收到的随机数组中挑选能被 3 整除的数字，然后拼接成字符串并返回。

```
onmessage = function(event) {
    var intArray= JSON.parse(event.data);   //还原整数数组
    var returnStr;
    returnStr="";
    for(var i=0;i<intArray.length;i++){
        if(parseInt(intArray[i])%3==0){
            if(returnStr!="")
                returnStr+=";";
            returnStr+=intArray[i];
        }
    }
    postMessage(returnStr);                  //返回拼接字符串
    close();                                 //关闭子线程
}
```

在子线程中向发送源发送回消息后，如果该子线程不再使用，应该使用 close()方法关闭子线程。

第 4 步，在主页面主线程回调函数中处理后台线程返回的数据，并显示在页面中。

```
worker.onmessage = function(event) {            //从线程中取得计算结果
    if(event.data!=""){
        var j,k,tr,td;
        var intArray=event.data.split(";");
        var table=document.getElementById("table");
        for(var i=0;i<intArray.length;i++){
            j=parseInt(i/10,0);
            k=i%10;
            if(k==0){
                tr=document.createElement("tr");
                tr.id="tr"+j;
                table.appendChild(tr);
            }else {
                tr=document.getElementById("tr"+j);
            }
            td=document.createElement("td");
            tr.appendChild(td);
            td.innerHTML=intArray[j*10+k];
        }
    }
};
```

第 5 步，此时在浏览器中预览，则会看到类似 14.2.1 小节的示例运行的效果。

14.3 在线支持

第15章 代理和反射

ECMAScript 6 新增了代理和反射功能。我们可以给目标对象定义一个关联的代理对象，而这个代理对象可以作为抽象的目标对象来使用。在对目标对象的各种操作影响目标对象之前，可以在代理对象中对这些操作加以控制。

【学习重点】

❯ 理解构造函数和 this。

❯ 定义 JavaScript 类型。

❯ 正确使用原型继承。

❯ 能够设计基于对象的 Web 应用程序。

15.1 代　　理

扫一扫，看视频

15.1.1 定义代理

Proxy（代理）提供了一种机制，可以对外界的访问进行过滤和重写，常用于修改对象的默认行为，可以理解为拦截对象的操作。外界对该对象的访问，都必须先通过这层拦截。ES 6 提供了原生的 Proxy() 构造函数，用来生成 Proxy 实例。语法格式如下：

```
var proxy = new Proxy(target, handler);
```

参数 target 表示所要拦截的目标对象；handler 为一个配置对象，用来配置拦截行为。

【示例 1】在代理对象上执行的任何操作实际上都会应用到目标对象。唯一的不同就是代码中操作的是代理对象。

```
const target = {
    id: 'target'
};
const handler = {};
const proxy = new Proxy(target, handler); //定义代理
//id 属性会访问同一个值
console.log(target.id);                     //target
console.log(proxy.id);                      //target
//给目标属性赋值会反映在两个对象上，因为两个对象访问的是同一个值
target.id = 'foo';
console.log(target.id);                     //foo
console.log(proxy.id);                      //foo
//给代理属性赋值会反映在两个对象上，因为这个赋值会转移到目标对象
proxy.id = 'bar';
console.log(target.id);                     //bar
console.log(proxy.id);                      //bar
//hasOwnProperty()方法在两个地方，都会应用到目标对象
console.log(target.hasOwnProperty('id')); //true
console.log(proxy.hasOwnProperty('id'));  //true
//Proxy.prototype 是 undefined，因此不能使用 instanceof 操作符
```

```
console.log(target instanceof Proxy);  //TypeError: Function has non-object prototype
                                        //'undefined' in instanceof check
console.log(proxy instanceof Proxy);   //TypeError: Function has non-object prototype
                                        //'undefined' in instanceof check
//严格相等可以用来区分代理和目标
console.log(target === proxy);          //false
```

◀))**注意：**

要使 Proxy 代理起作用，必须针对 Proxy 实例对象进行操作，而不是针对目标对象进行操作。如果参数 handler 没有设置任何拦截函数，那就等同于直接通向原对象。

◀))**提示：**

通过 object.proxy 属性设置 Proxy 对象，可以在 object 对象上直接调用代理。语法格式如下：

```
var object = {proxy: new Proxy(target, handler)};
```

也可以把 Proxy 实例作为原型对象。

使用代理的主要目的是可以定义拦截器。每一个代理对象可以包含零个或多个拦截器，每个拦截器都对应一种基本操作，可以在代理对象上直接或间接地调用。每次在代理对象上调用这些基本操作时，代理可以在这些操作传播到目标对象之前先调用拦截器函数，从而拦截并修改相应的行为。

【示例 2】在下面的示例中，设计 proxy 对象是 obj 对象的原型，obj 对象本身并没有 name 属性，所以根据原型链，会在 proxy 对象上读取该属性，导致被拦截。

```
var proxy = new Proxy({}, {
    get: function(target, propKey) {
        return 0;
    }
});
let obj = Object.create(proxy);
obj.name                              //0
```

15.1.2 配置代理

扫一扫，看视频

Proxy 支持的拦截操作共有 13 种，简单说明如下。

- get(target, propKey, receiver)：拦截对象属性的读取，如 proxy.foo 和 proxy['foo']。
- set(target, propKey, value, receiver)：拦截对象属性的设置，如 proxy.foo = v 或 proxy['foo'] = v，返回一个布尔值。
- has(target, propKey)：拦截 propKey in proxy 的操作，返回一个布尔值。
- deleteProperty(target, propKey)：拦截 delete proxy[propKey]的操作，返回一个布尔值。
- ownKeys(target)：拦截 Object.getOwnPropertyNames(proxy)、Object.getOwnPropertySymbols(proxy)、Object.keys(proxy)、for...in 循环，返回一个数组。
- getOwnPropertyDescriptor(target, propKey)：拦截 Object.getOwnPropertyDescriptor(proxy, propKey)，返回属性的描述对象。
- defineProperty(target, propKey, propDesc)：拦截 Object.defineProperty(proxy, propKey, propDesc)、Object.defineProperties(proxy, propDescs)，返回一个布尔值。
- preventExtensions(target)：拦截 Object.preventExtensions(proxy)，返回一个布尔值。
- getPrototypeOf(target)：拦截 Object.getPrototypeOf(proxy)，返回一个对象。
- isExtensible(target)：拦截 Object.isExtensible(proxy)，返回一个布尔值。
- setPrototypeOf(target, proto)：拦截 Object.setPrototypeOf(proxy, proto)，返回一个布尔值。如果目

标对象是函数，那么还有两种额外操作可以拦截。

➥ apply(target, object, args)：拦截 Proxy 实例作为函数调用的操作，比如 proxy(...args)、proxy.call(object, ...args)、proxy.apply(...)。

➥ construct(target, args)：拦截 Proxy 实例作为构造函数调用的操作，比如 new proxy(...args)。

【示例 1】对于对象的内部属性来说，属性名的第 1 个字符使用下画线开头，表示这些属性不应该被外部使用。结合 get()和 set()方法，就可以做到防止这些内部属性被外部读/写。

```
const handler = {
    get (target, key) {
        invariant(key, 'get');
        return target[key];
    },
    set (target, key, value) {
        invariant(key, 'set');
        target[key] = value;
        return true;
    }
};
function invariant (key, action) {
    if (key[0] === '_') {
        throw new Error('Invalid attempt to ${action} private "${key}" property');
    }
}
const target = {};
const proxy = new Proxy(target, handler);
proxy._prop              //Error: Invalid attempt to get private "_prop" property
proxy._prop = 'c'        //Error: Invalid attempt to set private "_prop" property
```

在上面的代码中，只要读/写的属性名的第 1 个字符是下画线，一律抛错，从而达到禁止读/写内部属性的目的。

【示例 2】apply()方法拦截函数的调用，可以接收 3 个参数：目标对象、目标对象的上下文对象（this）和目标对象的参数数组。

```
var target = function () {return 'I am the target';};
var handler = {
    apply: function () {
        return 'I am the proxy';
    }
};
var p = new Proxy(target, handler);
p()                      //"I am the proxy"
```

在上面的代码中，变量 p 是 Proxy 的实例，当它作为函数调用时（p()），就会被 apply()方法拦截，返回一个字符串。

【示例 3】has()方法用来拦截 HasProperty 操作，即判断对象是否具有某个属性时，这个方法会生效。典型的操作就是 in 运算符。has()方法可以接收两个参数：目标对象和需查询的属性名。下面的示例使用 has()方法隐藏某些属性，不被 in 运算符发现。

```
var handler = {
    has (target, key) {
        if (key[0] === '_') {
            return false;
        }
```

```
        return key in target;
    }
};
var target = {_prop: 'foo', prop: 'foo'};
var proxy = new Proxy(target, handler);
'_prop' in proxy                        //false
```

在上面的代码中，如果原对象的属性名的第一个字符是下画线，proxy.has()就会返回 false，从而不会被 in 运算符发现。

【示例 4】construct()方法用于拦截 new 命令，它可以接收 3 个参数。

  ↘ target：目标对象。

  ↘ args：构造函数的参数数组。

  ↘ newTarget：创建实例对象时，new 命令作用的构造函数。

```
const p = new Proxy(function () {}, {
    construct: function(target, args) {
        return {"args": args.join(', ')};
    }
});
console.log((new p(1, 2)).args)        //"1, 2"
```

🔊 注意：

  ↘ construct()方法返回的必须是一个对象，否则会报错。

  ↘ 由于 construct()拦截的是构造函数，所以它的目标对象必须是函数，否则就会报错。

  ↘ construct()方法中的 this 指向的是 handler，而不是实例对象。

【示例 5】deleteProperty()方法用于拦截 delete 操作，如果这个方法抛出错误或者返回 false，当前属性就无法被 delete 命令删除。

```
var handler = {
    deleteProperty (target, key) {
        return false;
    }
};
var target = {prop: 'foo'};
var proxy = new Proxy(target, handler);
delete proxy.prop                      //抛出异常
```

在上面的代码中，deleteProperty()方法拦截了 delete 操作符，禁止删除属性。

🔊 注意：

目标对象自身的不可配置（configurable）的属性，不能被 deleteProperty()方法删除，否则报错。

【示例 6】defineProperty()方法拦截了 Object.defineProperty()操作。在下面的示例中，defineProperty() 方法内部没有任何操作，只返回 false，导致添加新属性总是无效。

```
var handler = {
    defineProperty (target, key, descriptor) {
        return false;
    }
};
var target = {};
var proxy = new Proxy(target, handler);
proxy.foo = 'bar'                      //不会生效
```

注意：

这里的 false 只是用来提示操作失败，本身并不能阻止添加新属性。

如果目标对象不可扩展（non-extensible），则 defineProperty()不能增加目标对象上不存在的属性，否则会报错。另外，如果目标对象的某个属性不可写（writable）或不可配置（configurable），则 defineProperty()方法不得改变这两个设置。

【示例 7】getOwnPropertyDescriptor()方法拦截 Object.getOwnPropertyDescriptor()，返回一个属性描述对象或者 undefined。

```
var handler = {
    getOwnPropertyDescriptor (target, key) {
        if (key[0] === '_') {
            return;
        }
        return Object.getOwnPropertyDescriptor(target, key);
    }
};
var target = {_foo: 'bar', baz: 'tar'};
var proxy = new Proxy(target, handler);
Object.getOwnPropertyDescriptor(proxy, 'wat') //undefined
Object.getOwnPropertyDescriptor(proxy, '_foo')//undefined
Object.getOwnPropertyDescriptor(proxy, 'baz') //{value: 'tar', writable: true,
                                    enumerable: true, configurable: true}
```

在上面的代码中，handler.getOwnPropertyDescriptor()方法对于第 1 个字符为下画线的属性名会返回 undefined。

【示例 8】getPrototypeOf()方法主要用来拦截获取对象原型，包括下面这些操作。

- Object.prototype.__proto__。
- Object.prototype.isPrototypeOf()。
- Object.getPrototypeOf()。
- Reflect.getPrototypeOf()。

```
var proto = {};
var p = new Proxy({}, {
    getPrototypeOf(target) {
        return proto;
    }
});
Object.getPrototypeOf(p) === proto              //true
```

在上面的代码中，getPrototypeOf()方法拦截 Object.getPrototypeOf()，返回 proto 对象。

注意：

getPrototypeOf()方法的返回值必须是对象或者 null，否则报错。另外，如果目标对象不可扩展（non-extensible），getPrototypeOf()方法必须返回目标对象的原型对象。

【示例 9】ownKeys()方法用来拦截对象自身属性的读取操作，包括下面这些操作。

- Object.getOwnPropertyNames()。
- Object.getOwnPropertySymbols()。
- Object.keys()。
- for...in 循环。

下面的示例拦截第 1 个字符为下画线的属性名。

```
let target = {
    _bar: 'foo',
    _prop: 'bar',
    prop: 'baz'
};
let handler = {
    ownKeys (target) {
        return Reflect.ownKeys(target).filter(key => key[0] !== '_');
    }
};
let proxy = new Proxy(target, handler);
for (let key of Object.keys(proxy)) {
    console.log(target[key]);
}                                        //"baz"
```

扫一扫，看视频

15.1.3 取消代理

使用 Proxy.revocable() 方法可以取消 Proxy 实例。Proxy.revocable() 方法返回一个对象，该对象的 proxy 属性是 Proxy 实例，revoke 属性是一个函数，可以取消 Proxy 实例。

Proxy.revocable() 的应用场景：目标对象不允许直接访问，必须通过代理访问，一旦访问结束，就收回代理权，不允许再次访问。

【示例】在下面的示例中，当执行 revoke() 函数之后，再次访问 Proxy 实例，就会抛出错误。

```
let target = {};
let handler = {};
let {proxy, revoke} = Proxy.revocable(target, handler);
proxy.foo = 123;
proxy.foo                                //123
revoke();
proxy.foo                                //TypeError: Revoked
```

扫一扫，看视频

15.1.4 代理冲突

当 Proxy 代理指定目标对象时，如果不做任何拦截，那么可能会导致 Proxy 代理与目标对象的行为不一致，这是因为在 Proxy 代理的情况下，目标对象内部的 this 关键字会指向 Proxy 代理。

【示例 1】在下面的示例中，由于 this 指向的变化，导致 Proxy 无法代理目标对象。

```
const _name = new WeakMap();
class Person {
    constructor(name) {
      _name.set(this, name);
    }
    get name() {
        return _name.get(this);
    }
}
const jane = new Person('Jane');
jane.name                                //'Jane'
const proxy = new Proxy(jane, {});
proxy.name                               //undefined
```

在上面代码中，目标对象 jane 的 name 属性实际保存在外部 WeakMap 对象 _name 上面，通过 this 键区分。由于通过 proxy.name 访问时，this 指向 proxy，导致无法取到值，所以返回 undefined。

【示例 2】在 Proxy() 拦截函数内部，this 指向的是 handler 对象。

```
const handler = {
    get: function (target, key, receiver) {
        console.log(this === handler);
        return 'Hello, ' + key;
    },
    set: function (target, key, value) {
        console.log(this === handler);
        target[key] = value;
        return true;
    }
};
const proxy = new Proxy({}, handler);
proxy.foo                        //true
                                 //Hello, foo
proxy.foo = 1                    //true
```

在上面的示例中，get() 和 set() 拦截函数内部的 this，指向的都是 handler 对象。

有些原生对象的内部属性只有通过正确的 this 才能获取，所以 Proxy 也无法代理这些原生对象的属性。例如：

```
const target = new Date();
const handler = {};
const proxy = new Proxy(target, handler);
proxy.getDate();                 //TypeError: this is not a Date object.
```

在上面的代码中，getDate() 方法只能在 Date 对象实例上面获取，如果 this 不是 Date 对象实例，就会报错；如果 this 绑定到原始对象，就可以解决这个问题。

15.2　反　　射

15.2.1　定义反射

扫一扫，看视频

Reflect（反射）与 Proxy 都是 ES 6 新增的 API 接口。Proxy 用于代理对象的默认行为，而 Reflect 用于还原对象的默认行为。

Reflect 不是构造函数，直接通过 Reflect.method() 方式调用，Reflect 的静态方法与 Proxy 的方法一一对应。有了 Reflect 对象以后，调用原生操作会更容易理解。例如：

```
//传统方法
Function.prototype.apply.call(Math.floor, undefined, [1.75])   //1
//新方法
Reflect.apply(Math.floor, undefined, [1.75])                   //1
```

【示例】在下面的示例中，设计 Proxy 对象的拦截操作（get()、delete()、has()）都调用对应的 Reflect() 方法，正常执行默认行为。同时，为每一个操作绑定日志输出。

```
var loggedObj = new Proxy(obj, {
    get(target, name) {
        console.log('get', target, name);
        return Reflect.get(target, name);
    },
    deleteProperty(target, name) {
```

```
        console.log('delete' + name);
        return Reflect.deleteProperty(target, name);
    },
    has(target, name) {
        console.log('has' + name);
        return Reflect.has(target, name);
    }
});
```

15.2.2 使用 Reflect

扫一扫，看视频

Reflect 对象共有 13 个静态方法：
- Reflect.apply(target, thisArg, args)。
- Reflect.construct(target, args)。
- Reflect.get(target, name, receiver)。
- Reflect.set(target, name, value, receiver)。
- Reflect.defineProperty(target, name, desc)。
- Reflect.deleteProperty(target, name)。
- Reflect.has(target, name)。
- Reflect.ownKeys(target)。
- Reflect.isExtensible(target)。
- Reflect.preventExtensions(target)。
- Reflect.getOwnPropertyDescriptor(target, name)。
- Reflect.getPrototypeOf(target)。
- Reflect.setPrototypeOf(target, prototype)。

上述静态方法的作用与 Object 对象的同名方法的作用大部分都是相同的，而且它与 Proxy 对象的方法是一一对应的。

【示例 1】Reflect.get(target, name, receiver)方法查找并返回 target 对象的 name 属性，如果没有该属性，则返回 undefined。

```
var myObject = {
  foo: 1,
  bar: 2,
  get baz() {
    return this.foo + this.bar;
  },
}
Reflect.get(myObject, 'foo')          //1
Reflect.get(myObject, 'bar')          //2
Reflect.get(myObject, 'baz')          //3
```

如果 name 属性部署了读取函数（getter()），则读取函数的 this 绑定 receiver。如果第 1 个参数不是对象，Reflect.get()方法会报错。

【示例 2】Reflect.set()方法设置 target 对象的 name 属性等于 value。

```
var myObject = {
  foo: 1,
  set bar(value) {
    return this.foo = value;
  },
```

```
}
myObject.foo                              //1
Reflect.set(myObject, 'foo', 2);
myObject.foo                              //2
```

📢) **注意:**

如果 Proxy 对象和 Reflect 对象联合使用，前者拦截赋值操作，后者完成赋值的默认行为，而且传入了 receiver，那么 Reflect.set 会触发 Proxy.defineProperty 拦截。

【示例 3】Reflect.has(obj, name)对应 name in obj 里面的 in 运算符。

```
var myObject = {
  foo: 1,
};
//旧写法
'foo' in myObject //true
//新写法
Reflect.has(myObject, 'foo')            //true
```

如果 Reflect.has()方法的第 1 个参数不是对象，会报错。

【示例 4】Reflect.deleteProperty(obj, name)方法等同于 delete obj[name]，用于删除对象的属性。如果 Reflect.deleteProperty()方法的第 1 个参数不是对象，会报错。

```
const myObj = {foo: 'bar'};
//旧写法
delete myObj.foo;
//新写法
Reflect.deleteProperty(myObj, 'foo');
```

该方法返回一个布尔值。如果删除成功，或者被删除的属性不存在，返回 true；如果删除失败，或被删除的属性依然存在，返回 false。

【示例 5】Reflect.construct(target, args)方法等同于 new target(...args)，这提供了一种不使用 new 来调用构造函数的方法。

```
function Greeting(name) {
  this.name = name;
}
//new 的写法
const instance = new Greeting('张三');
//Reflect.construct 的写法
const instance = Reflect.construct(Greeting, ['张三']);
```

如果 Reflect.construct()方法的第 1 个参数不是函数，会报错。

Reflect.getPrototypeOf(obj)方法用于读取对象的__proto__属性，对应 Object.getPrototypeOf(obj)。

```
const myObj = new FancyThing();
//旧写法
Object.getPrototypeOf(myObj) === FancyThing.prototype;
//新写法
Reflect.getPrototypeOf(myObj) === FancyThing.prototype;
```

Reflect.getPrototypeOf()和 Object.getPrototypeOf()的一个区别是，如果参数不是对象，Object.getPrototypeOf() 会将这个参数转为对象，然后再运行，而 Reflect.getPrototypeOf()会报错。

Reflect.setPrototypeOf()方法用于设置目标对象的原型（prototype），对应 Object.setPrototypeOf(obj, newProto)方法。它返回一个布尔值，表示是否设置成功。如果无法设置目标对象的原型，如目标对象禁止扩展，则 Reflect.setPrototypeOf()方法返回 false。

如果第 1 个参数不是对象，Object.setPrototypeOf()会返回第 1 个参数本身，而 Reflect.setPrototypeOf()会报错。如果第 1 个参数是 undefined 或 null，Object.setPrototypeOf()和 Reflect.setPrototypeOf()都会报错。

【示例 6】 Reflect.apply(func, thisArg, args)方法等同于 Function.prototype.apply.call(func, thisArg, args)，绑定 this 对象后执行给定函数。

一般来说，如果要绑定一个函数的 this 对象，可以这样写 fn.apply(obj, args)，但是如果函数定义了自己的 apply()方法，就只能写成 Function.prototype.apply.call(fn, obj, args)，采用 Reflect 对象可以简化这种操作。

```javascript
const ages = [11, 33, 12, 54, 18, 96];
//旧写法
const youngest = Math.min.apply(Math, ages);
const oldest = Math.max.apply(Math, ages);
const type = Object.prototype.toString.call(youngest);
//新写法
const youngest = Reflect.apply(Math.min, Math, ages);
const oldest = Reflect.apply(Math.max, Math, ages);
const type = Reflect.apply(Object.prototype.toString, youngest, []);
Reflect.defineProperty(target, propertyKey, attributes)
```

扫一扫，看视频

15.2.3 应用反射

观察者模式是函数自动观察数据对象，一旦对象有变化，函数就会自动执行。

【示例】 下面的示例使用 Proxy 写一个观察者模式的最简单实现，即实现 observable()和 observe()这两个函数。思路是 observable()函数返回一个原始对象的 Proxy 代理，拦截赋值操作，触发充当观察者的各个函数。

```javascript
const queuedObservers = new Set();
const observe = fn => queuedObservers.add(fn);
const observable = obj => new Proxy(obj, {set});
function set(target, key, value, receiver) {
  const result = Reflect.set(target, key, value, receiver);
  queuedObservers.forEach(observer => observer());
  return result;
}
```

在上面的代码中，先定义了一个 Set 集合，所有观察者函数都放进这个集合。然后，observable()函数返回原始对象的代理，拦截赋值操作。拦截函数 set()中，会自动执行所有观察者。

15.3 在 线 支 持

第 16 章　BOM 操作

BOM（browser object model，浏览器对象模型），用于客户端浏览器的管理。BOM 概念比较古老，但是一直没有被标准化，不过各主流浏览器均支持 BOM，都遵守最基本的规则和用法，W3C 也将 BOM 纳入 HTML5 规范之中。

【学习重点】
➥ 使用 window 对象和框架集。
➥ 使用 navigator、location、screen 对象。
➥ 使用 history 对象。

16.1　window 对象

Window 是客户端浏览器对象模型的基类，window 对象是客户端 JavaScript 的全局对象。一个 window 对象就是一个独立的窗口，对于框架页来说，浏览器窗口中每个框架代表一个 window 对象。

扫一扫，看视频

16.1.1　全局作用域

在客户端浏览器中，window 对象是 BOM 入口，通过 window.document 可以访问 document 对象，通过 window.self 可以访问自身的 window 等。同时 window 为客户端 JavaScript 提供全局作用域。

【示例】由于 window 是全局对象，因此所有的全局变量都被解析为该对象的属性。

```
var a = "window.a";                    //全局变量
function f(){                          //全局函数
    console.log(a);
}
console.log(window.a);                 //返回字符串"window.a"
window.f();                            //返回字符串"window.a"
```

📢 注意:

使用 delete 运算符可以删除属性，但是不能够删除变量。

16.1.2　访问客户端对象

扫一扫，看视频

BOM 表示浏览器对象模型，window 对象代表根节点，使用 window 对象可以访问客户端其他对象。浏览器对象模型如图 16.1 所示，每个对象的说明如下。

➥ window：客户端 JavaScript 顶层对象。每当\<body\>或\<frameset\>标签出现时，window 对象就会被自动创建。
➥ navigator：包含客户端有关浏览器的信息。
➥ screen：包含客户端屏幕的信息。
➥ history：包含浏览器窗口访问过的 URL 信息。
➥ location：包含当前网页文档的 URL 信息。
➥ document：包含整个 HTML 文档，可被用来访问文档内容及其所有页面元素。

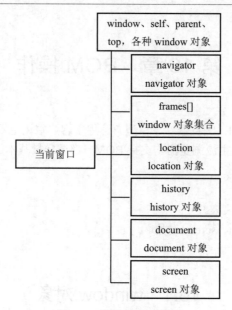

图 16.1　浏览器对象模型

扫一扫，看视频

16.1.3　使用系统对话框

window 对象定义了以下 3 个人机交互的方法，主要用于对 JavaScript 代码进行测试。

➥ alert()：确定提示框，由浏览器向用户弹出提示性信息。该方法包含一个可选的提示信息参数。如果没有指定参数，则弹出一个空的对话框。

➥ confirm()：选择提示框，由浏览器向用户弹出提示性信息，弹出的对话框中包含两个按钮，分别表示"确定"和"取消"。如果单击"确定"按钮，则该方法将返回 true；如果单击"取消"按钮，则返回 false。confirm()方法也包含一个可选的提示信息参数，如果没有指定参数，则弹出一个空的对话框。

➥ prompt()：输入提示框，可以接收用户输入的信息，并返回输入的信息。prompt()方法包含一个可选的提示信息参数，如果没有指定参数，则弹出一个没有提示信息的输入文本对话框。

【示例 1】下面的示例演示了如何综合调用这 3 个方法来设计一个人机交互的对话。

```
var user = prompt("请输入你的用户名：");
if(!!user){                          //把输入的信息转换为布尔值
    var ok = confirm("你输入的用户名为：\n" + user + "\n请确认。");//输入信息确认
    if(ok){
        alert("欢迎你：\n" + user);
    }
    else{                            //重新输入信息
        user = prompt("请重新输入你的用户名：");
        alert("欢迎你：\n" + user);
    }
}else {                              //提示输入信息
    user = prompt("请输入你的用户名：");
}
```

这 3 个方法仅用于接收纯文本信息，会忽略 HTML 字符串，因此只能使用空格、换行符和各种符号来格式化提示对话框中的显示文本。

◀》提示：

不同浏览器对于这 3 个对话框的显示效果略有不同。

【示例 2】可以重置这 3 个方法。本示例演示如何重置 alert()方法，通过 HTML+CSS 方式，把提示信息以 HTML 层的形式显示在页面中央。

设计思路：通过 HTML 方式在客户端输出一段 HTML 片段，然后使用 CSS 修饰对话框的显示样式，借助 JavaScript 来设计对话框的行为和交互效果。

```javascript
window.alert = function(title, info){                //重写 window 对象的 alert()方法
    var box = document.getElementById("alert_box");
    var html = '<dl><dt>' + title + '</dt><dd>' + info + '</dd><\/dl>';
    if(box){//如果窗口中已经存在提示对话框，则直接显示内容
        box.innerHTML = html;
        box.style.display = "block";
    }
    else {//如果窗口中不存在提示对话框，则创建提示对话框，并显示内容
        var div = document.createElement("div");
        div.id = "alert_box";
        div.style.display = "block";
        document.body.appendChild(div);
        div.innerHTML = html;
    }
}
alert("重写 alert()方法", "这仅是一个设计思路，还可以进一步设计");
```

这里仅提供 JavaScript 脚本部分，有关 HTML 结构和 CSS 样式请参考本小节的示例源码，运行效果如图 16.2 所示。

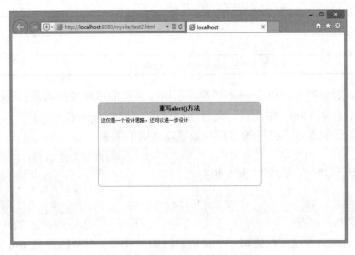

图 16.2　重写 alert()方法运行效果

◀》注意：

显示系统对话框时，JavaScript 代码会停止执行，只有当关闭对话框之后，JavaScript 代码才会恢复执行。因此，不建议在实战中使用这 3 个方法，而仅把这 3 个方法作为开发人员的内测工具。

16.1.4　打开和关闭窗口

使用 window 对象的 open()方法，可以打开一个新窗口。用法如下：

扫一扫，看视频

```
window.open(URL,name,features,replace)
```

参数说明如下。

 URL：可选字符串，声明在新窗口中显示网页文档的 URL。如果该参数省略或者为空，则新窗口就不会显示任何文档。

 name：可选字符串，声明新窗口的名称。这个名称可以用作标记<a>和<form>的 target 目标值。如果该参数指定了一个已经存在的窗口，那么 open()方法就不再创建一个新窗口，而只是返回对指定窗口的引用，在这种情况下，features 参数将被忽略。

 features：可选字符串，声明了新窗口要显示的标准浏览器的特征，具体说明如表 16.1 所示。如果省略该参数，新窗口将具有所有标准特征。

 replace：可选的布尔值。规定了装载到窗口的 URL 是在窗口的浏览历史中创建一个新条目，还是替换浏览历史中的当前条目。

open()方法返回值为新创建的 window 对象，使用它可以引用新创建的窗口。

表 16.1　新窗口显示特征

特　征	说　明
fullscreen=yes|no|1|0	是否使用全屏模式显示浏览器，默认是 no。处于全屏模式的窗口同时处于剧院模式
height=pixels	窗口文档显示区的高度，以像素计
left=pixels	窗口的 x 坐标，以像素计
location=yes|no|1|0	是否显示地址字段，默认是 yes
menubar=yes|no|1|0	是否显示菜单栏，默认是 yes
resizable=yes|no|1|0	窗口是否可调节尺寸，默认是 yes
scrollbars=yes|no|1|0	是否显示滚动条，默认是 yes
status=yes|no|1|0	是否添加状态栏，默认是 yes
toolbar=yes|no|1|0	是否显示浏览器的工具栏，默认是 yes
top=pixels	窗口的 y 坐标
width=pixels	窗口的文档显示区的宽度，以像素计

新创建的 window 对象拥有一个 opener 属性，引用打开它的原始窗口对象。opener 属性只能在弹出窗口的最外层 window 对象（top）中定义，而且指向调用 window.open()方法的窗口或框架。

【示例 1】下面的示例演示了打开的窗口与原窗口之间的关系。

```
win=window.open();                                    //打开新的空白窗口
win.document.write("<h1>这是新打开的窗口</h1>");        //在新窗口中输出提示信息
win.focus();                                          //让原窗口获取焦点
win.opener.document.write("<h1>这是原来窗口</h1>");     //在原窗口中输出提示信息
console.log(win.opener == window);                    //检测 window.opener 属性值
```

使用 window 的 close()方法可以关闭一个窗口。例如，关闭一个新创建的 win 窗口，可以使用下面的方法实现。

```
win.close();
```

如果在打开窗口的内部关闭自身窗口，则应该使用下面的方法。

```
window.close();
```

使用 window.closed 属性可以检测当前窗口是否关闭，如果关闭，就返回 true；否则返回 false。

【示例 2】下面的示例演示如何自动弹出一个窗口，然后设置半秒钟之后自动关闭该窗口，同时允许用户单击页面超链接，更换弹出窗口内显示的网页 URL。

```
var url = "http://news.baidu.com/";                    //要打开的网页地址
var features = "height=500, width=800, top=100, left=100,toolbar=no, menubar=no,
scrollbars=no, resizable=no, location=no, status=no"; //设置新窗口的特性
//动态生成一个超链接
document.write('<a href="http://www.baidu.com/" target="newW" >切换到百度首页</a>');
var me = window.open (url, "newW", features);          //打开新窗口
setTimeout(function(){                                 //定时器
    if(me.closed){
        console.log("创建的窗口已经关闭。")
    }else{
        me.close();
    }
},500);                                                //半秒钟之后关闭该窗口
```

16.1.5 使用定时器

window 对象包含 4 个定时器专用方法，说明如表 16.2 所示，使用它们可以实现代码定时运行，或者延迟执行，使用定时器可以设计动画效果。

表 16.2　window 对象定时器方法列表

方　　法	说　　明
setInterval()	按照指定的周期（以毫秒计）调用函数或计算表达式
setTimeout()	在指定的毫秒数后调用函数或计算表达式
clearInterval()	取消由 setInterval()方法生成的定时器
clearTimeout()	取消由 setTimeout()方法生成的定时器

1. setTimeout()方法

setTimeout()方法能够在指定的时间段后执行特定代码。用法如下：

```
var o = setTimeout(code, delay)
```

参数 code 表示要延迟执行的字符串型代码，将在 window 环境中执行，如果包含多个语句，应该使用分号进行分隔；delay 表示延迟时间，以毫秒为单位。

该方法返回值是一个 Timer ID，这个 ID 编号指向延迟执行的代码控制句柄。如果把这个句柄传递给 clearTimeout()方法，则会取消代码的延迟执行。

【示例 1】下面的示例演示了当鼠标移过段落文本时，会延迟半秒钟弹出一个提示对话框，显示当前元素的名称。

```
<p>段落文本</p>
<script>
var p = document.getElementsByTagName("p")[0];
p.onmouseover = function(i){
    setTimeout(function(){
        console.log(p.tagName)
    }, 500);
}
</script>
```

setTimeout()方法的第 1 个参数 code 可以是 JavaScript 代码字符串，也可以是一个函数。由于代码字符串编写麻烦，不容易纠错，一般建议使用函数作为参数传递给 setTimeout()方法，等待延迟调用。

【示例 2】下面的示例演示如何为每个集合元素绑定一个延迟的事件处理函数。

```
var o = document.getElementsByTagName("body")[0].childNodes;   //获取 body 下所有子元素
for(var i = 0; i < o.length; i ++ ){                           //遍历元素集合
    o[i].onmouseover = function(i){                            //注册鼠标经过事件处理函数
        return function(){                                     //返回闭包函数
            f(o[i]);                                           //调用函数 f，并传递当前对象引用
        }
    }(i);//调用函数并传递循环序号，实现在闭包中存储对象序号值
}
function f(o){                                                 //延迟处理函数
    var out = setTimeout(function(){
        console.log(o.tagName);                                //显示当前元素的名称
    }, 500);                                                   //定义延迟半秒钟后执行代码
}
```

这样当鼠标移过每个页面元素时，都会延迟半秒钟后弹出一个提示对话框，显示元素名称。

【示例 3】可以利用 clearTimeout()方法在特定条件下清除延迟处理代码。例如，当鼠标移过某个元素，停留半秒钟之后，才会弹出提示信息，一旦鼠标移出当前元素，就立即清除前面定义的延迟处理函数，避免相互干扰。

```
var o = document.getElementsByTagName("body")[0].childNodes;
for(var i = 0; i < o.length; i ++ ){
    o[i].onmouseover = function(i){                            //为每个元素注册鼠标移过时事件延迟处理函数
        return function(){
            f(o[i])
        }
    } (i);
    o[i].onmouseout = function(i) {                            //为每个元素注册鼠标移出时清除延迟处理函数
        return function(){
            clearTimeout(o[i].out);                            //清除已注册的延迟处理函数
        }
    } (i);
}
function f(o){
    o.out = setTimeout(function(){                             //把延迟处理定时器存储在每个元素的 out 属性中
        console.log(o.tagName);
    }, 500);
}
```

如果在 setTimeout()延迟执行的代码中包含对自身的调用，可以设计循环操作，功能类似 setInterval() 方法。

【示例 4】下面的示例设计在页面内的文本框中按秒针速度显示递增的数字，当循环执行 10 次后，再调用 clearTimeout()方法清除对代码的执行，并弹出提示信息。

```
<input type="text"/>
<script>
var t = document.getElementsByTagName("input")[0];
var i = 1;
function f(){
    var out = setTimeout(                                      //定义延迟执行的方法
    function(){                                                //延迟执行函数
        t.value = i ++ ;                                       //递增数字
        f();                                                   //调用包含 setTimeout()方法的函数
```

```
    }, 1000);                              //设置每秒钟执行一次调用
    if(i > 10){                            //如果超过 10 次，则清除执行，并弹出提示信息
        clearTimeout(out);
        console.log("10 秒钟已到");
    }
}
f();                                        //调用函数
</script>
```

2. setInterval()方法

setInterval()方法能够周期性执行指定的代码，如果不加以处理，那么该方法将会被持续执行，直到浏览器窗口关闭，或者跳转到其他页面为止。用法如下：

```
var o = setInterval(code, interval)
```

该方法的用法与 setTimeout()方法基本相同，其中，参数 code 表示要周期执行的代码字符串；参数 interval 表示周期执行的时间间隔，以毫秒为单位。

setInterval()方法返回值是一个 Timer ID，这个 ID 编号指向对当前周期函数的执行引用，利用该值对计时器进行访问，如果把这个值传递给 clearTimeout()方法，则会强制取消周期性执行的代码。

如果 setInterval()方法的第 1 个参数是一个函数，则 setInterval()方法可以接收任意多个参数，这些参数将作为该函数的参数使用。用法如下：

```
var o = setInterval(function, interval[,arg1,arg2,...,argn])
```

【示例 5】针对示例 4 可以按如下方法进行设计。

```
<input type="text"/>
<script>
var t = document.getElementsByTagName("input")[0];
var i = 1;
var out = setInterval(f, 1000);            //定义周期性执行的函数
function f(){
    t.value = i ++;
    if(i > 10){                            //如果重复执行 10 次
        clearTimeout(out);                 //则清除周期性调用函数
        console.log("10 秒钟已到");
    }
}
</script>
```

📢 提示：

setTimeout()方法主要用来延迟代码执行，而 setInterval()方法主要实现周期性执行代码。它们都可以设计周期性动作，其中 setTimeout()方法适合不定时执行某个动作，而 setInterval()方法适合定时执行某个动作。

📢 注意：

setTimeout()方法不会每隔固定时间就执行一次动作，它受 JavaScript 任务队列的影响，只有前面没有任务时，才会按时延迟执行动作。而 setInterval()方法不受任务队列的限制，它只是简单地每隔一定时间就重复执行一次动作，如果前面任务还没有执行完毕，setInterval()方法可能会插队按时执行动作。

16.1.6　使用框架集

HTML 允许使用 frameset 和 frame 标签创建框架集页面。另外，在文档中可以使用 iframe 标签创建

扫一扫，看视频

浮动框架。这两种类型的框架性质是相同的。

【示例 1】下面是一个框架集文档，共包含了 4 个框架，设置第 1 个框架装载文档名为 left.htm，第 2 个框架装载文档名为 middle.htm，第 3 个框架装载文档名为 right.htm，第 4 个框架装载文档名为 bottom.htm。

```html
<!DOCTYPE html PUBLIC "-//W3C//DTD XHTML 1.0 Frameset//EN"
"http://www.w3.org/TR/xhtml1/DTD/xhtml1-frameset.dtd">
<html xmlns="http://www.w3.org/1999/xhtml">
<head>
<title>框架集</title>
<meta http-equiv="Content-Type" content="text/html; charset=utf-8"/>
</head>
<frameset rows="50%,50%" cols="*" frameborder="yes" border=
"1" framespacing="0">
    <frameset rows="*" cols="33%,*,33%" framespacing=
    "0" frameborder="yes" border="1">
        <frame src="left.htm" name="left" id="left"/>
        <frame src="middle.htm" name="middle" id="middle"/>
        <frame src="right.htm" name="right" id="right"/>
    </frameset>
    <frame src="bottom.htm" name="bottom" id="bottom"/>
</frameset>
<noframes><body></body></noframes>
</html>
```

以上代码创建了一个框架集，其中前 3 个框架居上，后 1 个框架居下，如图 16.3 所示。

图 16.3　框架之间的关系

每个框架都有一个 window 对象，使用 frames 可以访问每个 window 对象。frames 是一个数据集合，存储客户端浏览器中所有 window 对象，下标值从 0 开始，访问顺序为从左到右、从上到下。例如，top.window.frames[0]、parent.frames[0] 表示第 1 个框架的 window 对象。

📢 提示：

使用 frame 标签的 name，可以以关联数组的形式访问每个 window 对象。例如，top.window.frames["left"]、parent.frames["left"] 表示第 1 个框架的 window 对象。

框架之间可以通过 window 的相关属性进行引用，详细说明如表 16.3 所列。

表 16.3 window 对象属性

属性	说明
top	如果当前窗口是框架，它就是对包含这个框架的顶级窗口的 window 对象的引用。注意，对于嵌套在其他框架中的框架，top 未必等于 parent
parent	如果当前的窗口是框架，它就是对窗口中包含这个框架的父级框架引用
window	自引用，是对当前 window 对象的引用，与 self 属性同义
self	自引用，是对当前 window 对象的引用，与 window 属性同义
frames[]	window 对象集合，代表窗口中的各个框架（如果存在）
name	窗口的名称，可被 HTML 标签<a>的 target 属性使用
opener	对打开当前窗口的 window 对象的引用

【示例 2】针对示例 1，下面的代码可以访问当前窗口中第 3 个框架。

```
window.onload = function(){
    document.body.onclick = f;
}
var f = function(){              //改变第 3 个框架文档的背景色为红色
    parent.frames[2].document.body.style.backgroundColor = "red";
}
```

【示例 3】针对示例 1，在 left.htm 文档中定义一个函数。

```
function left(){
    alert("left.htm");
}
```

然后，就可以在第 2 个框架的 middle.htm 文档中调用该函数。

```
window.onload = function(){
    document.body.onclick = f;
}
var f = function(){
    parent.frames[0].left();   //调用第 1 个框架中的函数 left()
}
```

16.1.7 控制窗口位置

使用 window 对象的 screenLeft 和 screenTop 属性可以读取或设置窗口的位置，即相对于屏幕左边和上边的位置。IE、Safari、Opera 和 Chrome 都支持这两个属性。Firefox 支持使用 window 对象的 screenX 和 screenY 属性进行相同的操作，Safari 和 Chrome 也同时支持这两个属性。

【示例 1】使用下面的代码可以跨浏览器取得窗口左边和上边的位置。

```
var leftPos = (typeof window.screenLeft == "number") ? window.screenLeft : window.screenX;
var topPos = (typeof window.screenTop == "number") ? window.screenTop : window.screenY;
```

上面的示例代码先确定 screenLeft 和 screenTop 属性是否存在，如果是在 IE、Safari、Opera 和 Chrome 浏览器中，则读取这两个属性的值。如果在 Firefox 浏览器中，则读取 screenX 和 screenY 的值。

📢 注意：

不同浏览器读取的位置值存在偏差，用户无法在跨浏览器的条件下取得窗口左边和上边的精确坐标值。

使用 window 对象的 moveTo()和 moveBy()方法可以将窗口精确地移动到一个新位置。这两个方法都接收两个参数，其中，moveTo()接收的是新位置的 x 和 y 坐标值，而 moveBy()接收的是在水平和垂直方向上移动的像素数。

【示例 2】在下面的示例中分别使用 moveTo()和 moveBy()方法移动窗口到屏幕不同位置。

```
window.moveTo(0,0);                    //将窗口移动到屏幕左上角
window.moveBy(0, 100);                 //将窗口向下移动 100 像素
window.moveTo(200, 300);               //将窗口移动到(200,300)新位置
window.moveBy(-50, 0);                 //将窗口向左移动 50 像素
```

◀)) 注意：

　　这两个方法可能会被浏览器禁用，在 Opera 和 IE 7+中默认就是禁用的。另外，这两个方法都不适用于框架，仅适用于最外层的 window 对象。

扫一扫，看视频

16.1.8　控制窗口大小

　　使用 window 对象的 innerWidth、innerHeight、outerWidth 和 outerHeight 这 4 个属性可以确定窗口大小。IE 9+、Firefox、Safari、Opera 和 Chrome 浏览器都支持这 4 个属性。

　　在 IE 9+、Safari 和 Firefox 中，outerWidth 和 outerHeight 返回浏览器窗口本身的尺寸；在 Opera 中，outerWidth 和 outerHeight 返回视图容器的大小。innerWidth 和 innerHeight 表示页面视图的大小，去掉边框的宽度。在 Chrome 中，outerWidth、outerHeight 与 innerWidth、innerHeight 返回相同的值，即视图大小。

　　IE 8 及更早版本没有提供取得当前浏览器窗口尺寸的属性，主要通过 DOM 提供页面可见区域的相关信息。

　　在 IE、Firefox、Safari、Opera 和 Chrome 中，document.documentElement.clientWidth 和 document.documentElement.clientHeight 保存了页面视图的信息。在 IE 6 中，这些属性必须在标准模式下才有效，如果是怪异模式，就必须通过 document.body.clientWidth 和 document.body.clientHeight 取得相同信息。而对于怪异模式下的 Chrome，则无论是通过 document.documentElement，还是通过 document.body 中的 clientWidth 和 clientHeigh:属性，都可以取得视图的大小。

　　【示例 1】用户无法确定浏览器窗口本身的大小，但是通过下面的代码可以取得页面视图的大小。

```
var pageWidth = window.innerWidth,
    pageHeight = window.innerHeight;
if (typeof pageWidth != "number"){
    if (document.compatMode == "CSS1Compat"){
        pageWidth = document.documentElement.clientWidth;
        pageHeight = document.documentElement.clientHeight;
    } else {
        pageWidth = document.body.clientWidth;
        pageHeight = document.body.clientHeight;
    }
}
```

　　在上面的代码中，首先将 window.innerWidth 和 window.innerHeight 的值分别赋给了 pageWidth 和 pageHeight。然后，检查 pageWidth 中保存的是不是一个数值，如果不是一个数值，则接着通过检查 document.compatMode 属性确定页面是否处于标准模式，如果是标准模式，则分别使用 document.documentElement.clientWidth 和 document.documentElement.clientHeight 的值给 pageWidth 和 pageHeight 赋值；否则，就使用 document.body.clientWidth 和 document.body.clientHeight 的值给 pageWidth 和 pageHeight 赋值。

　　对于移动设备，window.innerWidth 和 window.innerHeight 保存着可见视图，也就是屏幕上可见页面区域的大小。移动设备的 IE 浏览器不支持这些属性，但通过 document.documentElement.clientWidth 和 document.documentElement.clientHeight 提供相同的信息。随着页面的缩放，这些值也会相应地变化。

　　在其他移动浏览器中，document.documentElement 是布局视图，即渲染后页面的实际大小，与可见视图不同，可见视图只是整个页面中的一小部分。移动设备的 IE 浏览器把布局视图的信息保存在

document.body.clientWidth 和 document.body.clientHeight 中。这些值不会随着页面缩放变化。

　　由于与桌面浏览器间存在这些差异，最好是先检测一下用户是否在使用移动设备，然后再决定使用哪个属性。

　　另外，window 对象定义了 resizeBy()和 resizeTo()方法，它们可以按照相对数量和绝对数量调整窗口的大小。这两个方法都包含两个参数，分别表示 x 轴坐标值和 y 轴坐标值。名称中包含 To 字符串的方法都是绝对的，也就是 x 和 y 参数坐标给出窗口新的绝对位置、大小或滚动偏移；名称中包含 By 字符串的方法都是相对的，也就是它们在窗口的当前位置、大小或滚动偏移上增加所指定的参数 x 和 y 的值。

- 方法 scrollBy()会将窗口中显示的文档向左、向右或者向上、向下滚动指定数量的像素。
- 方法 scrollTo()会将文档滚动到一个绝对位置。它将移动文档以便在窗口文档区的左上角显示指定的文档坐标。

　　【示例 2】下面的示例能够将当前浏览器窗口的大小重新设置为宽、高各为 200 像素，然后生成一个任意数字来随机定位窗口在屏幕中的显示位置。

```
window.onload = function(){
    timer = window.setInterval("jump()", 1000);
}
function jump(){
    window.resizeTo(200, 200)
    x = Math.ceil(Math.random() * 1024)
    y = Math.ceil(Math.random() * 760)
    window.moveTo(x, y)
}
```

📢 提示：

window 对象还定义了 focus()和 blur()方法，用来控制窗口的显示焦点。调用 focus()方法会请求系统将键盘焦点赋予窗口，调用 blur()则会放弃键盘焦点。此外， focus()方法还会把窗口移到堆栈顺序的顶部，使窗口可见。在使用 window.open()方法打开新窗口时，浏览器会自动在顶部创建窗口。但是如果它的第 2 个参数指定的窗口名已经存在，open()方法不会自动使那个窗口可见。

16.2　navigator 对象

　　navigator 对象存储了与浏览器相关的基本信息，如名称、版本和系统等。通过 window.navigator 可以访问该对象，并通过相关属性可以获取客户端基本信息。

16.2.1　浏览器的检测方法

　　检测浏览器类型的方法有多种，常用方法包括两种：特征检测法和字符串检测法。这两种方法都存在各自的优点与缺点，用户可以根据需要酌情选择。

1．特征检测法

　　特征检测法就是根据浏览器是否支持特定功能来决定相应操作的方式。这是一种非精确判断法，但却是最安全的检测方法。因为准确检测浏览器的类型和型号是一件很困难的事情，而且很容易存在误差。如果不关心浏览器的身份，仅仅在意浏览器的执行能力，那么使用特征检测法就完全可以满足需要。

　　【示例 1】下面的代码检测当前浏览器是否支持 document.getElementsByName 特性，如果支持就使用该方法获取文档中的 a 元素；否则再检测是否支持 document.getElementsByTagName 特性，如果支持就使用该方法获取文档中的 a 元素。

```
if(document.getElementsByName){              //如果存在，则使用该方法获取 a 元素
    var a = document.getElementsByName("a");
}
else if(document.getElementsByTagName){      //如果存在，则使用该方法获取 a 元素
    var a = document.getElementsByTagName("a");
}
```

当使用一个对象、方法或属性时，先判断它是否存在。如果存在，则说明浏览器支持该对象、方法或属性，那么就可以放心使用。

2. 字符串检测法

客户端浏览器每次发送 HTTP 请求时，都会附带有一个 user-agent（用户代理）字符串，对于 Web 开发人员来说，可以使用用户代理字符串检测浏览器类型。

【示例 2】 BOM 在 navigator 对象中定义了 userAgent 属性，利用该属性可以捕获客户端 user-agent 字符串信息。

```
var s = window.navigator.userAgent;
//简写方法
var s = navigator.userAgent;
console.log(s);
//返回类似信息：Mozilla/5.0 (compatible; MSIE 10.0; Windows NT 6.2; WOW64; Trident/6.0;
.NET4.0E; .NET4.0C; InfoPath.3; .NET CLR 3.5.30729; .NET CLR 2.0.50727; .NET CLR 3.0.30729)
```

user-agent 字符串包含了 Web 浏览器的大量信息，如浏览器的名称和版本。

📢 **注意：**

对于不同浏览器来说，该字符串所包含的信息也不相同。随着浏览器版本的不断升级，返回的 user-agent 字符串格式和信息还会不断变化。

扫一扫，看视频

16.2.2　检测浏览器的类型和版本

检测浏览器的类型和版本比较容易，用户只需要根据不同浏览器的类型匹配特殊信息即可。

【示例 1】 使用以下方法能够检测当前主流浏览器的类型，包括 IE、Opera、Safari、Chrome 和 Firefox 浏览器。

```
var ua = navigator.userAgent.toLowerCase();        //获取用户端信息
var info ={
    ie : /msie/.test(ua) && !/opera/.test(ua),     //匹配 IE 浏览器
    op : /opera/.test(ua),                         //匹配 Opera 浏览器
    sa : /version.*safari/.test(ua),               //匹配 Safari 浏览器
    ch : /chrome/.test(ua),                        //匹配 Chrome 浏览器
    ff : /gecko/.test(ua) && !/webkit/.test(ua)    //匹配 Firefox 浏览器
};
```

在脚本中调用 info，如果其值为 true，说明为对应类型的浏览器，否则就返回 false。

```
(info.ie) && console.log("IE 浏览器");
(info.op) && console.log("Opera 浏览器");
(info.sa) && console.log("Safari 浏览器");
(info.ff) && console.log("Firefox 浏览器");
(info.ch) && console.log("Chrome 浏览器");
```

【示例 2】 通过解析 navigator 对象的 userAgent 属性，可以获得浏览器的完整版本号。针对 IE 浏览器来说，它是在"MSIE"字符串后面带一个空格，然后跟随版本号及分号。因此，可以设计一个如下的函

数获取 IE 的版本号。

```
//获取 IE 浏览器的版本号
//返回数值，显示 IE 的主版本号
function getIEVer(){
    var ua = navigator.userAgent;              //获取用户端信息
    var b = ua.indexOf("MSIE");                //检测特殊字符串"MSIE"的位置
    if(b < 0){
        return 0;
    }
    return parseFloat(ua.substring(b + 5, ua.indexOf(";", b)));//截取版本号，并转换为数值
}
```

直接调用函数 getIEVer()即可获取当前 IE 浏览器的版本号。

```
console.log(getIEVer());  //返回类似数值：10
```

IE 浏览器版本众多，一般可以使用大于某个数字的形式进行范围匹配，因为浏览器是向后兼容的，使用是否等于某个版本显然不能适应新版本的需要。

【示例 3】利用同样的方法可以检测其他类型浏览器的版本号，下面函数是检测 Firefox 浏览器的版本号。

```
function getFFVer(){
    var ua = navigator.userAgent;
    var b = ua.indexOf("Firefox/");
    if(b < 0){
        return 0;
    }
    return  parseFloat(ua.substring(b + 8,ua.lastIndexOf("\.")));
}
console.log(getFFVer());                       //返回类似数值：64
```

对于 Opera 等浏览器，可以使用 navigator.userAgent 属性来获取版本号，只不过其用户端信息与 IE 有所不同，如 Opera/9.02 (Windows NT 5.1; U; en)，根据这些格式可以获取其版本号。

📢 注意：

如果浏览器的某些对象或属性不能向后兼容，这种检测方法也容易产生问题。所以更稳妥的方式是采用特征检测法，而不是使用字符串检测法。

16.2.3　检测操作系统

扫一扫，看视频

navigator.userAgent 返回值一般都会包含操作系统的基本信息，不过这些信息比较散乱，没有统一的规则。用户可以检测一些更为通用的信息，如检测是否为 Windows 系统，或者为 Macintosh 系统，而不去分辨操作系统的版本号。

例如，如果仅检测通用信息，那么所有 Windows 版本的操作系统都会包含"Win"字符串，所有 Macintosh 版本的操作系统都包含有"Mac"字符串，所有 UNIX 版本的操作系统都包含有"X11"，而 Linux 操作系统会同时包含"X11"和"Linux"。

【示例】通过下面的方法可以快速检测客户端信息中是否包含上述字符串。

```
['Win', 'Mac', 'X11', 'Linux'].forEach(function(t) {
    (t === 'X11') ? t = 'UNIX' : t;            //处理 UNIX 系统的字符串
    navigator['is' + t] = function () {        //为 navigator 对象扩展专用系统检测方法
        return navigator.userAgent.indexOf(t) != - 1;//检测是否包含特定字符串
    };
```

```
});
console.log(navigator.isWin());                         //true
console.log(navigator.isMac());                         //false
console.log(navigator.isLinux());                       //false
console.log(navigator.isUNIX());                        //false
```

扫一扫，看视频

16.2.4　检测插件

用户经常需要检测浏览器中是否安装了特定的插件。

对于非 IE 浏览器，可以使用 navigator 对象的 plugins 属性实现。plugins 是一个数组，该数组中的每一项都包含下列属性。

- ➥ name：插件的名字。
- ➥ description：插件的描述。
- ➥ filename：插件的文件名。
- ➥ length：插件所处理的 MIME 类型数量。

【示例 1】一般来说，name 属性包含检测插件必需的所有信息，在检测插件时，使用下面循环迭代每个插件，并将插件的 name 与给定的名字进行比较。

```
function hasPlugin(name){                   //检测非 IE 浏览器插件
    name = name.toLowerCase();
    for (var i=0; i < navigator.plugins.length; i++){
        if (navigator.plugins[i].name.toLowerCase().indexOf(name) > -1){
            return true;
        }
    }
    return false;
}
alert(hasPlugin("Flash"));
alert(hasPlugin("QuickTime"));
alert(hasPlugin("Java"));
```

在 Firefox、Safari、Opera 和 Chrome 中也可以使用以上代码来检测插件。

hasPlugin()函数包含一个参数，即要检测的插件名。检测的第 1 步是将传入的名称转换为小写形式，以便比较。然后，迭代 plugins 数组，通过 indexOf()方法检测每个 name 属性，以确定传入的名称是否出现在字符串的某个地方。比较的字符串都使用小写形式，避免因大小写不一致导致的错误。而传入的参数应该尽可能具体，以避免混淆，如 Flash 和 QuickTime。

【示例 2】在 IE 中检测插件可以使用 ActiveXObject，尝试创建一个特定插件的实例。IE 是以 COM 对象的方式实现插件的，而 COM 对象使用唯一标识符来标识。因此，要想检查特定的插件，就必须知道其 COM 标识符。例如，Flash 的标识符是 ShockwaveFlash.ShockwaveFlash。知道唯一标识符之后，就可以编写下面函数来检测 IE 中是否安装相应插件。

```
function hasIEPlugin(name){     //检测 IE 浏览器插件
    try {
        new ActiveXObject(name);
        return true;
    } catch (ex){
        return false;
    }
}
alert(hasIEPlugin("ShockwaveFlash.ShockwaveFlash"));
alert(hasIEPlugin("QuickTime.QuickTime"));
```

扫一扫，看视频

如果兼容不同浏览器，可以把上面两个检测函数同时应用即可。

16.3　location 对象

　　location 对象存储了与当前文档位置（URL）相关的信息，简单地说就是存储了网页地址字符串。使用 window.location 可以访问该信息。

　　location 对象定义了 8 个属性，其中 7 个属性可以获取当前 URL 的各部分信息，另一个属性（href）包含了完整的 URL 信息。location 对象的属性及说明如表 16.4 所列。为了便于更直观地理解，表 16.4 中的各个属性将以下面的 URL 示例信息为参考进行说明。

```
http://www.mysite.cn:80/news/index.asp?id=123&name= location#top
```

表 16.4　location 对象的属性及说明

属　　性	说　　明
href	声明了当前显示文档的完整 URL，与其他 location 属性只声明部分 URL 不同，把该属性设置为新的 URL 会使浏览器读取并显示新 URL 的内容
protocol	声明了 URL 的协议部分，包括后缀的冒号。例如 "http:"
host	声明了当前 URL 中的主机名和端口部分。例如 "www.mysite.cn:80"
hostname	声明了当前 URL 中的主机名。例如 "www.mysite.cn"
port	声明了当前 URL 的端口部分。例如 "80"
pathname	声明了当前 URL 的路径部分。例如 "news/index.asp"
search	声明了当前 URL 的查询部分，包括前导问号。例如 "?id=123&name=location"
hash	声明了当前 URL 中锚部分，包括前导符（#）。例如 "#top"，指定在文档中锚记的名称

　　使用 location 对象，结合字符串操作方法可以抽取 URL 中查询字符串的参数值。

　　【示例】下面的示例定义一个获取 URL 查询字符串参数值的通用函数，该函数能够抽取每个参数和参数值，并以名/值对的形式存储在对象中返回。

```
var queryString = function(){            //获取 URL 查询字符串参数值的通用函数
    var q = location.search.substring(1); //获取查询字符串，如 "id=123&name= location"
    var a = q.split("&");                 //以&符号为界把查询字符串劈开为数组
    var o = {};                           //定义一个临时对象
    for(var i = 0; i <a.length; i++){     //遍历数组
        var n = a[i].indexOf("=");        //获取每个参数中的等号小标位置
        if(n == -1) continue;             //如果没有发现则跳到下一次循环继续操作
        var v1 = a[i].substring(0, n);    //截取等号前的参数名称
        var v2 = a[i].substring(n+1);     //截取等号后的参数值
        o[v1] = unescape(v2);             //以名/值对的形式存储在对象中
    }
    return o;                             //返回对象
}
```

　　然后调用该函数，即可获取 URL 中的查询字符串信息，并以对象形式读取它们的值。

```
var f1 = queryString();                  //调用查询字符串函数
for(var i in f1){                        //遍历返回对象，获取每个参数及其值
    console.log(i + "=" + f1[i]);
}
```

　　如果当前页面的 URL 中没有查询字符串信息，用户可以在浏览器的地址栏中补加完整的查询字符串，如 "?id=123&name= location"，然后再次刷新页面，即可显示查询的查询字符串信息。

提示：

location 对象的属性都是可读可写的。例如，如果把一个含有 URL 的字符串赋给 location 对象或它的 href 属性，浏览器就会把新的 URL 所指的文档装载进来，并显示出来。

```
location = "http://www.mysite.cn/navi/";        //页面会自动跳转到对应的网页
location.href = "http://www.mysite.cn/";        //页面会自动跳转到对应的网页
```

如果改变 location.hash 属性值，则页面会跳转到新的锚点（<a name="anchor"> 或 <element id="anchor">），但页面不会重载。

```
location.hash = "#top";
```

除了设置 location 对象的 href 属性外，还可以修改部分 URL 信息，用户只需要给 location 对象的其他属性赋值即可。这时会创建一个新的 URL，浏览器会将它装载并显示出来。

如果需要 URL 其他信息，只能通过字符串处理方法截取。例如，如果要获取网页的名称，可以这样设计：

```
var p = location.pathname;
var n = p.substring(p.lastIndexOf("/")+1);
```

如果要获取文件扩展名，可以这样设计：

```
var c = p.substring(p.lastIndexOf(".")+1);
```

location 对象还定义了两个方法：reload() 和 replace()。

- reload()：可以重新装载当前文档。
- replace()：可以装载一个新文档而无须为它创建一个新的历史纪录。也就是说，在浏览器的历史列表中，新文档将替换当前文档。这样在浏览器中就不能够通过"返回"按钮返回当前文档。

对那些使用了框架并且显示多个临时页的网站来说，replace() 方法比较有用。这样临时页面都不被存储在历史列表中。

注意：

window.location 与 document.location 不同，前者引用 location 对象，后者只是一个只读字符串，与 document.URL 同义。但是，当存在服务器重定向时，document.location 包含的是已经装载的 URL，而 location.href 包含的则是原始请求文档的 URL。

16.4　history 对象

history 对象存储了客户端浏览器的浏览历史，即最近访问的、有限条目的 URL 信息。通过 window.history 可以访问该对象。

16.4.1　操作历史纪录

1. HTML4

（1）在历史纪录中后退。

```
window.history.back();
```

这行代码等效于在浏览器的工具栏中单击"返回"按钮。

（2）在历史纪录中前进。

```
window.history.forward();
```

这行代码等效于在浏览器中单击"前进"按钮。

扫一扫，看视频

（3）移动到指定的历史纪录点。

使用 go()方法从当前会话的历史纪录中加载页面。当前页面位置索引值为 0，上一页就是–1，下一页为 1，以此类推。

```
window.history.go(-1);                  //相当于调用 back()
window.history.go(1);                   //相当于调用 forward()
```

（4）length 属性。

使用 length 属性可以了解历史纪录中存储有多少页。

```
var num = window.history.length;
```

2. HTML5

HTML4 为了保护客户端浏览信息的安全和隐私，禁止 JavaScript 脚本直接操作 history 访问信息。HTML5 新增 History API，该 API 允许用户通过 JavaScript 管理浏览器的历史纪录，实现无刷新更改浏览器地址栏的链接地址，配合 Ajax 技术可以设计无刷新的页面跳转。

HTML5 新增 history.pushState()和 history.replaceState()方法，允许用户逐条添加和修改历史纪录条目。

（1）pushState()方法。

pushState()方法包含 3 个参数，简单说明如下。

第 1 个参数：状态对象，与调用 pushState()方法创建的新历史纪录条目相关联。无论何时用户导航到该条目状态，popstate 事件都会被触发，并且事件对象的 state 属性会包含这个状态对象的拷贝。

第 2 个参数：标题，标记当前条目。FireFox 浏览器可能忽略该参数，考虑到向后兼容性，传一个空字符串会比较安全。

第 3 个参数：可选参数，新的历史纪录条目。浏览器不会在调用 pushState()方法后加载该条目，如果不指定，则为当前文档的 URL。

（2）replaceState()方法。

history.replaceState()与 history.pushState()用法相同，都包含 3 个相同的参数。

不同之处：pushState()是在 history 中添加一个新的条目，replaceState()是替换当前的纪录值。当执行 replaceState()时，history 的纪录条数不变，而 pushState()会让 history 的数量加 1。

（3）popstate 事件。

每当激活的历史纪录发生变化时，都会触发 popstate 事件。如果被激活的历史纪录条目是由 pushState()创建，或者是被 replaceState()方法替换的，popstate 事件的状态属性将包含历史纪录的状态对象的一个拷贝。

🔊 注意：

当浏览会话历史纪录时，不管是单击浏览器工具栏中的"前进"或者"后退"按钮，还是使用 JavaScript 的 history.go()和 history.back()方法，popstate 事件都会被触发。

【示例】假设在 http://mysite.com/foo.html 页中执行下面的 JavaScript 代码。

```
var stateObj = {foo: "bar"};
history.pushState(stateObj, "page 2", "bar.html");
```

这时浏览器的地址栏将显示 http://mysite.com/bar.html，但不会加载 bar.html 页面，也不会检查 bar.html 是否存在。

如果现在导航到 http://mysite.com/ 页面，然后单击"后退"按钮，此时地址栏会显示 http://mysite.com/bar.html，并且会触发 popstate 事件，该事件中的状态对象会包含 stateObj 的一个拷贝。

如果再次单击"后退"按钮，URL 将返回 http://mysite.com/foo.html，文档将触发另一个 popstate 事件，这次的状态对象为 null，回退同样不会改变文档内容。

扫一扫，看视频

📢 提示：

> 使用下面的代码可以直接读取当前历史纪录条目的状态，而不需要等待 popstate 事件。
>
> ```
> var currentState = history.state;
> ```

16.4.2　案例：设计无刷新导航

本案例将设计一个无刷新导航，首页（index.html）包含一个导航列表，当用户单击不同的列表项目时，首页的内容容器（<div id="content">）会自动更新内容，并正确显示对应目标页面的 HTML 内容，同时浏览器地址栏会显示目标页面的 URL，但是首页没有被刷新，而不是仅显示目标页面。演示效果如图 16.4 所示。

显示 index.html 页面

显示 news.html 页面

图 16.4　应用 History API

在浏览器工具栏中单击"后退"按钮，浏览器能够正确显示上一次单击的链接地址，虽然页面并没有被刷新，同时地址栏中正确显示上一次浏览页面的 URL，如图 16.5 所示。如果没有 History API 支持，使用 Ajax 实现异步请求时，工具栏中的"后退"按钮是无效的。

但是，如果在工具栏中单击"刷新"按钮，则页面将根据地址栏的 URL 信息重新刷新页面，将显示独立的目标页面，效果如图 16.6 所示。

图 16.5　正确后退和前进历史记录　　　　　　　　图 16.6　重新刷新页面显示效果

此时，如果再单击工具栏中的"后退"和"前进"按钮，会发现导航功能失效，页面总是显示目标页面，如图 16.7 所示。这说明使用 History API 控制导航与浏览器导航功能存在差异，一个是 JavaScript 脚本控制，一个是系统自动控制。

图 16.7　刷新页面之后工具栏导航失效

【操作步骤】

第 1 步，设计首页（index.html）。新建文档，保存为 index.html，构建 HTML 导航结构。

```
<h1>History API 示例</h1>
<ul id="menu">
    <li><a href="news.html">News</a></li>
    <li><a href="about.html">About</a></li>
    <li><a href="contact.html">Contact</a></li>
</ul>
<div id="content">
    <h2>当前内容页：index.html</h2>
</div>
```

第 2 步，本案例使用 jQuery 作为辅助操作，因此在文档头部位置导入 jQuery 框架。

```
<script src="jquery/jquery-1.11.0.js" type="text/javascript"></script>
```

第 3 步，定义异步请求函数。该函数根据参数 url 值，异步加载目标地址的页面内容，并把它置入内容容器（<div id="content">）中，并根据第 2 个参数 addEntry 的值执行额外操作。如果第 2 个参数值为 true，则使用 history.pushState()方法把目标地址推入到浏览器历史纪录堆栈中。

```
function getContent(url, addEntry) {
    $.get(url)                                   //异步请求
    .done(function(data) {
        $('#content').html(data);                //动态加载目标页面
        if(addEntry == true) {
            history.pushState(null, null, url); //把目标地址推入到浏览器历史纪录堆栈中
        }
    });
}
```

第 4 步，在页面初始化事件处理函数中，为每个导航链接绑定 click 事件，在 click 事件处理函数中调用 getContent()函数，同时阻止页面的刷新操作。

```
$(function(){
    $('#menu a').on('click', function(e){
        e.preventDefault();                      //阻止页面刷新操作
        var href = $(this).attr('href');
        getContent(href, true);                  //执行页面内容更新操作
        $('#menu a').removeClass('active');
        $(this).addClass('active');
    });
});
```

第 5 步，注册 popstate 事件，跟踪浏览器历史纪录的变化，如果发生变化，则调用 getContent()函数更新页面内容，但是不再把目标地址添加到历史纪录堆栈中。

```
window.addEventListener("popstate", function(e) {
    getContent(location.pathname, false);
});
```

第 6 步，设计其他页：about.html、contact.html、news.html，详细代码请参考本小节的示例源码。

16.5　screen 对象

扫一扫，看视频

screen 对象存储了客户端屏幕信息。这些信息可以用来探测客户端硬件配置。

利用 screen 提供的信息，可以优化程序设计，提升用户体验。例如，根据显示器屏幕大小选择使用

图像的大小，根据显示器的颜色深度选择使用 16 色图像或 8 色图像，设计打开的新窗口时居中显示等。

【示例】下面的示例演示了如何让弹出的窗口居中显示。

```
function center(url){                        //窗口居中处理函数
    var w = screen.availWidth / 2;           //获取客户端屏幕的宽度一半
    var h = screen.availHeight/2;            //获取客户端屏幕的高度一半
    var t = (screen.availHeight - h)/2;      //计算居中显示时顶部坐标
    var l = (screen.availWidth - w)/2;       //计算居中显示时左侧坐标
    var p = "top=" + t + ",left=" + l + ",width=" + w + ",height=" +h;
                                             //设计坐标参数字符串
    var win = window.open(url,"url",p);      //打开指定的窗口，并传递参数
    win.focus();                             //获取窗口焦点
}
center("https://www.baidu.com/");            //调用该函数
```

🔊 **注意：**

不同浏览器在解析 screen 对象的 width 和 height 属性时存在差异。

16.6　document 对象

扫一扫，看视频

document 对象代表当前文档，使用 window.document 可以访问。

16.6.1　访问文档对象

当浏览器加载文档后，会自动构建文档对象模型，把文档中每个元素都映射到一个数据集合中，然后通过 document 进行访问。

document 对象与它所包含的各种节点（如表单、图像和链接）构成了早期的文档对象模型（DOM 0 级），如图 16.8 所示。

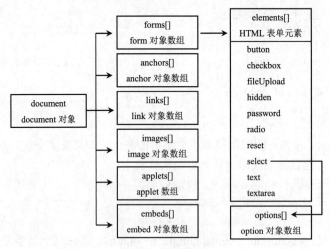

图 16.8　文档对象模型

【示例 1】使用 name 访问文档元素。

```
<img name="img" src = "bg.gif" />
<form name="form" method="post" action="http://www.mysite.cn/navi/">
</form>
<script>
```

```
console.log(document.img.src);            //返回图像的地址
console.log(document.form.action);        //返回表单提交的路径
</script>
```

【示例 2】使用文档对象集合快速检索元素。

```
<img src = "bg.gif"/>
<form method="post" action="http://www.mysite.cn/navi/">
</form>
<script>
console.log(document.images[0].src);      //返回图像的地址
console.log(document.forms[0].action);    //返回表单提交的路径
</script>
```

【示例 3】如果设置了 name 属性，也可以使用关联数组引用对应的元素对象。

```
<img name="img" src = "bg.gif"/>
<form name="form" method="post" action="http://www.mysite.cn/navi/">
</form>
<script>
console.log(document.images["img"].src);      //返回图像的地址
console.log(document.forms["form"].action);   //返回表单提交的路径
</script>
```

16.6.2　动态生成文档内容

扫一扫，看视频

使用 document 对象的 write()和 writeln()方法可以动态生成文档内容。包括两种方式。

➤ 在浏览器解析时动态输出信息。

➤ 在调用事件处理函数时使用 write()或 writeln()方法生成文档内容。

write()方法可以支持多个参数，当为它传递多个参数时，这些参数将被依次写入文档。

【示例 1】使用 write()方法生成文档内容。

```
document.write('Hello',',','World');
```

实际上，上面代码与下面的用法是相同的。

```
document.write('Hello,World');
```

writeln()方法与 write()方法基本相同，只不过在输出参数之后附加一个换行符。由于 HTML 忽略换行符，所以很少使用该方法，不过在非 HTML 文档输出时使用会比较方便。

【示例 2】下面的示例演示了 write()和 writeln()方法的混合使用。

```
function f(){
    document.writeln('<p>调用事件处理函数时动态生成的内容</p>');
}
document.write('<p onclick="f()">文档解析时动态生成的内容</p>');
```

在页面初始化后，文档中显示文本为"文档解析时动态生成的内容"，而一旦单击该文本后，则 write()方法动态输出文本为"调用事件处理函数时动态生成的内容"，并覆盖原来文档中显示的内容。

📢 注意：

只能在当前文档正在解析时，使用 write()方法在文档中输出 HTML 代码，即在<script>标签中调用 write()方法，因为这些脚本的执行是文档解析的一部分。

如果从事件处理函数中调用 write()方法，那么 write()方法动态输出的结果将会覆盖当前文档，包括它的事件处理函数，而不是将文本添加到其中。所以，使用时一定要小心，不可以在事件处理函数中包含 write()或 writeln()方法。

扫一扫，看视频

16.7 案 例 实 战

16.7.1 使用浮动框架设计异步通信

使用框架集设计远程脚本存在以下缺陷。

❧ 框架集文档需要多个网页文件配合使用，结构不符合标准，也不利于代码优化。

❧ 框架集缺乏灵活性，如果完全使用脚本控制异步请求与交互，不是很方便。

浮动框架（iframe 元素）与 frameset（框架集）功能相同，但是<iframe>是一个普通标签，可以插入到页面任意位置，不需要框架集管理，也便于 CSS 样式和 JavaScript 脚本控制。

【操作步骤】

第 1 步，在客户端交互页面（main.html）中新建函数 hideIframe()，使用该函数动态创建浮动框架，借助这个浮动框架实现与服务器进行异步通信。

```
//创建浮动框架
//参数：url 表示要请求的服务器端文件路径
//返回值：无
function hideIframe(url){
    var hideFrame = null;                          //定义浮动框架变量
    hideFrame = document.createElement("iframe");  //创建 iframe 元素
    hideFrame.name = "hideFrame";                  //设置名称属性
    hideFrame.id = "hideFrame";                    //设置 ID 属性
    hideFrame.style.height = "0px";                //设置高度为 0
    hideFrame.style.width = "0px";                 //设置宽度为 0
    hideFrame.style.position = "absolute";         //设置绝对定位，避免浮动框架占据页面空间
    hideFrame.style.visibility = "hidden";         //设置隐藏显示
    document.body.appendChild(hideFrame);          //把浮动框架元素插入到 body 元素中
    setTimeout(function(){                         //设置延缓请求时间
        frames["hideFrame"].location.href = url;
    }, 10)
}
```

当使用 DOM 创建 iframe 元素时，应设置同名的 name 和 id 属性，因为不同类型浏览器引用框架时会分别使用 name 或 id 属性值。当创建好 iframe 元素之后，大部分浏览器（如 Mozilla 和 Opera）会需要一点时间（约为几毫秒）来识别新框架并将其添加到帧集合中，因此当加载地址准备向服务器进行请求时，应该使用 setTimeout()函数使发送请求的操作延迟 10 毫秒。这样当执行请求时，浏览器能够识别这些新的框架，避免发生错误。

如果页面中需要多处调用请求函数，则建议定义一个全局变量，专门用来存储浮动框架对象，这样就可以避免每次请求时都创建新的 iframe 对象。

第 2 步，修改客户端交互页面中 request()函数的请求内容，直接调用 hideIframe()函数，并传递 URL 参数信息。

```
function request(){                                     //异步请求函数
    var user = document.getElementById("user");         //获取用户名文本框，注意引用路径的不同
    var pass = document.getElementById("pass");         //获取密码域，注意引用路径的不同
    var s = "iframe_server.html?user=" + user.value + "&pass=" + pass.value;
    hideIframe(s);                                      //创建浮动框架，指定请求文件和传递的信息
}
```

由于浮动框架与框架集是属于不同级别的作用域，浮动框架是被包含在当前窗口中的，所以应该使

用 parent，而不是 parent.frames[0]来调用回调函数，或者在回调函数中读取文档中的元素，客户端交互页面的详细代码请参阅 iframe_main.html 文件。

```
function callback(b, n){
    if(b && n){                                    //如果返回信息合法，则在页面中显示新的信息
        var e = document.getElementsByTagName("body")[0];
        e.innerHTML = "<h1>" + n + "</h1><p>您好，欢迎登录站点</p>";
    } else{//否则，提示错误信息，并显示表单要求重新输入
        console.log("你输入的用户名或密码有误，请重新输入");
        var user = parent.document.getElementById("user");   //获取文档中的用户名文本框
        var pass = parent.document.getElementById("pass");   //获取文档中的密码域
        user.value = "";                                     //清空文本框
        pass.value = "";                                     //清空密码域
    }
}
```

第 3 步，在服务器端响应页面中也应该修改引用客户端回调函数的路径（服务器端响应页面详细代码请参阅 server.html 文件）。

```
window.onload = function(){
    //…
    parent.callback(b, n);                         //注意引用路径的变化
}
```

这样通过 iframe 浮动框架只需要两个文件：客户端交互页面（main.html）和服务器端响应页面（server.html），就可以完成异步信息交互的任务。

第 4 步，预览效果。具体运行效果可以参阅本书示例源代码。

扫一扫，看视频

16.7.2　设计可回退的画板

本案例利用 History API 的状态对象，实时记录用户的每一次操作，把每一次操作信息传递给浏览器的历史纪录保存起来，这样当用户单击浏览器的"后退"按钮时，会逐步恢复前面的操作状态，从而实现历史恢复功能。在示例页面中显示一个 canvas 元素，用户可以在该 canvas 元素中随意使用鼠标绘画，当用户单击一次或连续单击浏览器的"后退"按钮时，可以撤销当前绘制的最后一笔或多笔，当用户单击一次或连续单击浏览器的"前进"按钮时，可以重绘当前书写或绘制的最后一笔或多笔，演示效果如图 16.9 所示。

绘制文字

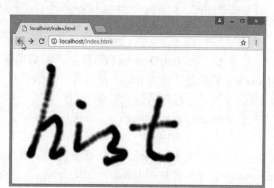
恢复前面的绘制

图 16.9　设计历史恢复效果

【操作步骤】

第 1 步，设计文档结构。本案例利用 canvas 元素把页面设计为一块画板，image 元素用于在页面中

加载一个黑色小圆点，当用户在 canvas 元素中按下并连续拖动鼠标左键时，根据鼠标拖动轨迹连续绘制该黑色小圆点，这样处理之后会在浏览器中显示用户绘画时所产生的每一笔。

```
<canvas id="canvas"></canvas>
<image id="image" src="brush.png" style="display:none;"/>
```

第 2 步，设计 CSS 样式，定义 canvas 元素满屏显示。

```
#canvas {
    position: absolute; top: 0; left: 0; width: 100%; height: 100%;
    margin: 0; display: block;
}
```

第 3 步，添加 JavaScript 脚本。首先，定义引用 image 元素的 image 全局变量、引用 canvas 元素的全局变量、引用 canvas 元素的上下文对象的 context 全局变量，以及用于控制是否继续进行绘制操作的布尔型全局变量 isDrawing，当 isDrawing 的值为 true 时表示用户已按下鼠标左键，可以继续绘制，当该值为 false 时表示用户已松开鼠标左键，停止绘制。

```
var image = document.getElementById("image");
var canvas = document.getElementById("canvas");
var context = canvas.getContext("2d");
var isDrawing =false;
```

第 4 步，屏蔽用户在 canvas 元素中通过按下鼠标左键、以手指或手写笔触发的 pointerdown 事件，它属于一种 touch 事件。

```
canvas.addEventListener("pointerdown", function(e){
    e.preventManipulation(
)}, false);
```

第 5 步，监听用户在 canvas 元素中按下鼠标左键时触发的 mousedown 事件，并将事件处理函数指定为 startDrawing()函数；监听用户在 canvas 元素中移动鼠标时触发的 mousemove 事件，并将事件处理函数指定为 draw()函数；监听用户在 canvas 元素中松开鼠标左键时触发的 mouseup 事件，并将事件处理函数指定为 stopDrawing()函数；监听用户单击浏览器的"后退"按钮或"前进"按钮时触发的 popstate 事件，并将事件处理函数指定为 loadState()函数。

```
canvas.addEventListener("mousedown",startDrawing, false);
canvas.addEventListener("mousemove", draw,false);
canvas.addEventListener("mouseup", stopDrawing, false);
window.addEventListener("popstate",function(e){
    loadState(e.state);
});
```

第 6 步，在 startDrawing()函数中，定义当用户在 canvas 元素中按下鼠标左键时将全局布尔型变量 isDrawing 的变量值设为 true，表示用户开始书写文字或绘制图画。

```
function startDrawing() {
    isDrawing = true;
}
```

第 7 步，在 draw()函数中，定义当用户在 canvas 元素中移动鼠标左键时，先判断全局布尔型变量 isDrawing 的变量值是否为 true，如果为 true，表示用户已经按下鼠标左键，则在鼠标左键所在位置使用 image 元素绘制黑色小圆点。

```
function draw(event) {
    if(isDrawing) {
        var sx = canvas.width / canvas.offsetWidth;
        var sy = canvas.height / canvas.offsetHeight;
```

```
    var x = sx * event.clientX - image.naturalWidth / 2;
    var y = sy * event.clientY - image.naturalHeight / 2;
    context.drawImage(image, x, y);
  }
}
```

第 8 步，在 stopDrawing()函数中，先定义当用户在 canvas 元素中松开鼠标左键时，将全局布尔型变量 isDrawing 的变量值设为 false，表示用户已经停止书写文字或绘制图画，然后当用户在 canvas 元素中不按下鼠标左键，而直接移动鼠标时，不执行绘制操作。

```
function stopDrawing() {
    isDrawing = false;
}
```

第 9 步，使用 History API 的 pushState()方法将当前所绘图像保存在浏览器的历史纪录中。

```
function stopDrawing() {
    isDrawing = false;
    var state = context.getImageData(0, 0, canvas.width, canvas.height);
    history.pushState(state,null);
}
```

在本案例中，将 pushState()方法的第 1 个参数值设置为一个 CanvasPixelArray 对象，在该对象中保存了由 canvas 元素中的所有像素所构成的数组。

第 10 步，在 loadState()函数中定义当用户单击浏览器的"后退"按钮或"前进"按钮时，首先清除 canvas 元素中的图像，然后读取触发 popstate 事件的事件对象的 state 属性值，该属性值即为执行 pushState()方法时所使用的第 1 个参数值，其中保存了在向浏览器历史纪录中添加记录时同步保存的对象，在本案例中为一个保存了由 canvas 元素中的所有像素构成的数组的 CanvasPixelArray 对象。最后，调用 canvas 元素的上下文对象的 putImageData()方法在 canvas 元素中输出保存在 CanvasPixelArray 对象中的所有像素，即将每一个历史纪录中保存的图像绘制在 canvas 元素中。

```
function loadState(state) {
    context.clearRect(0, 0, canvas.width,canvas.height);
    if(state){
        context.putImageData(state, 0, 0);
    }
}
```

第 11 步，当用户在 canvas 元素中绘制多笔之后，重新在浏览器的地址栏中输入页面地址，然后重新绘制第 1 笔，之后再单击浏览器的"后退"按钮时，canvas 元素中并不显示空白图像，而是直接显示输入页面地址之前的绘制图像，这样看起来浏览器中的历史纪录并不连贯，因为 canvas 元素中缺少了一幅空白图像。为此，设计在页面打开时就将 canvas 元素中的空白图像保存在历史纪录中。

```
var state = context.getImageData(0, 0, canvas.width, canvas.height);
history.pushState(state,null);
```

16.8 在 线 支 持

第 17 章　DOM 操作

DOM（document object model，文档对象模型）是 W3C 制订的一套技术规范，用来描述 JavaScript 脚本如何与 HTML/XML 文档进行交互的 Web 标准。DOM 规定了一系列标准接口，允许开发人员通过标准方式访问文档结构、操作网页内容、控制样式和行为等。

【学习重点】

➥ 了解 DOM。

➥ 使用 JavaScript 操作节点。

➥ 使用 JavaScript 操作元素。

➥ 使用 JavaScript 操作文本和属性。

➥ 使用 JavaScript 操作文档和文档片段。

17.1　DOM 基础

在 W3C 推出 DOM 标准之前，市场上已经流行了不同版本的 DOM 规范，主要包括 IE 和 Netscape 两个浏览器厂商各自制订的私有规范，这些规范定义了一套文档结构操作的基本方法。虽然这些规范存在差异，但是思路和用法基本相同，如文档结构对象、事件处理方式、脚本化样式等。习惯上，我们把这些规范称为 DOM 0 级，虽然这些规范没有实现标准化，但是得到所有浏览器的支持，并被广泛应用。

1998 年 W3C 开始对 DOM 进行标准化，并先后推出了 3 个不同的版本，每个版本都是在上一个版本基础上进行完善和扩展。在某些情况下，不同版本之间可能会存在不兼容的规定。

1. DOM 1 级

1998 年 10 月，W3C 推出 DOM 1.0 版本规范，作为推荐标准进行正式发布，主要包括两个子规范。

➥ DOM Core（核心部分）：把 XML 文档设计为树形节点结构，并为这种结构的运行机制制订了一套规范化标准。同时定义了创建、编辑、操纵这些文档结构的基本属性和方法。

➥ DOM HTML：针对 HTML 文档、标签集合，以及与个别 HTML 标签相关的元素定义了对象、属性和方法。

2. DOM 2 级

2000 年 11 月，W3C 正式发布了更新后的 DOM 核心部分，并在这次发布中添加了一些新规范，于是人们就把这次发布的 DOM 称为 2 级规范。

2003 年 1 月，W3C 又正式发布了对 DOM HTML 子规范的修订，添加了针对 HTML4.01 和 XHTML 1.0 版本文档中很多对象、属性和方法。W3C 把新修订的 DOM 规范统一称为 DOM 2.0 推荐版本，该版本主要包括 6 个推荐子规范。

➥ DOM2 Core：继承于 DOM Core 子规范，系统规定了 DOM 文档结构模型，添加了更多的特性，如针对命名空间的方法等。

➥ DOM2 HTML：继承于 DOM HTML，系统规定了针对 HTML 的 DOM 文档结构模型，并添加了一些属性。

➥ DOM2 Events：规定了与鼠标相关的事件（包括目标、捕获、冒泡和取消）的控制机制，但不包含与键盘相关事件的处理部分。

- ➥ DOM2 Style（或 DOM2 CSS）：提供了访问和操纵所有与 CSS 相关样式及规则的能力。
- ➥ DOM2 Traversal 和 DOM2 Range：DOM2 Traversal 规范允许开发人员通过迭代方式访问 DOM，DOM2 Range 规范允许对指定范围的内容进行操作。
- ➥ DOM2 Views：提供了访问和更新文档表现（视图）的能力。

3．DOM 3 级

2004 年 4 月，W3C 发布了 DOM 3.0 版本。DOM 3 级版本主要包括以下 3 个推荐子规范。

- ➥ DOM3 Core：继承于 DOM2 Core，并添加了更多的新方法和属性，同时修改了已有的一些方法。
- ➥ DOM3 Load and Save：提供将 XML 文档的内容加载到 DOM 文档中，以及将 DOM 文档序列化为 XML 文档的能力。
- ➥ DOM3 Validation：提供了确保动态生成的文档的有效性的能力，即如何符合文档类型声明。

🔊 提示：

访问 http://www.w3.org/2003/02/06-dom-support.html 页面，会自动显示当前浏览器对 DOM 的支持状态。

17.2　节　点　概　述

在网页中所有对象和内容都被称为节点，如文档、元素、文本、属性、注释等。节点（node）是 DOM 最基本的单元，也是基类，并派生出不同类型的子类，它们共同构成了文档的树形结构模型。

扫一扫，看视频

17.2.1　节点类型

根据 DOM 规范，整个文档是一个文档节点，每个标签是一个元素节点，元素包含的文本是文本节点，元素的属性是一个属性节点，注释属于注释节点，等等。

DOM 支持的节点类型说明如表 17.1 所示。

表 17.1　DOM 节点类型说明

节 点 类 型	说　明	可包含的子节点类型
Document	表示整个文档，DOM 树的根节点	Element（最多 1 个）、ProcessingInstruction、Comment、DocumentType
DocumentFragment	表示文档片段，轻量级的 Document 对象，仅包含部分文档	ProcessingInstruction、Comment、Text、CDATASection、EntityReference
DocumentType	为文档定义的实体提供接口	None
ProcessingInstruction	表示处理指令	None
EntityReference	表示实体引用元素	ProcessingInstruction、Comment、Text、CDATASection、EntityReference
Element	表示元素	Text、Comment、ProcessingInstruction、CDATASection、EntityReference
Attr	表示属性	Text、EntityReference
Text	表示元素或属性中的文本内容	None
CDATASection	表示文档中的 CDATA 区段，其包含的文本不会被解析器解析	None
Comment	表示注释	None
Entity	表示实体	ProcessingInstruction、Comment、Text、CDATASection、EntityReference
Notation	表示在 DTD 中声明的符号	None

使用 nodeType 属性可以判断一个节点的类型，返回值说明如表 17.2 所示。

表 17.2　nodeType 属性返回值说明

节 点 类 型	nodeType 返回值	常 量 名
Element	1	ELEMENT_NODE
Attr	2	ATTRIBUTE_NODE
Text	3	TEXT_NODE
CDATASection	4	CDATA_SECTION_NODE
EntityReference	5	ENTITY_REFERENCE_NODE
Entity	6	ENTITY_NODE
ProcessingInstruction	7	PROCESSING_INSTRUCTION_NODE
Comment	8	COMMENT_NODE
Document	9	DOCUMENT_NODE
DocumentType	10	DOCUMENT_TYPE_NODE
DocumentFragment	11	DOCUMENT_FRAGMENT_NODE
Notation	12	NOTATION_NODE

【示例】下面的示例演示如何借助节点的 nodeType 属性检索当前文档中包含元素的个数，演示效果如图 17.1 所示。

```
<!doctype html>
<html>
<head>
<meta charset="utf-8">
</head>
<body>
<h1>DOM</h1>
<p>DOM 是<cite>Document Object Model</cite>首字母简写，中文翻译为<b>文档对象模型</b>，是
<i>W3C</i>组织推荐的处理可扩展标识语言的标准编程接口。</p>
<ul>
    <li>D 表示文档，HTML 文档结构。</li>
    <li>O 表示对象，文档结构的 JavaScript 脚本化映射。</li>
    <li>M 表示模型，脚本与结构交互的方法和行为。</li>
</ul>
<script>
function count(n){                          //定义文档元素统计函数
    var num = 0;                            //初始化变量
    if(n.nodeType == 1)                     //检查是否为元素节点
    num ++ ;                                //如果是，则计数器加 1
    var son = n.childNodes;                 //获取所有子节点
    for(var i = 0; i < son.length; i ++ ){  //循环统计每个子元素
      num += count (son[i]);                //递归操作
    }
    return num;                             //返回统计值
}
console.log("当前文档包含 " + count(document) + " 个元素");    //计算元素的总个数
</script>
</body>
</html>
```

在上面 JavaScript 脚本中，定义一个计数函数，然后通过递归调用的方式逐层检索 document 下所包含的全部节点，在计数函数中再通过 node.nodeType == 1 过滤掉非元素节点，进而统计文档中包含的全部元素个数。

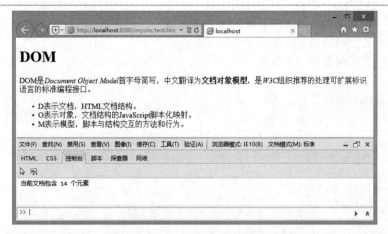

图 17.1 使用 nodeType 属性检索文档中元素个数

扫一扫，看视频

17.2.2 节点名称和值

使用 nodeName 和 nodeValue 属性可以读取节点的名称和值。属性的返回值如表 17.3 所列。

表 17.3 nodeName 和 nodeValue 属性的返回值

节点类型	nodeName 返回值	nodeValue 返回值
Document	#document	null
DocumentFragment	#document-fragment	null
DocumentType	doctype 名称	null
EntityReference	实体引用名称	null
Element	元素的名称（或标签名称）	null
Attr	属性的名称	属性的值
ProcessingInstruction	target	节点的内容
Comment	#comment	注释的文本
Text	#text	节点的内容
CDATASection	#cdata-section	节点的内容
Entity	实体名称	null
Notation	符号名称	null

【示例】通过表 17.3 可以看到，不同类型的节点，nodeName 和 nodeValue 属性取值不同。元素的 nodeName 属性返回值是标签名，而元素的 nodeValue 属性返回值为 null。因此在读取属性值之前，应该先检测类型。

```
var node = document.getElementsByTagName("body")[0];
if (node.nodeType==1)
    var value = node.nodeName;
console.log(value);
```

nodeName 属性在处理标签时比较实用，而 nodeValue 属性在处理文本信息时比较实用。

17.2.3 节点关系

DOM 把文档视为一棵树形结构，也称为节点树。节点之间的关系包括上下父子关系、相邻兄弟关系。简单描述如下：

扫一扫，看视频

- 在节点树中，最顶端节点为根节点。
- 除了根节点之外，每个节点都有一个父节点。
- 节点可以包含任何数量的子节点。
- 叶子是没有子节点的节点。
- 同级节点是拥有相同父节点的节点。

【示例】针对下面这个 HTML 文档结构。

```
<!doctype html>
<html>
<head>
<title>标准 DOM 示例</title>
<meta charset="utf-8">
</head>
    <body>
        <h1>标准 DOM</h1>
        <p>这是一份简单的<strong>文档对象模型</strong></p>
        <ul>
            <li>D 表示文档，DOM 的结构基础</li>
            <li>O 表示对象，DOM 的对象基础</li>
            <li>M 表示模型，DOM 的方法基础</li>
        </ul>
    </body>
</html>
```

在上面 HTML 结构中，首先是 DOCTYPE 文档类型声明，然后是 html 元素，网页里所有元素都包含在这个元素里。从文档结构看，html 元素既没有父辈，也没有兄弟。如果用树来表示，这个 html 元素就是树根，代表整个文档。由 html 元素派生出 head 和 body 两个子元素，它们属于同一级别，且互不包含，可以称之为兄弟关系。head 和 body 元素拥有共同的父元素 html，同时它们又是其他元素的父元素，但包含的子元素不同。head 元素包含 title 元素，title 元素又包含文本节点"标准 DOM 示例"。body 元素包含 3 个子元素：h1、p 和 ul，它们是兄弟关系。如果继续访问，ul 元素也是一个父元素，它包含 3 个 li 子元素。整个文档如果使用树形结构表示，示意如图 17.2 所示。使用树形结构可以很直观地把文档结构中各个元素之间的关系表现出来。

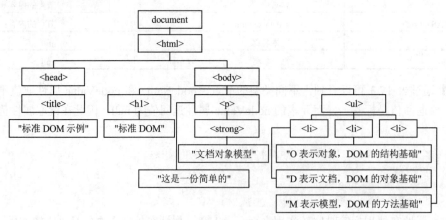

图 17.2 文档对象模型的树形结构

扫一扫，看视频

17.2.4 访问节点

DOM 为 Node 类型定义如下属性，以方便 JavaScript 访问节点。

- ownerDocument：返回当前节点的根元素（document 对象）。
- parentNode：返回当前节点的父节点。所有的节点都仅有一个父节点。
- childNodes：返回当前节点的所有子节点的节点列表。
- firstChild：返回当前节点的第 1 个子节点。
- lastChild：返回当前节点的最后一个子节点。
- nextSibling：返回当前节点之后相邻的同级节点。
- previousSibling：返回当前节点之前相邻的同级节点。

1. childNodes

childNodes 返回所有子节点的列表，它是一个随时可变的类数组。

【示例 1】下面的示例演示了如何访问 childNodes 中的节点。

```
<ul>
    <li>D 表示文档，HTML 文档结构。</li>
    <li>O 表示对象，文档结构的 JavaScript 脚本化映射。</li>
    <li>M 表示模型，脚本与结构交互的方法和行为。</li>
</ul>
<script>
var tag = document.getElementsByTagName("ul")[0]; //获取列表元素
var a = tag.childNodes;                    //获取列表元素包含的所有子节点
console.log(a[0].nodeType);               //第 1 个节点类型，返回值为 3，显示为文本节点
console.log(a.item(1).innerHTML);         //显示第 2 个节点包含的文本
console.log(a.length);                    //包含子节点个数，nodeList 长度
</script>
```

使用方括号语法，或者 item()方法，都可以访问 childNodes 包含的子元素。childNodes 的 length 属性可以动态返回子节点的个数，如果列表项目发生变化，length 属性值也会随之变化。

【示例 2】childNodes 是一个类数组，不能够直接使用数组的方法，但是可以通过动态调用数组的方法，把它转换为数组。下面的示例把 childNodes 转换为数组，然后调用数组的 reverse()方法，颠倒数组中元素的顺序，演示效果如图 17.3 所示。

```
var tag = document.getElementsByTagName("ul")[0];       //获取列表元素
var a = Array.prototype.slice.call(tag.childNodes,0); //把 childNodes 属性值转换为数组
a.reverse();                              //颠倒数组中元素的顺序
console.log(a[0].nodeType);              //第 1 个节点类型，返回值为 3，显示为文本节点
console.log(a[1].innerHTML);             //显示第 2 个节点包含的文本
console.log(a.length);                   //包含子节点个数，childNodes 属性值长度
```

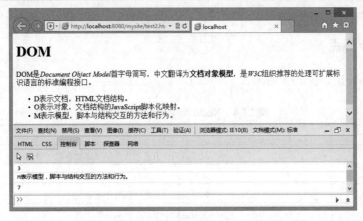

图 17.3　把 childNodes 属性值转换为数组

🔊 提示：

> 文本节点和属性节点都不包含任何子节点，所以它们的 childNodes 属性返回值是一个空集合。使用 haschildNodes()方法，或者使用 childNodes.length>0，来判断一个节点是否包含子节点。

2. parentNode

parentNode 返回元素类型的父节点，因为只有元素才可能包含子节点。不过 document 节点没有父节点，document 节点的 parentNode 属性将返回 null。

3. firstChild 和 lastChild

firstChild 返回第 1 个子节点，lastChild 返回最后一个子节点。文本节点和属性节点的 firstChild 和 lastChild 属性的返回值都为 null。

🔊 注意：

> firstChild 等价于 childNodes 的第 1 个元素，lastChild 属性值等价于 childNodes 的最后一个元素。如果 firstChild 等于 null，则说明当前节点为空节点，不包含任何内容。

4. nextSibling 和 previousSibling

nextSibling 返回下一个相邻节点，previousSibling 返回上一个相邻节点。如果没有同属一个父节点的相邻节点，则返回 null。

5. ownerDocument

ownerDocument 表示根节点。node.ownerDocument 等价于 document.documentElement。

【示例 3】针对下面文档结构。

```html
<!doctype html>
<html>
<head>
<meta charset="utf-8">
</head>
<body><span class="red">body</span>元素</body></html>
```

可以使用下面的方法访问 body 元素。

```
var b = document.documentElement.lastChild;
var b = document.documentElement.firstChild.nextSibling.nextSibling;
```

通过下面的方法可以访问 span 包含的文本。

```
var text = document.documentElement.lastChild.firstChild.firstChild.nodeValue;
```

17.2.5 操作节点

扫一扫，看视频

操作节点的基本方法如表 17.4 所示。

表 17.4 Node 类型原型方法说明

方　　法	说　　明
appendChild()	向节点的子节点列表的结尾添加新的子节点
cloneNode()	复制节点
hasChildNodes()	判断当前节点是否拥有子节点
insertBefore()	在指定的子节点前插入新的子节点

方　　法	说　　明
normalize()	合并相邻的 Text 节点，并删除空的 Text 节点
removeChild()	删除（并返回）当前节点的指定子节点
replaceChild()	用新节点替换一个子节点

📢 提示：

其中，appendChild()、insertBefore()、removeChild()、replaceChild() 4 个方法用于对子节点进行操作。使用这 4 个方法之前，可以使用 parentNode 属性先获取父节点。另外，并不是所有类型的节点都有子节点，如果在不支持子节点的节点上调用了这些方法，将会导致错误发生。

【示例】下面的示例为列表框绑定一个 click 事件处理程序，通过深度复制，新的列表框没有添加 JavaScript 事件，仅复制了 HTML 类样式和 style 属性，如图 17.4 所示。

```html
<h1>DOM</h1>
<p>DOM 是<cite>Document Object Model</cite>首字母简写，中文翻译为<b>文档对象模型</b>，是
<i>W3C</i>组织推荐的处理可扩展标识语言的标准编程接口。</p>
<ul>
    <li class="red">D 表示文档，HTML 文档结构。</li>
    <li title="列表项目 2">O 表示对象，文档结构的 JavaScript 脚本化映射。</li>
    <li style="color:red;">M 表示模型，脚本与结构交互的方法和行为。</li>
</ul>
<script>
var ul = document.getElementsByTagName("ul")[0];    //获取列表元素
ul.onclick = function(){                            //绑定事件处理程序
    this.style.border= "solid blue 1px";
}
var ul1 = ul.cloneNode(true);                       //深度复制
document.body.appendChild(ul1);                     //添加到文档树中 body 元素下
</script>
```

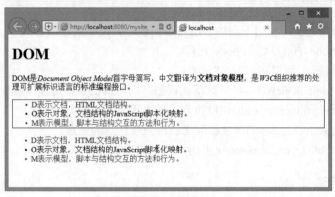

图 17.4　深度复制

17.3　文　档　节　点

文档节点代表整个文档，使用 document 可以访问。它是文档内其他节点的访问入口，提供了操作其他节点的方法。主要特征值：nodeType 等于 9，nodeName 等于"#document"，nodeValue 等于 null，parentNode 等于 null，ownerDocument 等于 null。

🔊 注意:

在文档中，文档节点是唯一的，也是只读的。

17.3.1 访问文档

在不同环境中，获取文档节点的方法不同，具体说明如下:

> 在文档内部，使用 ownerDocument()访问。
> 在脚本中，使用 document()访问。
> 在框架页，使用 contentDocument()访问。
> 在异步通信中，使用 XMLHttpRequest 对象的 responseXML()访问。

扫一扫，看视频

17.3.2 访问子节点

文档子节点包括:

> doctype 文档类型，如<!doctype html>。
> html 元素，如<html>。
> 处理指令，如<?xml-stylesheet type="text/xsl" href="xsl.xsl" ?>。
> 注释，如<!--注释-->。

访问方法:

> 使用 document.documentElement()可以访问 html 元素。
> 使用 document.doctype()可以访问 doctype。注意，部分浏览器不支持。
> 使用 document.childNodes()可以遍历子节点。
> 使用 document.firstChild()可以访问第 1 个子节点，一般为 doctype。
> 使用 document.lastChild()可以访问最后一个子节点，如 html 元素或者注释。

17.3.3 访问特殊元素

扫一扫，看视频

文档中存在很多特殊元素，使用下面的方法可以获取，获取不到返回 null。

> 使用 document.body()可以访问 body 元素。
> 使用 document.head()可以访问 head 元素。
> 使用 document.defaultView()可以访问默认视图，即所属的窗口对象 window。
> 使用 document.scrollingElement()可以访问文档内滚动的元素。
> 使用 document.activeElement()可以访问文档内获取焦点的元素。
> 使用 document.fullscreenElement()可以访问文档内正在全屏显示的元素。

17.3.4 访问元素集合

扫一扫，看视频

document 包含一组集合对象，使用它们可以快速访问文档内元素，简单说明如下。

> document.anchors：返回所有设置 name 属性的<a>标签。
> document.links：返回所有设置 href 属性的<a>标签。
> document.forms：返回所有 form 对象。
> document.images：返回所有 image 对象。
> document.applets：返回所有 applet 对象。
> document.embeds：返回所有 embed 对象。

- document.plugins：返回所有 embed 对象。
- document.scripts：返回所有 script 对象。
- document.styleSheets：返回所有样式表集合。

17.3.5　访问文档信息

document 包含很多信息，简单说明如下。

1．静态信息

- document.URL：返回当前文档的网址。
- document.domain：返回当前文档的域名，不包含协议和接口。
- document.location：访问 location 对象。
- document.lastModified：返回当前文档最后修改的时间。
- document.title：返回当前文档的标题。
- document.characterSet：返回当前文档的编码。
- document.referrer：返回当前文档的访问者来自哪里。
- document.dir：返回文字方向。
- document.compatMode：返回浏览器处理文档的模式，值包括 BackCompat（向后兼容模式）和 CSS1Compat（严格模式）。

2．状态信息

- document.hidden：表示当前页面是否可见。如果窗口最小化、切换页面，document.hidden 返回 true。
- document.visibilityState：返回文档的可见状态。取值包括 visible（可见）、hidden（不可见）、prerender（正在渲染）、unloaded（已卸载）。
- document.readyState：返回当前文档的状态。取值包括 loading（正在加载）、interactive（加载外部资源）、complete（加载完成）。

17.3.6　访问文档元素

document 对象包含多个访问文档内元素的方法，简单说明如下。
- getElementById()：返回指定 id 属性值的元素。注意，id 值要区分大小写，如果找到多个 id 相同的元素，则返回第 1 个元素，如果没有找到指定 id 值的元素，则返回 null。
- getElementsByTagName()：返回所有指定标签名称的元素节点。
- getElementsByName()：返回所有指定名称（name 属性值）的元素节点。该方法多用于表单结构中，用于获取单选按钮组或复选框组。

📢 提示：

getElementsByTagName()方法返回的是一个 HTMLCollection 对象，与 nodeList 对象类似，可以使用方括号语法或者 item()方法访问 HTMLCollection 对象中的元素，并通过 length 属性取得这个对象中元素的数量。

【示例】HTMLCollection 对象还包含一个 namedItem()方法，该方法可以通过元素的 name 特性取得集合中的项目。下面的示例可以通过 namedItem("news")方法找到 HTMLCollection 对象中 name 为 news 的图片。

```
<img src="1.gif"/>
```

```
<img src="2.gif" name="news"/>
<script>
var images = document.getElementsByTagName("img");
var news = images.namedItem("news");
</script>
```

还可以使用下面用法获取页面中所有元素，其中参数"*"表示所有元素。

```
var allElements = document.getElementsByTagName("*");
```

17.4 元素节点

在客户端开发中，大部分操作都是针对元素节点。主要特征值：nodeType 等于 1，nodeName 等于标签名称，nodeValue 等于 null。元素节点包含 5 个公共属性：id（标识符）、title（提示标签）、lang（语言编码）、dir（语言方向）、className（CSS 类样式），这些属性可读可写。

17.4.1 访问元素

扫一扫，看视频

1. getElementById()方法

使用 getElementById()方法可以准确获取文档中指定元素。用法如下：

```
document.getElementById(ID)
```

参数 ID 表示文档中对应元素的 id 属性值。如果文档中不存在指定元素，则返回值为 null。该方法只适用于 document 对象。

【示例 1】在下面的示例中，使用 getElementById()方法获取<div id="box">对象，然后使用 nodeName、nodeType、parentNode 和 childNodes 属性查看该对象的节点名称、节点类型、父节点的名称和第 1 个子节点的名称。

```
<div id="box">盒子</div>
<script>
var box = document.getElementById("box");              //获取指定盒子的引用
var info = "nodeName: " + box.nodeName;                //获取该节点的名称
info += "\rnodeType: " + box.nodeType;                 //获取该节点的类型
info += "\rparentNode: " + box.parentNode.nodeName;    //获取该节点的父节点名称
info += "\rchildNodes: " + box.childNodes[0].nodeName; //获取该节点的子节点名称
console.log(info);                                     //显示提示信息
</script>
```

2. getElementByTagName()方法

使用 getElementByTagName()方法可以获取指定标签名称的所有元素。用法如下：

```
document.getElementsByTagName(tagName)
```

参数 tagName 表示指定名称的标签，该方法返回值为一个节点集合，使用 length 属性可以获取集合中包含元素的个数，利用下标可以访问其中某个元素对象。

【示例 2】下面的代码使用 for 循环获取每个 p 元素，并设置 p 元素的 class 属性为"red"。

```
var p = document.getElementsByTagName("p");     //获取 p 元素的所有引用
for(var i=0;i<p.length;i++){                    //遍历 p 数据集合
    p[i].setAttribute("class","red");           //为每个 p 元素定义 red 类样式
}
```

扫一扫，看视频

17.4.2 遍历元素

使用 parentNode、nextSibling、previousSibling、firstChild 和 lastChild 属性可以遍历文档树中任意类型节点，包括空字符（文本节点）。HTML5 新添加 5 个属性专门访问元素节点。

- childElementCount：返回子元素的个数，不包括文本节点和注释。
- firstElementChild：返回第 1 个子元素。
- lastElementChild：返回最后一个子元素。
- previousElementSibling：返回前一个相邻兄弟元素。
- nextElementSibling：返回后一个相邻兄弟元素。

支持的浏览器：IE 9+、Firefox 3.5+、Safari 4+、Chrome 和 Opera 10+。

扫一扫，看视频

17.4.3 创建元素

使用 document 对象的 createElement()方法能够根据参数指定的标签名称创建一个新的元素，并返回新建元素的引用。用法如下。

```
var element = document.createElement("tagName");
```

其中，element 表示新建元素的引用；createElement()是 document 对象的一个方法，该方法只有一个参数，用来指定创建元素的标签名称。

【示例 1】下面的代码在当前文档中创建了一个段落标记 p，存储到变量 p 中。由于该变量表示一个元素节点，所以它的 nodeType 属性值等于 1，而 nodeName 属性值等于 p。

```
var p = document.createElement("p");      //创建段落元素
var info = "nodeName: " + p.nodeName;     //获取元素名称
info += ", nodeType: " + p.nodeType;      //获取元素类型，如果为 1，则表示元素节点
console.log(info);
```

使用 createElement()方法创建的新元素不会被自动添加到文档里。如果要把这个元素添加到文档里，还需要使用 appendChild()、insertBefore()或 replaceChild()方法实现。

【示例 2】下面的代码演示如何把新创建的 p 元素增加到 body 元素下。当元素被添加到文档树中，就会立即显示出来。

```
var p = document.createElement("p");      //创建段落元素
document.body.appendChild(p);             //增加段落元素到 body 元素下
```

17.4.4 复制节点

cloneNode()方法可以创建一个节点的副本，其用法可以参考 17.2.5 小节介绍。

【示例 1】在下面的示例中，首先创建一个节点 p，然后复制该节点为 p1，再利用 nodeName 和 nodeType 属性获取复制节点的基本信息，该节点的信息与原来创建的节点基本信息相同。

```
var p = document.createElement("p");      //创建节点
var p1 = p.cloneNode(false);              //复制节点
var info = "nodeName: " + p1.nodeName;    //获取复制节点的名称
info += ", nodeType: " + p1.nodeType;     //获取复制节点的类型
console.log(info);                        //显示复制节点的名称和类型相同
```

【示例 2】以示例 1 为基础，再创建一个文本节点，然后尝试把复制的文本节点增加到段落元素中，并把段落元素增加到标题元素中，最后把标题元素增加到 body 元素中。如果此时调用复制文本节点的 nodeName 和 nodeType 属性，则返回的 nodeType 属性值为 3，而 nodeName 属性值为#text。

```
var p = document.createElement("p");              //创建一个 p 元素
var h1 = document.createElement("h1");            //创建一个 h1 元素
var txt = document.createTextNode("Hello World"); //创建一个文本节点
var hello = txt.cloneNode(false);                 //复制创建的文本节点
p.appendChild(txt);                               //把复制的文本节点增加到段落节点中
h1.appendChild(p);                                //把段落节点增加到标题节点中
document.body.appendChild(h1);                    //把标题节点增加到 body 节点中
```

【示例 3】下面的示例演示了如何复制一个节点及所有包含的子节点。当复制其中创建的标题 1 节点之后，该节点所包含的子节点及文本节点都被复制过来，然后增加到 body 元素的尾部。

```
var p = document.createElement("p");              //创建一个 p 元素
var h1 = document.createElement("h1");            //创建一个 h1 元素
var txt = document.createTextNode("Hello World"); //创建一个文本节点，文本内容为"Hello World"
p.appendChild(txt);                               //把文本节点增加到段落中
h1.appendChild(p);                                //把段落元素增加到标题元素中
document.body.appendChild(h1);                    //把标题元素增加到 body 元素中
var new_h1 = h1.cloneNode(true);                  //复制标题元素及其所有子节点
document.body.appendChild(new_h1);                //把复制的新标题元素增加到文档中
```

📢 注意：

由于复制的节点会包含原节点的所有特性，如果原节点中包含 id 属性，就会出现 id 属性值重叠情况。一般情况下，在同一个文档中，不同元素的 id 属性值应该不同。为了避免潜在冲突，应修改其中某个节点的 id 属性值。

扫一扫，看视频

17.4.5　插入节点

在文档中插入节点主要包括两种方法。

1. appendChild()方法

appendChild()方法可向当前节点的子节点列表的末尾添加新的子节点。用法如下：

```
appendChild(newchild)
```

参数 newchild 表示新添加的节点对象，并返回新增的节点。

【示例 1】下面的示例展示了如何把段落文本增加到文档中的指定的 div 元素中，使它成为当前节点的最后一个子节点。

```
<div id="box"></div>
<script>
var p = document.createElement("p");              //创建段落节点
var txt = document.createTextNode("盒模型");       //创建文本节点，文本内容为"盒模型"
p.appendChild(txt);                               //把文本节点增加到段落节点中
document.getElementById("box").appendChild(p);    //获取 box 元素，把段落节点增加进来
</script>
```

如果文档树中已经存在参数节点，则将从文档树中删除，然后重新插入新的位置。如果添加节点是 DocumentFragment 节点，则不会直接插入，而是把它的子节点插入当前节点的末尾。

📢 提示：

将元素添加到文档树中，浏览器就会立即呈现该元素。此后，对这个元素所作的任何修改都会实时反映在浏览器中。

【示例 2】在下面的示例中，新建两个盒子和一个按钮，使用 CSS 设计两个盒子，使其显示为不同

的效果。然后为按钮绑定事件处理程序，设计当单击按钮时执行插入操作。

```
<div id="red">
    <h1>红盒子</h1>
</div>
<div id="blue">蓝盒子</div>
<button id="ok">移动</button>
<script>
var ok = document.getElementById("ok");         //获取按钮元素的引用
ok.onclick = function(){                         //为按钮注册一个鼠标单击事件处理函数
 var red = document.getElementById("red");       //获取红色盒子的引用
 var blue = document.getElementById("blue");     //获取蓝色盒子的引用
 blue.appendChild(red);                          //最后移动红色盒子到蓝色盒子中
}
</script>
```

上面代码使用 appendChild()方法把红盒子移动到蓝色盒子中间。在移动指定节点时，会同时移动指定节点包含的所有子节点，演示效果如图 17.5 所示。

移动前　　　　　　　　　　　　　　　　　　移动后

图 17.5　使用 appendChild()方法移动元素

2．insertBefore()方法

使用 insertBefore()方法可在已有的子节点前插入一个新的子节点。用法如下：

```
insertBefore(newchild,refchild)
```

其中，参数 newchild 表示新插入的节点；refchild 表示插入新节点后的节点，用于指定插入节点的后面相邻位置。插入成功后，该方法将返回新插入的子节点。

【示例 3】针对示例 2，如果把蓝盒子移动到红盒子所包含的标题元素的前面，使用 appendChild()方法是无法实现的，此时不妨使用 insertBefore()方法来实现。

```
var ok = document.getElementById("ok");              //获取按钮元素的引用
ok.onclick = function(){                             //为按钮注册一个鼠标单击事件处理函数
    var red = document.getElementById("red");        //获取红色盒子的引用
    var blue = document.getElementById("blue");      //获取蓝色盒子的引用
    var h1 = document.getElementsByTagName("h1")[0]; //获取标题元素的引用
    red.insertBefore(blue, h1);                      //把蓝色盒子移动到红色盒子内，且位于标题前面
}
```

当单击"移动"按钮之后，则蓝色盒子被移动到红色盒子内部，且位于标题元素前面，效果如图 17.6 所示。

📢 提示：

insertBefore ()方法与 appendChild()方法一样，可以把指定元素及其所包含的所有子节点都一起插入到指定位置中。同时会先删除移动的元素，然后再重新插入到新的位置。

移动前　　　　　　　　　　　　　　　　移动后

图 17.6　使用 insertBefore()方法移动元素

扫一扫，看视频

17.4.6　删除节点

removeChild()方法可以从子节点列表中删除某个节点。用法如下：

```
nodeObject.removeChild(node)
```

其中，参数 node 为要删除节点。如果删除成功，则返回被删除节点；如果失败，则返回 null。
当使用 removeChild()方法删除节点时，该节点所包含的所有子节点将同时被删除。

【示例 1】在下面的示例中单击按钮时将删除红盒子中的一级标题。

```
<div id="red">
    <h1>红盒子</h1>
</div>
<div id="blue">蓝盒子</div>
<button id="ok">移动</button>
<script>
var ok = document.getElementById("ok");                 //获取按钮元素的引用
ok.onclick = function(){                                 //为按钮注册一个鼠标单击事件处理函数
    var red = document.getElementById("red");            //获取红色盒子的引用
    var h1 = document.getElementsByTagName("h1")[0];     //获取标题元素的引用
    red.removeChild(h1);                                 //移出红盒子包含的标题元素
}
</script>
```

【示例 2】如果想删除蓝色盒子，但是又无法确定它的父元素，此时可以使用 parentNode 属性来快速获取父元素的引用，并借助这个引用来实现删除操作。

```
var ok = document.getElementById("ok");                 //获取按钮元素的引用
ok.onclick = function(){                                 //为按钮注册一个鼠标单击事件处理函数
    var blue = document.getElementById("blue");         //获取蓝色盒子的引用
        var parent = blue.parentNode;                   //获取蓝色盒子父元素的引用
    parent.removeChild(blue);                           //移出蓝色盒子
}
```

如果希望把删除节点插入到文档其他位置，既可以使用 removeChild()方法，也可以使用 appendChild()和 insertBefore()方法实现。

【示例 3】在 DOM 文档操作中，删除节点与创建和插入节点一样都是最频繁的，为此可以封装删除节点操作函数。

```
//封装删除节点函数
//参数：e 表示预删除的节点
//返回值：返回被删除的节点，如果不存在指定的节点，则返回 undefined 值
function remove(e){
```

416

```
        if(e){
            var _e = e.parentNode.removeChild(e);
            return _e;
        }
        return undefined;
    }
```

【示例 4】如果要删除指定节点下的所有子节点，则封装的方法如下：

```
//封装删除所有子节点的方法
//参数：e 表示预删除所有子节点的父节点
function empty(e){
    while(e.firstChild){
        e.removeChild(e.firstChild);
    }
}
```

17.4.7 替换节点

replaceChild()方法可以将某个子节点替换为另一个。用法如下：

```
nodeObject.replaceChild(new_node,old_node)
```

其中，参数 new_node 为指定新的节点；参数 old_node 为被替换的节点。如果替换成功，则返回被替换的节点；如果替换失败，则返回 null。

【示例 1】以 17.4.6 小节的示例为基础，重写脚本，新建一个二级标题元素，并替换掉红色盒子中的一级标题元素。

```
var ok = document.getElementById("ok");              //获取按钮元素的引用
ok.onclick = function(){                             //为按钮注册一个鼠标单击事件处理函数
    var red = document.getElementById("red");        //获取红色盒子的引用
    var h1 = document.getElementsByTagName("h1")[0]; //获取一级标题的引用
    var h2 = document.createElement("h2");           //创建二级标题元素，并引用
    red.replaceChild(h2,h1);                         //把一级标题替换为二级标题
}
```

演示发现，当使用新创建的二级标题来替换一级标题之后，则原来的一级标题所包含的标题文本已经不存在了。这说明替换节点的操作不是替换元素名称，而是替换其包含的所有子节点，以及其包含的所有内容。

同样的道理，如果替换节点还包含子节点，则子节点将一同被插入到被替换的节点中。可以借助 replaceChild()方法在文档中使用现有的节点替换另一个存在的节点。

【示例 2】在下面的示例中使用蓝盒子替换掉红盒子中包含的一级标题元素。此时可以看到，蓝盒子原来显示的位置已经被删除显示，同时被替换元素 h1 也被删除。

```
var ok = document.getElementById("ok");               //获取按钮元素的引用
ok.onclick = function(){                              //为按钮注册一个鼠标单击事件处理函数
    var red = document.getElementById("red");         //获取红盒子的引用
    var blue = document.getElementById("blue");       //获取蓝盒子的引用
    var h1 = document.getElementsByTagName("h1")[0];  //获取一级标题的引用
    red.replaceChild(blue,h1);                        //把红盒子中包含的一级标题替换为蓝盒子
}
```

【示例 3】replaceChild()方法能够返回被替换掉的节点引用，因此还可以把被替换掉的元素给找回来，并增加到文档中的指定节点中。针对示例 2，使用一个变量 del_h1 存储被替换掉的一级标题，然后再把它插入到红色盒子前面。

```
var ok = document.getElementById("ok");              //获取按钮元素的引用
ok.onclick = function(){                             //为按钮注册一个鼠标单击事件处理函数
    var red = document.getElementById("red");        //获取红盒子的引用
    var blue = document.getElementById("blue");      //获取蓝盒子的引用
    var h1 = document.getElementsByTagName("h1")[0]; //获取一级标题的引用
    var del_h1 = red.replaceChild(blue,h1);          //把红盒子中包含的一级标题替换为蓝盒子
    red.parentNode.insertBefore(del_h1,red);         //把替换掉的一级标题插入到红盒子前面
}
```

17.5 文 本 节 点

文本节点表示元素和属性的文本内容，包含纯文本内容、转义字符，但不包含 HTML 代码。文本节点不包含子节点。主要特征值：nodeType 等于 3，nodeName 等于"#text"，nodeValue 等于包含的文本。

扫一扫，看视频

17.5.1 创建文本节点

使用 document 对象的 createTextNode()方法可创建文本节点。用法如下：

```
document.createTextNode(data)
```

参数 data 表示字符串。

【示例】下面的示例创建一个新 div 元素，并将其 className 设置为 red，然后添加到文档中。

```
var element = document.createElement("div");
element.className = "red";
document.body.appendChild(element);
```

📢 注意：

由于 DOM 操作等原因，可能会出现文本节点不包含文本，或者接连出现两个文本节点的情况。为了避免这种情况，一般应该在父元素上调用 normalize()方法，删除空文本节点，合并相邻文本节点。

扫一扫，看视频

17.5.2 访问文本节点

使用 nodeValue 或 data 属性可以访问文本节点包含的文本。使用 length 属性可以获取包含文本的长度，利用该属性可以遍历文本节点中每个字符。

【示例】设计一个读取元素包含文本的通用方法。

```
//获取指定元素包含的文本
//参数：e 表示指定元素
//返回值：返回包含的所有文本，包括子元素中包含的文本
function text(e){
    var s = "";
    var e = e.childNodes || e;            //判断元素是否包含子节点
    for( var i = 0; i < e.length; i++){   //遍历所有子节点
        s += e[i].nodeType != 1 ? e[i].nodeValue : text(e[i].childNodes);
                                          //通过递归遍历所有元素的子节点
    }
    return s;
}
```

在上面的 text()函数中，通过递归函数检索指定元素的所有子节点，然后判断每个子节点的类型，如果不是元素，则读取该节点的值；否则再递归遍历该元素包含的所有子节点。

下面使用上面定义的通用方法读取 div 元素包含的所有文本信息。

```
<div id="div1">
    <span class="red">div</span>
    元素
</div>
<script>
var div = document.getElementById("div1");
var s = text(div);                      //调用读取元素的文本通用方法
console.log(s);                         //返回字符串"div 元素"
</script>
```

这个通用方法不仅可以在 HTML DOM 中使用，也可以在 XML DOM 文档中工作，并兼容不同浏览器。

17.5.3 操作文本节点

使用下列方法可以操作文本节点中的文本。

- appendData(string)：将字符串 string 追加到文本节点的尾部。
- deleteData(start,length)：从 start 下标位置开始删除 length 个字符。
- insertData(start,string)：在 start 下标位置插入字符串 string。
- replaceData(start,length,string)：使用字符串 string 替换从 start 下标位置开始 length 个字符。
- splitText(offset)：在 offset 下标位置把一个 Text 节点分割成两个节点。
- substringData(start,length)：从 start 下标位置开始提取 length 个字符。

◀)) 注意：

在默认情况下，每个可以包含内容的元素最多只能有一个文本节点，而且必须有内容存在。在开始标签与结束标签之间只要存在空隙，就会创建文本节点。

```
<!-- 下面 div 不包含文本节点 -->
<div></div>
<!--下面 div 包含文本节点，值为空格-->
<div> </div>
<!--下面 div 包含文本节点，值为换行符-->
<div>
</div>
<!--下面 div 包含文本节点，值为"Hello World!" -->
<div>Hello World!</div>
```

17.5.4 读取 HTML 字符串

使用元素的 innerHTML 属性可以返回调用元素包含的所有子节点对应的 HTML 标记字符串。最初 innerHTML 是 IE 的私有属性，HTML5 规范了 innerHTML 的使用，并得到所有浏览器的支持。

【示例】下面的示例使用 innerHTML 属性读取 div 元素包含的 HTML 字符串。

```
<div id="div1">
    <style type="text/css">p {color:red;}</style>
    <p><span>div</span>元素</p>
</div>
<script>
var div = document.getElementById("div1");
var s = div.innerHTML;
console.log(s);
</script>
```

扫一扫，看视频

17.5.5　插入 HTML 字符串

使用 innerHTML 属性可以根据传入的 HTML 字符串，创建新的 DOM 片段，然后用这个 DOM 片段完全替换调用元素原有的所有子节点。设置 innerHTML 属性值之后，可以像访问文档中的其他节点一样访问新创建的节点。

【示例】下面的示例将创建一个 1000 行的表格。先构造一个 HTML 字符串，然后更新 DOM 的 innerHTML 属性。

```
<script>
function tableInnerHTML() {
    var i, h = ['<table border="1" width="100%">'];
    h.push('<thead>');
    h.push('<tr><th>id<\/th><th>yes?<\/th><th>name<\/th><th>url<\/th><th>action
    <\/th><\/tr>');
    h.push('<\/thead>');
    h.push('<tbody>');
    for(i = 1; i <= 1000; i++) {
        h.push('<tr><td>');
        h.push(i);
        h.push('<\/td><td>');
        h.push('And the answer is... ' + (i % 2 ? 'yes' : 'no'));
        h.push('<\/td><td>');
        h.push('my name is #' + i);
        h.push('<\/td><td>');
        h.push('<a href="http://example.org/' + i + '.html">http://example.org/' + i +
        '.html<\/a>');
        h.push('<\/td><td>');
        h.push('<ul>');
        h.push(' <li><a href="edit.php?id=' + i + '">edit<\/a><\/li>');
        h.push(' <li><a href="delete.php?id="' + i + '-id001">delete<\/a><\/li>');
        h.push('<\/ul>');
        h.push('<\/td>');
        h.push('<\/tr>');
    }
    h.push('<\/tbody>');
    h.push('<\/table>');
    document.getElementById('here').innerHTML = h.join('');
};
</script>
<div id="here"></div>
<script>
tableInnerHTML();
</script>
```

如果通过 DOM 的 document.createElement()和 document.createTextNode()方法创建同样的表格，代码会非常冗长。在一个性能苛刻的操作中更新一大块 HTML 页面，innerHTML 在大多数浏览器中执行得更快。

📢 注意：

使用 innerHTML 属性也有一些限制。例如，在大多数浏览器中，通过 innerHTML 插入<script>标记后，并不会执行其中的脚本。

17.5.6　替换 HTML 字符串

outerHTML 也是 IE 的私有属性，后来被 HTML5 规范，与 innerHTML 的功能相同，但是它会包含元素自身。支持的浏览器：IE 4+、Firefox 8+、Safari 4+、Chrome 和 Opera 8+。

【示例】下面的示例演示了 outerHTML 与 innerHTML 属性的不同效果。分别为列表结构中不同列表项定义一个鼠标单击事件，在事件处理函数中分别使用 outerHTML 和 innerHTML 属性改变原列表项的 HTML 标记，会发现 outerHTML 是使用<h2>替换<li>，而 innerHTML 是把<h2>插入到<li>中。演示效果如图 17.7 所示。

```html
<h1>单击回答问题</h1>
<ul>
    <li>你叫什么？</li>
    <li>你喜欢 JS 吗？</li>
</ul>
<script>
var ul = document.getElementsByTagName("ul")[0];      //获取列表结构
var lis = ul.getElementsByTagName("li");               //获取列表结构的所有列表项
lis[0].onclick = function(){                            //为第 2 列表项绑定事件处理函数
    this.innerHTML = "<h2>我是一名初学者</h2>";         //替换 HTML 文本
}
lis[1].onclick = function(){                            //为第 4 个列表项绑定事件处理函数
    this.outerHTML = "<h2>当然喜欢</h2>";              //覆盖列表项标签及其包含内容
}
</script>
```

（a）单击前　　　　　　　　　（b）单击后

图 17.7　比较 outerHTML 和 innerHTML 属性的不同效果

注意：

在使用 innerHTML、outerHTML 时，应删除被替换元素的所有事件处理程序和 JavaScript 对象属性。

17.5.7　读/写文本

innerText 和 outerText 也是 IE 的私有属性，但是没有被 HTML5 纳入规范。

1．innerText 属性

innerText 在指定元素中插入文本内容，如果文本中包含 HTML 字符串，将被编码显示。

支持的浏览器：IE 4+、Safari 3+、Chrome 和 Opera 8+。Firefox 提供 textContent 属性支持相同的功能。支持 textContent 属性的浏览器还有 IE 9+、Safari 3+、Opera 10+和 Chrome。

2. outerText 属性

outerText 与 innerText 功能类似，但是它能够覆盖原有的元素。

【示例】下面的示例使用 outerText、innerText、outerHTML 和 innerHTML 这 4 种属性为列表结构中不同列表项插入文本，演示效果如图 17.8 所示。

```
<h1>单击回答问题</h1>
<ul>
    <li>你好</li>
    <li>你叫什么？</li>
    <li>你干什么？</li>
    <li>你喜欢 JS 吗？</li>
</ul>
<script>
var ul = document.getElementsByTagName("ul")[0];    //获取列表结构
var lis = ul.getElementsByTagName("li");            //获取列表结构的所有列表项
lis[0].onclick = function(){                         //为第1个列表项绑定事件处理函数
    this.innerText = "谢谢";                         //替换文本
}
lis[1].onclick = function(){                         //为第2个列表项绑定事件处理函数
    this.innerHTML = "<h2>我是一名初学者</h2>";      //替换 HTML 文本
}
lis[2].onclick = function(){                         //为第3个列表项绑定事件处理函数
    this.outerText = "我是学生";                     //覆盖列表项标签及其包含内容
}
lis[3].onclick = function(){                         //为第4个列表项绑定事件处理函数
    this.outerHTML = "<h2>当然喜欢</h2>";            //覆盖列表项标签及其包含内容
}
</script>
```

（a）单击前

（b）单击后

图 17.8 比较不同文本插入属性的效果

17.6 属 性 节 点

属性节点的主要特征值：nodeType 等于 2，nodeName 等于属性的名称，nodeValue 等于属性的值，parentNode 等于 null，在 HTML 中不包含子节点。属性节点继承于 Node 类型，包含 3 个专用属性。

- ➥ name：表示属性名称，等效于 nodeName。
- ➥ value：表示属性值，可读可写，等效于 nodeValue。
- ➥ specified：如果属性值是在代码中设置的，则返回 true；如果为默认值，则返回 false。

扫一扫，看视频

17.6.1　创建属性节点

使用 document 对象的 createAttribute()方法可以创建属性节点，具体用法如下：

```
document.createAttribute(name)
```

参数 name 表示新创建的属性的名称。

【示例 1】下面的示例创建一个属性节点，名称为 align，值为 center，然后为标签<div id="box">设置属性 align，最后分别使用 3 种方法读取属性 align 的值。

```
<div id="box">document.createAttribute(name)</div>
<script>
var element = document.getElementById("box");
var attr = document.createAttribute("align");
attr.value = "center";
element.setAttributeNode(attr);
console.log(element.attributes["align"].value);         //"center"
console.log(element.getAttributeNode("align").value);   //"center"
console.log(element.getAttribute("align"));             //"center"
</script>
```

📢 提示：

属性节点一般位于元素的头部标签中。元素的属性列表会随着元素信息预先加载，并被存储在关联数组中。例如，针对下面 HTML 结构。

```
<div id="div1" class="style1" lang="en" title="div"></div>
```

当 DOM 加载后，表示 HTML div 元素的变量 divElement 就会自动生成一个关联集合，它以名值对形式检索这些属性。

```
divElement.attributes = {
    id : "div1",
    class : "style1",
    lang : "en",
    title : "div"
}
```

在传统 DOM 中，常用点语法通过元素直接访问 HTML 属性，如 img.src、a.href 等，这种方式虽然不标准，但却获得了所有浏览器的的支持。

【示例 2】img 元素拥有 src 属性，所有图像对象都拥有一个 src 脚本属性，它与 HTML 的 src 特性关联在一起。下面两种用法都可以很好地工作在不同浏览器中。

```
<img id="img1" src=""/>
<script>
var img = document.getElementById("img1");
img.setAttribute("src","http://www.w3.org/");      //HTML 属性
img.src = "http://www.w3.org/";                    //JavaScript 属性
</script>
```

类似的属性还有 onclick、style 和 href 等。为了保证 JavaScript 脚本在不同浏览器中都能很好地工作，采用标准用法更为稳妥，而且很多 HTML 属性并没有被 JavaScript 映射，所以也就无法直接通过脚本属性进行读/写。

17.6.2　读取属性值

使用元素的 getAttribute()方法可以读取指定属性的值，用法如下：

```
getAttribute(name)
```

扫一扫，看视频

参数 name 表示属性名称。

🔊 **注意：**

使用元素的 attributes 属性、getAttributeNode() 方法可以返回对应属性节点。

【示例 1】下面的示例访问红色盒子和蓝色盒子，然后读取这些元素所包含的 id 属性值。

```
<div id="red">红盒子</div>
<div id="blue">蓝盒子</div>
<script>
var red = document.getElementById("red");          //获取红色盒子
console.log(red.getAttribute("id"));               //显示红色盒子的 id 属性值
var blue = document.getElementById("blue");        //获取蓝色盒子
console.log(blue.getAttribute("id"));              //显示蓝色盒子的 id 属性值
</script>
```

【示例 2】HTML DOM 也支持使用点语法读取属性值，使用比较简便，也获得所有浏览器的支持。

```
var red = document.getElementById("red");
console.log(red.id);
var blue = document.getElementById("blue");
console.log(blue.id);
```

🔊 **注意：**

对于 class 属性，则必须使用 className 属性名，因为 class 是 JavaScript 语言的保留字；对于 for 属性，则必须使用 htmlFor 属性名，这与 CSS 脚本中 float 和 text 属性被改名为 cssFloat 和 cssText 是一个道理。

【示例 3】使用 className 读/写样式类。

```
<label id="label1" class="class1" for="textfield">文本框：
    <input type="text" name="textfield" id="textfield"/>
</label>
<script>
var label = document.getElementById("label1");
console.log(label.className);
console.log(label.htmlFor);
</script>
```

【示例 4】对于复合类样式，需要使用 split() 方法劈开返回的字符串，然后遍历读取类样式。

```
<div id="red" class="red blue">红盒子</div>
<script>
//所有类名生成的数组
var classNameArray = document.getElementById("red").className.split(" ");
for(var i in classNameArray ){                     //遍历数组
    console.log(classNameArray[i]);                //当前 class 名
}
</script>
```

17.6.3　设置属性值

扫一扫，看视频

使用元素的 setAttribute() 方法可以设置元素的属性值，用法如下：

```
setAttribute(name,value)
```

参数 name 和 value 参数分别表示属性名称和属性值。属性名称和属性值必须以字符串的形式进行传递。如果元素中存在指定的属性，它的值将被刷新；如果不存在，则 setAttribute() 方法将为元素创建该属性并赋值。

【示例 1】下面的示例分别为页面中 div 元素设置 title 属性。

```
<div id="red">红盒子</div>
<div id="blue">蓝盒子</div>
<script>
var red = document.getElementById("red");          //获取红盒子的引用
var blue = document.getElementById("blue");        //获取蓝盒子的引用
red.setAttribute("title", "这是红盒子");            //为红盒子对象设置 title 属性和值
blue.setAttribute("title", "这是蓝盒子");           //为蓝盒子对象设置 title 属性和值
</script>
```

【示例 2】下面的示例定义了一个文本节点和元素节点，并为一级标题元素设置 title 属性，最后把它们添加到文档结构中。

```
var hello = document.createTextNode("Hello World!");   //创建一个文本节点
var h1 = document.createElement("h1");                 //创建一个一级标题
h1.setAttribute("title", "你好，欢迎光临！");          //为一级标题定义 title 属性
h1.appendChild(hello);                                 //把文本节点增加到一级标题中
document.body.appendChild(h1);                         //把一级标题增加到文档
```

【示例 3】也可以通过快捷方法设置 HTML DOM 文档中元素的属性值。

```
<label id="label1">文本框:
    <input type="text" name="textfield" id="textfield"/>
</label>
<script>
var label = document.getElementById("label1");
label.className="class1";
label.htmlFor="textfield";
</script>
```

DOM 支持使用 getAttribute()和 setAttribute()方法读/写自定义属性，不过 IE 6.0 及其以下版本浏览器对其支持不是很完善。

【示例 4】直接使用 className 添加类样式，会覆盖掉元素原来的类样式。这时可以采用叠加的方式添加类。

```
<div id="red">红盒子</div>
<script>
var red = document.getElementById("red");
red.className = "red";
red.className += "blue";
</script>
```

【示例 5】使用叠加的方式添加类也存在问题，这样容易添加大量重复的类。为此，定义一个检测函数，判断元素是否包含指定的类，然后再决定是否添加类。

```
<script>
function hasClass(element,className){                   //类名检测函数
    var reg =new RegExp('(\\s|^)'+ className + '(\\s|$)');
    return reg.test(element.className);                 //使用正则检测是否有相同的样式
}
function addClass(element,className){                    //添加类名函数
    if(!hasClass(element, className))
        element.className +=' ' + className;
}
</script>
```

```
<div id="red">红盒子</div>
<script>
var red = document.getElementById("red");
addClass(red,'red');
addClass(red,'blue');
</script>
```

扫一扫，看视频

17.6.4 删除属性

使用元素的 removeAttribute()方法可以删除指定的属性。用法如下：

```
removeAttribute(name)
```

参数 name 表示元素的属性名。

【示例1】下面的示例演示了如何动态设置表格的边框。

```
<script>
window.onload = function() {                        //绑定页面加载完毕时的事件处理函数
    var table = document.getElementsByTagName("table")[0];//获取表格外框的引用
    var del = document.getElementById("del");       //获取"删除"按钮的引用
    var reset = document.getElementById("reset");   //获取"恢复"按钮的引用
    del.onclick = function(){                       //为"删除"按钮绑定事件处理函数
        table.removeAttribute("border");            //移出边框属性
    }
    reset.onclick = function(){                      //为"恢复"按钮绑定事件处理函数
        table.setAttribute("border", "2");           //设置表格的边框属性
    }
}
</script>
<table width="100%" border="2">
    <tr>
        <td>数据表格</td>
    </tr>
</table>
<button id="del">删除</button><button id="reset">恢复</button>
```

在示例1中，设计了两个按钮，并分别绑定不同的事件处理函数。单击"删除"按钮即可调用表格的 removeAttribute()方法清除表格边框，单击"恢复"按钮即可调用表格的 setAttribute()方法重新设置表格边框的粗细。

【示例2】下面的示例演示了如何自定义删除类函数，并调用该函数删除指定类名。

```
<script>
function hasClass(element,className){               //类名检测函数
    var reg = new RegExp('(\\s|^)'+ className + '(\\s|$)');
    return reg.test(element.className);             //使用正则检测是否有相同的样式
}
function deleteClass(element,className){
    if(hasClass(element,className)){
        element.className.replace(reg,' ');         //捕获要删除样式，然后替换为空白字符串
    }
}
</script>
<div id="red" class="red  blue  bold">红盒子</div>
<script>
var red = document.getElementById("red");
```

扫一扫，看视频

```
deleteClass(red,'blue');
</script>
```

上面代码使用正则表达式检测 className 属性值字符串中是否包含指定的类名，如果存在，则使用空字符替换掉匹配到的子字符串，从而达到删除类名的目的。

17.6.5　使用类选择器

HTML5 为 document 对象和 HTML 元素新增了 getElementsByClassName()方法，使用该方法可以选择指定类名的元素。getElementsByClassName()方法可以接收一个字符串参数，包含一个或多个类名，类名通过空格分隔，不分先后顺序，方法返回带有指定类的所有元素的 NodeList。

浏览器支持状态：IE 9+、Firefox 3.0+、Safari 3+、Chrome 和 Opera 9.5+。

如果不考虑兼容早期 IE 浏览器或者怪异模式，用户可以放心地使用该方法。

【示例 1】下面的示例使用 document.getElementsByClassName("red")方法选择文档中所有包含 red 类的元素。

```
<div class="red">红盒子</div>
<div class="blue red">蓝盒子</div>
<div class="green red">绿盒子</div>
<script>
var divs = document.getElementsByClassName("red");
for(var i=0; i<divs.length;i++){
    console.log(divs[i].innerHTML);
}
</script>
```

【示例 2】下面的示例使用 document.getElementById("box")方法先获取<div id="box">，然后在它下面使用 getElementsByClassName("blue red")选择同时包含 red 和 blue 类的元素。

```
<div id="box">
    <div class="blue red green">blue red green</div>
</div>
<div class="blue red  black">blue red  black</div>
<script>
var divs = document.getElementById("box").getElementsByClassName("blue red");
for(var i=0; i<divs.length;i++){
    console.log(divs[i].innerHTML);
}
</script>
```

在 document 对象上调用 getElementsByClassName()方法会返回与类名匹配的所有元素，在元素上调用该方法就只会返回后代元素中匹配的元素。

17.6.6　自定义属性

扫一扫，看视频

HTML5 允许用户为元素自定义属性，但要求添加 data-前缀，目的是为元素提供与渲染无关的附加信息，或者提供语义信息。例如：

```
<div id="box" data-myid="12345" data-myname="zhangsan"  data-mypass="zhang123">自定义
数据属性</div>
```

添加自定义属性之后，可以通过元素的 dataset 属性访问自定义属性。dataset 属性的值是一个 DOMStringMap 实例，也就是一个名值对的映射。在这个映射中，每个 data-name 形式的属性都会有一个对应的属性，只不过属性名没有 data-前缀。

支持的浏览器：Firefox 6+和 Chrome。

【示例】下面的代码演示了如何自定义属性，以及如何读取这些附加信息。

```javascript
var div = document.getElementById("box");
//访问自定义属性值
var id = div.dataset.myid;
var name = div.dataset.myname;
var pass = div.dataset.mypass;
//重置自定义属性值
div.dataset.myid = "54321";
div.dataset.myname = "lisi";
div.dataset.mypass = "lisi543";
//检测自定义属性
if (div.dataset.myname){
    console.log(div.dataset.myname);
}
```

虽然上述用法未获得所有浏览器支持，但是仍然可以使用这种方式为元素添加自定义属性，然后使用 getAttribute()方法读取元素附加的信息。

扫一扫，看视频

17.7 文档片段节点

DocumentFragment 是一个虚拟的节点类型，仅存在于内存中，没有添加到文档树，所以在网页中看不到渲染效果。使用文档片段的好处，就是避免浏览器渲染和占用资源。当文档片段设计完善后，再使用 JavaScript 一次性添加到文档树中显示出来，这样可以提高效率。

主要特征值：nodeType 值等于 11，nodeName 等于"#document-fragment"，nodeValue 等于 null，parentNode 等于 null。

创建文档片段的方法：

```javascript
var fragment = document.createDocumentFragment();
```

使用 appendChild()或 insertBefore()方法可以把文档片段添加到文档树中。

每次使用 JavaScript 操作 DOM，都会改变页面呈现，并触发整个页面重新渲染（回流），从而消耗系统资源。为解决这个问题，可以先创建一个文档片段，把所有的新节点附加到文档片段上，最后再把文档片段一次性添加到文档中，减少页面重绘的次数。

【示例】下面的示例使用文档片段创建主流 Web 浏览器列表。

```html
<ul id="ul"></ul>
<script>
var element  = document.getElementById('ul');
var fragment = document.createDocumentFragment();
var browsers = ['Firefox', 'Chrome', 'Opera', 'Safari', 'Internet Explorer'];
browsers.forEach(function(browser) {
    var li = document.createElement('li');
    li.textContent = browser;
    fragment.appendChild(li);            //此处往文档片段插入子节点，不会引起回流
});
element.appendChild(fragment);           //将打包好的文档片段插入 ul 节点
</script>
```

上面的示例准备为 ul 元素添加 5 个列表项。如果逐个添加列表项，将会导致浏览器反复渲染页面。为避免这个问题，可以使用一个文档片段来保存创建的列表项，然后再一次性将它们添加到文档中，这

扫一扫，看视频

样能够提升系统的执行效率。

17.8　CSS 选择器

在 2008 年以前，浏览器中大部分 DOM 扩展都是专有的。此后，W3C 将一些已经成为事实标准的专有扩展标准化，并写入规范中。Selectors API 就是由 W3C 发布的一个事实标准，为浏览器实现原生的 CSS 选择器。

Selector API Level 1 的核心是两个方法：querySelector()和 querySelectorAll()，在兼容浏览器中可以通过文档节点或元素节点调用。目前已完全支持 Selectors API Level 1 的浏览器有 IE 8+、Firefox 3.5+、Safari 3.1+、Chrome 和 Opera 10+。

Selector API Level 2 规范为元素增加了 matchesSelector()方法，这个方法接收一个 CSS 选择符参数，如果调用的元素与该选择符匹配，则返回 true；否则返回 false。目前，浏览器对其支持不是很好。

querySelector() 和 querySelectorAll()方法的参数必须是符合 CSS 选择符语法规则的字符串，其中 querySelector()返回一个匹配元素，querySelectorAll()返回的一个匹配集合。

【示例 1】新建网页文档，输入下面 HTML 结构代码。

```
<div class="content">
    <ul>
        <li>首页</li>
        <li class="red">财经</li>
        <li class="blue">娱乐</li>
        <li class="red">时尚</li>
        <li class="blue">互联网</li>
    </ul>
</div>
```

如果要获得第 1 个 li 元素，可以使用如下方法。

```
document.querySelector(".content ul li");
```

如果要获得所有 li 元素，可以使用如下方法。

```
document.querySelectorAll(".content ul li");
```

如果要获得所有 class 为 red 的 li 元素，可以使用如下方法。

```
document.querySelectorAll("li.red");
```

提示：

DOM API 模块也包含 getElementsByClassName()方法，使用该方法可以获取指定类名的元素。例如：

```
document.getElementsByClassName("red");
```

注意：

getElementsByClassName()方法只能够接收字符串作为参数，且必须为类名，而不需要加点号前缀，如果没有匹配到任何元素，则返回空数组。

CSS 选择器是一个便捷的确定元素的方法，这是因为大家已经对 CSS 很熟悉了。当需要联合查询时，使用 querySelectorAll()更加便利。

【示例 2】在文档中一些 li 元素的 class 名称是 red，另一些 class 名称是 blue，可以用 querySelectorAll() 方法一次性获得这两类节点。

```
var lis = document.querySelectorAll("li.red, li.blue");
```

如果不使用 querySelectorAll()方法，那么要获得同样列表，需要选择所有的 li 元素，然后通过迭代操作过滤出那些不需要的列表项目。

```
var result = [], lis1 = document.getElementsByTagName('li'), classname = '';
for(var i = 0, len = lis1.length; i < len; i++) {
    classname = lis1[i].className;
    if(classname === 'red' || classname === 'blue') {
        result.push(lis1[i]);
    }
}
```

比较上面两种不同的用法，使用选择器 querySelectorAll()方法比使用 getElementsByTagName()的性能要快很多。因此，如果浏览器支持 document.querySelectorAll()，那么最好使用它。

扫一扫，看视频

17.9　案例实战：动态脚本

动态脚本是指在页面加载时不存在，将来的某一时刻通过修改 DOM 动态添加的脚本。与操作 HTML 元素一样，创建动态脚本也有两种方式：插入外部文件和直接插入 JavaScript 代码。

【**示例 1**】动态加载的外部 JavaScript 文件能够立即运行。

```
<script type='text/javascript' src="test.js'></script>
```

使用动态脚本来设计如下：

```
var script = document.createElement("script");
script.type = "text/javascript";
script.src = "test.js";
document.body.appendChild(script);
```

当上面代码被执行时，在最后一行代码把<script>元素添加到页面中之前，是不会下载外部文件的。整个过程可以使用下面的函数来封装。

```
function loadScript(url){
    var script = document.createElement("script");
    script.type = "text/javascript";
    script.src = url;
    document.body.appendChild(script);
}
```

然后，就可以通过调用这个函数来动态加载外部的 JavaScript 文件了。

```
loadScript("test.js");
```

【**示例 2**】另一种指定 JavaScript 代码的方式是行内方式，如下面的例子所示。

```
function say(){
    alert("hi");
}
```

上面代码可以转换为动态方式：

```
var script = document.createElement("script");
script.type = "text/javascript";
script.appendChild(document.createTextNode("function say(){alert('hi');}"));
document.body.appendChild(script);
```

上面代码在 Firefox、Safari、Chrome 和 Opera 浏览器中，这些 DOM 代码可以正常运行。但在 IE 中，则会导致错误。这是因为 IE 将<script>视为一个特殊的元素，不允许 DOM 访问其子节点。不过，可以使用<script>元素的 text 属性来指定 JavaScript 代码。

```
var script = document.createElement("script");
script.type = "text/javascript";
script.text = "function say(){alert('hi');}";
document.body.appendChild(script);
```

【示例 3】从兼容角度考虑，使用函数对上面代码进行封装，然后在页面中定义一个调用函数，通过按钮动态加载要执行的脚本。页面主要代码如下：

```
<input type="button" value="Add Script" onclick="addScript()">
<script>
function loadScriptString(code){
    var script = document.createElement("script");
    script.type = "text/javascript";
    try {
        script.appendChild(document.createTextNode(code));
    } catch (ex){
        script.text = code;
    }
    document.body.appendChild(script);
}
function addScript(){
    loadScriptString("function sayHi(){alert('hi');}");
    sayHi();
}
</script>
```

Firefox、Opera、Chrome 和 Safari 都会在<script>包含代码接收完成之后发出一个 load 事件，这样可以监听<script>标签的 load 事件，以获取脚本准备好的通知。

```
var script = document.createElement ("script")
script.type = "text/javascript";
//兼容 Firefox、 Opera、Chrome、Safari 3+
script.onload = function(){
    alert("Script loaded!");
};
script.src = "file1.js";
document.getElementsByTagName("head")[0].appendChild(script);
```

IE 不支持标签的 load 事件，却支持另一种实现方式，它会发出一个 readystatechange 事件。<script>元素有一个 readyState 属性，它的值随着下载外部文件的过程而改变。readyState 有以下 5 种取值。

- ↘ uninitialized，默认状态。
- ↘ loading，下载开始。
- ↘ loaded，下载完成。
- ↘ interactive，下载完成但尚不可用。
- ↘ complete，所有数据已经准备好。

在<script>元素的生命周期中，readyState 的这些取值不一定全部出现，也并没有指出哪些取值总会被用到。不过在实践中，loaded 和 complete 状态值很重要，在 IE 中，这两个 readyState 值所表示的最终状态并不一致，有时<script>元素会得到 loaded，却从不出现 complete，而在另外一些情况下出现 complete 而用不到 loaded。最安全的办法就是在 readystatechange 事件中检查这两个取值，并且当其中一种取值出现时，删除 readystatechange 事件句柄，保证事件不会被处理两次。

```
var script = document.createElement ("script")
script.type = "text/javascript";
script.onreadystatechange = function(){  //兼容 IE
    if (script.readyState == "loaded" || script.readyState == "complete"){
        script.onreadystatechange = null;
        alert("Script loaded.");
    }
};
script.src = "file1.js";
document.getElementsByTagName("head")[0].appendChild(script);
```

【示例 4】下面的函数封装了标准实现和 IE 实现所需的功能。

```
function loadScript(url, callback) {
    var script = document.createElement("script")
    script.type = "text/javascript";
    if(script.readyState) {//兼容 IE
        script.onreadystatechange = function() {
            if(script.readyState == "loaded" || script.readyState == "complete") {
                script.onreadystatechange = null;
                callback();
            }
        };
    } else {//兼容其他浏览器
        script.onload = function() {
            callback();
        };
    }
    script.src = url;
    document.getElementsByTagName("head")[0].appendChild(script);
}
```

上面的封装函数接收两个参数：JavaScript 文件的 URL 和当 JavaScript 接收完成时触发的回调函数。属性检查用于决定监视哪种事件。最后设置 src 属性，并将<script>元素添加至页面。此 loadScript()函数的使用方法如下：

```
loadScript("file1.js", function(){
    alert("文件加载完成!");
});
```

可以在页面中动态加载很多 JavaScript 文件，只是要注意，浏览器不保证文件加载的顺序。在所有主流浏览器中，只有 Firefox 和 Opera 保证脚本按照指定的顺序执行，其他浏览器将按照服务器返回次序下载并运行不同的代码文件。可以将下载操作串连在一起以保证它们的次序。

```
loadScript("file1.js", function() {
    loadScript("file2.js", function() {
        loadScript("file3.js", function() {
            alert("所有文件都已经加载!");
        });
    });
});
```

此代码待 file1.js 可用之后才开始加载 file2.js，待 file2.js 可用之后才开始加载 file3.js。虽然此方法可行，但是如果要下载和执行的文件很多，还是有些麻烦。如果多个文件的次序十分重要，那么更好的办法是将这些文件按照正确的次序连接成一个文件。独立文件可以一次性下载所有代码，由于这是异步执行，因此使用一个大文件并没有什么损失。

17.10　在线支持

4

第 4 部分
JavaScript 高级应用

第 18 章　事　件　处　理

早期的互联网访问速度是非常慢的，为了解决用户漫长的等待，开发人员尝试把服务器端处理的任务部分前移到客户端，让客户端 JavaScript 脚本代替解决，如表单信息验证等。于是在 IE 3.0 和 Netscape 2.0 浏览器中开始出现事件。DOM 2 规范开始标准化 DOM 事件，直到 2004 年发布 DOM 3.0 时，W3C 才完善事件模型。目前主流浏览器都已经支持 DOM 3 事件模块。

【学习重点】
- ↘ 了解事件模型。
- ↘ 能够正确注册、销毁事件。
- ↘ 掌握鼠标和键盘事件开发
- ↘ 掌握页面和 UI 事件开发。

18.1　事　件　基　础

18.1.1　事件模型

在浏览器发展历史中，出现 4 种事件处理模型。
- ↘ 基本事件模型：也称为 DOM 0 事件模型，是浏览器初期出现的一种比较简单的事件模型，主要通过 HTML 事件属性，为指定标签绑定事件处理函数。由于这种模型应用比较广泛，获得了所有浏览器的支持，目前依然比较流行。但是这种模型对于 HTML 文档标签依赖严重，不利于 JavaScript 独立开发。
- ↘ DOM 事件模型：由 W3C 制定，是目前标准的事件处理模型。所有符合标准的浏览器都支持该模型，IE 怪异模式不支持该模型。DOM 事件模型包括 DOM 2 事件模块和 DOM 3 事件模块，DOM 3 事件模块为 DOM 2 事件模块的升级版，略有完善，主要是新增了一些事情类型，以适应移动设备的开发需要，但大部分规范和用法保持一致。
- ↘ IE 事件模型：IE 4.0 及其以上版本浏览器支持该模型，该模型与 DOM 事件模型相似，但用法不同。
- ↘ Netscape 事件模型：由 Netscape 4 浏览器实现，在 Netscape 6 中停止支持。

18.1.2　事件流

扫一扫，看视频

事件流就是多个节点对象对同一种事件进行响应的先后顺序，主要包括 3 种类型。

1. 冒泡型

事件从最特定的目标向最不特定的目标（document 对象）触发，也就是事件从下向上进行响应，这个传递过程被形象地称为冒泡。

【示例 1】在下面的示例中，文档包含 5 层嵌套的 div 元素，为它们定义相同的 click 事件，同时为每层<div>标签定义不同的类名。当单击<div>标签时，设计当前对象边框的显示效果为红色虚线，同时抓取当前标签的类名，以此标识每个标签的响应顺序。

```
<script>
function bubble(){
    var div = document.getElementsByTagName('div');
    var show = document.getElementById("show");
    for (var i = 0; i < div.length; ++i){              //遍历 div 元素
        div[i].onclick = (function(i){                 //为每个 div 元素注册鼠标单击事件处理函数
        return function(){                             //返回闭包函数
            div[i].style.border = '1px dashed red';    //定义当前元素的边框线为红色虚线
            show.innerHTML += div[i].className + " > "; //标识每个 div 元素的响应顺序
        }
        })(i);
    }
}
window.onload = bubble;
</script>
<div class="div-1">div-1
    <div class="div-2">div-2
        <div class="div-3">div-3
            <div class="div-4">div-4
                <div class="div-5">div-5</div>
            </div>
        </div>
    </div>
</div>
<p id="show"></p>
```

在浏览器中预览，如果单击最内层的<div>标签，则 click 事件是按从里到外的顺序逐层响应，从结构上看就是从下向上触发，在<p>标签中显示事件响应的顺序。

2. 捕获型

事件从最不特定的目标（document 对象）开始触发，然后到最特定的目标，也就是事件从上向下进行响应。

【示例 2】针对示例 1，修改 JavaScript 脚本，使用 addEventListener()方法为 5 个 div 元素注册 click 事件，在注册事件时定义响应类型为捕获型事件，即设置该方法的第 3 个参数值为 true。

```
function bubble(){
    var div = document.getElementsByTagName('div');
    var show = document.getElementById("show");
    for (var i = 0; i < div.length; ++i){              //遍历 div 元素
        div[i].addEventListener("click", (function(i){ //注册鼠标单击事件
        return function(){                             //返回闭包函数
            div[i].style.border = '1px dashed red';    //定义当前元素的边框为红色虚线
            show.innerHTML += div[i].className + " > ";
        }
        })(i), true);                                  //定义响应类型为捕获型
    }
}
window.onload = bubble;
```

在浏览器中预览，如果单击最里层的<div>标签，则 click 事件将按着从外到里的顺序逐层响应，在<p>标签中显示 5 个<div>标签的响应顺序。

3. 混合型

W3C 的 DOM 事件模型支持捕获型和冒泡型两种事件流，其中捕获型事件流先发生，然后才发生冒泡型事件流。两种事件流会触及 DOM 中的所有层级对象，从 document 对象开始，最后返回 document 对象结束。因此，可以把事件传播的整个过程分为 3 个阶段。

- 捕获阶段：事件从 document 对象沿着文档树向下传播到目标节点，如果目标节点的任何一个上级节点注册了相同事件，那么事件在传播的过程中就会首先在最接近顶部的上级节点执行，依次向下传播。
- 目标阶段：注册在目标节点上的事件被执行。
- 冒泡阶段：事件从目标节点向上触发，如果上级节点注册了相同的事件，将会逐级响应，依次向上传播。

扫一扫，看视频

18.1.3 绑定事件

在基本事件模型中，JavaScript 支持两种绑定方式。

1. 静态绑定

静态绑定，即把 JavaScript 脚本作为属性值，直接赋予给事件属性。

【示例 1】在下面的示例中，把 JavaScript 脚本以字符串的形式传递给 onclick 属性，为\<button\>标签绑定 click 事件。当单击按钮时，就会触发 click 事件，执行这行 JavaScript 脚本。

```
<button onclick="alert('你单击了一次!');">按钮</button>
```

2. 动态绑定

动态绑定，即使用 DOM 对象的事件属性进行赋值。

【示例 2】在下面的示例中，使用 document.getElementById()方法获取 button 元素，然后把一个匿名函数作为值传递给 button 元素的 onclick 属性，实现事件绑定操作。

```
<button id="btn">按钮</button>
<script>
var button = document.getElementById("btn");
button.onclick = function(){
    alert("你单击了一次!");
}
</script>
```

动态绑定可以在脚本中直接为页面元素附加事件，而不破坏 HTML 结构，比静态绑定更灵活。

扫一扫，看视频

18.1.4 事件处理函数

事件处理函数是一类特殊的函数，与函数直接量结构相同，主要任务是实现事件处理，为异步回调函数，由事件触发进行响应。

事件处理函数一般没有明确的返回值。在特定事件中，用户可以利用事件处理函数的返回值影响程序的执行，如单击超链接时，禁止默认的跳转行为。

【示例 1】下面的示例为 form 元素的 onsubmit 事件属性定义字符串脚本，设计当文本框中输入值为空时，定义事件处理函数的返回值为 false。这样将强制禁止表单提交数据。

```
<form id="form1" name="form1" method="post" action="http://www.mysite.cn/" onsubmit=
"if(this.elements[0].value.length==0) return false;">
    姓名: <input id="user" name="user" type="text"/>
```

```
<input type="submit" name="btn" id="btn" value="提交"/>
</form>
```

在上面的代码中，this 表示当前 form 元素；elements[0]表示姓名文本框，如果该文本框的 value.length 属性值长度为 0，表示当前文本框为空，则返回 false，禁止提交表单。

事件处理函数不需要参数。在 DOM 事件模型中，事件处理函数默认包含 event 参数对象， event 对象包含事件信息，在函数内进行传播。

【示例 2】下面的示例为按钮对象绑定一个单击事件。在这个事件处理函数中，参数 e 为形参，响应事件之后，浏览器会把 event 对象传递给形参变量 e，再把 event 对象作为一个实参进行传递，读取 event 对象包含的事件信息，在事件处理函数中输出当前源对象节点名称。

```
<button id="btn">按钮</button>
<script>
var button = document.getElementById("btn");
button.onclick = function(e){
    var e = e || window.event;                          //获取事件对象
    document.write(e.srcElement ? e.srcElement : e.target);//获取当前单击对象的标签名
}
</script>
```

◄» 提示：

IE 事件模型和 DOM 事件模型对于 event 对象的处理方式不同：IE 把 event 对象定义为 window 对象的一个属性，而 DOM 事件模型把 event 定义为事件处理函数的默认参数。所以，在处理 event 参数时，应该判断 event 在当前解析环境中的状态，如果当前浏览器支持，则使用 event（DOM 事件模型）；如果不支持，说明当前环境是 IE 浏览器，则通过 window.event 获取 event 对象。

event.srcElement 表示当前事件的源，即响应事件的当前对象，这是 IE 模型的用法。但是 DOM 事件模型不支持该属性，需要使用 event 对象的 target 属性，它是一个符合标准的源属性。为了能够兼容不同浏览器，这里使用了一个条件运算符，先判断 event.srcElement 属性是否存在，如果不存在，则使用 event.target 属性来获取当前事件对象的源。

在事件处理函数中，this 表示当前事件对象，与 event 对象的 srcElement 属性（IE 模型）或者 target（DOM 事件模型）属性所代表的意思相同。

【示例 3】在下面的示例中，定义当单击按钮时将当前按钮的背景色改变为红色），其中 this 关键字就表示 button 按钮对象。

```
<button id="btn" onclick="this.style.background='red';">按钮</button>
```

也可以使用下面一行代码来表示：

```
<button id="btn" onclick="(event.srcElement?event.srcElement:event.target).
style.background='red';">按钮</button>
```

在一些特殊环境中，this 并非都表示当前事件对象。

【示例 4】下面的示例分别使用 this 和事件源来指定当前对象，但是会发现 this 并没有指向当前的事件对象按钮，而是指向 window 对象，所以这个时候继续使用 this 引用当前对象就错了。

```
<script>
function btn1(){                          //事件处理函数，函数中的 this 表示调用该函数的当前对象
    this.style.background = "red";
}
function btn2(event){                     //事件处理函数
    event = event || window.event; //获取事件对象 event
    var src = event.srcElement ? event.srcElement : event.target;   //获取当前事件源
    src.style.background = "red";  //改变当前事件源的背景色
}
```

```
</script>
<button id="btn1" onclick="btn1();">按 钮 1</button>
<button id="btn2" onclick="btn2(event);">按 钮 2</button>
```

为了能够准确获取当前事件对象，在第2个按钮的 click 事件处理函数中，直接把 event 传递给 btn2()。如果不传递该参数，支持 DOM 事件模型的浏览器就会找不到 event 对象。

扫一扫，看视频

18.1.5 注册事件

在 DOM 事件模型中，通过调用对象的 addEventListener()方法注册事件，用法如下：

```
element.addEventListener(String type, Function listener, boolean useCapture);
```

参数说明如下。

- ➡ type：注册事件的类型名。事件类型与事件属性不同，事件类型名没有 on 前缀。例如，对于事件属性 onclick 来说，所对应的事件类型为 click。
- ➡ listener：监听函数，即事件处理函数。在指定类型的事件发生时将调用该函数，在调用这个函数时，默认传递给它的唯一参数是 event 对象。
- ➡ useCapture：是一个布尔值，如果为 true，则指定的事件处理函数将在事件传播的捕获阶段触发；如果为 false，则事件处理函数将在冒泡阶段触发。

【示例 1】下面的示例使用 addEventListener()为所有按钮注册 click 事件。首先，调用 document 的 getElementsByTagName()方法捕获所有按钮对象；然后，使用 for 语句遍历按钮集（btn），并使用 addEventListener()方法分别为每一个按钮注册事件函数，以获取当前对象所显示的文本。

```
<button id="btn1" onclick="btn1();">按 钮 1</button>
<button id="btn2" onclick="btn2(event);">按 钮 2</button>
<script>
var btn = document.getElementsByTagName("button");      //捕获所有按钮
for(var i in btn){                      //遍历按钮集合
    btn[i].addEventListener("click", function(){
    alert(this.innerHTML);
    }, true);                           //为每个按钮对象注册一个事件处理函数，定义在捕获阶段进行响应
}
</script>
```

使用 addEventListener()方法既可以为多个对象注册相同的事件处理函数，也可以为同一个对象注册多个事件处理函数。为同一个对象注册多个事件处理函数对于模块化开发非常有用。

【示例 2】在下面的示例中，为段落文本注册两个事件：mouseover 和 mouseout。当鼠标移到段落文本上面时会显示为蓝色背景，而当鼠标移出段落文本时会显示为红色背景。这里，不需要破坏文档结构，而为段落文本增加了多个事件属性。

```
<p id="p1">为对象注册多个事件</p>
<script>
var p1 = document.getElementById("p1");     //捕获段落元素的句柄
p1.addEventListener("mouseover", function(){
    this.style.background = 'blue';
} , true);                                  //为段落元素注册第 1 个事件处理函数
p1.addEventListener("mouseout", function(){
    this.style.background = 'red';
}, true);                                   //为段落元素注册第 2 个事件处理函数
</script>
```

IE 事件模型使用 attachEvent()方法注册事件，用法如下：

```
element.attachEvent(etype,eventName)
```

参数说明如下。

> etype：设置事件类型，如 onclick、onkeyup、onmousemove 等。
> eventName：设置事件名称，也就是事件处理函数。

【示例 3】在下面的示例中，为段落标签<p>标签注册两个事件：mouseover 和 mouseout，当鼠标经过时，段落文本背景色显示为蓝色；当鼠标移开之后，背景色显示为红色。

```
<p id="p1">IE 事件注册</p>
<script>
var p1 = document.getElementById("p1");          //捕获段落元素
p1.attachEvent("onmouseover", function(){
    p1.style.background = 'blue';
});                                              //注册 mouseover 事件
p1.attachEvent("onmouseout", function(){
    p1.style.background = 'red';
});                                              //注册 mouseout 事件
</script>
```

📢 提示：

使用 attachEvent()注册事件时，其事件处理函数的调用对象不再是当前事件对象本身，而是 window 对象，因此事件函数中的 this 就指向 window，而不是当前对象，如果要获取当前对象，应该使用 event 的 srcElement 属性。

📢 注意：

IE 事件模型中的 attachEvent()方法第 1 个参数为事件类型名称，但需要加上 on 前缀，例如 onmouseover；而使用 addEventListener()方法时，不需要这个 on 前缀，例如 click。

18.1.6 销毁事件

在 DOM 事件模型中，使用 removeEventListener()方法可以从指定对象中删除已经注册的事件处理函数。用法如下：

扫一扫，看视频

```
element.removeEventListener(String type, Function listener, boolean useCapture);
```

参数说明可参阅 addEventListener()方法的参数说明。

【示例 1】在下面的示例中，分别为按钮 a 和按钮 b 注册 click 事件，其中按钮 a 的事件函数为 ok()，按钮 b 的事件函数为 delete_event()。在浏览器中预览，当单击"点我"按扭将弹出一个对话框，在不删除之前这个事件是一直存在的。当单击"删除事件"按钮之后，"点我"按钮将失去了任何效果。

```
<input id="a" type="button" value="点我"/>
<input id="b" type="button" value="删除事件"/>
<script>
var a = document.getElementById("a");            //获取按钮 a
var b = document.getElementById("b");            //获取按钮 b
function ok(){                                    //按钮 a 的事件处理函数 ok()
    alert("您好，欢迎光临!");
}
function delete_event(){                          //按钮 b 的事件处理函数 delete_event()
    a.removeEventListener("click",ok,false);     //移出按钮 a 的 click 事件
}
a.addEventListener("click",ok,false);            //默认为按钮 a 注册事件
b.addEventListener("click",delete_event,false);  //默认为按钮 b 注册事件
</script>
```

◀》提示：

> removeEventListener()方法只能够删除 addEventListener()方法注册的事件。如果直接使用 onclick 等直接写在元素上的事件，将无法使用 removeEventListener()方法删除。

当临时注册一个事件时，可以在处理完毕迅速删除它，这样能够节省系统资源。

IE 事件模型使用 detachEvent()方法注销事件，用法如下：

```
element.detachEvent(etype,eventName)
```

参数说明可参阅 attachEvent()方法的参数说明。

由于 IE 怪异模式不支持 DOM 事件模型，为了保证页面的兼容性，开发时需要兼容两种事件模型以实现在不同浏览器中具有相同的交互行为。

【示例 2】为了能够兼容 IE 事件模型和 DOM 事件模型，下面的示例使用 if 语句判断当前浏览器支持的事件处理模型，然后分别使用 DOM 注册方法和 IE 注册方法为段落文本注册 mouseover 和 mouseout 两个事件。当触发 mouseout 事件之后，再把 mouseover 和 mouseout 事件注销掉。

```
<p id="p1">注册兼容性事件</p>
<script>
var p1 = document.getElementById("p1");          //捕获段落元素
var f1 = function(){                             //定义事件处理函数 1
   p1.style.background = 'blue';
};
var f2 = function(){                             //定义事件处理函数 2
   p1.style.background = 'red';
   if(p1.detachEvent){                           //兼容 IE 事件模型
       p1.detachEvent("onmouseover", f1);        //注销事件 mouseover
       p1.detachEvent("onmouseout", f2);         //注销事件 mouseout
   } else{                                       //兼容 DOM 事件模型
       p1.removeEventListener("mouseover", f1);  //注销事件 mouseover
       p1.removeEventListener("mouseout", f2);   //注销事件 mouseout
   }
};
if(p1.attachEvent){                              //兼容 IE 事件模型
   p1.attachEvent("onmouseover", f1);            //注册事件 mouseover
   p1.attachEvent("onmouseout", f2);             //注册事件 mouseout
}else{                                           //兼容 DOM 事件模型
   p1.addEventListener("mouseover", f1);         //注册事件 mouseover
   p1.addEventListener("mouseout", f2);          //注册事件 mouseout
}
</script>
```

扫一扫，看视频

18.1.7 使用 event 对象

event 对象由事件自动创建，记录了当前事件的状态，如事件发生的源节点，键盘按键的响应状态，鼠标指针的移动位置，鼠标按键的响应状态等信息。event 对象的属性提供了有关事件的细节，其方法可以控制事件的传播。

2 级 DOM Events 规范定义了一个标准的事件模型，它被除了 IE 怪异模式以外的所有现代浏览器支持，而 IE 定义了一个专用的、不兼容的模型。现简单比较这两种事件模型。

❧ 在 DOM 事件模型中，event 对象被传递给事件处理函数，但是在 IE 事件模型中，它被存储在 window 对象的 event 属性中。

❧ 在 DOM 事件模型中，Event 类型的各种子接口定义了额外的属性，它们提供了与特定事件类型相关的细节；在 IE 事件模型中，只有一种类型的 event 对象，它用于所有类型的事件。

　　下面列出了 2 级 DOM 事件标准定义的 event 对象的属性，如表 18.1 所列。注意，这些属性都是只读属性。

表 18.1　DOM 事件模型中 event 对象的属性

属　　性	说　　明
bubbles	返回布尔值，指示事件是否是冒泡事件类型。如果事件是冒泡类型，则返回 true；否则返回 fasle
cancelable	返回布尔值，指示事件是否可以取消的默认动作。如果使用 preventDefault()方法可以取消与事件关联的默认动作，则返回值为 true；否则返回值为 fasle
currentTarget	返回触发事件的当前节点，即当前处理该事件的元素、文档或窗口。在捕获和冒泡阶段，该属性是非常有用的，因为在这两个阶段，它不同于 target 属性
eventPhase	返回事件传播的当前阶段，包括捕获阶段（1）、目标阶段（2）和冒泡阶段（3）
target	返回事件的目标节点（触发该事件的节点），如生成事件的元素、文档或窗口
timeStamp	返回事件生成的日期和时间
type	返回当前 event 对象表示的事件的名称。如"submit"、"load"或"click"

　　下面列出了 2 级 DOM 事件标准定义的 event 对象的的方法，如表 18.2 所列。IE 事件模型不支持这些方法。

表 18.2　DOM 事件模型中 event 对象的方法

方　　法	说　　明
initEvent()	初始化新创建的 event 对象的属性
preventDefault()	通知浏览器不要执行与事件关联的默认动作
stopPropagation()	终止事件在传播过程的捕获、目标或冒泡阶段进一步传播。调用该方法后，该节点上处理该事件的处理函数将被调用，但事件不再被分派到其他节点

🔊 提示：

　　表 18.1 是 Event 类型提供的基本属性，各个事件子模块也都定义了专用属性和方法。例如，UIEvent 提供了 view（发生事件的 window 对象）和 detail（事件的详细信息）属性。而 MouseEvent 除了拥有 Event 和 UIEvent 属性和方法外，也定义了更多实用属性，详细说明可参考本书后面章节内容。

　　IE 7 及其早期版本和 IE 怪异模式不支持标准的 DOM 事件模型，IE 的 event 对象定义了一组完全不同的属性，如表 18.3 所列。

表 18.3　IE 事件模型中 event 对象的属性

属　　性	描　　述
cancelBubble	如果想在事件处理函数中阻止事件传播到上级包含对象，必须把该属性设为 true
fromElement	对于 mouseover 和 mouseout 事件，fromElement 引用移出鼠标的元素
keyCode	对于 keypress 事件，该属性声明了被敲击的键生成的 Unicode 字符码。对于 keydown 和 keyup 事件，它指定了被敲击的键的虚拟键盘码。虚拟键盘码可能和使用的键盘的布局相关
offsetX、offsetY	发生事件的地点在事件源元素的坐标系统中的 x 坐标和 y 坐标
returnValue	如果设置了该属性，它的值比事件处理函数的返回值优先级高。把这个属性设置为 fasle，可以取消发生事件的源元素的默认动作
srcElement	对于生成事件的 window 对象、document 对象或 element 对象的引用
toElement	对于 mouseover 和 mouseout 事件，该属性引用移入鼠标的元素
x、y	事件发生的位置的 x 坐标和 y 坐标，它们相对于用 CSS 定位的最内层包含元素

IE 事件模型并没有为不同的事件定义继承类型，因此所有和任何事件的类型相关的属性都在上面列表中。

🔊 提示：

为了兼容 IE 和 DOM 两种事件模型，可以使用下面表达式。

```
var event = event || window.event;                //兼容不同模型的 event 对象
```

上面代码右侧是一个选择运算表达式，如果事件处理函数存在 event 实参，则使用 event 形参来传递事件信息；如果不存在 event 参数，则调用 window 对象的 event 属性来获取事件信息。把上面表达式放在事件处理函数中即可实现兼容。

在以事件驱动为核心的设计模型中，一次只能够处理一个事件，由于从来不会并发两个事件，因此使用全局变量来存储事件信息是一种比较安全的方法。

【示例】下面的示例演示了如何禁止超链接默认的跳转行为。

```
<a href="https://www.baidu.com/" id="a1">禁止超链接跳转</a><script>
document.getElementById('a1').onclick = function(e) {
    e = e || window.event;                         //兼容事件对象
    var target = e.target || e.srcElement;         //兼容事件目标元素
    if(target.nodeName !== 'A') {                   //仅针对超链接起作用
        return;
    }
    if(typeof e.preventDefault === 'function') {    //兼容 DOM 模型
        e.preventDefault();                         //禁止默认行为
        e.stopPropagation();                        //禁止事件传播
    } else {                                        //兼容 IE 模型
        e.returnValue = false;                      //禁止默认行为
        e.cancelBubble = true;                      //禁止冒泡
    }
};
</script>
```

18.1.8 事件委托

扫一扫，看视频

事件委托（delegate）也称为事件托管或事件代理，就是把目标节点的事件绑定到祖先节点上。这种简单而优雅的事件注册方式是基于：在事件传播过程中，逐层冒泡总能被祖先节点捕获。

这样做的好处：优化代码，提升运行性能，真正把 HTML 和 JavaScript 分离，也能防止在动态添加或删除节点过程中发生注册的事件丢失的现象。

【示例 1】下面的示例使用一般方法为列表结构中每个列表项目绑定 click 事件，单击列表项目，将弹出提示对话框，提示当前节点包含的文本信息。如果为列表框动态添加列表项目之后，新添加的列表项目就没有绑定 click 事件。

```
<button id="btn">添加列表项目</button>
<ul id="list">
    <li>列表项目 1</li>
    <li>列表项目 2</li>
    <li>列表项目 3</li>
</ul>
<script>
var ul=document.getElementById("list");
var lis=ul.getElementsByTagName("li");
for(var i=0;i<lis.length;i++){
```

```
        lis[i].addEventListener('click',function(e){
            var e = e || window.event;
            var target = e.target || e.srcElement;
            alert(e.target.innerHTML);
        },false);
    }
    var i = 4;
    var btn=document.getElementById("btn");
    btn.addEventListener("click",function(){
        var li = document.createElement("li");
        li.innerHTML = "列表项目" + i++;
        ul.appendChild(li);
    });
</script>
```

【示例 2】下面的示例借助事件委托技巧，首先利用事件传播机制，在列表框 ul 元素上绑定 click 事件，当事件传播到父节点 ul 上时，捕获 click 事件。然后在事件处理函数中检测当前事件响应节点类型，如果是 li 元素，则进一步执行下面的代码；如果不是，则跳出事件处理函数，结束响应。

```
<button id="btn">添加列表项目</button>
<ul id="list">
    <li>列表项目 1</li>
    <li>列表项目 2</li>
    <li>列表项目 3</li>
</ul>
<script>
var ul=document.getElementById("list");
ul.addEventListener('click',function(e){
    var e = e || window.event;
    var target = e.target || e.srcElement;
    if(e.target&&e.target.nodeName.toUpperCase()=="LI"){    /*判断目标事件是否为li*/
        alert(e.target.innerHTML);
    }
},false);
var i = 4;
var btn=document.getElementById("btn");
btn.addEventListener("click",function(){
    var li = document.createElement("li");
    li.innerHTML = "列表项目" + i++;
    ul.appendChild(li);
});
</script>
```

当页面存在大量元素，并且每个元素注册了一个或多个事件时，可能会影响性能。访问和修改更多的 DOM 节点，程序就会更慢，特别是事件连接过程都发生在 load（或 DOMContentReady）事件中时，对任何一个交互网页来说，这都是一个繁忙的时间段。另外，浏览器需要保存每个事件句柄的记录，也会占用更多内存。

18.2 使用鼠标事件

鼠标事件是 Web 开发中最常用的事件类型，鼠标事件类型详细说明如表 18.4 所示。

表 18.4　鼠标的事件类型

事件类型	说　明
click	按下鼠标左键时发生，如果右键也按下，则不会发生。当用户的焦点在按钮上，并按了 Enter 键时，同样会触发这个事件
dblclick	双击鼠标左键时发生，如果右键也按下，则不会发生
mousedown	单击任意一个鼠标按钮时发生
mouseout	鼠标指针位于某个元素上，且将要移出元素的边界时发生
mouseover	鼠标指针移出某个元素，到另一个元素上时发生
mouseup	松开任意一个鼠标按钮时发生
mousemove	鼠标在某个元素上时持续发生

扫一扫，看视频

18.2.1　鼠标点击

鼠标点击事件包括 4 个类型：click（单击）、dblclick（双击）、mousedown（按下）和 mouseup（松开）。其中 click 事件类型比较常用，而 mousedown 和 mouseup 事件类型多用在鼠标拖放、拉伸操作中。当这些事件处理函数的返回值为 false 时，则会禁止绑定对象的默认行为。

【示例】在下面的示例中，当定义超链接指向自身时（多在设计过程中 href 属性值暂时使用"#"或"？"表示），可以取消超链接被单击时默认行为，即刷新页面。

```
<a name="tag" id="tag" href="#">a</a>
<script>
var a = document.getElementsByTagName("a");      //获取页面中所有超链接元素
for(var i = 0; i < a.length; i ++ ){             //遍历所有a元素
    if((new RegExp(window.location.href)).test(a[i].href)){
        //如果当前超链接 href 属性中包含本页面的 URL 信息
        a[i].onclick = function(){
            return false;                        //将禁止超链接的默认行为
        }
    }
}
</script>
```

当单击示例中的超链接时，页面不会发生跳转变化（即禁止页面发生刷新效果）。

扫一扫，看视频

18.2.2　鼠标移动

mousemove 事件类型是一个实时响应的事件，当鼠标指针的位置发生变化时（至少移动 1 像素），就会触发 mousemove 事件。该事件响应的灵敏度主要参考鼠标指针移动速度的快慢，以及浏览器跟踪更新的速度。

【示例】下面的示例演示了如何综合应用各种鼠标事件实现页面元素拖放操作的设计过程。

实现拖放操作设计，需要注意下面 3 个问题。

➥ 定义拖放元素为绝对定位，以及设计事件的响应过程。这个比较容易实现。

➥ 清楚几个坐标概念：按下鼠标时的指针坐标、移动中当前鼠标的指针坐标、松开鼠标时的指针坐标、拖放元素的原始坐标、拖动中的元素坐标。

➥ 算法设计：按下鼠标时，获取被拖放元素和鼠标指针的位置，在移动中实时计算鼠标偏移的距离，并利用该偏移距离加上被拖放元素的原坐标位置，获得拖放元素的实时坐标。

鼠标拖放操作设计示意图如图 18.1 所示，其中变量 ox 和 oy 分别记录按下鼠标时被拖放元素的纵横坐标值，它们可以通过事件对象的 offsetLeft 和 offsetTop 属性获取。变量 mx 和 my 分别表示按下鼠标时，鼠标指针的坐标位置。而 event.mx 和 event.my 是事件对象的自定义属性，用它们来存储当鼠标移动时鼠标指针的实时位置。

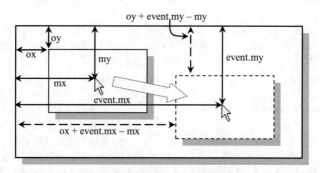

图 18.1　拖放操作设计示意图

当获取了上面 3 对坐标值之后，就可以动态计算拖动中元素的实时坐标位置，即 x 轴值为 ox + event.mx − mx，y 轴为 oy + event.my − my。当释放鼠标按钮时，则可以释放事件类型，并记下松开鼠标指针时拖动元素的坐标值，以及鼠标指针的位置，留待下一次拖放操作时调用。

整个拖放操作的示例代码如下：

```
<div id="box" ></div>
<script>
//初始化拖放对象
var box = document.getElementById("box");        //获取页面中被拖放元素的引用指针
box.style.position = "absolute";                 //绝对定位
box.style.width = "160px";                       //定义宽度
box.style.height = "120px";                      //定义高度
box.style.backgroundColor = "red";               //定义背景色
//初始化变量，标准化事件对象
var mx, my, ox, oy;                              //定义备用变量
function e(event){                               //定义事件对象标准化函数
   if( ! event){                                 //兼容 IE 事件模型
      event = window.event;
      event.target = event.srcElement;
      event.layerX = event.offsetX;
      event.layerY = event.offsetY;
   }
   event.mx = event.pageX || event.clientX + document.body.scrollLeft;
    //计算鼠标指针的 x 轴距离
   event.my = event.pageY || event.clientY + document.body.scrollTop;
    //计算鼠标指针的 y 轴距离
   return event;                                //返回标准化的事件对象
}
//定义鼠标事件处理函数
document.onmousedown = function(event){         //按下鼠标时，初始化处理
   event = e(event);                            //获取标准事件对象
   o = event.target;                            //获取当前拖放的元素
   ox = parseInt(o.offsetLeft);                 //拖放元素的 x 轴坐标
   oy = parseInt(o.offsetTop);                  //拖放元素的 y 轴坐标
   mx = event.mx;                               //按下鼠标指针的 x 轴坐标
   my = event.my;                               //按下鼠标指针的 y 轴坐标
   document.onmousemove = move;                 //注册鼠标移动事件处理函数
```

```
    document.onmouseup = stop;                    //注册松开鼠标事件处理函数
}
function move(event){                             //鼠标移动处理函数
    event = e(event);
    o.style.left = ox + event.mx - mx + "px";     //定义拖动元素的 x 轴距离
    o.style.top = oy + event.my - my + "px";      //定义拖动元素的 y 轴距离
}
function stop(event){                             //松开鼠标处理函数
    event = e(event);
    ox = parseInt(o.offsetLeft);                  //记录拖放元素的 x 轴坐标
    oy = parseInt(o.offsetTop);                   //记录拖放元素的 y 轴坐标
    mx = event.mx;                                //记录鼠标指针的 x 轴坐标
    my = event.my;                                //记录鼠标指针的 y 轴坐标
    o = document.onmousemove = document.onmouseup = null;   //释放所有操作对象
}
</script>
```

扫一扫，看视频

18.2.3　鼠标经过

鼠标经过包括移过和移出两种事件类型。当移动鼠标指针到某个元素上时，将触发 mouseover 事件；而当把鼠标指针移出某个元素时，将触发 mouseout 事件。如果从父元素中移到子元素中时，也会触发父元素的 mouseover 事件类型。

【示例】在下面的示例中，分别为 3 个嵌套的 div 元素定义了 mouseover 和 mouseout 事件处理函数，这样当从外层的父元素中移动到内部的子元素中时，将会触发父元素的 mouseover 事件类型，但是不会触发 mouseout 事件类型。

```
<div>
    <div>
        <div>盒子</div>
    </div>
</div>
<script>
var div = document.getElementsByTagName("div");   //获取 3 个嵌套的 div 元素
for(var i=0;i<div.length;i++){                     //遍历嵌套的 div 元素
    div[i].onmouseover = function(e){              //注册移过事件处理函数
        this.style.border = "solid blue";
    }
    div[i].onmouseout = function(){                //注册移出事件处理函数
        this.style.border = "solid red";
    }
}
</script>
```

扫一扫，看视频

18.2.4　鼠标来源

当一个事件发生后，可以使用事件对象的 target 属性获取发生事件的节点元素。如果在 IE 事件模型中实现相同的目标，可以使用 srcElement 属性。

【示例】在下面的示例中，当鼠标移过页面中的 div 元素时，会弹出提示对话框，提示当前元素的节点名称。

```
<div>div 元素</div>
<script>
```

```
var div = document.getElementsByTagName("div")[0];
div.onmouseover = function(e){          //注册 mouseover 事件处理函数
    var e = e || window.event;          //标准化事件对象，兼容 DOM 和 IE 事件模型
    var o = e.target || e.srcElement;   //标准化事件属性，获取当前事件的节点
    alert(o.tagName);                   //返回字符串"DIV"
}
</script>
```

　　在 DOM 事件模型中，还定义了 currentTarget 属性，当事件在传播过程中（如，捕获和冒泡阶段）时，该属性值与 target 属性值不同。因此，一般在事件处理函数中应该使用该属性而不是 this 关键词获取当前对象。

　　除了使用上面提到的通用事件属性外，如果想获取鼠标指针来移动哪个元素，在 DOM 事件模型中，可以使用 relatedTarget 属性获取当前事件对象的相关节点元素；而在 IE 事件模型中，可以使用 fromElement 获取 mouseover 事件中鼠标移到过的元素，使用 toElement 属性获取在 mouseout 事件中鼠标移到的文档元素。

18.2.5　鼠标定位

　　当事件发生时，获取鼠标的位置是件很重要的事件。由于浏览器的不兼容性，不同浏览器分别在各自事件对象中定义了不同的属性，如表 18.5 所列。这些属性都以像素值定义了鼠标指针的坐标，但是它们参照的坐标系不同，导致准确计算鼠标的位置比较麻烦。

表 18.5　属性及其兼容性

属　性	说　　明	兼　容　性
clientX	以浏览器窗口左上顶角为原点，定位 x 轴坐标	所有浏览器，不兼容 Safari
clientY	以浏览器窗口左上顶角为原点，定位 y 轴坐标	所有浏览器，不兼容 Safari
offsetX	以当前事件的目标对象左上顶角为原点，定位 x 轴坐标	所有浏览器，不兼容 Mozilla
offsetY	以当前事件的目标对象左上顶角为原点，定位 y 轴坐标	所有浏览器，不兼容 Mozilla
pageX	以 document 对象（即文档窗口）左上顶角为原点，定位 x 轴坐标	所有浏览器，不兼容 IE
pageY	以 document 对象（即文档窗口）左上顶角为原点，定位 y 轴坐标	所有浏览器，不兼容 IE
screenX	以计算机屏幕左上顶角为原点，定位 x 轴坐标	所有浏览器
screenY	以计算机屏幕左上顶角为原点，定位 y 轴坐标	所有浏览器
layerX	以最近的绝对定位的父元素（如果没有，则为 document 对象）左上顶角为原点，定位 x 轴坐标	Mozilla 和 Safari
layerY	以最近的绝对定位的父元素（如果没有，则为 document 对象）左上顶角为原点，定位 y 轴坐标	Mozilla 和 Safari

　　【示例 1】下面介绍如何配合使用多种鼠标坐标属性，以实现兼容不同浏览器的鼠标定位设计方案。

　　首先，来看看 screenX 和 screenY 属性。这两个属性获得了所有浏览器的支持，应该说是最优选用属性，但是它们的坐标系是计算机屏幕，也就是说，以计算机屏幕左上角为定位原点。这对于以浏览器窗口为活动空间的网页来说，没有任何价值。因为不同的屏幕分辨率，不同的浏览器窗口大小和位置，都使在网页中定位鼠标成为一件很困难的事情。

　　其次，如果以 document 对象为坐标系，则可以考虑选用 pageX 和 pageY 属性，实现在浏览器窗口中进行定位。这对于设计鼠标跟随是一个好主意，因为跟随元素一般都以绝对定位的方式在浏览器窗口中移动，在 mousemove 事件处理函数中把 pageX 和 pageY 属性值传递给绝对定位元素的 top 和 left 样式属性即可。

　　但 IE 事件模型并不支持 pageX 和 pageY 属性，为此还需寻求兼容 IE 的方法。再看看 clientX 和 clientY 属性是以 window 对象为坐标系，且 IE 事件模型支持它们，可以选用它们。不过考虑 window 等

对象可能出现的滚动条偏移量，所以还应加上相对于 window 对象的页面滚动的偏移量。

```
var posX = 0, posY = 0;                        //定义坐标变量初始值
var event = event || window.event;             //标准化事件对象
if(event.pageX || event.pageY){                //如果浏览器支持 pageX 和 pageY 属性，则采用它们
    posX = event.pageX;
    posY = event.pageY;
}
else if(event.clientX || event.clientY){ //否则，如果浏览器支持 clientX 和 clientY 属性，则采用它们
    posX = event.clientX + document.documentElement.scrollLeft +
    document.body.scrollLeft;
    posY = event.clientY + document.documentElement.scrollTop +
    document.body.scrollTop;
}
```

在上面的代码中，先检测 pageX 和 pageY 属性是否存在，如果存在，则获取它们的值；如果不存在，则检测并获取 clientX 和 clientY 属性值，然后加上 document.documentElement 和 document.body 对象的 scrollLeft 和 scrollTop 属性值，这样在不同浏览器中就获得了相同的坐标值。

【示例 2】封装鼠标定位代码。设计思路：能够根据传递的具体对象以及相对鼠标指针的偏移值定位鼠标，即命令该对象能够跟随鼠标移动。

首先应定义一个封装函数，设计函数传入参数为对象引用指针、相对鼠标指针的偏移距离以及事件对象。然后封装函数能够根据事件对象获取鼠标的坐标值，并设置该对象为绝对定位，绝对定位的值为鼠标指针当前的坐标值。封装代码如下：

```
var pos = function(o, x, y,event){             //鼠标定位赋值函数
    var posX = 0, posY = 0;                     //临时变量值
    var e = event || window.event;             //标准化事件对象
    if(e.pageX || e.pageY){                     //获取鼠标指针的当前坐标值
        posX = e.pageX;
        posY = e.pageY;
    }
    else if(e.clientX || e.clientY){
        posX = e.clientX + document.documentElement.scrollLeft +
        document.body.scrollLeft;
        posY = e.clientY + document.documentElement.scrollTop +
        document.body.scrollTop;
    }
    o.style.position = "absolute";             //定义当前对象为绝对定位
    o.style.top = (posY + y) + "px";           //用鼠标指针的 y 轴坐标和传入偏移值设置对象 y 轴坐标
    o.style.left = (posX + x) + "px";          //用鼠标指针的 x 轴坐标和传入偏移值设置对象 x 轴坐标
}
```

下面测试封装代码，为 document 对象注册鼠标移动事件处理函数，并传入鼠标定位封装函数，传入的对象为<div>元素，设置其位置向鼠标指针右下方偏移（10,20）的距离。考虑到 DOM 事件模型通过参数形式传递事件对象，所以不要忘记在调用函数中还要传递事件对象。

```
<div id="div1">鼠标跟随</div>
<script>
var div1 = document.getElementById("div1");
document.onmousemove = function(event){
    pos(div1, 10, 20,event);
}
</script>
```

【**示例 3**】获取鼠标指针在元素内的坐标。使用 offsetX 和 offsetY 属性可以实现这样的目标，但是 Mozilla 浏览器不支持。不过可以选用 layerX 和 layerY 属性来兼容 Mozilla 浏览器。

```
var event = event || window.event;
if(event.offsetX || event.offsetY){        //适用非 Mozilla 浏览器
    x = event.offsetX;
    y = event.offsetY;
}
else if(event.layerX || event.layerY ){    //兼容 Mozilla 浏览器
    x = event.layerX;
    y = event.layerY;
}
```

但是，layerX 和 layerY 属性是以绝对定位的父元素为参照物的，而不是元素自身。如果没有绝对定位的父元素，则会以 document 对象为参照物。为此，可以通过脚本动态添加或者手动添加的方式，设计在元素的外层包围一个绝对定位的父元素，这样可以解决浏览器兼容问题。考虑到元素之间的距离所造成的误差，可以适当减去一个或几个像素的偏移量。

扫一扫，看视频

18.2.6 鼠标按键

通过事件对象的 button 属性可以获取当前鼠标按下的键，该属性可用于 click、mousedown、mouseup 事件类型。不同模型的规定不同，具体说明如表 18.6 所示。

表 18.6 鼠标事件对象的 button 属性

单击键	IE 事件模型	DOM 事件模型
左键	1	0
右键	2	2
中键	4	1

IE 事件模型支持位掩码技术，它能够侦测到同时按下的多个键。例如，当同时按下鼠标的左右键，则 button 属性值为 1+2=3；同时按下中键和右键，则 button 属性值为 2+4=6；同时按下左键和中键，则 button 属性值为 1+4=5；同时按下 3 个键，则 button 属性值为 1+2+4=7。

但是 DOM 模型不支持这种掩码技术，如果同时按下多个键，就不能够准确侦测。例如，按下右键（2）与按下左键和右键（0+2=2）的值是相同的。因此，对于 DOM 模型来说，这种 button 属性约定值存在很大的缺陷。不过，在实际开发中很少需要同时检测多个鼠标按钮问题，也许仅仅需要探测鼠标左键或右键单击行为。

【**示例**】下面的代码能够监测右键单击操作，并阻止发生默认行为。

```
document.onclick = function(e){
    var e = e || window.event;              //标准化事件对象
    if(e.button == 2){
    e.preventDefault();                     //禁止事件默认行为
        return false;
    }
}
```

🔊 提示：

当鼠标点击事件发生时，会触发很多事件：mousedown、mouseup、click、dblclick。这些事件的响应顺序如下：
mousedown→mouseup→click→mousedown→mouseup→click→dblclick

当鼠标在对象间移动时，首先触发的事件是 mouseout，在鼠标移出某个对象时发生；接着，在这两个对象上都会触发 mousemove 事件；最后，在鼠标进入对象上触发 mouseover 事件。

18.3 使用键盘事件

当用户操作键盘时会触发键盘事件，键盘事件主要包括下面 3 种类型。

- keydown：在键盘上按下某个键时触发。如果按住某个键，会不断触发该事件，但是 Opera 浏览器不支持这种连续操作。该事件处理函数返回 false 时，会取消默认的动作（如输入的键盘字符，在 IE 和 Safari 浏览器下还会禁止 keypress 事件响应）。
- keypress：按下某个键盘键并释放时触发。如果按住某个键，会不断触发该事件。该事件处理函数返回 false 时，会取消默认的动作（如输入的键盘字符）。
- keyup：释放某个键盘键时触发。该事件仅在松开键盘时触发一次，不是一个持续的响应状态。

当获知用户正按下的键码时，可以使用 keydown、keypress 和 keyup 事件获取这些信息。其中 keydown 和 keypress 事件基本上是同义事件，它们的表现也完全一致，不过一些浏览器不允许使用 keypress 事件获取按键信息。所有元素都支持键盘事件，但键盘事件多被应用在表单输入中。

18.3.1 键盘事件属性

扫一扫，看视频

键盘事件定义了很多属性，如表 18.7 所列，利用这些属性可以精确控制键盘操作。键盘事件属性一般只在键盘相关事件发生时才会存在于事件对象中，但是 ctrlKey 和 shiftKey 属性除外，因为它们可以在鼠标事件中存在，例如，当按下 Ctrl 或 Shift 键时单击鼠标操作。

表 18.7　键盘事件的属性及说明

属　　性	说　　明
keyCode	该属性包含键盘中对应键位的键值
charCode	该属性包含键盘中对应键位的 Unicode 编码，仅支持 DOM
target	发生事件的节点（包含元素），仅支持 DOM
srcElement	发生事件的元素，仅支持 IE
shiftKey	是否按下 Shift 键，如果按下，返回 true；否则返回 false
ctrlKey	是否按下 Ctrl 键，如果按下，返回 true；否则返回 false
altKey	是否按下 Alt 键，如果按下，返回 true；否则返回 false
metaKey	是否按下 Meta 键，如果按下，返回 true；否则返回 false，仅支持 DOM

【示例 1】ctrlKey 和 shiftKey 属性可存在于键盘和鼠标事件中，表示键盘上的 Ctrl 和 Shift 键是否被按下。下面的示例能够监测 Ctrl 和 Shift 键是否被同时按下。如果同时按下，且鼠标单击某个页面元素，则会把该元素从页面中删除。

```
document.onclick = function(e){
    var e = e || window.event;              //标准化事件对象
    var t = e.target || e.srcElement;       //获取发生事件的元素，兼容 IE 和 DOM
    if(e.ctrlKey && e.shiftKey)             //如果同时按下 Ctrl 和 Shift 键
        t.parentNode.removeChild(t);        //移出当前元素
}
```

keyCode 和 charCode 属性使用比较复杂，但是它们在实际开发中又比较常用，故比较这两个属性在不同事件类型和不同浏览器中的表现是非常必要的。keyCode 和 charCode 的属性值如表 18.8 所示。读者可以根据需要有针对性地选用事件响应类型和引用属性值。

表 18.8　keyCode 和 charCode 的属性值

表 18.8　keyCode 和 charCode 的属性值

属　　性	IE 事件模型	DOM 事件模型
keyCode（keypress）	返回所有字符键的正确值，区分大写状态（65～90）和小写状态（97~122）	功能键返回正确值，而 Shift、Ctrl、Alt、PrintScreen、ScrollLock 无返回值，其他所有键值都返回 0
keyCode（keydown）	返回所有键值（除 PrintScreen 键），字母键都以大写状态显示键值（65～90）	返回所有键值（除 PrintScreen 键），字母键都以大写状态显示键值（65～90）
keyCode（keyup）	返回所有键值（除 PrintScreen 键），字母键都以大写状态显示键值（65～90）	返回所有键值（除 PrintScreen 键），字母键都以大写状态显示键值（65～90）
charCode（keypress）	不支持该属性	返回字符键，区分大写状态（65～90）和小写状态（97~122），Shift、Ctrl、Alt、PrintScreen、ScrollLock 键无返回值，其他所有键值为 0
charCode（keydown）	不支持该属性	所有键值为 0
charCode（keyup）	不支持该属性	所有键值为 0

某些键的可用性不是很确定，如 PageUp 和 Home 键等。不过常用功能键和字符键都是比较稳定的。键位和码值对照表如表 18.9 所示。

表 18.9　键位和码值对照表

键　　位	码　　值	键　　位	码　　值
0~9（数字键）	48~57	A~Z（字母键）	65~90
BackSpace（退格键）	8	Tab（制表键）	9
Enter（回车键）	13	Space（空格键）	32
Left arrow（左箭头键）	37	Top arrow（上箭头键）	38
Right arrow（右箭头键）	39	Down arrow（下箭头键）	40

【示例 2】下面的示例演示了如何使用方向键控制页面元素的移动效果。

```
<div id="box"></div>
<script>
var box = document.getElementById("box");   //获取页面元素的引用指针
box.style.position = "absolute";             //色块绝对定位
box.style.width = "20px";                    //色块宽度
box.style.height = "20px";                   //色块高度
box.style.backgroundColor = "red";           //色块背景
document.onkeydown = keyDown;                //在 document 对象中注册 keyDown 事件处理函数
function keyDown(event){                      //方向键控制元素移动函数
    var event = event || window.event;       //标准化事件对象
    switch(event.keyCode){                    //获取当前按下键盘键的编码
    case 37:                                  //按下左箭头键，向左移动 5 像素
       box.style.left = box.offsetLeft - 5  + "px";
       break;
    case 39:                                  //按下右箭头键，向右移动 5 像素
       box.style.left = box.offsetLeft + 5 + "px";
       break;
    case 38:                                  //按下上箭头键，向上移动 5 像素
       box.style.top = box.offsetTop  - 5 + "px";
       break;
    case 40:                                  //按下下箭头键，向下移动 5 像素
       box.style.top = box.offsetTop  + 5 + "px";
       break;
```

```
    }
    return false
}
</script>
```

在上面的示例中，首先获取页面元素，然后通过 CSS 脚本控制元素绝对定位、大小和背景色。然后在 document 对象上注册鼠标按下事件类型处理函数，在事件回调函数 keyDown() 中侦测当前按下的方向键，并决定定位元素在窗口中的位置。其中元素的 offsetLeft 和 offsetTop 属性可以存取它在页面中的位置。

18.3.2　键盘响应顺序

当按下键盘键时，会连续触发多个事件，它们将按顺序发生。

❯ 对于字符键来说，键盘事件的响应顺序：keydown→keypress→keyup。

❯ 对于非字符键（如功能键或特殊键）来说，键盘事件的响应顺序：keydown→keyup。

❯ 如果按下字符键不放，则 keydown 和 keypress 事件将逐个发生，直至松开按键。

❯ 如果按下非字符键不放，则只有 keydown 事件持续发生，直至松开按键。

【示例】下面设计一个简单示例，以获取键盘事件响应顺序，如图 18.2 所示。

```
<textarea id="text" cols="26" rows="16"></textarea>
<script>
var n = 1;                                    //定义编号变量
var text = document.getElementById("text");   //获取文本区域的引用指针
text.onkeydown = f;                           //注册 keydown 事件处理函数
text.onkeyup = f;                             //注册 keyup 事件处理函数
text.onkeypress = f;                          //注册 keypress 事件处理函数
function f(e){                                //事件调用函数
    var e = e || window.event;               //标准化事件对象
    text.value += (n++) + "=" + e.type +"(keyCode=" + e.keyCode + ")\n"; //捕获响应信息
}
</script>
```

图 18.2　键盘事件响应顺序比较效果

18.4　使用页面事件

所有页面事件都明确地处理整个页面的函数和状态，主要包括页面的加载和卸载，即用户访问页面和离开关闭页面的事件类型。

18.4.1　页面初始化

load 事件类型在页面完全加载完毕时触发。该事件包含所有的图形图像、外部文件（如 CSS、JS 文件等）的加载，也就是说，在页面所有内容全部加载之前，任何 DOM 操作都不会发生。为 window 对象绑定 load 事件类型的方法有 3 种。

（1）为 window 对象注册页面初始化事件处理函数。

```
window.onload = f;
function f(){
    alert("页面加载完毕");
}
```

（2）在页面\<body\>标签中定义 onload 事件处理属性。

```
<body onload="f()">
<script>
function f(){
    alert("页面加载完毕");
}
</script>
```

（3）通过事件注册的方式来实现。

```
if(window.addEventListener){                           //兼容 DOM 标准
    window.addEventListener("load",f1,false);          //为 load 添加事件处理函数
    window.addEventListener("load",f2,false);          //为 load 添加事件处理函数
}
else{                                                  //兼容 IE 事件模型
    window.attachEvent("onload",f1);
    window.attachEvent("onload",f2);
}
```

◄》 提示：

在实际开发中，load 事件类型经常需要调用附带参数的函数，但是 load 事件类型不能直接调用函数，要解决这个问题，可以有两种解决方法。

方法 1，在 body 元素中通过事件属性的形式调用函数。

```
<body onload="f('Hi')">
<script>
function f(a){
    alert(a);
}
</script>
</body>
```

方法 2，通过函数嵌套或闭包函数来实现。

```
window.onload = function(){      //事件处理函数
    f("Hi");                     //调用函数
}
function f(a){                   //被处理函数
    alert(a);
}
```

或者通过闭包函数形式，这样在注册事件时，虽然调用的是函数，但是其返回值依然是一个函数，不会引发语法错误。

```
window.onload = f("Hi");
function f(a){
    return function(){
        alert(a);
    }
}
```

18.4.2 结构初始化

load 事件需要所有资源文件全部载入完成之后才会被触发，而 DOMContentLoaded 事件是在 DOM 文档结构加载完毕时就触发，因此要比 load 事件发生早。

【示例1】如果在标准 DOM 中，可以这样设计。

```
<script>
window.onload = f1;                                          //注册 load 事件类型
if(document.addEventListener){                               //兼容 DOM 标准
    document.addEventListener("DOMContentLoaded", f, false); //注册事件类型
}
function f(){alert("我提前执行了");}
function f1(){alert("页面初始化完毕");}
</script>
<img src="Winter.jpg">
```

这样在图片加载之前，会弹出"我提前执行了"的提示信息，而当图片加载完毕才会弹出"页面初始化完毕"提示信息。

【示例2】由于 IE 事件模型不支持 DOMContentLoaded 事件类型，为了实现兼容处理，需要运用一点小技巧，即在文档中写入一个新的 script 元素，但是该元素会延迟到文件最后加载。然后，使用 Script 对象的 onreadystatechange()方法进行类似的 readyState 检查后及时调用载入事件。

```
if(window.ActiveXObject){                               //兼容 IE 事件模型
    document.write("<script id=ie_onload defer src=javascript:void(0)>
    <\/script>");                                       //写入脚本标签
    document.getElementById("ie_onload").onreadystatechange=function(){
        //判断脚本标签的状态
        if(this.readyState == "complete"){  //如果状态为完成，则说明文档结构加载已完毕
            this.onreadystatechange = null; //清空当前方法
            f();                            //调用预先执行的回调函数
        }
    }
}
```

在写入的<script>标签中包含了 defer 属性，defer 表示"延期"的意思，使用 defer 属性可以让脚本在整个页面装载完成之后再解析，而非一边加载一边解析。这对于只包含事件触发的脚本来说，可以提高整个页面的加载速度。与 src 属性联合使用，它还可以使这些脚本在后台被下载，前台的内容则正常显示给用户。目前只有 IE 事件模型支持该属性。当定义了 defer 属性后，<script>标签中就不应包含 document.write 命令，因为 document.write 将产生直接输出效果，而且不包括任何立即执行脚本要使用的全局变量或者函数。

<script>标签在文档结构加载完毕才加载，于是只要判断它的状态就可以确定当前文档结构是否已经加载完毕，并触发响应的事件。

【示例3】针对 Safari 浏览器，可以使用 setInterval()函数周期性地检查 document 对象的 readyState 属性，随时监控文档是否加载完毕，如果完成，则调用回调函数。

```
if (/WebKit/i.test(navigator.userAgent)){               //兼容 Safari 浏览器
    var _timer = setInterval(function(){                //定义时间监测器
        if (/loaded|complete/.test(document.readyState)) { //如果当前状态显示完成
            clearInterval(_timer);                      //清除时间监测器
            f();                                        //调用预先执行的回调函数
        }
```

扫一扫，看视频

```
    }, 10);
}
```

通过上面多个 if 条件检测，即可实现兼容不同浏览器的 DOMContentLoaded 事件处理函数。

18.4.3 页面卸载

unload 表示卸载，当通过超链接、前进或后退按钮等方式从一个页面跳转到其他页面触发，或者关闭浏览器窗口时触发。

【示例】下面函数的提示信息将在卸载页面时发生，即在离开页面或关闭窗口前执行。

```
window.onunload = f;
function f(){
    alert("888");
}
```

在 unload 事件类型中无法有效阻止默认行为，因为该事件结束后，页面将不复存在。由于在窗口关闭或离开页面之前只有很短的时间来执行事件处理函数，所以不建议使用该事件类型。使用该事件类型的最佳方式是取消该页面的对象引用。

📢 提示：

beforeunload 事件类型与 unload 事件类型功能相近，不过它更人性化，如果 beforeunload 事件处理函数返回字符串信息，那么该字符串会显示在一个确认对话框中，询问用户是否离开当前页面。例如，运行下面的示例，当刷新或关闭页面时，会显示提示信息。

```
window.onbeforeunload = function(e){
    return "你的数据还没有保存呢!";
}
```

beforeunload 事件处理函数返回值可以为任意类型，IE 和 Safari 浏览器的 JavaScript 解释器能够调用 toString()方法把它转换为字符串，并显示在提示对话框中。而对于 Mozilla 浏览器来说，则会视为空字符串显示。如果 beforeunload 事件处理函数没有返回值，则不会弹出任何提示对话框，此时与 unload 事件类型响应效果相同。

扫一扫，看视频

18.4.4 窗口重置

resize 事件类型是在浏览器窗口被重置时触发的，例如，当用户调整窗口大小，或者最大化、最小化、恢复窗口大小显示时触发 resize 事件。利用该事件可以跟踪窗口大小的变化以便动态调整页面元素的显示大小。

【示例】下面的示例能够跟踪窗口大小变化，及时调整页面内红色盒子的大小，使其始终保持与窗口固定比例的大小显示。

```
<div id="box"></div>
<script>
var box = document.getElementById("box");       //获取盒子的引用指针
box.style.position = "absolute";                //绝对定位
box.style.backgroundColor = "red";              //背景色
box.style.width = w() * 0.8 + "px";             //设置盒子宽度为窗口宽度的 0.8 倍
box.style.height = h() * 0.8 + "px";            //设置盒子高度为窗口高度的 0.8 倍
window.onresize = function(){                    //注册事件处理函数，动态调整盒子大小
    box.style.width = w() * 0.8 + "px";
    box.style.height = h() * 0.8 + "px";
}
```

```
function w(){                                          //获取窗口宽度
    if (window.innerWidth)                             //兼容 DOM
        return window.innerWidth;
    else if ((document.body) && (document.body.clientWidth))    //兼容 IE
        return document.body.clientWidth;
}
function h(){                                          //获取窗口高度
    if (window.innerHeight)                            //兼容 DOM
        return window.innerHeight;
    else if ((document.body) && (document.body.clientHeight))    //兼容 IE
        return document.body.clientHeight;
}
</script>
```

扫一扫，看视频

18.4.5 页面滚动

scroll 事件类型用于在浏览器窗口内移动文档的位置时触发，如通过键盘箭头键、PageUp、PageDown 或 Space 键移动文档位置，或者通过滚动条滚动文档位置。利用该事件可以跟踪文档位置变化，及时调整某些元素的显示位置，确保它始终显示在屏幕可见区域中。

【示例】在下面的示例中，控制红色小盒子始终位于窗口内坐标为（100px,100px）的位置。

```
<div id="box"></div>
<script>
var box = document.getElementById("box");
box.style.position = "absolute";
box.style.backgroundColor = "red";
box.style.width = "200px";
box.style.height = "160px";
window.onload = f;                        //页面初始化时固定其位置
window.onscroll = f;                      //当文档位置发生变化时重新固定其位置
function f(){                             //元素位置固定函数
    box.style.left = 100 + parseInt(document.body.scrollLeft) + "px";
    box.style.top = 100 + parseInt(document.body.scrollTop) + "px";
}
</script>
<div style="height:2000px;width:2000px;"></div>
```

还有一种方法，就是利用 settimeout()函数实现每间隔一定时间校正一次元素的位置，不过这种方法的损耗比较大，不建议选用。

扫一扫，看视频

18.4.6 错误处理

error 事件类型是在 JavaScript 代码发生错误时触发的，利用该事件可以捕获并处理错误信息。error 事件类型与 try…catch 语句功能相似，都用来捕获页面错误信息。不过 error 事件类型无须传递事件对象，且可以包含已经发生错误的解释信息。

【示例】在下面的示例中，当页面发生编译错误时，将会触发 error 事件注册的事件处理函数，并弹出错误信息。

```
window.onerror = function(message){          //捕获浏览器错误行为
    alert("错误原因: " + arguments[0]+
        "\n 错误 URL: " + arguments[1] +
        "\n 错误行号: " + arguments[2]
```

```
    );
    return true;                          //禁止浏览器显示标准出错信息
}
a.innerHTML = "";                         //制造错误机会
```

在 error 事件处理函数中，默认包含 3 个参数，其中第 1 个参数表示错误信息，第 2 个参数表示出错文件的 URL，第 3 个参数表示文件中错误位置的行号。

error 事件处理函数的返回值可以决定浏览器是否显示一个标准出错信息。如果返回值为 false，则浏览器会弹出错误提示对话框，显示标准的出错信息；如果返回值为 true，则浏览器不会显示标准出错信息。

18.5 使用 UI 事件

UI（user interface，用户界面）事件负责响应用户与页面元素的交互。

扫一扫，看视频

18.5.1 焦点处理

焦点处理主要包括 focus（获取焦点）和 blur（失去焦点）事件类型。所谓焦点，就是激活表单字段，使其可以响应键盘事件。

1. focus

当单击或使用 Tab 键切换到某个表单元素或超链接对象时，会触发 focus 事件。focus 事件是确定页面内鼠标当前定位的一种方式。在默认情况下，整个文档处于焦点状态，但是单击或者使用 Tab 键可以改变焦点的位置。

2. blur

blur 事件类型在元素失去焦点时响应，它与 focus 事件类型是对应的，主要作用于表单元素和超链接对象。

【示例】在下面的示例中为所有输入表单元素绑定了 focus 和 blur 事件处理函数，设置当元素获取焦点时呈凸起显示，失去焦点时则显示为默认的凹陷效果。

```
<input type="text"/>
<input type="text"/>
<script>
var o = document.getElementsByTagName("input");    //获取输入表单元素集合
for(var i=0;i<o.length;i++){                        //遍历所有表单元素
    o[i].onfocus = function(){                      //注册 focus 事件处理函数
        this.style.borderStyle = "outset";
    }
    o[i].onblur = function(){                        //注册 blur 事件处理函数
        this.style.borderStyle = "inset";
    }
}
</script>
```

每个表单字段都有两个方法：focus()和 blur()。其中，focus()方法用于设置表单字段为焦点，blur()方法的作用是从元素中移走焦点。在调用 blur()方法时，并不会把焦点转移到某个特定的元素上，仅仅是将焦点移走。早期开发中有用户使用 blur()方法代替 readonly 属性，创建只读字段。

📢 注意：

> 如果是隐藏字段（<input type="hidden">），或者使用 CSS 的 display 和 visibility 隐藏字段显示，如果将其设置为获取焦点，将引发异常。

扫一扫，看视频

18.5.2 选择文本

当在文本框或文本区域内选择文本时，将触发 select 事件。通过该事件，可以设计用户选择操作的交互行为。

在 IE 9+、Opera、Firefox、Chrome 和 Safari 中，只有用户选择了文本，而且要释放鼠标时，才会触发 select 事件；但是在 IE 8 及更早版本中，只要用户选择了一个字母，不必释放鼠标，就会触发 select 事件。另外，在调用 select()方法时也会触发 select 事件。

【示例】在下面的示例中当选择第 1 个文本框中的文本时，则在第 2 个文本框中会动态显示用户所选择的文本。

```
<input type="text" id="a" value="请随意选择字符串"/>
<input type="text" id="b"/>
<script>
var a = document.getElementsByTagName("input")[0];      //获取第 1 个文本框的引用指针
var b = document.getElementsByTagName("input")[1];      //获取第 2 个文本框的引用指针
a.onselect = function(){                                 //为第 1 个文本框绑定事件
    if (document.selection){                             //兼容 IE
        o = document.selection.createRange();            //创建一个选择区域
        if(o.text.length > 0)                            //如果选择区域内存在文本
            b.value = o.text;                            //则把文本赋值给第 2 个文本框
    }else{                                               //兼容 DOM
        p1 = a.selectionStart;                           //获取文本框中选择的初始位置
        p2 = a.selectionEnd;                             //获取文本框中选择的结束位置
        b.value = a.value.substring(p1, p2);
        //截取文本框中被选取的文本字符串，然后赋值给第 2 个文本框
    }
}
</script>
```

扫一扫，看视频

18.5.3 字段值变化监测

change 事件类型是在表单元素的值发生变化时触发，它主要用于 input、select 和 textarea 元素。对于 input 和 textarea 元素来说，当它们失去焦点且 value 值改变时触发；对于 select 元素，在其选项改变时触发，也就是说不失去焦点，也会触发 change 事件。

【示例 1】在下面的示例中，当在第 1 个文本框中输入或修改值时，则第 2 个文本框内会立即显示第 1 个文本框中的当前值。

```
<input type="text" id="a"/>
<input type="text" id="b"/>
<script>
var a = document.getElementsByTagName("input")[0];
var b = document.getElementsByTagName("input")[1];
a.onchange = function(){                                 //为第 1 个文本框绑定 change 事件处理函数
    b.value = this.value;                                //把第 1 个文本框中的值传递给第 2 个文本框
}
</script>
```

【示例 2】下面的示例演示了当在下拉列表框中选择不同的网站时，会自动打开该网站的首页。

```
<select>
    <option value="http://www.baidu.com/">百度</option>
    <option value="http://www.google.cn/">Google</option>
</select>
<script>
var a = document.getElementsByTagName("select")[0];
a.onchange = function(){
  window.open(this.value,"");                    //根据下拉列表框的当前值打开指定的网址
}
</script>
```

18.5.4 提交表单

扫一扫，看视频

使用<input>或<button>标签都可以定义"提交"按钮，只要将 type 属性值设置为"submit"即可，而"图像"按钮则通过将<input>的 type 属性值设置为"image"。当单击"提交"按钮或"图像"按钮时，就会提交表单。submit 事件类型仅在单击"提交"按钮或者在文本框中输入文本时按 Enter 键时触发。

【示例 1】在下面的示例中，当在表单内的文本框中输入文本之后，单击"提交"按钮后，会触发submit 事件，该函数将禁止表单提交数据，而是弹出提示对话框显示输入的文本信息。

```
<form id="form1" name="form1" method="post" action="">
    <input type="text" name="t" id="t"/>
    <input name="" type="submit"/>
</form>
<script>
var t = document.getElementsByTagName("input")[0];    //获取文本框的引用指针
var f = document.getElementsByTagName("form")[0];     //获取表单的引用指针
f.onsubmit = function(e){                               //在表单元素上注册事件
    alert(t.value);
    return false;                                       //禁止提交数据到服务器
}
</script>
```

【示例 2】在下面的示例中，当表单内没有包含"提交"按钮时，在文本框中输入文本之后，只要按Enter 键也一样能够触发 submit 事件。

```
<form id="form1" name="form1" method="post" action="">
    <input type="text" name="t" id="t"/>
</form>
<script>
var t = document.getElementsByTagName("input")[0];
var f = document.getElementsByTagName("form")[0];
f.onsubmit = function(e){
    alert(t.value);
}
</script>
```

📢 注意：

在<textarea>文本区中按 Enter 键只会换行，不会提交表单。

以示例 2 的方式提交表单时，浏览器会在将请求发送给服务器之前触发 submit 事件，用户可以有机会验证表单数据，并决定是否允许表单提交。

扫一扫，看视频

18.5.5 重置表单

为\<input>或\<button>标签设置 type="reset"属性可以定义重置按钮。

```
<input type="reset" value="重置按钮">
<button type="reset">重置按钮</button>
```

当单击重置按钮时，表单将被重置，所有表单字段恢复为初始值。这时会触发 reset 事件。

【示例】下面的示例设计当单击"重置"按钮时，弹出提示框，显示文本框中的输入值，同时恢复文本框的默认值，如果没有默认值，则显示为空。

```
<form id="form1" name="form1" method="post" action="">
    <input type="text" name="t" id="t"/>
    <input name="" type="reset"/>
</form>
<script>
var t = document.getElementsByTagName("input")[0];//获取文本框的引用指针
var f = document.getElementsByTagName("form")[0]; //获取表单的引用指针
f.onreset = function(e){                          //在表单元素上注册 reset 事件处理函数
    alert(t.value);
}
</script>
```

扫一扫，看视频

18.5.6 剪贴板数据

HTML5 规范了剪贴板数据操作，主要包括 6 个剪贴板事件。

- beforecopy：在发生复制操作前触发。
- copy：在发生复制操作时触发。
- beforecut：在发生剪切操作前触发。
- cut：在发生剪切操作时触发。
- beforepaste：在发生粘贴操作前触发。
- paste：在发生粘贴操作时触发。

支持的浏览器：IE、Safari 2+、Chrome 和 Firefox 3+，Opera 不支持访问剪贴板数据。

📢 提示：

在 Safari、Chrome 和 Firefox 中，beforecopy、beforecut 和 beforepaste 事件只会在显示针对文本框的上下文菜单的情况下触发。IE 则会在触发 copy、cut 和 paste 事件之前先行触发这些事件。

至于 copy、cut 和 paste 事件，只要是在上下文菜单中选择了相应选项，或者使用了相应的键盘组合键，所有浏览器都会触发它们。在实际的事件发生之前，通过 beforecopy、beforecut 和 beforepaste 事件可以在向剪贴板发送数据。或者从剪贴板取得数据之前修改数据。

使用 clipboardData 对象可以访问剪贴板中的数据。在 IE 中，可以在任何情况状态下使用 window.clipboardData 访问剪贴板；在 Firefox 4+、Safari 和 Chrome 中，通过事件对象的 clipboardData 属性访问剪贴板，且只有在处理剪贴板事件期间，clipboardData 对象才有效。

clipboardData 对象定义了两个方法。

- getData()：从剪贴板中读取数据。包含 1 个参数，设置取得的数据的格式。IE 提供两种数据格式："text"和"URL"；Firefox、Safari 和 Chrome 中定义参数为 MIME 类型，可以用"text"代表"text/plain"。
- setData()：设置剪贴板数据。包含 2 个参数，其中第 1 个参数设置数据类型，第 2 个参数是要放在剪贴板中的文本。对于第 1 个参数，IE 支持"text"和"URL"，而 Safari 和 Chrome 仍然只支持 MIME 类型，但不再识别"text"类型。在成功将文本放到剪贴板中后，都会返回 true；否则，返回 false。

【示例】下面的示例利用剪贴板事件，当用户向文本框粘贴文本时，先检测剪贴板中的数据，是否都为数字，如果不是数字，取消默认的行为，则禁止粘贴操作，这样可以确保文本框只能接收数字字符。

```
<form id="myform" method="post" action="#">
    <input type="text" size="25" maxlength="50" value="123456">
</form>
<script>
var form = document.getElementById("myform");
var field1 = form.elements[0];
var getClipboardText = function(event){
    var clipboardData = (event.clipboardData || window.clipboardData);
    return clipboardData.getData("text");
}
var setClipboardText = function(event, value){
    if (event.clipboardData){
        event.clipboardData.setData("text/plain", value);
    } else if (window.clipboardData){
        window.clipboardData.setData("text", value);
    }
}
var addHandler = function(element, type, handler){
    if (element.addEventListener){
        element.addEventListener(type, handler, false);
    } else if (element.attachEvent){
        element.attachEvent("on" + type, handler);
    } else {
        element["on" + type] = handler;
    }
}
addHandler(field1, "paste", function(event){
    event = event || window.event;
    var text = getClipboardText(event);
    if (!/^\d*$/.test(text)){
        if (event.preventDefault){
            event.preventDefault();
        } else {
            event.returnValue = false;
        }
    }
})
</script>
```

18.6 案例实战：封装事件

扫一扫，看视频

JavaScript 事件用法不是很统一，需要考虑 DOM 事件模型和 IE 事件模型，为此需要编写很多兼容性代码，这给用户开发带来很多麻烦。为了简化开发，本节把事件处理中经常使用的操作进行封装，以方便调用。

定义事件模块对象 EventUtil，该对象包含事件处理中常规的操作，如注册事件、销毁事件、获取事件对象、获取按钮和键盘信息、获取响应对象等。封装代码如下：

```javascript
var EventUtil = {
    //注册事件，参数包括：注册对象、事件类型和事件处理函数
    addHandler: function(element, type, handler){
        if (element.addEventListener){
            element.addEventListener(type, handler, false);
        } else if (element.attachEvent){
            element.attachEvent("on" + type, handler);
        } else {
            element["on" + type] = handler;
        }
    },
    getButton: function(event){                              //获取按钮信息
        //如果是标准事件，就直接返回
        if (document.implementation.hasFeature("MouseEvents", "2.0")){
            return event.button;
        } else {                                            //如果是 IE 事件，对返回值进行简单处理
            switch(event.button){
                case 0:
                case 1:
                case 3:
                case 5:
                case 7:
                    return 0;
                case 2:
                case 6:
                    return 2;
                case 4: return 1;
            }
        }
    },
    getCharCode: function(event){                           //获取键盘键值编码
        if (typeof event.charCode == "number"){
            return event.charCode;
        } else {
            return event.keyCode;
        }
    },
    getClipboardText: function(event){                      //获取剪切板文本
        var clipboardData = (event.clipboardData || window.clipboardData);
        return clipboardData.getData("text");
    },
    getEvent: function(event){                              //获取事件对象
        return event ? event : window.event;
    },
    getRelatedTarget: function(event){                      //获取相关目标对象
        if (event.relatedTarget){
            return event.relatedTarget;
        } else if (event.toElement){
            return event.toElement;
        } else if (event.fromElement){
            return event.fromElement;
        } else {
            return null;
```

```
        }
    },
    getTarget: function(event){                          //获取当前响应对象
        return event.target || event.srcElement;
    },
    getWheelDelta: function(event){                      //获取滚轮信息
        if (event.wheelDelta){
            return (client.engine.opera && client.engine.opera < 9.5 ? -
            event.wheelDelta : event.wheelDelta);
        } else {
            return -event.detail * 40;
        }
    },
    preventDefault: function(event){                     //阻止默认事情发生，参数为事件对象
        if (event.preventDefault){
            event.preventDefault();
        } else {
            event.returnValue = false;
        }
    },
    removeHandler: function(element, type, handler){     //移出已注册或已绑定的事件
        if (element.removeEventListener){
            element.removeEventListener(type, handler, false);
        } else if (element.detachEvent){
            element.detachEvent("on" + type, handler);
        } else {
            element["on" + type] = null;
        }
    },
    setClipboardText: function(event, value){            //设置剪切板文本
        if (event.clipboardData){
            event.clipboardData.setData("text/plain", value);
        } else if (window.clipboardData){
            window.clipboardData.setData("text", value);
        }
    },
    stopPropagation: function(event){                    //阻止事件流传播，参数为事件对象
        if (event.stopPropagation){
            event.stopPropagation();
        } else {
            event.cancelBubble = true;
        }
    }
};
```

18.7 在 线 支 持

第 19 章　CSS 处理

脚本化 CSS 就是使用 JavaScript 来操作 CSS，并配合 HTML5、Ajax、jQuery 等技术，可以设计出细腻、逼真的页面特效和交互行为，大幅提升用户体验，如显示、定位、变形、运动等动态样式特效。

【学习重点】
- 使用 JavaScript 控制行内样式。
- 使用 JavaScript 控制样式表。
- 控制对象大小。
- 控制对象位置。
- 显示或隐藏元素。

19.1　CSS 脚本化基础

扫一扫，看视频

19.1.1　读/写行内样式

任何支持 style 特性的 HTML 标签，在 JavaScript 中都有一个对应的 style 脚本属性。style 是一个可读可写的对象，包含了一组 CSS 样式。

使用 style 的 cssText 属性可以返回行内样式的字符串表示。同时 style 对象还包含一组与 CSS 样式属性一一映射的脚本属性。这些脚本属性的名称与 CSS 样式属性的名称对应。在 JavaScript 中，由于连字符是减号运算符，含有连字符的样式属性（如 font-family），脚本属性会以驼峰命名法重新命名（如 fontFamily）。

【示例】对于 border-right-color 属性来说，在脚本中应该使用的属性名为 borderRightColor。

```
<div id="box">盒子</div>
<script>
var box = document.getElementById("box");
box.style.borderRightColor = "red";
box.style.borderRightStyle = "solid";
</script>
```

📢 提示：

使用 CSS 脚本属性时，需要注意几个问题。
- float 是 JavaScript 保留字，因此使用 cssFloat 表示与之对应的脚本属性的名称。
- 在 JavaScript 中，所有 CSS 属性值都是字符串，必须加上引号。

```
elementNode.style.fontFamily = "Arial, Helvetica, sans-serif";
elementNode.style.cssFloat = "left";
elementNode.style.color = "#ff0000";
```
- CSS 样式声明结尾的分号不能够作为脚本属性值的一部分。
- 属性值和单位必须完整地传递给 CSS 脚本属性，省略单位，则所设置的脚本样式无效。

```
elementNode.style.width = "100px";
elementNode.style.width = width + "px";
```

19.1.2　使用 style 对象

DOM 2 级样式规范为 style 对象定义了一些属性和方法，简单说明如下。

- ⬎ cssText：返回 style 的 CSS 样式字符串。
- ⬎ length：返回 style 的声明 CSS 样式的数量。
- ⬎ parentRule：返回 style 所属的 CSSRule 对象。
- ⬎ getPropertyCSSValue()：返回包含指定属性的 CSSValue 对象。
- ⬎ getPropertyPriority()：返回包含指定属性是否附加了!important 命令。
- ⬎ item()：返回指定下标位置的 CSS 属性的名称。
- ⬎ getPropertyValue()：返回指定属性的字符串值。
- ⬎ removeProperty()：从样式中删除给定属性。
- ⬎ setProperty()：为指定属性设置值，也可以附加优先权标志。

下面重点介绍几个常用方法。

1. getPropertyValue()方法

getPropertyValue()能够获取指定元素样式属性的值。用法如下：

```
var value = e.style.getPropertyValue(propertyName)
```

参数 propertyName 表示 CSS 属性名，不是 CSS 脚本属性名，复合名应使用连字符进行连接。

【示例 1】下面的代码使用 getPropertyValue()获取行内样式中 width 属性值，然后输出显示。

```
<script>
window.onload = function(){
    var box = document.getElementById("box");            //获取<div id="box">
    var width = box.style.getPropertyValue("width");      //读取div元素的width属性值
    box.innerHTML = "盒子宽度：" + width;                 //输出显示width值
}
</script>
<div id="box" style="width:300px; height:200px;border:solid 1px red">盒子</div>
```

2. setProperty()方法

setProperty()方法可为指定元素设置样式。用法如下：

```
e.style.setProperty(propertyName, value, priority)
```

参数说明如下。

- ⬎ propertyName：设置 CSS 属性名。
- ⬎ value：设置 CSS 属性值，包含属性值的单位。
- ⬎ priority：表示是否设置!important 优先级命令，如果不设置，可以以空字符串表示。

【示例 2】在下面的示例中使用 setProperty()方法定义盒子的显示宽度和高度分别为 400 像素和 200 像素。

```
<script>
window.onload = function(){
    var box = document.getElementById("box");            //获取<div id="box">
    box.style.setProperty("width","400px","");           //定义盒子宽度为400像素
    box.style.setProperty("height","200px","");          //定义盒子高度为200像素
}
</script>
<div id="box" style="border:solid 1px red">盒子</div>
```

3. removeProperty()方法

removeProperty()方法可以移出指定 CSS 属性的样式声明。具体用法如下：

```
e.style. removeProperty (propertyName)
```

4. item()方法

item()方法返回 style 对象中指定索引位置的 CSS 属性名称。具体用法如下：

```
var name = e.style.item(index)
```

参数 index 表示 CSS 样式的索引号。

5. getPropertyPriority()方法

getPropertyPriority()方法可以获取指定 CSS 属性中是否附加了!important 优先级命令，如果存在，则返回"important"字符串，否则返回空字符串。

【示例 3】在下面的示例中，定义鼠标移过盒子时，设置盒子的背景色为蓝色，而边框颜色为红色，当移出盒子时，又恢复到盒子默认设置的样式；而单击盒子时，则在盒子内输出动态信息，显示当前盒子的宽度和高度。

```
<script>
window.onload = function(){
    var box = document.getElementById("box");           //获取盒子的引用
    box.onmouseover = function(){
        box.style.backgroundColor = "blue";             //设置背景样式
        box.style.border = "solid 50px red";            //设置边框样式
    }
    box.onclick = function(){                           //读取并输出行内样式
        box .innerHTML = "width:" + box.style.width;
        box .innerHTML = box .innerHTML + "<br>" + "height:" + box.style.height;
    }
    box.onmouseout = function(){                        //设计移出之后，恢复默认样式
        box.style.backgroundColor = "red";
        box.style.border = "solid 50px blue";
    }
}
</script>
<div id="box" style="width:100px; height:100px; background-color:red; border:solid
50px blue;"></div>
```

19.1.3 使用 styleSheets 对象

扫一扫，看视频

在 DOM 2 级样式规范中，使用 styleSheets 对象可以访问页面中所有样式表，包括用<style>标签定义的内部样式表，以及用<link>标签或@import 命令导入的外部样式表。

cssRules 对象包含指定样式表中所有的规则（样式），而 IE 支持 rules 对象表示样式表中的规则。使用下面的代码可以兼容不同浏览器。

```
var cssRules = document.styleSheets[0].cssRules || document.styleSheets[0].rules;
```

在上面的代码中，先判断浏览器是否支持 cssRules 对象，如果支持，则使用 cssRules（非 IE 浏览器）；否则使用 rules（IE 浏览器）。

【示例】在下面的示例中，通过<style>标签定义一个内部样式表，为页面中的<div id="box">标签定义 4 个属性：宽度、高度、背景色和边框。然后在脚本中使用 styleSheets 访问这个内部样式表，把样式

表中的第一个样式的所有规则读取出来，在盒子中输出显示。

```
<style type="text/css">
#box {
    width: 400px;
    height: 200px;
    background-color:#BFFB8F;
    border: solid 1px blue;
}
</style>
<script>
window.onload = function(){
    var box = document.getElementById("box");
    //判断浏览器类型
    var cssRules = document.styleSheets[0].cssRules || document.styleSheets[0].rules;
    box.innerHTML =  "<h3>盒子样式</h3>"
    box.innerHTML += "<br>边框: " + cssRules[0].style.border; //cssRules 的 border 属性
    box.innerHTML += "<br>背景: " + cssRules[0].style.backgroundColor;
    box.innerHTML += "<br>高度: " + cssRules[0].style.height;
    box.innerHTML += "<br>宽度: " + cssRules[0].style.width;
}
</script>
<div id="box"></div>
```

📢 提示:

cssRules（或 rules）的 style 对象在访问 CSS 属性时，使用的是 CSS 脚本属性名，因此所有属性名称中不能使用连字符。例如：

```
cssRules[0].style.backgroundColor;
```

19.1.4 使用 selectorText 对象

扫一扫，看视频

使用 selectorText 对象可以获取样式的选择器字符串表示。

【示例】在下面的示例中，使用 selectorText 属性获取第 1 个样式表（styleSheets[0]）中的第 3 个样式（cssRules[2]）的选择器名称，输出显示为 ".blue"。

```
<style type="text/css">
#box {color:green;}
.red {color:red;}
.blue {color:blue;}
</style>
<link href="style1.css" rel="stylesheet" type="text/css" media="all"/>
<script>
window.onload = function(){
    var cssRules = document.styleSheets[0].cssRules || document.styleSheets[0].rules;
    var box = document.getElementById("box");
    box.innerHTML =  "第 1 个样式表中第 3 个样式选择符 = " + cssRules[2].selectorText;
}
</script>
<div id="box"></div>
```

19.1.5 编辑样式

扫一扫，看视频

cssRules 的 style 不仅可以读取，还可以写入属性值。

【示例】在下面的示例中，样式表中包含 3 种样式，其中蓝色样式类（.blue 规则）中的字体颜色为蓝色。下面修改样式类（.blue 规则）的字体颜色为浅灰色（#999）。

```
<style type="text/css">
#box { color:green; }
.red { color:red; }
.blue { color:blue; }
</style>
<script>
window.onload = function(){
    var cssRules = document.styleSheets[0].cssRules || document.styleSheets[0].rules;
    cssRules[2].style.color="#999";                //修改样式表中指定属性的值
}
</script>
<p class="blue">原为蓝色字体，现在显示为浅灰色。</p>
```

◀ 提示：

用上述方法修改样式表中的类样式，会影响其他文档或对象对当前样式表的引用，用户使用时请务必谨慎。

扫一扫，看视频

19.1.6 添加样式

使用 addRule()方法可以为样式表增加一个样式。具体用法如下：

```
styleSheet.addRule(selector,style, [index])
```

styleSheet 表示样式表引用，参数说明如下。

◢ selector：表示样式选择符，以字符串的形式传递。

◢ style：表示具体的声明，以字符串的形式传递。

◢ index：表示一个索引号，表示添加样式在样式表中的索引位置，默认值为-1，表示位于样式表的末尾，该参数可以不设置。

Firefox 支持使用 insertRule()方法添加样式。具体用法如下：

```
styleSheet.insertRule(rule, [index])
```

参数说明如下。

◢ rule：表示一个完整的样式字符串。

◢ index：与 addRule()方法中的 index 参数作用相同，但这里默认值为 0，表示位于样式表的末尾。

【示例】在下面的示例中，先在文档中定义一个内部样式表，然后使用 styleSheets 集合获取当前样式表，利用数组默认属性 length 获取样式表中包含的样式个数。最后在脚本中使用 addRule()（或 insertRule()）方法增加一个新样式，样式选择符为 p，样式声明为背景色为红色，字体颜色为白色，段落内部补白为一个字体大小。

```
<style type="text/css">
#box {color:green;}
.red {color:red;}
.blue {color:blue;}
</style>
<script>
window.onload = function(){
    var styleSheets = document.styleSheets[0]; //获取样式表引用
    var index = styleSheets.length;              //获取样式表中包含样式的个数
    if(styleSheets.insertRule){                  //判断浏览器是否支持 insertRule()方法
        //在内部样式表中增加 p 标签选择符的样式，插入样式表的末尾
```

```
        styleSheets.insertRule("p{background-color:red;color:#fff;padding:1em;}", index);
    }else{                                          //如果浏览器不支持 insertRule()方法
        styleSheets.addRule("P", "background-color:red;color:#fff;padding:1em;", index);
    }
}
</script>
<p>在样式表中增加样式操作</p>
```

19.1.7 读取渲染样式

CSS 样式具有重叠特性，因此定义的样式与最终渲染的样式并非完全相同。DOM 定义了一个方法帮助用户快速检测当前对象的渲染样式，不过 IE 和标准 DOM 之间实现的方法不同。

1. IE 浏览器

IE 使用 currentStyle 对象读取元素的最终渲染样式，为一个只读对象。currentStyle 对象包含元素的 style 属性，以及浏览器预定义的默认 style 属性。

【示例 1】针对上小节的示例，为类样式 blue 增加了一个背景色为白色的声明，然后把该类样式应用到段落文本中。

```
<style type="text/css">
#box {color:green;}
.red {color:red;}
.blue {color:blue; background-color:#FFFFFF;}
</style>
<script>
window.onload = function(){
    var styleSheets = document.styleSheets[0];          //获取样式表引用
    var index = styleSheets.length;                     //获取样式表中包含样式的个数
    if(styleSheets.insertRule){                          //判断是否支持 insertRule()方法
        styleSheets.insertRule("p{background-color:red;color:#fff;padding:1em;}", index);
    }else{                                               //如果浏览器不支持 insertRule()方法
        styleSheets.addRule("P", "background-color:red;color:#fff;padding:1em;", index);
    }
}
</script>
<p class="blue">在样式表中增加样式操作</p>
```

在浏览器中预览，会发现脚本中使用 insertRule()（或 addRule()）方法添加的样式无效，这时可以使用 currentStyle 对象获取当前 p 元素最终渲染样式。

```
<script>
window.onload = function(){
    var styleSheets = document.styleSheets[0];              //获取样式表引用
    var index = styleSheets.length;                         //获取样式表中包含样式的个数
    if(styleSheets.insertRule){     //判断是否支持 insertRule()方法，否则调用 addRule()方法
        styleSheets.insertRule("p{background-color:red;color:#fff;padding:1em;}", index);
    }else{
        styleSheets.addRule("P", "background-color:red;color:#fff;padding:1em;", index);
    }
    var p = document.getElementsByTagName("p")[0];
    p.innerHTML = "背景色: "+p.currentStyle.backgroundColor+"<br>字体颜色: "+p.currentStyle.color;
}
</script>
```

在上面的代码中，首先使用 getElementsByTagName()方法获取段落文本的引用。然后调用该对象的 currentStyle 子对象，并获取指定属性的对应值。通过这种方式，会发现 insertRule()或 addRule()方法添加的样式被 blue 类样式覆盖，这是因为类选择符的优先级大于标签选择符的样式。

2．非 IE 浏览器

DOM 使用 getComputedStyle()方法获取目标对象的渲染样式，但是它属于 document.defaultView 对象。getComputedStyle()方法包含了两个参数。

第 1 个参数表示元素，用来获取样式的对象；第 2 个参数表示伪类字符串，定义显示位置，一般可以省略，或者设置为 null。

【示例 2】针对示例 1，为了能够兼容非 IE 浏览器，下面对页面脚本进行修改。使用 if 语句判断当前浏览器是否支持 document.defaultView，如果支持，则进一步判断是否支持 document.defaultView.getComputedStyle；如果支持，则使用 getComputedStyle()方法读取最终渲染样式；否则，判断当前浏览器是否支持 currentStyle，如果支持，则使用它读取最终渲染样式。

```
<script>
window.onload = function(){
    var styleSheets = document.styleSheets[0];          //获取样式表引用指针
    var index = styleSheets.length;                     //获取样式表中包含样式的个数
    if(styleSheets.insertRule){                         //判断浏览器是否支持
            styleSheets.insertRule("p{background-color:red;color:#fff;padding:1em;}", index);
    }else{
        styleSheets.addRule("P", "background-color:red;color:#fff;padding:1em;", index);
    }
}
</script>
```

19.1.8　读取媒体查询

扫一扫，看视频

使用 window.matchMedia()方法可以访问 CSS 的 Media Query 语句。window.matchMedia()方法接收一个 mediaQuery 语句的字符串作为参数，返回一个 MediaQueryList 对象。该对象有以下两个属性。

⤷ media：返回所查询的 mediaQuery 语句字符串。

⤷ matches：返回一个布尔值，表示当前环境是否匹配查询语句。

```
var result = window.matchMedia('(min-width: 600px)');
result.media                  //(min-width: 600px)
result.matches                //true
```

【示例 1】下面的示例根据 mediaQuery 是否匹配当前环境，执行不同的 JavaScript 代码。

```
var result = window.matchMedia('(max-width: 700px)');
if (result.matches) {
    console.log('页面宽度小于等于700px');
} else {
    console.log('页面宽度大于700px');
}
```

【示例 2】下面的示例根据 mediaQuery 是否匹配当前环境，加载相应的 CSS 样式表。

```
var result = window.matchMedia("(max-width: 700px)");
if (result.matches){
    var linkElm = document.createElement('link');
    linkElm.setAttribute('rel', 'stylesheet');
    linkElm.setAttribute('type', 'text/css');
```

```
    linkElm.setAttribute('href', 'small.css');
    document.head.appendChild(linkElm);
}
```

📢 注意：

如果 window.matchMedia 无法解析 mediaQuery 参数，返回的总是 false，而不是报错。例如：

```
window.matchMedia('bad string').matches          //false
```

window.matchMedia 方法返回的 MediaQueryList 对象有两个方法，用来监听事件，这两个方法是 addListener()方法和 removeListener()方法。如果 mediaQuery 查询结果发生变化，就调用指定回调函数。例如：

```
var mql = window.matchMedia("(max-width: 700px)");
mql.addListener(mqCallback);                      //指定回调函数
mql.removeListener(mqCallback);                   //撤销回调函数
function mqCallback(mql) {
    if (mql.matches) {
        //宽度小于等于 700 像素
    } else {
        //宽度大于 700 像素
    }
}
```

上面的代码中，回调函数的参数是 MediaQueryList 对象。回调函数的调用可能存在两种情况：一种是显示宽度从 700 像素以上变为以下，另一种是从 700 像素以下变为以上，所以在回调函数内部要判断一下当前的屏幕宽度。

19.1.9 使用 CSS 事件

1. transitionEnd 事件

CSS 的过渡效果（transition）结束后，会触发 transitionEnd 事件。例如：

```
el.addEventListener('transitionend', onTransitionEnd, false);
function onTransitionEnd() {
    console.log('Transition end');
}
```

transitionEnd 的事件对象具有以下属性。

- propertyName：发生 transition 效果的 CSS 属性名。
- elapsedTime：transition 效果持续的秒数，不含 transition-delay 的时间。
- pseudoElement：如果 transition 效果发生在伪元素上，则会返回该伪元素的名称，以 "::" 开头。如果不发生在伪元素上，则会返回一个空字符串。

实际使用 transitionend 事件时，可能需要添加浏览器前缀。

```
el.addEventListener('webkitTransitionEnd', function () {
    el.style.transition = 'none';
});
```

2. animationstart、animationend、animationiteration 事件

CSS 动画有以下 3 个事件。

- animationstart 事件：动画开始时触发。
- animationend 事件：动画结束时触发。

扫一扫，看视频

➥ animationiteration 事件：开始新一轮动画循环时触发。如果 animation-iteration-count 属性等于 1，该事件不触发，即只播放一轮的 CSS 动画，不会触发 animationiteration 事件。

【示例】这 3 个事件的事件对象都有 animationName 属性（返回产生过渡效果的 CSS 属性名）和 elapsedTime 属性（动画已经运行的秒数）。但对于 animationstart 事件来说，elapsedTime 属性值等于 0，除非 animation-delay 属性值为负值。

```javascript
var el = document.getElementById("animation");
el.addEventListener("animationstart", listener, false);
el.addEventListener("animationend", listener, false);
el.addEventListener("animationiteration", listener, false);
function listener(e) {
  var li = document.createElement("li");
  switch(e.type) {
    case "animationstart":
      li.innerHTML = "Started: elapsed time is " + e.elapsedTime;
      break;
    case "animationend":
      li.innerHTML = "Ended: elapsed time is " + e.elapsedTime;
      break;
    case "animationiteration":
      li.innerHTML = "New loop started at time " + e.elapsedTime;
      break;
  }
  document.getElementById("output").appendChild(li);
}
```

上面代码的运行结果是下面的样子。

```
Started: elapsed time is 0
New loop started at time 3.01200008392334
New loop started at time 6.00600004196167
Ended: elapsed time is 9.234000205993652
```

animation-play-state 属性可以控制动画的状态（暂停/播放），该属性需要加上浏览器前缀。

```javascript
element.style.webkitAnimationPlayState = "paused";
element.style.webkitAnimationPlayState = "running";
```

19.2　元　素　大　小

扫一扫，看视频

19.2.1　访问 CSS 宽度和高度

获取元素的大小应该是件很轻松的事情，但是由于各浏览器的不兼容性，使得这个操作变得很烦琐。在 JavaScript 中，通过 style 访问元素的 width 和 height，就可以精确地获取大小。

【示例】自定义扩展函数，兼容 IE 和 DOM 标准实现方法。函数参数设计为当前元素（e）和元素属性名（n），函数返回值为该元素的样式的属性值。

```javascript
//获取指定元素的样式属性值
//参数：e 表示具体的元素，n 表示要获取元素的脚本样式的属性名，如 width、borderColor
//返回值：返回该元素 e 的样式属性 n 的值
function getStyle(e,n){
    if(e.style[n]){ //如果在 Style 对象中存在，说明已显式定义，则返回这个值
        return e.style[n];
```

```
    } else if(e.currentStyle){           //否则，如果是 IE 浏览器，则利用它的私有方法读取当前值
        return e.currentStyle[n];
    //如果是支持 DOM 标准的浏览器，则利用 DOM 定义的方法读取样式属性值
    } else if(document.defaultView && document.defaultView.
    getComputedStyle){
        n = n.replace(/([A-Z])/g,"-$1");           //转换参数的属性名
        n = n.toLowerCase();
        var s = document.defaultView.getComputedStyle(e,null); //获取当前元素样式属性
        if(s)                                      //如果当前元素的样式属性对象存在
            return s.getPropertyValue(n);          //则获取属性值
    } else                                         //如果都不支持，则返回 null
        return null;
}
```

DOM 标准在读取 CSS 属性值时比较特殊，它遵循 CSS 语法规则中约定的属性名，即在复合属性名中使用连字符来连接多个单词，而不是遵循驼峰命名法，利用首字母大写的方式来区分不同的单词。例如，属性 borderColor 被传递给 DOM 时，就需要转换为 border-color，否则就会错判。因此，对于传递的参数名还需要进行转换，不过利用正则表达式可以轻松实现。

下面调用这个扩展函数来获取指定元素的实际宽度。

```
<div id="div"></div>
<script>
var div = document.getElementsByTagName("div")[0];//获取当前元素
var w = getStyle(div,"width");                    //调用扩展函数，返回字符串"auto"
</script>
```

如果为 div 元素显式定义 200 像素的宽度：

```
<div id="div" style="width:200px;border-style:solid;"></div>
```

则调用扩展函数 getStryle()后，就会返回字符串"200px"。

```
var w = getStyle(div,"width");                    //调用扩展函数，返回字符串"200px"
```

19.2.2　把值转换为整数

扫一扫，看视频

19.2.1 小节自定义的 getStyle()扩展函数获取的值为字符串格式，且包含单位，而且可能还包含 auto 默认值或者百分比取值。auto 表示父元素的宽度，而百分比取值是根据父元素的宽度进行计算。

【示例】下面设计一个扩展函数 fromStyle()，该函数是对 getStyle()的补充。设计 fromStyle ()函数的参数为要获取大小的元素，以及利用 getStyle()函数所得到的值。然后返回这个元素的具体大小值（数字）。

```
//把 fromStyle()函数返回值转换为实际的值
//参数：e 表示具体的元素，w 表示元素的样式属性值，通过 getStyle()函数获取，p 表示当前元素百分比转换为
   小数的值，以便在上级元素中计算当前元素的尺寸
//返回值：返回具体的数字值
function fromStyle(e, w, p){
    var p = arguments[2];                //获取百分比转换后的小数值
    if( ! p) p = 1;                      //如果不存在，则默认其为 1
    if(/px/.test(w) && parseInt(w)) return parseInt(parseInt(w) * p);
                        //如果元素尺寸的值为具体的像素值，则直接转换为数字，乘以百分比值，返回该值
    else if(/\%/.test(w) && parseInt(w)){  //如果元素宽度值为百分比值
        var b = parseInt(w) / 100;         //则把该值转换为小数值
        if((p != 1) && p) b *= p;          //如果子元素的尺寸也是百分比，则乘以转换后的小数值
        e = e.parentNode;                  //获取父元素的引用指针
        if(e.tagName == "BODY") throw new Error("整个文档结构都没有定义固定尺寸，没法计算了，
```

```
        请使用其他方法获取尺寸.");              //如果父元素是body元素，则抛出异常
        w = getStyle(e, "width");              //调用getStyle()方法，获取父元素的宽度值
        return arguments.callee(e, w, b);      //回调函数，把上面的值作为参数进行传递，实现迭代计算
    } else if(/auto/.test(w)){                 //如果元素宽度值为默认值
        var b = 1;                             //定义百分比值为1
        if((p != 1) && p) b *= p;              //如果子元素的尺寸是百分比，则乘以转换后的小数值
        e = e.parentNode;                      //获取父元素的引用指针
        if(e.tagName == "BODY") throw new Error("整个文档结构都没有定义固定尺寸，没法计算了,
        请使用其他方法获取尺寸.");              //如果父元素是body元素，则抛出异常
        w = getStyle(e, "width");              //调用getStyle()方法，获取父元素的宽度值
        return arguments.callee(e, w , b);     //回调函数，实现迭代计算
    } else                                     //如果getStyle()函数返回值包含其他单位，则抛出异常，不再计算
        throw new Error("元素或其父元素的尺寸定义了特殊的单位.");
}
```

最后，针对上面的嵌套结构，调用该函数就可以直接计算出元素的实际值。

```
var div = document.getElementById("div"); //获取元素的引用指针
var w = getStyle(div, "width");            //获取元素的样式属性值
w = fromStyle(div, w);                     //把样式属性值转换为实际的值，即返回数值25
```

如果要获取元素的高度值，则应该在 getStyle()函数中修改第 2 个参数值为字符串"height"即可，包括在 fromStyle()函数中调用 getStyle()函数的参数值。

19.2.3　使用 offsetWidth 和 offsetHeight

扫一扫，看视频

使用 offsetWidth 和 offsetHeight 属性可以获取元素的尺寸，其中，offsetWidth 表示元素在页面中所占据的总宽度，offsetHeight 表示元素在页面中所占据的总高度。

【示例 1】使用 offsetWidth 和 offsetHeight 属性获取元素大小。

```
<div style="height:200px;width:200px;">
    <div style="height:50%;width:50%;">
        <div style="height:50%;width:50%;">
            <div style="height:50%;width:50%;">
                <div id="div" style="height:50%;width:50%;border-style:solid;"></div>
            </div>
        </div>
    </div>
</div>
<script>
var div = document.getElementById("div");
var w = div.offsetWidth;                    //返回元素的总宽度
var h = div.offsetHeight;                   //返回元素的总高度
</script>
```

上面的示例在 IE 的诡异模式下和支持 DOM 模型的浏览器中解析结果差异很大，其中 IE 诡异模式解析返回宽度为 21 像素、高度为 21 像素，而在支持 DOM 模型的浏览器中返回高度和宽度都为 19 像素。

根据示例 1 中行内样式定义的值可以算出最内层元素的宽度和高度都为 12.5 像素，实际取值为 12 像素。但是对于 IE 诡异解析模式来说，样式属性 width 和 height 的值就是元素的总宽度和总高度。由于 IE 是根据四舍五入法处理小数部分的值，故该元素的总高度和总宽度都是 13 像素。同时，由于 IE 模型定义每个元素都有一个默认行高，即使元素内不包含任何文本，所以实际高度就显示为 21 像素。

而对于支持 DOM 模型的浏览器来说，它们认为元素样式属性中的宽度和高度仅是元素内部包含内容区域的尺寸，而元素的总高度和总宽度应该加上补白和边框，由于元素默认边框值为 3 像素，所以最

后计算的总高度和总宽度都是 19 像素。

【示例2】解决 offsetWidth 和 offsetHeight 属性的缺陷。当为元素设置样式属性 display 的值为 none 时，则 offsetWidth 和 offsetHeight 属性返回值都为 0。

当父级元素的 display 样式属性为 none 时，当前元素也会被隐藏显示，此时 offsetWidth 和 offsetHeight 属性值都是 0。总之，对于隐藏元素来说，不管它的实际高度和宽度是多少，最终使用 offsetWidth 和 offsetHeight 属性读取时都是 0。

解决方法：先判断元素的样式属性 display 的值是否为 none，如果不为 none，则直接调用 offsetWidth 和 offsetHeight 属性读取即可；如果为 none，则可以暂时显示元素，然后读取它的尺寸，读完之后再把它恢复为隐藏样式。

先设计两个功能函数，使用它们可以分别重设和恢复元素的样式属性值。

```
//重设元素的样式属性值
//参数：e 表示重设样式的元素，o 表示要设置的值，它是一个对象，可以包含多个名值对
//返回值：重设样式的原属性值，以对象形式返回
function setCSS(e, o){
    var a = {};                    //定义临时对象直接量
    for(var i in o){               //遍历参数对象，传递包含样式设置值
        a[i] = e.style[i];         //先存储样式表中原来的值
        e.style[i] = o[i];         //用参数值覆盖原来的值
    }
    return a;                      //返回原样式属性值
}
//恢复元素的样式属性值
//参数：e 表示重设样式的元素，o 表示要恢复的值，它是一个对象，可以包含多个名值对
//返回值：无
function resetCSS(e,o){
    for(var i in o){               //遍历参数对象
        e.style[i] = o[i];         //恢复原来的样式值
    }
}
```

再自定义函数 getW() 和 getH() 函数。不管元素是否被隐藏显示，这个两个函数能够获取元素的宽度和高度。

```
//获取元素的存在宽度
//参数：e 表示元素
//返回值：存在宽度
function getW(e){ //如果元素没有隐藏显示，则获取它的宽度。如果 offsetWidth 属性值存在，则返回该
                 //值，否则调用自定义扩展函数 getStyle() 和 fromStyle() 获取元素的宽度
    if(getStyle(e,"display") != "none") return e.offsetWidth ||
    fromStyle(getStyle(e,"width"));
    var r = setCSS( e, {           //如果元素隐藏，调用 setCSS() 函数临时显示元素，存储原始属性值
        display:"",
        position:"absolute",
        visibility:"hidden"
    });
    var w = e.offsetWidth || fromStyle(getStyle(e,"width"));//读取元素的宽度值
    resetCSS(e,r);                 //调用 resetCSS() 函数恢复元素的样式属性值
    return w;                      //返回存在宽度
}
//获取元素的存在高度
//参数：e 表示元素
```

```
//返回值：存在高度
function getH(e){ //如果元素没有隐藏显示，就获取元素的高度，如果 offsetHeight 属性值存在，就返回
                 //该值，否则就调用自定义扩展函数 getStyle()或 fromStyle()获取元素的高度
    if(getStyle(e,"display") != "none") return e.offsetHeight ||
fromStyle(getStyle(e,"height"));
    var r = setCSS(e, {            //如果元素隐藏，调用 setCSS()函数临时显示元素，存储原始属性值
        display:"",
        position:"absolute",
        visibility:"hidden"
    });
    var h = e.offsetHeight || fromStyle(getStyle(e,"height"));//读取元素的高度值
    resetCSS(e,r);                 //调用 resetCSS()函数恢复元素的样式属性值
    return h;                      //返回存在高度
}
```

最后，调用 getW()和 getH()函数进行测试。

```
<div id="div" style="height:200px;width:200px;
border-style:solid;display:none;"></div>
<script>
var div = document.getElementById("div");
var w = div.offsetWidth;                    //返回 0
var h = div.offsetHeight;                   //返回 0
var w1 = getW(div);                         //返回 206
var h1 = getH(div);                         //返回 206
</script>
```

19.2.4　元素尺寸

扫一扫，看视频

在某些情况下，如果需要精确计算元素的尺寸，可以选用 HTML 特有的属性，这些属性虽然不是 DOM 标准的一部分，但是由于它们获得了所有浏览器的支持，所以在 JavaScript 开发中还是被普遍应用。与元素尺寸相关的属性及说明见表 19.1。

表 19.1　与元素尺寸相关的属性及说明

属　性	说　明
clientWidth	获取元素可视部分的宽度，即 CSS 的 width 和 padding 属性值之和，元素边框和滚动条不包括在内，也不包含任何可能的滚动区域
clientHeight	获取元素可视部分的高度，即 CSS 的 height 和 padding 属性值之和，元素边框和滚动条不包括在内，也不包含任何可能的滚动区域
offsetWidth	元素在页面中占据的宽度总和，包括 width、padding、border，以及滚动条的宽度
offsetHeight	元素在页面中占据的高度总和，包括 height、padding、border，以及滚动条的高度
scrollWidth	当元素设置了 overflow:visible 样式属性时，该属性值表示元素的总宽度（也有人把它解释为元素的滚动宽度）。在默认状态下，如果该属性值大于 clientWidth 属性值，则元素会显示滚动条，以便能够翻阅被隐藏的区域
scrollHeight	当元素设置了 overflow:visible 样式属性时，该属性值表示元素的总高度（也有人把它解释为元素的滚动高度）。在默认状态下，如果该属性值大于 clientHeight 属性值，则元素会显示滚动条，以便能够翻阅被隐藏的区域

【示例】设计一个简单的盒子，盒子的 height 值为 200 像素，width 值为 200 像素，边框显示为 50 像素，补白区域定义为 50 像素。内部包含信息框，其宽度设置为 400 像素，高度也设置为 400 像素。

```
<div id="div" style="height:200px;width:200px;border:solid 50px red;
overflow:auto;padding:50px;">
    <div id="info" style="height:400px;width:400px;
```

```
border:solid 1px blue;"></div>
</div>
```

然后，利用 JavaScript 脚本在内容框中插入一些行列号，让内容超出窗口显示。

分别调用 offsetHeight、scrollHeight、clientHeight 属性，以及自定义函数 getH()，则可以看到获取不同区域的高度，如图 19.1 所示。

```
var div = document.getElementById("div");
//以下返回值是根据 IE 7.0 浏览器而定的
var ho = div.offsetHeight;        //返回 400
var hs = div.scrollHeight;        //返回 502
var hc = div.clientHeight;        //返回 283
var hg = getH(div);               //返回 400
```

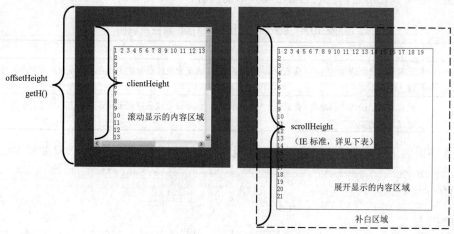

图 19.1　盒模型不同区域的高度示意图

具体说明如下：

- ➘ offsetHeight = border-top-width + padding-top + height + padding-bottom + border-bottom-width。
- ➘ scrollHeight = padding-top + 包含内容的完全高度 + padding-bottom。
- ➘ clientHeight = padding-top + height + border-bottom-width – 滚动条的宽度。

◀»）提示：

不同浏览器对于 scrollHeight 和 scrollWidth 属性解析方式不同。结合上面的示例，对 scrollHeight 和 scrollWidth 属性解析具体说明如表 19.2 所示，而 scrollWidth 属性与 scrollHeight 属性基本相同。

表 19.2　浏览器解析 scrollHeight 和 scrollWidth 属性的比较

浏　览　器	返　回　值	计　算　公　式
IE	502	padding-top + 包含内容的完全高度 + padding-bottom
Firefox	452	padding-top + 包含内容的完全高度
Opera	419	包含内容的完全高度 + 底部滚动条的宽度
Safari	452	padding-top + 包含内容的完全高度

如果设置盒子的 overflow 属性为 visible，则 clientHeight 的值为 300。

```
clientHeight = padding-top + height + border-bottom-width
```

说明如果隐藏滚动条显示，则 clientHeight 属性值不用减去滚动条的宽度，即滚动条的区域被转化为可视内容区域。同时，不同浏览器对于 scrollHeight 和 scrollWidth 属性的解析也不同，结合上面的示例，具体说明见表 19.3。

表 19.3　浏览器解析 scrollHeight 和 scrollWidth 属性的比较

浏览器	返回值	计算公式
IE	502	padding-top + 包含内容的完全高度 + padding-bottom
Firefox	400	border-top-width + padding-top + height + padding-bottom + border-bottom-width
Opera	502	padding-top + 包含内容的完全高度 + padding-bottom
Safari	502	padding-top + 包含内容的完全高度 + padding-bottom

扫一扫，看视频

19.2.5　视图尺寸

scrollLeft 和 scrollTop 属性可以获取移出可视区域外面的宽度和高度。用户可以使用这两个属性确定滚动条的位置，也可以使用它们获取当前滚动区域的内容，其属性及说明见表 19.4。

表 19.4　scrollLeft 和 scrollTop 属性及说明

属　性	说　明
scrollLeft	元素左侧已经滚动的距离（像素值）。更通俗地说，就是设置或获取位于元素左边界与元素中当前可见内容的最左端之间的距离
scrollTop	元素顶部已经滚动的距离（像素值）。更通俗地说，就是设置或获取位于元素顶部边界与元素中当前可见内容的最顶端之间的距离

【示例】下面的示例演示了如何设置和更直观地获取滚动外区域的尺寸，效果如图 19.2 所示。

```html
<textarea id="text" rows="5" cols="25" style="float:right;">
</textarea>
<div id="div" style="height:200px;width:200px;border:solid 50px red;padding:50px;
overflow:auto;">
    <div id="info" style="height:400px;width:400px;border:solid 1px blue;"></div>
</div>
<script>
var div = document.getElementById("div");
div.scrollLeft = 200;                  //设置盒子左边滚出区域宽度为 200 像素
div.scrollTop = 200;                   //设置盒子顶部滚出区域高度为 200 像素
var text = document.getElementById("text");
div.onscroll = function(){             //注册滚动事件处理函数
    text.value = "scrollLeft = " + div.scrollLeft + "\n" +
                "scrollTop = " + div.scrollTop + "\n" +
                "scrollWidth = " + div.scrollWidth + "\n" +
                "scrollHeight = " + div.scrollHeight;
}
</script>
```

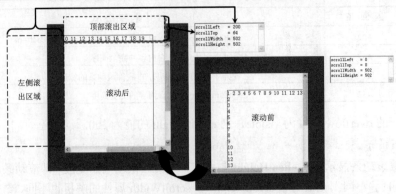

图 19.2　scrollLeft 和 scrollTop 属性指示区域示意图

扫一扫，看视频

19.2.6 窗口尺寸

如果获取<html>标签的 clientWidth 和 clientHeight 属性，就可以得到浏览器窗口的可视宽度和高度，而<html>标签在脚本中表示为 document.documentElement。

在 IE 怪异模式下，body 是最顶层的可视元素，而隐藏 html 元素。所以只有通过<body>标签的 clientWidth 和 clientHeight 属性才可以得到浏览器窗口的可视宽度和高度，而<body>标签在脚本中表示为 document.body。因此，考虑到浏览器的兼容性，可以这样设计：

```
var w = document.documentElement.clientWidth || document.body.clientWidth;
var h = document.documentElement.clientHeight || document.body.clientHeight;
```

如果浏览器支持 DOM 标准，则使用 documentElement 对象读取；如果该对象不存在，则使用 body 对象读取。

如果窗口包含内容超出了窗口可视区域，则应该使用 scrollWidth 和 scrollHeight 属性来获取窗口的实际宽度和高度。但是对于 document.documentElement 和 document.body 来说，不同浏览器对于它们的支持略有差异。

```
<body style="border:solid 2px blue;margin:0;padding:0">
    <div style="width:2000px;height:1000px;border:solid 1px red;">
</div>
</body>
<script>
var wb = document.body.scrollWidth;
var hb = document.body.scrollHeight;
var wh = document.documentElement.scrollWidth;
var hh = document.documentElement.scrollHeight;
</script>
```

不同浏览器解析 scrollWidth 与 scrollHeight 属性比较见表 19.5。

表 19.5 浏览器解析 scrollWidth 与 scrollHeight 属性的比较

浏览器	body.scrollWidth	body.scrollHeight	documentElement.scrollWidth	documentElement.scrollHeight
IE	2002	1002	2004	1006
Firefox	2002	1002	2004	1006
Opera	2004	1006	2004	1006
Chrome	2004	1006	2004	1006

通过比较表 19.5 中的返回值，可以看到不同浏览器对于使用 documentElement 对象获取浏览器窗口的实际尺寸是一致的，但是使用 body 对象来获取对应尺寸就会存在很大的差异，特别是 Firefox 浏览器。

19.3 位 置 偏 移

扫一扫，看视频

19.3.1 窗口位置

CSS 的 left 和 top 属性不能真实反映元素相对于页面或其他对象的精确位置，不过每个元素都拥有 offsetLeft 和 offsetTop 属性，它们描述了元素的偏移位置。但不同浏览器定义元素的偏移参照对象不同。例如，IE 会以父元素为参照对象进行偏移，而支持 DOM 标准的浏览器会以最近定位元素为参照对象进行偏移。

【**示例 1**】下面的示例是一个三层嵌套的结构，其中最外层 div 元素被定义为相对定位显示。然后在 JavaScript 脚本中使用 alert(box.offsetLeft); 语句获取最内层 div 元素的偏移位置，则 IE 返回值为 50 像素，而其他支持 DOM 标准的浏览器会返回 101 像素。效果如图 19.3 所示。

📢 注意：

> 早期 Opera 返回值为 121 像素，因为它是以 ID 为 wrap 元素的边框外壁的起点进行计算，而其他支持 DOM 标准的浏览器是以 ID 为 wrap 元素的边框内壁的起点进行计算。

```
<style type="text/css">
div {width:200px; height:100px; border:solid 1px red; padding:50px;}
#wrap { position:relative; border-width:20px; }
</style>
<div id="wrap">
  <div id="sub">
    <div id="box"></div>
  </div>
</div>
```

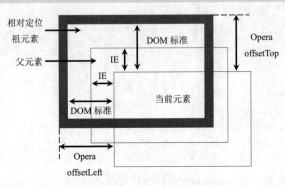

图 19.3 获取元素的位置示意图

对于任何浏览器来说，offsetParent 属性总能够自动识别当前元素偏移的参照对象，所以不用担心 offsetParent 在不同浏览器中具体指代什么元素。这样就能够通过迭代来计算当前元素距离窗口左上顶角的坐标值，示意图如图 19.4 所示。

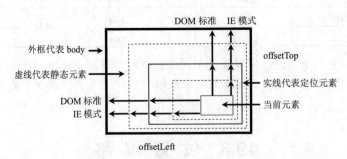

图 19.4 能够兼容不同浏览器的元素偏移位置计算演示示意图

通过图 19.4 可以看到，尽管不同浏览器的 offsetParent 属性指代的元素不同，但是通过迭代计算，当前元素距离浏览器窗口的坐标距离都是相同的。

【**示例 2**】根据上面的分析可以设计一个扩展函数。

```
//获取指定元素距离窗口左上角偏移坐标
//参数：e 表示获取位置的元素
```

```
//返回值：返回对象直接量，其中属性 x 表示 x 轴偏移距离，属性 y 表示 y 轴偏移距离
function getPoint(e){
    var x = y = 0;                  //初始化临时变量
    while(e.offsetParent){          //如果存在 offsetParent 指代的元素，则获取它的偏移坐标
       x += e.offsetLeft;           //累计总的 x 轴偏移距离
       y += e.offsetTop;            //累计总的 y 轴偏移距离
       e = e.offsetParent;          //把当前元素的 offsetParent 属性值传递给循环条件表达式
    }
    return {                        //遍历到 body 元素后，停止循环，把叠加的值赋给对象直接量并返回
       "x" : x,
       "y" : y
    };
}
```

由于 body 和 html 元素没有 offsetParent 属性，所以当迭代到 body 元素时，会自动停止并计算出当前元素距离窗口左上角的坐标距离。

📢 注意：

不要为包含元素定义边框，因为不同浏览器对边框的处理方式不同。例如，IE 浏览器会忽略所有包含元素的边框，因为所有元素都是参照对象，且以参照对象的边框内壁作为边线进行计算。Firefox 和 Safari 会把静态元素的边框作为实际距离进行计算，因为对于它们来说，静态元素不作为参照对象。而对于 Opera 浏览器来说，它根据非静态元素边框的外壁作为边线进行计算，所以该浏览器所获取的值又不同。如果不为所有包含元素定义边框，就可以避免不同浏览器解析的分歧，最终实现返回相同的距离。

19.3.2　相对位置

扫一扫，看视频

在复杂的嵌套结构中，仅获取元素相对于浏览器窗口的位置并没有多大利用价值，因为定位元素是根据最近的上级非静态元素进行定位的。同时对于静态元素来说，它是根据父元素的位置来决定自己的显示位置。

要获取相对父级元素的位置，用户可以调用 19.3.1 小节自定义的 getPoint()扩展函数分别获取当前元素和父元素距离窗口的距离，然后求两个值的差即可。

【示例】为了提高执行效率，可以先判断 offsetParent 属性是否指向父级元素，如果是，则可以直接使用 offsetLeft 和 offsetTop 属性获取元素相对于父元素的距离；否则就调用 getPoint()扩展函数分别获得当前元素和父元素距离窗口的坐标，然后求差即可。

```
//获取指定元素距离父元素左上角的偏移坐标
//参数：e 表示获取位置的元素
//返回值：返回对象直接量，其中属性 x 表示 x 轴偏移距离，属性 y 表示 y 轴偏移距离
function getP(e){
    if(e.parentNode == e.offsetParent){     //判断 offsetParent 属性是否指向父级元素
       var x = e.offsetLeft;                //如果是，就直接读取 offsetLeft 属性值
       var y = e.offsetTop;                 //读取 offsetTop 属性值
    }else{//调用 getW()获取当前元素和父元素的 x 轴坐标，并返回它们的差值
       var o = getPoint(e);
       var p = getPoint(e.parentNode);
       var x = o.x - p.x;
       var y = o.y - p.y;
    }
    return {//返回对象直接量，对象包含当前元素距离父元素的坐标
       "x" : x,
       "y" : y
```

```
    };
}
```

下面调用该扩展函数获取指定元素相对父元素的偏移坐标。

```
var box = document.getElementById("box");
var o = getP(box);                          //调用扩展函数获取元素相对父元素的偏移坐标
alert(o.x);                                 //读取 x 轴坐标偏移值
alert(o.y);                                 //读取 y 轴坐标偏移值
```

19.3.3　定位位置

　　定位包含框就是定位元素参照的包含框对象，一般为距离当前元素最近的上级定位元素。获取元素相对定位包含框的位置可以直接读取 CSS 样式中 left 和 top 属性值，它们记录了定位元素的坐标值。

　　【示例】本扩展函数 getB()调用了 getStyle()扩展函数，该函数能够获取元素的 CSS 样式属性值。对于默认状态的定位元素或者静态元素，它们的 left 和 top 属性值一般为 auto。因此，获取 left 和 top 属性值之后，可以尝试使用 parseInt()方法把它转换为数值。如果失败，说明其值为 auto，则设置为 0；否则返回转换的数值。

```
//获取指定元素距离定位包含框元素左上角的偏移坐标
//参数：e 表示获取位置的元素
//返回值：返回对象直接量，其中属性 x 表示 x 轴偏移距离，属性 y 表示 y 轴偏移距离
function getB(e){
    return {
        "x" : (parseInt(getStyle(e, "left")) || 0),
        "y" : (parseInt(getStyle(e, "top")) || 0)
    };
}
```

19.3.4　设置偏移位置

　　与获取元素的位置相比，设置元素的偏移位置就比较容易，可以直接使用 CSS 属性进行设置。不过对于页面元素来说，只有定位元素才允许设置元素的位置。考虑到页面中定位元素的位置常用绝对定位方式，所以不妨把设置元素的位置封装到一个函数中。

　　【示例】下面函数能够根据指定元素及其传递的坐标值快速设置元素相对于上级定位元素的位置。

```
//设置元素的偏移位置，即相对于上级定位元素为参照对象定位元素的位置
//参数：e 表示设置位置的元素，o 表示一个对象，对象的属性 x 表示 x 轴距离，属性 y 表示 y 轴距离，不用附带
单位，默认以像素为单位
//返回值：无
function setP(e,o){
    (e.style.position) || (e.style.position = "absolute");//如果元素静态显示，进行绝对定位
    e.style.left = o.x + "px";                   //设置 x 轴的距离
    e.style.top = o.y + "px";                    //设置 y 轴的距离
}
```

　　定位元素还可以使用 right 和 bottom 属性，但是我们更习惯使用 left 和 top 属性来定位元素的位置。所以在该函数中没有考虑 right 和 bottom 属性。

19.3.5　设置相对位置

　　偏移位置是重新定位元素的位置，不考虑元素可能存在的定位值。但是，在动画设计中，经常需要设置元素以当前位置为起点进行偏移。

【示例】定义一个扩展函数，以实现元素相对当前位置进行偏移。该函数中调用了 19.3.3 小节介绍的 getB()扩展函数，此函数能够获取当前元素的定位坐标值。

```
//设置元素的相对位置，即相对于当前位置进行偏移
//参数：e 表示设置位置的元素，o 表示一个对象，对象的属性 x 表示 x 轴偏移距离，属性 y 表示 y 轴偏移距离，
//不用附带单位，默认以像素为单位
//返回值：无
function offsetP(e, o){
    (e.style.position) || (e.style.position = "absolute");//如果元素静态显示，则进行绝对定位
    e.style.left = getB(e).x + o.x + "px";              //设置 x 轴的距离
    e.style.top = getB(e).y + o.y + "px";              //设置 y 轴的距离
}
```

针对下面结构和样式,用户可以调用 offsetP()函数设置 ID 为 sub 的 div 元素向右下方向偏移（10,100）的坐标距离。

```
<style type="text/css">
div {width:200px; height:100px; border:solid 1px red; padding:50px;
position:absolute; left:50px; top:50px;}
</style>
<div id="wrap">
    <div id="sub">
        <div id="box"></div>
    </div>
</div>
<script>
var sub = document.getElementById("sub");
offsetP(sub,{
    x : 10, y : 100
});
</script>
```

19.3.6 鼠标指针绝对位置

扫一扫，看视频

想要获取鼠标指针的页面位置，首先应捕获当前事件对象，然后读取事件对象中包含的定位信息。考虑到浏览器的不兼容性，可以选用 pageX/pageY（兼容 Safari）或 clientX/clientY（兼容 IE）属性对。另外，还需要配合使用 scrollLeft 和 scrollTop 属性。

```
//获取鼠标指针的页面位置
//参数：e 表示当前事件对象，由系统自动捕获
//返回值：返回鼠标相对页面的坐标对象，其中属性 x 表示 x 轴偏移距离，属性 y 表示 y 轴偏移距离
function getMP(e){
    var e = e || window.event;                      //标准化事件对象
    return {
        x : e.pageX || e.clientX + (document.documentElement.scrollLeft ||
        document.body.scrollLeft),
        y : e.pageY ||  e.clientY + (document.documentElement.scrollTop ||
        document.body.scrollTop)
    }
}
```

pageX 和 pageY 事件属性不被 IE 浏览器支持，而 clientX 和 clientY 事件属性又不被 Safari 浏览器支持，因此可以混合使用它们以兼容不同的浏览器。同时，对于 IE 怪异解析模式来说，body 元素代表页面区域，而 html 元素被隐藏，但是支持 DOM 标准的浏览器认为 html 元素代表页面区域，而 body 元素仅

是一个独立的页面元素，所以需要兼容这两种解析方式。

19.3.7　鼠标指针相对位置

扫一扫，看视频

除了考虑鼠标的页面位置外，在开发中还应该考虑鼠标在当前元素内的位置。这需要用到事件对象的 offsetX/offsetY 或 layerX/layerY 属性对。由于早期 Mozilla 类型浏览器不支持 offsetX 和 offsetY 事件属性，可以考虑用 layerX 和 layerY，但是这两个事件属性是以定位包含框为参照对象，而不是元素自身左上顶角，因此还需要减去当前元素的 offsetLeft/offsetTop 值。

【示例1】可以使用 offsetLeft 和 offsetTop 属性获取元素在定位包含框中的偏移坐标，然后使用 layerX 属性值减去 offsetLeft 属性值，使用 layerY 属性值减去 offsetTop 属性值，即可得到鼠标指针在元素内部的位置。

```
//获取鼠标指针在元素内的位置
//参数：e 表示当前事件对象，o 表示当前元素
//返回值：返回鼠标相对元素的坐标位置，其中 x 表示 x 轴偏移距离，y 表示 y 轴偏移距离
function getME(e, o){
    var e = e || window.event;
    return {
        x : e.offsetX || (e.layerX - o.offsetLeft),
        y : e.offsetY || (e.layerY - o.offsetTop)
    }
}
```

在实践中上面扩展函数存在几个问题。

➥ 为了兼容 Mozilla 类型浏览器，通过鼠标偏移坐标减去元素的偏移坐标，得到元素内鼠标偏移坐标的参考原点元素边框外壁的左上角。

➥ Safari 浏览器的 offsetX 和 offsetY 是以元素边框外壁的左上角为坐标原点，而其他浏览器则是以元素边框内壁的左上角为坐标原点，这就导致不同浏览器的解析差异。

➥ 考虑到边框对于鼠标位置的影响，当元素边框很宽时，必须考虑如何消除边框对于鼠标位置的影响。但是，由于边框样式不同，它存在 3 像素的默认宽度，则为获取元素的边框实际宽度带来了麻烦。需要设置更多的条件，来判断当前元素的边框宽度。

【示例2】完善后的获取鼠标指针在元素内的位置扩展函数如下：

```
//完善获取鼠标指针在元素内的位置
//参数：e 表示当前事件对象，o 表示当前元素
//返回值：返回鼠标相对元素的坐标位置，其中 x 表示 x 轴偏移距离，y 表示 y 轴偏移距离
function getME(e, o){
    var e = e || window.event;
    //获取元素左侧边框的宽度
    //调用 getStyle()扩展函数获取边框样式值，尝试转换为数值，如果转换成功，则赋值
    //否则判断是否定义了边框样式，如果定义边框样式，且值不为none，则说明边框宽度为默认值，即为 3 像素
    //如果没有定义边框样式，且宽度值为 auto，则说明边框宽度为 0
    var bl = parseInt(getStyle(o, "borderLeftWidth")) ||
            ((o.style.borderLeftStyle && o.style.borderLeftStyle != "none" )? 3 : 0);
    //获取元素顶部边框的宽度，设计思路与获取左侧边框方法相同
    var bt = parseInt(getStyle(o, "borderTopWidth")) ||
            ((o.style.borderTopStyle && o.style.borderTopStyle !=
            "none" ) ? 3 : 0);
    var x = e.offsetX ||                        //一般浏览器下鼠标偏移值
            (e.layerX - o.offsetLeft - bl);
                                                //兼容 Mozilla 类型浏览器，减去边框宽度
```

```
    var y = e.offsetY ||                         //一般浏览器下鼠标偏移值
            (e.layerY - o.offsetTop - bt);
                                                 //兼容 Mozilla 类型浏览器，减去边框宽度
    var u = navigator.userAgent;                 //获取浏览器的用户数据
    if((u.indexOf("KHTML") > - 1) ||
        (u.indexOf("Konqueror") > - 1) ||
        (u.indexOf("AppleWebKit") > - 1)
    ){                                           //如果是 Safari 浏览器，则减去边框的影响
        x -= bl;
        y -= bt;
    }
    return {//返回兼容不同浏览器的鼠标位置对象，以元素边框内壁左上角为定位原点
        x : x,
        y : y
    }
}
```

19.3.8 滚动条位置

扫一扫，看视频

【示例】对于浏览器窗口的滚动条来说，使用 scrollLeft 和 scrollTop 属性也可以获取窗口滚动条的位置。

```
//获取页面滚动条的位置
//参数：无
//返回值：返回滚动条的位置，其中属性 x 表示 x 轴偏移距离，属性 y 表示 y 轴偏移距离
function getPS(){
    var h = document.documentElement;            //获取页面引用指针
    var x = self.pageXOffset ||                   //兼容早期浏览器
            (h && h.scrollLeft) ||               //兼容标准浏览器
            document.body.scrollLeft;            //兼容 IE 怪异模式
    var y = self.pageYOffset ||                   //兼容早期浏览器
            (h && h.scrollTop) ||                //兼容标准浏览器
            document.body.scrollTop;             //兼容 IE 怪异模式
    return {
        x : x,
        y : y
    };
}
```

19.3.9 设置滚动条位置

扫一扫，看视频

window 对象定义了 scrollTo(x, y)方法，该方法能够根据传递的参数值定位滚动条的位置，其中参数 x 可以定位页面内容在 x 轴方向上的偏移量，而参数 y 可以定位页面在 y 轴方向上的偏移量。

【示例】下面扩展函数能够把滚动条定位到指定的元素位置。其中调用了 19.3.1 小节中定义的 getPoint ()扩展函数，使用 getPoint ()函数获取指定元素的页面位置。

```
//滚动到页面中指定的元素位置
//参数：指定的对象
//返回值：无
function setPS(e){
    window.scrollTo(getPoint(e).x, getPoint(e).y);
}
```

19.4 可 见 性

扫一扫，看视频

19.4.1 显示和隐藏

使用 CSS 的 visibility 和 display 属性可以控制元素的显示或隐藏。如果希望隐藏元素之后不会破坏页面结构和布局，可以选用 visibility。使用 visibility 隐藏元素之后，在页面中会留下一块空白区域。如果担心空白区域影响视觉效果，同时不考虑布局问题，则可以使用 display。

使用 style.display 属性可以设计元素的显示和隐藏。恢复 style.display 属性的默认值，只需设置 style.display 属性值为空字符串（style.display = ""）即可。

【示例】下面设计一个扩展函数，根据参数决定是否进行显示或隐藏。

```javascript
//设置或切换元素的显示或隐藏
//参数：e 表示操作元素，b 为 true 时，将显示元素 e；b 为 false 时，将隐藏元素 e
//如果省略参数 b，则根据元素 e 的显示状态进行显示或隐藏切换
function display(e, b){
    //如果第 2 个参数存在且不为布尔值，则抛出异常
    if(b && (typeof b != "boolean")) throw new Error("第 2 个参数应该是布尔值!");
    var c = getStyle(e, "display");          //获取当前元素的显示属性值
    (c != "none") && (e._display = c);       //记录元素的显示性质，并存储到元素的属性中
    e._display = e._display || "";           //如果没有定义显示性质，则赋值为空字符串
    if(b || (c == "none")){                  //当第 2 个参数值为 true，或者元素隐藏时
        e.style.display = e._display;        //则将调用元素的 _display 属性值恢复元素或显示元素
    }
    else{
        e.style.display = "none";            //否则隐藏元素
    }
}
```

19.4.2 半透明显示

扫一扫，看视频

设计元素的不透明度实现方法：IE 怪异模式支持 filters 滤镜集，DOM 标准浏览器支持 style.opacity 属性。它们的取值的范围也不同。

- ➥ IE 的 filters 属性值范围为 0～100，其中 0 表示完全透明，而 100 表示不透明。
- ➥ DOM 标准的 style.opacity 属性值范围是 0～1，其中 0 表示完全透明，而 1 表示不透明。

【示例】为了兼容不同浏览器，可以把设置元素透明度的功能进行函数封装。

```javascript
//设置元素的透明度
//参数：e 表示要预设置的元素，n 表示一个数值，取值范围为 0～100，如果省略，则默认为 100，即不透明显示元素
function setOpacity(e, n){
    var n = parseFloat(n);                   //把第 2 个参数转换为浮点数
    if(n && (n>100) || !n) n=100;            //如果第 2 个参数大于 100，或者不存在，则设置其为 100
    if(n && (n<0)) n =0;                     //如果第 2 个参数存在且值小于 0，则设置其为 0
    if (e.filters){                          //兼容 IE 浏览器
        e.style.filter = "alpha(opacity=" + n + ")";
    } else{                                  //兼容 DOM 标准
        e.style.opacity = n / 100;
    }
}
```

◀》提示：

在获取元素的透明度时，应注意在 IE 浏览器中不能够直接通过属性读取，而应借助 filters 集合的 item()方法获取 Alpha 对象，然后读取它的 opacity 属性值。

19.5 动 画

在 HTML5+CSS 3 时代，设计 Web 动画的工具可以有多种选择，简单说明如下：

↘ 使用 CSS 3 的 animation 或 transition。
↘ 使用 HTML5 的 canvas 绘图。
↘ 使用 JavaScript 原生的 window.setTimout()或者 window.setInterval()方法。
↘ 使用 HTML5 新增 window.requestAnimationFrame()方法。

本节重点介绍定时器动画和请求动画帧。

扫一扫，看视频

19.5.1 移动动画

JavaScript 传统动画主要利用定时器（setTimeout 和 setInterval）来实现。设计思路：通过循环改变元素的某个 CSS 样式属性，从而达到动态效果，如移动位置，缩放大小，渐隐渐显等。

移动动画主要通过动态修改元素的坐标来实现。技术要点如下：

↘ 考虑元素的初始坐标、终点坐标，以及移动坐标等定位要素。
↘ 移动速度、频率等问题。可以借助定时器来实现，但效果的模拟涉及算法问题，不同的算法，可能会设计出不同的移动效果，如匀速运动、加速和减速运动。

【示例】下面的示例演示了如何设计一个简单的元素滑动效果。通过指向元素、移动的位置，以及移动的步数，可以设计按一定的速度把元素从当前位置移动到指定的位置。本示例会引用 19.3.3 小节介绍的 getB()方法获取当前元素的绝对定位坐标值。

```
//简单的移动函数
//参数：e 表示元素，x 和 y 表示要移动的终点坐标，t 表示元素移动的步数
function slide(e, x, y, t){
    var t = t || 100;                        //初始化步数，步数越大，速度越慢，移动越逼真
    var o = getB(e);                         //当前元素的绝对定位坐标值
    var x0 = o.x;
    var y0 = o.y;
    var stepx = Math.round((x - x0) / t);
                        //计算 x 轴每次移动的步长，由于像素点不可用小数，所以会存在一定的误差
    var stepy = Math.round((y - y0) / t);    //计算 y 轴每次移动的步长
    var out = setInterval(function(){        //设计定时器
        var o = getB(e);                     //获取每次移动后的绝对定位坐标值
        var x0 = o.x;
        var y0 = o.y;
        e.style["left"] = (x0 + stepx) + 'px'; //定位每次移动的位置
        e.style["top"] = (y0 + stepy) + 'px';  //定位每次移动的位置
                        //如果距离终点的距离小于步长，则停止循环，并校正最终坐标位置
        if (Math.abs(x - x0) <= Math.abs(stepx) || Math.abs(y - y0) <=
        Math.abs(stepy)) {
            e.style["left"] = x + 'px';
            e.style["top"] = y + 'px';
            clearTimeout(out);
```

```
    };
  }, 2)
};
```

扫一扫，看视频

19.5.2　渐隐和渐显

渐隐和渐显效果主要通过动态修改元素的透明度来实现。

【示例】下面的示例实现一个简单的渐隐渐显动画效果。

```
//渐隐渐显动画显示函数
//参数：e 表示元素，t 表示速度，值越大，速度越慢
//参数：io 表示显示方式，true 表示渐显，false 表示渐隐
function fade(e, t, io){
    var t = t || 10;                    //初始化渐隐渐显速度
    if(io){var i = 0;}                   //初始化渐隐渐显方式
    else{var i = 100;}
    var out = setInterval(function(){    //设计定时器
        setOpacity(e, i);                //调用 setOpacity()函数
        if(io) {                         //根据渐隐或渐显方式决定执行效果
            i ++ ;
            if(i >= 100)  clearTimeout(out);
        } else{
            i-- ;
            if(i <= 0)  clearTimeout(out);
        }
    }, t);
}
```

19.5.3　使用 requestAnimFrame()

在传统网页设计中，一般使用 setTimeout()或 setInterval()来设计动画。CSS 3 动画出来后，又可以使用 CSS 3 来实现动画，而且性能和流畅度也得到了很大的提升。但是 CSS 3 动画还是有很多局限性，如不是所有属性都能参与动画，动画缓动效果太少，无法完全控制动画过程等。

HTML5 为 window 对象新增 window.requestAnimFrame()方法，用于设计动画。推出这个 API 的目的是让各种网页动画，如 DOM 动画、canvas 动画、SVG 动画、WebGL 动画等，能够有一个统一的刷新机制，从而节省系统资源、提高系统性能、改善视觉效果。

requestAnimationFrame()方法的优势：能够充分利用显示器的刷新机制，比较节省系统资源。解决了浏览器不知道动画什么时候开始，不知道最佳循环间隔时间的问题。

➥ 如果有多个 requestAnimationFrame()要执行，浏览器只要通知一次就可以了。而 setTimeout()是做不到的。

➥ 一旦页面不处于当前页面，如最小化、切换页面，页面是不会进行重绘的，自然 requestAnimationFrame()方法也不会触发。页面绘制全部停止，资源高效利用。

显示器都有固定的刷新频率，如 60Hz 或 75Hz，即每秒最多只能重绘 60 次或 75 次。requestAnimationFrame()方法的设计思路：与显示器的刷新频率保持同步，根据刷新频率进行页面重绘。如果浏览器绘制间隔是 16.7 毫秒，就按这个间隔绘制；如果浏览器绘制间隔是 10 毫秒，就按 10 毫秒绘制。这样就不会存在过度绘制的问题，动画也不会丢帧。

目前，Firefox 26+、Chrome 31+、IE 10+、Opera 19+、Safari 6+版本浏览器对 requestAnimationFrame 提供支持。也可以使用下面封装代码兼容各种早期版本浏览器。

```
window.requestAnimFrame = (function() {
    return window.requestAnimationFrame || window.webkitRequestAnimationFrame ||
    window.mozRequestAnimationFrame || window.oRequestAnimationFrame ||
    window.msRequestAnimationFrame ||
        function( /* function FrameRequestCallback */ callback, /* DOMElement Element
        */ element) {
            return window.setTimeout(callback, 1000 / 60);
        };
})();
```

各主流浏览器都支持自己的私有实现，所以要兼容早期版本浏览器，需要加前缀，对于不支持requestAnimationFrame 的浏览器，最后只能使用 setTimeout，因为两者的使用方式几乎相同，两者兼容起来并不难。对于支持 requestAnimationFrame() 的浏览器，使用 requestAnimationFrame()；如果不支持requestAnimationFrame() 的浏览器，则优雅降级使用传统的 setTimeout()。

requestAnimationFrame() 的使用方式：

```
function animate() {                                  //动画函数
    //执行动画
    requestAnimationFrame(animate);                  //循环请求动画
}
requestAnimationFrame(animate);                      //初次请求动画
```

requestAnimationFrame() 与 setInterval() 一样会返回一个句柄，然后把动画句柄作为参数传递给cancelAnimationFrame() 函数，可以取消动画。控制动画代码如下：

```
var globalID;
function animate() {                                  //动画函数
    //执行动画
    globalID = requestAnimationFrame(animate);       //循环请求动画
    if(条件表达式)
        cancelAnimationFrame(globalID);              //取消动画
}
globalID = requestAnimationFrame(animate);          //初次请求动画
```

19.5.4 案例：设计进度条动画

本案例模拟一个进度条动画，初始 div 宽度为 1 像素，在 step() 函数中将进度加 1，然后再更新到 div宽度上，在进度达到 100 之前，一直重复这一过程。为了演示方便，加了一个运行按钮，演示效果如图19.5 所示。

图 19.5　设计进度条动画

示例主要代码如下：

```
<div id="test" style="width:1px;height:17px;background:#0f0;">0%</div>
<input type="button" value="Run" id="run"/>
<script>
window.requestAnimationFrame = window.requestAnimationFrame ||
window.mozRequestAnimationFrame || window.webkitRequestAnimationFrame ||
```

```
window.msRequestAnimationFrame;
var start = null;
var ele = document.getElementById("test");
var progress = 0;
function step(timestamp) {                      //动画函数
    progress += 1;                              //递增变量
    ele.style.width = progress + "%";           //递增进度条的宽度
    ele.innerHTML=progress + "%";               //动态更新进度条的宽度
    if (progress < 100) {                       //设置执行动画的条件
        requestAnimationFrame(step);            //循环请求动画
    }
}
requestAnimationFrame(step);                    //初始启动动画
document.getElementById("run").addEventListener("click", function() {
    ele.style.width = "1px";
    progress = 0;
    requestAnimationFrame(step);
}, false);
</script>
```

扫一扫，看视频

19.5.5 案例：设计旋转的小球

本案例设计通过 window.requestAnimationFrame() 方法在 canvas 画布中绘制一个小球运动动画。示例代码如下：

```
<style>body{margin:0px; padding:0px;}</style>
<script>
window.requestAnimFrame = (function(){
    return  window.requestAnimationFrame ||
            window.webkitRequestAnimationFrame ||
            window.mozRequestAnimationFrame ||
            window.oRequestAnimationFrame ||
            window.msRequestAnimationFrame ||
            function(){
                window.setTimeout(callback, 1000 / 60);
            };
})();
var canvas, context;
init();
animate();
function init() {
    canvas = document.createElement('canvas');
    canvas.style.left=0;
    canvas.style.top=0;
    canvas.width = 210;
    canvas.height = 210;
    context = canvas.getContext('2d');
    document.body.appendChild(canvas);
}
function animate() {
    requestAnimFrame(animate);
    draw();
}
```

```
function draw() {
    var time = new Date().getTime() * 0.002;
    var x = Math.sin(time) * 96 +105;
    var y = Math.cos(time * 0.9) * 96 + 105;
    context.fillStyle ='pink';
    context.fillRect(0, 0, 255, 255);
    context.fillStyle='rgb(255,0,0)';
    context.beginPath();
    context.arc(x,y,10,0,Math.PI * 2,true);
    context.closePath();
    context.fill();
}
</script>
```

19.6 案 例 实 战

19.6.1 设计缓动动画

Tween 表示缓动的意思，用来描述现实生活中各种真实运动的效果，如加速、减速、弹跳、助力跑、碰撞等。目前，Tween 已经成为算法实践的一个重要分支，在 Web 开发中大量应用。本小节将详细讲解 Tween 算法设计的基础和 JavaScript 实现的基本方法。详细内容请扫码阅读。

19.6.2 设计工具提示

Tooltip（工具提示）是一种比较实用的 JavaScript 应用。当为一个元素（一般为超链接 a 元素）定义 title 属性时，会在鼠标经过时显示提示信息，这些提示能够详细描绘经过对象的包含信息，这对于超链接（特别是图像式超链接）非常有用。详细内容请扫码阅读。

19.7 在 线 支 持

第 20 章 异 步 请 求

XMLHttpRequest 是一个异步请求 API，提供了客户端向服务器发出 HTTP 请求数据的功能，请求过程允许不同步，不需要刷新页面。Fetch 是 HTML5 新增的异步请求 API，功能与 XMLHttpRequest 相似，但 Fetch 的用法更简洁、功能更强大。本章将以 Windows 系统+Apache 服务器+PHP 语言组合为基础介绍 XMLHttpRequest 和 Fetch 的基本使用。

【学习重点】
➥ 使用 responseType 和 response 属性。
➥ 使用 XMLHttpRequest 发送特殊类型数据。
➥ 使用 XMLHttpRequest 跨域请求。
➥ 使用 Fetch 请求数据。

20.1 XMLHttpRequest

Ajax（asynchronous JavaScript and XML）是使用 JavaScript 脚本，借助 XMLHttpRequest 插件，在客户端与服务器端之间实现异步通信的一种方法。2005 年 2 月，Ajax 第一次正式出现，从此以后 Ajax 成为 JavaScript 发起 HTTP 异步请求的代名词。2006 年 W3C 发布了 Ajax 标准，Ajax 技术开始快速普及。

20.1.1 定义 XMLHttpRequest 对象

扫一扫，看视频

XMLHttpRequest 是客户端的一个 API，它为浏览器与服务器通信提供了一个便捷通道。现代浏览器都支持 XMLHttpRequest API，如 IE 7+、Firefox、Chrome、Safari 和 Opera 等。

使用 XMLHttpRequest 插件的第一步是创建 XMLHttpRequest 对象，具体方法如下：

```
var xhr = new XMLHttpRequest();
```

📢 提示：

IE 5.0 版本开始以 ActiveX 组件形式支持 XMLHttpRequest，IE 7.0 版本开始支持标准化 XMLHttpRequest。不过所有浏览器实现的 XMLHttpRequest 对象都提供相同的接口和用法。

【示例】下面的示例使用工厂模式把定义 XMLHttpRequest 对象进行封装，这样只要调用 createXHR() 方法就可以返回一个 XMLHttpRequest 对象。

```
//创建 XMLHttpRequest 对象
//参数：无；返回值：XMLHttpRequest 对象
function createXHR(){
    var XHR = [//兼容不同浏览器和版本的创建函数数组
        function() {return new XMLHttpRequest()},
        function() {return new ActiveXObject("Msxml2.XMLHTTP")},
        function() {return new ActiveXObject("Msxml3.XMLHTTP")},
        function() {return new ActiveXObject("Microsoft.XMLHTTP")}
    ];
    var xhr = null;
    //尝试调用函数，如果成功，则返回 XMLHttpRequest 对象；否则继续尝试
```

```
for (var i = 0; i < XHR.length; i ++ ){
    try{
        xhr = XHR[i]();
    }catch (e){
        continue                      //如果发生异常，则继续调用下一个函数
    }
    break;                            //如果成功，则中止循环
}
return xhr;                           //返回对象实例
}
```

在上面的示例中，先定义一个数组，收集各种创建 XMLHttpRequest 对象的函数。第 1 个函数是标准用法，其他函数主要针对 IE 浏览器的不同版本尝试创建 ActiveX 对象。然后设置变量 xhr 为 null，表示为空对象。接着遍历工厂内所有函数并尝试执行它们，为了避免发生异常，把所有调用函数放在 try 中执行，如果发生异常，则在 catch 中捕获异常，并执行 continue 命令，返回继续执行，避免抛出异常。如果创建成功，则中止循环，返回 XMLHttpRequest 对象。

20.1.2 建立 HTTP 连接

使用 XMLHttpRequest 对象的 open()方法可以建立一个 HTTP 请求。用法如下：

```
xhr.open(method, url, async, username, password);
```

其中，xhr 表示 XMLHttpRequest 对象，open()方法包含 5 个参数，简单说明如下。
- method：HTTP 请求方法，必设参数，值包括 POST、GET 和 HEAD，大小写不敏感。
- url：请求的 URL 字符串，必设参数，大部分浏览器仅支持同源请求。
- async：指定请求是否为异步方式，默认为 true。如果为 false，当状态改变时会立即调用 onreadystatechange 属性指定的回调函数。
- username：可选参数，如果服务器需要验证，该参数指定用户名，如果未指定，当服务器需要验证时，会弹出验证窗口。
- password：可选参数，验证信息中的密码部分，如果用户名为空，则该值将被忽略。

建立连接后，可以使用 send()方法发送请求，用法如下：

```
xhr.send(body);
```

参数 body 表示将通过该请求发送的数据，如果不传递信息，参数 body 可以设置为 null 或者省略。

发送请求后，可以使用 XMLHttpRequest 对象的 responseBody、responseStream、responseText 或 responseXML 属性等待接收响应数据。

【示例】下面的示例简单演示如何实现异步通信的方法。

```
var xhr = createXHR();                //实例化 XMLHttpRequest 对象
xhr.open("GET","server.txt", false);  //建立连接，要求同步响应
xhr.send(null);                       //发送请求
console.log(xhr.responseText);        //接收数据
```

在服务器端文件（server.txt）中输入下面的字符串。

```
Hello World                           //服务器端脚本
```

在浏览器控制台会显示"Hello World"的提示信息。该字符串是从服务器端响应的字符串。

20.1.3 发送 GET 请求

发送 GET 请求简单、方便，适用简单字符串，不适用大容量或加密数据。实现方法：将包含查询字

符串的 URL 传入 XMLHttpRequest 对象的 open()方法，设置第 1 个参数值为 GET 即可。服务器能够通过查询字符串接收用户信息。

【示例】下面的示例以 GET 方式向服务器传递一条信息 callback=functionName。

```
<input name="submit" type="button" id="submit" value="向服务器发出请求"/>
<script>
window.onload = function(){                    //页面初始化
    var b = document.getElementsByTagName("input")[0];
    b.onclick = function(){
        var url = "server.php?callback=functionName"   //设置查询字符串
        var xhr = createXHR();                 //实例化 XMLHttpRequest 对象
        xhr.open("GET",url, false);            //建立连接，要求同步响应
        xhr.send(null);                        //发送请求
        console.log(xhr.responseText);         //接收数据
    }
}
</script>
```

在服务器端文件（server.php）中输入下面的代码，获取查询字符串中 callback 的参数值，并把该值响应给客户端。

```
<?php
echo $_GET["callback"];
?>
```

在浏览器中预览页面，当单击"提交"按钮时，在控制台显示传递的参数值。

◀» 提示：

查询字符串通过问号（?）作为前缀附加在 URL 的末尾，发送数据是以连字符（&）连接的一个或多个名/值对。

扫一扫，看视频

20.1.4　发送 POST 请求

POST 请求允许发送任意类型、长度的数据，多用于表单提交，以 send()方法进行传递，而不以查询字符串的方式进行传递。POST 字符串与 GET 字符串的格式相同，格式如下：

```
send("name1=value1&name2=value2...");
```

【示例】以 20.1.3 小节的示例为例，使用 POST 方法向服务器传递数据。

```
window.onload = function(){                    //页面初始化
    var b = document.getElementsByTagName("input")[0];
    b.onclick = function(){
        var url = "server.php"                 //设置请求的地址
        var xhr = createXHR();                 //实例化 XMLHttpRequest 对象
        xhr.open("POST",url, false);           //建立连接，要求同步响应
        xhr.setRequestHeader('Content-type','application/x-www-form-urlencoded');
                                               //设置为表单方式提交
        xhr.send("callback=functionName");     //发送请求
        console.log(xhr.responseText);         //接收数据
    }
}
```

在 open()方法中，设置第 1 个参数为 POST，然后使用 setRequestHeader()方法设置请求消息的内容类型为'application/x-www-form-urlencoded'，它表示传递的是表单值，一般使用 POST 发送请求时都必须

设置该选项，否则服务器会无法识别传递过来的数据。

在服务器端设计接收 POST 方式传递的数据，并进行响应。

```php
<?php
echo $_POST["callback"];
?>
```

扫一扫，看视频

20.1.5　串行格式化

GET 和 POST 方法都是以串行格式化的字符串发送数据，主要形式有两种。

1．对象格式

例如，定义一个包含 3 个名值对的对象数据。

```
{user:"ccs8", pass: "123456", email: "css8@mysite.cn"}
```

转换为串行格式化的字符串表示为：

```
'user="ccs8"&pass="123456"&email="css8@mysite.cn"'
```

2．数组格式

例如，定义一组信息，包含多个对象类型的元素。

```
[{name:"user", value:"css8"}, {name:"pass", value:"123456"},{name:"email",
value:"css8@mysite.cn"}]
```

转换为串行格式化的字符串表示为：

```
'user="ccs8"& pass="123456"& email="css8@mysite.cn"'
```

【示例】为了方便开发，下面的示例演示了如何定义一个工具函数，把 JavaScript 对象或数组对象转换为串行格式化字符串并返回。这样就不需要手动转换。

```javascript
//把 JSON 数据转换为串行字符串
//参数：data 表示数组或对象类型数据；返回值：串行字符串
function JSONtoString(data){
    var a = [];                          //临时数组
    if( data.constructor == Array){      //处理数组
        for(var i = 0; i < data.length ; i++){
            a.push(data[i].name + "=" + encodeURIComponent(data[i].value));
        }
    } else{                              //处理对象
        for(var i in data){
            a.push(i + "=" + encodeURIComponent(data[i]));
        }
    }
    return a.join("&");                  //把数组转换为串行字符串，并返回
}
```

20.1.6　跟踪响应状态

扫一扫，看视频

使用 XMLHttpRequest 对象的 readyState 属性可以实时跟踪响应状态。当该属性值发生变化时，会触发 readystatechange 事件，调用绑定的回调函数。readyState 属性值说明如表 20.1 所示。

表 20.1　readyState 的返回值及说明

返回值	说　　明
0	未初始化。表示对象已经建立，但是尚未初始化，尚未调用 open()方法
1	初始化。表示对象已经建立，尚未调用 send()方法
2	发送数据。表示已经调用 send()方法，但是当前的状态及 HTTP 头未知
3	数据传送中。已经接收部分数据，因为响应及 HTTP 头不全，这时通过 responseBody 和 responseText 获取部分数据会出现错误
4	完成。数据接收完毕，此时可以通过 responseBody 和 responseText 获取完整的响应数据

如果 readyState 属性值为 4，则说明响应完毕，那么就可以安全读取响应的数据。注意，考虑到各种特殊情况，更安全的方法是，同时监测 HTTP 状态码，只有当 HTTP 状态码为 200 时，说明 HTTP 响应顺利完成。

【示例】以 20.1.4 小节的示例为例，修改请求为异步响应请求，然后通过 status 属性获取当前的 HTTP 状态码。如果 readyState 属性值为 4，且 status（状态码）属性值为 200，则说明 HTTP 请求和响应过程顺利完成，这时可以安全、异步地读取数据了。

```
window.onload = function(){                                  //页面初始化
    var b = document.getElementsByTagName("input")[0];
    b.onclick = function(){
        var url = "server.php"                               //设置请求的地址
        var xhr = createXHR();                               //实例化 XMLHttpRequest 对象
        xhr.open("POST",url, true);                          //建立连接，要求异步响应
        xhr.setRequestHeader('Content-type','application/x-www-form-urlencoded');
                                                             //设置为表单方式提交
        xhr.onreadystatechange = function(){                 //绑定响应状态事件监听函数
            if(xhr.readyState == 4){                         //监听 readyState 状态
                if (xhr.status == 200 || xhr.status == 0){   //监听 HTTP 状态码
                    console.log(xhr.responseText);           //接收数据
                }
            }
        }
        xhr.send("callback=functionName");                   //发送请求
    }
}
```

扫一扫，看视频

20.1.7　中止请求

使用 XMLHttpRequest 对象的 abort()方法可以中止正在进行的请求。用法如下：

```
xhr.onreadystatechange = function(){};                       //清理事件响应函数
xhr.abort();                                                 //中止请求
```

📢 提示：

在调用 abort()方法前，应先清除 onreadystatechange 事件处理函数，因为 IE 和 Mozilla 在请求中止后也会激活这个事件处理函数，如果将 onreadystatechange 属性设置为 null，则 IE 会发生异常，所以可以为它设置一个空函数。

扫一扫，看视频

20.1.8　获取 XML 数据

XMLHttpRequest 对象通过 responseText、responseBody、responseStream 或 responseXML 属性获取响应信息，说明如表 20.2 所示，它们都是只读属性。

表 20.2　XMLHttpRequest 的响应信息及说明

响 应 信 息	说　　明
responseBody	将响应信息正文以 Unsigned Byte 数组形式返回
responseStream	以 ADO Stream 对象的形式返回响应信息
responseText	将响应信息作为字符串返回
responseXML	将响应信息格式化为 XML 文档格式返回

在实际应用中，一般将格式设置为 XML、HTML、JSON 或其他纯文本格式。具体使用哪种响应格式，可以参考下面几条原则。

- 如果向页面中添加大块数据时，选择 HTML 格式会比较方便。
- 如果需要协作开发，且项目庞杂，选择 XML 格式会更通用。
- 如果要检索复杂的数据，且结构复杂，那么选择 JSON 格式更方便。

【示例 1】在服务器端创建一个简单的 XML 文档。

```
<?xml version="1.0" encoding="utf-8"?>
<the>XML 数据</the>
```

然后，在客户端进行如下请求。

```
<input name="submit" type="button" id="submit" value="向服务器发出请求"/>
<script>
window.onload = function(){                              //页面初始化
    var b = document.getElementsByTagName("input")[0];
    b.onclick = function(){
        var xhr = createXHR();                           //实例化 XMLHttpRequest 对象
        xhr.open("GET","server.xml", true);              //建立连接，要求异步响应
        xhr.onreadystatechange = function(){             //绑定响应状态事件监听函数
            if(xhr.readyState == 4){                     //监听 readyState 状态
                if (xhr.status == 200 || xhr.status == 0){  //监听 HTTP 状态码
                    var info = xhr.responseXML;
                    console.log(info.getElementsByTagName("the")[0].firstChild.data);
                                                         //返回元信息字符串"XML 数据"
                }
            }
        }
        xhr.send();                                      //发送请求
    }
}
</script>
```

在上面的代码中，使用 XML DOM 的 getElementsByTagName()方法获取 the 节点，然后再定位第 1 个 the 节点的子节点内容。此时如果继续使用 responseText 属性来读取数据，则会返回 XML 源代码字符串。

【示例 2】也可以使用服务器端脚本生成 XML 结构数据。例如，以示例 1 为例。

```
<?php
header('Content-Type: text/xml;');
echo '<?xml version="1.0" encoding="utf-8"?><the>XML 数据</the>';    //输出 XML
?>
```

20.1.9　获取 HTML 字符串

设计响应信息为 HTML 字符串，然后使用 DOM 的 innerHTML 属性把获取的字符串插入到网页中。

扫一扫，看视频

【示例】在服务器端设计响应信息为 HTML 结构代码。

```html
<table border="1" width="100%">
    <tr><td>RegExp.exec()</td><td>通用的匹配模式</td></tr>
    <tr><td>RegExp.test()</td><td>检测一个字符串是否匹配某个模式</td></tr>
</table>
```

然后在客户端可以这样来接收响应信息。

```html
<input name="submit" type="button" id="submit" value="向服务器发出请求"/>
<div id="grid"></div>
<script>
window.onload = function(){                               //页面初始化
    var b = document.getElementsByTagName("input")[0];
    b.onclick = function(){
        var xhr = createXHR();                           //实例化 XMLHttpRequest 对象
        xhr.open("GET","server.html", true);             //建立连接，要求异步响应
        xhr.onreadystatechange = function(){             //绑定响应状态事件监听函数
            if(xhr.readyState == 4){                      //监听 readyState 状态
                if (xhr.status == 200 || xhr.status == 0){  //监听 HTTP 状态码
                    var o = document.getElementById("grid");
                    o.innerHTML = xhr.responseText;      //直接插入到页面中
                }
            }
        }
        xhr.send();                                      //发送请求
    }
}
</script>
```

📢 注意:

在某些情况下，HTML 字符串可能为客户端解析响应信息节省了一些 JavaScript 脚本，但是也带来了一些问题。

➤ 响应信息中包含大量无用的字符，响应数据会变得很臃肿。因为 HTML 标记不含有信息，因此完全可以把响应信息放置在客户端，由 JavaScript 脚本负责生成。

➤ 响应信息中包含的 HTML 结构无法有效利用，对于 JavaScript 脚本来说，它们仅仅是一堆字符串。同时结构和信息混合在一起，也不符合标准化设计原则。

扫一扫，看视频

20.1.10 获取 JavaScript 脚本

将响应信息设计为 JavaScript 代码，与 JSON 数据不同，它是可执行的命令或脚本。

【示例】在服务器端请求文件中包含下面一个函数。

```javascript
function(){
    var d = new Date()
    return d.toString();
}
```

然后在客户端执行下面的请求。

```html
<input name="submit" type="button" id="submit" value="向服务器发出请求"/>
<script>
window.onload = function(){                               //页面初始化
    var b = document.getElementsByTagName("input")[0];
    b.onclick = function(){
        var xhr = createXHR();                           //实例化 XMLHttpRequest 对象
        xhr.open("GET","server.js", true);               //建立连接，要求异步响应
        xhr.onreadystatechange = function(){             //绑定响应状态事件监听函数
```

```
            if(xhr.readyState == 4){                        //监听 readyState 状态
                if (xhr.status == 200 || xhr.status == 0){   //监听 HTTP 状态码
                    var info = xhr.responseText;
                    var o = eval("("+info+")" + "()");         //用 eval()把字符串转换为脚本
                    console.log(o);                            //返回客户端当前日期
                }
            }
        }
        xhr.send();                                           //发送请求
    }
}
</script>
```

📢 注意:

使用 eval()方法时，在字符串前后附加两个小括号：一个是包含函数结构体的，一个是表示调用函数的。不建议直接使用 JavaScript 代码作为响应格式，因为它不能传递更丰富的信息，同时 JavaScript 脚本极易引发安全隐患。

20.1.11　获取 JSON 数据

扫一扫，看视频

使用 responseText 可以获取 JSON 格式的字符串，然后使用 eval()方法将其解析为本地 JavaScript 脚本，再从该数据对象中读取信息。

【示例】在服务器端请求文件中包含下面 JSON 数据。

```
{user:"ccs8",pass: "123456",email:"css8@mysite.cn"}
```

然后在客户端执行下面的请求。把返回 JSON 字符串转换为对象，然后读取属性值。

```
<input name="submit" type="button" id="submit" value="向服务器发出请求"/>
<script>
window.onload = function(){                               //页面初始化
    var b = document.getElementsByTagName("input")[0];
    b.onclick = function(){
        var xhr = createXHR();                            //实例化 XMLHttpRequest 对象
        xhr.open("GET","server.js", true);               //建立连接，要求异步响应
        xhr.onreadystatechange = function(){             //绑定响应状态事件监听函数
            if(xhr.readyState == 4){                      //监听 readyState 状态
                if (xhr.status == 200 || xhr.status == 0){ //监听 HTTP 状态码
                    var info = xhr.responseText;
                    var o = eval("("+info+")");            //调用 eval()把字符串转换为本地脚本
                    console.log(info);                     //显示 JSON 对象字符串
                    console.log(o.user);                   //读取对象属性值，返回字符串"css8"
                }
            }
        }
        xhr.send();                                        //发送请求
    }
}
</script>
```

📢 注意:

eval()方法在解析 JSON 字符串时存在安全隐患。如果 JSON 字符串中包含恶意代码，在调用回调函数时可能会被执行。解决方法：先对 JSON 字符串进行过滤，屏蔽掉敏感或恶意代码。也可以访问 http://www.json.org/json2.js 下载 JavaScript 版本解析程序。不过，如果确信所响应的 JSON 字符串是安全的，没有被人恶意攻击，那么可以使用 eval()方法解析 JSON 字符串。

扫一扫，看视频

20.1.12　获取纯文本

对于简短的信息，可以使用纯文本格式进行响应。但是纯文本信息在传输过程中容易丢失，且没有办法检测信息的完整性。

【示例】如果服务器端响应信息为字符串"true"，则可以在客户端这样设计。

```
var xhr = createXHR();                                    //实例化 XMLHttpRequest 对象
xhr.open("GET","server.txt", true);                       //建立连接，要求异步响应
xhr.onreadystatechange = function(){                      //绑定响应状态事件监听函数
    if(xhr.readyState == 4){                              //监听 readyState 状态
        if (xhr.status == 200 || xhr.status == 0){       //监听 HTTP 状态码
            var info = xhr.responseText;
            if(info == "true") console.log("文本信息传输完整");//检测信息是否完整
            else  console.log("文本信息可能存在丢失");
        }
    }
}
xhr.send();                                               //发送请求
```

扫一扫，看视频

20.1.13　获取和设置头部消息

HTTP 请求和响应都包含一组头部消息，获取和设置头部消息可以使用 XMLHttpRequest 对象的下面两个方法。

- getAllResponseHeaders()：获取响应的 HTTP 头部消息。
- getResponseHeader("Header-name")：获取指定的 HTTP 头部消息。

【示例】下面的示例将获取响应的 HTTP 所有头部消息。

```
var xhr = createXHR();
var url = "server.txt";
xhr.open("GET", url, true);
xhr.onreadystatechange = function () {
    if (xhr.readyState == 4 && xhr.status == 200) {
        console.log(xhr.getAllResponseHeaders());        //获取头部消息
    }
}
xhr.send(null);
```

如果要获取指定的某个首部消息，可以使用 getResponseHeader()方法，参数为获取首部的名称。例如，获取 Content-Type 首部的值，则可以这样设计。

```
console.log(xhr.getResponseHeader("Content-Type"));
```

除了可以获取这些头部消息外，还可以使用 setRequestHeader()方法在发送请求中设置各种头部消息。用法如下：

```
xhr.setRequestHeader("Header-name", "value");
```

其中，Header-name 表示头部消息的名称；value 表示消息的具体值。例如，使用 POST 方法传递表单数据，可以设置如下头部消息。

```
xhr.setRequestHeader("Content-type", "application/x-www-form-urlencoded");
```

20.1.14　认识 XMLHttpRequest 2.0

XMLHttpRequest 1.0 API 存在如下缺陷。

- 只支持文本数据的传送，无法用来读取和上传二进制文件。
- 传送和接收数据时，没有进度信息，只能提示有没有完成。
- 受到同域限制，只能向同一域名的服务器请求数据。

2014 年 11 月 W3C 正式发布 XMLHttpRequest Level 2 标准规范，其中新增了很多实用功能，推动了异步交互在 JavaScript 中的应用。XMLHttpRequest 2.0 的特点简单说明如下：

- 可以设置 HTTP 请求的时限。
- 可以使用 FormData 对象管理表单数据。
- 可以上传文件。
- 可以请求不同域名下的数据（跨域请求）。
- 可以获取服务器端的二进制数据。
- 可以获得数据传输的进度信息。

扫一扫，看视频

20.1.15 请求时限

XMLHttpRequest 2.0 为 XMLHttpRequest 对象新增 timeout 属性，使用该属性可以设置 HTTP 请求时限。

```
xhr.timeout = 3000;
```

上面语句将异步请求的最长等待时间设为 3000 毫秒。超过时限，就自动停止 HTTP 请求。

与之配套的还有一个 timeout 事件，用来指定回调函数。

```
xhr.ontimeout = function(event){
    alert('请求超时!');
}
```

20.1.16 FormData 数据对象

扫一扫，看视频

XMLHttpRequest 2.0 新增 FormData 对象，使用它可以处理表单数据。使用 FormData 对象的步骤如下：

第 1 步，新建 FormData 对象。

```
var formData = new FormData();
```

第 2 步，为 FormData 对象添加表单项。

```
formData.append('username', '张三');
formData.append('id', 123456);
```

第 3 步，直接传送 FormData 对象。这与提交网页表单的效果完全一样。

```
xhr.send(formData);
```

第 4 步，FormData 对象也可以用来获取网页表单的值。

```
var form = document.getElementById('myform');
var formData = new FormData(form);
formData.append('secret', '123456'); //添加一个表单项
xhr.open('POST', form.action);
xhr.send(formData);
```

📢 提示：

FotmData()构造函数的语法格式如下：

```
var form = document.getElementById("forml");
var formData = new FormData(form);
```

FormData()构造函数包含一个参数，表示页面中的一个表单（form）元素。创建 formData 对象之后，把该对象传递给 XMLHttpRequest 对象的 send()方法即可。语法格式如下：

```
xhr.send(formData);
```

使用 **formData** 对象的 append()方法可以追加数据，在向服务器端发送数据时，这些数据将随着用户在表单控件中输入的数据一起发送到服务器端。append()方法用法如下：

```
formData.append('add_data', '测试');          //在发送之前添加附加数据
```

该方法包含两个参数：第 1 个参数表示追加数据的键名；第 2 个参数表示追加数据的键值。

当 formData 对象中包含附加数据时，服务器端将该数据的键名视为一个表单控件的 **name** 属性值，将该数据的键值视为该表单控件中的数据。

【**示例**】下面的示例在页面中设计一个表单，表单包含一个用于输入姓名的文本框和一个用于输入密码的文本框，以及一个"发送"按钮。输入姓名和密码，单击"发送"按钮，JavaScript 脚本在表单数据中追加附加数据，然后将表单数据发送到服务器端，服务器端接收到表单数据后进行响应，演示效果如图 20.1 所示。

图 20.1　发送表单数据演示效果

1. 前台页面（test1.html）

```
<script>
function sendForm() {
    var form=document.getElementById("form1");
    var formData = new FormData(form);
    formData.append('grade', '3');                    //在发送之前添加附加数据
    var xhr = new XMLHttpRequest();
    xhr.open('POST','test.php',true);
    xhr.onload = function(e) {
        if (this.status == 200) {
            document.getElementById("result").innerHTML=this.response;
        }
    };
    xhr.send(formData);
}
</script>
<form id="form1">
用户名: <input type="text" name="name"><br/>
密　码: <input type="password" name="pass"><br/>
<input type="button" value="发送" onclick="sendForm();">
</form>
<output id="result" ></output>
```

2. 后台页面（test.php）

```
<?php
$name =$_POST['name'];
$pass =$_POST['pass'];
$grade =$_POST['grade'];
echo '服务器端接收数据: <br/>';
```

```
echo '用户名:'.$name.'<br/>';
echo '密  码:'.$pass.'<br/>';
echo '等  级:'.$grade;
flush();
?>
```

20.1.17　上传文件

新版 XMLHttpRequest 对象不仅可以发送文本信息，还可以上传文件。XMLHttpRequest 的 send()方法可以发送字符串、Document 对象、表单数据、Blob 对象、文件以及 ArrayBuffer 对象。

【示例 1】设计一个"选择文件"的表单元素（input[type="file"]），将它装入 FormData 对象。

```
var formData = new FormData();
for (var i = 0; i < files.length;i++) {
    formData.append('files[]', files[i]);
}
```

然后，发送 FormData 对象给服务器。

```
xhr.send(formData);
```

使用 FormData 可以向服务器端发送文件，具体用法：将表单的 enctype 属性值设置为"multipart/form-data"，然后将需要上传的文件作为附加数据添加到 formData 对象中即可。

【示例 2】本示例页面中包含一个文件控件和"发送"按钮，使用文件控件在客户端选取一些文件后，单击"发送"按钮，JavaScript 将选取的文件上传到服务器端，服务器端在上传文件成功后将这些文件的文件名作为响应数据返回，客户端接收到响应数据后，将其显示在页面中。演示效果如图 20.2 所示。

图 20.2　发送文件演示效果

1.　前台页面（test1.html）

```
<script>
function uploadFile() {
    var formData = new FormData();
    var files=document.getElementById("file1").files;
    for (var i = 0;i<files.length;i++) {
        var file=files[i];
        formData.append('myfile[]', file);
    }
    var xhr = new XMLHttpRequest();
    xhr.open('POST','test.php', true);
    xhr.onload = function(e) {
        if (this.status == 200) {
            document.getElementById("result").innerHTML=this.response;
        }
    };
    xhr.send(formData);
```

```
}
</script>
<form id="form1" enctype="multipart/form-data">
选择文件<input type="file" id="file1" name="file" multiple><br/>
<input type="button" value="发送" onclick="uploadFile();">
</form>
<output id="result"></output>
```

2. 后台页面（test.php）

```php
<?php
for ($i=0;$i<count($_FILES['myfile']['name']);$i++) {
    move_uploaded_file($_FILES['myfile']['tmp_name'][$i],'./upload/'.iconv("utf-8",
"gbk",$_FILES['myfile']['name'][$i]));
    echo '已上传文件: '.$_FILES['myfile']['name'][$i].'<br/>';
}
flush();
?>
```

扫一扫，看视频

20.1.18 跨域访问

新版本的 XMLHttpRequest 对象，可以向不同域名的服务器发出 HTTP 请求。使用跨域资源共享的前提是：浏览器必须支持这个功能，且服务器端必须同意这种跨域。如果能够满足上面两个条件，则代码的写法与不跨域的请求完全一样。

```
xhr.open('GET', 'http://other.server/and/path/to/script');
```

实现方法：在被请求域中提供一个用于响应请求的服务器端脚本文件，并且在服务器端返回响应的响应头信息中添加 Access-Control-Allow-Origin 参数，并且将参数值指定为允许向该页面请求数据的域名+端口号即可。

【示例】下面的示例演示了如何实现跨域数据请求。在客户端页面中设计一个操作按钮，当单击该按钮时，向另一个域中的 server.php 脚本文件请求数据，该脚本文件返回一段简单的字符串，本页面接收到该文字后将其显示在页面上，演示效果如图 20.3 所示。

图 20.3 跨域请求数据

示例完整代码如下。

1. 前台页面（test1.html）

```html
<script>
function ajaxRequest(){
    var xhr = new XMLHttpRequest();
    xhr.open('GET', 'http://localhost/server.php', true);
    xhr.onreadystatechange = function() {
        if(xhr.readyState === 4) {
            document.getElementById("result").innerHTML = xhr.responseText;
        }
```

```
};
    xhr.send(null);
}
</script>
<style type="text/css">
output {color:red;}
</style>
<input type="button" value="跨域请求" onclick="ajaxRequest()"></input><br/>
响应数据: <output id="result"/>
```

2. 跨域后台页面 (server.php)

```php
<?php
header('Access-Control-Allow-Origin:http://localhost/');
header('Content-Type:text/plain;charset=UTF-8');
echo '我是来自异域服务器的数据。';
flush();
?>
```

20.1.19 响应不同类型的数据

扫一扫,看视频

新版本的 XMLHttpRequest 对象新增 responseType 和 response 属性。

- responseType:用于指定服务器端返回数据的数据类型,值可为 text、arraybuffer、blob、json 或 document。如果将属性值指定为空字符串值或不使用该属性,则该属性值默认为 text。
- response:如果向服务器端提交请求成功,则返回响应的数据。
  - 如果 responseType 为 text 时,则 response 的返回值为一串字符串。
  - 如果 responseType 为 arraybuffer 时,则 response 的返回值为一个 ArrayBuffer 对象。
  - 如果 responseType 为 blob 时,则 response 的返回值为一个 Blob 对象。
  - 如果 responseType 为 json 时,则 response 的返回值为一个 Json 对象。
  - 如果 responseType 为 document 时,则 response 的返回值为一个 Document 对象。

【示例】为 XMLHttpRequest 对象设置 responseType = 'text',可以向服务器发送字符串数据。下面的示例设计在页面中显示一个文本框和一个按钮,在文本框中输入字符串之后,单击页面中的"发送数据"按钮,将使用 XMLHttpRequest 对象的 send()方法将输入字符串发送到服务器端,在接收到服务器端响应数据后,将该响应数据显示在页面上,演示效果如图 20.4 所示。

图 20.4　发送字符串演示效果

1. 前台页面 (test1.html)

```
<script>
function sendText() {
    var txt=document.getElementById("text1").value;
    var xhr = new XMLHttpRequest();
    xhr.open('POST', 'test.php', true);
```

```
    xhr.responseType = 'text';
    xhr.onload = function(e) {
        if (this.status == 200) {
            document.getElementById("result").innerHTML=this.response;
        }
    };
    xhr.send(txt);
}
</script>
<form>
<input type="text" id="text1"><br/>
<input type="button" value="发送数据" onclick="sendText()">
</form>
<output id="result"></output>
```

2. 后台页面（test.php）

```php
<?php
$str =file_get_contents('php://input');
echo '服务器端接收数据：'.$str;
flush();
?>
```

扫一扫，看视频

20.1.20　接收二进制数据

老版本的 XMLHttpRequest 对象只能从服务器接收文本数据，新版本 XMLHttpRequest 对象则可以接收二进制数据。

使用新增的 responseType 属性，可以从服务器接收二进制数据。如果服务器返回文本数据，这个属性的值是 text，这是默认值。

（1）可以把 responseType 设为 blob，表示服务器传回的是 Blob 对象。

```
var xhr = new XMLHttpRequest();
xhr.open('GET', '/path/to/image.png');
xhr.responseType = 'blob';
```

接收数据时，用浏览器自带的 Blob 对象即可。

```
var blob = new Blob([xhr.response], {type: 'image/png'});
```

📢 注意：

这里是读取 xhr.response，而不是 xhr.responseText。

（2）可以将 responseType 设为 arraybuffer，把二进制数据装在一个数组里。

```
var xhr = new XMLHttpRequest();
xhr.open('GET', '/path/to/image.png');
xhr.responseType = "arraybuffer";
```

接收数据时，需要遍历这个数组。

```
var arrayBuffer = xhr.response;
if (arrayBuffer) {
    var byteArray = new Uint8Array(arrayBuffer);
    for (var i = 0; i < byteArray.byteLength; i++) {
        //执行代码

    }
}
```

当 XMLHttpRequest 对象的 responseType 属性设置为 arraybuffer 时，服务器端响应数据将是一个 ArrayBuffer 对象。

目前，Firefox 8+、Opera 11.64+、Chrome 10+、Safari 5+和 IE 10+版本浏览器支持将 XMLHttpRequest 对象的 responseType 属性值指定为 arraybuffer。

【示例】下面的示例设计在页面中显示一个"下载图片"按钮和一个"显示图片"按钮，单击"下载图片"按钮时，从服务器端下载一幅图片的二进制数据，在得到服务器端响应后创建一个 Blob 对象，并将该图片的二进制数据追加到 Blob 对象中，使用 FileReader 对象的 readAsDataURL()方法将 Blob 对象中保存的原始二进制数据读取为 DataURL 格式的 URL 字符串，然后将其保存在 indexedDB 数据库中。单击"显示图片"时，从 indexedDB 数据库中读取该图片的 DataURL 格式的 URL 字符串，创建一个 img 元素，然后将该 URL 字符串设置为 img 元素的 src 属性值，在页面上显示该图片。

```
<script>
window.indexedDB = window.indexedDB || window.webkitIndexedDB ||
window.mozIndexedDB || window.msIndexedDB;
window.IDBTransaction = window.IDBTransaction ||
window.webkitIDBTransaction || window.msIDBTransaction;
window.IDBKeyRange = window.IDBKeyRange|| window.webkitIDBKeyRange ||
window.msIDBKeyRange;
window.IDBCursor = window.IDBCursor || window.webkitIDBCursor ||
window.msIDBCursor;
window.URL = window.URL || window.webkitURL;
var dbName = 'imgDB';                              //数据库名
var dbVersion = 20170418;                          //版本号
var idb;
function init(){
    var dbConnect = indexedDB.open(dbName, dbVersion); //连接数据库
    dbConnect.onsuccess = function(e){              //连接成功
        idb = e.target.result;                      //获取数据库
    };
    dbConnect.onerror = function(){alert('数据库连接失败'); };
    dbConnect.onupgradeneeded = function(e){
        idb = e.target.result;
        var tx = e.target.transaction;
        tx.onabort = function(e){
            alert('对象仓库创建失败');
        };
        var name = 'img';
        var optionalParameters = {
            keyPath: 'id',
            autoIncrement: true
        };
        var store = idb.createObjectStore(name, optionalParameters);
        alert('对象仓库创建成功');
    };
}
function downloadPic(){
    var xhr = new XMLHttpRequest();
    xhr.open('GET', 'images/1.png', true);
    xhr.responseType = 'arraybuffer';
    xhr.onload = function(e) {
        if (this.status == 200) {
            var bb = new Blob([this.response]);
            var reader = new FileReader();
```

```
            reader.readAsDataURL(bb);
            reader.onload = function(f) {
                var result=document.getElementById("result");
                //在 indexedDB 数据库中保存二进制数据
                var tx = idb.transaction(['img'],"readwrite");
                tx.oncomplete = function(){alert('保存数据成功');}
                tx.onabort = function(){alert('保存数据失败');}
                var store = tx.objectStore('img');
                var value = {img:this.result};
                store.put(value);
            }
        }
    };
    xhr.send();
}
function showPic(){
    var tx = idb.transaction(['img'],"readonly");
    var store = tx.objectStore('img');
    var req = store.get(1);
    req.onsuccess = function(){
        if(this.result == undefined){
            alert("没有符合条件的数据");
        } else{
            var img = document.createElement('img');
            img.src = this.result.img;
            document.body.appendChild(img);
        }
    }
    req.onerror = function(){
        alert("获取数据失败");
    }
}
</script>
<body onload="init()">
<input type="button" value="下载图片" onclick="downloadPic()"><br/>
<input type="button" value="显示图片" onclick="showPic()"><br/>
<output id="result" ></output>
</body>
```

　　在浏览器中预览，单击页面中的"下载图片"按钮，脚本从服务器端下载图片并将该图片二进制数据的 DataURL 格式的 URL 字符串保存在 indexedDB 数据库中，保存成功后在弹出的提示信息框中显示"保存数据成功"文字，如图 20.5 所示。

　　单击"显示图片"按钮，脚本从 indexedDB 数据库中读取图片的 DataURL 格式的 URL 字符串，并将其指定为 img 元素的 src 属性值，在页面中显示该图片，如图 20.6 所示。

图 20.5　下载图片

图 20.6　显示图片

【代码解析】

第 1 步，当用户单击"下载图片"按钮时，调用 downloadPic()函数，在该函数中，XMLHttpRequest 对象从服务器端下载一幅图片的二进制数据，在下载时将该对象的 responseType 属性值指定为 arraybuffer。

```
var xhr = new XMLHttpRequest();
xhr.open('GET', 'images/1.png', true);
xhr.responseType = 'arraybuffer';
```

第 2 步，在得到服务器端响应后，使用该图片的二进制数据创建一个 Blob 对象。然后创建一个 FileReader 对象，并且使用 FileReader 对象的 readAsDataURL()方法将 Blob 对象中保存的原始二进制数据读取为 DataURL 格式的 URL 字符串，然后将其保存在 indexedDB 数据库中。

第 3 步，单击"显示图片"按钮时，从 indexedDB 数据库中读取该图片的 DataURL 格式的 URL 字符串，然后创建一个用于显示图片的 img 元素，然后将该 URL 字符串设置为 img 元素的 src 属性值，在该页面中显示下载的图片。

20.1.21 监测数据传输进度

新版本的 XMLHttpRequest 对象新增一个 progress 事件，用来返回进度信息。它分成上传和下载两种情况。下载的 progress 事件属于 XMLHttpRequest 对象，上传的 progress 事件属于 XMLHttpRequest.upload 对象。

第 1 步，先定义 progress 事件的回调函数。

```
xhr.onprogress = updateProgress;
xhr.upload.onprogress = updateProgress;
```

第 2 步，在回调函数里面，使用这个事件的一些属性。

```
function updateProgress(event) {
    if (event.lengthComputable) {
        var percentComplete = event.loaded / event.total;
    }
}
```

上面的代码中，event.total 是需要传输的总字节，event.loaded 是已经传输的字节。如果 event.lengthComputable 不为 true，则 event.total 等于 0。

与 progress 事件相关的还有 5 个事件，可以分别指定回调函数。

- ➥ load：传输成功完成。
- ➥ abort：传输被用户取消。
- ➥ error：传输中出现错误。
- ➥ loadstart：传输开始。
- ➥ loadEnd：传输结束，但是不知道成功还是失败。

【示例】下面的示例设计一个文件上传页面，在上传过程中使用扩展 XMLHttpRequest，动态显示文件上传的百分比进度，演示效果如图 20.7 所示。

图 20.7 上传文件

本示例需要 PHP 服务器虚拟环境，同时在站点根目录下新建 upload 文件夹，然后在站点根目录新建前台页面 test1.html，以及后台页面 test2.php。

示例完整代码如下。

1. 前台页面（test1.html）

```html
<script>
function fileSelected() {
    var file = document.getElementById('fileToUpload').files[0];
    if (file) {
        var fileSize = 0;
        if (file.size > 1024 * 1024)
            fileSize = (Math.round(file.size * 100 / (1024 * 1024)) / 100).toString() + 'MB';
        else
            fileSize = (Math.round(file.size * 100 / 1024) / 100).toString() + 'KB';
        document.getElementById('fileName').innerHTML = '文件名: ' + file.name;
        document.getElementById('fileSize').innerHTML = '大  小: ' + fileSize;
        document.getElementById('fileType').innerHTML = '类  型: ' + file.type;
    }
}
function uploadFile() {
    var fd = new FormData();
    fd.append("fileToUpload", document.getElementById('fileToUpload').files[0]);
    var xhr = new XMLHttpRequest();
    xhr.upload.addEventListener("progress", uploadProgress, false);
    xhr.addEventListener("load", uploadComplete, false);
    xhr.addEventListener("error", uploadFailed, false);
    xhr.addEventListener("abort", uploadCanceled, false);
    xhr.open("POST", "test2.php");
    xhr.send(fd);
}
function uploadProgress(evt) {
    if (evt.lengthComputable) {
        var percentComplete = Math.round(evt.loaded * 100 / evt.total);
        document.getElementById('progressNumber').innerHTML = percentComplete.
        toString() + '%';
    }else {
        document.getElementById('progressNumber').innerHTML = 'unable to compute';
    }
}
function uploadComplete(evt) {
    var info = document.getElementById('info');
    info.innerHTML = evt.target.responseText;  //当服务器发送响应时，会引发此事件
}
function uploadFailed(evt) {
    alert("试图上载文件时出现一个错误");
}
function uploadCanceled(evt) {
    alert("上传已被用户取消或浏览器放弃连接");
}
</script>
<form id="form1" enctype="multipart/form-data" method="post" action="upload.php">
    <div class="row">
```

```
        <label for="fileToUpload">选择上传文件</label>
        <input type="file" name="fileToUpload" id="fileToUpload" onChange="fileSelected();">
    </div>
    <div id="fileName"></div>
    <div id="fileSize"></div>
    <div id="fileType"></div>
    <div class="row">
        <input type="button" onClick="uploadFile()" value="上传">
    </div>
    <div id="progressNumber"></div>
    <div id="info"></div>
</form>
```

2. 后台页面（test2.php）

```php
header("content=text/html; charset=utf-8");
$uf = $_FILES['fileToUpload'];
if(!$uf){
    echo "没有 filetoupload 引用";
    exit();
}
$upload_file_temp = $uf['tmp_name'];
$upload_file_name = $uf['name'];
$upload_file_size = $uf['size'];
if(!$upload_file_temp){
    echo "上传失败";
    exit();
}
$file_size_max = 1024*1024*100;                      //限制文件上传的最大容量（bytes）
if ($upload_file_size > $file_size_max) {            //检查文件大小
    echo "对不起，你的文件容量超出允许范围: ".$file_size_max;
    exit();
}
$store_dir = "./upload/";                            //上传文件的存储位置
$accept_overwrite = 0;                               //是否允许覆盖相同文件
$file_path = $store_dir . $upload_file_name;
if (file_exists($file_path) && !$accept_overwrite) {  //检查读/写文件
    echo "存在相同文件名的文件";
    exit();
}
if (!move_uploaded_file($upload_file_temp,$file_path)) { //复制文件到指定目录
    echo "复制文件失败".$upload_file_temp." to ". $file_path;
    exit;
}
echo "<p>你上传了文件:";
echo $upload_file_name;                              //客户端机器文件的原名称
echo "<br>";
echo "文件的 MIME 类型为:";
echo $uf['type'];                                    //文件的MIME类型，如 "image/gif"
echo "<br>";
echo "上传文件大小:";
echo $uf['size'];                                    //已上传文件的大小，单位为字节
echo "<br>";
```

```
echo "文件上传后被临时存储为:";
echo $uf['tmp_name'];                                          //文件被上传后在服务端存储的临时文件名
echo "<br>";
$error = $uf['error'];
switch($error){
case 0:
    echo "上传成功";  break;
case 1:
    echo "上传的文件超过了 php.ini 中 upload_max_filesize 选项限制的值.";  break;
case 2:
    echo "上传文件的大小超过了 HTML 表单中 MAX_FILE_SIZE 选项指定的值。"; break;
case 3:
    echo "文件只有部分被上传"; break;
case 4:
    echo "没有文件被上传"; break;
}
```

20.2　Fetch

20.2.1　认识 Fetch

HTML5 新增 Fetch API，提供了另一种获取资源的方法，该接口也支持跨域请求。Fetch 与 XMLHttpRequest 功能类似，但 Fetch 用法更简洁，内置对 Promise 的支持。

XMLHttpRequest 存在的主要问题。

- ↘ 所有功能全部集中在 XMLHttpRequest 对象上，代码混乱且不容易维护。
- ↘ 采用传统的事件驱动模式，无法适配流行的 Promise 开发模式。

Fetch 对 Ajax 传统 API 进行改进，其主要特点如下。

- ↘ 精细的功能分割：头部信息、请求信息、响应信息等均分布到不同的对象，更有利于处理各种复杂的异步请求场景。
- ↘ 可以与 Promise API 完美融合，更方便编写异步请求的代码。
- ↘ 与 Service Worker（离线应用）、Cache API（缓存处理）、indexedDB（本地索引数据库）配合使用，可以优化离线体验、保持可扩展性，能够开发更多的应用场景。

浏览器支持情况：Chrome 42+、Edge 14+、Firefox 52+、Opera 29+、Safari 10.1+。简单概况就是，除了 IE 浏览器外，其他主流浏览器都支持 Fetch API。

扫一扫，看视频

20.2.2　使用 Fetch

Fetch API 提供 fetch()函数作为接口，方便用户使用，基本用法如下：

```
fetch(url, config)
```

该函数包含有两个参数：url 为必选参数，字符串型，表示请求的地址；config 为可选参数，表示配置对象，设置请求的各种选项，简单说明如下。

- ↘ method：字符串型，设置请求方法，默认值 GET。
- ↘ headers：对象型，设置请求头信息。
- ↘ body：设置请求体的内容，必须匹配请求头中 Content-Type 选项。
- ↘ mode：字符串型，设置请求模式。mode 取值说明如下。

- ↳ cors：默认值，配置为该值，会在请求头中加入 origin 和 referer 选项。
- ↳ no-cors：配置为该值，将不会在请求头中加入 origin 和 referer，跨域时可能会出现问题。
- ↳ same-origin：配置为该值，则指示请求必须在同一个域中发生，如果请求其他域，则会报错。
- ➥ credentials：定义如何携带凭据。其取值说明如下。
  - ↳ omit：默认值，不携带 cookie。
  - ↳ same-origin：请求同源地址时携带 cookie。
  - ↳ include：请求任何地址都要携带 cookie。
- ➥ cache：配置缓存模式。其取值说明如下。
  - ↳ default：表示 fetch 请求之前将检查一下 HTTP 的缓存。
  - ↳ no-store：表示 fetch 请求将完全忽略 HTTP 缓存的存在，这意味着请求之前将不再检查 HTTP 的缓存，响应以后也不再更新 HTTP 缓存。
  - ↳ no-cache：如果存在缓存，那么 fetch 将发送一个条件查询请求和一个正常的请求，获取响应以后，会更新 HTTP 缓存。
  - ↳ reload：表示 fetch 请求之前将忽略 HTTP 缓存的存在，但是在请求获得响应以后，将主动更新 HTTP 缓存。
  - ↳ force-cache：表示 fetch 请求不顾一切地依赖缓存，即使缓存过期了，依然从缓存中读取，除非没有任何缓存，才会发送一个正常的请求。
  - ↳ only-if-cached：表示 fetch 请求不顾一切地依赖缓存，即使缓存过期了，依然从缓存中读取，如果没有任何缓存，将抛出一个错误。

fetch()函数最后返回一个 Promise 对象。当收到服务器的返回结果以后，Promise 进入 resolved 状态，状态数据为 Response 对象。当网络发生错误，或者发生其他导致无法完成交互的异常时，Promise 进入 rejected 状态，状态数据为错误信息。

【示例 1】请求当前目录下 test.html 网页源代码。

```
fetch('test.html')
.then(response => response.text())
.then(data => console.log(data));
```

上面的示例省略了配置参数，使用 fetch()发出请求，返回 Promise 对象，调用该对象的 then()方法，通过链式语法，处理 HTTP 响应的回调函数，其中=>语法左侧为回调函数的参数，右侧为回调函数的返回值或者执行代码。response.text()获取 Response 对象返回的字符串信息，然后通过链式语法再传递给嵌套的回调函数的参数 data，最后在控制台输出显示。

【示例 2】请求当前目录下 JSON 类型数据。

```
fetch('test.json')
.then(response => response.json())
.then(data => console.log(data));
```

对于 JSON 类型数据，需要使用 Response 对象的 json()方法进行解析。

【示例 3】请求当前目录下图片。

```
fetch('test.jpg')
.then(response => response.blob())
.then(data => {
   var img = new Image();
   img.src = URL.createObjectURL(data); //这个data是blob对象
   document.body.appendChild(img);
});
```

对于二进制类型数据，可以使用 Response 对象的 blob()方法进行解析。把二进制图片流转换为 Blob

对象。然后在嵌套回调函数中创建一个空的图像对象，使用 URL.createObjectURL(data) 方法把响应的 Blob 数据流传递给图像的 src 数据源。最后添加到文档树的末尾，显示在页面中。

【示例 4】下面的示例在发送请求时，通过 fetch() 函数的第 2 个参数设置请求的方式为 POST，传输数据类型为表单数据，提交的数据为'a=1&b=2'。

```
fetch('test.json', {
    method: 'POST',
    headers: {
        'Content-Type': 'application/x-www-form-urlencoded; charset=UTF-8'
    },
    body: 'a=1&b=2',
}).then(resp => resp.json()).then(resp => {
    console.log(resp)
});
```

【示例 5】fetch 默认不携带 cookie，如果要传递 cookie，需要配置 credentials: 'include'参数。

```
fetch('test.json', {credentials: 'include'})
.then(response => response.json())
.then(data => console.log(data));
```

扫一扫，看视频

20.2.3　Fetch 接口类型

Fetch API 提供了多个接口类型和函数。

➥ fetch()：发送请求，获取资源。

➥ Headers：相当于 response/request 的头信息，可以查询或设置头信息。它包含以下 7 个属性。

  ↺ has(key)：判断请求头中是否存在指定的 key。

  ↺ get(key)：获取请求头中指定的 key 所对应的值。

  ↺ set(key, value)：修改请求头中对应的键值对。如果不存在，则新建一个键值对。

  ↺ append(key, value)：在请求头中添加键值对。如果是重复的属性，则不会覆盖之前的属性，而是合并属性。

  ↺ keys()：获取请求头中所有的 key 组成的集合（iterator 对象）。

  ↺ values()：获取请求头中所有的 key 对应的值的集合（iterator 对象）。

  ↺ entries()：获取请求头中所有键值对组成的集合（iterator 对象）。

➥ Request：相当于一个资源请求。

➥ Response：相当于请求的响应对象。它包含以下 6 个属性。

  ↺ ok：布尔值，如果响应消息值为 200～299，就返回 true；否则返回 false。

  ↺ status：数字，返回响应的状态码。

  ↺ text()：从响应中获取文本流，将其读完，然后返回一个被解析为 string 对象的 Promise。

  ↺ blob()：从响应中获取二进制字节流，将其读完，然后返回一个被解析为 blob 对象的 Promise。

  ↺ json()：从响应中获取文本流，将其读完，然后返回一个被解析为 JSON 对象的 Promise。

  ↺ redirect()：用于重定向到另一个 URL，会创建一个新的 Promise，以解决来自重定向的 URL 响应。

➥ Body：提供了与 response/request 中 body 有关的方法。

除了使用 fetch() 函数外，也可以使用 Request() 构造函数发送请求。语法格式如下：

```
new Request(url, config)
```

实际上，fetch() 函数的内部也会创建一个 Request 对象。

【示例 1】下面的示例使用 Request 向当前目录下 test.json 发出请求，然后使用 headers 对象的 get()

方法获取键'a'的值。

```
const url = 'test.json';
const config = {
    headers: {
        'Content-Type': 'application/json',
        'a': 1
    }
}
const resp = new Request(url, config);
console.log(resp.headers.get('a'));
```

【示例 2】自定义 header。下面的示例使用 Headers()函数构造头部消息，然后使用 FormData()函数构造表单提交的数据，最后通过配置对象进行设置。

```
var headers = new Headers({
    "Content-Type": "text/plain",
    "X-Custom-Header": "test",
});
var formData = new FormData();
formData.append('name', 'zhangsan');
formData.append('age', 20);
var config ={
    credentials: 'include',        //支持 cookie
    headers: headers,              //自定义头部
    method: 'POST',                //post 方式请求
    body: formData                 //post 请求携带的内容
};
fetch('test.json', config)
    .then(response => response.json())
    .then(data => console.log(data));
```

headers 也可以按如下方法进行初始化。

```
var headers = new Headers();
headers.append("Content-Type", "text/plain");
headers.append("X-Custom-Header", "test");
```

20.3　案例实战

20.3.1　接收 Blob 对象

扫一扫，看视频

当 XMLHttpRequest 对象的 responseType 属性设置为 blob 时，服务器端响应数据将是一个 Blob 对象。目前，Firefox 8+、Chrome 19+、Opera 18+和 IE 10+版本的浏览器支持将 XMLHttpRequest 对象的 responseType 属性值指定为 blob。

【示例】本示例将以 20.1.20 小节的示例为基础，修改 downloadPic()函数中的代码，并设置 xhr.responseType = 'blob'，具体的函数代码如下。

```
function downloadPic(){
    var xhr = new XMLHttpRequest();
    xhr.open('GET', 'images/1.png', true);
    xhr.responseType = 'blob';
    xhr.onload = function(e) {
```

```
        if (this.status == 200) {
            var bb = new Blob([this.response]);
            var reader = new FileReader();
            reader.readAsDataURL(bb);
            reader.onload = function(f) {
                var result=document.getElementById("result");
                //在 indexDB 数据库中保存二进制数据
                var tx = idb.transaction(['img'],"readwrite");
                tx.oncomplete = function(){alert('保存数据成功');}
                tx.onabort = function(){alert('保存数据失败');}
                var store = tx.objectStore('img');
                var value = {
                    img:this.result
                };
                store.put(value);
            }
        }
    };
    xhr.send();
}
```

修改完毕后，即可在浏览器中预览效果，当在页面中单击"下载图片"按钮和"显示图片"按钮时时，示例的演示效果与 20.1.20 小节示例的效果完全一致。

扫一扫，看视频

20.3.2 发送 Blob 对象

所有 File 对象都是一个 Blob 对象，所以同样可以通过发送 Blob 对象的方法来发送文件。

【示例】下面将在页面中显示一个"复制文件"按钮和一个进度条（progress 元素），单击"复制文件"按钮后，JavaScript 使用当前页面中所有代码创建一个 Blob 对象，然后通过将该 Blob 对象指定为 XMLHttpRequest 对象的 send()方法的参数值的方法向服务器端发送该 Blob 对象，服务器端接收到该 Blob 对象后将其保存为一个文件，文件名为"副本"+当前页面文件的文件名（包括扩展名）。在向服务器端发送 Blob 对象的同时，在页面中的进度条将同步显示发送进度。发送 Bolb 对象的演示效果如图 20.8 所示。

图 20.8 发送 Blob 对象的演示效果

示例的完整代码如下。

1. 前台页面（test1.html）

```
<script>
window.URL = window.URL || window.webkitURL;
function uploadDocument(){    //复制当前页面
    var bb= new Blob([document.documentElement.outerHTML]);
    var xhr = new XMLHttpRequest();
    xhr.open('POST', 'test.php?fileName='+getFileName(), true);
    var progressBar = document.getElementById('progress');
    xhr.upload.onprogress = function(e) {
        if (e.lengthComputable) {
            progressBar.value = (e.loaded / e.total) * 100;
            document.getElementById("result").innerHTML = '已完成进度: '
            +progressBar.value+'%';
```

```
        }
    }
    xhr.send(bb);
}
function getFileName(){                      //获取当前页面文件的文件名
    var url=window.location.href;
    var pos=url.lastIndexOf("\\");
    if (pos==-1)                             //pos==-1 表示为本地文件
        pos=url.lastIndexOf("/");            //本地文件路径分隔符为"/"
        var fileName=url.substring(pos+1);   //从 url 中获得文件名
    return fileName;
}
</script>
<input type="button" value="复制文件" onclick="uploadDocument()"><br/>
<progress min="0" max="100" value="0" id="progress"></progress>
<output id="result"/>
```

2. 后台页面（test.php）

```php
<?php
$str =file_get_contents('php://input');
$fileName='副本_'.$_REQUEST['fileName'];
$fp = fopen(iconv("UTF-8","GBK",$fileName),'w');
fwrite($fp,$str);                           //插入第 1 条记录
fclose($fp);                                //关闭文件
?>
```

20.3.3　使用 JSONP 通信

扫一扫，看视频

script 元素能够动态加载外部或远程 JavaScript 脚本文件。JavaScript 脚本文件不仅可以被执行，而且还可以附加数据。在服务器端使用 JavaScript 文件附加数据之后，当在客户端使用 script 元素加载这些远程脚本时，附加在 JavaScript 文件中的信息也一同被加载到客户端，从而实现数据异步加载的目的。

JSONP（JSON with padding）能够通过在客户端文档中生成脚本标记（<script>标签）来调用跨域脚本（服务器端脚本文件）时使用的约定，这是一个非官方的协议。

JSONP 允许在服务器端动态生成 JavaScript 字符串返回给客户端，通过 JavaScript 回调函数的形式实现跨域调用。现在很多 JavaScript 技术框架都使用 JSONP 实现跨域异步通信，如 dojo、JQuery、Youtube GData API、Google Social Graph API、Digg API 等。

【示例 1】下面的示例演示了如何使用 script 实现异步 JSON 通信。

第 1 步，在服务器端的 JavaScript 文件中输入下面的代码（server.js）。

```javascript
callback({//调用回调函数，并把包含响应信息的对象直接量传递给它
    "title" : "JSONP Test",
    "link" : "http://www.mysite.cn/",
    "modified" : "2021-12-1",
    "items" : [{
        "title" : "百度",
        "link" : "http://www.baidu.com/",
        "description" : "百度侧重于中国网民的搜索习惯，搜索结果更加大众化。"
    },
    {
        "title" : "谷歌",
```

```
        "link" : "http://www.google.cn/",
        "description" : "谷歌搜索结果更客观，尤其在搜索技术性文章时，结果更加精准。"
    }]
})
```

callback 是回调函数的名称，然后使用小括号运算符调用该函数，并传递一个 JavaScript 对象。在这个参数对象直接量中包含 4 个属性：title、link、modified、items。这些属性都可以包含服务器端响应信息。其中前 3 个属性包含的值都是字符串，而第 4 个属性 items 包含一个数组，数组中包含两个对象直接量。这两个对象直接量又包含 3 个属性：title、link 和 description。

通过这种方式可以在一个 JavaScript 对象中包含更多的信息，这样在客户端的<script>标签中就可以利用 src 属性把服务器端的这些 JavaScript 脚本作为响应信息引入到客户端的<script>标签中。

第 2 步，在回调函数中通过对对象和数组的逐层遍历和分解，有序显示所有响应信息，回调函数的详细代码如下（main.html）：

```
function callback(info){                              //回调函数
    var temp = "";
    for(var i in info){                               //遍历参数对象
        if(typeof info[i] != "object"){               //如果属性值不是对象，则直接显示
            temp += i + " = \"" + info[i] + "\"<br />";
        }
        else if((typeof info[i] == "object") && (info[i].constructor == Array)){
                                                       //如果属性值为数组
            temp += "<br/>" + i + " = " + "<br /><br />";
            var a = info[i];                           //获取数组引用
            for(var j = 0; j < a.length; j ++ ){//遍历数组
                var o = a[j];
                for(var e in o){                       //遍历每个数组元素对象
                    temp += "    " + e + " = \"" + o[e] + "\"<br/>";
                }
                temp += "<br/>";
            }
        }
    }
    var div = document.getElementById("test");//获取页面中的div元素
    div.innerHTML = temp;                              //把服务器端响应信息输出到div元素中显示
}
```

第 3 步，完成用户提交信息的操作。客户端提交页面（main.html）的完整代码如下：

```
<script>
function callback(info){}                             //回调函数，请参考上面的代码
function request(url){}                               //请求函数，请参考上一节 request(1) 函数代码
window.onload = function(){                           //页面初始化
    var b = document.getElementsByTagName("input")[0];
    b.onclick = function(){
        var url = "script 异步通信之响应数据类型_server.js";
        request(url);
    }
}
</script>
<input name="submit" type="button" id="submit" value="向服务器发出请求"/>
<div id="test"></div>
```

回调函数和请求函数的名称并不是固定的，用户可以自定义这些函数的名称。

第 4 步，保存页面，在浏览器中预览，则演示效果如图 20.9 所示。

图 20.9　提交前后的效果

【示例 2】下面结合一个示例说明如何使用 JSONP 约定来实现跨域异步信息交互。

第 1 步，在客户端调用提供 JSONP 支持的 URL 服务，获取 JSONP 格式数据。

所谓 JSONP 支持的 URL 服务，就是在请求的 URL 中必须附加在客户端可以回调的函数，并按约定正确设置回调函数参数，默认参数名为 jsonp 或 callback。

📢 **注意：**

根据开发约定，只要服务器能够识别即可。本示例定义 URL 服务的代码如下：

```
http://localhost/mysite/server.asp?jsonp=callback&d=1
```

其中参数 jsonp 的值为约定的回调函数名。JSONP 格式的数据就是把 JSON 数据作为参数传递给回调函数并传回客户端。例如，如果响应的 JSON 数据设计如下：

```
{
    "title" : "JSONP Test",
    "link" : "http://www.mysite.cn/",
    "modified" : "2021-12-1",
    "items" : {
        "id" : 1,
        "title" : "百度",
        "link" : "http://www.baidu.com/",
        "description" : "百度侧重于中国网民的搜索习惯，搜索结果更加大众化。"
    }
}
```

那么真正返回到客户端的脚本标记则如下所示。

```
callback({
    "title" : "JSONP Test",
    "link" : "http://www.mysite.cn/",
    "modified" : "2021-12-1",
    "items" : {
        "id" : 1,
        "title" : "百度",
        "link" : "http://www.baidu.com/",
        "description" : "百度侧重于中国网民的搜索习惯，搜索结果更加大众化。"
    }
})
```

第 2 步，当客户端向服务器端发出请求后，服务器应该完成两件事情：一是接收并处理参数信息，如获取回调函数名。二是要根据参数信息生成符合客户端需要的脚本字符串，并把这些字符串响应给客户端。例如，服务器端的处理脚本文件如下（server.asp）：

```asp
<%@LANGUAGE="VBSCRIPT" CODEPAGE="65001"%>
<%
callback = Request.QueryString("jsonp")        //接收回调函数名的参数值
id = Request.QueryString("id")                 //接收响应信息的编号
Response.AddHeader "Content-Type","text/html;charset=utf-8"  //设置响应信息的字符编码为uft-8
Response.Write(callback & "(")                 //输出回调函数名，开始生成 Script Tags 字符串
%>
{
    "title" : "JSONP Test",
    "link" : "http://www.mysite.cn/",
    "modified" : "2016-12-1",
    "items" :
<%
if id = "1" then                               //如果 id 参数值为 1，则输出下面的对象信息
%>
    {
        "title" : "百度",
        "link" : "http://www.baidu.com/",
        "description" : "百度侧重于中国网民的搜索习惯，搜索结果更加大众化。"
    }
<%
elseif id = "2" then  //如果 id 参数值为 2，则输出下面的对象信息
%>
    {
        "title" : "谷歌",
        "link" : "http://www.google.cn/",
        "description" : "谷歌搜索结果更客观，尤其在搜索技术性文章时，结果更加精准。"
    }
<%
else                                           //否则，则输出空信息
    Response.Write(" ")
end if                                          //结束条件语句
Response.Write("))")                            //封闭回调函数，输出 Script Tags 字符串
%>
```

包含在 "<%" 和 "%>" 分隔符之间的代码是 ASP 处理脚本。在该分隔符之后的是输出到客户端的普通字符串。在 ASP 脚本中，使用 Response.Write()方法输出回调函数名和运算符号。其中还用到条件语句，判断从客户端传递过来的参数值，并根据参数值决定响应的具体信息。

第3步，在客户端设计回调函数。回调函数应该根据具体的应用项目，以及返回的 JSONP 数据进行处理。例如，针对上面返回的 JSONP 数据，把其中的数据列表显示出来，代码如下：

```javascript
function callback(info){
    var temp = "";
    for(var i in info){
        if(typeof info[i] != "object"){
            temp += i + " = \"" + info[i] + "\"<br/>";
        }
        else if((typeof info[i] == "object")){
            temp += "<br/>" + i + " = " + " {<br/>";
            var o = info[i];
            for(var j in o){
                temp += "    " + j + " = \"" + o[j] + "\"<br/>";
            }
            temp += "}";
```

```
    }
  }
  var div = document.getElementById("test");
  div.innerHTML = temp;
}
```

第 4 步，设计客户端提交页面与信息展示。用户可以在页面中插入一个<div>标签，然后把输出的信息插入到该标签内。同时为页面设计一个交互按钮，单击该按钮将触发请求函数，并向服务器端发去请求。服务器响应完毕，JavaScript 字符串传回到客户端之后，将调用回调函数，对响应的数据进行处理和显示。

```
<div id="test"></div>
```

📢 **注意：**

由于 JSON 完全遵循 JavaScript 语法规则，所以 JavaScript 字符串会潜在地包含恶意代码。JavaScript 支持多种方法动态地生成代码，其中最常用的就是 eval() 函数，该函数允许用户将任意字符串转换为 JavaScript 代码执行。

恶意攻击者可以通过发送畸形的 JSON 对象实现攻击目的，这样 eval() 函数就会执行这些恶意代码。为了安全，用户可以采取一些方法来保护 JSON 数据的安全使用。例如，使用正则表达式过滤掉 JSON 数据中不安全的 JavaScript 字符串。

```
var my_JSON_object = ! (/[^,:{}\[\]0-9.\-+Eaeflnr-u \n\r\t]/.test(
                      text.replace(/"(\\.|[^"\\])*"/g, ''))) &&
                      eval('(' + text + ')');
```

这个正则表达式能够检查 JSON 字符串，如果没有发现字符串中包含的恶意代码，则再使用 eval() 函数把它转换为 JavaScript 对象。

20.3.4　使用灯标通信

扫一扫，看视频

出于浏览器安全考虑，使用 XMLHttpRequest 和框架只能够在同域内进行异步通信，也称为同源策略，因此用户不能使用 Ajax 或框架实现跨域通信。

不过，JSONP 是一种可以绕过同源策略的方法。如果用户不关心响应数据，只需要服务器的简单审核，那么还可以考虑使用灯标来实现异步通信，示例演示效果如图 20.10 所示。

（a）登录成功

（b）登录失败

图 20.10　使用灯标实现异步交互

【设计思路】

灯标与动态脚本 script 用法类似，使用 JavaScript 创建 image 对象，将 src 设置为服务器上一个脚本文件的 URL，这里并没有把 image 对象插入到 DOM 中。

服务器得到此数据并保存下来，不必向客户端返回什么，因此不需要显示图像，这是将信息发回服务器的最有效方法，开销很小，而且任何服务器端错误都不会影响客户端。

简单的图像灯标不能发送 POST 数据，所以应将查询字符串的长度限制在一个相当小的字符数量上。当然也可以用非常有限的方法接收响应数据，可以监听 image 对象的 load 事件，判断服务器端是否成功接收了数据。还可以检查服务器返回图片的宽度和高度，并用这些信息判断服务器的响应状态，例如，宽度大于指定值表示成功，高度小于某个值表示加载失败。

【操作步骤】

第1步，新建网页文档，保存为 index.html。

第2步，设计登录框结构，页面代码如下：

```
<div id="login">
    <h1>用户登录</h1>
    用户名 <input name="" id="user" type="text"><br/><br/>
    密　码 <input name="" id="pass"  type="password"><br/><br/>
    <input name="submit" type="button" id="submit" value="提交"/>
    <span id="title"></span>
</div>
```

第3步，设计使用 image 实现异步通信的请求函数。

```
var imgRequest = function(url){                    //img 异步通信函数
    if(typeof url != "string" ) return;
    var image = new Image();
    image.src = url;
    image.onload = function() {
        var  title = document.getElementById("title");
        title.innerHTML = "";
        title.appendChild(image);
        if(this.width > 35) {
            alert("登录成功");
        } else {
            alert("你输入的用户名或密码有误，请重新输入");
        }
    };
    image.onerror = function() {
        alert("加载失败");
    };
}
```

在 imgRequest()函数体内，创建一个 image 对象，设置它的 src 为服务器请求地址，然后在 load 加载事件处理函数中检测图片加载状态，如果加载成功，再检测加载图片的宽度是否大于 35 像素，如果大于 35 像素，说明审核通过，否则为审核没有通过。

第4步，定义登录处理函数 login()，在函数体内获取文本框的值，然后连接为字符串，附加在 URL 尾部，调用 imgRequest()函数，发送给服务器。最后，在页面初始化 load 事件处理函数中为按钮的 click 事件绑定 login 函数。

```
window.onload = function(){
    var b = document.getElementById("submit");
    b.onclick = login;
}
var login = function(){
    var user = document.getElementById("user");
    var pass = document.getElementById("pass");
    var s = "server.asp?user=" + user.value + "&pass=" + pass.value;
    imgRequest(s);
}
```

第5步，设计服务器端脚本，让服务器根据接收的用户登录信息，验证用户信息是否合法，然后根据条件响应不同的图片。

```
<%
'接收客户端发送来的登录信息
user= Request("user")
```

```
pass= Request("pass")
'创建响应数据流
Set S=server.CreateObject("Adodb.Stream")
S.Mode=3
S.Type=1
S.Open
if user = "admin"  and pass = "123456" then
    S.LoadFromFile(server.mappath("2.png"))
else
    S.LoadFromFile(server.mappath("1.png"))
end if
'设置响应数据流类型为 png 格式图像
Response.ContentType   =   "image/png"
Response.BinaryWrite(S.Read)
Response.Flush
s.close
set s=nothing
%>
```

如果不需要为此响应返回数据，还可以发送一个 204 No Content 响应代码，表示无消息正文，从而阻止客户端继续等待永远不会到来的消息体。

灯标是向服务器回送数据最快和最有效的方法。服务器根本不需要发回任何响应正文，所以不必担心客户端下载数据。使用灯标的唯一缺点是接收到的响应类型是受限的。如果需要向客户端返回大量数据，那么建议使用 Ajax 或者 JSONP。

🔊 提示：

使用 XMLHttpRequest 对象和 script 元素实现异步通信的功能支持情况如表 20.3 所示。

表 20.3　XMLHttpRequest 对象与 script 元素实现异步通信的情况

功　能	XMLHttpRequest 对象	script 元素
兼容性	兼容	兼容
异步通信	支持	支持
同步通信	支持	不支持
跨域访问	不支持	支持
HTTP 请求方法	都支持	仅支持 GET 方法
访问 HTTP 状态码	支持	不支持
自定义头部消息	支持	不支持
支持 XML	支持	不支持
支持 JSON	支持	支持
支持 HTML	支持	不支持
支持纯文本	支持	不支持

20.4　在线支持

第 21 章   本地化存储

随着浏览器的功能不断增强，越来越多的网站开始将大量数据存储在客户端，这样可以减少从服务器请求数据，直接从本地读取数据。除了传统的 cookie 技术可以实现本地化存储外，HTML5 新增 Web Database API、Web SQL Database API 和 IndexedDB API，用来替代 cookie 解决方案。对于简单的 key/value（键/值对）信息，使用 Web Storage 比较方便；对于复杂结构的数据，可以使用 Web SQL Database 和 Indexed Database。

【学习重点】
- 使用 cookie。
- 使用 Web Storage。
- 使用 Web SQL 数据库。
- 使用 IndexedDB 数据库。

21.1   HTTP Cookie

cookie 是服务器保存在浏览器的一小段文本信息，浏览器每次向服务器发出请求时，会携带 cookie 信息到服务器。cookie 常用于在本地记录用户信息，利用 cookie 可以完善用户体验。使用 cookie 主要存储下面几类信息。
- JavaScript 对象实例，这个实例里可以包含基本类型、类成员变量等。
- DOM 节点状态。
- 表单初始状态，如文本框、下拉列表框、单选按钮和复选框的初始值等。
- 页面布局和风格，如主题、皮肤、窗口的大小、位置、打开页面 URL 等。
- 用户习惯性操作，如访问的 URL、执行的排序和查询等。

扫一扫，看视频

21.1.1   写入 cookie

cookie 字符串是一组名值对，名称和值之间以等号相连，名值对之间使用分号进行分隔。值中不能够包含分号、逗号和空白符。如果包含特殊字符，应该先使用 escape() 进行编码，在读取 cookie 时再使用 unescape() 函数进行解码。完整的 cookie 信息应该包括下面几个部分。
- cookie 信息字符串，包含一个名/值对，默认为空。
- cookie 有效期，包含一个 GMT 格式的字符串，默认为当前会话期，即关闭浏览器时，cookie 信息就会过期。
- cookie 有效路径，默认为 cookie 所在页面目录及其子目录。
- cookie 有效域，默认为设置 cookie 的页面所在的域。
- cookie 安全性，默认为不采用安全加密措施进行传递。

使用 document.cookie 可以读/写 cookie 字符串信息。

【示例 1】 下面的示例演示如何使用 cookie 存储 cookie 信息。

```
var d = new Date();
d = d.toString();
```

```
d = "date=" + escape(d);                    //设置 cookie 字符串
document.cookie = d;                         //写入 cookie 信息
```

如果要长久保存 cookie 信息，可以设置 expires 属性，把字符串"expires=date"附加到 cookie 字符串后面。用法如下：

```
name = value; expires = date
```

date 为格林威治日期时间（GMT）格式，例如，Sun, 30 Apr 2017 00:00:00 UTC。

📢 提示：

使用 Date.toGMTString()方法可以快速把时间对象转换为 GMT 格式。

【示例 2】下面的示例将创建一个有效期为一个月的 cookie 信息。

```
var d = new Date();                          //实例化当前日期对象
d.setMonth(d.getMonth() + 1);                //提取月份值并加 1，然后重新设置当前日期对象
d = "date=" + escape(d) + ";expires=" + d.toGMTString();   //添加 expires 名值对
document.cookie = d;                         //写入 cookie 信息
```

cookie 信息是有域和路径限制的。在默认情况下，仅在当前页面路径内有效。例如，在下面页面中写入了 cookie 信息。

```
http://www.mysite.cn/bbs/index.html
```

这个 cookie 只在 http://www.mysite.cn/bbs/路径下可见，其他域或本域其他目录中的文件是无权访问的。这种限制主要是为了保护 cookie 信息的安全，避免被恶意读/写。

使用 cookie 的 path 和 domain 属性可以重设可见路径和作用域。其中 path 属性包含了与 cookie 信息相关联的有效路径，domain 属性定义了 cookie 信息的有效作用域。用法如下：

```
name=value; expires=date; domain= domain; path=path;
```

📢 提示：

如果设置 path=/，可以设置 cookie 信息与服务器根目录及其子目录相关联，从而实现在整个网站中共享 cookie 信息；如果只想访问 bbs 目录下的网页，可以设置 path=/bbs 即可。

很多网站可能都包含多个域名，例如，百度网站包含的域名就有很多个，如 http://www.baidu.com/等。在默认情况下，cookie 信息只能在本域中访问，通过设置 cookie 的 domain 属性修改域的范围。例如，在 http://www.baidu.com/index.html 文件中设置 cookie 的 domain 属性为 domain= tieba.baidu.com，就可以在 http://tieba.baidu.com/域下访问该 cookie。如果允许所有子域都能访问 cookie 信息，设置 domain= baidu.com 即可，这样该 cookie 信息就与 baidu.com 的所有子域下的所有页面相关联。

cookie 使用 secure 属性定义 cookie 信息的安全性。secure 属性取值包括 secure 或者空字符串。在默认情况下，secure 属性值为空，即使用不安全的 HTTP 连接传递数据。如果设置了 secure，则就通过 HTTPS 或者其他安全协议传递数据。

【示例 3】下面的示例把写入 cookie 信息的实现代码进行封装。

```
//写入 cookie 信息
//参数：name 表示 cookie 名称，value 表示 cookie 值，expires 表示有效天数
//      path 表示有效路径，domain 表示域，secure 表示安全性设置。返回值：无
function setCookie(name, value, expires, path, domain, secure){
    var today = new Date();                          //获取当前时间对象
    today.setTime(today.getTime());                  //设置现在时间
    if (expires){                                    //如果有效期参数存在，则转换为毫秒数
        expires = expires * 1000 * 60 * 60 * 24;
    }
    var expires_date = new Date(today.getTime() + (expires));//新建有效期时间对象
```

```
    document.cookie = name + "=" + escape(value) +        //写入cookie信息
    ((expires) ? ";expires=" + expires_date.toGMTString() : "") +     //指定有效期
    ((path) ? ";path=" + path : "") +               //指定有效路径
    ((domain) ? ";domain=" + domain : "") +         //指定有效域
    ((secure) ? ";secure" : "");                    //指定是否加密传输
}
```

扫一扫，看视频

21.1.2　读取 cookie

访问 document.cookie 可以读取 cookie 信息，cookie 属性值是一个由零个或多个名值对的子字符串组成的字符串列表，每个名值对之间通过分号进行分隔。

【示例1】可以采用下面的方法把 cookie 字符串转换为对象类型。

```
//把 cookie 字符串转换为对象类型
//参数：无。返回值：存储 cookie 信息的名值对对象
function getCookie(){
    var a = document.cookie.split(";");        //把 cookie 字符串劈开为数组
    var o = {};                                //临时对象直接量
    for(var i=0;i<a.length;i++){               //遍历数组
        var v = a[i].split("=");               //劈开每个数组元素
        o[v[0]] = v[1];                        //把元素的名和值转换为对象的属性和属性值
    }
    return o;                                  //返回对象
}
```

如果在写入 cookie 信息时，使用了 escape()方法对 cookie 值进行编码，则应该在读取时不要忘记使用 unescape()方法解码 cookie 值。

下面使用 getCookie()函数读取 cookie 信息，并查看每个名/值对信息。

```
var o = getCookie();
for(i in o){
    console.log(i + "=" + o[i]);
}
```

【示例2】在实际开发中，更多的操作是直接读取某个 cookie 值，而不是读取所有 cookie 信息。下面的示例定义一个比较实用的函数，用来读取指定名称的 cookie 值。

```
//读取指定 cookie 信息。参数：cookie 名称。返回值：cookie 值
function getCookie(name){
    var start = document.cookie.indexOf( name + "=");   //提取与 cookie 名相同的字符串索引
    var len = start + name.length + 1;                  //计算值的索引位置
    if ((! start) && (name != document.cookie.substring(0, name.length))){  //没有返回 null
        return null;
    }
    if (start == - 1) return null;                      //如果没有找到，则返回 null
    var end = document.cookie.indexOf(";", len);        //获取值后面的分号索引位置
    if (end == - 1) end = document.cookie.length;       //如果为-1，设置为 cookie 字符串的长度
    return unescape(document.cookie.substring(len, end));   //获取截取值，并解码返回
}
```

扫一扫，看视频

21.1.3　修改和删除 cookie

如果要修改指定 cookie 的值，只需要使用相同名称和新值重新设置该 cookie 值即可。如果要删除某个 cookie 信息，只需要为该 cookie 设置一个已过期的 expires 属性值。

【示例】下面的示例封装删除指定 cookie 信息的方法，需要调用 21.1.2 小节的 getCookie()函数。

```
//删除指定 cookie 信息
//参数：name 表示名称，path 表示路径，domain 表示域。返回值：无
function deleteCookie(name, path, domain){
    if (getCookie(name)) document.cookie = name + "=" +        //如果名称存在，则清空
    ((path) ? ";path=" + path : "") +                          //如果存在路径，则加上
    ((domain) ? ";domain=" + domain : "") +                    //如果存在域，则加上
    //设置有效期为过去时，即表示该 cookie 无效，将会被浏览器清除
    ";expires=Thu, 01-Jan-1970 00:00:01 GMT";
}
```

21.1.4　附加 cookie

浏览器对 cookie 信息都有个数限制，为了避免超出这个限制，可以把多条信息都保存在一个 cookie 中。实现方法：在每个名值对中，再嵌套一组子名/值对。子名/值对的形式可以自由约定，并确保不引发歧义即可。例如，使用冒号作为子名和子值之间的分隔符，而使用逗号作为子名/值对之间的分隔符，约定类似于对象直接量。

```
subName1 : subValue1, subName2 : subValue2, subName3 : subValue3
```

然后把这组子名/值串作为值传递给 cookie 的名称。

```
name=subName1:subValue1,subName2:subValue2,subName3:subValue3
```

为了确保子名/值串不引发歧义，建议使用 escape()方法对其进行编码，读取时再使用 unescape()方法解码即可。

【示例 1】下面的示例演示了如何在 cookie 中存储更多的信息。

```
var d = new Date();
d.setMonth(d.getMonth() + 1);               //定义有效期
d = d.toGMTString();                        //转换为毫秒数字符串
var a = "name:a,age:20,addr:beijing"        //定义 cookie 字符串，子名/值串
var c = "user=" + escape(a)                 //组合 cookie 字符串
c += ";" + "expires=" + d;                  //设置有效期为 1 个月
document.cookie = c;                        //写入 cookie 信息
```

【示例 2】当读取 cookie 信息时，首先需要获取 cookie 值，然后调用 unescape()方法对 cookie 值进行解码，最后再访问 cookie 值中每个子 cookie 值。因此对于 document.cookie 来说，就需要分解 3 次才能得到精确的信息。

```
//读取所有 cookie 信息，包括子 cookie 信息
//参数：无。返回值：存储子 cookie 的信息对象
function getSubCookie(){
    var a = document.cookie.split(";");
    var o ={};
    for (var i = 0; i < a.length; i ++ ){                      //遍历 cookie 信息数组
        a[i] && (a[i] = a[i].replace(/^\s+|\s+$/, ""));       //清除头部空格符
        var b = a[i].split("=");
        var c = b[1];
        c && (c = c.replace(/^\s+|\s+$/, ""));                 //清除头部空格符
        c = unescape(c);                                       //解码 cookie 值
        if(!/\,/gi.test(c)){          //如果不包含子 cookie 信息，则直接写入返回对象
            o[b[0]] = b[1];
        } else{
            var d = c.split(",");                             //劈开 cookie 值
```

```
        for (var j = 0; j < d.length; j ++ ){      //遍历子 cookie 数组
            var e = d[j].split(":");                //劈开子 cookie 名/值对
            o[e[0]] = e[1];                         //把子 cookie 信息写入返回对象
        }
    }
}
    return o;                                       //返回包含 cookie 信息的对象
}
```

📢 **提示:**

可以使用下面的方法来探测客户端浏览器是否支持 cookie。如果浏览器启用了 cookie，则 CookieEnabled 属性值为 true；当禁用了 cookie 时，则该属性值为 false。

```
if(navigator.CookieEnabled){
    //如果存在 CookieEnabled 属性，则说明浏览器支持 cookie
}
```

21.1.5 HttpOnly Cookie

设置 cookie 时，如果服务器加上了 HttpOnly 属性，则这个 cookie 无法被 JavaScript 读取（即 document.cookie 不会返回这个 cookie 的值），只用于向服务器发送。设置方法：

```
Set-Cookie: key=value; HttpOnly
```

上面的这个 cookie 将无法用 JavaScript 获取。进行 Ajax 操作时，XMLHttpRequest 对象也无法包括这个 cookie。这主要是为了防止 XSS 攻击盗取 Cookie。

📢 **提示:**

浏览器的同源政策规定，两个网址只要域名相同和端口相同，就可以共享 cookie。注意，这里不要求协议相同。例如，http://example.com 设置的 cookie，可以被 https://example.com 读取。

扫一扫，看视频

21.1.6 案例：打字游戏

本小节的示例使用 cookie 设计一个打字游戏，页面包含 3 个控制按钮和 1 个文本区域。当单击"开始测试打字速度"按钮时，JavaScript 首先判断用户的身份，发现用户没有注册，则会及时提示注册名称，然后开始计时。当单击"停止测试"按钮时，则 JavaScript 能够及时计算打字的字数、花费的时间（以分计）。测算打字速度，并与历史最好成绩进行比较，同时累计用户打字的总字数，效果如图 21.1 所示。

 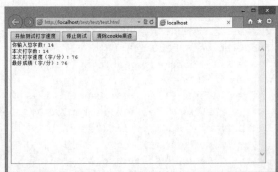

图 21.1 打字游戏演示

【设计步骤】

第 1 步，当单击"开始测试打字速度"按钮时，将触发下面事件处理函数。用来检测用户身份，并开始计时。

```
function start(){
    var words = document.getElementById("words");
    words.value = ""                                     //清空文本区域
    if(! cookie("name")){                                //如果 cookie 中不存在用户名
        var _name = prompt("请输入你的用户名？");         //提示输入
        cookie("name", _name,{expires : 360});           //并存储到 cookie 中
    }
    var date = new Date();
    t1 = date.getTime();                                 //获取当前时间
    words.focus();                                       //设置文本区域获取焦点
}
```

第 2 步，测试完毕，单击"停止测试"按钮，将触发下面事件处理函数。该函数将汇总相关数据，并与 cookie 中相关数据进行比对，存储相关 cookie 数据，最后显示汇总信息。

```
function stop(){
    var words = document.getElementById("words");        //获取文本区域的引用
    var date = new Date();
    t2 = date.getTime();                                 //获取现在时间
    var time = (t2- t1) / (1000 * 60);                   //计时打字用时
    var num = words.value.length;                        //计时输入的总字数
    rate = Math.round(num/time);                         //计算打字速度
    cookie("rate") || cookie("rate", 0, {expires : 360});//检测 cookie 中是否存在历史成绩
    if(parseInt(cookie("rate")) < rate)                  //如果现在成绩优于历史成绩，则存储该成绩
        cookie("rate", rate, {expires : 360});
    var sum = cookie("sum") ? cookie("sum") : 0;         //检测 cookie 中的总字数
    cookie("sum", (parseInt(sum) + num),{expires : 360});//存储累计总字数
    var info = "你输入总字数：" + cookie("sum") + "\n" +
            "本次打字数：" + num + "\n" +
            "本次打字速度（字/分）：" + rate + "\n" +
            "最好成绩（字/分）：" + cookie("rate") + "\n";
    words.value = info;                                  //输出汇总信息
}
```

第 3 步，定义清除 cookie 信息的事件处理函数。

```
function clear(){
    cookie("name", null);
    cookie("sum", null);
    cookie("rate", null);
    var words = document.getElementById("words");
    words.value = ""
}
```

第 4 步，在页面初始化事件处理函数中分别为 3 个按钮绑定上面定义的函数即可。

```
var t1 = t2 = 0;
window.onload = function(){
    var b = document.getElementById("start");
    var e = document.getElementById("stop");
    var c = document.getElementById("clear");
    b.onclick = start;
    e.onclick = stop;
    c.onclick = clear;
}
```

21.2 Web Storage

HTML5 新增的 Web Storage API 提供了两种在客户端数据存储的方法：localStorage 和 sessionStorage。两者用法类似，但并不完全相同，具体区别如下。

- localStorage：用于持久化的本地存储，除非主动删除，否则数据永远不会过期。
- sessionStorage：用于存储本地会话（session）数据，这些数据只在同一个会话周期内访问，当会话结束后即被销毁，因此 sessionStorage 是一种短期的本地存储方式。

目前主流浏览器都支持 Web Storage，如 IE 8+、Firefox 3+、Opera 10.5+、Chrome 3.0+ 和 Safari 4.0+。

扫一扫，看视频

21.2.1 使用 Web Storage

localStorage 和 sessionStorage 对象拥有相同的属性和方法，操作方法也都相同。

1. 存储

使用 setItem() 方法可以存储值，用法如下：

```
setItem(key, value)
```

参数 key 表示键名；value 表示值，都以字符串形式进行传递。例如：

```
sessionStorage.setItem("key", "value");
localStorage.setItem("site", "mysite.cn");
```

2. 访问

使用 getItem() 方法可以读取指定键名的值，用法如下：

```
getItem(key)
```

参数 key 表示键名，字符串类型。该方法将获取指定 key 本地存储的值。例如：

```
var value = sessionStorage.getItem("key");
var site = localStorage.getItem("site");
```

3. 删除

使用 removeItem() 方法可以删除指定键名本地存储的值。用法如下：

```
removeItem(key)
```

参数 key 表示键名，字符串类型。该方法将删除指定 key 本地存储的值。例如：

```
sessionStorage.removeItem("key");
localStorage.removeItem("site");
```

4. 清空

使用 clear() 方法可以清空所有本地存储的键/值对。用法如下：

```
clear()
```

例如，直接调用 clear() 方法可以直接清理本地存储的数据。

```
sessionStorage.clear();
localStorage.clear();
```

📢 提示：

Web Storage 也支持使用点语法，或者使用字符串数组[]的方式来处理本地数据。例如：

```
var storage = window.localStorage;                    //获取本地 localStorage 对象
//存储值
storage.key = "hello";
storage["key"] = "world";
//访问值
console.log(storage.key);
console.log(storage["key"]);
```

5. 遍历

Web Storage 定义了 key()方法和 length 属性，使用它们可以对存储数据进行遍历操作。

【示例 1】下面的示例获取本地 localStorage，然后使用 for 语句访问本地存储的所有数据，并输出到调试台显示。

```
var storage = window.localStorage;
for (var i=0, len = storage.length; i < len; i++){
    var key = storage.key(i);
    var value = storage.getItem(key);
    console.log(key + "=" + value);
}
```

6. 监测事件

Web Storage 定义 storage 事件，当键值改变或者调用 clear()方法时，将触发 storage 事件。

【示例 2】下面的示例使用 storage 事件监测本地存储，当发生值变动时，即时进行提示。

```
if(window.addEventListener){
    window.addEventListener("storage",handle_storage,false);
}else if(window.attachEvent){
    window.attachEvent("onstorage",handle_storage);
}
function handle_storage(e) {
    var logged = "key:" + e.key + ", newValue:" + e.newValue + ", oldValue:" +
    e.oldValue + ", url:" + e.url + ", storageArea:" + e.storageArea;
    console.log(logged);
}
```

storage 事件对象包含的属性及说明如表 21.1 所示。

表 21.1　storage 事件对象的属性及说明

属　　性	类　　型	说　　明
key	String	键的名称
oldValue	Any	以前的值（被覆盖的值），如果是新添加的项目，则为 null
newValue	Any	新的值，如果是新添加的项目，则为 null
url/uri	String	引发更改的方法所在页面地址

21.2.2　案例：访问统计

本小节的示例使用 sessionStorage 和 localStorage 对页面的访问进行统计。当在文本框内输入数据后，分别单击"session 保存"按钮和"local 保存"按钮对数据进行保存。单击"session 读取"按钮和"local 读取"按钮可以对数据进行读取。演示效果如图 21.2 所示。

扫一扫，看视频

图 21.2　Web 应用计数器

示例代码如下：

```html
<h1>计数器</h1>
<p class="msg" id="msg_1"> </p>
<p class="form_item">
    <label for="">Storage: </label>
    <input type="text" name="text-1" value="" id="text-1"/>
</p>
<p class="form_item">
    <input type="button" name="btn-1" value="session 保存" id="btn-1"/>
    <input type="button" name="btn-2" value="session 读取" id="btn-2"/>
    <input type="button" name="btn-3" value="local 保存" id="btn-3"/>
    <input type="button" name="btn-4" value="local 读取" id="btn-4"/>
</p>
<p class="count_wrap">本页 session 访问次数: <span class="count"
id='session_count'></span>  本页 local 访问次数: <span class="count"
id='local_count'></span></p>
<script>
function getE(ele){                          //自定义一个 getE()函数
    return document.getElementById(ele);     //输出变量
}
var text_1 = getE('text-1'),                 //声明变量并为其赋值
    mag = getE('msg_1'),
    btn_1 = getE('btn-1'),
    btn_2 = getE('btn-2'),
    btn_3 = getE('btn-3'),
    btn_4 = getE('btn-4');
btn_1.onclick = function(){sessionStorage.setItem('msg','sessionStorage = ' +
text_1.value);}
btn_2.onclick = function(){mag.innerHTML = sessionStorage.getItem('msg');}
btn_3.onclick = function(){localStorage.setItem('msg','localStorage = ' +
text_1.value);}
btn_4.onclick = function(){mag.innerHTML = localStorage.getItem('msg');}
//记录页面次数
var local_count = localStorage.getItem('a_count')?localStorage.getItem('a_count'):0;
getE('local_count').innerHTML = local_count;
localStorage.setItem('a_count',+local_count+1);
var session_count = sessionStorage.getItem('a_count')?sessionStorage.getItem('a_count'):0;
getE('session_count').innerHTML = session_count;
sessionStorage.setItem('a_count',+session_count+1);
</script>
```

21.3 Web SQL Database

Web SQL Database API 允许使用 SQL 语法访问客户端数据。目前该 API 获得了 Safari、Chrome 和 Opera 主流浏览器的支持，但 IE、Firefox 浏览器暂时不支持，因此 HTML5 没有把该 API 作为官方规范进行推广。

扫一扫，看视频

21.3.1 使用 Web SQL Database

HTML5 数据库 API 是以一个独立规范形式出现，它包含 3 个核心方法。

➥ openDatabase()：使用现有数据库或创建新数据库的方式创建数据库对象。
➥ transaction()：允许根据情况控制事务提交或回滚。
➥ executeSql()：用于执行真实的 SQL 查询。

使用 JavaScript 脚本编写 SQLLite 数据库有两个必要的步骤。

➥ 创建访问数据库的对象。
➥ 使用事务处理。

1．创建或打开数据库

首先，必须使用 openDatabase()方法创建一个访问数据库的对象。具体用法如下：

```
Database openDatabase(in DOMString name, in DOMString version, in DOMString displayName,
in unsigned long estimatedSize, in optional DatabaseCallback creationCallback)
```

openDatabase()方法可以打开已经存在的数据库，如果不存在，则创建。openDatabase()中的 5 个参数分别表示数据库名、版本号、描述、数据库大小、创建回调。创建回调没有时，也可以创建数据库。

【示例 1】创建一个数据库对象 db，名称是 Todo，版本编号为 0.1。db 还带有描述信息和大概的大小值。浏览器可使用这个描述与用户进行交流，说明数据库是用来做什么的。利用代码中提供的大小值，浏览器可以为内容留出足够的存储。如果需要，这个大小是可以改变的，所以没有必要预先假设允许用户使用多少空间。

```
db = openDatabase("ToDo", "0.1", "A list of to do items.", 200000);
```

为了检测之前创建的连接是否成功，可以检查数据库对象是否为 null。

```
if(!db) console.log("Failed to connect to database.");
```

2．访问和操作数据库

访问数据库时，需要调用 transaction()方法执行事务处理。使用事务处理，可以防止在对数据库进行访问及执行有关操作时受到外界的打扰。因为在 Web 上，同时会有许多人都对页面进行访问。如果在访问数据库的过程中，正在操作的数据被别的用户给修改掉，会引起很多意想不到的后果。transaction()方法的用法如下：

```
db.transaction(function(tx) {})
```

在 transaction 的回调函数内，使用了作为参数传递给回调函数的 transaction 对象的 executeSql()方法。executeSql()方法用法如下：

```
transaction.executeSql(sqlquery,[],dataHandler, errorHandler):
```

该方法使用 4 个参数，第 1 个参数为需要执行的 SQL 语句。
第 2 个参数为 SQL 语句中所有使用到的参数的数组。在 executeSql()方法中，将 SQL 语句中所要使

用到的参数先用 "?" 代替，然后依次将这些参数组成数组放在第 2 个参数中，如下所示。

```
transaction.executeSql("UPDATE people set age=? where name=?;",[age, name]);
```

第 3 个参数为执行 sql 语句成功时调用的回调函数。该回调函数的传递方法如下所示。

```
function dataRandler(transaction, results){//执行 SQL 语句成功时的处理}
```

该回调函数使用两个参数，第 1 个参数为 transaction 对象，第 2 个参数为执行查询操作时返回的查询到的结果数据集对象。

第 4 个参数为执行 SQL 语句出错时调用的回调函数。该回调函数的传递方法如下所示。

```
function errorHandler(transaction,errmeg) {//执行 sql 语句出错时的处理}
```

该回调函数使用两个参数，第 1 个参数为 transaction 对象，第 2 个参数为执行发生错误时的错误信息文字。

【示例 2】下面在 mydatabase 数据库中创建表 t1，并执行数据插入操作，完成插入两条记录。

```
var db = openDatabase('mydatabase', '2.0', 'my db', 2 * 1024);
db.transaction(function (tx) {
    tx.executeSql('CREATE TABLE IF NOT EXISTS t1 (id unique, log)');
    tx.executeSql('INSERT INTO t1 (id, log) VALUES (1, "foobar")');
    tx.executeSql('INSERT INTO t1 (id, log) VALUES (2, "logmsg")');
});
```

在插入新记录时，还可以传递动态值。

```
var db = openDatabase(' mydatabase ', '2.0', 'my db', 2 * 1024);
db.transaction(function (tx) {
    tx.executeSql('CREATE TABLE IF NOT EXISTS t1 (id unique, log)');
    tx.executeSql('INSERT INTO t1 (id,log) VALUES (?, ?)', [e_id, e_log]);
                                  //e_id 和 e_log 是外部变量
});
```

当执行查询操作时，从查询到的结果数据集中依次把数据取出到页面上来，最简单的方法是使用 for 语句循环。结果数据集对象有一个 rows 属性，其中保存了查询到的每条记录，记录的条数可以用 rows.length 来获取，可以用 for 循环，用 rows[index]或 rows.Item ([index])的形式来依次取出每条数据。在 JavaScript 脚本中，一般采用 rows[index]的形式。另外在 Chrome 浏览器中，不支持 rows.Item ([index])的形式。

如果读取已经存在的记录，使用回调函数来捕获结果，并通过 for 语句循环显示每条记录。

【示例 3】下面的示例将完整地演示 Web SQL Database API 的使用，包括建立数据库、建立表格、插入数据、查询数据、将查询结果显示。在最新版本的 Chrome、Safari 或 Opera 浏览器中输出结果如图 21.3 所示。

图 21.3　创建本地数据库

示例代码如下：

```
<script type="text/javascript">
var db = openDatabase('mydb', '1.0', 'Test DB', 2 * 1024 * 1024);
```

```
var msg;
db.transaction(function(tx) {
    tx.executeSql('CREATE TABLE IF NOT EXISTS LOGS (id unique, log)');
    tx.executeSql('INSERT INTO LOGS (id, log) VALUES (1, "foobar")');
    tx.executeSql('INSERT INTO LOGS (id, log) VALUES (2, "logmsg")');
    msg = '<p>完成消息创建和插入行操作。</p>';
    document.querySelector('#status').innerHTML = msg;
});
db.transaction(function(tx) {
    tx.executeSql('SELECT * FROM LOGS', [], function(tx, results) {
        var len = results.rows.length, i;
        msg = "<p>查询行数: " + len + "</p>";
        document.querySelector('#status').innerHTML += msg;
        for(i = 0; i < len; i++) {
            msg = "<p><b>" + results.rows.item(i).log + "</b></p>";
            document.querySelector('#status').innerHTML += msg;
        }
    }, null);
});
</script>
<div id="status" name="status"></div>
```

其中第 5 行代码 var db = openDatabase('mydb', '1.0', 'Test DB', 2 * 1024 * 1024);的作用是建立一个名称为 mydb 的数据库,它的版本为 1.0,描述信息为 Test DB,大小为 2M 字节。可以看到此时有数据库建立,但并无表格建立,如图 21.4 所示。

图 21.4　创建数据库 mydb

openDatabase()方法打开一个已经存在的数据库,如果指定的数据库不存在,则创建一个数据库,创建数据库包括数据库名、版本号、描述、数据库大小、创建回调函数。最后一个参数创建回调函数,在创建数据库时调用,但即使没有这个参数,一样可以运行时创建数据库。

第 4~10 行代码:

```
db.transaction(function(tx) {
    tx.executeSql('CREATE TABLE IF NOT EXISTS LOGS (id unique, log)');
    tx.executeSql('INSERT INTO LOGS (id, log) VALUES (1, "foobar")');
    tx.executeSql('INSERT INTO LOGS (id, log) VALUES (2, "logmsg")');
    msg = '<p>完成消息创建和插入行操作。</p>';
    document.querySelector('#status').innerHTML = msg;
});
```

通过第 5 行代码可以在 mydb 数据库中建立一个 LOGS 表格。在这里只执行创建表格语句,而不执行后面两个插入操作时，将在 Chrome 中可以看到在数据库 mydb 中有表格 LOGS 建立，但表格 LOGS 为空。

第 6 行和第 7 行代码执行插入操作，在插入新记录时，还可以传递动态值。

```
var db = openDatabase('mydb', '1.0', 'Test DB', 2 * 1024 * 1024);
db.transaction(function (tx) {
    tx.executeSql('CREATE TABLE IF NOT EXISTS LOGS (id unique, log)');
    tx.executeSql('INSERT INTO LOGS (id,log) VALUES (?, ?)', [e_id, e_log]);
});
```

这里的 e_id 和 e_log 为外部变量，executeSql 在数组参数中将每个变量映射到 "?"。在插入操作执行后，可以在 Chrome 中看到数据库的状态，可以看到插入的数据，此时并未执行查询语句，页面中并没有出现查询结果，如图 21.5 所示。

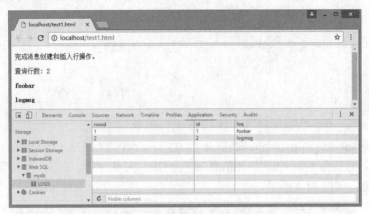

图 21.5 创建数据表并插入数据

如果读取已经存在的记录，使用一个回调函数捕获结果，如示例 3 的 11～21 行代码。

```
db.transaction(function(tx) {
    tx.executeSql('SELECT * FROM LOGS', [], function(tx, results) {
        var len = results.rows.length, i;
        msg = "<p>查询行数: " + len + "</p>";
        document.querySelector('#status').innerHTML += msg;
        for(i = 0; i < len; i++) {
        msg = "<p><b>" + results.rows.item(i).log + "</b></p>";
        document.querySelector('#status').innerHTML += msg;
        }
    }, null);
});
```

执行查询之后，将信息输出到页面中，可以看到页面中的查询数据。

📢 **注意：**

> 如果不需要，不要使用 Web SQL Database，因为它会让代码更加复杂（匿名内部类的内部函数，回调函数等）。在大多数情况下，本地存储或会话存储就能够完成相应的任务，尤其是能够保持对象状态持久化的情况。通过这些 HTML5 Web SQL Database API 接口，可以获得更多功能，相信以后会出现一些非常优秀的、建立在这些 API 之上的应用程序。

扫一扫，看视频

21.3.2 案例：设计用户登录页面

本小节将设计一个登录页面，演示如何对本地数据库进行操作，运行效果如图 21.6 所示。

图 21.6　用户登录页面

在浏览器中访问页面，然后在表单中输入用户名和密码，单击"登录"按钮，登录成功后，用户名、密码以及登录时间将显示在页面上。单击"注销"按钮，将清除已经登录的用户名、密码以及登录时间。

示例代码如下：

```
<form action="#" method="get" accept-charset="utf-8">
    <h1>用户登录</h1>
    <p>用户名: <input type="text" name="" value="" id="name" required/></p>
    <p>密 码: <input type="password" name="" value="" id="msg" required/></p>
    <p><input type="submit" id="save" value="登录"/>
    <input type="submit" id="clear" value="注销"/></p>
</form>
<script>
var datalist = getE('datalist');
if(!datalist){
    datalist = document.createElement('dl');
    datalist.className = 'datalist';
    datalist.id = 'datalist';
    document.body.appendChild(datalist);
}
var result = getE('result');
var db = openDatabase('myData','1.0','test database',1024*1024);
showAllData();
db.transaction(function(tx){
    tx.executeSql('CREATE TABLE IF NOT EXISTS MsgData(name TEXT,msg TEXT,time INTEGER)',[]);
})
getE('clear').onclick = function(){
    db.transaction(function(tx){
        tx.executeSql('DROP TABLE MsgData',[]);
    })
    showAllData()
}
getE('save').onclick = function(){
    saveData();
    return false;
}
function getE(ele){return document.getElementById(ele);}
function removeAllData(){
    for (var i = datalist.children.length-1; i >= 0; i--){
        datalist.removeChild(datalist.children[i]);
    }
```

```
}
function showData(row){
    var dt = document.createElement('dt');
    dt.innerHTML = row.name;
    var dd = document.createElement('dd');
    dd.innerHTML = row.msg;
    var tt = document.createElement('tt');
    var t = new Date();
    t.setTime(row.time);
    tt.innerHTML =t.toLocaleDateString()+" "+ t.toLocaleTimeString();
    datalist.appendChild(dt);
    datalist.appendChild(dd);
    datalist.appendChild(tt);
}
function showAllData(){
    db.transaction(function(tx){
        tx.executeSql('CREATE TABLE IF NOT EXISTS MsgData(name TEXT,msg TEXT,time
        INTEGER)',[]);
        tx.executeSql('SELECT * FROM MsgData',[],function(tx,result){
            removeAllData();
            for(var i=0; i < result.rows.length; i++){
                showData(result.rows.item(i));
            }
        });
    });
}
function addData(name,msg,time){
    db.transaction(function(tx){
        tx.executeSql('INSERT INTO MsgData VALUES(?,?,?)',[name,msg,time],function
        (tx,result){
            console.log("登录成功");
        },
        function(tx,error){
            console.log(error.source + ':' + error.message);
        });
    });
}
function saveData(){
    var name =getE('name').value;
    var msg = getE('msg').value;
    var time = new Date().getTime();
    addData(name,msg,time);
    showAllData();
}
</script>
```

21.4　IndexedDB

　　Web SQL Database 和 Indexed Database（IndexedDB）都是在客户端存储大容量、结构化数据的解决方案。Web SQL Database 实现了传统的基于 SQL 语句的数据库操作，而 Indexed Database 实现了 NoSQL 的存储方式。

目前，Chrome 11+、Firefox 4+、Opera 18+、Safari 8+以及 IE 10+版本的浏览器都支持 IndexedDB API。

在 IndexedDB API 中，一个数据库就是一个命名的对象仓库的集合。每个对象都必须有一个键，通过该键实现存储和获取该对象。键必须是唯一的，同一个存储区中的两个对象不能有同样的键，并且它们必须是按照自然顺序存储，以便查询。两个同源的 Web 页面互相之间可以访问对方的数据，但是非同源的页面则不行。

21.4.1　使用 IndexedDB

下面简单介绍 IndexedDB 数据库的基本操作。

1. 打开数据库

使用 IndexedDB 的第 1 步是调用 indexedDB.open()方法打开数据库，用法如下：

```
var request = window.indexedDB.open(databaseName, version);
```

参数 databaseName 表示数据库的名称。如果指定的数据库不存在，则会新建数据库。参数 version 是一个整数，表示数据库的版本。如果省略 version，打开已有数据库时，默认为当前版本，新建数据库时，默认为 1。

indexedDB.open()方法返回一个 IDBRequest 对象。这个对象通过事件 error、success、upgradeneeded 来处理打开数据库的操作结果。

（1）error 事件表示打开数据库失败时调用监听函数。

```
request.onerror = function (event) {
    console.log('数据库打开报错');
};
```

（2）success 事件表示成功打开数据库时调用监听函数。

```
var db;
request.onsuccess = function (event) {
    db = request.result;
    console.log('数据库打开成功');
};
```

这时可以通过 request 对象的 result 属性获取数据库对象。

（3）如果指定的版本号大于数据库的实际版本号，就会发生数据库升级事件 upgradeneeded。

```
var db;
request.onupgradeneeded = function (event) {
    db = event.target.result;
}
```

这时可以通过事件对象的 target.result 属性获取数据库实例。

2. 新建数据库

新建数据库与打开数据库是同一个操作。如果指定的数据库不存在，就会新建数据库。但是，新建数据库主要在 upgradeneeded 事件的监听函数里面完成。

新建数据库以后，第一件事是新建对象仓库，即新建表。

```
request.onupgradeneeded = function(event) {
    db = event.target.result;
    var objectStore = db.createObjectStore('person', {keyPath: 'id'});
}
```

在上面的代码中，数据库新建成功以后，会新增一张 person 的表格，主键是 id。

📢 提示：

建议先检测创建的表格是否存在，如果不存在再新建。

```
request.onupgradeneeded = function (event) {
    db = event.target.result;
    var objectStore;
    if (!db.objectStoreNames.contains('person')) {
        objectStore = db.createObjectStore('person', {keyPath: 'id'});
    }
}
```

主键（key）是默认建立索引的属性。例如，数据记录是{ id: 1, name: '张三' }，那么 id 属性可以作为主键。主键也可以指定为下一层对象的属性，如{ foo: { bar: 'baz' } }的 foo.bar 也可以指定为主键。如果数据记录里面没有合适作为主键的属性，那么可以让 IndexedDB 自动生成主键。

```
var objectStore = db.createObjectStore(
    'person',
    {autoIncrement: true}
);
```

在上面代码中，指定主键为一个递增的整数。

新建对象仓库以后，下一步可以新建索引。

```
request.onupgradeneeded = function(event) {
    db = event.target.result;
    var objectStore = db.createObjectStore('person', {keyPath: 'id'});
    objectStore.createIndex('name', 'name', {unique: false});
    objectStore.createIndex('email', 'email', {unique: true});
}
```

在上面的代码中，IDBObject.createIndex()的 3 个参数分别为索引名称、索引所在的属性、配置对象，说明该属性是否包含重复的值。

3. 新增数据

新增数据就是向对象仓库写入数据记录。这需要通过事务完成。

```
function add() {
    var request = db.transaction(['person'], 'readwrite')
     .objectStore('person')
     .add({id: 1, name: '张三', age: 24, email: 'zhangsan@example.com'});
    request.onsuccess = function (event) {
        console.log('数据写入成功');
    };
    request.onerror = function (event) {
        console.log('数据写入失败');
    }
}
add();
```

在上面的代码中，写入数据需要新建一个事务。新建事务时必须指定表格名称和操作模式。新建事务以后，通过 IDBTransaction.objectStore(name)方法获取 IDBObjectStore 对象，再通过 add()方法写入一条记录。最后通过监听 success 事件和 error 事件了解是否写入成功。

4. 读取数据

读取数据也需要通过事务完成。例如：

```
function read() {
```

```
        var transaction = db.transaction(['person']);
        var objectStore = transaction.objectStore('person');
        var request = objectStore.get(1);
        request.onerror = function(event) {
            console.log('事务失败');
        };
        request.onsuccess = function(event) {
            if (request.result) {
                console.log('Name: ' + request.result.name);
                console.log('Age: ' + request.result.age);
                console.log('Email: ' + request.result.email);
            } else {
                console.log('未获得数据记录');
            }
        };
    }
    read();
```

在上面的代码中，objectStore.get()方法用于读取数据，参数是主键的值。

5. 遍历数据

遍历数据表中所有记录，需要使用指针对象 IDBCursor。例如：

```
function readAll() {
    var objectStore = db.transaction('person').objectStore('person');
    objectStore.openCursor().onsuccess = function (event) {
        var cursor = event.target.result;
        if (cursor) {
            console.log('Id: ' + cursor.key);
            console.log('Name: ' + cursor.value.name);
            console.log('Age: ' + cursor.value.age);
            console.log('Email: ' + cursor.value.email);
            cursor.continue();
        } else {
            console.log('没有更多数据了！');
        }
    };
}
readAll();
```

在上面的代码中，新建指针对象的 openCursor()方法是一个异步操作，所以要监听 success 事件。

6. 更新数据

使用 IDBObject.put()方法可以更新数据。例如：

```
function update() {
    var request = db.transaction(['person'], 'readwrite')
        .objectStore('person')
        .put({id: 1, name: '李四', age: 35, email: 'lisi@example.com'});
    request.onsuccess = function (event) {
        console.log('数据更新成功');
    };
    request.onerror = function (event) {
        console.log('数据更新失败');
    }
}
```

```
update();
```

在上面的代码中，put()方法自动更新了主键为1的记录。

7. 删除数据

使用 IDBObjectStore.delete()方法可以删除记录。例如：

```
function remove() {
    var request = db.transaction(['person'], 'readwrite')
        .objectStore('person')
        .delete(1);
    request.onsuccess = function (event) {
        console.log('数据删除成功');
    };
}
remove();
```

8. 使用索引

使用索引可以搜索任意字段。如果不建立索引，默认只能搜索主键，即从主键取值。例如，新建表时，对 name 字段建立索引。

```
objectStore.createIndex('name', 'name', {unique: false});
```

下面就可以从 name 找到对应的数据记录。

```
var transaction = db.transaction(['person'], 'readonly');
var store = transaction.objectStore('person');
var index = store.index('name');
var request = index.get('李四');
request.onsuccess = function (e) {
    var result = e.target.result;
    if (result) {
        //执行结果处理
    } else {
        //执行其他代码
    }
}
```

扫一扫，看视频

21.4.2　案例：设计便签

下面通过一个便签管理案例，演示如何使用 IndexedDB 存储数据。便签管理页面代码如下：

```
<div class="notes">    <!--创建一个便签容器-->
    <div class="add"> <!--添加按钮-->
        <p class="ic_add">+</p>
        <p>添加便签</p>
    </div>
</div>
<!--为了简化代码，基于 jQuery 开发-->
<script src="https://cdn.bootcss.com/jquery/3.2.1/jquery.min.js"></script>
<script>
//预先定义每一个便签的 HTML 代码
var divstr = '<div class="note"><a class="close">X</a><textarea></textarea></div>';
var db = new LocalDB('db1', 'notes');         //实例化一个便签数据库、数据表
db.open(function(){                            //打开数据库
    db.getAll(function(data){                  //页面初始化时，获取所有已有便签
        var div = $(divstr);
```

```
            div.data('id', data.id);
            div.find('textarea').val(data.content);
            div.insertBefore(add);                    //将便签插入到"添加"按钮前边
        });
    });
    var add = $('.add').on('click', function(){        //为"添加"按钮注册单击事件
        var div = $(divstr);
        div.insertBefore(add);
        db.set({content:''}, function(id){             //添加一条空数据到数据库
            div.data('id', id);                        //将数据库生成的自增id赋值到便签上
        });
    });
    $('.notes').on('blur', 'textarea', function(){     //监听所有便签编辑域的焦点事件
        var div = $(this).parent();
        var data = {id: div.data('id'), content: $(this).val()};   //获取该便签的id和内容
        db.set(data);                                  //写入数据库
    })
    .on('click', '.close', function(){                 //监听所有"关闭"按钮的单击事件
        if(confirm('确定删除此便签吗?')){
            var div = $(this).parent();
            db.remove(div.data('id'));                 //删除这条便签数据
            div.remove();                              //删除便签DOM元素
        }
    });
</script>
```

HTML代码的核心是一个便签容器和一个"添加便签"按钮,页面加载后通过读取数据库现有数据显示便签列表。然后可以通过"添加便签"按钮添加新的便签,也可以通过"删除"按钮删除已有便签。页面运行效果如图21.7所示。

图 21.7 设计移动便签

为了便于维护,本案例对IndexedDB操作的逻辑都封装在一个独立的模块中,全部代码可以参考本章在线支持中的示例源码。

21.5 在线支持

第 22 章 文件系统操作

HTML5 新增了 FileReader API 和 FileSystem API。其中，FileReader API 负责读取文件内容，FileSystem API 负责本地文件系统的有限操作。另外，HTML5 增强了 HTML4 中的文件域功能，允许提交多个文件。

【学习重点】
- ➘ 使用 FileList 对象。
- ➘ 使用 Blob 对象。
- ➘ 使用 FileReader 对象
- ➘ 使用 ArrayBuffer 对象和 ArrayBufferView 对象。
- ➘ 使用 FileSystem API。

扫一扫，看视频

22.1 访问文件域

HTML5 在 HTML4 文件域基础上为 File 控件新添 multiple 属性，允许用户在一个 File 控件内选择和提交多个文件。

【示例 1】 下面的示例设计在文档中插入一个文件域，允许用户同时提交多个文件。

```
<input type="file" multiple>
```

为了方便用户在脚本中访问这些将要提交的文件，HTML5 新增了 FileList 和 File 对象。

- ➘ FileList：表示用户选择的文件列表。
- ➘ File：表示 File 控件内的每一个被选择的文件对象。FileList 对象为这些 File 对象的列表，代表用户选择的所有文件。

【示例 2】 下面的示例演示了如何使用 FileList 和 File 对象访问用户提交的文件名称列表，演示效果如图 22.1 所示。

```
<script>
function ShowFileName(){
    //document.getElementById("file").files 返回 FileList 对象
    for(var i=0;i<document.getElementById("file").files.length;i++) {
        var file = document.getElementById("file").files[i]; //获取每个选择的 File 对象
        console.log(file.name);                          //在控制台显示每个文件的名称
    }
}
</script>
<input type="file" id="file" multiple>
<input type="button" onclick="ShowFileName();" value="文件上传"/>
```

🔊 **提示：**

File 对象包含两个属性：name 属性表示文件名，但不包括路径；lastModifiedDate 属性表示文件的最后修改日期。

选择多个文件　　　　　　　　　　　　　在控制台显示提示信息

图 22.1　使用 FileList 和 File 对象获取提交文件信息

22.2　使用 Blob 对象

HTML5 的 Blob 对象用于存储二进制数据，还可以设置存储数据的 MINE 类型，其他 HTML5 二进制对象继承 Blob 对象。

22.2.1　访问 Blob

Blob 对象包含两个属性。

- size：表示一个 Blob 对象的字节长度。
- type：表示 Blob 的 MIME 类型，如果为未知类型，则返回一个空字符串。

【示例 1】下面的示例演示了如何获取文件域中第 1 个文件的 Blob 对象，并访问该文件的长度和文件类型，演示效果如图 22.2 所示。

```
<script>
function ShowFileType(){
    var file = document.getElementById("file").files[0];    //获取用户选择的第 1 个文件
    console.log(file.size);                                  //显示文件字节长度
    console.log(file.type);                                  //显示文件类型
}
</script>
<input type="file" id="file" multiple>
<input type="button" onclick="ShowFileType();" value="文件上传"/>
```

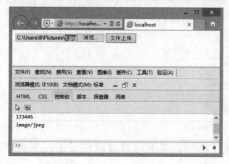

图 22.2　在控制台显示第 1 个选取文件的大小和类型

📢 注意：

对于图像类型的文件，Blob 对象的 type 属性都是以 "image/" 开头的，后面是图像类型。

【**示例2**】下面的示例利用 Blob 的 type 属性，判断用户选择的文件是否为图像文件。如果在批量上传时只允许上传图像文件，可以检测每个文件的 type 属性值，当提交非图像文件时，弹出错误提示信息，并停止后面的文件上传，或者跳过不上传该文件，演示效果如图 22.3 所示。

```html
<script>
function fileUpload(){
    var file;
    for(var i=0;i<document.getElementById("file").files.length;i++){
        file = document.getElementById("file").files[i];
        if(!/image\/\w+/.test(file.type)){
            alert(file.name+"不是图像文件!");
            continue;
        } else{
            //此处加入文件上传的代码
            alert(file.name+"文件已上传");
        }
    }
}
</script>
<input type="file" id="file" multiple>
<input type="button" onclick="fileUpload();" value="文件上传"/>
```

提交多个文件　　　　　　　　　　　　　错误提示信息

图 22.3　对用户提交文件进行过滤

【**补充**】

HTML5 为 file 控件新添加 accept 属性，设置 file 控件只能接收某种类型的文件。目前主流浏览器对其支持还不统一、不规范，部分浏览器仅限于打开文件选择窗口时，默认选择文件类型。

```html
<input type="file" id="file" accept="image/*"/>
```

22.2.2　创建 Blob

扫一扫，看视频

创建 Blob 对象的基本方法如下：

```javascript
var blob = new Blob(blobParts, type);
```

参数说明如下。

- ➤ blobParts：可选参数，数组类型，其中可以存放任意个以下类型的对象，这些对象中所携带的数据将被依序追加到 Blob 对象中。
  - ↪ ArrayBuffer 对象。
  - ↪ ArrayBufferView 对象。
  - ↪ Blob 对象。

> ↪ String 对象。
- ↘ type：可选参数，字符串型，设置被创建的 Blob 对象的 type 属性值，即定义 Blob 对象的 MIME 类型。默认参数值为空字符串，表示未知类型。

📢 提示：

当创建 Blob 对象时，可以使用两个可选参数。如果不使用任何参数，创建的 Blob 对象的 size 属性值为 0，即 Blob 对象的字节长度为 0，代码如下。

```
var blob = new Blob();
```

【示例 1】下面的代码演示了如何设置第 1 个参数。

```
var blob = new Blob(["4234" + "5678"]);
var shorts = new Uint16Array(buffer, 622, 128);
var blobA = new Blob([blob, shorts]);
var bytes = new Uint8Array(buffer, shorts.byteOffset + shorts.byteLength);
var blobB = new Blob([blob, blobA, bytes])
var blobC = new Blob([buffer, blob, blobA, bytes]);
```

📢 注意：

上面代码用到了 ArrayBuffer 对象和 ArrayBufferView 对象，后面将详细介绍这两个对象。

【示例 2】下面的代码演示了如何设置第 2 个参数。

```
var blob = new Blob(["4234" + "5678"], {type: "text/plain"});
var blob = new Blob(["4234" + "5678"], {type: "text/plain; charset=UTF-8"});
```

📢 提示：

为了安全起见，在创建 Blob 对象之前，可以先检测一下浏览器是否支持 Blob 对象。

```
if(!window.Blob)
    alert ("您的浏览器不支持 Blob 对象。");
else
    var blob = new Blob(["4234" + "5678"], {type: "text/plain"});
```

目前，各主流浏览器的最新版本都支持 Blob 对象。

【示例 3】下面的示例完整地演示了如何创建一个 Blob 对象。

在页面中设计一个文本区域和一个按钮，当在文本框中输入文字，然后单击"创建 Blob 对象"按钮后，JavaScript 脚本根据用户输入文字创建二进制对象，再根据该二进制对象中的内容创建 URL 地址，最后在页面底部动态添加一个"Blob 对象文件下载"链接，单击该链接可以下载新创建的文件，使用文本文件打开，其内容为用户在文本框中输入的文字，效果如图 22.4 所示。

```
<script>
function test(){
    var text = document.getElementById("textarea").value;
    var result = document.getElementById("result");
    //创建 Blob 对象
    if(!window.Blob)
        result.innerHTML="浏览器不支持 Blob 对象。";
    else
        var blob =new Blob([text]);          //Blob 中数据为文字时默认使用 UTF-8 格式
    //通过 createObjectURL()方法创建文字链接
    if (window.URL) {
        result.innerHTML = '<a download href="' +window.URL.createObjectURL(blob) + '"
        target="_blank">Blob 对象文件下载</a>';
```

```
        }
    }
</script>
<textarea id="textarea"></textarea><br/>
<button onclick="test()">创建 Blob 对象</button>
<p id="result"></p>
```

（a）创建 Blob 文件

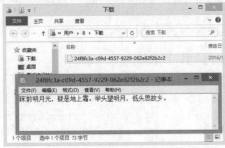
（b）查看文件信息

图 22.4　创建和查看 Blob 文件信息

在动态生成的<a>标签中包含 download 属性，它设置超链接为文件下载类型。

【补充】

HTML5 支持 URL 对象，该对象的 createObjectURL()方法可以根据一个 Blob 对象的二进制数据创建一个 URL 地址，并返回该地址，当用户访问该 URL 地址时，可以直接下载原始二进制数据。

扫一扫，看视频

22.2.3　截取 Blob

Blob 对象包含 slice()方法，它可以从 Blob 对象中截取一部分数据，然后将这些数据创建为一个新的 Blob 对象并返回，用法如下：

```
var newBlob = blob.slice(start, end, contentType);
```

参数说明如下。

- start：可选参数，整数值，设置起始位置。
  - 如果值为 0 时，表示从第 1 个字节开始复制数据。
  - 如果值为负数，且 Blob 对象的 size 属性值+start 参数值大于等于 0，则起始位置为 Blob 对象的 size 属性值+start 参数值。
  - 如果值为负数，且 Blob 对象的 size 属性值+start 参数值小于 0，则起始位置为 Blob 对象的起点位置。
  - 如果值为正数，且大于等于 Blob 对象的 size 属性值，则起始位置为 Blob 对象的 size 属性值。
  - 如果值为正数，且小于 Blob 对象的 size 属性值，则起始位置为 start 参数值。
- end：可选参数，整数值，设置终点位置。
  - 如果忽略该参数，则终点位置为 Blob 对象的结束位置。
  - 如果值为负数，且 Blob 对象的 size 属性值+end 参数值大于等于 0，则终点位置为 Blob 对象的 size 属性值+end 参数值。
  - 如果值为负数，且 Blob 对象的 size 属性值+end 参数值小于 0，则终点位置为 Blob 对象的起始位置。
  - 如果值为正数，且大于等于 Blob 对象的 size 属性值，则终点位置为 Blob 对象的 size 属性值。
  - 如果值为正数，且小于 Blob 对象的 size 属性值，则终点位置为 end 参数值。
- contentType：可选参数，字符串值，指定新建 Blob 对象的 MIME 类型。

如果 slice()方法的 3 个参数均省略时，相当于把一个 Blob 对象原样复制到一个新建的 Blob 对象中。当起始位置大于等于终点位置时，slice()方法复制从起始位置开始到终点位置结束这一范围内的数据。当起始位置小于终点位置时，slice()方法复制从终点位置开始到起始位置结束这一范围内的数据。新建的 Blob 对象的 size 属性值为复制范围的长度，单位为 byte。

【示例】下面的示例演示了 Blob 对象的 slice()方法的应用。

```
<input type="file" id="file" multiple>
<input type="button" onclick="ShowFileType();" value="文件上传"/>
<script>
var file = document.getElementById("file").files[0];
if(file){
    var file1 = file.slice();                               //复制 File 对象
    var file2 = file.slice(0,file.size);                    //复制 File 对象
    var file3 = file.slice(-(Math.round(file.size/2)));     //复制 File 对象的后半部分
    var file4 = file.slice(0, Math.round(file.size/2));     //复制 File 对象的前半部分
    //复制 File 对象，从开始处复制到结束处之前的 150 字节处，并设置 MIME 类型
    var file5 = file.slice(0,-150, "application/plain");
}
</script>
```

22.2.4 保存 Blob

HTML5 支持在 indexedDB 数据库中保存 Blob 对象。

◁» 提示：

目前 Chrome 37+、Firefox 17+、IE 10+和 Opera 24+都支持该功能。

【示例】下面的示例设计在页面中显示一个文件控件和一个按钮，通过文件控件选取文件后，单击按钮，JavaScript 脚本将把用户选取的文件保存到 indexedDB 数据库中。

```
<input type="file" id="file" multiple>
<input type="button" onclick="saveFile();" value="保存文件"/>
<script>
window.indexedDB = window.indexedDB || window.webkitIndexedDB || window.mozIndexedDB
|| window.msIndexedDB;
window.IDBTransaction = window.IDBTransaction || window.webkitIDBTransaction ||
window.msIDBTransaction;
window.IDBKeyRange = window.IDBKeyRange|| window.webkitIDBKeyRange ||
window.msIDBKeyRange;
window.IDBCursor = window.IDBCursor || window.webkitIDBCursor || window.msIDBCursor;

var dbName = 'test';              //数据库名
var dbVersion = 20170202;         //版本号
var idb;
var dbConnect = indexedDB.open(dbName, dbVersion);
dbConnect.onsuccess = function(e){idb = e.target.result;}
dbConnect.onerror = function(){alert('数据库连接失败');};
dbConnect.onupgradeneeded = function(e){
    idb = e.target.result;
    idb.createObjectStore('files');
};
function saveFile(){
    var file = document.getElementById("file").files[0];   //得到用户选择的第 1 个文件
```

```
        var tx = idb.transaction(['files'],"readwrite");          //开启事务
        var store = tx.objectStore('files');
        var req = store.put(file,'blob');
        req.onsuccess = function(e){alert("文件保存成功");};
        req.onerror = function(e){alert("文件保存失败");};
    }
</script>
```

在浏览器中预览，页面中显示一个文件控件和一个按钮，通过文件控件选取文件，然后单击"保存文件"按钮，JavaScript 将把用户选取的文件保存到 indexedDB 数据库中，保存成功后弹出提示对话框，如图 22.5 所示。

（a）选择文件

（b）保存文件

图 22.5　保存 Blob 对象应用

22.3　使用 FileReader 对象

FileReader 能够把文件读入内存，并且可以读取文件中的数据。目前，Firefox 3.6+、Chrome 6+、Safari 5.2+、Opera 11+和 IE 10+版本浏览器都支持 FileReader 对象。

22.3.1　读取文件

扫一扫，看视频

使用 FileReader 对象之前，需要实例化 FileReader 类型，代码如下：

```
if(typeof FileReader == "undefined"){alert("当前浏览器不支持 FileReader 对象");}
else{var reader = new FileReader();}
```

FileReader 对象包含 5 个方法，其中 4 个用以读取文件，另一个用来中断读取操作。

- readAsText(Blob, type)：将 Blob 对象或文件中的数据读取为文本数据。该方法包含 2 个参数，其中第 2 个参数是文本的编码方式，默认值为 UTF-8。
- readAsBinaryString(Blob)：将 Blob 对象或文件中的数据读取为二进制字符串。通常调用该方法将文件提交到服务器端，服务器端可以通过这段字符串存储文件。
- readAsDataURL(Blob)：将 Blob 对象或文件中的数据读取为 DataURL 字符串。该方法就是将数据以一种特殊格式的 URL 地址形式直接读入页面。
- readAsArrayBuffer(Blob)：将 Blob 对象或文件中的数据读取为一个 ArrayBuffer 对象。
- abort()：不包含参数，中断读取操作。

📢 注意：

上述前 4 个方法都包含一个 Blob 对象或 File 对象参数，无论读取成功或失败，都不会返回读取结果，读取结果存储在 result 属性中。

【示例】下面的示例演示如何在网页中读取并显示图像文件、文本文件和二进制代码文件。

```
<script>
window.onload = function(){
    var result=document.getElementById("result");
    var file=document.getElementById("file");
    if (typeof FileReader == 'undefined'){
        result.innerHTML = "<h1>当前浏览器不支持 FileReader 对象</h1>";
        file.setAttribute('disabled', 'disabled');
    }
}
function readAsDataURL(){              //将文件以 Data URL 形式进行读入页面
    var file = document.getElementById("file").files[0];    //检查是否为图像文件
    if(!/image\/\w+/.test(file.type)){
        alert("提交文件不是图像类型");
        return false;
    }
    var reader = new FileReader();
    reader.readAsDataURL(file);
    reader.onload = function(e){
        result.innerHTML = '<img src="'+this.result+'" alt=""/>'
    }
}
function readAsBinaryString(){     //将文件以二进制形式进行读入页面
    var file = document.getElementById("file").files[0];
    var reader = new FileReader();
    reader.readAsBinaryString(file);
    reader.onload = function(f){
        result.innerHTML=this.result;
    }
}
function readAsText(){              //将文件以文本形式进行读入页面
    var file = document.getElementById("file").files[0];
    var reader = new FileReader();
    reader.readAsText(file);
    reader.onload = function(f) {
        result.innerHTML=this.result;
    }
}
</script>
<input type="file" id="file"/>
<input type="button" value="读取图像" onclick="readAsDataURL()"/>
<input type="button" value="读取二进制数据" onclick="readAsBinaryString()"/>
<input type="button" value="读取文本文件" onclick="readAsText()"/>
<div name="result" id="result"></div>
```

在 Firefox 浏览器中预览,使用 file 控件选择一个图像文件,然后单击"读取图像"按钮,显示效果如图 22.6 所示;重新使用 file 控件选择一个二进制文件,然后单击"读取二进制数据"按钮,显示效果如图 22.7 所示;最后选择文本文件,单击"读取文本文件"按钮,显示效果如图 22.8 所示。

上面的示例演示如何读显文件,用户也可以选择不显示,直接提交给服务器,然后保存到文件或数据库中。注意,fileReader 对象读取的数据都保存在 result 属性中。

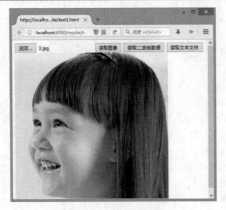

图 22.6 读取图像文件

图 22.7 读取二进制文件

图 22.8 读取文本文件

扫一扫，看视频

22.3.2 事件监测

FileReader 对象提供 6 个事件，用于监测文件读取状态，简单说明如下。

- ◥ onabort：数据读取中断时触发。
- ◥ onprogress：数据读取中触发。
- ◥ onerror：数据读取出错时触发。
- ◥ onload：数据读取成功完成时触发。
- ◥ onloadstart：数据开始读取时触发。
- ◥ onloadend：数据读取完成时触发，无论成功或失败。

【示例】下面的示例设计当使用 fileReader 对象读取文件时，会发生一系列事件，在控制台跟踪了读取状态的先后顺序，演示如图 22.9 所示。

```
<script>
window.onload = function(){
    var result=document.getElementById("result");
    var file=document.getElementById("file");
    if (typeof FileReader == 'undefined'){
        result.innerHTML = "<h1>当前浏览器不支持 FileReader 对象</h1>";
        file.setAttribute('disabled', 'disabled');
    }
}
function readFile(){
    var file = document.getElementById("file").files[0];
    var reader = new FileReader();
    reader.onload = function(e){
        result.innerHTML = '<img src="'+this.result+'" alt=""/>'
        console.log("load");
    }
    reader.onprogress = function(e){console.log("progress");}
```

```
    reader.onabort = function(e){console.log("abort");}
    reader.onerror = function(e){console.log("error");}
    reader.onloadstart = function(e){console.log("loadstart");}
    reader.onloadend = function(e){console.log("loadend");}
    reader.readAsDataURL(file);
}
</script>
<input type="file" id="file"/>
<input type="button" value="显示图像" onclick="readFile()"/>
<div name="result" id="result"></div>
```

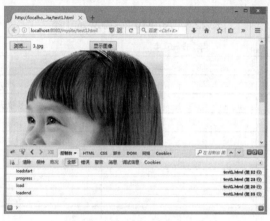

图 22.9　跟踪读取操作

在上面的示例中，当单击"显示图像"按钮后，将在页面中读入一个图像文件，同时在控制台可以看到按顺序触发的事件。用户还可以在 onprogress 事件中使用 HTML5 新增元素 progress 显示文件的读取进度。

22.4　使用缓存对象

HTML5 新增 ArrayBuffer 对象和 ArrayBufferView 对象。ArrayBuffer 对象表示一个固定长度的缓存区，用来存储文件或网络大数据；ArrayBufferView 对象表示将缓存区中的数据转换为各种类型的数值数组。

📢 注意：

HTML5 不允许直接对 ArrayBuffer 对象内的数据进行操作，需要使用 ArrayBufferView 对象来读/写 ArrayBuffer 对象中的内容。

22.4.1　使用 ArrayBuffer

ArrayBuffer 对象表示一个固定长度的存储二进制数据的缓存区。用户不能直接存取 ArrayBuffer 缓存区中的内容，必须通过 ArrayBufferView 对象来读/写 ArrayBuffer 缓存区中的内容。ArrayBuffer 对象包含 length 属性，该属性值表示缓存区的长度。

创建 ArrayBuffer 对象的方法如下：

```
var buffer = new ArrayBuffer(32);
```

参数为一个无符号长整型的整数，用于设置缓存区的长度，单位为 byte。ArrayBuffer 缓存区创建成功之后，该缓存区内存储数据初始化为 0。

📢 提示：

> 目前，Firefox 4+、Opera 11.6+、Chrome 7+、Safari 5.1+、IE 10+等版本浏览器支持 ArrayBuffer 对象。

22.4.2 使用 ArrayBufferView

HTML5 使用 ArrayBufferView 对象以一种标准格式来表示 ArrayBuffer 缓存区中的数据。HTML5 不允许直接使用 ArrayBufferView 对象，而是使用 ArrayBufferView 的子类实例来存取 ArrayBuffer 缓存区中的数据，ArrayBufferView 各种子类说明如表 22.1 所示。

表 22.1　ArrayBufferView 的子类

类　型	字　节　长　度	说　　明
Int8Array	1	8 位整数数组
Uint8Array	1	8 位无符号整数数组
Uint8ClampedArray	1	8 位无符号整数数组
Int16Array	2	16 位整数数组
Uint16Array	2	16 位无符号整数数组
Int32Array	4	32 位整数数组
Uint32Array	4	32 位无符号整数数组
Float32Array	4	32 位 IEEE 浮点数数组
Float64Array	8	64 位 IEEE 浮点数数组

📢 提示：

> Uint8ClampedArray 子类用于定义一种特殊的 8 位无符号整数数组，该数组的作用是代替 CanvasPixelArray 数组用于 Canvas API 中。
>
> 该数组与普通 8 位无符号整数数组的区别：将 ArrayBuffer 缓存区中的数值进行转换时，内部使用箱位（clamping）算法，而不是模数（modulo）算法。

ArrayBufferView 对象的作用：可以根据同一个 ArrayBuffer 对象创建各种数值类型的数组。

【示例 1】在下面的示例代码中，根据相同的 ArrayBuffer 对象，可以创建 32 位的整数数组和 8 位的无符号整数数组。

```
//根据 ArrayBuffer 对象创建 32 位整数数组
var array1 = new Int32Array(Arrayeuffer);
//根据同一个 ArrayBuffer 对象创建 8 位无符号整数数组
var array2 = new Uint8Array(ArrayBuffer);
```

在创建 ArrayBufferView 对象时，除了要指定 ArrayBuffer 缓存区外，还可以使用下面两个可选参数。

➦ byteOffset：为无符号长整型数值，设置开始引用位置与 ArrayBuffer 缓存区第 1 字节之间的偏离值，单位为字节。提示，属性值必须为数组中单个元素的字节长度的倍数，省略该参数值时，ArrayBufferView 对象将从 ArrayBuffer 缓存区的第 1 字节开始引用。

➦ length：为无符号长整型数值，设置数组中元素的个数。如果省略该参数值，将根据缓存区长度、ArrayBufferView 对象开始引用的位置、每个元素的字节长度自动计算出元素个数。

如果设置了 byteOffset 和 length 参数值，数组从 byteOffset 参数值指定的开始位置开始，长度为：length 参数值所指定的元素个数×每个元素的字节长度。

如果忽略了 byteOffset 和 length 参数值，数组将跨越整个 ArrayBuffer 缓存区。

如果省略 length 参数值，数组将从 byteOffset 参数值指定的开始位置到 ArrayBuffer 缓存区的结束位置。

ArrayBufferView 对象包含 3 个属性。

- buffer：只读属性，表示 ArrayBuffer 对象，返回 ArrayBufferView 对象引用的 ArrayBuffer 缓存区。
- byteOffset：只读属性，表示一个无符号长整型数值，返回 ArrayBufferView 对象开始引用的位置与 ArrayBuffer 缓存区的第 1 字节之间的偏离值，单位为字节。
- length：只读属性，表示一个无符号长整型数值，返回数组中元素的个数。

【示例 2】下面的示例代码演示了如何存取 ArrayBuffer 缓存区中的数据。

```
var byte = array2[4];              //读取第 5 字节的数据
array2[4] = 1;                     //设置第 5 字节的数据
```

22.4.3 使用 DataView

除了使用 ArrayBufferView 子类外，也可以使用 DataView 类存取 ArrayBuffer 缓存区中的数据。DataView 继承于 ArrayBufferView 类，提供了直接存取 ArrayBuffer 缓存区中数据的方法。

扫一扫，看视频

创建 DataView 对象的方法如下：

```
var view = new DataView(buffer, byteOffset, byteLength);
```

参数说明如下。

- buffer：为 ArrayBuffer 对象，表示一个 ArrayBuffer 缓存区。
- byteOffset：可选参数，为无符号长整型数值，表示 DataView 对象开始引用的位置与 ArrayBuffer 缓存区第 1 字节之间的偏离值，单位为字节。如果忽略该参数值，将从 ArrayBuffer 缓存区的第 1 字节开始引用。
- byteLength：可选参数，为无符号长整型数值，表示 DataView 对象的总字节长度。

如果设置了 byteOffset 和 byteLength 参数值，DataView 对象从 byteOffset 参数值所指定的开始位置开始，长度为 byteLength 参数值所指定的总字节长度。

如果忽略了 byteOffset 和 byteLength 参数值，DataView 对象跨越整个 ArrayBuffer 缓存区。

如果省略 byteLength 参数值，DataView 对象将从 byteOffset 参数所指定的位置开始到 ArrayBuffer 缓存区的结束位置。

DataView 对象包含的方法及说明参见表 22.2。

表 22.2　DataView 对象方法

方　　法	说　　明
getInt8(byteOffset)	获取指定位置的一个 8 位整数值
getUint8(byteOffset)	获取指定位置的一个 8 位无符号型整数值
getInt16(byteOffset, littleEndian)	获取指定位置的一个 16 位整数值
getUint16(byteOffset, littleEndian)	获取指定位置的一个 16 位无符号型整数值
getUint32(byteOffset, littleEndian)	获取指定位置的一个 32 位无符号型整数值
getFloat32(byteOffset, littleEndian)	获取指定位置的一个 32 位浮点数值
getFloat64(byteOffset, littleEndian)	获取指定位置的一个 64 位浮点数值
setInt8(byteOffaet, value)	设置指定位置的一个 8 位整数值
setUint8(byteOffset, value)	设置指定位置的一个 8 位无符号型整数值
setInt16(byteOffset, value, littleEndian)	设置指定位置的一个 16 位整数值
setUint16(byteOffset, value, littleEndian)	设置指定位置的一个 16 位无符号型整数值
setUint32(byteOffset, value, littleEndian)	设置指定位置的一个 32 位无符号型整数值
setFloat32(byteOffset, value, littleEndian)	设置指定位置的一个 32 位浮点数值
setFloat64(byteOffset, value, littleEndian)	设置指定位置的一个 64 位浮点数值

◀🔊 提示：

在上述方法中，各个参数说明如下。

- ❥ byteOffset：为一个无符号长整型数值，表示设置或读取整数所在位置与 DataView 对象对 ArrayBuffer 缓存区的开始引用位置之间相隔多少字节。
- ❥ value：为无符号对应类型的数值，表示在指定位置进行设定的整型数值。
- ❥ littleEndian：可选参数，为布尔类型，判断该整数数值的字节序。当值为 true 时，表示以 little-endian 方式设置或读取该整数数值（低地址存放最低有效字节）；当参数值为 false 或忽略该参数值时，表示以 big-endian 方式读取该整数数值（低地址存放最高有效字节）。

【示例】下面的示例演示了如何使用 DataView 对象的相关方法，实现对文件数据进行截取和检测，演示效果如图 22.10 所示。

```
<script>
window.onload = function(){
    var result=document.getElementById("result");
    var file=document.getElementById("file");
    if (typeof FileReader == 'undefined'){
        result.innerHTML = "<h1>当前浏览器不支持 FileReader 对象</h1>";
        file.setAttribute('disabled', 'disabled');
    }
}
function file_onchange(){
    var file=document.getElementById("file").files[0];
    if(!/image\/\w+/.test(file.type)){
        alert("请选择一个图像文件!");
        return;
    }
    var slice=file.slice(0,4);
    var reader = new FileReader();
    reader.readAsArrayBuffer(slice);
    var type;
    reader.onload = function(e){
        var buffer=this.result;
        var view=new DataView(buffer);
        var magic=view.getInt32(0,false);
        if(magic<0)  magic = magic + 0x100000000;
        magic=magic.toString(16).toUpperCase();
        if(magic.indexOf('FFD8FF') >=0) type="jpg 文件";
        if(magic.indexOf('89504E47') >=0) type="png 文件";
        if(magic.indexOf('47494638') >=0) type="gif 文件";
        if(magic.indexOf('49492A00') >=0) type="tif 文件";
        if(magic.indexOf('424D') >=0) type="bmp 文件";
        document.getElementById("result").innerHTML ='文件类型为: '+type;
    }
}
</script>
<input type="file" id="file" onchange="file_onchange()"/><br/>
<output id="result"></output>
```

图 22.10　判断选取文件的类型

【设计分析】

第 1 步，在上面的示例中，先在页面中设计一个文件控件。

第 2 步，当用户在浏览器中选取一个图像文件后，JavaScript 先检测文件类型，当为图像文件后，再使用 File 对象的 slice()方法将该文件中前 4 字节的内容复制到一个 Blob 对象中，代码如下。

```
var file=document.getElementById("file").files[0];
if(!/image\/\w+/.test(file.type)){
    alert("请选择一个图像文件!");
    return;
}
var slice=file.slice(0,4);
```

第 3 步，新建 FileReader 对象，使用该对象的 readAsArrayBuffer()方法将 Blob 对象中的数据读取为一个 ArrayBuffer 对象，代码如下。

```
var reader = new FileReader();
reader.readAsArrayBuffer(slice);
```

第 4 步，读取 ArrayBuffer 对象后，使用 DataView 对象读取该 ArrayBuffer 缓存区中位于开头位置的一个 32 位整数，代码如下。

```
reader.onload = function(e){
    var buffer=this.result;
    var view=new DataView(buffer);
    var magic=view.getInt32(0,false);
}
```

第 5 步，最后根据该整数值判断用户选取的文件类型，并将文件类型显示在页面上。

```
if(magic<0) magic = magic + 0x100000000;
magic=magic.toString(16).toUpperCase();
if(magic.indexOf('FFD8FF')>=0) type="jpg 文件";
if(magic.indexOf('89504E47')>=0) type="png 文件";
if(magic.indexOf('47494638')>=0) type="gif 文件";
if(magic.indexOf('49492A00')>=0) type="tif 文件";
if(magic.indexOf('424D')>=0) type="bmp 文件";
document.getElementById("result").innerHTML ='文件类型为：'+type;
```

22.5　使用 FileSystem API

扫一扫，看视频

HTML5 的 FileSystem API 可以将数据保存到本地磁盘的文件系统中，实现数据的永久保存。

FileSystem API 包括两部分内容：一部分内容为除后台线程之外的任何场合使用的异步 API，另一部分内容为后台线程中专用的同步 API。本节仅介绍异步 API 的使用。

FileSystem API 具有以下特性。

➥ 支持跨域通信，但是每个域的文件系统只能被该域专用，不能被其他域访问。

❧ 存储的数据是永久的，不能被浏览器随意删除，但是存储在临时文件系统中的数据可以被浏览器自行删除。

❧ 当 Web 应用连续多次发出对文件系统的操作请求时，每一个请求都将得到响应，同时第 1 个请求中所保存的数据可以立即被之后的请求得到。

目前，只有 Chrome 10+版本浏览器支持 FileSystem API。

【示例】本示例设计在页面中显示 1 个文件控件、3 个按钮。当页面打开时显示文件系统根目录下的所有文件与目录，通过文件控件可以将磁盘上一些文件复制到文件系统的根目录下，复制完成之后用户可以通过单击"保存"按钮来重新显示文件系统根目录下的所有文件与目录，单击"清空"按钮可以删除文件系统根目录下的所有文件与目录，示例演示效果如图 22.11 所示。

图 22.11 操作文件系统

示例主要代码如下：

```
<script>
var fs;                             //文件系统对象
var fileList;                       //显示根目录下所有文件与目录的 ul 元素
window.requestFileSystem = window.requestFileSystem ||
window.webkitRequestFileSystem;
window.requestFileSystem(window.PERSISTENT, 1024*1024,
    function(filesystem) {          //请求文件系统成功时所执行的回调函数
        fileList=document.getElementById("fileList");
        fs = filesystem;
        document.getElementById("myfile").disabled=false;
        document.getElementById("btnreadRoot").disabled=false;
        document.getElementById("btndeleteFile").disabled=false;
        readRoot();                 //读取根目录
    },
    errorHandler                    //请求文件系统失败时所执行的回调函数
);
function readRoot(){                //读取根目录
    document.getElementById("result").innerHTML="";
    for(var i=fileList.childNodes.length;i>0;i--){
        var el=fileList.childNodes[i-1];
        fileList.removeChild(el);
    }
    var dirReader = fs.root.createReader();
    var entries = [];
    var readEntries = function() {
        dirReader.readEntries (        //读取目录
            function(results) {        //读取目录成功时执行的回调函数
                if (!results.length) {
                    var fragment = document.createDocumentFragment();
                    for (var i = 0, entry; entry = entries[i]; ++i) {
```

```
                        var img = entry.isDirectory ? '<img src="icon-folder.gif">' :'<img
                        src="icon-file.gif">';
                        var li = document.createElement('li');
                        li.innerHTML = [img, '<span>', entry.name, '</span>'].join('');
                        fragment.appendChild(li);
                    }
                    fileList.appendChild(fragment);
                } else {
                    entries = entries.concat(toArray(results));
                    readEntries();
                }
            },
            errorHandler                    //读取目录失败时执行的回调函数
        );
    };
    readEntries();                          //开始读取根目录
}
function toArray(list) {
  return Array.prototype.slice.call(list || [], 0);
}
function myfile_onchange(){
    var files=document.getElementById("myfile").files;
    for(var i = 0, file; file = files[i]; ++i){
        (function(f) {
            fs.root.getFile(file.name, {create: true}, function(fileEntry) {
                fileEntry.createWriter(function(fileWriter) {
                    fileWriter.onwriteend = function(e) {
                        document.getElementById("result").innerHTML+='复制文件名为：'+
                        f.name+'<br/>';
                    };
                    fileWriter.onerror = errorHandler
                    fileWriter.write(f);
                }, errorHandler);
            }, errorHandler);
        })(file);
    }
}
function deleteAllContents(){
    var dirReader = fs.root.createReader();
    var entries = [];
    var deleteEntries = function() {
        dirReader.readEntries (               //读取目录
            function(results) {               //读取目录成功时执行的回调函数
                if (!results.length) {
                    for (var i = entries.length-1, entry; entry = entries[i];i--) {
                        if (entry.isDirectory) {
                            entry.removeRecursively(function() {}, errorHandler);
                        } else {
                            entry.remove(function() {}, errorHandler);
                        }
                    }
                    for(var i=fileList.childNodes.length;i>0;i--){
                        var el=fileList.childNodes[i-1];
```

```
                    fileList.removeChild(el);
                }
            } else {
                entries = entries.concat(toArray(results));
                deleteEntries();
            }
        },
        errorHandler                                    //读取目录失败时执行的回调函数
    );
};
deleteEntries();                                        //开始删除根目录中内容
}
function errorHandler(FileError) { //省略代码，请参考本章在线支持中的示例源码 }
</script>
<input type="file" id="myfile" multiple disabled onchange="myfile_onchange()"/>
<button id="btnreadRoot"  disabled onclick="readRoot()">保存</button><br/><br/>
<div>
    <ul id="fileList"></ul>
    <button id="btndeleteFile" disabled onclick="deleteAllContents()">清空</button>
</div>
<output id="result"></output>
```

22.6 在 线 支 持

5

第 5 部分
案例实战

第 23 章 案例实战

第23章　案 例 实 战

本章结合多个综合案例，帮助读者上机进行 JavaScript 实战训练，为日后的开发积累经验。限于篇幅，本章内容全部放在网上，以线上方式呈现。